DIANGONG BIBEI SHOUCE

电工必备手册

杨清德　主编

中国电力出版社
CHINA ELECTRIC POWER PRESS

内 容 提 要

本手册以电气工程设计与应用的实际需要为依据，比较全面地介绍了电工基础知识及通用数据、电气工程常用材料、电气工程图识图基础；供配电系统工程设计与应用、电力供配电线路施工、配电装置的工程应用、电气照明设计与应用、建筑弱电工程设计与施工、电动机的选用及控制、常用电力设备故障检测与应用；常用电工工具及仪表的应用等内容。本手册内容丰富全面、切合实际。

本手册可供电力设计、供电、用电、监理及施工部门的工程技术人员阅读，也可供电气设备制造部门的技术人员、职业院校电类专业师生阅读。

图书在版编目（CIP）数据

电工必备手册 / 杨清德主编. —北京：中国电力出版社，2016.4
ISBN 978-7-5123-8580-1

Ⅰ.①电… Ⅱ.①杨… Ⅲ.①电工技术-手册 Ⅳ.①TM-62

中国版本图书馆 CIP 数据核字（2015）第 281919 号

中国电力出版社出版、发行

（北京市东城区北京站西街 19 号 100005 http：//www.cepp.sgcc.com.cn）

汇鑫印务有限公司印刷

各地新华书店经售

*

2016 年 4 月第一版 2016 年 4 月北京第一次印刷
787 毫米×1092 毫米 16 开本 38.25 印张 911 千字
印数 0001—3000 册 定价 **88.00** 元

前　言

电工技术博大精深，电工知识浩瀚无边。我们不可能把所有知识都牢记在脑海中，有的知识常常用到，记忆深刻；有的知识（例如，一些数据、参数等）偶尔用到，记忆模糊。一旦用时则不得不翻书查找，似曾相识，却不知道在哪本书上见过，即便在某一本书中找到了相关的知识点，但又不全面、不具体。时间不等人，工作不等人，心急火燎，越急越找不到急需的知识，相信许多同行都遇到过这样的情形。生活常识告诉我们，遇到不认识的字要查字典，遇到不理解的词语要查辞典，遇到不熟悉的地理环境要查地图。同理，电工在工作中遇到疑惑，别着急，看一看《电工必备手册》，疑惑就会迎刃而解，豁然开朗。

本手册共11章，主要内容包括电工常用基础知识、概念、公式、定理及定律，基本物理量、常用计量单位及换算；常用电气工程材料的种类、型号、性能及参数；电气工程图识图基础及识读举例；供配电系统工程设计与应用；电力供配电线路施工；配电装置的工程应用；电气照明设计与应用；建筑弱电工程设计与施工；电动机的选用及控制；常用电力设备故障检测与应用；常用电工工具及仪表的应用。

本手册以实用为主，力求做到科学性、完整性、系统性、知识性、资料性相统一。在内容安排上，重在搭建知识框架，并与工程应用相结合。本手册立足于中、高级电气工程技术人员的必备知识和操作技能，少讲理论，多讲方法；不求高深，只求实用；要点突出，一看就懂。编写时，对相关知识及技能进行了归类处理，知识要点口诀化，技术数据表格化，以便于读者理解和查找有关内容，是一本实用性较强的工具书。

本手册由杨清德主编，陈东副主编，参编人员有杨华安、叶红、黄文胜、崔强荣、刘国纪、康亚宁、王海平、李再明、徐焱、靖宽琼、沈文琴、官伦、林安全、邱绍峰、辜小兵、张川、鲁世金、杨祖荣、刘宪宇、雷娅、吕正伟、冉洪俊、赵顺洪、杨鸿、胡萍、杨卓荣、余明飞、谭定轩、黎平、成世兵、胡世胜、胡大华、沈坤华、周万平、乐发明、蔡定宏、杨松、李建芬、廖代军、谭光明等。

本手册在编写过程中，吸取了许多书籍的精华，借鉴了众多电气工作者的成功经验，在此表示衷心的感谢。

限于编者水平，书中难免有不妥之处，敬请广大读者批评指正。杨清德的电子邮箱yqd611@163.com。

编　者
2016年2月

目　录

第 1 章

电工基础知识及通用数据

1.1 电工常用基础知识

1.1.1 常用电工定律、定理和定则

1. 电阻定律

（1）内容。在温度不变时，导体的电阻与其长度成正比，与其横截面积成反比，这就是电阻定律。即金属导体电阻的大小是由它的长短、粗细及材料的性质等因素决定。它们之间的关系为

$$R = \rho \frac{L}{S}$$

其中，ρ 由电阻材料的性质决定，是反映材料导电性能的物理量，称为电阻率，$\Omega \cdot m$；R 的单位用 Ω，长度 L 的单位为 m，横截面积的单位为 m^2。

电阻的影响因素有：L、S、ρ 及温度 t。

（2）电阻与温度的关系。电阻元件的电阻值大小一般与温度有关，衡量电阻受温度影响大小的物理量是温度系数，其定义为温度每升高 1℃ 时电阻值发生变化的百分数，用 α 表示。

$$\alpha = \frac{R_2 - R_1}{R_1(t_2 - t_1)}$$

如果 $R_2 > R_1$，则 $\alpha > 0$，将 R 称为正温度系数电阻，即电阻值随着温度的升高而增大；如果 $R_2 < R_1$，则 $\alpha < 0$，将 R 称为负温度系数电阻，即电阻值随着温度的升高而减小。显然 α 的绝对值越大，表明电阻受温度的影响也越大。

2. 焦耳定律

（1）内容。电流通过电阻时产生的热量 Q 与流过导体电流的二次方、导体的电阻和通电时间是成正比，这就是焦耳定律。即

$$Q = I^2 Rt$$

式中：I 为通过导体的直流电流或交流电流的有效值，A；R 为导体的电阻值，Ω；t 为通过导体电流持续的时间，s；Q 为电流通过电阻时产生的热量，J。

（2）电流热效应。对于纯电阻电路，电能（电流所做的功）全部转变为热能，即 $Q = W_{热} = W_{电}$。

3. 部分电路欧姆定律

（1）内容。导体中的电流与它两端的电压成正比，与导体的电阻成反比。

1）在关联参考方向的线性电路中，部分电路欧姆定律的公式为

$$I=U/R$$

其中，电压 U 的单位为 V，电流的单位为 A，电阻 R 的单位为 Ω。

2）在非关联参考方向非线性电路中，部分电路欧姆定律的公式为

$$I=-U/R$$

（2）线性电路和非线性电路。电阻值 R 与通过它的电流 I 和两端电压 U 无关（即 $R=$ 常数）的电阻元件叫作线性电阻，由线性电阻组成的电路叫线性电路。电阻值 R 与通过它的电流 I 和两端电压 U 有关（即 $R \neq$ 常数）的电阻元件叫作非线性电阻，含有非线性电阻的电路叫非线性电路。

（3）运用欧姆定律的注意事项。

1）欧姆定律只适用于线性电路。

2）R、U、I 必须属于同一段电路。已知其中的两个量，即可求出第三个量。

3）欧姆定律揭示了导体两端电压决定流过导体的电流的规律，即导体两端存在电压是因，导体中产生电流是果。

4）电路的电压和相应的电流的比值是恒定的。

4. 全电路欧姆定律

由电源和负载组成的闭合电路叫全电路，如图 1-1 所示。在电路中，内电路表示成电动势串联内阻形式，内电阻一般在电路图中单独画出。

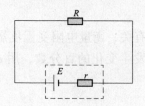

图 1-1　简单的闭合电路

（1）内容。闭合电路内的电流，跟电源的电动势成正比，跟整个电路的电阻成反比。

全电路欧姆定律的电流表达式为

$$I=\frac{E}{R+r}$$

全电路欧姆定律的电压表达式为

$$E=IR+Ir=U+U_r$$

即

$$U=E-Ir$$

其中，电动势 E 和内阻 r 均是由电源决定的参数；U 是外电路的电压降，也是电源两端的电压，称为路端电压；Ir 是电源内部的电压降。

（2）全电路欧姆定律适用于外电阻为纯电阻的电路。

（3）电路的外特性。根据端电压随外电路电阻变化的规律，可得出电路的外特性。

1）电路处于导通工作状态时，端电压随外电路电阻的增大而增大，随外电阻的减少而减少。

2）电路开路（断路）时，路端电压等于电源电动势，电流为零。

3）电路短路时，路端电压为零，电路中电流最大（$I=E/r$）。此时电源容易烧毁，甚至引起火灾。

5. 最大功率输出定理

（1）电源输出功率随外电路负载电阻变化而变化。

（2）外电路电阻等于电源内阻时电源输出功率最大。即电源输出功率或称负载获得最大功率的条件是：外电路电阻等于电源内阻，即当 $R=r$。

电源输出最大功率（负载获得最大功率）为

$$P_{\mathrm{m}} = \frac{E^2}{4R} = \frac{E^2}{4r}$$

在电子技术中，把负载电阻等于电源内阻的状态，称为负载匹配。

6. 基尔霍夫定律

（1）基尔霍夫第一定律也称基尔霍夫电流定律，简称 KCL。

【内容】　任一时刻，在电路中的任一节点，流入节点的电流之和必等于流出该节点的电流之和。

$$\sum I_{\mathrm{i}} = \sum I_{\mathrm{o}}$$

KCL 的另一种表达形式为：任一时刻，流过任一节点上电流的代数和恒等于零，即

$$\sum I = 0$$

一般规定流入节点的电流为正，流出节点的电流为负。

基尔霍夫电流定律的实质是反映了电流的连续性，即电荷不可能在任一点上有所积累或减少。它不仅适用于节点，还可推广应用于电路中的任一闭合面，称为广义节点。

（2）基尔霍夫第二定律也称基尔霍夫电压定律，简称 KVL。

【内容】　任一时刻，对任意闭合回路，沿回路绕行一周，各段电压代数和恒为零，即 $\sum U = 0$。

基尔霍夫电压定律的实质是反映了电位的单一性。即沿回路绕行一周，电场力所做的功为零。该定律不仅适用于任一闭合回路，也适用于任一不闭合的假想回路（称为广义回路），如图 1-2 所示。

电动势 E 的正方向是由电源的负极指向电源正极的，而电源的端电压的方向与电动势的方向相反，是由正极指向负极；而电阻上电压的方向是由通过电阻的电流方向确定的（电流流入电阻端为正，电流从电阻另一端流出为负），即由电阻上电位高的正端指向电位低的负端。根据基尔霍夫电压定律，如图 1-2 所示电路有

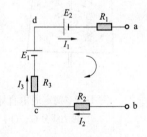

图 1-2　广义回路

$$U_{ab} + I_2R_2 + I_3R_3 - E_1 + E_2 + I_1R_1 = 0$$

基尔霍夫电压定律的另一种表述形式为：任一时刻，任一回路中，沿回路绕行一周，所有电阻上电压的代数和等于所有电动势的代数和，即

$$\sum U = \sum E$$

7. 戴维南定理

（1）内容。任何线性有源二端网络，对外电路来说，可以用一个等效电压源代替。这个等效电压源的电动势 E_0 等于有源二端网络两端点间的开路电压 U_0，它的内阻等于有源二端网络中所有电动势为零时两端点间的等效电阻。

（2）戴维南定理只对外电路等效，对内电路不等效。

8. 叠加定理

（1）内容。在线性电路中，若有 n 个电源同时在一起作用，则它们在任一支路中共同产生的电流（或电压），等于各个电源单独作用时在这一支路中产生的电流（或电压）的代数和。

（2）叠加定理是线性电路的一种重要分析方法。

9. 右手螺旋定则

通电直导线、环形电流、通电线圈周围磁场的方向，可用右手螺旋定则判断。右手螺旋定则也称为安培定则。

（1）通电直导线的磁场。通电直导线的磁场，其磁感线是一组以导体为圆心的同心圆；离导线越近，磁场越强，磁感线越密；磁感线的方向取决于导线中电流的方向。

通电直导线的磁场可用右手螺旋定则判定。方法是：用右手的大拇指伸直，四指握住导线，当大拇指指向电流时，其余四指所指的方向就是磁感线的方向，如图 1-3 所示。

（2）环形电流的磁场。环形电流的磁场，其磁感线是一系列围绕环形导线，并且在环形导线的中心轴上的闭合曲线，磁感线和环形导线平面垂直。

环形电流及其磁感线的方向，也可以用右手螺旋定则来判定。方法是：右手弯曲的四指和环形电流的方向一致，则伸直的大拇指所指的方向就是环形导线中心轴上磁感线的方向，如图 1-4 所示。

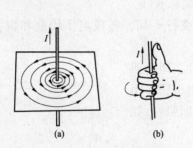

图 1-3　判定通电直导线的磁场
（a）磁力线分布；（b）安培定则

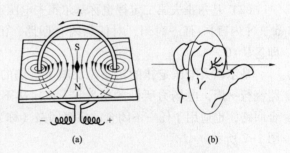

图 1-4　判定环形电流的磁场
（a）磁力线分布；（b）安培定则

（3）通电线圈（螺线管）的磁场。螺线管线圈可看成是由 N 匝环形导线串联而成，它通电以后产生的磁感线形状与条形铁相似。螺线管内部的磁感线方向与螺线管轴线平行，方向由 S 极指向 N 极；外部的磁感线由 N 极出来进入 S 极，并与内部磁感线形成闭合曲线。改变电流方向，磁场的极性就对调。

通电线圈的磁场仍然用右手螺旋定则判定。方法是：右手的大拇指伸直，用右手握住线圈、四指指向电流的方向，则大拇指所指的方向便是线圈中磁感线的 N 极的方向。通常认为通电线圈内部的磁场为匀强磁场，如图 1-5 所示。

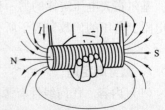

图 1-5　判定通电线圈的磁场

10. 左手定则

（1）通电导线在磁场中作用力的方向可用左手定则判

定。方法是：伸开左手，使拇指与四指在同一平面内并且互相垂直，让磁感线垂直穿过掌心，四指指向电流方向，则拇指所指的方向就是通电导体受力的方向，如图1-6所示。

（2）洛伦兹力的方向可以用左手定则判定。其方法是左手四指指向正电荷运动的速度方向；如果是负电荷，则左手四指指向速度的反方向（或者左手拇指指向正电荷受力的反方向就是负电荷受到的洛伦兹力方向）。

11. 右手定则

（1）内容。伸开右手，使拇指和其余四指垂直，且在同一平面内，让磁感线垂直穿过手心，大拇指导线运动的方向，则其余四指所指着的方向就是感应电流的方向，如图1-7所示。

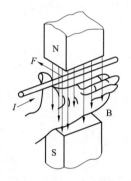

图1-6 左手定则

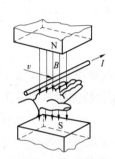

图1-7 右手定则判定感应电流方向

（2）右手定则适用于判断导体切割磁感线产生感应电流。

12. 楞次定律

（1）内容。感应电流的方向，总是使感应电流产生的磁场阻碍引起感应电流的磁通量的变化。

楞次定律还可以这样表述：感应电流产生的效果总是反抗引起感应电流的原因。

（2）线圈中感应电动势的方向总是企图使它所产生的感应电流的磁场阻碍原有磁通的变化。也就是说当磁通增加时，感应电流的磁场总是企图产生方向相反的磁通来削弱原来的磁通；当磁通减少时，感应电流的磁场总是企图要产生方向相同的磁通来加强原来的磁通。即感应电动势总是要保持现状。

13. 法拉第电磁感应定律

（1）内容。当穿过回路的磁通量发生变化时，回路中的感生电动势 ε 的大小和穿过回路的磁通量变化率等成正比，即 $\varepsilon = -\Delta\Phi/\Delta t$ 这就是法拉第电磁感应定律。

法拉第电磁感应定律还可以表述为：回路中的感应电动势等于回路内磁通的变化率的负值。

（2）感应电动势的方向由楞次定律或右手定则来确定。

1.1.2 常用电工公式

1. 电流

（1）电荷在电路中的定向运动叫做电流。

（2）电流大小可用以下公式进行计算，即

$$I = \frac{q}{t}$$

其中，电荷 q 的单位为 C，时间 t 的单位为 s，电流的单位为 A，常用的单位还有 kA、mA、μA，应注意它们的换算关系。如

$$1A = 10^3 mA = 10^6 \mu A$$

（3）电流的方向规定为正电荷定向运动的方向。在金属导体中，电流的方向与自由电子定向运动方向相反。

2. 电压

（1）电压是指电路中任意某两点之间的电位差，其大小等于电场力将正电荷由一点移动到另一点所做的功与被移动电荷电量的比值，即

$$U = \frac{W}{q}$$

其中，W 的单位为 J，电荷 q 的单位为 C，电压的单位为 V，常用的单位还有 mV、μV、kV 等，它们与伏特的换算关系为

$$1mV = 10^{-3}V \qquad 1\mu V = 10^{-6}V \qquad 1kV = 10^3 V$$

（2）电压是反应电场力做功本领大小的物理量。

（3）电压的方向为从高电位指向低电位，即电位降低的方向。

3. 电位

（1）电场中某点与零参考点（参考点电位为 0）间的电压，称为电位。电场中某点电位就是该点与参考点的电压即 $U_a = U_{ab}$。

电位等于电场中电场力将正电荷由 a 点移到参考点所做的功与被移动电荷 q 的比值，即

$$U_a = \frac{W_a}{q}$$

其中，各个物理量的单位与电压公式相同。

（2）零电位点的选择是任意的。在电力工程电路中一般选大地、机壳等为参考点；在点电荷电场中，选择无穷远为参考点；在电子电路中把很多元件的汇集处，而且通常选择电源的负极作为参考点。

4. 电动势

（1）电动势等于在电源内部电源力将正电荷由低电位移到高电位反抗电场力做的功与被移动电荷电量的比值，即

$$E = \frac{W}{q}$$

其中，W 的单位为 J，q 的单位为 C，E 的单位为 V。

（2）电动势是衡量电源的电源力大小（即做功本领）及其方向的物理量。

（3）规定电动势方向由电源的负极（低电位）指向正极（高电位）。在电源内部，电源力移动正电荷形成电流，电流由低电位（正极）流向高电位（负极）；在电源外部电路中，电场力移动正电荷形成电流，电流由高电位（正极）流向低电位（负极）。

5. 电能

（1）在电场力作用下，电荷定向移动形成电流做的功称为电能，用 W 表示。即电能是电流在一段时间所做的功，其计算公式为

$$W = Uq = UIt = Pt$$

其中，U 的单位为 V，I 的单位为 A，t 的单位为 s，则 W 的单位为 J。

电流通过用电器时，将电能转化为其他形式的能，这就是电流做功的过程。

（2）在生活中，电能通常用千瓦时（kW·h）来表示大小，也称为度。

$$1 度 = 1kW \cdot h = 3.6 \times 10^6 J$$

即功率为 1000W 的供能或耗能元件，在 1h 的时间内所发出或消耗的电能量为 1 度。

（3）对于纯电阻电路，电能的计算公式还可以为

$$W = \frac{U^2}{R} t = I^2 Rt$$

6. 电功率

（1）电流通过用电设备时，在单位时间内所做的功称为电功率，用字母 P 表示，即

$$P = W/t$$

其中，W 的单位为 J，t 的单位为 s，则 P 的单位为 W。

电功率的公式还可以写成

$$P = UI = \frac{U^2}{R} = I^2 R$$

电功率的单位为 W，常用的单位还有 mW、kW，它们与 W 的换算关系是

$$1mW = 10^{-3}W \qquad 1kW = 10^3 W$$

（2）电功率是衡量电流做功快慢的物理量。

7. 电阻串联、并联电路的计算

电阻串、并联电路的特点及应用见表 1-1。

表 1-1　　　　　　　　　　　　电阻串、并联电路的特点及应用

连接方式　项目	串　联	并　联
电流	电流处处相等，即 $I_1 = I_2 = I_3 = \cdots = I$	总电流等于各支路电流之和。即 $$I = I_1 + I_2 + \cdots + I_n$$
电压	两端的总电压等于各个电阻两端电压之和，即 $U = U_1 + U_2 + U_3 + \cdots + U_n$	总电压等于各分电压，即 $$U_1 = U_2 = \cdots = U$$
电阻	总电阻等于各电阻之和，即 $R = R_1 + R_2 + R_3 + \cdots + R_n$	总电阻的倒数等于各个并联电阻倒数之和，即 $$\frac{1}{R} = \frac{1}{R_1} + \frac{1}{R_2} + \cdots + \frac{1}{R_n}$$
电阻与分压	各个电阻两端上分配的电压与其阻值成正比，即 $U_1 : U_2 : U_3 : \cdots : U_n = R_1 : R_2 : R_3 : \cdots : R_n$	各个支路电阻上的电压相等

连接方式 项目	串　联	并　联
电阻与分流	不分流	与电阻值成反比，即 $I_1 : I_2 : \cdots : I_n = \dfrac{1}{R_1} : \dfrac{1}{R_2} : \cdots : \dfrac{1}{R_n}$
功率分配	各个电阻分配的功率与其阻值成正比，即 $P_1 : P_2 : P_3 : \cdots : P_n = R_1 : R_2 : R_3 : \cdots : R_n$ （其中，$P = I^2 R$）	各电阻分配的功率与阻值成反比。即 $R_1 P_1 = R_2 P_2 = \cdots = R_n P_n = RP$
应用举例	（1）用于分压：为获取所需电压，常利用电阻串联电路的分压原理制成分压器。 （2）用于限流：在电路中串联一个电阻，限制流过负载的电流。 （3）用于扩大伏特表的量程：利用串联电路的分压作用可完成伏特表的改装，即将电流表与一个分压电阻串联，便把电流表改装成了伏特表	（1）组成等电压多支路供电网络，例如220V照明电路。 （2）分流与扩大电流表量程：运用并联电路的分流作用可对安培表进行扩大量程的改装，即将电流表与一个分流电阻相并联，便把电流表改装成了较大量程的安培表

在电阻串联、并联电路中，还应注意以下几个特例。

（1）若有两个电阻串联，则分压公式为

$$U_1 = \frac{R_1}{R_1 + R_2} U \qquad U_2 = \frac{R_2}{R_1 + R_2} U$$

（2）若两个电阻串联，则功率分配公式为

$$\frac{P_1}{P_2} = \frac{R_1}{R_2}$$

（3）若只有两个电阻并联，则等效电阻值为

$$R = \frac{R_1 R_2}{R_1 + R_2}$$

若3个电阻并联，则

$$R = \frac{R_1 R_2 R_3}{R_1 R_2 + R_1 R_3 + R_2 R_3}$$

（4）若只有两个电阻并联，则分流公式为

$$I_1 = \frac{R_2}{R_1 + R_2} I \qquad I_2 = \frac{R_1}{R_1 + R_2} I$$

（5）扩大伏特表的量程时，其分压电阻的大小可以根据其所需的量程由串联电路电压分配规律计算。若将满偏电流为 I_g，内阻为 R_g 的电流表，改装成量程为 U 的伏特表，这时需要串联的分压电阻为

$$R = \frac{U}{I_g} - R_g = \frac{U - I_g R_g}{I_g}$$

（6）扩大电流表量程时，分流电阻的大小可根据安培表的量程由并联电路电流分配规律算出，若将满偏电流 I_g、内阻为 R_g 的电流表改装成量程为 I 的安培表，这时需并联的分流电阻阻值为

$$R = \frac{I_g}{I - I_g} R_g$$

8. 串联电池组

（1）n 个相同的电池串联成电池组时，总电动势 $E = nE_0$，总内阻 $r = nr_0$。

当负载为 R 时，串联电池组输出的总电流为

$$I = \frac{nE}{R + nr}$$

（2）相同的几个电池串联起来，可提高输出电压。

（3）使用串联电池组时，注意电池的极性不能接反；同时，用电器的额定电流必须小于单个电池允许通过的最大电流。

9. 并联电池组

（1）n 个相同的电池并联组成电池组时，总电动 $E = E_0$，总内阻 $r = r_0 / n$。

（2）相同的几个电池并联起来，可增大输出电流。

（3）使用并联电池组时，用电器的额定电压必须低于单个电池的电动势；同时，注意电池的极性不能接错。

10. 直流电桥

直流电桥电路如图 1-8 所示。一般把电阻 R_1、R_2、R_3、R_4 称为桥臂电阻。

（1）直流电桥平衡时，桥支路 A、B 间无电流，即 $I_g = 0$。

（2）电桥平衡的条件：电桥相对臂电阻乘积相等或者相邻臂比值相等，即

$$\frac{R_1}{R_2} = \frac{R_3}{R_4} \text{或} R_1 R_4 = R_2 R_3$$

（3）直流电桥的作用：可以比较精确地测量电阻。

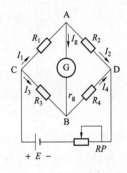

图 1-8　直流电桥电路

11. 磁感应强度

（1）在磁场中垂直于磁场方向的通电导线，受到磁场的作用力 F 与电流 I 和导线长度的乘积 IL 的比值，叫作通电导线所在处的磁感应强度，即

$$B = \frac{F}{IL}$$

▶▶▶【提示】　$B = \dfrac{F}{IL}$ 成立的条件是导线与磁感应强度垂直。$\dfrac{F}{IL}$ 的比值是一个恒定值，所以，不能说 B 与 F 成正比，也不能说 B 与 I 和 L 的乘积成正比。

（2）磁感应强度的单位是 T。

（3）磁感应强度又称磁通密度，是反映磁场中某一个点性质的物理量。磁感应强度是矢量，它的方向为该点的磁场方向。

12. 磁通

（1）磁感应强度 B 和其垂直的某一截面积 S 的乘积，称为该面积的磁通，即

$$\Phi = BS$$

（2）磁通的单位是 Wb。

（3）磁通是反映磁场中某个面的磁场情况的物理量。磁通的大小还表示了穿过磁场的磁感线的条数。

13. 磁场强度

（1）磁场中某点的磁感应强度 B 与磁导率 μ 的比值，称为该点的磁场强度，即

$$H = \frac{B}{\mu} \text{或} B = \mu H = \mu_0 \mu_r H$$

（2）磁场强度的单位是 A/m。

（3）磁场强度是描述磁场强弱与方向的又一个基本物理量。磁场强度是矢量，方向与该点的磁感应强度 B 的方向相同。

14. 磁场力

磁场对载流直导线的作用力的大小为

$$F = BIL\sin\theta$$

其中，F 的单位为 N，I 的单位为 A，L 的单位为 m，B 的单位为 T。

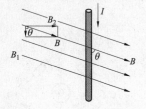

θ 为电流方向与磁场方向之间的夹角，如图 1-9 所示。当 $\theta = 90°$ 时，作用力 F 最大；当 $\theta = 0°$ 时，安培力 $F = 0$。

15. 洛伦兹力

运动电荷在磁场中受到的作用力称为洛伦兹力。洛伦兹力的大小为

图 1-9 直导线在磁场中
受力分析

$$f = qvB\sin\theta$$

式中：q 为运动电荷的电量，单位为 C；v 为速度，单位为 m；B 为磁感应强度，单位为 T；θ 为速度 v 的方向与磁感应强度 B 的方向之间的夹角。

洛伦兹力的方向可以用左手定则判定。

16. 感应电动势

（1）导线作切割磁感线运动产生的感应电动势，可用如下公式进行计算

$$E = BLV\sin\alpha$$

式中：L 为导体在磁场中的有效长度；α 为速度方向和磁场方向的夹角。

上式表明直导体中的感应电动势 E 等于磁感应强度 B，导体的有效长度 L 及运动速度 V 在垂直于 B 的方向上的分量 $V\sin\alpha$ 三者的乘积。

》》【提示】 利用公式 $E = BLV\sin\alpha$ 计算感应电动势时，若 v 为平均速度，则计算结果为平均感应电动势；若 v 为瞬时速度，则计算结果为瞬时感应电动势。

（2）磁通变化形式产生的电动势。线圈中感应电动势的大小与穿过回路磁通变化率成正比，叫作法拉第电磁感应定律。其公式为

$$e = N\frac{\Delta\Phi}{\Delta t} = \frac{\Delta\Psi}{\Delta t}$$

即穿过线圈的磁通发生变化时，线圈中感应电动势 e 的大小和磁通的 $\dfrac{\Delta\Phi}{\Delta t}$ 变化率以及线圈的匝数成正比。

考虑到楞次定律时，法拉第电磁感应定律可写成

$$e=-N\frac{\Delta\Phi}{\Delta t}=-\frac{\Delta\Psi}{\Delta t}$$

其中，负号是楞次定律的反应，它表明感应电流的磁场总是要阻碍原磁场的变化。

17. 自感

（1）线圈的自感磁链与电流的比值称为自感系数，又称电感，用符号 L 表示，即

$$L=\frac{\Psi}{i}=N\frac{\Phi_L}{I}$$

当线圈匝数为 N 时，线圈的自感磁链为 $\Psi=N\Phi_L$。

（2）常用的自感单位有 H、mH、μH，它们之间的关系为

$$1\text{H}=10^3\,\text{mH}=10^6\,\mu\text{H}$$

18. 自感电动势

自感电动势的大小与电感 L 及电流的变化率成正比，即

$$e_L=\frac{\Delta\Psi}{\Delta t}=-L\frac{\Delta i}{\Delta t}.$$

其中，L 的单位为 H 时，$\dfrac{\Delta i}{\Delta t}$ 的单位为 A/s，e 的单位为 V。负号由楞次定律决定，线圈中感应电流（或感应电动势）总是反对原电流的变化。

19. 互感电动势

（1）由互感现象产生的感应电动势称为互感电动势。计算公式为

$$e=-M\frac{\Delta I}{\Delta t}$$

式中：ΔI 为一个线圈中的变化，A；Δt 为线圈电流变化 ΔI 所用时间，s；M 为互感系数，H；e 为互感电动势，V。

负号是由楞次定律决定的。

（2）两个线圈的互感系数为

$$K=\frac{M}{\sqrt{L_1 L_2}}\,(0\leqslant K\leqslant 1)$$

20. 电场强度

（1）电场中检验电荷在某一点所受电场力 F 与检验电荷的电荷量 q 的比值叫做该点的电场强度，简称场强，即

$$E=\frac{F}{q}$$

（2）电场强度的单位是 V/m。

21. 电容

（1）电容器任一极板所带电量 Q 与两极板间电压 U 的比值叫电容器的电容量，简称电

容，即

$$C = \frac{Q}{U}$$

（2）平行板电容器的电容与极板正对面积 S 和电介质的介电常数 ε 成正比，与两极板间距离 d 成反比，即

$$C = \frac{\varepsilon_r \varepsilon_0 S}{d}$$

$$\varepsilon_0 = 8.85 \times 10^{-12} \frac{F}{m}$$

$$\varepsilon_0 \varepsilon_r = \varepsilon$$

式中：ε_0 为真空中的介电常数；ε_r 为物质的相对介电常数；ε 为某种物质的介电常数；C 为电容器的电容，F；d 为两极板间的距离，m；S 为两极板的正对面积，m²。

（3）电容的单位 F，常用单位有 mF，μF，pF，它们的关系为

$$1F = 10^3 mF = 10^6 \mu F = 10^{12} pF$$

22. 电容器的串联

（1）串联电容器的总电压为

$$U = U_1 + U_2 + U_3 = Q\left(\frac{1}{C_1} + \frac{1}{C_2} + \frac{1}{C_3}\right).$$

各个电容器两端的电压分配与其电容成反比，即

$$U_1 : U_2 : U_3 = \frac{1}{C_1} : \frac{1}{C_2} : \frac{1}{C_3}$$

特例，当两个电容串联时分压公式为

$$U_1 = \frac{C_2}{C_1 + C_2} U \qquad U_2 = \frac{C_1}{C_1 + C_2} U$$

（2）串联总电容为

$$\frac{1}{C} = \frac{1}{C_1} + \frac{1}{C_2} + \cdots + \frac{1}{C_n}$$

特例，当两个电容器串联时，则

$$C = \frac{C_1 C_2}{C_1 + C_2}$$

当 n 个电容器的电容量均为 C_0 时，总电容 C 为

$$C = \frac{C_0}{n}$$

23. 电容器的并联

（1）并联电容器的总电量为

$$Q = Q_1 + Q_2 + Q_3$$

电荷量的分配与电容器的容量成正比，即

$$Q_1 : Q_2 : Q_3 = C_1 : C_2 : C_3$$

电量分配公式为

$$Q_1 = \frac{C_1}{C_1 + C_2}Q \qquad Q_2 = \frac{C_2}{C_1 + C_2}Q$$

（2）并联总电容为

$$C = C_1 + C_2 + \cdots + C_n$$

当 n 个容量均为 C_0 的电容器并联时，则总电容为

$$C = nC_0$$

24. 电容器的电场能量

电容器中储存的电场能量与电容器的电容值成正比，与电容器两极板之间的电压平方成正比，即

$$W_C = \frac{1}{2}CU_C^2 \text{ 或 } W_C = \frac{1}{2}QU_C = \frac{Q^2}{2C}$$

其中，电容 C 的单位为 F，电压 U_C 的单位为 V，电荷量 Q 的单位为 C，电场能量的单位为 J。

25. 正弦交流电几个物理量的关系

（1）有效值与最大值的关系。有效值和最大值是从不同角度反映交流电强弱的物理量，正弦交流电的有效值是最大值的 0.707 倍，最大值是有效值的 $\sqrt{2}$ 倍，即

$$I = \frac{I_m}{\sqrt{2}} = 0.707 I_m \qquad U = \frac{U_m}{\sqrt{2}} = 0.707 U_m \qquad E = \frac{E_m}{\sqrt{2}} = 0.707 E_m$$

（2）平均值与最大值的关系。正弦交流电平均值是最大值的 0.637 倍，即

$$I_a = \frac{2}{\pi}I_m = 0.637 I_m \qquad U_a = \frac{2}{\pi}U_m = 0.637 U_m \qquad E_a = \frac{2}{\pi}E_m = 0.637 E_m$$

（3）周期、频率和角频率三者的关系，即

$$\omega = 2\pi f = \frac{2\pi}{T} \qquad f = \frac{1}{T} = \frac{\omega}{2\pi} \qquad T = \frac{1}{f} = \frac{2\pi}{\omega}$$

26. 感抗

电感电抗（简称为感抗），用 X_L 表示，它的大小和电源频率 f 成正比，和线圈的电感量 L 成正比。计算感抗的公式为

$$X_L = \omega L = 2\pi f L$$

式中：f 为电源频率，Hz；L 为线圈的电感量，H；X_L 为电感的电抗，简称感抗，Ω。

27. 容抗

反映电容对交流电流阻碍作用程度的参数叫作容抗。计算容抗的公式为

$$X_L = \frac{1}{\omega C} = \frac{1}{2\pi f C}$$

容抗和电阻、感抗的单位一样，也是欧姆（Ω）。

28. 串联谐振电路的谐振频率

在 RLC 串联电路中，当 $X_L = X_C$ 时，电路端电压与电流同相，电路发生串联谐振，即

$$\omega L = \frac{1}{\omega C} \qquad \omega^2 = \frac{1}{LC}$$

其谐振频率为

$$f = f_0 = \frac{1}{2\pi\sqrt{LC}}$$

29. 相电压与线电压间

（1）各相线与中性线之间的电压称为相电压，分别用 U_1、U_2、U_3 表示其有效值。市电的相电压一般为220V，即 $U_{12} = U_{23} = U_{13} = 220V$。

（2）相线与相线之间的电压称为线电压，分别用 U_{12}、U_{23}、U_{31} 表示有效值。市电的线电压一般为380V，即 $U_{12} = U_{23} = U_{31} = 380V$。

（3）线电压是相电压的 $\sqrt{3}$ 倍。

30. 三相异步电动机

（1）转差率。电动机转子的转速 n_2 必须小于旋转磁场的转速 n_1，即称为转差。如果 $n_2 = n_1$，转子与旋转磁场之间不存在相对运动，转子就不切割磁力线而产生感应电流，就不存在电磁力矩，转子就不能转动。因此，转子转速 n_2 总与同步转速 n_1 存在一定的转差，即保持异步关系，这就是这类电动机为什么叫异步电动机的原因。

转速差 $n_1 - n_2$ 与同步转速 n_1 之比，叫异步电动机的转差率，用 s 表示，即

$$s = \frac{n_1 - n_2}{n_1} \times 100\%$$

转差率是异步电动机的一个重要参数，其变化范围为 $0 < s \leqslant 1$。

异步电动机的转速与转差率的公式为

$$n_2 = (1-s)n_1 = (1-s)\frac{60f}{p}$$

（2）转速。当三相交流电频率为 f，磁场极对数为 p，则旋转磁场的转速 n_1 为

$$n_1 = \frac{60f}{p}$$

式中：f 为三相交流电的频率，Hz；p 为旋转磁场的磁场极对数；n_1 为旋转磁场转速，又称同步转速，r/min。

31. 三相交流电路的功率

（1）三相负载的有功功率（平均功率）等于各相功率之和，即

$$P = P_U + P_V + P_W$$

在对称三相电路中，无论负载是星形连接还是三角形连接，由于各相负载相同、各相电压大小相等、各相电流也相等，所以三相功率为

$$P = 3U_\Phi I_\Phi \cos\phi = \sqrt{3}\, U_l I_l \cos\phi$$

其中，ϕ 为对称负载的阻抗角，也就是负载相电压与相电流之间的相位差。

（2）三相负载无功功率，计算公式为

$$Q = 3U_\Phi I_\Phi \sin\phi = \sqrt{3}\, U_l I_l \sin\phi$$

（3）三相负载视在功率，计算公式为

$$S = \sqrt{3}\, U_l I_l = \sqrt{P^2 + Q^2}$$

（4）三相负载电路的功率因数，计算公式为

$$\cos\phi = \frac{P}{S} \qquad P = S\cos\phi \qquad Q = S\sin\phi$$

其中，ϕ 角为相电压与相电流之间的相位差。在不对称三相电路中，每一相的功率要分别计算，总功率为各相功率之和。

▷▷▷【提示】 在同一三相电源作用下，同一对称负载做三角形连接时的线电流、有功功率、无功功率、视在功率均是星形连接时的 3 倍。

32. 二极管单相整流电路

单相整流电路性能比较，见表 1-2。

表 1-2　　　　　　　　　　　　　单相整流电路性能比较

比较项目 \ 电路名称	单相半波整流电路	变压器中心抽头式全波整流电路	单相桥式整流电路
电路结构			
整流电压波形			
负载电压平均值 U_0	$U_0 = 0.45U_2$	$U_0 = 0.9U_2$	$U_0 = 0.9U_2$
负载电流平均值 I_0	$I_0 = 0.45U_2/R_L$	$I_0 = 0.9U_2/R_L$	$I_0 = 0.9U_2/R_L$
通过每支整流二极管的平均电流 I_V	$I_V = 0.45U_2/R_L$	$I_V = 0.9U_2/R_L$	$I_V = 0.9U_2/R_L$
整流管承受的最高反向电压 U_{RM}	$U_{RM} = \sqrt{2}U_2$	$U_{RM} = 2\sqrt{2}U_2$	$U_{RM} = \sqrt{2}U_2$

1.1.3 常用电工术语

1. 电路的组成及作用

电流通过的闭合路径叫作电路。

基本电路由电源、负载（用电器）、控制和保护装置、连接导线 4 部分组成。

电路各个组成部分的作用见表 1-3。

表 1-3　　　　　　　　　　　　　电路各个组成部分的作用

组成部分	作　用	举　例
电源	它是供应电能的设备，属于供能元件，其作用是为电路中的负载提供电能	干电池、蓄电池、发电机等

组成部分	作　用	举　例
负载	各种用电设备（即用电器）总称为负载，属于耗能元件，其作用是将电能转换成所需其他形式的能量	灯泡将电能转化为光能，电动机将电能转化为机械能，电炉将电能转化为热能等
控制和保护装置	根据需要，控制电路的工作状态（如通、断），保护电路的安全	开关、熔断器等控制电路工作状态（通/断）的器件或设备
连接导线	它是电源与负载形成通路的中间环节，输送和分配电能	各种连接电线

2. 电路的工作状态

电路的工作状态有三种：有载（通路）状态、开路（断路）状态和短路状态，如图1-10所示。

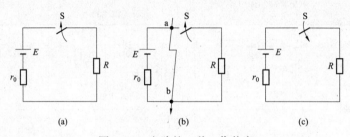

图1-10　电路的三种工作状态

（a）有载状态；（b）短路状态；（c）开路状态

（1）有载（通路）状态。有载工作状态下，电源与负载接通，电路中有电流通过，负载能获得一定的电压和电功率。

厂家对电气设备的工作电流、电压、功率等都规定了一个正常的数值，该数值称为电气设备的额定值。电气设备工作在额定值时的状态，称为额定工作状态。

电路有载状态有3种情形：电路的额定工作状态称为满载，小于额定值时称为欠载，当超过额定值时称为过载。

（2）开路（断路）状态。在开路状态下，电路中没有电流通过。电路发生开路的原因很多，如开关断开、熔体熔断、电气设备与连接导线断开等均可导致电路发生开路。

（3）短路状态。电路中本不该接通的地方短接在一起的现象称为短路。短路时输出电流很大，如果没有保护措施，电源或负载会被烧毁甚至发生火灾。所以，通常要在电路中安装熔断器或熔丝等保险装置，以避免短路时产生不良后果。

3. 电阻的串联、并联和混联

（1）把两个或两个以上的电阻依次连接起来，只为电流提供唯一的一条路径，没有其他分支的电路连接方式，叫作电阻串联电路。

（2）把两个或两个以上的电阻并排连接在电路中的两个节点之间，为电流提供多条路径的电路连接方式，叫作电阻并联电路。

（3）在电阻电路中，既有电阻的串联关系又有电阻的并联关系，称为电阻混联。

4. 电路结构名词

（1）支路：由一个或几个元件组成的无分支电路。

（2）节点：三条或三条以上支路的连接点。

（3）回路：电路中任意一个闭合路径。

（4）网孔：电路中不能再分的回路（中间无支路穿过）。

5. 磁场、磁力、磁化

（1）磁体的周围存在磁力作用的空间称为磁场。

磁场是一种特殊形式的物质，具有力和能的性质。

（2）磁体对周围的铁磁物质具有吸引力，互不接触的磁极之间也具有作用力，这种力通常称为磁力。

磁体之间、电流之间、磁体与电流之间的相互作用力都是通过各自的磁场进行的。

（3）本来没有磁性的物质，由于受到磁场的作用而具有了磁性，这种现象称为磁化。

只有铁磁物质才能被磁化，而非铁磁性物质是不能被磁化的。

6. 电磁感应现象

在一定条件下，利用磁场产生电流的现象称为电磁感应现象。

当磁场和导线（线圈）发生相对运动时，获得的电流称为感应电流；形成感应电流的电动势称为感应电动势。

7. 自感现象

由于线圈本身电流发生变化而产生电磁感应的现象叫自感现象，简称自感。在自感现象中产生的感应电动势，叫自感电动势。

自感是电磁感应现象的一种特殊表现，自感现象具有以下特点。

（1）自感是线圈自身电流变化引起的。

（2）自感是由于磁场变化引起磁通变化。

（3）自感对电路中电流的变化有延迟作用。

8. 互感现象

相邻的两个线圈，当一个线圈中的电流发生变化时引起另一个线圈的磁通变化，这种现象叫互感现象。

两个线圈互感的大小，完全取决于两个线圈的结构、尺寸、匝数及它们之间的相对位置，与线圈的电流无关，它反映两个线圈间产生互感磁通和互感电动势的能力。

9. 电容器的参数

电容的额定工作电压、电容量、允许误差等参数，一般标在电容器的外壳上。

（1）额定工作电压。额定工作电压又叫耐压，是指电容器能够长时间可靠工作，并且保证电介质性能良好的直流电压的数值。

一般电解电容的耐压分为 6.3、10、16、25、50、100、250、400V 等。

>>> 【提示】　要使电容器能安全可靠工作，所加电压值不得超过其耐压值。否则，有可能破坏介质的绝缘性，甚至会使电容器被击穿而损坏。

（2）标称容量和允许误差。电容器上所标明的容量的值称为标称容量。不同的电容器，有不同的误差范围，在此范围之内的误差称为允许误差。

10. 正弦交流电

把大小和方向都按正弦规律变化的电流或电压叫正弦交流电。

11. 交流电的三要素

通常把振幅（最大值或有效值）、频率（或者角频率、周期）、初相位，称为交流电的三要素。

（1）正弦交流电在一个周期内所能达到的最大数值，也称幅值、峰值、振幅等。

（2）交流电在单位时间内（1s）完成周期性变化的次数（或者发电机在1s内旋转的圈数），用 f 表示，单位是 Hz。我国规定：交流电的频率是50Hz，习惯上称为"工频"。

（3）正弦交流电在 $t=0$ 时的相位（或发电机的转子在没有转动之前，其线圈平面与中性面的夹角）叫初相位，简称初相，用 ϕ_0 表示。初相位的大小和时间起点的选择有关，初相位的绝对值用小于 π 的角表示。

12. 纯电阻电路

纯电阻电路是最简单的交流电路，它由交流电源和纯电阻组件组成。

日常生活和工作中接触的白炽灯、电炉、电烙铁等，都属于纯电阻性负载，它们与交流电源连接即组成纯电阻电路。

13. 纯电感电路

纯电感电路是指电感线圈（电阻忽略不计）与交流电源连接成的电路。

电感线圈有"通直流、阻交流；通低频、阻高频"的性能。

14. 纯电容电路

如果将电容器的漏电电阻和分布电感忽略不计，把电容器接到交流电源上的电路，叫纯电容电路。

在电路中，用于"通交流、隔直流"的电容叫作隔直电容器；用于"通高频、阻低频"将高频电流成分滤除的电容叫作高频旁路电容器。

15. 三相交流电

（1）由三个大小相等，频率相同，相位相差120°的电动势组成三相电源向三相负载供电的电路，叫三相交流电路。

（2）能供给三相电动势的电源称为三相电源。

（3）三相交流电路中的某一相电路与中线就组成单相交流电路。

16. 三相电源的连接

（1）三角形接线（△）。将发电机三相绕组的每一相作为三角形的一个边的接法叫三角形接法，用"△"表示。从三角形的三个顶点各引出一根输电线，这就形成"三相三线供电制"。

当发电机三相电枢绕组接成△时，此时只有一种电压输出，线电压就是相电压。

（2）星形接线（Y）。将发电机三相绕组的三个尾端汇接于一点，三个首端分别与外电路相连的接法叫星形接法，用"Y"表示，如图1-11所示。从这四点各引出一根输电线，这就形成"三相四线供电制"。

当发电机三相电枢绕组接成星形时，其输出的电压共有两种：相电压220V和线电压380V。由于星形接法的这一优点，故发电机基本上都采用此接法。

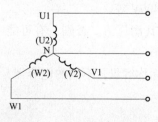

图1-11　三相绕组的星形接线

17. 相序

三相电动势达到最大值（振幅）的先后次序叫作相序。e_1 比 e_2 超前 120°，e_2 比 e_3 超前 120°，而 e_3 又比 e_1 超前 120°，称这种相序为正相序或顺相序；反之，如果 e_1 比 e_3 超前 120°，e_3 比 e_2 超前 120°，e_2 比 e_1 超前 120°，称这种相序为负相序或逆相序。

相序是一个十分重要的概念，为使电力系统能够安全可靠地运行，通常统一规定技术标准，一般在配电盘上用黄色标出 U 相，用绿色标出 V 相，用红色标出 W 相。

相序可用相序器来测量。

18. 三相负载的星形（Y）接线

（1）对称三相负载星形接线。对称三相负载多采用三相四线制电源供电，如图 1-12 所示。将对称三相电源加到星形连接的对称三相负载上时，负载的电流和电压的关系为

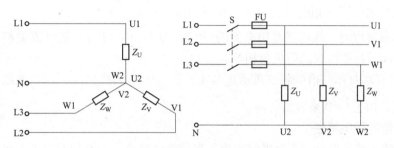

图 1-12　三相负载的星形接线

负载的相电压等于电源相电压，即 $U_{Y\Phi} = U_\Phi$；

负载的线电压等于电源线电压，即 $U_{YI} = U_L$；

负载的线电压是相电压的 $\sqrt{3}$ 倍，即 $U_{YI} = \sqrt{3}\, U_{Y\Phi}$；

流过负载的电流等于相线上的线电流，即 $I_\Phi = I_L$。

三相对称负载电流的旋转相量和为零，$\dot{I}_N = \dot{I}_U + \dot{I}_V + \dot{I}_W = 0$，即 $\dot{I}_N = 0$。

三相对称负载作星形连接时的中性线电流 I_N 为零。在这种情况下，去掉中性线不会影响三相电路的正常工作，为此也可采用"三相三线制"电路供电，如常用的三相对称负载三相电动机、三相电阻炉和三相变压器等，就是采用的"三相三线制"供电。

（2）非对称三相负载星形接线。对于不对称三相负载只能采用"三相四线制"供电。中线的作用在于能使三相负载成为三个互不影响的独立回路，因此无论负载有无变动，每相负载均承受对称的相电压，从而保持了负载的正常工作。由于中性线电流 I_N 不等于零，即 $\dot{I}_N = \dot{I}_N = \dot{I}_U + \dot{I}_V + \dot{I}_W \neq 0$，因此，不对称三相负载，中线是绝对不能省去，中性线保证三相负载电压对称。并规定中线上不得安装开关和熔断器，通常还要把中性线接地，以保证线路能正常工作。

如果中性线断开，将造成各相负载两端电压严重不对称，可能某一相的电压过低，负载不能正常工作；某一相电压过高，烧毁该相负载。

19. 三相负载的三角形（△）接线

把三相负载分别接到三相交流电源的每根相线之间，这种连接方法称为三角形接线，如图 1-13 所示。

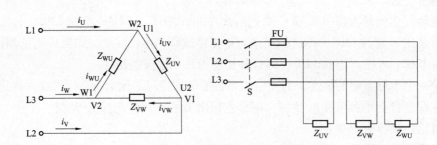

图 1-13　三相负载的三角形连接

负载做三角形连接时只能形成三相三线制电路。当三相负载三角形连接时，无论负载是否对称，负载两端电压（相电压）等于电源线电压，即 $U_{\triangle V} = U_I$。

当三相负载对称时，线电流是相电流的 $\sqrt{3}$ 倍，即 $I_{\triangle I} = \sqrt{3} I_{\triangle \phi}$，线电流的相位比相应的相电流滞后 $\pi/6$，各相负载的阻抗角相等。

▶▶【提示】　在非对称三相负载三角形连接中，$U_{\triangle \phi} = U_L$ 仍然成立，但是各线电流的大小应在对应节点，用 $\sum \dot{I} = 0$ 来分别计算。

20. 二极管的导电特性

在 PN 结的两端各引出一个电极就构成了半导体二极管。由 P 区引出的电极称为阳极或正极，由 P 区引出的电极称为阴极或负极。

PN 结具有单向导电性，单向导电性就是二极管的最重要特性。

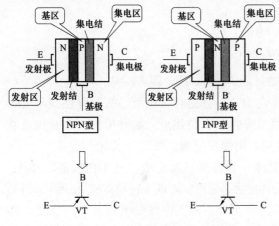

图 1-14　晶体管内部结构及符号

21. 半导体晶体管

半导体晶体管有 2 个 PN 结（发射结和集电结），3 个区（发射区、基区、集电区），3 个电极（发射极、基极、集电极）组成，3 个电极分别用字母 E、B、C 表示，如图 1-14 所示。

PNP 型和 NPN 型晶体管图形符号的区别是发射极的箭头方向不同，其箭头方向表示发射结加正向偏置时的电流方向。使用中，要注意电源的极性，确保发射结永远加正向偏置电压，三极管才能正常工作。

三极管的电流流向是确定的，但不同极性的三极管不同，如图 1-15 所示。

三极管的主要作用是放大信号，用三极管组成的电路可以放大电流、电压、功率等。

三极管基本放大电路如图 1-16 所示。其信号从基极和射极之间输入，放大后由集电极和发射极之间输出。发射极是输入输出信号的公共端，所以该电路为共发射极放大电路。

下面简要介绍图 1-16 的元件名称及作用。

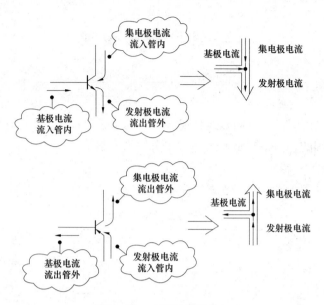

图 1-15　三极管电流流向

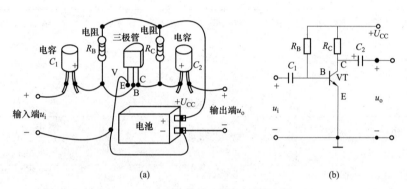

(a)　　　　　　　　　　　　　　(b)

图 1-16　共发射极基本放大电路

（a）实物接线图；（b）电路原理图

V：NPN 型晶体管，起电流放大作用。

R_B：基极偏置电阻。电源电压通过 R_B 向基极提供合适的偏置电流 I_B。

$+U_{CC}$：集电极直流电源，为电路提供工作电压和电流。

R_C：集电极负载电阻。其作用有二：① 将集电极电流 i_C 变化转换成集—射之间的电压 V_{CE} 的变化，这个变化的电压就是放大器的输出电压；② 电源 U_{CC} 通过 R_C 为集电极供电。

C_1、C_2：耦合电容。主要是隔断放大电路与信号源及负载之间的直流通路，让交流信号顺利通过。

1.2 通用数据资料

1.2.1 计量基本单位

法定计量单位是国家以法令的形式和规定使用的计量单位。我国的法定计量单位以国际单位制（SI）为基础的，但也有国家选定的非国际单位制单位。

1. 国际单位制（SI 制）

国际单位制（SI 制）见表 1-4~表 1-7。

表 1-4　　　　　　　　　国际单位制的基本单位

量的名称	单位名称	单位符号	量的名称	单位名称	单位符号
长度	米	m	热力学温度	开［尔文］	K
质量	千克（公斤）	kg	物质的量	摩［尔］	mol
时间	秒	s	发光强度	坎［德拉］	cd
电流	安［培］	A			

注　1. 基本量的主单位为基本单位，它是构成单位制中其他单位的基础，SI 制选定上述 7 个基本量，详细定义，由于篇幅不作介绍。

　　2. ［ ］内的字，是在不致混淆的情况下，可以省略的字，下同。

　　3. （ ）内的字为前者的同义语，下同。

表 1-5　　　　　　　　　国际单位制的辅助单位

量的名称	单位名称	单位符号
［平面］角	弧度	rad
立体角	球面度	sr

注　它既可以作基本单位使用，又可以作为导出单位使用。

表 1-6　　　　　　　国际单位制中具有专门名称的导出单位

量的名称	单位名称	单位符号	其他表示式例
频率	赫［兹］	Hz	s^{-1}
力、重力	牛［顿］	N	$kg \cdot m/s^2$
压力、压强、应力	帕［斯卡］	Pa	N/m^2
能［量］、功、热能	焦［耳］	J	$N \cdot m$
功率、辐［射能］通量	瓦［特］	W	J/s
电荷［量］	库［仑］	C	$A \cdot s$
电位、电压、电动势	伏［特］	V	W/A
电容	法［拉］	F	C/V
电阻	欧［姆］	Ω	V/A
电导	西［门子］	S	A/V
磁通［量］	韦［伯］	Wb	$V \cdot s$

量的名称	单位名称	单位符号	其他表示式例
磁通［量］密度，磁感应强变	特［斯拉］	T	Wb/m²
电感	亨［利］	H	Wb/A
摄氏温度	摄氏度	℃	K
光通量	流［明］	lm	cd·sr
［光］照度	勒［克斯］	lx	lm/m²
［放射性］活度	贝可［勒尔］	Bq	s⁻¹
吸收剂量	戈［瑞］	Gy	J/kg
剂量当量	希［沃特］	Sv	J/kg

注 导出单位是在选定了基本单位后，按物理量之间的关系，由基本单位用算式导出的单位。

表 1-7　　　　　　　用于构成十进倍数（含分数）单位的词头

所表示的因数	词头名称	符号表示	所表示的因数	词头名称	符号表示
10¹⁸	艾［可萨］	E	10⁻¹	分	d
10¹⁵	拍［它］	P	10⁻²	厘	c
10¹²	太［拉］	T	10⁻³	毫	m
10⁹	吉［咖］	G	10⁻⁶	微	μ
10⁶	兆	M	10⁻⁹	纳［诺］	n
10³	千	k	10⁻¹²	皮［可］	p
10²	百	h	10⁻¹⁵	飞［母托］	f
10	十	da	10⁻¹⁸	阿［托］	a

注 1. 10⁴称万，10⁸称亿，10¹²为万亿，这类数字的使用不受词头名称的影响，但不应与词头混淆。

2. 词头不能重叠使用，如毫微米（mμm），应改用纳米（nm）；微微法拉，应改用皮法（pF）。词头也不能单独使用，如 15 微米不能写成 15μ。

3. 倍数、分数单位的词头一般应使量的数值处于 0.1～1000 范围之内。如 1.2×10^4N（牛顿），词头应选用 k（10³）写成 12kN，也不能选用 M（10⁶），写成 0.012MN。又如 0.003 94m 应写成 3.94mm；11 401Pa 应写成 11.401kPa；又如 3.1×10^{-9}s（秒），词头应选取 n（10⁻⁹）写成 31ns（纳秒），也不能写成词头 p（10⁻¹²）3100ps。

4. 在一些场合中习惯使用的单位可不受数值限制。如机械制图中长度单位全部用毫米（mm），导线截面积单位用平方毫米（mm²），国土面积用平方千米（km²）等。

2. 我国选定的非国际单位制单位

我国选定的非国际单位制单位见表 1-8。

表 1-8　　　　　　　我国选定的非国际单位制单位

量的名称	单位名称	单位符号	与 SI 单位的换算关系
时间	分	min	1min=60s
	［小］时	h	1h=60min=3600s
	日，（天）	d	1d=24h
	年	a	1a=365d

量的名称	单位名称	单位符号	与SI单位的换算关系
［平面］角	［角］秒	″	$1'' = (\pi/648\ 000)$ rad
	［角］分	′	$1' = 60'' = (\pi/10\ 800)$ rad
	度	°	$1° = 60' = (\pi/180)$ rad
旋转速度	转每分	r/min	$1\text{r/min} = (1/60)\ \text{s}^{-1}$
长度	海里	n mile	1n mile＝1852m （只用于航行）
速度	节	kn	$1\text{kn} = 1\text{n mile/h} = (1852/3600)$ m/s （只用于航行）
质量	吨 原子质量单位	t u	$1\text{t} = 10^3$ kg $1\text{u} \approx 1.660\ 540 \times 10^{-27}$ kg
体积	升	L，（l）	$1\text{L} = 1\text{dm}^3 = 10^{-3}\text{m}^3$
能	电子伏	eV	$1\text{eV} \approx 1.602\ 177\ 2 \times 10^{-19}$ J
级差	分贝	dB	
线密度	特［克斯］	tex	1tex＝1g/km

注 1. 周、月、年为一般常用时间单位。

2. 角度单位度、分、秒的符号不放在数字后时，用圆括弧括起来。

3. 升的符号中，小写字母 l 为备用符号。

3. 组合单位

组合单位是指由两个或两个以上的单位用相乘、相除的形式组合而成的新单位。构成组合单位可以是国际单位制单位和国家选定的非国际制单位，也可以是它们的十进倍数或分数单位，见表1-9。

表1-9　　　　　　　　　　组　合　单　位

量的名称	组合单位表示法	
	正确表示法	说　明
电量	千瓦小时（kW·h）	
应力	牛顿/毫米²（N/mm²）	
力矩	牛顿米（N·m）	不宜写成 m·N，以免误解为毫牛顿
黏度	帕［斯卡］·秒（Pa·s）	
热导率	W/（m·K）	能写 W/k/m
速度	米每秒（m/s），千米每小时（km/h）	如 30km/h 应读成"三十千米每小时"

对于非物理量，其单位（如件、台、人、圆等）可用汉字与符号构成的组合单位。

习惯使用的统计单位，如万公里可记为"万 km"或"10^4 km"；万吨公里可记为"万

"t · km" 或 "10^4t · km"。

不得使用重叠词头，如 230nm 不应该写成 230mμm

凡是通过相乘构成的组合单位在加词头时，应加在组合单位的第一个单位前，如力矩 N · m，加词头 k，应写成 kN · m，不写成 N · km。

1.2.2 电学和磁学的量和单位

电学和磁学的量和单位见表 1-10。

表 1-10 电学和磁学的量和单位

量的名称	符号	单位名称	单位符号	备　注
电流	I	安［培］	A	—
电荷［量］	Q (q)	库［仑］， 安［培］［小］时	C，｜A · h｜	1C＝1A · s
体积电荷， 电荷［体］密度	ρ (η)	库［仑］每立方米	C/m³	$\rho = Q/V$
面积电荷，电荷面密度	σ	库［仑］每平方米	C/m²	$\sigma = Q/A$
电场强度	E	伏［特］每米	V/m	$E = F/Q$，1V/m＝1N/C
电位，（电势）	V、φ	伏［特］	V	1V＝1W/A＝1A · Ω＝1A/S
电位差，（电势差），电压	U (V)			
电动势	E			
电通［量］密度（电位移）	D	库［仑］每平方米	C/m²	—
电通［量］（电位移通量）	Ψ	库［仑］	C	$\Psi = DA$
电容	C	法［拉］	F	1F＝1C/V，$C = Q/U$
介电常数，（电容率）	ε	法［拉］每米	F/m	$\varepsilon = D/E$
真空介电常数， （真空电容率）	ε_0			$\varepsilon_0 = \mu_0 C_0^2 = 8.854\ 188 \times^{-12}$F/m
相对介电常数，（相对电容率）	ε_r	—	l	$\varepsilon_r = \varepsilon'/\varepsilon_0$
电极化率	χ，χ_e	—	l	$\chi = \varepsilon_r - 1$
电极化强度	P	库［仑］每平方米	C/m²	$P = D - \varepsilon_0 E$
电偶极矩	p，(p_e)	库［仑］米	C · m	—
面积电流，电流密度	J，(S)	安［培］每平方米	A/m²	
线电流，电流线密度	A，(a)	安［培］米	A/m	
［直流］电阻	R	欧［姆］	Ω	$R = U/I$，1Ω＝1V/A
［直流］电导	G	西［门子］	S	$G = 1/R$，1S＝1A/V＝1Ω⁻¹
电阻率	ρ	欧［姆］米	Ω · m	$\rho = RA/l$

续表

量的名称	符号	单位名称	单位符号	备 注
电导率	γ，σ	西[门子]每米	S/m	$\gamma = 1/\rho$
[有功]电能[量]	W	焦[耳]，瓦[特][小]时	J，W·h	$1kW \cdot h = 3.6 \times 10^6 J$
体积电磁能，电磁能密度	ω	焦[耳]每立方米	J/m³	—
坡印廷矢量	S	瓦[特]每平方米	W/m²	—
电磁波的相平面速度	c	米每秒	m/s	如介质中的速度用符号 c，则真空中的速度用符号 c_0
电磁波在真空中的传播速度	c，c_0			$c_0 = 299\ 792\ 458m/s$
磁场强度	H	安[培]每米	A/m	$1A/m = 1N/Wb$
磁位差，（磁势差）	U_m	安[培]	A	—
磁通势，磁动势	F，F_m			
磁通[量]密度	B	特[斯拉]	T	$1T = 1Wb/m^2 = 1V \cdot s/m^2$
磁感应强度				
磁通[量]	Φ	韦[伯]	Wb	$1Wb = 1V \cdot s$
磁矢位，（磁矢势）	A	韦[伯]每米	Wb/m	—
磁导率	μ	亨[利]每米	H/m	$\mu = B/H$，$1H/m = 1V \cdot s$
真空磁导率	μ_0			$\mu_0 = 1.256\ 637 \times 10^{-6} H/m$
相对磁导率	μ_r	—	l	$\mu_r = \mu/\mu_0$
磁化强度	M，(H_i)	安[培]每米	A/m	$M = (B/\mu_0) - H$
磁极化强度	J，(B_i)	特[斯拉]	T	$J = B - \mu_0 H$，$1T = 1Wb/m^2$
磁阻	R_m	每亨[利]，负一次方亨[利]	H⁻¹	$1H^{-1} = 1A/Wb$
磁导	Λ，(p)	亨[利]	H	$\Lambda = 1/R_m$，$1H = 1Wb/A$
自感	L	亨[利]	H	$L = \Phi/I$
互感	M，L_{12}			$M = \Phi_1/I_2$
导纳，（复[数]导纳）	Y	西[门子]	S	$1S = 1A/V$，$Y = 1/Z$
导纳模，（导纳）	$\|Y\|$			
电纳	B			
[交流]电导	G			
阻抗，（复[数]阻抗）	Z	欧[姆]	Ω	$Z = R + jX$，$\|Z\| = \sqrt{R^2 + X^2}$，当一感抗和一容抗串联时，$X = \omega L - 1/\omega C$
阻抗模，（阻抗）	$\|Z\|$			
[交流]电阻	R			
电抗	X			

续表

量的名称	符号	单位名称	单位符号	备　注
［有功］功率	P	瓦［特］	W	
无功功率	Q	乏	var	$1W=1J/s=1V\cdot A$ $Q=\sqrt{S^2-P^2}$，$S=UI$
视在功率，（表观功率）	S	伏［特］安［培］	V·A	
功率因数	λ	—	1	$\lambda=P/S$
品质因数	Q	—	1	$Q=\lvert X\rvert/R$
频率	f,ν	赫［兹］	Hz	
旋转频率	n	每秒，负一次方秒	s^{-1}	—
角频率	ω	弧度每秒	rad/s	—
		每秒，负一次方秒	s^{-1}	

1.2.3　光及有关电磁辐射的量和单位

光及有关电磁辐射的量和单位见表 1-11。

表 1-11　　　　　　　　　　光及有关电磁辐射的量和单位

量的名称	符号	单位名称	单位符号	备　注
频率	f,ν	赫［兹］	Hz	$1Hz=1s^{-1}$
角频率	ω	每秒，负一次方秒	s^{-1}	$\omega=2\pi\nu$
		弧度每秒	rad/s	
波长	λ	米	m	
辐［射］能	$Q,W\,(U,Q_{e})$	焦［耳］	J	$1J=1N\cdot m$
辐［射］能密度	$\omega\,(\mu)$	焦［耳］每立方米	J/m^3	—
辐［射］功率	$P,\Phi,(\Phi_{e})$	瓦［特］	W	$1W=1J/s$
辐［射］能通量				
辐［射］出［射］度	$M,(M_{e})$	瓦［特］每平方米	W/m^2	$M=\int M_{\lambda}d\lambda$
辐［射］照度	$E,(E_{e})$	瓦［特］每平方米	W/m^2	—
辐［射］强度	$I\,(I_{e})$	瓦［特］每球面度	W/sr	—
辐［射］亮度，辐射度	$L,(L_{e})$	瓦［特］每球面度平方米	$W/(sr\cdot m^2)$	$L=\int L_{\lambda}d\lambda$
发光强度	$I,(I_{v})$	坎［德拉］	cd	$I=\int I_{\lambda}d\lambda$
光通量	$\Phi,(\Phi_{v})$	流［明］	lm	$d\Phi=Id\Omega$，$1lm=1cd\cdot sr$
光量	$Q,(Q_{v})$	流［明］秒	lm·s	$1lm\cdot h=3600lm\cdot s$
		流［明］［小］时	lm·h	

量的名称	符号	单位名称	单位符号	备　注
［光］亮度	L, (L_v)	坎［德拉］每平方米	cd/m^2	—
［光］照度	E, (E_v)	勒［克斯］	lx	$1lx = 1lm/m^2$
光出射度	M, (M_v)	流［明］每平方米	lm/m^2	该量曾称为面发光度
光视效能	K	流［明］每瓦［特］	lm/W	$K = \Phi_v/\Phi_e$
曝光量	H	勒［克斯］秒	$lx \cdot s$	

1.2.4 声学的量和单位

声学的量和单位见表1-12。

表1-12　　　　　　　　　声学的量和单位

量的名称	符号	单位名称	单位符号	备　注
静压，（瞬时）声压	P_s, (P_0)	帕［斯卡］	Pa	$1Pa = 1N/m^2$
（瞬时）［声］质点位移	ε, (x)	米	m	
（瞬时）［声］质点速度	u, v	米每秒	m/s	$u = \partial\varepsilon/\partial t$
（瞬时）体积流量，（体积速度）	U, q, (q_v)	立方米每秒	m^3/s	$U = Su$, S 为面积
声速，（相速）	c	米每秒	m/s	
声能密度	ω, (e), (D)	焦［耳］每立方米	J/m^3	
声功率	W, p	瓦［特］	W	$1W = 1J/s$
声强［度］	I, J	瓦［特］每平方米	W/m^2	
声阻抗率	Z_s	帕［斯卡］秒每平方米	$Pa \cdot s/m^2$	
［媒质的声］特性阻抗	Z_c			
声阻抗	Z_a	帕［斯卡］秒每立方米	$Pa \cdot s/m^3$	
声质量	M_a	帕［斯卡］二次方秒每立方米	$Pa \cdot s^2/m^3$	$Y_a = Z_a^{-1}$
声导纳	Y_a	立方米每帕［斯卡］秒	$m^3/(Pa \cdot s)$	
声压级	L_p	贝［尔］	B	通常用 dB 为单位。$1dB = 0.1B$
声强级	L_I			
声功率级	L_w			
混响时间	T, (T_{60})	秒	s	
隔声量	R	贝［尔］	B	通常用 dB 为单位
吸声量	A	平方米	m^2	

1.2.5 常用物理和电学的常数

常用物理和电学的常数见表1-13。

表 1-13　　　　　　　　　　　　　　　常用物理和电学的常数

名　　称	符号	数　　值	SI 单位
真空介电常数，（真空电容率）	ε_0	$8.854\,187\,818\times10^{-12}$	F/m
真空磁导率（磁常数）	μ_0	$1.256\,6\times10^{-6}$	N·A
真空中光速	$c,\,c_0$	$2.997\,92\times10^{8}$	m·s^{-1}
电磁波在真空中速度	$c,\,c_0$	$2.997\,92\times10^{8}$	m·s^{-1}
原子质量单位	u	$1.660\,565\,5\times10^{-24}$	g
电子［静］质量	m_e	$0.910\,953\,4\times10^{-27}$	g
质子［静］质量	m_p	$1.672\,648\,5\times10^{-24}$	g
中子［静］质量	m_n	$1.674\,954\,3\times10^{-24}$	g
电子电荷	e	$1.602\,189\,2\times10^{-19}$	C，A·s
［经典］电子半径	r_e	$2.817\,938\,0\times10^{-15}$	m
玻尔半径	a_0	$5.291\,770\,6\times10^{-11}$	m
氢原子玻尔轨道半径	r	5.292×10^{-11}	m
原子核半径	r	$1.2\times10^{-13}\times\sqrt[3]{A_r}$	m
法拉第常数	F	$9.648\,456\times10^{4}$	C/mol
玻耳兹曼常数	k	$1.380\,2\times10^{-23}$	J/K
斯忒藩-玻耳兹曼常数	σ	$5.670\,32\times10^{-8}$	W/（m^2·K^4）
阿伏伽德罗常数	$L,\,N_A$	$6.022\,045\times10^{23}$	mol^{-1}

注　A_r 表示原子量。

1.2.6 常用单位换算关系

1. 长度单位换算

国际单位制长度基本单位是米（m），长度单位间的换算关系见表 1-14。

表 1-14　　　　　　　　　　　　　　　长度单位间的换算关系

单位名称	符号	换算关系	备　　注
千米（公里）	km	1000m	
厘米	cm	10^{-2}m	
毫米	mm	10^{-3}m	
英里	mile	1609.34m	
码	yd	0.914 4m	
英尺	ft	0.304 8m	
海里	n mile	1852m	
埃	Å	10^{-10}m	常用于表示光谱线的波长及其他微小长度
费密	fm	10^{-15}m	用于原子核物理学
天文单位	AU	$1.495\,978\times10^{11}$m	用于天文学
秒差距	pe	$3.085\,7\times10^{16}$m	用于天文学
光年	l. y.	$9.460\,53\times10^{15}$m	用于天文学

2. 面积单位的换算

法定计量单位是平方米（m²），其他面积单位间的换算关系见表 1-15。

表 1-15 面积单位的换算关系

平方公里（km²）	公顷（hm²）	公亩（m²）	平方米（m²）	平方厘米（cm²）	平方英里（mile²）	英亩（acre）	靶恩（b）	园密耳	亩
1	10²	10⁴	10⁶		0.386 1				
	1	10²	10⁴						
		1	10²			0.024 71			
			10⁻⁴	1					
			10⁻²⁸				1		
			5.067 07×10⁻¹⁰					1	
			666.6						1

3. 体积（容积）单位换算

法定计量单位是立方米（m³），体积单位间的换算关系见表 1-16。

表 1-16 体积（容积）单位间的换算关系

立方米（m³）	升（L）	立方厘米（cm³）	立方码（yd³）	英加仑（UKgal）	美加仑（USgal）
1	1000	10⁶	1.308	220	264.2

4. 压力、压强单位换算

压力、压强单位换算见表 1-17。

表 1-17 压力、压强单位换算

帕〔斯卡〕（Pa）	微巴（pbar）	毫巴（mbar）	巴（bar）	千克力每平方毫米（kgf/mm²）	工程大气压（at）	毫米水柱（mmH₂O），（kgf/m²）	标准大气压（atm）	毫米汞柱（mmHg）
1	10	0.01	10⁻⁵	1.02×10⁻⁷	1.02×10⁻⁵	0.102	0.99×10⁻⁵	0.007 5
0.1	1	0.001				0.010 2		
100	1000	1	0.001			10.2		0.750 1
10⁵	10⁶	1000	1	0.010 2	1.02	1197	0.986 9	750.1
98.07×10⁻⁵		98 067	98.07	1	100	10⁶	96.78	73 556
98 067		980.7	0.980 7	0.01	1	10⁴	0.967 8	735.6
9.807	98.07	0.098 1		0.000 1		1	0.967 8×10⁻⁴	0.073 6
101 325		1013	1.013		1.033 2	10 332	1	760
133.322	1333	1.333			0.001 36	13.6	0.001 32	1

5. 角速度、转速单位换算

角速度、转速单位换算见表 1-18。

表 1-18　　　　　　　　　　　　　　　角速度、转速单位换算

转每分（r/min）	转每秒（r/s）	弧度每秒（rad/s）	度每分［（°）/min］	度每秒［（°）/s］
1	0.016 6667	0.104 720	360	6
60	1	6.283 19	21 600	360
9.549 30	0.159 155	1	3437.75	57.295 8
0.002 777 78	$4.629\ 63\times10^{-5}$	$2.908\ 88\times10^{-4}$	1	0.016 666 7
0.166 667	0.002 777 78	0.017 453 3	60	1

6. 质量单位的换算

质量单位的换算见表 1-19。

表 1-19　　　　　　　　　　　　　　质 量 单 位 的 换 算

单位名称	符号	换算关系	单位名称	符号	换算关系
吨	t	1000kg	磅	lb	0.453 59kg
英吨	ton	1016kg	米制克拉		2×10^{-4}kg
美吨	sh.ton	907.185kg	盎司	oz	0.028 35kg
斤		0.5kg	格令	gr	$6.479\ 89\times10^{-5}$kg

7. 常用的线密度、体密度换算关系

（1）常用的线密度换算关系。

$$1\ 特克斯(tex)=10^{-6}kg/m$$

$$1\ 磅每英尺(lb/ft)=1.488\ 16kg/m$$

（2）常用的体密度换算关系。

$$1\ 吨每立方米(t/m^3)=1000kg/m^3$$

$$1\ 吨每立方米(t/m^3)=1000g/L$$

8. 力和质量换算关系

力的 SI 单位制导出单位为牛顿（N）。

$$1\ 牛顿(N)=10^5\ 达因(dyn)$$

$$1\ 千克力(kgf)=9.806\ 65\ 牛(N)$$

$$1\ 磅力(1bf)=32.174\ 0\ 磅达(pdl)=4.448\ 22\ 牛(N)$$

9. 速度单位的换算

速度单位的换算见表 1-20。

表 1-20　　　　　　　　　　　　　　速 度 单 位 的 换 算

千米每时 （km/h）	米每分 （m/min）	米每秒 （m/s）	厘米每秒 （cm/s）	英里每时 （mile/h）	海里每时 （n mile/h）
1	16.666 7	0.277 8	27.777 8	0.621 4	0.54
0.06	1	0.016 67	1.666 7	0.037 28	0.032 4
3.6	60	1	100	2.236 9	1.994
0.036	0.6	0.01	1	0.022 4	0.019 94

千米每时 （km/h）	米每分 （m/min）	米每秒 （m/s）	厘米每秒 （cm/s）	英里每时 （mile/h）	海里每时 （n mile/h）
1.609 3	26.82	0.447 0	44.704 0	1	0.87
1.852	30.867	0.514	51.4	1.150 8	1

10. 加速度单位的换算

加速度单位的换算见表1-21。

表1-21 加 速 度 单 位 的 换 算

单位名称	符　号	与法定计量单位的关系
伽（galileo）	Gal	$10^{-2} m/s^2$
毫伽（milligal）	mGal	$10^{-5} m/s^2$
英尺每二次方秒	ft/s²	$0.304\,8 m/s^2$
标准重力加速度	g_n	$9.806\,65 m/s^2$

11. 平面角单位的换算

平面角单位的换算见表1-22。

表1-22 平 面 角 单 位 换 算

单位名称	符　号	与法定计量单位的关系	备　注
圆周角	tr，pla	6.283 18rad	2π rad
转	r	6.283 18rad	2π rad
冈	（g），gon，gr	0.015 708 0rad	0.9°或（$\pi/200$）rad
直角	L	1.570 80rad	0.5π rad

12. 温度单位的换算

温度单位的换算见表1-23。

表1-23 温 度 单 位 的 换 算

摄氏度（℃）	华氏度（F）	开［尔文］水（K）
C	$\frac{9}{5}C+32$	$C+273.15$
$\frac{9}{5}(F-32)$	F	$\frac{5}{9}(F+459.67)$
$K-273.15$	$\frac{5}{9}F-459.67$	K

注　表中 C、F、K 分别表示该温标和该温标单位的任一温度数值。

13. 力矩和转矩单位的换算

力矩和转矩单位的换算见表1-24。

表 1-24　　　　　　　　　　　　　　力矩和转矩单位的换算

牛[顿]米（N·m）	千克力米（kgf·m）	克力厘米（gf·cm）	达因厘米（dyn·cm）
1	0.102 0	0.102 0×10⁵	10⁷
9.807	1	10⁵	9.807×10⁷
9.807×10⁻⁵	10⁻⁵	1	980.7
10⁻⁷	1.020×10⁻⁸	1.020×10⁻³	1

14. 电学和磁学单位的换算

电学和磁学单位的换算见表 1-25。

表 1-25　　　　　　　　　　　　　电学和磁学单位的换算

量的名称	单　位　换　算
电荷	1 安培小时（A·h）= 3.6×10³ C（库仑）
磁通量	1 麦克斯韦（Mx）耐 = 10⁻⁸ Wb（韦伯）
磁通密度	1 高斯（Gs）= 10⁻⁴ T（特斯拉）
磁场强度	1 奥斯特（Oe）= 79.577 5 A/m
磁通势	1 吉伯（Gb）= 0.795 775 A

15. 功和能单位的换算

功和能单位的换算见表 1-26。

表 1-26　　　　　　　　　　　　　　功和能单位的换算

焦[耳]（J）	千克力·米（kgf·m）	千瓦时（kWh）
10⁻⁷	0.102×10⁷	27.78×10⁻¹⁵
1	0.102	277.8×10⁻⁹
9.807	1	2.724×10⁻⁶
2.647 79×10⁶	270×10³	0.735 5
2.684 52×10⁶	273.8×10³	0.745 7
3.6×10⁶	367.1×10³	1

16. 常用的功率换算

$$1 瓦[特]（W）= 1 J/s$$

$$1 千克力米每秒（kgf·m/s）= 9.806\ 65 W$$

$$1[米制]马力 = 735.499 W$$

$$1[英制]马力（HP）= 745.700 W$$

17. 光学和声学单位的换算

常用的单位和法定计量单位的关系有如下几类。

（1）光亮度单位。

$$1 尼特（nt）= 1 cd/m^2$$

$$1 熙提（sb）= 10^4 cd/m^2$$

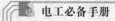

（2）光照度单位。

$$1 \text{ 辐透}(\text{ph}) = 10^4 \text{lx}$$
$$1 \text{ 烛光}/\text{英尺}^2(\text{fc}) = 10.76 \text{lx}$$

常用的声学单位与法定计量单位的换算见表 1-27。

表 1-27　　　　　　　　　　　声 学 单 位 的 换 算

单位名称	单位符号	与法定计量单位的关系	备　　注
达因每平方厘米	dyn/cm^2	0.1Pa	声压，静压力
尔格每平方厘米	erg/cm^2	$0.1\text{J}/\text{m}^3$	声能密度
尔格每秒	erg/s	$10^{-2}/\text{W}$	声功率，声能通量
尔格每秒平方厘米	$\text{erg}/(\text{s} \cdot \text{cm}^2)$	$0.001\text{W}/\text{m}^2$	声强度

电气工程常用材料

2.1 导 电 材 料

2.1.1 导电材料简介

1. 电气材料的分类

电阻率是用来表示各种物质电阻特性的物理量。按电阻率的不同，电气材料可分为导体、半导体和绝缘体3类。

（1）导体：指电阻率很小且易于传导电流的物质。一般情况下，其电阻率小于 $10^{-5}\Omega \cdot m$，如金、银、铜等金属材料。

（2）半导体：指电阻率介于导体和绝缘体之间的物质称为半导体。锗材料和硅材料是最常用的半导体。

（3）绝缘体：绝缘体又名电介质，其电阻率常大于 $10^{8}\Omega \cdot m$。绝缘体的种类很多，固体的，如塑料、橡胶、玻璃、陶瓷等；液体的，如各种天然矿物油、硅油、三氯联苯等；气体的，如空气、二氧化碳、六氟化硫等。绝缘体在某些外界条件，如加热、加高压等影响下，会被"击穿"，而转化为导体。在未被击穿之前，绝缘体也不是绝对不导电的物质。如果在绝缘材料两端施加电压，材料中将会出现微弱的电流。

2. 常用导电金属材料的性能

导电材料大部分是金属，在金属中，导电性最佳的是银，其次是铜，再次是铝。由于银的价格比较昂贵，因此只是在一些特殊的场合才使用，一般将铜和铝用作主要的导电金属材料。

常用导电金属材料的主要性能见表2-1。

表2-1 　　　　　　　　　常用导电金属材料的主要性能

材 料 名 称	20℃时的电阻率 $(\Omega \cdot m)$	抗拉强度 (N/mm^2)	密度 (g/cm^2)	抗氧化耐腐蚀 （比较）	可焊性 （比较）	资源 （比较）
银	1.6×10^{-8}	160~180	10.50	中	优	少
铜	1.72×10^{-8}	200~220	8.90	上	优	少
金	2.2×10^{-8}	130~140	19.30	上	优	稀少
铝	2.9×10^{-8}	70~80	2.70	中	中	丰富
锡	11.4×10^{-8}	1.5~2.7	7.30	中	优	少
钨	5.3×10^{-8}	1000~1200	19.30	上	差	少
铁	9.78×10^{-8}	250~330	7.8	下	良	丰富
铅	21.9×10^{-8}	10~30	11.37	上	中	中

3. 铜和铝

铜和铝是两种最常用，且用量最大的电工材料。室内线路以铜材料居多，室外线路以铝材料为主，几乎各占"半边天"。铜和铝的类别、型号及用途见表2-2。

表2-2 铜和铝的类别、型号及用途

材料	类 别		型号	用 途
铜	普通纯铜	一号铜	T1	导电线芯
		二 号铜	T2	仪器仪表导电零部件
	无氧铜	一 号无氧铜	TU1	真空器件、电子仪器零件、耐高温导电微细丝
		一 号无氧铜	TU2	
	无磁性高纯铜		TWC	高精度仪器仪表动圈漆包线
铝	特一号铝		AL-00	电线电缆、导电结构件及各种导电铝合金、汇流排
	特二号铝		AL-0	
	一号铝		AL-1	

（1）铜。

1）铜的导电性能好，在常温时有足够的机械强度，具有良好的延展性，便于加工，化学性能稳定，不易氧化和腐蚀，容易焊接。

2）纯铜俗称紫铜，含铜量高。根据材料的软硬程度，铜分为硬铜和软铜。

3）铜广泛应用于制造电动机、变压器和各种电器的线圈。

（2）铝。

1）铝的导电系数虽然没有铜的导电系数大，但其密度小。同样长度的两根线，若要求它们的电阻值一样，则铝导线的截面积约是铜导线的1.69倍。

2）铝资源比较丰富，价格便宜，在铜材紧缺时，铝材是最好的替代品。

（3）影响铜、铝材料导电性能的主要因素。

1）杂质使铜的电阻率上升，磷、铁、硅等杂质的影响尤其明显。铁和硅是铝的主要杂质，它们使铝的电阻率增加，塑性、耐蚀性降低，但提高了铝的抗拉强度。

2）温度的升高使铜、铝的电阻率增加。

3）环境影响。潮湿、盐雾、酸与碱蒸汽、被污染的大气都对导电材料有腐蚀作用。铜的耐蚀性比铝好，用于特别恶劣环境中的导电材料应采用铜合金材料。

4. 导电材料的分类

（1）固体：包括金属固体，非金属固体、部分有机高分子材料。

（2）液体：包括电解质水溶液、汞。

（3）气体：包括钠、汞蒸气，氖、氩等稀有气体。

5. 导电材料的规格型号

圆形规格的导电材料以标称截面积（mm^2）表示，扁线以厚 a（mm）、宽 b（mm）表示。

导电材料的型号中一般含有拼音字母，不同字母有不同的含义，例如，T-铜、L-铝、G-钢、Y-硬、R-软、Q-漆等。其型号由材质、构造、状态几部分组成。通用电缆型号及材质见表2-3。

表 2-3　　　　　　　　　　　　　　通用电缆型号及材质

电缆型号	电缆材质
ZQ	纸绝缘裸铅包电力电缆
ZQ1	纸绝缘铅包麻被电力电缆
ZQ2	纸绝缘铅包钢带铠装电力电缆
ZQ20	纸绝缘铅包裸钢带铠装电力电缆
ZQ3	纸绝缘铅包细钢丝铠装电力电缆
ZQ30	纸绝缘铅包裸细钢丝铠装电力电缆
ZQ4	纸绝缘铅包粗钢丝铠装电力电缆
ZQF2	纸绝缘分相铅包钢带铠装电力电缆
ZQF20	纸绝缘分相铅包裸钢带铠装电力电缆
ZQF4	纸绝缘分相铅包粗钢丝铠装电力电缆
ZL	纸绝缘裸铅包电力电缆
ZQD3	纸绝缘铅包细钢丝铠装不滴流电力电缆
ZQD30	纸绝缘铅包裸钢丝铠装不滴流电力电缆
ZQD4	纸绝缘铅包粗钢丝铠装不滴流电力电缆
XQ	橡皮绝缘铅包电力电缆
XQ2	橡皮绝缘铅包钢带铠装电力电缆
XQ20	橡皮绝缘铅包裸钢带铠装电力电缆
VV	聚氯乙烯绝缘及护套电力电缆
VV20	聚氯乙烯绝缘及护套裸钢带铠装电力电缆
VV22	聚氯乙烯绝缘及护套钢带内铠装电力电缆
VV3	聚氯乙烯绝缘及护套细钢丝铠装电力电缆
VV32	聚氯乙烯绝缘及护套细钢丝内铠装电力电缆
VV40	聚氯乙烯绝缘及护套粗钢丝铠装电力电缆
VV42	聚氯乙烯绝缘及护套粗钢丝内铠装电力电缆
YJV	交联聚氯乙烯绝缘聚氯乙烯护套电力电缆
YJ22	交联聚氯乙烯绝缘聚氯乙烯护套内铠装电力电缆
YJ32	交联聚氯乙烯绝缘聚氯乙烯护套细钢丝内铠装电力电缆
YJV-FR	交联聚氯乙烯绝缘聚氯乙烯护套阻燃电力电缆
YJ22-FR	交联聚氯乙烯绝缘聚氯乙烯护套内铠装阻燃电力电缆

续表

电缆型号	电缆材质
YJV40	聚氯乙烯绝缘及护套裸粗钢丝铠装电力电缆
YJV42	交联聚氯乙烯绝缘聚氯乙烯护套粗钢丝内铠装电力电缆
XV20	橡胶绝缘聚氯乙烯护套裸钢带铠装电力电缆
YC	重型橡套电缆
CHY	船用橡胶绝缘耐油橡套电缆
KVV	聚氯乙烯绝缘聚氯乙烯护套控制电缆
KVV22	聚氯乙烯绝缘聚氯乙烯护套钢带内铠装控制电缆
KYV	聚氯乙烯绝缘聚氯乙烯护套控制电缆
KYV22	聚氯乙烯绝缘聚氯乙烯护套钢带内铠装控制电缆
PVV	聚氯乙烯绝缘聚氯乙烯护套信号电缆
PVV22	聚氯乙烯绝缘聚氯乙烯护套钢带内铠装信号电缆
KYVP2-22	聚氯乙烯绝缘铜带绕包总屏蔽内铠装聚氯乙烯护套控制电缆
KYJV	交联聚氯乙烯绝缘聚氯乙烯护套控制电缆
KYJV-FR	交联聚氯乙烯绝缘聚氯乙烯护套阻燃控制电缆
KYJVP	交联聚氯乙烯绝缘铜丝编织屏蔽聚氯乙烯护套控制电缆
KYJVP-FR	交联聚氯乙烯绝缘铜丝编织屏蔽聚氯乙烯护套阻燃控制电缆
KYJ22-FR	交联聚氯乙烯绝缘聚氯乙烯护套内钢带铠装阻燃电缆

2.1.2 电线和电缆

用来导电的电工材料称为导线，俗称电线。常用的导线有裸导线、电磁线、绝缘电线和电缆等。

1. 裸导线

裸导线是指仅有金属导体而无绝缘层的电线，如图2-1所示。裸导线有单线、绞合线、特殊导线和型线与型材4大类，主要用于电力、交通、通信工程与电机、变压器和电器制造。

图2-1　裸导线

裸导线的特性及用途见表 2-4。

表 2-4　　　　　　　　　　　　　　裸导线的特性及用途

分类	名　称	型号	截面积范围（mm²）	主要用途	备　注
裸单线	硬圆铝单线 半硬圆铝单线 软圆铝单线	LY LYB LR	0.06~6.00	硬线主要做架空线用。半硬线和软线做电线、电缆及电磁线的线心用，亦可做电机、电器及变压器绕组用	
	硬圆铜单线 软圆铜单线	TY TR	0.02~6.00		可用 LY、LR 代替
	镀锌铁线		1.6~6.0	用做小电流、大跨度的架空线	具有良好的耐腐蚀性
裸绞线	铝绞线	LY	10~600	用做高、低压架空输电线	
	铝合金绞线	HLJ			
	钢芯铝绞线	LGJ	10~400	用于拉力强度较高的	
	防腐钢芯铝绞线	LGJF	25~400	架空输电线	
	硬铜绞线	TJ		用做高、低压架空输电线	可用铝制品代替
	镀锌钢绞线	GJ	2~260	用做农用架空线或避雷线	
裸型线	硬铝母线 半硬铝扁线 软铝母线	LBY LBBY LBR	a：0.08~7.01 b：2.00~35.5	用于制作电机、电器设备的绕组	
	硬铝母线 软铝母线	LMY LMR	a：4.00~31.50 b：16.00~125.00	用于配电设备及其他电路装置中	
	硬铜扁线 软铜扁线	TBY TBR	a：0.80~7.10 b：2.00~35.00	用于安装电机、电器、配电设备	
	硬铜母线 软铜母线	TMY TMR	a：4.00~31.50 b：16.00~125.00		
裸软接线	铜电刷线 软铜电刷线 纤维编织镀锡铜电刷线	TS TSR TSX	0.3~16	用于电机、电器及仪表线路上连接电刷	
	纤维编织镀锡铜软电刷线	TSXR	0.6~2.5		
	铜软绞线	TJR	0.06~5.00	电气装置	
	镀锡铜软绞线	TJRX			
	铜编织线	TZ	4~120	电子元器件连接线	
	镀锡铜编织线	TZX			

绞合线是由多股单线绞合而成的导线，其目的是改善使用性能。就其结构而论，可分为简单绞线（LJ）、组合绞线（LGJ）和复合绞线。

　　架空线用得较多的是铝绞线（LJ）和钢芯铝绞线（LGJ）。LJ 型铝绞线的主要技术数据见表 2-5，LGJ 型钢芯铝绞线的主要技术数据见表 2-6。

表 2-5　　　　　　　　　　　LJ 型铝绞线的主要技术数据

标称截面积 （mm²）	结构根数/线径 （mm）	成品外径 （mm）	直流电阻 20℃（Ω/km）	拉断力 （kN）	质量（kg/km）
16	7/1.70	5.10	1.140	5.86	143
25	7/2.12	6.36	0.733	8.90	222
35	7/2.50	7.50	0.527	12.37	309
50	7/3.00	9.00	0.366	17.81	445
70	19/2.12	10.60	0.273	24.15	609
95	19/2.50	12.50	0.196	33.58	847
120	19/2.80	14.00	0.156	42.12	1062
150	19/3.15	15.70	0.123	51.97	1344
185	37/2.50	17.50	0.101	65.39	1650
240	37/2.85	19.95	0.078	84.97	2145
300	37/3.15	22.05	0.063	101.21	2620
400	61/2.85	25.65	0.047	140.09	3540

　　注　拉断力是指首次出现任一单线断裂时的拉力。

表 2-6　　　　　　　　　　　LGJ 型钢芯铝绞线的主要技术数据

标称 截面积 （mm²）	结构 根数/直径 （mm）		实际 截面积 （mm²）		导线直径 （mm）		直流电阻 20℃ （Ω/km）	拉断力 （kN）	单位质量 （kg/km）	安全载流量 （A）		
	铝	钢	铝	钢	导线	钢芯				70℃	80℃	90℃
10	6/1.50	1/1.5	10.6	1.77	4.50	1.5	2.774	3.67	42.9	65	77	87
16	6/1.80	1/1.8	15.3	2.54	5.40	1.8	1.926	5.30	61.7	82	97	109
25	6/2.20	1/2.2	22.8	3.80	6.60	2.2	1.289	7.90	92.2	104	123	139
35	6/2.80	1/2.8	37.0	6.16	8.40	2.8	0.796	11.90	149	138	164	183
50	6/3.20	1/3.2	48.3	8.04	9.60	3.2	0.609	15.50	195	161	190	212
70	6/3.80	1/3.8	68.0	11.3	11.40	3.8	0.432	21.30	275	194	228	255
95/15	28/2.07	7/1.8	94.2	17.8	13.68	5.4	0.315	34.90	401	248	302	345
95/20	7/4.14	1/1.8	94.2	17.8	13.68	5.4	0.312	33.10	398	230	272	304
120/20	28/2.30	7/2.0	116.3	22.0	15.20	6.0	0.255	43.10	495	281	344	394
120/25	7/4.60	7/2.0	116.3	22.0	15.20	6.0	0.253	40.90	492	256	303	340
150	28/2.53	7/2.2	140.8	26.6	16.72	6.6	0.211	50.80	598	315	387	444
185	28/2.88	7/2.5	182.4	34.4	19.02	7.5	0.163	65.70	774	268	453	522
240	28/3.22	7/2.8	228.0	43.1	21.28	8.4	0.130	78.60	969	420	520	600
300	28/3.80	19/2.0	317.5	59.7	25.20	10.0	0.093 5	111.00	1348	511	638	740
400	28/4.17	19/2.2	382.4	72.2	27.68	10.0	0.077 8	134.00	1626	570	715	832

　　注　防腐型钢芯铝绞线标称截面积为 25～400mm² 的规格、线心结构同 LGJ。

2. 电磁线

电磁线是用于电能与磁能相互转换的有绝缘层的导线。常用电磁线的导电线芯有圆线和扁线两种。目前大多采用铜线，很少采用铝线。

（1）漆包线。漆包线的绝缘层是漆膜，广泛应用于中小型电动机及微电动机、干式变压器和其他电工产品中。漆包线的参数及用途见表2-7。

表 2-7　　　　　　　　　　　　漆包线的参数及用途

类别	名　称	型号	耐热等级（℃）	规格范围（mm）	特　点	主要用途
油性漆包线	油性漆包圆铜线	Q	A（105）	0.02~2.50	（1）漆膜均匀，介质损耗角小；（2）耐溶剂性和耐刮性差	中、高频线圈及仪表、电器等线圈
缩醛漆包线	缩醛漆包圆铜线　缩醛漆包圆铝线　彩色缩醛漆包圆铜线　缩醛漆包扁铜线　缩醛漆包扁铝线	QQ-1 QQ-2 QQL-1 QQL-2 QQS-1 QQS-2 QQB QQLB	E（120）	0.02~2.50　0.06~2.50　0.02~2.50　a：0.8~5.60 b：2.0~18.0	（1）热冲击性、耐刮性和耐水解性能好；（2）漆膜受卷绕应力易产生裂纹（浸渍前须在120℃左右加热1h以上，以消除应力）	普通中小型电动机、微电动机、油浸变压器的绕组、电器仪表的线圈等
	缩醛漆包扁铝合金线	—	E	a：0.8~5.60 b：2.0~18.0	同上，抗拉强度比铝线大，可承受线圈在短路时较大的应力	大型变压器线圈和换位导线
聚氨酯漆包线	聚氨酯漆包圆铜线　彩色聚氨酯漆包圆铜线	QA-1 QA-2	E	0.15~1.0	（1）在高频条件下介质损耗角小；（2）可以直接焊接，不须刮去漆膜；（3）着色性好；（4）过负载性能差	要求 Q 值稳定的高频线圈、电视机线圈和仪表用的微细线圈
环氧漆包线	环氧漆包圆铜线	QH-1 QH-2	E	0.06~2.50	（1）耐水解性、耐潮性、耐酸碱腐蚀和耐油性好；（2）弹性、耐刮性较差	油浸变压器和耐化学品腐蚀、耐潮湿电动机的绕组

类别	名　称	型号	耐热等级 （℃）	规格范围 （mm）	特　点	主要用途
聚醛漆包线	聚醛漆包圆铜线 聚酯漆包圆铝线 彩色聚酯漆包圆铜线 聚酯漆包扁铜线 聚酯漆包扁铝线	QZ-1 QZ-2 QZL-1 QZL-2 QZS-1 QZS-2 QZB QZLB	B （130）	0.02~2.50 0.06~2.50 0.06~2.50 a：0.8~5.60 b：2.0~18.0	（1）在干燥和潮湿条件下，耐电压击穿性能好； （2）软化击穿性能好； （3）耐水解性热冲击性较差	通用中小电动机、干式变压器的绕组和电器仪表的线圈
	聚酯漆包扁铝合金线	—	B	a：0.8~5.60 b：2.0~18.0	同上，抗拉强度比铝线大，可承受线圈在短路时较大的应力	干式变压器线圈
聚酯亚胺漆包线	聚酯亚胺漆包圆铜线 聚酯亚胺漆包扁铜线	QZY-1 QZY-2 QZYB	F （155）	0.06~2.50 a：0.8~5.60 b：2.0~18.0	（1）在干燥和潮湿条件下，耐电压击穿性能好； （2）热冲击性能、软化击穿性能好； （3）在含水密封系统中易水解	干式变压器、高温电动机和制冷装置中电动机的绕组，电器仪表的线圈
聚酰胺酰亚胺漆包线	聚酰胺酰亚胺漆包圆铜线 聚酰胺酰亚胺漆包扁铜线	QXT-1 QXY-2 QXYB	C （200）	0.06~2.50 a：0.8~5.60 b：2.0~18.0	（1）耐热性、热冲击及耐刮性好； （2）在干燥和潮湿条件下耐击穿电压高； （3）耐化学药品腐蚀性能优	高温重负荷电动机、牵引电动机、制冷设备电动机、干式变压器的绕组，电器仪表的线圈，以及密封式电动机、电器的绕组
特种漆线包	环氧自黏性漆包圆铜线	QHN	E	0.10~051	（1）不需浸渍处理，在一定温度条件下能自行黏合成形； （2）耐油性好； （3）耐刮性较差	仪表和电器的线圈、无骨架的线圈
	缩醛自黏性漆包圆铜线	QQN	E	0.10~1.00	（1）能自行黏合成形； （2）热冲击性能良	
	聚酯自黏性漆包圆铜线	QZN	B	0.10~1.00	（1）能自行黏合成形； （2）耐电击穿电压性能优	

类别	名　称	型号	耐热等级（℃）	规格范围（mm）	特　点	主要用途
聚酰亚胺漆包线	聚酰亚胺漆包圆铜线 聚酰亚胺漆包扁铜线	QY-1 QY-2 QYB	C	0.02~2.50 a：0.8~5.60 b：2.0~18.0	（1）漆膜的耐热是目前最好的一种； （2）软化击穿及热冲击性优，能承受短时期过载负荷； （3）耐低温性、耐辐射性好； （4）耐溶剂及化学药品腐蚀性好； （5）耐碱性较差	耐高温电动机、干式变压器、密封式继电器及电子元件
特种漆包线	自黏直焊漆包圆铜线	QAN	E	0.10~0.44	在一定温度、时间条件下不需刮去漆膜，可直接焊接，同时不需浸渍处理，能自行黏合成形	微型电动机、仪表的线圈和电子元件、无骨架的线圈
特种漆包线	无磁性聚氨酯漆包圆铜线	QATWC	E	0.02~0.2	（1）漆包线中铁的含量极低，对感应磁场所起干扰作用极微； （2）在高频条件下介质损耗角小； （3）不需剥去漆膜即可直接焊接	精密仪表和电器的线圈，如直镜式检流计、磁通表、测震仪等的线圈

注　1. "规格范围"一栏中，圆线规格以线心直径表示，扁线以线心窄边（a）及宽边（b）表示，下同。

　　2. 在"型号"一栏中，"-1"表示 1 级漆膜（薄漆膜），"-2"表示 2 级漆膜（厚漆膜）。

（2）绕包线。绕包线用玻璃丝、绝缘纸或合成树脂薄膜等紧密绕包在导电线芯上形成绝缘层，也有在漆包线上再绕包绝缘层的。绕包线用来制造电工产品中的线圈或绕组的绝缘电线，又称绕组线。绕包线的参数及主要用途见表 2-8。

表 2-8　　　　　　　　　　绕包线的参数及主要用途

类别	名　称	型号	耐热等级（℃）	规格范围（mm）	特　点	主要用途
纸包线	纸包圆铜线 纸包圆铝线 纸包扁铜线 纸包扁铝线	Z ZL ZB ZLB	A （105）	1.0~5.60 1.0~5.60 a：0.9~5.60 b：2.0~18.0	（1）在油浸变压器中作线圈，耐电压击穿性能好； （2）绝缘纸易破损； （3）价廉	油浸变压器的绕组

续表

类别	名　　称	型号	耐热等级（℃）	规格范围（mm）	特　　点	主要用途
玻璃丝包线及玻璃丝包漆包线	双玻璃丝包圆铜线 双玻璃丝包圆铝线	SBEC SBELC	B（130）	0.25~6.0	（1）过负载性好； （2）耐电晕性好； （3）玻璃丝包漆包线耐潮湿性好	电工仪表、机器仪表的绕组
	双玻璃丝包扁铜线 双玻璃丝包扁铝线 单玻璃丝包聚酯漆包扁铜线 单玻璃丝包聚酯漆包扁铝线 双玻璃丝包聚酯漆包扁铜线 双玻璃丝包聚酯漆包扁铝线	SBECB SBELCB QZSBCB QZSBLCB QZSBECB QZSBELCB		a：0.9~5.60 b：2.0~18.0		
	单玻璃丝包聚酯漆包圆铜线	QZSBC	E（120）	0.53~2.50		
	硅有机漆双玻丝包圆铜线 硅有机漆双玻丝包扁铜线	SBEG SBEGB	H（180）	0.25~6.0	耐弯曲性较差	
	双玻璃丝包聚酯亚胺漆包扁铜线 双玻璃丝包聚酯亚胺漆包扁铜线	QYSBEGB QYSBGB		a：0.9~5.60 b：2.0~18.0		
丝包线	双丝包圆铜线 单丝包油性漆包圆铜线 单丝包聚酯漆包圆铜线 双丝包油性漆包圆铜线 双丝包聚酯漆包圆铜线	SE SQ SQZ SEQ SEQZ	A	0.05~2.50	（1）绝缘层的机械强度较好； （2）油性漆包线的介质损耗角小； （3）丝包漆包线的电性能好	仪表、电信设备的线圈绕组，以及采矿电缆的线心等
薄膜绕包线	聚酰亚胺薄膜绕包圆铜线 聚酰亚胺薄膜绕包扁铜线	Y YB	（330）	0.25~6.0 a：0.9~5.60 b：2.0~18.0	（1）耐热和耐低，温性好； （2）耐辐射性； （3）高温下耐电压击穿性好	高温、有辐射等场所的电动机绕组及干式变压器的绕组

（3）无机绝缘线。当耐热等级要求超出有机材料的限度时，通常采用无机绝缘漆涂敷。无机绝缘的参数及主要用途见表2-9。

表 2-9   无机绝缘的参数及主要用途

类别	名称	型号	规格范围（mm）	长期工作温度（℃）	特　点	主要用途
氧化膜线	氧化膜圆铝线 氧化膜扁铝线 氧化膜铝带（箔）	YML YMLC YMLB YMLBC YMLD	0.05~5.0 a：1.0~4.0 b：2.5~6.3 a：0.08~1.00 b：20~900	以氧化膜外涂绝缘漆的涂层性质确定工作温度	（1）槽满率高； （2）耐辐射性好； （3）弯曲性、耐酸、碱性差； （4）击穿电压低； （5）不用绝缘漆封闭的氧化膜耐潮性差	起重电磁铁、高温制动器的线圈和干式变压器的绕组，并用于需耐辐射场合
玻璃膜绝缘微细线	玻璃膜绝缘微细锰铜线 玻璃膜绝缘微细镍铬线	BMTM-1 BMTM-2 BMTM-3 BMNG		-40~+100	（1）导体电阻的热稳定性好； （2）能适应高低温的变化； （3）弯曲性差	适用于精密仪器、仪表的无感电阻和标准电阻元件
	陶瓷绝缘线	TC	0.06~0.50	500	（1）耐高温性能好； （2）耐化学腐蚀性和辐射性好； （3）弯曲性差； （4）击穿电压低； （5）耐潮性差	用于高温以及有辐射场合的电器线圈等

3. 橡胶、塑料绝缘电线

具有绝缘包层（单层或多层）的电线称为绝缘电线。绝缘电线能起到隔离、保护的作用，应用较广泛。

橡胶、塑料绝缘电线有铜芯和铝芯，单股和多股，单芯、双芯和多芯等种类。其绝缘包层有橡皮绝缘和塑料绝缘两种。常用绝缘电线的参数及用途见表 2-10。

表 2-10   常用绝缘电线的参数及用途

产品名称	型号	截面积范围（mm²）	额定电压（U_0/U）	最高允许工作温度（℃）	主要用途
铝芯氯丁橡胶线 铜芯氯丁橡胶线	BLXF BXF	2.5~185 0.75~95	300/500	65	固定敷设，尤其宜用于户外，可明设或暗设
铝芯橡胶线 铜芯橡胶线	BLX BX	2.5~400 1.0V400	300/500		固定敷设，用于照明和动力线路，可明敷或暗敷
铜芯橡胶软线	BXR	0.75~400	300/500	65	用于室内安装及有柔软要求场合
橡胶绝缘氯丁橡胶护套线	BXHL BLXHL	0.75~185	300/500	65	敷设于较潮湿的场合，可明敷或暗敷

续表

产品名称	型号	截面积范围 （mm²）	额定电压 （U_0/U）	最高允许工作 温度（℃）	主要用途
铝芯聚氯乙烯 绝缘电线	BLV	1.5～185	450/750	70	固定敷设于室内外照明， 电力线路及电气装备内部
铜芯聚氯乙烯 绝缘电线	BV	0.75～185			
铜芯聚氯 乙烯软线	BVR	0.75～70	450/750	70	室内安装，要求较柔软 （不频繁移动）的场合
铝芯聚氯乙烯绝缘 聚氯乙烯护套线	BLVV	2.5～10（2～3芯）	300/500	70	固定敷设于潮湿的室内和 机械防护较高的场合，可明 敷或暗敷和直埋地下
铜芯聚氯乙烯绝缘 聚氯乙烯护套线	BVV	0.75～10（2～3芯） 0.5～6（4～6芯）			
铜（铝）芯聚氯乙烯 绝缘聚氯乙烯 护套平行线	BVVR	0.75～10（2～3芯）	300/500	70	固定敷设于室内外照明， 还可用作小容量动力线，可 明敷或暗敷
	BLVVR	2.5～10（2～3芯）			
铜（铝）芯耐热 105 ℃ 聚氯 乙烯绝缘电线	BV-105 BLV-105	0.75～10	450/750	105	敷设于高温环境的场所， 可明敷或暗敷
铜芯耐热 105 ℃ 聚氯乙烯绝缘软线	BVR-105	0.75～10	450/750	105	同 BV-105，用于安装时 要求柔软的场合
纤维和聚 乙烯绝缘电线	BSV	0.75～1.5	300/500	65	电器、仪表等做固定敷设 的线路用于交流 250V 或直 流 500V 场合
纤维和聚 乙烯绝缘软线	BSVR				
丁腈聚氯乙烯复合物 绝缘电气装置 用电（软）线	BVF （BVFR）	0.75～6.0 0.75～70	300/500	65	用于交流 2500V 或直流 1000V 以下的电器、仪表等 装置

橡胶、塑料绝缘连接用软线在家用电器和照明中应用极广泛，在各种交、直流移动电器、电工仪表、电器设备及自动化袋置接线也适用。绝缘软线的参数和主要用途见表2-11。

表 2-11　　　　　　　　　　常用绝缘软线的参数及主要用途

产品名称	型号	截面积范围（mm²）	额定电压（U_0/U）	最高允许工作温度（℃）	主要用途
聚氯乙烯绝缘单芯软线	RV	0.12~10	450/750		
聚氯乙烯绝缘双芯平行软线	RVB	0.12~2.5		70	供各种移动电器、仪表、电信设备、自动化装置的接线和移动电具、吊灯的电源连接线
聚氯乙烯绝缘双芯绞合软线	RVS	0.12~2.5	300/300		
聚氯乙烯绝缘及护套平行软线	RVVB	0.5~0.75			
聚氯乙烯绝缘和护套软线	RVV	0.12~6（4 芯以下） 0.12~2.5（5~7 芯） 0.12~1.5（10~24 芯）	300/500	70	同 RV，用于潮湿和机械防护要求较高场合
丁腈聚氯乙烯复合绝缘平行软线	RFB RVFB	0.12~2.5	交流300/500	70	同 RV，但低温柔软性较好
丁腈聚氯乙烯复合绝缘绞合软线	RFS RVFS	0.12~2.5	直流300/500	70	同 RV，但低温柔软性较好
橡皮绝缘棉纱编织双绞软线	RXS	0.2~0.4	300/500	65	灯头、灯座之间，移动家用电器的连接线
橡皮绝缘棉纱总编软线（2 芯或 3 芯）	RX	0.3~0.4			
氯丁橡套软线	RHF		300/500	65	移动电器的电源连接线
橡套软线	RH				
聚氯乙烯绝缘软线	RVR-105	0.5~0.6	450/750	105	高温场所的移动电器连接线
氟塑料绝缘耐热电线	AF AFP	0.2~0.4（2~24 芯）	300/300	−60~200	用于航空、计算机、化工等行业

4. 电缆

电线和电缆没有严格的界限。通常将芯数少、产品直径小、结构简单的产品称为电线，没有绝缘的称为裸电线，其他的称为电缆；导体截面积较大的（大于 6mm²）称为大电线，较小的（小于或等于 6mm²）称为小电线，绝缘电线又称为布电线。

电缆按其用途可分为通用电缆、电力电缆和通信电缆等。电缆主要由缆芯、绝缘层和保护层等组成，如图 2-2 所示。

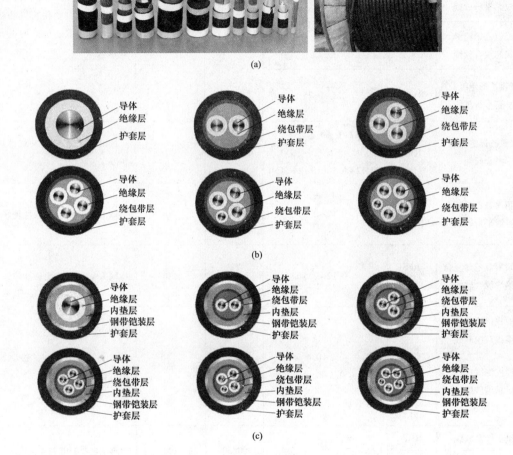

图 2-2　电力电缆的结构

（a）外形图；（b）非铠装硅橡胶绝缘和护套电力电缆；（c）钢带铠装硅橡胶绝缘和护套电力电缆

（1）通用电缆。通用电缆的规格、型号及主要用途见表 2-12。

表 2-12　　　　　　　　　　通用电缆的型号、规格及主要用途

产品名称	型号	截面积范围（mm²）	额定电压（$U_0/U/V$）	主　要　用　途
轻型橡套电缆	YQ	0.3~0.75（2~3 芯）	300/300	适用于日用电气设备、小型电动移动设备
	YQW			适用于日用电气设备、小型电动移动设备，具有耐油、耐气候特性（户外型）

续表

产品名称	型号	截面积范围（mm²）	额定电压（$U_0/U/V$）	主　要　用　途
中型橡套电缆	YZ	0.75~6（2~5 芯）	300/500	各类移动性电气设备
	YZW			各类移动性电气设备，户外型
重型橡套电缆	YC	2.5~120（1~5 芯）	450/750	各种移动式电气设备，能承受较大的机械外力
	YCW			各种移动式电气设备，能承受较大的机械外力，户外型
潜水橡套电缆	YHS	0.75~6（2~4 芯）	450/750	适用于潜水电动机

（2）电力电缆。电力电缆在电力系统中传输电能，一般用于发电厂、变电站、工矿企业的电力引入或引出线路中，以及城市、地区的输配电线路和工矿企业内部的主干电力线路中，其规格、型号及主要用途见表 2-13。

表 2-13　　　　　　　　　　电力电缆的型号、规格及主要用途

电缆名称	代表产品型号	规格范围	主　要　用　途
油浸纸绝缘电缆统包型	ZQ、ZLQ、ZQ₂₁、ZQL₂₁	电压：1~35kV 截面：2.5~240mm²	在交流电压的输配电网中作传输电能用。固定敷设在室内、干燥沟道及隧道中（ZQ₃₁、ZQ₅ 可直埋土壤中）
	ZL、ZLL、ZL₂₀、ZLL₂₀	电压：1~10kV 截面：10~500mm²	
分相铅（铝）包型	ZLLF、ZQF	电压：20~35kV	
不滴流浸渍纸绝缘电缆统包型	ZQD₃₁、ZLQD₃₁、ZQD₃₀、ZLQD₃₉	电压：1~10kV 截面：10~500mm²	在交流电压的输配电网中作传输电能用，但常用于高落差和垂直敷设场合
分相铅（铝）包型	ZQDF、ZLLDF	电压：20~35kV	
聚乙烯绝缘聚氯乙烯护套电缆	YV、YLV	电压：6~220kV 截面：6~240mm²	在交流电压的输配电网中作传输电能用，对环境的防腐蚀性能好，敷设在室内及隧道中，不能受外力作用
聚氯乙烯绝缘及护套电缆	VV、VLV	电压：1~10kV 截面：10~500mm²	
交联聚乙烯绝缘聚氯乙烯护套电缆	YJV、YJLV	电压：6~110kV 截面：16~500mm² 多芯：6~240mm²	同油浸纸绝缘电缆，但可供定期移动的固定敷设，无敷设位差的限制
橡胶绝缘电缆	XQ、XLQ、XLV、XV、XLF	电压：0.5~6kV 截面：1~185mm²	同油浸纸绝缘电缆，但可供定期移动的固定敷设
阻燃型交联聚乙烯绝缘电缆	YJT-FR、（WD-YJT）	电压：0.5~6kV 截面：1.5~240mm²	易燃环境、商业设施等

（3）通信电缆。通信电缆是指用于近距音频通信和远距高频载波和数字通信及信号传输的电缆，可分为对称通信电缆和同轴通信电缆。

对称通信电缆的型号、规格及主要用途见表 2-14，同轴通信电缆的型号、规格及主要用途见表 2-15。

表 2-14　　　　　　　　　对称通信电缆的型号、规格及主要用途

系列	品　种	代表型号	使用频率	规格（线径单位：mm）	主要用途
市内电话电缆	纸绝缘对绞市内电话电缆	HQ，裸铅护套型；HQ1，铅护套麻被护层型；HQ2，铅护套钢带铠装型；HQ3，铅护套细钢丝铠装型；HQ5，铅护套粗钢丝铠装型	音频	线径：0.4、0.5、0.6、0.7　对数：5~1300	城市内和近距离通信用，其敷设环境由外护层决定
				线径：0.5　对数：5~400	
	聚乙烯绝缘聚氯乙烯护套自承式市内电话电缆	HYVC		线径：0.5　对数：5~100	城市内和近距离通信用，可直接架空敷设
长途对称通信电缆	纸绝缘星绞低频通信电缆	HEQ：HEQP，裸铅护套型；HEQP2，铅护套钢带铠装型；HEQP3，铅护套细钢丝铠装型；HEQP5，铅护套粗钢丝铠装型　HEL：HELP，裸铅护套型；HEL22，铅护套二级外护；HELP22，层钢带铠装型	音频	线径：0.8、0.9、1.0、1.2　组数：12~37	电话，电报收发信台（站）到终端机室的线路，铁路区段通信线路等使用
	泡沫聚乙烯绝缘低频通信电缆	HEYFLW11，皱纹铝护套一级外护层型		线径：0.8、0.9、1.0、1.2　组数：12~37	电话，电报收发信台（站）到终端机室的线路，铁路区段通信线路等使用
	低绝缘低频综合通信电缆	HEQZ，裸铅护套型；HEQZ2，铅护套钢带铠装型；HEQZ5，铅护套粗钢丝铠装型　HELZ，裸铅护套型；HELZ15，裸铅护套粗钢丝铠装一级外护层型；HELZ22，铝护套钢带铠装二级外护层型		线径：0.7、0.8、0.9、1.0、1.2、1.4　电缆中元件有对绞组、加强对绞组、屏蔽对绞组、星绞组、加强星绞组和六线组等，电缆可由不同数量的各种元件组成	低频长途通信、无线电遥控盒广播用

系列	品 种	代表型号	使用频率	规格（线径单位：mm）	主要用途
长途对称通信电缆	纸绝缘高频对称通信电缆	HEQ-252，252kHz 裸铅护套型；HEQ2-252，252kHz 铅护套钢带铠装型；HEQ5-252，252kHz 铅护套粗钢丝铠装型	高频组：12~252kHz	线径：1.2 组数：4、7	多层载波长途通信线路用
				线径：1.2 组数：1、3	
		HEL-252，252kHz 裸铅护套型；HEL22-252，252kHz 铅护套钢带铠装二级外护套型；HEL15-252，252kHz 铅护套粗钢丝铠装一级外护层型		线径：1.2 组数：4、7	
	泡沫聚乙烯绝缘高低频综合通信电缆	HDYFLWZ12，皱纹铝护套钢带铠装一级外护层型；HDYFLZ22，平铝护套钢带铠装二级外护层型	高频组：12~252kHz	线径：0.9、1.2 高频组数：3、4 低频组数：4~11	高频组供多路载波长途通信线路用，低频组用途同低频对称通信电缆
	纸绝缘低频综合通信电缆	HDLZ11，纸绝缘铝护套裸一级外护层型；HDLZ22，纸绝缘铝护套钢带铠装二级外护层型		线径：1.2 高频组数：3 低频组数：11	
	铝芯单四线组高频对称通信电缆	HELLV-252，252kHz 纸绝缘平铝护套聚氯乙烯外护层型	高频组：12~252kHz	线径：2.0	多路载波长途通信线路用
	聚苯乙烯绳带绝缘高频对称电缆	12~252kHz 聚苯乙烯绳带绝缘铅护套型		线径：1.2 组数：4	
电话设备用电缆	聚氯乙烯配线电缆（或叫成端电缆）	HPVV，聚氯乙烯绝缘聚氯乙烯护套型	音频	线径：0.5 对数：5~404	连接市内电话电缆至配线架（或分线箱）用
	聚氯乙烯局用电缆	HJVV，聚氯乙烯绝缘聚氯乙烯护套型 HJVVP，聚氯乙烯绝缘聚氯乙烯屏蔽型		线径：0.5 芯数：12~210	配线架至交换机或交机内部各级机器间连接用

表 2-15　　　　　　　　　　同轴通信电缆的型号、规格及主要用途

品种	代表型号	使用频率	主要用途	规　　格
小同轴综合通信电缆（1.2/4.4同轴对）	HOYPLWZ，皱纹铝护套型 HOYPLZ，平铝护套型 HOYQZ25，铅护套相钢丝铠装二级外护层型	小同轴对：1.4MHz 以下；高频组：根据具体使用情况而定	小同轴对供较多话路的载波长途通信用；高频组供多路载波长途通信用；低频组供各种低频业务通信用	缆芯有以下4种规格： （1）4同轴对+3高频组+信号线组。 （2）4同轴对+4高频组+9低频组+信号线组。 （3）4同轴对+3高频组+12低频组+信号线组。 （4）8同轴对+2低频组+信号线组
中同轴综合通信电缆（2.6/9.5同轴对）	HOYDQZ，裸铅护套型 HOYDQZ22，铅护套钢带铠装二级外护层型 HOYDQZ25，铅护套粗钢丝铠装二级外护层型	中同轴对：9MHz 以下；高频组：根据具体使用情况而定	中同轴对供大通路载波长途通信用，也可传输电视及其他信息；高频组供多路载波长途通信用	缆芯有以下2种规格： （1）4同轴对+43高频组+1低频组+信号线。 （2）8同轴对+8高频对+7低频组

（4）预制分支电缆。预制分支电缆是工厂按照电缆用户要求的主、分支电缆型号、规格、截面积、长度及分支位置等指标，在工厂内用一系列专用生产设备，在流水生产线上将其制作完成的带分支电缆。预制分支电缆可从标称截面积 $10 \sim 1600\text{mm}^2$，同时具有 1 芯单支、1 芯多支、多芯多支及多层次多支，如图 2-3 所示。

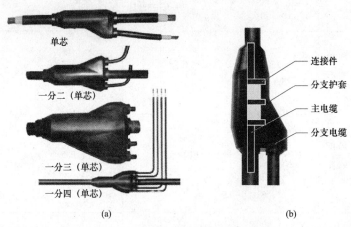

图 2-3　预制分支电缆的种类及结构
（a）种类；（b）结构

预制分支电缆适用于高层建筑、防灾设备、隧道照明及防灾设备用，可在各种场所替代中、小容量铜母线。

2.1.3 熔体材料

1. 熔体材料的作用

在电气线路及电气设备中，熔体材料属于一种特殊的导电材料。正常情况下，熔体材料可以通过额定电流；在电路故障情况下熔断，从而保护电路和设备。

熔体是熔断器的主要部件，当通过熔断器中熔体的电流超过熔断值时，经一定时间后（超过电流值越大，熔断时间越短）自动熔断，起保护作用。熔体材料的保护作用见表 2-16。

表 2-16　　　　　　　　　　　　　熔体材料的保护作用

保 护 情 形	保 护 说 明
短路保护	一旦电路出现短路情况，熔体会尽快熔断，时间越短越好，如保护晶闸管的快速熔断器（其熔体常用银丝）
过载与短路保护兼顾	对电动机的保护，出现过载电流时，不要求立即熔断而是经一定时间后才烧断熔体。短路电流出现时，经较短时间（瞬间）熔断，此处用慢速熔体，如铅锡合金、部分焊有锡的银线（或铜线）等延时熔断器
限温保护	"温断器"用于保护设备不超过规定温度，如保护电炉、电镀槽等不超过规定温度。常用的低熔点合金熔体材料主要成分是铋（Bi）、铅（Pb）、锡（Sn）、镉（Cd）等

2. 熔体材料的形状

熔体材料分为低熔点和高熔点两类。低熔点材料如铅和铅合金，其熔点低容易熔断，由于其电阻率较大，故制成熔体的截面尺寸较大，熔断时产生的金属蒸汽较多，只适用于低分断能力的熔断器。高熔点材料如铜、银，其熔点高，不容易熔断，但由于其电阻率较低，可制成比低熔点熔体较小的截面尺寸，熔断时产生的金属蒸汽少，适用于高分断能力的熔断器。

熔体的形状分为丝状和片状两种。其中，丝状熔体多用于小电流的场合；片状熔体一般用薄金属片冲压制成而且常带有宽窄不等的变截面，或在条形薄片上冲成一些小孔，不同的形状可以改变熔断器的保护特性。常用片状熔体的外形如图 2-4 所示。

片状熔体的工作原理是，当熔体通过的电流大于规定值时，截面狭窄处因电阻较大、散热差，故先行熔断从而使整个熔体变成几段掉

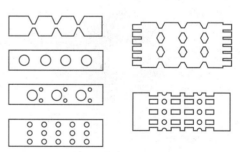

图 2-4　常用片状熔体的外形

落下来，造成几段串联短弧，有利于熄弧。狭窄部分的段数与额定电压有关，额定电压越高，要求的段数越多，一般每个断口可承受 200～250V 电压，当并联串数多时，一般做成网状。

3. 常用的熔体材料

常用的熔体材料有纯金属熔体材料和合金熔体材料两大类，见表 2-17。

表 2-17   常用的熔体材料

材　　料	品种	特性及用途
纯金属熔体材料	银	具有高导电、导热性好、耐蚀、延展性好，可以加工成各种尺寸精确和外形复杂的熔体。银常用来做高质量要求的电力及通信设备的熔断器熔体
	锡和铅	熔断时间长，宜做小型电动机保护用的慢速熔体
	铜	熔断时间短，金属蒸汽少，有利于灭弧，但熔断特性不够稳定，只能做要求较低的熔体
	钨	可作自复式熔断器的熔体。故障出现时可熔断，切断电路起保护作用；故障排除后自动恢复，并可多次（5次以上）使用
合金熔体材料	铅合金	它是最常见的熔体材料，如铅锑熔丝、铅锡熔丝等。低熔点合金熔体材料由铋、铅、锡、镉、汞等按不同比例混合而成

4. 熔体材料的选用

（1）熔丝在各种线路和电气设备中普通使用时，应将熔丝串联在电路中。

（2）常用的熔丝是锡铅合金丝。

（3）正确、合理地选择熔体材料，对保证线路和电气设备的安全运行关系重大。当电气设备正常短时过电流时（如电动机启动时），熔体材料不应该熔断。

2.1.4 电刷材料

1. 电刷的作用

石墨是一种特殊的导体，虽然电导率低，但由于其化学惰性和高熔点，其制品具有较低的摩擦系数、一定的机械强度，被广泛地用作电刷、电极等。

电刷的材料大多由石墨制成，为了增加导电性，有的产品用含铜石墨制成。

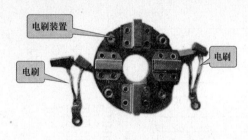

图 2-5　电刷及电刷装置

电刷可以用于直流电动机或交流换向器电动机（例如，手电钻和角磨机的电动机等）。电刷是直流电动机或交流换向器电动机（例如，手电钻和角磨机的电动机等）、发电机或其他旋转机械的固定部分和转动部分之间传递能量或信号的装置，它是电机的重要组成部件。其外形一般是方块，卡在金属支架上，里面有弹簧把它紧压在转轴上，如图 2-5 所示。

电刷是电机（除鼠笼式电动机外）传导电流的滑动接触体。在直流电动机中，它还担负着对电枢绕组中感应的交变电动势，进行换向（整流）的任务。实践证明：电机运行的可靠性，在很大程度上取决于电刷的性能。

除了感应式交流异步电动机没有外电刷装置之外，其他只要转子上有换向环的电动机都有电刷。电刷在电机中有以下 4 个作用：

（1）将外部电流（励磁电流）通过碳刷加到转动的转子上（输入电流）。

（2）将大轴上的静电荷经过碳刷引入大地（输出电流）。

（3）将大轴（地）引至保护装置供转子接地保护，及测量转子正负对地电压。

（4）改变电流方向（在整流子电动机中，电刷还起着换向作用）。

2. 电刷构成

电刷构成由电刷座、电刷、拉簧等部件组成。电刷座采用玻璃钢材料制成，两边开口，开口内嵌有碳支杆左右各一支，中间由拉簧连接，适当改变拉簧长度，使电刷作用在滑环上的压力大小适中，在总装时，可通过调整，保证灵敏度要求，如图 2-6 所示。

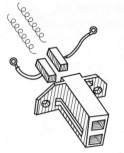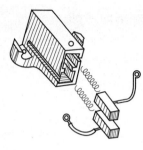

图 2-6　电刷构成示意图

电刷架在电机中起着固定电刷位置的作用，电刷架的质量直接影响电机的使用性能。

3. 电刷的种类

常用电刷可分为石墨型电刷（S 系列）、电化石墨型电刷（D 系列）和金属石墨型电刷（J 系列）3 类，见表 2-18。

表 2-18　　　　　　　　　　　　常用电刷的种类及作用

种类	作　用	常用型号
石墨型电刷 （S 系列）	用天然石墨制成，质地较软，润滑性能较好，电阻率低，摩擦系数小，可承受较大的电流密度，适用于负载均匀的电动机	S3、S4、S6 等
电化石墨型电刷 （D 系列）	以天然石墨、焦炭、炭墨等为原料，除去杂质，经 2500℃ 以上高温处理后制成。其特点是摩擦系数小，耐磨性好，换向性能好，有自润滑作用，易于加工。适用于负载变化大的电动机	D104、D172、D202、D207、D213、D214、D215、D308、D309 等
金属石墨型电刷 （J 系列）	由铜及少量的银、锡、铅等金属粉末渗入石墨中（有的加入黏合剂）混合均匀后采用粉末冶金方法制成。其特点是导电性好，能承受较大的电流密度，硬度较小、电阻系数和接触压降低。适用于低电压、大电流、圆周速度不超过 30m/s 的直流电动机和感应电动机	J101、J102、J164、J201、J204、J206 等

4. 电刷的运行

电刷运行过程中的常见故障及处理方法见表 2-19。

表 2-19　　　　　　　　　　电刷运行过程中的常见故障及处理方法

故障现象	故障原因	处理方法
电刷磨损异常	电刷选型不当，换向器偏摆、偏心，换向片、绝缘云母凸起等	应根据电机的运行条件选配合适的电刷，或者排除偏摆、凸起故障
电刷磨损不均匀	电刷质量不均匀或弹簧压力不均匀	更换电刷或调整弹簧压力
电刷处出现火花	（1）机械原因，如换向器偏摆、偏心，换向片、绝缘云母凸起和振动等。 （2）电气原因，如负荷变化迅速，电机换向困难，换向极磁场太强或太弱	（1）排除外部机械故障。 （2）选用换向性能好的电刷。 （3）调整气隙，移动换向极位置等

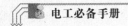

续表

故障现象	故障原因	处理方法
电刷导线烧坏或变色	(1) 电刷导线装配不良。 (2) 弹簧压力不均	(1) 更换电刷。 (2) 调整弹簧压力
电刷导线松脱	(1) 振动大。 (2) 电刷导线装备不良	(1) 排除振动源。 (2) 更换电刷
换向器工作面拉槽成沟	电刷工作表面有研磨性颗粒，包括外部混入杂质，长期轻载，严重油污，有害气体等损害接触点之间表面的薄膜	清扫电刷，更换电刷，排除故障
电刷或刷握过热	(1) 弹簧压力太大或不均匀。 (2) 通风不良或电动机过载。 (3) 电刷的摩擦系数大。 (4) 不同型号的电刷混用。 (5) 电刷安装不当	(1) 降低或调整弹簧压力。 (2) 改善通风或减小电动机负荷。 (3) 选用摩擦系数小的电刷。 (4) 换用同一型号的电刷。 (5) 正确安装电刷
刷体破损，边缘碎裂	(1) 振动大。 (2) 电刷材质软、脆	(1) 排除振动源。 (2) 选用韧性好的电刷。 (3) 采取加缓冲压板等防振措施
电动机运行中出现噪声	(1) 电刷的摩擦系数大。 (2) 电动机极握振动大。 (3) 空气温度低	(1) 选用摩擦系数小的电刷。 (2) 排除振动源。 (3) 调整湿度
电刷表面"镀铜"	(1) 由于电刷与换向器间接触不好而产生电镀作用，在电刷表面黏附铜粒。 (2) 由于产生花火，使铜粒脱落，并聚积在电刷面上。 (3) 局部电流密度过高	(1) 排除换向器偏摆，电刷跳动，弹簧压力低而不均等故障。 (2) 排除产生火花的原因。 (3) 排除电流密度不均的故障

2.1.5 电触头材料

电触头材料是用于开关、继电器、电气连接及电气接插元件的电接触材料，一般分强电（电力工业中的接触器、隔离开关、断路器等）用触头材料和弱电（仪器仪表、电子装置、计算机等）用触头材料两种。

电触头作为中高压开关设备中的核心部件，起着开断、导通的作用，广泛应用于各种高压负荷开关、SF_6断路器、有载分接开关以及大开断容量隔离开关和接地开关中。

1. 性能要求

（1）触头材料的电导率与热导率要高，以降低触头通过电流时的热损耗，减轻触头表面的氧化。

（2）触头材料的熔化温度与沸点要高，熔化与蒸发潜热要高，以减少在电弧或火花作用下触头的磨损量，使触头不易发生熔焊。

（3）触头材料对周围环境的化学性能要稳定，触头受环境污染后接触电阻的变化小，接触电阻稳定。

（4）触头材料的硬度与弹性要适当。硬度太大时，接触的面积小，弹性较大的材料在触头闭合时，由于触头间的弹跳会使磨损加大。

（5）触头材料要易于加工和焊接。

（6）触头材料的价格要低。

2. 电触头材料的种类

（1）纯金属。如铜、银、金、铂、钯、镍、钨等。铜是电器中采用最广泛的触头材料之一，它有良好的导电与导热性能，良好的加工工艺性，价格也不高。但铜触头在受热情况下，触头表面易产生氧化。铜的硬度较低，抗电弧能力不强，在电弧作用下较容易熔焊，使触头发生相互焊接。

银有高的导电与导热性能。氧化银的电阻率很低，银触头的容许工作温度较高。但纯银材料抗电弧作用不强，硬度和机械强度较低，因此，只适用于小容量的触头、不经常通断的触头和连接器。

金、铂等材料属贵重金属，它们有很高的化学稳定性，触头电阻特别稳定，但由于价格很高，因此，仅用于弱电的触头材料。

钯的价格比铂低，其电阻率和硬度与铂差不多，它是铂的代用材料。

镍、钨材料有较高的熔点与沸点，有较好的抗电弧作用。镍、钨及其合金常用于灭弧触头。

（2）合金。采用不同的合金材料可改善纯金属触头材料性能的不足，如银铜、银金、银镍、银镉、铂铑、金钯合金等。

（3）金属陶瓷。金属陶瓷是将不同的金属材料粉末混合在一起，压制成型后经烧结而成。与熔炼而成的合金不同，它保留了原混合材料的各自性能，以充分发挥它们原有的互不相同的性能。例如银-钨制成的金属陶瓷材料，钨的微粒烧结后形成坚硬的骨架，骨架中含有少许银。当受到电弧作用时，银被熔化但不能流出骨架，因而材料的抗电弧耐磨损性能得到提高。钨骨架内铸入的银是电的良好通路，材料的电阻率不大。

金属陶瓷材料可以直接压制成所需的触头形状，不再进行机械加工，提高了材料的利用率。常用的金属陶瓷材料有铜-石墨、铜-钨、银-镍、银-氧化镉、银-氧化钨、银-氧化锡、银-碳化钨-石墨。

用于低电压、弱电流电路的电气接插元件的接触材料，为了保证接触的可靠性，一般在接触表面上镀以银、金或钯等贵重金属的镀层。

3. 电触头材料的技术参数

电触头材料的技术参数（见表 2-20）。

表 2-20　　　　　　　　　　　　　电触头材料的技术参数

牌号	化学元素（%）			气体含量（≤pm）			密度	硬度	电导率
	Cu	W	C	O	N	H	（≥g/cm³）	（≥HBMPa）	（≥MS/m）
W-Cu10	10±2	余量	—	50	8	—	16.3	2250	20

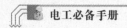

牌号	化学元素（%）			气体含量（≤pm）			密度	硬度	电导率
	Cu	W	C	O	N	H	（≥g/cm³）	（≥HBMPa）	（≥MS/m）
Cu-W-WC	30±2	余量	1~2	60	—	—	13.5	1960	20
Cu-WC	40±3	余量	—	60	25	—	11.8	2156	20
Cu-Mo	25	75	—	60	10	—	9.4	1300	21
Ag-WC	40	60	—	70	30	5	12.5	1666	22
CuWTe	30	70	—	50	8	—	14.0	1400	20

2.1.6 其他导电材料

1. 特殊功能导电材料

特殊功能导电材料是指不以导电为主要功能，而在电热、电磁、电光、电化学效应方面具有良好性能的导体材料。它们广泛应用在电工仪表、热工仪表、电器、电子及自动化装置的技术领域。如高电阻合金、电触头材料、电热材料、测温控温热电材料。重要的有银、镉、钨、铂、钯等元素的合金，铁铬铝合金、碳化硅、石墨等材料。

2. 复合型高分子导电材料

复合型高分子导电材料由通用的高分子材料与各种导电性物质通过填充复合、表面复合或层积复合等方式制得，主要品种有导电塑料、导电橡胶、导电纤维织物、导电涂料、导电胶粘剂以及透明导电薄膜等。其性能与导电填料的种类、用量、粒度和状态以及其在高分子材料中的分散状态有很大的关系。常用的导电填料有炭黑、金属粉、金属箔片、金属纤维、碳纤维等。

导电橡胶具有良好的电磁密封和水汽密封能力，在一定压力下能够提供良好的导电性（抑制频率达40GHz）。由于导电橡胶必须受一定的压缩力才能良好导电，所以结构设计必须保证合适的压力又不过压。

3. 结构型高分子导电材料

结构型高分子导电材料是指高分子结构本身或经过掺杂之后具有导电功能的高分子材料。

结构型高分子导电材料根据电导率的大小，可分为高分子半导体、高分子金属和高分子超导体。

按照导电机理可分为电子导电高分子材料和离子导电高分子材料。电子导电高分子材料的结构特点是具有线型或面型大共轭体系，在热或光的作用下通过共轭 π 电子的活化而进行导电，电导率一般在半导体的范围。采用掺杂技术可使这类材料的导电性能大大提高。如在聚乙炔中掺杂少量碘，电导率可提高12个数量级，成为高分子金属。经掺杂后的聚氮化硫，在超低温下可转变成高分子超导体。

结构型高分子导电材料用于试制轻质塑料蓄电池、太阳能电池、传感器件、微波吸收材料以及试制半导体元器件等。但目前这类材料由于还存在稳定性差（特别是掺杂后的材料在空气中的氧化稳定性差）以及加工成型性、机械性能方面的问题，尚未进入实用阶段。

4. 电阻材料和电热材料

（1）电阻材料。电阻材料的基本特性是具有高的电阻率和很低的电阻温度系数，稳定性好。电阻材料主要用于调节元件、电工仪器（如电桥、电位差计、标准电阻）、电位器、传感元件等。常用电阻材料有康铜、新康铜、镍铬、锰铜、硅锰铜、镍铬铝铁、镍锰铬钼等。

（2）电热材料。电热材料是电阻材料之中的一类耐高温材料，例如，镍铬铁合金丝制作的电炉丝、电热管等。电热材料必须具有高的电阻率，耐高温，抗氧化性好，电阻温度系数小，便于加工成形等优点。常用的电热材料有镍铬合金、铁铬铝合金、高熔点纯金属（铂、钼、钽、钨）、石墨等。

2.2　电气绝缘材料

2.2.1　常用电气绝缘材料的性能

电气绝缘材料又名电介质，按 GB/T 2900.5—2013《电工术语　绝缘固体、液体和气体》规定电气绝缘材料的定义是：用来使器件在电气上绝缘的材料。也就是能够阻止电流通过的材料。

电气绝缘材料的电阻率常大于 $10^{-8}\Omega m$。电气绝缘材料对直流电流有非常大的阻力，在直流电压作用下，除了有极微小的表面泄漏电流外，实际上几乎是不导电的，而对于交流电流则有电容电流通过，但也认为是不导电的。电气绝缘材料的电阻率越大，绝缘性能越好。

1. 电气绝缘材料的基本性能

电气绝缘材料的作用是在电气设备中把电势不同的带电部分隔离开来。因此，电气绝缘材料首先应具有较高的绝缘电阻和耐压强度，并能避免发生漏电、击穿等事故；其次耐热性能要好，避免因长期过热而老化变质；此外，还应有良好的导热性、耐潮防雷性和较高的机械强度，以及工艺加工方便等特点。

根据上述要求，常用电气绝缘材料的性能指标有绝缘耐压强度、抗张强度、耐热性等，见表 2-21。

表 2-21　　　　　　　　　　常用电气绝缘材料的基本性能

基本性能	说　明
绝缘耐压强度	绝缘体两端所加的电压越高，材料内电荷受到的电场力就越大，越容易发生电离碰撞，造成绝缘体击穿。使绝缘体击穿的最低电压叫作这个绝缘体的击穿电压。使 1mm 厚的电气绝缘材料击穿时，需要加上的电压千伏数叫作电气绝缘材料的绝缘耐压强度，简称绝缘强度，单位为 kV/mm。这时，电气绝缘材料被破坏而失去绝缘性能，这种现象称为电介质击穿。 由于电气绝缘材料都有一定的绝缘强度，各种电气设备、安全用具（电工钳、验电笔、绝缘手套、绝缘棒等）、电工材料，制造厂都规定一定的允许使用电压，称为额定电压。 使用电气绝缘材料时，承受的电压不得超过其额定电压值，以免发生事故
耐热性	耐热性指电气绝缘材料及其制品承受高温而不致损坏的能力。电气绝缘材料的绝缘性能与温度有密切的关系，温度越高，电气绝缘材料的绝缘性能越差。为保证绝缘强度，每种电气绝缘材料都有一个适当的最高允许工作温度，在此温度以下，可以长期安全地使用，超过这个温度就会迅速老化
抗张强度	电气绝缘材料单位截面积能承受的拉力，例如，玻璃每平方厘米截面积能承受 1400N 的拉力

2. 电气绝缘材料的耐热等级

电工产品绝缘的使用期受到多种因素（如温度、电和机械的应力、振动、有害气体、化学物质、潮湿、灰尘和辐照等）的影响，而温度通常是对电气绝缘材料和绝缘结构老化起支配作用的因素。因此已有一种实用的、被世界公认的耐热性分级方法，也就是将电气绝缘的耐热性划分为若干耐热等级。

按照耐热程度，把电气绝缘材料分为 Y、A、E、B、F、H、C 等级别。各耐热等级及所对应的温度值见表 2-22。例如，A 级电气绝缘材料的最高允许工作温度为 105℃，一般使用的配电变压器、电动机中的电气绝缘材料大多属于 A 级。

表 2-22　　　　　　　　　　　电气绝缘材料耐热等级及所对应的温度值

耐热等级	最高允许工作温度（℃）	相当于该耐热等级的电气绝缘材料
Y	90	用未浸渍过的棉纱、丝及纸等材料或其组合物所组成的绝缘结构
A	105	用浸渍过的或浸在液体电介质（如变压器油中的棉纱、丝及纸等材料或其组合物所组成的绝缘结构）
E	120	用合成有机薄膜、合成有机瓷漆等材料其组合物所组成的绝缘结构
B	130	用合适的树脂粘合或浸渍、涂覆后的云母、玻璃纤维、石棉等，以及其他无机材料、合适的有机材料或其组合物所组成的绝缘结构
F	155	用合适的树脂粘合或浸渍、涂覆后的云母、玻璃纤维、石棉等，以及其他无机材料、合适的有机材料或其组合物所组成的绝缘结构
H	180	用合适的树脂（如有机硅树脂）粘合或浸渍、涂覆后的云母、玻璃纤维、石棉等材料或其组合物所组成的绝缘结构
C	180 以上	用合适的树脂粘合或浸渍、涂覆后的云母、玻璃纤维，以及未经浸渍处理的云母、陶瓷、石英等材料或其组合物所组成的绝缘结构

在电工产品上标明的耐热等级，通常表示该产品在额定负载和规定的其他条件下达到预期使用期时能承受的最高温度。因此，在电工产品中，温度最高处所用绝缘的温度极限应该不低于该产品耐热等级所对应的温度。

3. 电气绝缘材料的常见性能参数

电气绝缘材料的常见性能参数见表 2-23。

表 2-23　　　　　　　　　　　电气绝缘材料的常见性能参数

性能参数		说　　明
电流	瞬时充电电流	由介质的几何电容的位移极化产生，随时间的增加而逐渐衰减
	吸收电流	由缓慢极化、导电离子产生的体积电荷等产生，随时间的增加而逐渐衰减
	泄漏电流	泄漏电流的大小与电气绝缘材料本身含离子量有着密切的关系

性能参数		说　明
电阻	绝缘电阻	加在与绝缘体或试样相接触的两个电极之间的直流电压除以通过两电极的总电流所得的商
	体积电阻	在试样品相对的两表面上放置的两个电极之间施加的直流电压除以这两个电极之间形成的稳态电流所得的商，即电气绝缘材料相对两表面之间的电阻
	体积电阻率	在试样内的直流电场强度除以稳态电流密度所得的商，可看为一个单位立方体积里的体积电阻
	表面电阻	加在绝缘体或试样的同一表面上的两个电极之间的直流电压除以经一定的电化时间后的该两个电极间的电流所得的商
	表面电阻率	在电气绝缘材料表面的直流电场强度除以电流线密度所得的商

影响电气绝缘材料的电阻率的因素有温度、湿度、杂质、电场强度等。

4. 电气绝缘材料的老化

绝缘材料在运行过程中由于各种因素的作用而发生一系列的不可恢复的物理、化学变化，导致材料电气性能与力学性能劣化称为老化。

（1）老化的主要表现。

1）表观变化。材料变色、变黏、变形、龟裂、脆化。

2）物理、化学性能变化。相对分子量、相对分子质量分布、熔点、溶解度、耐热性、耐寒性、透气性、透光性等。

3）机械性能。弹性、硬度、强度、伸长率、附着力、耐磨性等。

4）电性能。绝缘电阻、介电常数、介电损耗角正切、击穿强度等。

（2）老化形式。

1）环境老化。含有酸、碱、盐类成分的污秽尘埃（或与雨、露、霜、雪相结合）对绝缘物的长期作用，会对绝缘材料（特别是有机绝缘材料）产生腐蚀。多数有机绝缘材料在阳光紫外线的作用下会逐渐老化。

2）热老化。在较高温度下，电介质发生热裂解、氧化分解、交联以及低分子挥发物的逸出，导致电介质失去弹性，变脆，发生龟裂，机械强度降低。也有些介质表现为变软、发黏、失去定形，同时，介质电性能变坏。热老化的程度主要决定于温度及热作用时间。此外，如空气中的湿度、压力、氧的含量、空气的流通程度等对热老化的速度也有一定影响。

3）电老化。绝缘材料在电场的长时间作用下，物理、化学变化性能发生变化，最终导致介质被击穿，这个过程称为电老化。主要有 3 种类型：电离性老化（交流电压）、电导性老化（交流电压）、电解性老化（直流电压）。

5. 电气绝缘材料的击穿

外电场增大到某一临界值，电气绝缘材料的电导突然剧增，材料由绝缘状态变为导电状态，称为绝缘击穿。绝缘击穿可分为热击穿和电击穿。

（1）热击穿。在电场的作用下，介质内的损耗转化成的热量多于散逸的热量，使介质温度不断上升，最终造成介质本身的破坏，形成导电通道。电气绝缘材料的热击穿与使用环境相关。

（2）电击穿。由于电场的作用使介质中的某些带电质点积聚的数量和运动的速度达到一定程度，使介质失去绝缘性能，形成导电通道。

6. 电气绝缘材料的使用期

电工产品的实际使用期取决于运行中的特定条件。这些条件可以随环境、工作周期和产品类型的不同而有很大的变化。此外，预期使用期还取决于产品尺寸、可靠性、有关设备的预期使用期以及经济性等方面的要求。

对某些电工产品，由于其特定的应用目的，要求其绝缘的使用期低于或高于正常值，或由于运行条件特殊，规定其温升高于或低于正常值，而使其绝缘的温度高于或低于正常值。

绝缘的使用期在很大程度上取决于其对氧气、湿度、灰尘和化学物质的隔绝程度。在给定温度下，受到恰当保护的绝缘的使用期会比自由暴露在大气中的绝缘的使用期长，因而，用化学惰性气体或液体作冷却或保护价质，可延长绝缘的使用期。

2.2.2 电气绝缘材料的种类及型号命名

电气绝缘材料可分为气体电气绝缘材料、液体电气绝缘材料和固体电气绝缘材料等类型。

电气绝缘材料按产品大类、小类名称命名，允许在此基础上加上能反映该产品主要组成、工艺特征、特性或特定应用范围的修饰语。

1. 气体绝缘材料

常用的气体绝缘材料主要有空气、氮气、六氟化硫（SF_6）等。

2. 液体绝缘材料

液体绝缘材料主要有矿物绝缘油、分解绝缘油两类。例如，变压器油、开关油、电缆油、电力电容器浸渍油、硅油及有机合成油脂。

3. 固体绝缘材料

固体绝缘材料可分有机、无机两类。例如，塑料（热固性/热塑性）、层压制品（板、管、棒）、云母制品（纸、板、带）、薄膜（柔软复合材料、粘带）、纸制品（纤维素纸、合成纤维纸及无机纸和纸板）、玻纤制品（带、挤拉型材、增强塑料）、预浸料及浸渍织物（带、管）、陶瓷/玻璃、热收缩材料等。

电气绝缘材料的分类及特点见表2-24。

表2-24　　　　　　　　　　　电气绝缘材料的分类及特点

序号	类别	主要品种	特点及用途
1	气体绝缘材料	空气、氮气、氢气、二氧化碳、六氟化硫、氟利昂	常温常压下的干燥空气，环绕导体周围，具有良好的绝缘性和散热性。用于高压电器中的特殊气体具有高的电离场强和击穿场强，击穿后能迅速恢复绝缘性能，不燃、不爆、不老化、无腐蚀性、导热性好
2	液体绝缘材料	矿物油、合成油、精制蓖麻油	电气性能好，闪点高，凝固点低，性能稳定，无腐蚀性。主要用作变压器、油断路器、电容器、电缆的绝缘，冷却，浸渍和填充

续表

序号	类别	主要品种	特点及用途
3	绝缘纤维制品	绝缘纸、纸板、纸管、纤维织物	经浸渍处理后,吸湿性小,耐热,耐腐蚀,柔性强,抗拉强度高,主要用作电缆、电机绕组等的绝缘
4	绝缘漆、胶、熔敷粉末	绝缘漆、环氧树脂、沥青胶、熔敷粉末	以高分子聚合物为基础,能在一定条件下固化成绝缘膜或绝缘整体,起绝缘与保护作用
5	浸渍纤维制品	漆布、漆绸、漆管和绑扎带	以纤维制品为底料,浸绝缘漆,具有一定的机械强度,良好的电气性能,耐潮性,柔软性好,主要用于电机、电器的绝缘衬垫,或线圈,或导线的绝缘与固定
6	绝缘云母制品	天然云母、合成云母、粉云母	电气性能,耐热性,防潮性,耐腐蚀性良好,主要用于电机、电器的主绝缘和电热电器的绝缘
7	绝缘薄膜、粘带	塑料薄膜、复合制品、绝缘胶带	厚度薄(0.06~0.05mm),柔软,电气性能好,用于绕组电线绝缘和包扎固定
8	绝缘层压制品	层压板、层压管	采用纸或布做底料,浸或涂以不同的胶黏剂,经热压或卷制成层状结构,电气性能良好,耐热,耐油,便于加工成特殊形状,广泛用作电气绝缘构件
9	电工用塑料	酚醛塑料、聚乙烯塑料	由合成树脂,填料和各种添加剂配合后,在一定温度、压力下,加工成各种形状,具有良好的电气性能和耐腐蚀性,可用作绝缘构件和电缆护层
10	电工用橡胶	天然橡胶、合成橡胶	电气绝缘性好,柔软,强度较高,主要用作电线、电缆的绝缘和绝缘构件

4. 电气绝缘材料的型号命名

电气绝缘材料的产品型号用4位阿拉伯数字来编制,其中,第一位数字为大类代号;第二位数字为小类代号;第三位数字为温度指数代号;第四位数字为该类产品的品种代号。绝缘材料规格型号的编制形式如图2-7所示。

（1）大类、小类代号。电气绝缘材

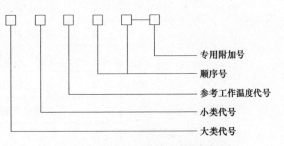

图2-7 绝缘材料规格型号的编制形式

料产品形态结构、组成或生产工艺特征划分为8大类,每大类用一位阿拉伯数字来表示。各大类电气绝缘材料产品中按应用范围、应用工艺特征或组成划分小类。每小类用一位阿拉伯数字代表。小类代号在产品型号中为型号的第二位数字。前6大类的小类代号见表2-25,小类空号供今后发展新型材料用。

表 2-25 电气绝缘材料的类别代号及名称

大类代号	大类名称	小类代号	小 类 名 称
1	漆、可聚合树脂和胶类	0	有溶剂漆
		1	无溶剂可聚合树脂
		2	覆盖漆、防晕漆、半导电漆
		3	硬质覆盖漆、瓷漆
		4	胶粘漆树脂
		5	熔剂粉末
		6	硅钢片漆
		7	漆包线漆、丝包线漆
		8	灌注胶、包封胶、浇注树脂、胶泥、腻子
		9	—
2	树脂浸渍纤维制品类	0	棉纤维布
		1	—
		2	漆绸
		3	合成纤维漆布、上胶布
		4	玻璃纤维漆布、上胶布
		5	混织纤维漆布、上胶布
		6	防晕漆布、防晕带
		7	漆管
		8	树脂浸渍无纬绑扎带
		9	树脂浸渍适形材料
3	层压制品、卷绕制品、真空压力浸胶和引拔制品类	0	有机底材层压板
		1	真空压力浸胶制品
		2	无机底材层压板
		3	防晕板及导磁层压板
		4	—
		5	有机底材层压管
		6	无机底材层压管
		7	有机底材层压管
		8	无机底材层压管
		9	引拔制品

大类代号	大类名称	小类代号	小 类 名 称
4	模塑料类	0	木粉填料为主的模塑料
		1	其他有机填料为主的模塑料
		2	石棉填料为主的模塑料
		3	玻璃纤维填料为主的模塑料
		4	云母填料为主的模塑料
		5	其他有机填料为主的模塑料
		6	无填料塑料
		7	—
		8	—
		9	—
5	云母制品类	0	云母纸
		1	柔软云母板
		2	塑型云母板
		3	—
		4	云母带
		5	换向器云母板
		6	电热设备用云母板
		7	衬垫云母板
		8	云母箔
		9	云母管
6	薄膜、粘带和柔软复合材料类	0	薄膜
		1	薄膜上胶带
		2	薄膜粘带
		3	织物粘带
		4	树脂浸渍柔软复合材料
		5	薄膜绝缘纸柔软复合材料 薄膜漆布柔软复合材料
		6	薄膜合成纤维纸柔软复合材料 薄膜合成纤维非织布柔软复合材料
		7	多种材质柔软复合材料
		8	—
		9	—
7	纤维制品类		—
8	绝缘液体类		—

（2）温度指数代号。产品型号中的第三位数字为温度指数。第 5 大类中的第 0 小类（云母纸）及第 6 小类（电热设备用云母板）等产品允许不按温度指数进行分类。其余产品应按温度指数分类，分类代号应符合表 2-26 的规定。

表 2-26 温度指数代号

代号	温度指数（℃）	代号	温度指数（℃）
1	不低于 105	5	不低于 180
2	不低于 120	6	不低于 200
3	不低于 130	7	不低于 220
4	不低于 155		

（3）品种代号。电气绝缘材料的基本分类单元为品种，同一品种产品组成基本相同。电气绝缘材料的品种用一位阿拉伯数字来表示。

根据产品划分品种的需要，可以在型号后附加英文字母或用连字符后接阿拉伯数字来表示不同的品种，其含义应在产品标准中规定。

5. 选用绝缘材料应考虑的因素

选用绝缘材料应考虑的因素见表 2-27。

表 2-27 选用绝缘材料应考虑的因素

考虑因素	说　明
特性和用途	使用者首先要熟悉各种绝缘材料的型号、组成及其特性和用途
使用范围和环境条件	明确绝缘材料的使用范围和环境条件，了解被绝缘物件的性能要求，如绝缘、抗电弧、耐热等级及耐腐蚀性能等，以便正确使用
产品之间的配套性	注意各种相关材料之间的配套性，即各相关材料选用同一绝缘耐热等级的产品，以免因木桶效应而造成浪费
经济效益	可用低档的就不要用高档的，可用一般的就不要用特殊的，但同时要将当前与长远效益相结合
施工条件	充分考虑材料的施工要求和自身的施工条件

2.2.3 绝缘漆和绝缘漆布

1. 绝缘漆

绝缘漆以高分子聚合物为基础，能在一定条件下固化成绝缘硬膜或绝缘整体的重要绝缘材料。绝缘漆属于具有绝缘功能的液体树脂体系，包括溶剂、稀释剂、漆基（油、树脂）、辅助材料（干燥剂、颜料、增塑剂、乳化剂）。

绝缘漆的基本组成：有溶剂漆、无溶剂漆。

绝缘漆基的主要化学组成：油性漆、树脂清漆、瓷漆。

绝缘漆的干燥方式：气干漆、烘干漆。

绝缘漆按用途分为：浸渍漆、漆包线漆、覆盖漆、硅钢片漆和防电晕漆等几种。

常用电工绝缘漆的特性及用途如表 2-28 所示。

表 2-28　　　　　　　　　　　　　常用电工绝缘漆的特性及用途

名称	型号	溶剂	耐热等级	特性及用途
醇酸浸渍漆	1030 1031	200 号溶剂汽油 二甲苯	B （130℃）	具有较好的耐油性，耐电弧性，烘干迅速。可用于浸渍电动机、电器线圈，也可做覆盖漆和胶黏剂
三聚氰胺醇酸浸漆 （黄至褐色）	1032	200 号溶剂汽油 二甲苯	B （130℃）	具有较好的干透性、耐热性、耐油性和较高的电气性能。用于浸渍亚热带地区电动机、电器线圈
三聚氰胺环氧 树脂浸漆 （黄至褐色）	1033	二甲苯 丁醇	B （130℃）	具有较好的干透性、耐热性、耐油性和较高的电气性能，用于浸渍热带电动机、变压器、电工仪表线圈以及电器零部件表面覆盖
有机硅浸漆	1053	二甲苯 丁醇	H （180℃）	具有耐高温、耐寒性、抗潮性、耐水性及抗海水、耐电晕，化学稳定性好的特点。用于浸渍 H 级电动机、电器线圈及绝缘零部件
耐油性清漆 （黄至褐色）	1012	200 号溶剂汽油	A （105℃）	具有耐油耐潮性，干燥迅速、漆膜平滑光泽，用于浸渍线圈电机、电器线圈、黏合绝缘纸等
硅有机覆盖漆 （红色）	1350	二甲苯 甲苯	H （180℃）	适用于 H 级电动机、电器线圈做表面覆盖层，在180℃下烘干
硅钢片漆	1610 1611	煤油	A （105℃）	高温（450～550℃）快干漆，用于涂覆硅钢片
环氧无溶剂 浸渍漆（地蜡）	515-1 515-2		B （130℃）	用于各类变压器、电器线圈浸渍处理，干燥温度130℃

2. 绝缘漆布

绝缘漆布是以棉布、纺绸、合成纤维布或者玻璃布为基材，经浸渍合成树脂漆，再经烘焙、干燥而成的柔软绝缘材料。

（1）基材。

1）以无碱玻璃布为基材的绝缘漆布，具有良好的物理、机械和介电性能，并具有防潮、防霉、耐酸碱、耐高温等特性。

2）随着薄膜材料和合成纤维的发展，将在某些场合下部分地取代绝缘漆布和漆绸。由于耐热性要求，玻璃布和合成纤维将取代棉布和丝绸。

（2）漆布用漆要求。浸渍性能：最小黏度下含有最大的固体量或较少的溶剂；干燥：适当干燥，有良好的介电性能；耐热性能：一定温度下，可长期工作，而不失去介电性能；漆膜具有弹性；其他：耐油性、耐辐照、防潮、耐电弧。

（3）漆布的应用。将漆布切割成条状用于电动机槽绝缘、相间绝缘和衬垫绝缘。切成带状用于包绕导线绝缘。与其他材料制成复合制品，作槽绝缘和衬垫绝缘。

2.2.4　绝缘油

1. 绝缘油的作用

在高压电气设备中，有大量的充油设备（如变压器、互感器、油断路器等）。这些设备中的绝缘油主要作用如下：

（1）使充油设备有良好的热循环回路，以达到冷却散热的目的。在油浸式变压器中，就是通过油把变压器的热量传给油箱及冷却装置，再由周围空气或冷却水进行冷却的。

（2）增加相间、层间以及设备的主绝缘能力，提高设备的绝缘强度。例如，油断路器同一导电回路断口之间绝缘。

（3）隔绝设备绝缘与空气接触，防止发生氧化和浸潮，保证绝缘不致降低。特别是变压器、电容器中的绝缘油，防止潮气侵入，同时还填充了固体绝缘材料中的空隙，使设备的绝缘得到加强。

（4）在油路器中，绝缘油除作为绝缘介质之外，还作为灭弧介质，防止电弧的扩展，并促使电弧迅速熄灭。

2. 电器绝缘油

（1）分类。电器绝缘油也称电器用油，包括变压器油、油断路器油、电容器油和电缆油等4类油品。

1）变压器油是一种低黏度油，用于变压器等设备中起冷却和绝缘作用。

2）油断路器油是用于油浸断路器的一种绝缘油，除具有绝缘和冷却作用外，还可以起消灭电路切断时所产生的电弧（火花）的作用。

3）电容器油是用于电容器（主要是电力电容器或静电电容器）中，起绝缘浸渍或隔潮作用的油品。

4）电缆油是用于电缆中起绝缘、浸渍和冷却作用的精制润滑油，或润滑油与其他增稠剂（如软蜡、树脂、聚合物或沥青等）的混合物。

其中，变压器油和油断路器油占整个电器用油的80%左右。

（2）电气性能指标。电器绝缘油除了根据用途的不同要求某些特殊的性能外，低温性能、氧化安定性和介质损失是电器绝缘油的3个主要性能指标，见表2-29。

表 2-29　　　　　　　　　电器绝缘油的主要性能指标

性能指标	指 标 含 义	应 用 说 明
低温性能	低温性能是指在低温条件下，油在电器设备中能自动对流，导出热量和瞬间切断电弧电流所必需的流动性。 一般均要求电器绝缘油倾点低和低温时黏度较小。 国际电工协会对变压器油按倾点（指石油产品在标准管中冷却至失去流动性时的温度）分为-30℃、-45℃、-60℃ 3个等级。 电容器油和电缆油的倾点一般在-50~-30℃范围内	在变压器装油前，必须进行严格的脱水处理。其原因是水分对油品的电气性能与理化性能影响很大。如水分含量增加时，油的击穿电压降低，介质损耗因数增加，此外，还会促进有机酸对钢铁、铜等金属的腐蚀作用，使油品的老化速度增高
高温性能	绝缘油的高温安全性是用油品的闪点来表示的，闪点越低，挥发性越大，油品在运行中损耗也越大，越不安全	一般变压器油及电容器油的闪点要求不低于135℃
氧化安定性	电器绝缘油要求油品有较长的使用寿命，在热、电场的长期作用下氧化变质要求较慢，因此要求绝缘油有良好的抗氧化安定性，包括在氧化后油品的酸值与沉淀方面的要求。 加入抗氧剂和金属钝化剂的油品，其氧化安定性更好	油温上升使油品的电气性能变坏，因此，一定要控制变压器的工作温度

性能指标	指 标 含 义	应 用 说 明
介质损失	反映油品在交流电场下，其介质损耗的程度，一般以介质损耗角 δ 的正切值 tanδ 表示。tanδ 是很灵敏的指标，反映油品的精制程度、清净程度以及氧化变质程度，油中含有胶质、多环芳烃，或混进水分、杂质、油品氧化生成物等均会使 tanδ 值增大	一般要求变压器油在 90℃时测得的介质损失应低于 0.5%
击穿电压	击穿电压是评定绝缘油电气性能的一项指标，可用来判断绝缘油被水和其他悬浮物污染程度，以及对注入设备前油品干燥和过滤程度的检验	应符合相应的电气设备电压等级的要求

变压器油要求具有高的比热和热传导性，特别是工作时要有较低的黏度及较高的闪点。300kV 以下变压器在运行时，油温一般在 60~80℃，如超负荷运转则油温可达 70~90℃，个别热点可达 100℃左右。而 500kV 以上的变压器中运行的变压器油油温会更高。若变压器油黏度大（或抗氧化性差，易产生油泥），油温会更高，加剧固体绝缘材料的老化，影响变压器使用寿命。

（3）常用绝缘油性能与用途见表 2-30。

表 2-30 常用绝缘油性能与用途

名 称	透明度 （+5℃时）	绝缘强度 （kV/cm）	凝固点	主 要 用 途
10 号变压器油（DB-10） 25 号变压器油（DB-25）	透明	160~180 180~210	-10℃ -25℃	在变压器及油断器中起绝缘和散热作用
45 号变压器油（DB-45）	透明	—	-45℃	—
45 号开关油（DV-45）	透明	—	-45℃	在低温工作下的油断器中作为绝缘及排热灭弧用
1 号电容器油（DD-1） 2 号电容器油（DD-2）	透明	200	≤-45℃	在电力工业、电容器上做绝缘用；在电信工业、电容器上做绝缘用

2.2.5 电工塑料

电工塑料是由合成树脂、填料和其他添加剂组成的粉状或纤维状的成型材料，在一定的温度和压力下，可用模具加工固化成各种形状和规格的电气绝缘零部件，成为不溶不熔的固化物（现在电工塑料主要是热固性塑料）。

1. 类型

电工塑料的主要成分是树脂类型，电工用塑料可分为热固性和热塑性两大类。

（1）热固性塑料。热压成型后成为不溶不熔的固化物，如酚醛塑料、聚酯塑料等。

（2）热塑性塑料。热塑性塑料在热挤压成型后虽固化，但其物理、化学性质不发生明显变化，仍可溶、可熔，故可反复成型。

2. ABS 塑料

ABS 塑料具有良好的机电综合性能，在一定的温度范围内尺寸稳定，表面硬度较高，易于机械加工和成型，表面可镀金属，但耐热性、耐寒性较差，接触某些化学药品（如冰醋酸和醇类）和某些植物油时，易产生裂纹。

ABS 适用于制作各种仪表外壳、支架、小型电机外壳、电动工具外壳等，可用注射、挤压或模压法成型，如图 2-8 所示。

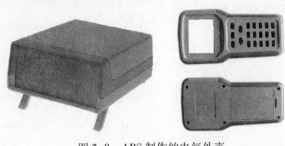

图 2-8　ABS 制作的电气外壳

3. 聚酰胺（尼龙 1010）

尼龙 1010 为白色半透明体，在常温下有较高的机械强度，较好的电气性能、冲击韧性、耐磨性、自润滑性，结构稳定，有较好的耐油、耐有机溶剂性。可用作线圈骨架、插座、接线板、碳刷架等。

在电缆工业中常用作航空电线电缆护层。可用注射、挤出或离心浇铸法成型，也可喷涂使用。

4. 聚甲基丙烯酸甲酯（有机玻璃）

有机玻璃是透光性优异的无色透明体，耐气候性好，电气性能优良，常态下尺寸稳定，易于成型和机械加工，但可溶于丙酮、氯仿等有机溶剂，性脆，耐磨性、耐热性均较差。

有机玻璃适用于制作仪表的一般结构零件、绝缘零件，以及电器仪表外壳、外罩、盖、接线柱等。

5. 热塑塑料

电线电缆用热塑性塑料应用最多的是聚乙烯（PE）和聚氯乙烯（PVC）。

聚乙烯具有优异的电气性能，其相对介电系数和介质损耗几乎与频率无关，且结构稳定、耐潮、耐寒性优良，但软化温度较低，长期工作温度不应高于 70℃。

聚氯乙烯分绝缘级与护层级两种。其中，绝缘级按耐温条件分别为 65、80、90、105℃ 4 种；护层级耐温 65℃。

聚氯乙烯机械性能优异，电气性能良好，结构稳定，具有耐潮、耐电晕、不延燃、成本低、加工方便等优点。

2.2.6　其他常用绝缘材料

1. 绝缘胶带

绝缘胶带专指电工使用的用于防止漏电，起绝缘作用的胶带。具有良好的绝缘耐压、阻燃、耐候等特性，适用于电线接头、电气绝缘防护等，常用电工绝缘胶带的特性及用途见表 2-31。

表 2-31　　　　　　　　　　　常用电工绝缘胶带的特性及用途

序号	名称	厚度（mm）	组成	耐热等级	特点及用途
1	黑胶布粘带	0.23~0.35	棉布带、沥青橡胶黏剂	Y	击穿电压为 1000V，成本低，使用方便，可用作 380V 及以下电线包扎的绝缘材料
2	聚乙烯薄膜粘带	0.22~0.26	聚乙烯薄膜、橡胶型胶黏剂	Y	有一定的电器性能和机械性能，柔软性好，黏结力较强，但耐热性低（低于 Y 级），可用作一般电线接头包扎的绝缘材料
3	聚乙烯薄膜纸粘带	0.10	聚乙烯薄膜、纸、橡胶型黏剂	Y	包扎服帖，使用方便，可代替黑胶布带做电线接头包扎的绝缘材料
4	聚氯乙烯薄膜粘带	0.14~0.19	聚氯乙烯薄膜、橡胶型胶黏剂	Y	有一定的电器性能和机械性能，较柔软，黏结力强，但耐热性低（低于 Y 级）。供电压为 500~6000V 电线接头包扎绝缘用
5	聚酯薄膜粘带	0.05~0.17	聚酯薄膜、橡胶型胶黏剂或聚丙烯酸酯胶黏剂	B	耐热性好，机械强度高，可用作半导体元件密封的绝缘材料和电机线圈的绝缘材料
6	聚酰亚胺薄膜粘带	0.04~0.07	聚酰亚胺薄膜、聚酰亚胺树脂胶黏剂	C	电气性能和机械性能较高，耐热性优良，但成型温度较高（180~200℃），可用作 H 级电动机线圈绝缘材料和槽绝缘材料
7	聚酰亚胺薄膜粘带	0.05	聚酰亚胺薄膜、F$_{46}$树脂胶黏剂	C	同上，但成型温度更高（300℃以上），可用作 H 级或 C 级电动机、潜油电机线圈绝缘材料和槽绝缘材料
8	环氧玻璃粘带	0.17	无碱玻璃布、环氧树脂胶黏剂	C	具有较高的电气性能和机械性能，可做变压器铁芯绑扎材料，属 B 级绝缘材料
9	有机硅玻璃粘带	0.15	无碱玻璃布、有机硅树脂胶黏剂	C	有较高的耐热性、耐寒性和耐潮性，以及较好的电气性能和机械性能，可用作 H 级电动机、电器线圈绝缘材料和导线连接绝缘材料
10	硅橡胶玻璃粘带		无碱玻璃布、硅橡胶胶黏剂	H	有较高的耐热性、耐寒性和耐潮性，以及较好的电气性能和机械性能，可用作 H 级电动机、电器线圈绝缘材料和导线连接绝缘材料，但柔软性较好
11	自黏性硅橡胶三角带		硅橡胶、填料、硫化剂	H	
12	自黏性丁基橡胶带		丁基橡胶、薄膜隔离材料等	H	

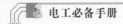

2. 织物粘带

织物粘带是以无碱玻璃布或棉布为底材,涂覆胶黏材料后经过烘焙并制成带状。常用织物粘带的特性与用途见表 2-32。

表 2-32 　　　　　　　　　　　　常用织物粘带的特性与用途

名　　称	耐热等级	特性与用途
环氧玻璃粘带	B	电气性能和机械性能均较高,主要用于变压器铁芯及电机线圈绕组的固定包扎等
硅橡胶玻璃粘带	B	电气性能和机械性能均较高,柔软性较好,主要用于变压器铁芯及电机线圈绕组的固定包扎等
有机硅玻璃粘带	H	耐热性、耐寒性和耐潮性都较高,电气性能和机械性能较好,主要用于电机和电器线圈绕组的绝缘、导线的连接绝缘等

3. 无底材粘带

无底材粘带是由硅橡胶或丁基橡胶加上填料和硫化剂等,经过混炼后挤压成型而制成。绝缘粘带自身具有黏性,因此使用十分方便,常用于包扎电缆端头、导线接头、电气设备接线连接处,以及电机或变压器等的线圈绕组绝缘。表 2-33 所示为常用无底材粘带的特性与用途。

表 2-33 　　　　　　　　　　　　常用无底材粘带的特性与用途

名　　称	耐热等级	特性与用途
自黏性硅橡胶三角带	H	耐热、耐潮、耐腐蚀和抗振动特性好,但抗张强度较低,主要用于高压电机线圈绕组的绝缘等
自黏性丁基橡胶带	H	弹性好,伸缩性大,包扎紧密性好,主要用于导线、电缆接头和端头的绝缘包扎

4. 绝缘胶

绝缘胶是以高分子聚合物为基础,能在一定条件下固化成绝缘硬膜或绝缘整体的重要绝缘材料,是具有良好电绝缘性能的多组分复合胶,一般以沥青、天然树脂或合成树脂为主体材料,常温下具有很高黏度,使用时加热以提高流动性,使之便于灌注、浸渍、涂覆。冷却后可以固化,也可以不固化。其特点是不含挥发性溶剂,具有绝缘、防潮、密封和堵油作用。

电工以环氧胶用得最多。热固型和晾固型绝缘胶可用于各种电动机、电器及高电压大容量发电机绕组的浸渍,或作为复合绝缘的黏合剂;浇注胶、密封胶可作变压器、电容器等电器或无线电装置的密封绝缘。触变性绝缘胶与工件接触后,可立即黏附而形成一层不流动的均匀覆盖层,主要用作小型电器、电工及电子部件的表面护层。光固型绝缘胶主要有不饱和聚酯型和丙烯酸型两类。它们能在光作用下快速固化,能透明粘接和低温粘接。在粘接电工、电子产品、光学部件等方面的应用也日益广泛。

电缆浇注胶的特性与用途见表 2-34。

表 2-34   电缆浇注胶的特性与用途

名称	型号	收缩率 （由 150℃降至 20℃）	击穿电压 （kV/2.5mm）	特性与用途
黄电缆胶	1810	≤8%	>45	电气性能好，抗冻裂性好，用于浇注 10kV 及以上电缆接线盒和终端盒
沥青电缆胶	1811 1812	≤9%	>35	耐潮性好，用于浇注 10kV 以下电缆接线盒和终端盒
环氧电缆胶			>82	密封性好，电气、机械性能高，用于浇注 10kV 以下电缆终端盒
环氧树脂灌封剂				用于高压线圈的灌封、黏合等

5. 绝缘套管

绝缘套管又叫绝缘漆管，如图 2-9 所示，主要用于电线端头及变压器、电机、低压电器等电气设备引出线的护套绝缘。绝缘套管成管状，可以直接套在需要绝缘的导线或细长型引线端上，使用很方便。常用绝缘套管的特性与用途，见表 2-35。

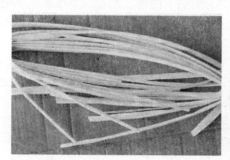

图 2-9　绝缘套管

表 2-35   常用绝缘套管的特性与用途

名　称	耐热等级	特性与用途
油性套管	A	具有良好的电气性能和弹性，但耐热性、耐潮性和耐霉性差，主要用于仪器仪表、电机和电器设备的引出线与连接线的绝缘
油性玻璃套管	E	具有良好的电气性能和弹性，但耐热性、耐潮性和耐霉性较差，主要用于仪器仪表、电机和电器设备的引出线与连接线的绝缘
聚氨酯涤纶套管	E	具有优良的弹性，较好的电气性能和机械性能，主要用于仪器仪表、电机和电器设备的引出线与连接线的绝缘
醇酸玻璃套管	B	具有良好的电气与机械性能，耐油性、耐热性好，但弹性稍差，主要用于仪器仪表、电机和电器设备的引出线与连接线的绝缘
聚氯乙烯玻璃套管	B	具有优良的弹性，较好的电气机械性能和耐化学性，主要用于仪器仪表、电机和电器设备的引出线与连接线的绝缘
有机硅玻璃套管	H	具有较高的耐热性、耐潮性和柔软性，有良好的电气性能，适用于 H 级绝缘级电动机、电气设备等的引出线与连接线的绝缘

续表

名　　称	耐热等级	特性与用途
硅橡胶玻璃套管	H	具有优良的弹性、耐热性和耐寒性，有良好的电气性能和机械性能，适用于严寒或180℃以下高温等特殊环境下的电气设备的引出线与连接线的绝缘

6. 绝缘板

绝缘板通常是以纸、布或玻璃布作底材，浸以不同的胶黏剂，经加热压制而成，如图 2-10 所示。

图 2-10　绝缘板

绝缘板具有良好的电气性能和机械性能，具有耐热、耐油、耐霉、耐电弧、防电晕等特点，主要用做线圈支架、电机槽楔、各种电器的垫块、垫条等。常用绝缘板的特性与用途见表 2-36。

表 2-36　　　　　　　　　常用绝缘板的特性与用途

名　　称	耐热等级	特性与用途
3020 型酚醛层压纸板	E	介电性能高，耐油性好，适用于电气性能要求较高的电器设备中作绝缘结构件，也可在变压器油中使用
3021 型酚醛层压纸板	E	机械强度高、耐油性好，适用于机械性能要求较高的电器设备中作绝缘结构件，也可在变压器油中使用
3022 型酚醛层压纸板	E	有较高的耐潮性，适用于潮湿环境下工作的电器设备中作绝缘结构件
3023 型酚醛层压纸板	E	介电损耗小，适用于无线电、电话及高频电子设备中作绝缘结构件
3025 型酚醛层压布板	E	机械强度高，适用于电器设备中作绝缘结构件，并可在变压器油中使用
3027 型酚醛层压布板	E	吸水性小，介电性能高，适用于高频无线电设备中作绝缘结构件
环氧酚醛层压玻璃布板	B	具有高的机械性能、介电性能和耐水性，适用于电机、电器设备中作绝缘结构零部件，可在变压器油中和潮湿环境中使用
有机硅环氧层压玻璃布板	H	具有较高的耐热性、机械性能和介电性能，适用于热带型电机、电器设备中作绝缘结构件
有机硅层压玻璃布板	H	耐热性好，具有一定的机械强度，适用于热带型电机、电器设备中作绝缘结构零部件
聚酰亚胺层压玻璃布板	C	具有很好的耐热性和耐辐射性，主要用作"H"绝缘级电机、电器设备的绝缘结构件

7. 云母制品

云母制品是以片云母或粉云母纸与各种黏合剂、补强材料组合而成的制品，如图 2-11 所示。云母具有无毒、无味、耐高温、耐高压、耐老化、耐腐蚀、绝缘强度达 A 级。特别是它的耐高温和再加工性是其他材料所不能代替的。

图 2-11　云母制品

云母制品的性能取决于胶黏剂和补强材料的种类及其组合方式。云母制品包括云母带、云母板、云母箔和云母复合材料。

（1）云母带。云母带是用胶黏漆将薄片云母（或云母纸）黏合在单面或双面补强材料上，经烘焙而成的带状绝缘材料。

云母带具有良好的介电性能、抗电晕性能、机械性能、耐热性能和室温下良好的柔软性。可以连续包绕电机线圈，经浸渍或模压成型后构成电机线圈的主绝缘。云母带是高压电机线圈理想的主绝缘材料，至今仍无其他材料可以取代它。根据胶粘剂含量可分为多胶、中胶和少胶云母带。

（2）柔软云母板。柔软云母板是以剥片云母或云母纸为基材，带有或不带有补强材料，用合适的胶黏剂黏结。再经烘焙或烘焙压制而成的柔软板状绝缘材料。柔软云母板具有优良的柔软性，良好的介电性能、机械性能和防潮性能，常温下可任意弯曲而不破裂。

柔软云母板主要用作电机槽绝缘、匝间绝缘、端部层间绝缘和高压电机的线棒排阀绝缘等。

（3）云母箔。云母箔是用胶黏剂将薄片云母或云母纸黏合在单面、双面或多层补强材料上，经烘焙或热压而成的箔状绝缘材料。云母箔在常温下属于硬质板状材料，在一定温度下具有可塑性，冷却后又能保持成型后的固定形状。

云母箔在电机、电器中可作为卷烘式绝缘材料和转子铜排绝缘材料。

（4）粉云母复合材料。粉云母复合材料是用胶黏剂黏合粉云母纸，双面分别用玻璃布和聚酯薄膜（或聚酰亚胺薄膜）补强的柔软绝缘材料。

2.3 电工磁性材料

一切物质都具有磁性，磁性是物质的基本属性之一。磁性材料是古老而用途又十分广泛的功能材料，而物质的磁性早在3000年以前就被人们所认识和应用，例如，指南针。

常用的电工磁性材料就是铁磁性物质，它是电工三大材料（导电材料、绝缘材料和磁性材料）之一，是电器产品中的主要材料。

2.3.1 磁性材料介绍

磁性材料是具有磁有序的强磁性物质，广义还包括可应用其磁性和磁效应的弱磁性及反铁磁性物质。

物质按照其内部结构及其在外磁场中的性状可分为抗磁性、顺磁性、铁磁性、反铁磁性和亚铁磁性物质。铁磁性和亚铁磁性物质为强磁性物质，抗磁性和顺磁性物质为弱磁性物质。

磁性材料按性质分为金属和非金属两类，前者主要有电工钢、镍基合金和稀土合金等，后者主要是铁氧体材料。

磁性材料按使用又分为软磁材料、硬磁材料和功能磁性材料。功能磁性材料主要有磁滞伸缩材料、磁记录材料、磁电阻材料、磁泡材料、磁光材料、旋磁材料以及磁性薄膜材料等。反映磁性材料基本磁性能的有磁化曲线、磁滞回线和磁损耗等。

2.3.2 软磁材料

一般把矫顽力 H_c 小于 10^3A/m 的磁性材料归类为软磁材料。软磁材料也称导磁材料，其主要特点是磁导率 μ 很高，剩磁 B_r 很小，矫顽力 H_c 很小，磁滞现象不严重，因而它是一种既容易磁化也容易去磁的材料，磁滞损耗小。所以一般都在交流磁场中使用，是应用最广泛的一种磁性材料。

1. 软磁材料的类型

（1）合金薄带或薄片：FeNi（Mo）、FeSi、FeAl 等。

（2）非晶态合金薄带：Fe 基、Co 基、FeNi 基或 FeNiCo 基等配以适当的 Si、B、P 和其他掺杂元素，又称磁性玻璃。

（3）磁介质（铁粉芯）：FeNi（Mo）、FeSiAl、羰基铁和铁氧体等粉料，经电绝缘介质包覆和黏合后按要求压制成形。

（4）铁氧体：包括尖晶石型——$MO \cdot Fe_2O_3$（M 代表 NiZn、MnZn、MgZn、Li1/2Fe1/2Zn、CaZn 等），磁铅石型——Ba3Me2Fe24O41（Me 代表 Co、Ni、Mg、Zn、Cu 及其复合组分）。

2. 常用软磁材料的主要特点

常用软磁材料的主要特点见表2-37。

表 2-37　　　　　　　　　　　常用软磁材料的主要特点

品种	主 要 特 点	典 型 应 用
电工纯铁	含碳量在0.04%以下，饱和感应强度高，冷加工性好，但电阻率低，铁损高，有磁时效现象	一般用于直流磁场

品种	主 要 特 点	典 型 应 用
硅钢片	铁中加入 0.5%~4.5% 的硅，就是硅钢。它和电工纯铁相比，电阻率增高，铁损降低，磁时效基本消除，但导热系数降低，硬度提高，脆性增大	电机、变压器、继电器、互感器、开关等电工产品的铁芯
铁镍合金	和其他软磁材料相比，在弱磁场下，磁导率高，矫顽力低，但对应力比较敏感	频率在 1MHz 以下弱磁场中工作的器件（例如，电视机、精密仪器用特种变压器）
软磁铁氧体	它是一种烧结体，电阻率非常高，但饱和磁感应强度低，温度稳定性也较差	高频或较高频率范围内的电磁元件（例如，磁心、磁棒、高频变压器等）
铁铝合金	与铁镍合金相比，电阻率高，密度小，但磁导率低，随着含铝量的增加，硬度和脆性增大，塑性变差	弱磁场和中等磁场下工作的器件（例如，微电机、音频变压器、脉冲变压器、磁放大器）

3. 软磁材料的应用

软磁材料的应用很广，主要用于磁性天线、电感器、变压器、磁头、耳机、继电器、振动子、电视偏转轭、电缆、延迟线、传感器、微波吸收材料、电磁铁、加速器高频加速腔、磁场探头、磁性基片、磁场屏蔽、高频淬火聚能、电磁吸盘、磁敏元件（如用磁热材料作开关）等。

2.3.3 硬磁材料

硬磁材料又称永磁材料或恒磁材料。硬磁材料的特点是经强磁场饱和磁化后，具有较高的剩磁和矫顽力，当将磁化磁场去掉以后，在较长时间内仍能保持强而稳定的磁性。因而，硬磁材料适合制造永久磁铁。

1. 硬磁材料的种类

永磁材料有合金、铁氧体和金属间化合物三类。

（1）合金类。包括铸造、烧结和可加工合金。铸造合金有 AlNi（Co）、FeCr（Co）、FeCrMo、FeAlC、FeCo（V）（W）；烧结合金有 Re-Co（Re 代表稀土元素）、Re-Fe、AlNi（Co）、FeCrCo 等；可加工合金有 FeCrCo、PtCo、MnAlC、CuNiFe 和 AlMnAg 等。后两种中 B_{HC} 较低者亦称半永磁材料。

（2）铁氧体类。主要成分为 $MO \cdot 6Fe_2O_3$，M 代表 Ba、Sr、Pb 或 SrCa、LaCa 等复合组分。

（3）金属间化合物类。主要以 MnBi 为代表。

2. 硬磁材料的用途

硬磁材料的用途见表 2-38。

表 2-38 硬磁材料的用途

应用方向	典型用途
基于电磁力作用原理的应用	扬声器、话筒、电表、按键、电机、继电器、传感器、开关等
基于磁电作用原理的应用	磁控管和行波管等微波电子管、显像管、钛泵、微波铁氧体器件、磁阻器件、霍尔器件等
基于磁力作用原理的应用	磁轴承、选矿机、磁力分离器、磁性吸盘、磁密封、磁黑板、玩具、标牌、密码锁、复印机、控温计等
其他方面的应用	磁疗、磁化水、磁麻醉等

2.4 电　瓷

2.4.1 电瓷概述

1. 电瓷的功能

电瓷是瓷质的电绝缘材料，具有良好的绝缘性和机械强度。电瓷是应用于电力系统中主要起支持和绝缘作用的部件，有时兼做其他电气部件的容器。

广义而言，电瓷涵盖了各种电工用陶瓷制品，包括绝缘用陶瓷、半导体陶瓷等。本节所述电瓷仅指以铝矾土、高岭土、长石等天然矿物为主要原料经高温烧制而成的一类应用于电力工业系统的瓷绝缘子，包括各种线路绝缘子和电站电器用绝缘子，以及其他带电体隔离或支持用的绝缘部件。

2. 电瓷的分类

根据电瓷的产品形状、电压等级、使用特点和应用环境可分为不同类型。

（1）按产品形状可分为盘形悬式绝缘子、针式绝缘子、棒形绝缘子、空心绝缘子等。

（2）按电压等级可分为低电压（交流 1000V 及以下，直流 1500V 及以下）绝缘子和高电压（交流 1000V 以上，直流 1500V 以上）绝缘子，其中高压绝缘子中又有超高压（交流 330kV 和 500kV，直流 500kV）和特高压（交流 750kV 和 1000kV，直流 800kV）之分。

（3）按使用特点可分为线路用绝缘子、电站或电器用绝缘子。

（4）按使用环境可分为户内绝缘子和户外绝缘子。

3. 电瓷的应用

电瓷主要应用于电力系统中各种电压等级的输电线路、变电站、电器设备，以及其他一些特殊行业如轨道交通的电力系统中，将不同电位的导体或部件连接可起绝缘和支持作用。如用于高压线路耐张或悬垂的盘形悬式绝缘子和长棒形绝缘子，用于变电站母线或设备支持的棒形支柱绝缘子，用于变压器套管、开关设备、电容器或互感器的空心绝缘子等。

电瓷还可以用于制作各种绝缘套管、灯座、开关、插座、熔断器底座等的零部件。

2.4.2 低压绝缘子

低压绝缘子由铁帽、钢化玻璃件（瓷件或硅橡胶）和钢脚组成，并用水泥胶合剂胶合为一体。

1. 低压绝缘子的种类

低压架空线路用绝缘子有针式绝缘子和蝶式绝缘子两种，可在 500V 以下电压的交、直流架空线路中固定导线。

（1）低压针式绝缘子用于绝缘和固定 1kV 以下的电气线路，如图 2-12（a）所示。

（2）低压蝶式绝缘子用于固定 1kV 及以下线路的终端、耐张、转角等，如图 2-12（b）所示。

2. 瓷管

瓷管在导线穿过墙壁、楼板及导线交叉敷设时起保护作用。有直瓷管、弯头瓷管、包头瓷管等，如图 2-13 所示。

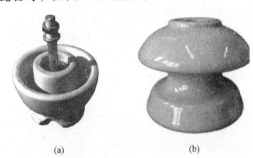

(a)　　　　　　　(b)

图 2-12　低压绝缘子

（a）针式绝缘子；（b）蝶式绝缘子

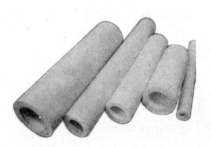

图 2-13　瓷管

2.4.2　高压绝缘子

1. 盘形悬式瓷绝缘子

盘形悬式瓷绝缘子的电瓷是由石英砂、黏土和长石等原料，经球磨、制浆、炼泥、成形、上釉、烧结而成的瓷件，与钢帽、钢脚经高标号水泥胶装成为帽脚式盘形悬式瓷绝缘子。钢帽和钢脚承受机械拉力，瓷件主要承受压力，瓷件的颈部较薄，也是电场强度集中的区域。

当瓷件的颈部存有微气孔等缺陷，或在运行中出现裂纹时，有可能将瓷件击穿，出现零值绝缘子，因此这种绝缘子为可击穿型绝缘子。

2. 盘形悬式钢化玻璃绝缘子

玻璃件与钢帽、钢脚经高标号水泥胶装成为帽脚式盘形悬式钢化玻璃绝缘子。其结构、外形与瓷绝缘子十分接近，当运行中的玻璃件受到长期的机械力和电场的综合作用而导致玻璃件劣变时，钢化玻璃体的伞盘会破碎，即出现自爆。

钢化玻璃绝缘子最显著的特点是，当钢化玻璃绝缘子出现劣质绝缘子时它会自爆，因而免去了绝缘子须逐个检测的繁杂程序。

3. 棒悬式复合绝缘子

复合绝缘子的硅橡胶伞盘为高分子聚合物，芯棒为引拔成型的玻璃纤维增强型环氧树脂棒，制造成型的棒悬式复合绝缘子由硅橡胶伞裙附着在芯棒外层与端部金具连接成一体，两端金具与芯棒承受机械拉力。

芯棒与端部金具的连接方式主要有外楔式、内楔式、内外楔结合式、芯棒罗纹胶装式和压接式。

复合绝缘子由于硅橡胶伞盘的高分子聚合物所特有的憎水性和憎水迁移性使得复合绝缘子具有优良的防污闪性能。另外，由于其制造装备和制造工艺相对简单，复合绝缘子产品质量较轻，因而使用广泛。

4. 长棒型瓷绝缘子

长棒型瓷绝缘子为实心瓷体，采用高铝配方的 C-120 等高强度瓷，因而其机电性能优良。烧制成的瓷材，除了有较高的电气性能之外，机械性能有了大幅的提高。长棒型瓷绝缘子仅在瓷体两端才有金具，几乎不含有任何内部结应力，因而其机电应力被分离。

长棒型瓷绝缘子的结构特点将传统的瓷件受压特性改为抗拉特性，使得金具数大为减少，输电损耗降低，也降低了对无线电和电视广播的干扰。其外形可使自洁性能提高，不仅在单位距离内比盘形绝缘子爬电距离增加了 1.1~1.3 倍，同时可有效利用爬电距离，其最大特点是属不可击穿型绝缘结构。

2.5 常用安装材料

2.5.1 常用电线导管

1. 电线导管的种类及文字符号

电气工程中，常用的电线导管主要有金属和塑料两种。

工程图纸中对电线导管标注的文字符号见表 2-39。

表 2-39　　　　　　　　　　　　　电线导管标注的文字符号

文字符号	电线导管名称	文字符号	电线导管名称
SC	焊接钢管	KBG	薄壁镀锌铁管
JRC	水煤气钢管	PC/PVC	聚氯乙烯硬质电线管
MT	黑铁电线管	KPC	聚氯乙烯塑料波纹电线管
JGD	套接紧定式镀锌铁管		

KBG、JGD 是薄壁电线管的一个变种，属于行业标准标注，不是国家标准。

2. 金属电线导管

建筑工程中金属电线导管按管壁厚度可分为厚壁导管和薄壁导管；按钢管成型工艺可分为焊接钢管和无缝钢管。

图 2-14　金属软管

（1）水煤气管：适用于有机械外力或潮湿、直埋地下的场所，明敷或暗敷。

（2）薄壁钢管：又称电线管，管壁较薄，适用于干燥环境敷设。

（3）金属软管：又称蛇皮管，具有相当的机械强度，又有很好的弯曲性，常用于弯曲部位较多的场所及设备的出线口等处，作为电线、电缆、自动化仪表信号的电线电缆保护管，如图 2-14 所示。

（4）厚壁导管一般用套丝连接，薄壁导管一般用紧定式或压接式连接，在等电位接地方面，除了紧定式不需要做之外，其他方式需要用铜芯软线作跨接接地。

3. 绝缘电线导管

（1）PVC 电线管：适用于民用建筑或室内有酸碱腐蚀介质的场所，在经常发生机械冲击、碰撞、摩擦等易受机械损伤和 40℃ 以上环境温度的场所不宜使用。

PVC 电线管常用的有 $\phi16$、$\phi20$、$\phi25$、$\phi30$、$\phi40$、$\phi50$、$\phi75$、$\phi90$、$\phi110$ 等规格。

（2）半硬塑料管：多用于一般居住和办公建筑等场所的电气照明工程中。

4. 常用电线导管的型号及规格

常用电线导管的型号及规格见表 2-40。

表 2-40　　　　　　　　常用电线导管的型号及规格

管材种类 （图注代号）	公称口径 （mm）	外径 （mm）	壁厚 （mm）	内径 （mm）	内孔总面积 （mm²）	内孔%时的截面积（mm²）		
						33%	27.5%	22%
电线管（KBG）	16	15.70	1.2	13.3	139	46	38	31
	20	19.70	1.2	17.3	235	76	65	52
	25	24.70	1.2	22.3	390	129	107	86
	32	31.60	1.2	29.3	669	221	184	147
	40	39.60	1.2	37.2	1080	356	297	238
电线管（JGD）	16	15.70	1.2	13.3	139	46	38	31
	20	19.70	1.2	17.3	235	76	65	52
	25	24.70	1.2	22.3	390	129	107	86
	32	31.60	1.2	29.3	669	221	184	147
	40	39.60	1.2	37.2	1080	356	297	238
	50	49.60	1.2	47.2	1749	577	481	385
	16	15.70	1.6	12.5	123	41	34	27
	20	19.70	1.6	16.5	214	71	59	47
	25	24.70	1.6	21.5	363	120	100	80
	32	31.60	1.6	28.4	633	209	174	140
	40	39.60	1.6	36.4	1040	343	286	229
	50	49.60	1.6	46.4	1690	558	464	371
电线管（MT）	16	15.87	1.6	12.67	126	42	35	28
	20	19.05	1.6	15.87	197	65	54	43
	25	25.40	1.6	22.20	387	128	106	85
	32	31.75	1.6	28.55	640	211	176	141
	40	38.10	1.6	34.90	957	316	263	211
	50	50.80	1.6	47.60	1780	587	490	392

续表

管材种类 （图注代号）	公称口径 （mm）	外径 （mm）	壁厚 （mm）	内径 （mm）	内孔总面积 （mm²）	内孔%时的截面积（mm²）		
						33%	27.5%	22%
焊接钢管 （SC）	15	20.75	2.5	15.75	194	64	53	43
	20	26.25	2.5	21.25	355	117	97	778
	25	32.00	2.5	27.00	573	189	157	126
	32	40.75	2.5	35.75	1003	331	276	221
	40	46.00	2.5	41.00	1320	436	363	290
	50	58.00	2.5	53.00	2206	728	607	485
	70	74.00	3.0	68.00	3631	1198	998	798
	80	86.50	3.0	80.50	5089	1679	1399	1119
	100	112.00	3.0	106.00	8824	2911	2426	1941
水煤气管（RC）	15	21.25	2.75	15.75	195	64	54	43
	20	26.75	2.75	21.25	355	117	97	78
	25	33.50	3.25	27.00	573	189	158	126
	32	42.25	3.25	35.75	1003	331	276	221
	40	48.00	3.50	41.00	1320	436	363	290
	50	60.00	3.75	53.00	2206	728	607	485
	70	75.50	4.00	68.00	3631	1198	998	798
	80	88.50	4.00	80.50	5089	1679	1399	1119
	100	114.00	4.00	106.00	8824	2911	2426	1941
	120	140.00	4.50	131.00	13 478	4447	3706	2965
	150	165.00	4.50	156.00	19 113	6307	5256	4204
聚氯乙烯硬质 电线管 （PVC 中型管）	16	16	1.4	13	133	44	37	29
	20	20	1.5	16.9	224	74	62	49
	25	25	1.7	21.4	360	119	99	79
	32	32	2.0	27.8	607	200	167	134
	40	40	2.0	35.4	984	325	271	216
	50	50	2.3	44.1	1527	504	420	336
聚氯乙烯 硬质电线管 （PVC 重型管）	16	16	1.9	12.2	117	39	32	26
	20	20	2.1	15.8	196	65	54	43
	25	25	2.2	20.6	333	110	92	73
	32	32	2.7	26.6	556	183	153	122
	40	40	2.8	34.4	929	307	256	204
	50	50	3.2	43.6	1493	493	411	328
	63	63	3.4	56.2	2386	787	656	525

管材种类 （图注代号）	公称口径 （mm）	外径 （mm）	壁厚 （mm）	内径 （mm）	内孔总面积 （mm²）	内孔%时的截面积（mm²）		
						33%	27.5%	22%
聚氯乙烯塑料 波纹电线管 （KPC）	15	18.7	2.45	13.8	150	50	41	33
	20	21.2	2.60	16.0	201	66	55	44
	25	28.5	2.90	22.7	405	134	111	89
	32	34.5	3.05	28.4	633	209	174	139
	40	42.5	3.15	36.2	995	328	274	219
	50	54.5	3.80	46.9	1728	570	475	360

2.5.2　电工常用型钢

钢材具有品质均匀、抗拉、抗压、抗冲击等特点，并且具有良好的可焊、可铆、可割、可加工性，因此在电气设备安装工程中得到广泛的应用。

1. 扁钢

扁钢可制作各种抱箍、撑铁，拉铁和配电设备的零配件、接地母线及接地引线等。

2. 角钢

角钢可作单独构件，也可组合使用，广泛用于制作输电塔构件、横担、撑铁，接户线中的各种支架及电器安装底座、接地体等。

3. 工字钢

工字钢由两个翼缘和一个腹板构成。其规格以腰高（h）×腿宽（b）×腰厚（d）表示，单位均为 mm，如 160×88×6，即表示腰高为 160mm，腿宽为 88mm，腰厚为 6mm 的工字钢。

工字钢广泛用于各种电气设备的固定底座、变压器台架等。

4. 圆钢

圆钢主要用来制作各种金具、螺栓、接地引线及钢索等。

5. 槽钢

槽钢规格的表示方法与工字钢基本相同，槽钢一般用来制作同定底座、支撑、导轨等。常用槽钢的规格有 5 号、8 号、10 号、16 号等。

6. 钢板

薄钢板分镀锌钢板（白铁皮）和不镀锌钢板（黑铁皮）。钢板可用于制作各种电器及设备的零部件、平台、挚板、防护壳等。

7. 铝板

铝板常用来制作设备零部件、防护板、防护罩及垫板等。铝板的规格以厚度（mm）表示，常用规格有 1.0、1.5、2.0、2.5、3.0、4.0、5.0 等，铝板的宽度在 400～2000mm 之间。

2.5.3 常用紧固件

1. 操作面固定件

在被连接件与地面、墙面、顶板面之间的固定，常采用以下 3 种方法。

（1）塑料胀管：塑料胀管加木螺钉用于固定较轻的构件，常用规格有 $\phi6$、$\phi8$、$\phi10$ 等，如图 2-15 所示。该方法多用于砖墙或混凝土结构，不需用水泥预埋，具体方法是用冲击钻钻孔，孔的大小及深度应与塑料胀管的规格匹配，在孔中填入塑料胀管，然后靠小螺钉的拧进，使胀管胀开，从而拧紧后使元件固定在操作面上。

（2）膨胀螺栓：膨胀螺栓用于固定较重的构件，如图 2-16 所示。常用规格有 M8、M10、M12、M16 等。该方法与塑料胀管固定方法基本相同，钻孔后将膨胀螺栓填入孔中，通过拧紧膨胀螺栓的螺母使膨胀螺栓胀开，从而拧紧螺母后使元件固定在操作面上。

图 2-15　塑料胀管

图 2-16　膨胀螺栓

（3）预埋螺栓：预埋螺栓用于固定较重的构件。预埋螺栓一头为螺扣，一头为圆环或燕尾，可分别预埋在地面内、墙面及吊顶板内，通过螺扣一端拧紧螺母使元件固定，如图 2-17 所示。

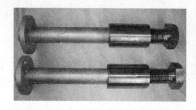

图 2-17　预埋螺栓

2. 两元件之间的固定件

两元件之间的固定件见表 2-41。

表 2-41　　　　　　　　　　　　　　两元件之间的固定件

固定件名称	使 用 说 明	图　　示
六角头螺栓	一头为螺帽，一头为丝扣螺母，将六角螺栓穿在两元件之间，通过拧紧螺母可以固定两元件	

续表

固定件名称	使 用 说 明	图　　示
双头螺栓	两头都为丝扣螺母，将双头螺栓穿在两元件之间，通过拧紧两端螺母固定两元件	
自攻螺钉	用于元件与薄金属板之间的连接	
木螺钉	用于木质件之间及非木质件与木质件之间的连接	
机螺钉	用于受力不大，且不需要经常拆装的场合。其特点是一般不用螺母，而是把螺钉直接旋入被连接件的螺纹孔中，使被连接件紧密地连接起来	

第3章

电气工程图识图基础

3.1 电气图形符号及应用

3.1.1 电气图形符号应用基础

电气图形符号是表示设备或概念的图形、标记或字符等的总称。图形符号是构成电气图最基本的符号，电工把它比喻为技术文件中的"象形文字"。

1. 电气图形符号的构成形式

实际用于电气图中的图形符号的构成形式有以下几种。

（1）一般符号+限定符号。如图3-1所示，将表示开关的一般图形符号，分别与接触器功能符号、断路器功能符号、隔离器功能符号、负荷开关功能符号结合，便可组成接触器图形符号、断路器图形符号、隔离开关图形符号、负荷开关图形符号。

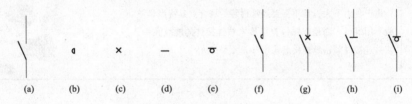

图 3-1　一般符号与限定符号的组合

（a）开关一般图形符号；（b）接触器功能符号；（c）断路器功能符号；（d）隔离器功能符号；（e）负荷开关
功能符号；（f）接触器图形符号；（g）断路器功能符号；（h）隔离开关图形符号；（i）负荷开关图形符号

（2）符号要素+一般符号。如图3-2所示，保护接地图形符号，由表示保护的符号要素与接地的一般符号组成。

（3）符号要素+一般符号+限定符号。如图3-3所示，自动增益放大器的图形符号，由

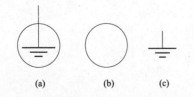

图 3-2　符号要素与一般符号的组合

（a）保护接地；（b）符号要素；（c）接地符号

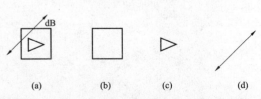

图 3-3　符号要素、一般符号与限定符号的组合

（a）自动增益放大器；（b）符号要素；
（c）一般图形符号；（d）限定符号

表示功能单元的符号要素，表示放大器的一般图形符号，表示自动控制的限定符号以及文字符号 dB（作为限定符号）组成。

2. 电气图形符号表示的状态

在电气图中，图形符号所示状态均是在无电压、无外力作用时电气设备或电气元件所处的状态。例如，继电器和接触器被驱动的动合触点都在断开位置，动断触点都在闭合位置；断路器和隔离开关在断开位置；带零位的手动开关在零位位置；不带零位的手动控制开关处于图中规定的位置。

事故、备用、报警等开关应表示在设备正常使用时的位置，如在特定的位置时，应在图上有说明。

机械操作开关或触点的工作状态与工作条件或工作位置有关，它们的对应关系应在图形符号附近加以说明，以便在看图时能较清楚地了解开关和触点的动作条件，进而了解电路的原理和功能。按开关或触点类型的不同，采用不同的表示方法。

（1）对非电或非人工操作的开关或触点，可用文字、坐标图形或操作器件简单符号来说明其工作状态，用文字说明开关或触点运行方式如图 3-4 所示。

（2）对多位操作开关，如组合开关、转换开关、滑动开关等，其具有多个操作位置，内部触点较多，旋钮在不同的操作位置上时，各触点的结合状况不同，开关的工作状态也不同，这类操作开关的工作状态与工作位置关系有以下两种表示方法。

图 3-4　用文字说明开关或触点运行方式
A—在启动位置闭合；B—在 $100<n<200\mathrm{r/min}$ 时闭合；C—在 $n \geqslant 1400\mathrm{r/min}$ 时闭合；D—未使用的一组触点

1）多位开关触点图形符号表示法。如图 3-5（a）所示，开关有 4 对触点，5 个位置，可用数字表示。其中，"0"表示手柄在中间位置，两侧的数字"1""2"表示操作位置数，也可标注成手柄转动位置的角度。数字上也可标注文字表示具体的操作（前、后、手动、自动等）。纵向虚线表示手柄操作触点断、合的位置线，有"·"表示手柄转向该位置时触点接通，无"·"表示不通。例如，手柄在"0"位置时，第一对触点和第四对触点下有"·"表示这两对触点接通；当手柄在"1"位置时，只有第二对触点下有"·"，表明第二对触点接通。

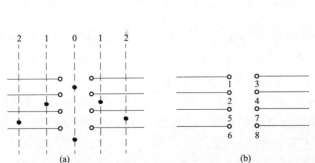

图 3-5　多位操作开关的工作状态与工作位置关系表示方法
（a）多位开关触点图形符号表示法；（b）图形符号与连接表相结合表示法

2）图形符号与连接表相结合表示法。如图 3-5（b）所示是一个多位开关的图形符号，它有 4 对触点，3 个位置。其位置与触点的关系见表 3-1。

表 3-1　　　　　　　　　　　　　　　多位开关触点连接表

位　置	触　点			
	1-3	2-4	5-7	6-8
Ⅰ	×	—	—	—
Ⅱ	—	—	×	—
Ⅲ	—	×	—	×

注　"×"表示接通，"—"表示断开。

3. 电气图形符号的分类

电气图形符号种类繁多，GB/T 4728（所有部分）《电气简图用图形符号》将其分为 11 类。

（1）导线和连接器件，包括各种导线、接线端子、端子和导线的连接、连接器件、电缆附件等。

（2）无源元件，包括电阻器、电容器、电感器、铁氧体磁芯、磁存储器矩阵、压电晶体、驻极体、延迟线等。

（3）半导体管和电子管，包括二极管、三极管、晶闸管、电子管、辐射探测器等。

（4）电能的发生和转换，包括绕组、发电机、电动机、变压器、变流器等。

（5）开关、控制和保护装置，包括触点（触头）、开关、开关装置、控制装置、电动机启动器、继电器、熔断器、保护间隙、避雷器等。

（6）测量仪表、灯和信号器件，包括指示仪表、记录仪表、热电偶、遥测装置、电钟、传感器、灯、喇叭和电铃等。

（7）电信交换和外围设备，包括交换系统、选择器、电话机、电报和数据处理设备、传真机、换能器、记录和播放器等。

（8）电信传输，包括通信电路、天线、无线电台及各种电信传输设备。

（9）电力、照明和电信布置，包括发电站、变电站、网络、音响和电视的电缆配电系统、开关、插座引出线、电灯引出线、安装符号等。适用于电力、照明和电信系统的平面图。

（10）二进制逻辑单元，包括组合和时序单元，运算器单元，延时单元，双稳、单稳和非稳单元，位移寄存器，计数器和存储器等。

（11）模拟单元，包括函数器、坐标转换器、电子开关等。

此外，还有一些其他符号，如机械控制、操作件和操作方法、非电量控制、接地、接机壳和等电位、理想电路元件（电压源、电流源）、电路故障和绝缘击穿等。

4. 图形符号的选用

（1）有些器件的图形符号有几种形式，可按照需要选用，但在同一套图纸中表示同一类对象时，应采用同一种形式的图形符号。

（2）有些结构复杂的图形符号除有普通形外，还有简化形，在满足表达需要的前提下，应尽量选用最简单的形式。

（3）图形符号的大小和图线的宽度并不影响符号的含义，因此可根据实际需要缩小和放大。

（4）根据图面布置的需要，可将图形符号按 90°或 45°的角度逆时针旋转或镜像放置，但文字和指示方向不能倒置。

（5）图形符号所带的引线不是图形符号的组成部分，在不改变符号含义的原则下，为绘图方便，引线可取不同的方向。但在某些情况下，图形符号引线的位置影响符号的含义，则引线位置不能随意改变，否则会引起歧义。如电阻器符号的引线就不能随意改变。

3.1.2 电气工程常用图形符号

1. 常用建筑材料图例符号

常用建筑材料图例符号见表 3-2。

表 3-2   常用建筑材料图例符号

序号	名　称	图　例	备　注
1	自然土壤		包括各种自然土壤
2	夯实土		
3	砂、灰土		靠近轮廓线绘较密的点
4	砂砾石、碎砖三合土		
5	石材		
6	毛石		
7	普通砖		包括实心砖、多孔砖、砌块等砌体，断面较窄不易绘出图例线时，可涂红
8	耐火砖		包括耐酸砖等砌体
9	空心砖		非承重砖砌体
10	饰面砖		包括铺地砖、马赛克、陶瓷锦砖、人造大理石等
11	焦渣、矿渣		包括与水泥、石灰等混合而成的材料
12	混凝土		（1）能承重的混凝土及钢筋混凝土。 （2）包括各种强度等级、骨料、添加剂的混凝土。 （3）在剖面图上画出钢筋时，不画图例线。 （4）断面图形小，不易画出图例线时，可涂黑
13	钢筋混凝土		

序号	名　称	图　例	备　注
14	多孔材料		包括水泥珍珠岩、沥青珍珠岩、泡沫混凝土、非承重加气混凝土、软木、蛭石制品等
15	纤维材料	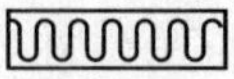	包括矿棉、岩棉、玻璃棉、麻丝、木丝板、纤维板等
16	泡沫塑料材料	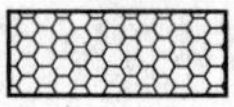	包括聚苯乙烯、聚乙烯、聚氨酯等多孔聚合物类材料
17	木材	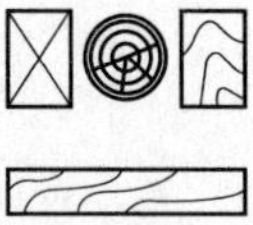	（1）上图为横断面，上左图为垫木、木砖或木龙骨； （2）下图为纵断面
18	胶合板		应注明为胶合板的层数
19	石膏板	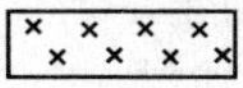	包括圆孔、方孔石膏板、防水石膏板等
20	金属	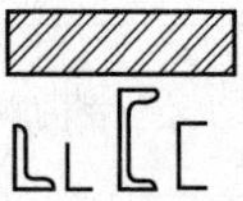	（1）包括各种金属； （2）图形小时，可涂黑
21	网状材料		（1）包括金属、塑料网状材料； （2）应注明具体材料名称
22	液体	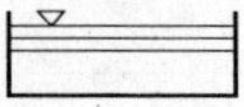	应注明具体液体名称
23	玻璃		包括平板玻璃、磨砂玻璃、夹丝玻璃、钢化玻璃、中空玻璃、加层玻璃、镀膜玻璃等
24	橡胶		
25	塑料		包括各种软、硬塑料及有机玻璃等
26	防水材料		构造层次多或比例大时，采用上面图例
27	粉刷	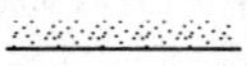	本图例采用较稀的点

2. 常用电气图形符号

常用电气图形符号见表3-3。

表 3-3		常用电气图形符号	
序号	图　形　符　号		说　　明
1			开关（机械式）
2			多级开关一般符号单线表示
3			多级开关一般符号多线表示
4			接触器（在非动作位置触点断开）
5			接触器（在非动作位置触点闭合）
6			负荷开关（负荷隔离开关）
7			具有自动释放功能的负荷开关
8			熔断器式断路器
9			断路器
10			隔离开关
11			熔断器一般符号
12			跌落式熔断器
13			熔断器式开关
14			熔断器式隔离开关

序号	图 形 符 号	说 明
15		熔断器式负荷开关
16		当操作器件被吸合时延时闭合的动合触点
17		当操作器件被释放时延时闭合的动合触点
18		当操作器件被释放时延时闭合的动断触点
19		当操作器件被吸合时延时闭合的动断触点
20		当操作器件被吸合时延时闭合和释放时延时断开的动合触点
21		按钮开关（不闭锁）
22		旋钮开关、旋转开关（闭锁）
23		位置开关，动合触点 限制开关，动合触点
24		位置开关，动断触点 限制开关，动断触点

序号	图 形 符 号	说 明
25		热敏开关，动合触点 说明：θ 可用动作温度代替
26		热敏自动开关，动断触点
27		具有热元件的气体放电管荧光灯起动器
28		动合（常开）触点 说明：本符号也可用作开关一般符号
29		动断（常闭）触点
30		先断后合的转换触点
31		当操作器件被吸合或释放时，暂时闭合的过渡动合触点
32		座（内孔的）或插座的一个极
33		插头（凸头的）或插头的一个极
34		插头和插座（凸头的和内孔的）
35		接通的连接片

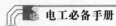
续表

序号	图 形 符 号	说 明
36		换接片
37		双绕组变压器
38		三绕组变压器
39		自耦变压器
40		电抗器 扼流图
41		电流互感器 脉冲变压器
42		具有两个铁芯和两个二次绕组的电流互感器
43		在一个铁芯上具有两个二次绕组的电流互感器
44		具有有载分接开关的三相三绕组变压器,有中性点引出线的星形-三角形连接
45		三相三绕组变压器,两个绕组为有中性点引出线的星形,中性点接地,第三绕组为开口三角形连接
46		星形—三角形连接的三相变压器

序号	图 形 符 号	说　明
47		具有有载分接开关的三相变压器星形-三角形连接
48		星形—曲折形中性点引出的三相变压器连接
49		操作器件一般符号
50		具有两个绕组的操作器件组合
51		热继电器的驱动器件
52		气体继电器
53		自动重闭合器件
54		电阻器一般符号
55		可变电阻器 可调电阻器
56		滑动触点电位器

序号	图 形 符 号	说 明
57		预调电位器
58		电容器一般符号
59		可变电容器 可调电容器
60		双联同调可变电容器
61		指示仪表 说明：星号必须按规定予以代表
62	V	电压表
63	A	电流表
64	$\frac{A}{I\sin\varphi}$	无功电流表
65	P^W_{max}	最大需量指示器（由一台积算仪表操作的）
66	var	无功功率表
67	$\cos\varphi$	功率因素表
68	Hz	频率表
69	θ	温度计、高温计（θ 可由 t 代替）
70	n	转速表
71	✳	积算仪表、电能表（星号必须按规定予以代替）
72	Ah	安培小时计

序号	图 形 符 号	说　明
73		电能表（瓦特小时表）
74		无功电能表
75		带发送器电能表
76		由电能表操纵的遥测仪表（转发器）
77		由电能表操纵的带有打印器材的遥测仪表（转发器）
78		屏、盘、架一般符号 说明：可用文字符号或型号表示设备名称
79		列架一般符号
80		人工交换台、中断台、测量台、业务台等一般符号
81		总配线架
82		中间配线架
83		走线架、电缆走道
84		地面上明装走线槽
85		地面下暗装走线槽
86		交流母线
87		直流母线

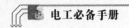

序号	图 形 符 号	说 明
88		装在支柱上的封闭式母线
89		母线伸缩接头
90		中性线
91		保护线
92		保护和中性共用线
93		具有保护和中性的三相配线
94		滑触线
95		地下线路
96		架空线路
97		管道线路
98		多孔（如6孔）管道线路
99		具有埋入地下连接点的线路
100		水下线路
101		沿建筑物明敷设通信线路
102		沿建筑物暗敷设通信线路
103		电气排流电缆
104		挂在钢索上的线路
105		用单线表示的多回线路（或电缆管束）

序号	图 形 符 号	说 明
106		导线、导线组、电路线路、母线一般符号
107		三根导线
108		四根导线
109		事故照明线
110		50V 及其以下电力及照明线路
111		控制及信号线路（电力及照明用）
112		原电池或蓄电池 原电池或蓄电池组
113		带抽头的原电池组或蓄电池组
114		接地一般符号
115		接机壳或接底板
116		无噪声接地
117		保护接地
118		等电位
119		电缆终端头
120		信号板、信号箱（屏）
121		报警启动装置（点式-手动或自动）

序号	图　形　符　号	说　　明
122		线型探测器
123		火灾报警装置
124		热
125		烟
126		易爆气体
127		手动启动
128		电铃
129		扬声器
130		发声器
131		电话机
132		照明信号
133		手动报警器
134		感烟火灾探测器
135		感温火灾探测器
136		气体火灾探测器

序号	图　形　符　号	说　　明
137		火警电话机
138		报警发声器
139		有视听信号的控制和显示设备
140		在专用电路上的事故照明灯
141		自带电源的事故照明灯装置（应急灯）
142		警卫信号探测器
143		警卫信号区域报警器
144		警卫信号总报警器
145		逃生路线，逃生方向
146		逃生路线，最终出口
147		二氧化碳消防设备辅助符号
148		氧化剂消防设备辅助符号
149		卤代烷消防设备辅助符号
150		可拆卸的端子

序号	图 形 符 号	说 明
151	●	连接点
152		交换器一般符号 转换器一般符号
153		直流交流器
154		整流器
155		桥式全波整流器
156		逆变器
157		整流器/逆变器
158		单相插座
159		暗装单相插座
160		密闭（防水）单相插座
161		防爆单相插座
162		带保护触点插座 带接地插孔的单相插座
163		带接地插孔的暗装单相插座
164		带接地插孔的密闭（防水）单相插座
165		带接地插孔的防爆单相插座
166		带接地插孔的三相插座

序号	图 形 符 号	说 明
167		带接地插孔的暗装三相插座
168		带接地插孔的密闭（防水）三相插座
169		带接地插孔的防爆三相插座
170		插座箱（板）
171		多个插座（示出 3 个）
172		具有单极开关的插座
173		具有隔离变压器的插座
174		带熔断器的插座
175		开关一般符号
176		单极开关
177		暗装单极开关
178		密闭（防水）单极开关
179		防爆单极开关
180		双极开关

序号	图 形 符 号	说 明
181		暗装双极开关
182		密闭（防水）双极开关
183		防爆双极开关
184		三极开关
185		暗装三极开关
186		密闭（防水）三极开关
187		防爆三极开关
188		单极拉线开关
189		单极限时开关
190		具有指示灯的开关
191		双极开关（单极三线）
192		调光器
193		变电站
194		室外箱式变电站
195		杆上变电站

续表

序号	图 形 符 号	说　明
196		直流配电盘屏
197		多种电源配电箱（盘）
198		电力配电箱（盘）
199		照明配电箱（盘）
200		电源切换箱（盘）
201		事故照明配电箱（盘）
202		组合开关箱
203		电铃操作盘
204		吹风机操作盘
205		交流电动机
206		按钮盒
207		立柱式按钮箱
208		风扇一般符号
209		暖风机或冷风机
210		轴流风扇
211		风扇开关
212		交流电钟
213		各灯具一般符号

序号	图形符号	说明
214	⊗	花灯
215	⊢⊣	单管荧光灯
216	⊢⊣	双管荧光灯
217	⊢⊣	三管荧光灯
218	▢	荧光灯花灯组合
219	⊢◀	防爆型光灯
220	⊗	投光灯

3. 电视监控系统常用图形符号

电视监控系统常用图形符号见表3-4。

表3-4　　　　　　　　　　电视监控系统图常用图形符号

名称	图形符号	说明
放大器	▷	放大器的一般符号
	🔺	桥接放大器（示出三路支线或分支线输出），其中标有黑点的一端输出电平较高
	🔺	干线桥接放大器（示出三路支线输出）
混合器或分配器	▢	混合器
	▢	有源混合器（示出五路输入）
	▢	分路器（示出五路输出）

名　称	图形符号	说　明
分支器	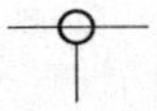	分支器一般符号
	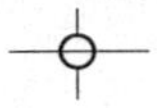	二分支器
	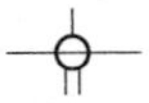	三分支器
	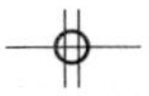	四分支器
均衡器		固定均衡器
		可变均衡器
衰减器	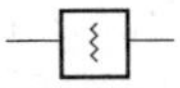	固定衰减器
	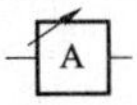	可变衰减器
调制器	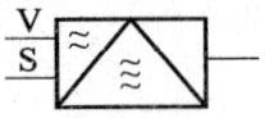	电视调制器
供电装置	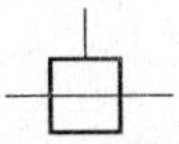	线路供电器（示出交流型）
	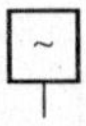	电源插入器
摄像机		彩色电视摄像机
	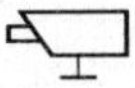	云台摄像机
录像机		录像机

4. 电话工程图中的图形符号

电话工程图中的图形符号见表 3-5。

表 3-5 　　　　　　　　　　**电话工程图中的图形符号**

名　称	图形符号	备　注
总配线架	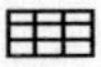	
中间配线架	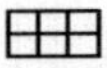	

名　称	图形符号	备　注
架空交接箱	⊠	
落地交接箱	⊠	
壁龛交接箱	⊠	
在地面安装的电话插座	TP	
直通电话插座	PS	
室内分线盒		可加注 $\dfrac{A-B}{C}D$，A 为编号，B 为容量，C 为线号，D 为用户数
室外分线盒		
电话机		

5. 综合布线工程图中常用的图形符号

综合布线工程图中常用的图形符号见表 3-6。

表 3-6　　　　　　　综合布线工程图中常用的图形符号

图形符号	说　明	图形符号	说　明
 MDF	总配线架	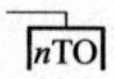 nTO	信息插座（n 为信息孔数）
 ODF	光纤配线架	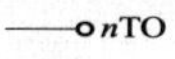 —o nTO	信息插座（n 为信息孔数）
FD	楼层配线架	TP	电话出线口
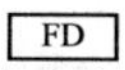 FD	楼层配线架	TV	电视出线口
⋈	楼层配线架（FD 或 FST）	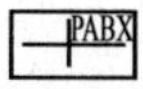 PABX	程控用户交换机
⊗	楼层配线架（FD 或 FST）	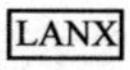 LANX	局域网交换机
BD	建筑物配线架（BD）		计算机主机
 ⋈		 HUB	集线器

续表

图形符号	说　明	图形符号	说　明
 CD	建筑群配线架（CD）	 计算机 图形	计算机
图形		 电视机 图形	电视机
 ADO/DD	家居配线装置	 电话机 图形	电话机
CP	集合点	图形	电话机（简化形）
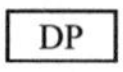 DP	分界点	 图形	光纤或光缆的一般表示
TO	信息插座（一般表示）	图形	整流器
图形	信息插座		

3.2　电气工程图中的文字符号及应用

3.2.1　文字符号应用基础

文字符号是用来表示电气设备、装置、元器件种类及功能的字母代码，分为基本文字符号和辅助文字符号两种。

1. 基本文字符号

基本文字符号有单字母符号和双字母符号两种表达方式。

（1）单字母符号。用拉丁字母将各种电气设备、电器元件分为 23 大类，每大类用一个专用字母符号表示，如 "C" 表示电容器类，"R" 表示电阻类。其中，"I" "O" 容易和阿拉伯数字 "1" "0" 混淆，不允许使用；字母 "J" 未使用。

（2）双字母符号。由一个表示种类的单字母符号后面加一个字母组成，如 "GB" 表示蓄电池，其中，"G" 为电源的单字母符号。又如 "GS" 表示同步发电机，其中，"G" 为电源的单字母符号，"S" 为同步发电机的英文名称的首位字母。

在电路图中，常用基本文字符号见表 3-7。

表 3-7　　　　　　　　　　常 用 基 本 文 字 符 号

名称	单字母符号	多字母符号	名称	单字母符号	多字母符号
发电机	G		电流表	A	
励磁机	G	GE	电压表	V	
电动机	M		功率因数表		cos
绕组	W		电磁铁	Y	YA

名称	单字母符号	多字母符号	名称	单字母符号	多字母符号
变压器	T		电磁阀	Y	YV
隔离变压器	T	TI（N）	牵引电磁铁	Y	YA（T）
电流互感器	T	TA	插头	X	XP
电压互感器	T	TV	插座	X	XS
电抗器	L		端子板	X	XT
开关	Q、S		信号灯	H	HL
断路器	Q	QF	指示灯	H	HL
隔离开关	Q	QS	照明灯	E	EL
接地开关	Q	QG	电铃	H	HL
行程开关	S	ST	蜂鸣器	H	HA
脚踏开关	S	SF	测试插孔	X	XJ
按钮	S	SB	蓄电池	G	GB
接触器	K	KM	合闸按钮	S	SB（L）
交流接触器	K	KM（A）	跳闸按钮	S	SB（I）
直流接触器	K	KM（D）	试验按钮	S	SB（E）
星-三角启动器	K	KS（D）	检查按钮	S	SB（D）
继电器	K		启动按钮	S	SB（T）
避雷器	F	FA	停止按钮	S	SB（P）
熔断器	F	FU	操作按钮	S	SB（O）

2. 辅助文字符号

辅助文字符号用来表示电气设备、装置和元器件及线路的功能、状态和特征，通常由英文单词的前一两个字母构成。如"SYN"表示同步，"L"表示限制，"RD"表示红色，"F"表示快速。

在电气图中，常用辅助文字符号见表3-8。

表3-8　　　　　　　　　　常 用 辅 助 文 字 符 号

名称	单字母符号	多字母符号	名称	单字母符号	多字母符号
交流		AC	控制	C	
直流		DC	制动	B	BRK
电流	A		闭锁		LA
电压	V		异步		ASY
接地	E		延时	D	
保护	P		同步		SYN
保护接地	PE		运转		RUN
中性线	N		时间	T	
模拟	A		高	H	

名称	单字母符号	多字母符号	名称	单字母符号	多字母符号
数字	D		中	M	
自动	A	AUT	低	L	
手动	M		升	U	
辅助		AUX	降	D	
停止		STP	备用		RES
断开		OFF	复位		R
闭合		ON	差动	D	
输入		IN	红		RD
输出		OUT	绿		GN
左	L		黄		YE
右	R		白		WH
正、向前		FW	蓝		BL
反	R		黑		BK

3. 电气文字符号的使用

（1）在编制电气图及电气技术文件时，应优先选用基本文字符号、辅助文字符号以及其组合。而在基本文字符号中，应优先选用单字母符号。当单字母符号不能满足要求时，可采用双字母符号。基本文字符号不能超过 2 位字母，辅助文字符号不能超过 3 位字母。

（2）辅助文字符号可单独使用，也可将首位字母放在表示项目种类的单字母符号后面组成双字母符号。

（3）当基本文字符号和辅助文字符号不够用时，可按有关电气名词术语国家标准或专业标准中英文术语缩写加以补充。

（4）文字符号可作为限定符号与其他图形符号组合使用，以派生出新的图形符号。

（5）文字符号不适于电气产品型号的编制与命名。

（6）一些具有特殊用途的接线端子、导线等通常采用专用的文字符号进行标识。常用特殊用途的文字符号见表 3-9。

表 3-9　常用特殊用途的文字符号

名　称	文字符号	名　称	文字符号
交流系统中电源第一相	L1	接地	E
交流系统中电源第二相	L2	保护接地	PE
交流系统中电源第三相	L3	不接地保护	PU
中性线	N	保护接地线和中性线共用	PEN
交流系统中设备第一相	U	无噪声接地	TE
交流系统中设备第二相	V	机壳或机架	MM
交流系统中设备第三相	W	等电位	CC

续表

名　称	文字符号	名　称	文字符号
直流系统电源正极	L+	交流电	AC
直流系统电源负极	L-	直流电	DC
直流系统电源中间线	M		

（7）由于多数电气图为黑白图纸，导线的颜色无法进行区分，因此在电气图上常用字母代号来表示导线的颜色。常见的表示颜色的文字符号见表 3-10。

表 3-10　　　　　　　　　常用颜色的文字符号

颜　色	字母代号	颜　色	字母代号
红	RD	棕	BN
黄	YE	橙	OG
绿	GN	绿黄	GNYE
蓝（包括浅蓝）	BU	银白	SR
紫、紫红	VT	青绿	TQ
白	WH	金黄	GD
灰、蓝灰	GY	粉红	PK
黑	BK		

3.2.2　电气图中的常用文字符号

（1）照明灯具安装方式文字符号见表 3-11。

表 3-11　　　　　　　　　照明灯具安装方式的文字符号

安装方式	英　文	汉语拼音
线吊式、固定线吊式	CP	
自在器线吊式	CP	X
固定线吊式	CP1	X1
防水线吊式	CP2	X2
吊线器式	CP3	X3
链吊式	Ch	L
管吊式	P	G
吸顶式或直附式	S	D
嵌入式（嵌入不可进入人的顶棚）	R	R
顶棚内安装（嵌入可进入人的顶棚）	CR	DR
墙壁内安装	WR	BR
台上安装	T	T
支架上安装	SP	J

续表

安装方式	英　文	汉语拼音
壁装式	W	B
柱上安装	CL	Z
座装	HM	ZH

（2）线路敷设部位标注文字符号见表 3-12。

表 3-12　　　　　　　　　　线路敷设部位标注的文字符号

敷设部位	英　文	汉语拼音
沿钢索敷设	SR	S
沿屋架或层架下弦敷设	BE	LM
沿柱敷设	CLE	ZM
沿墙敷设	WE	QM
沿天棚敷设	CE	PM
在能进入的吊顶内敷设	ACE	PNM
暗敷在梁内	BC	LA
暗敷在柱内	CLC	ZA
暗敷在屋面内或顶板内	CC	PA
暗敷在地面或地板内	FC	DA
暗敷在不能进入人的吊顶内	AC	PNA
暗敷在墙内	WC	QA

（3）线路敷设方式标注的文字代号见表 3-13。

表 3-13　　　　　　　　　　线路敷设方式标注的文字代号

敷设方式	英　文	汉语拼音
用塑制线槽敷设	PR	XC
用硬质塑制管敷设	PC	VG
用半硬塑制管敷设	FEC	ZVG
用薄电线管敷设	TC	DG
用水煤气钢管敷设	SC	G
用金属线槽敷设	SR	GCR
用瓷夹敷设	PL	CJ
用塑制夹敷设	PCL	VT
用蛇皮管敷设	CP	—
用瓷瓶式或瓷柱式绝缘子敷设	K	CP

（4）工程平面图中标注的各种组合文字符号及含义

工程平面图中标注的各种组合文字符号及含义见表 3-14。

113 ▶

表 3-14　　　　　　　　　　**工程平面图中标注的各种组合文字符号及含义**

在用电设备或电动机出线口处标写格式	在电力或照明设备一般的标注方法	在配电线路上的标写格式
$$\frac{a}{b}或\frac{a}{b}-\frac{c}{d}$$ a—设备编号； b—额定功率（kW）； c—路线首端熔断片或自动开关释放的电流（A）； d—标高（m）	$$a\frac{a}{b}或\ a\text{-}b\text{-}c$$ $$a\frac{b\text{-}c}{d(c\times f)\text{-}g}$$ a—设备编号； b—设备型号； c—设备功率（kW）； d—导线型号； f—导线截面积（mm^2）； g—导线敷设方式及部位	$$a\text{-}b(c\times d)e\text{-}f$$ 末端支路只注编号时为： a—回路编号； b—导线型号； c—导线根数； d—导线截面积； e—敷设方式及穿管管径； f—敷设部位
标注照明变压器规格的格式	在电话交接箱上标写的格式	标注相序的代号
$$\frac{a}{b}\text{-}c$$ a——次电压（V）； b—二次电压（V）； c—额定容量（V·A）	$$\frac{a\text{-}b}{c}d$$ a—编号； b—型号； c—线序； d—用户数	L1—交流系统电源第一相； L2—交流系统电源第二相； L3—交流系统电源第三相； U—交流系统设备端第一相； V—交流系统设备端第二相； W—交流系统设备端第三相； N—中性线
标注线路的代号	标写计算用的代号	在电话线路上标写的格式
PG—配电干线； LG—电力干线； MG—照明干线； PFG—配电分干线； LFG—电力分干线； MFG—照明分干线； KZ—控制线	P_e—设备容量（kW）； P_{is}—计算负荷（A）； I_{is}—计算电流（A）； I_z—整定电流（A）； K_x—需要系数； $\Delta U\%$—电压损失； $\cos\varphi$—功率因素	$$a\text{-}b(c\times d)e\text{-}f$$ a—编号； b—型号； c—导线对数； d—导线芯径（mm）； e—敷设方式和管径； f—敷设部位
交流电	对照明灯具的表达格式	
$$m\sim f,\ U$$ m—交流系统电源第三相； f—交流系统设备端第一相； U—交流系统设备端第二相。 例：交流三相带中性线表示为 3N～50Hz，380V，N 表示中性线	$$a\text{-}b\ \frac{c\times d\times L}{e}f$$ a—灯具数； b—型号或编号； c—每盏灯的灯泡数或灯管数； d—灯泡容量（W）； L—光源种类； e—安装高度（m）； f—安装方式。 注：（1）安装高度：壁灯时，指灯具中心与地距离；吊灯时为灯具底部与地距离。 （2）灯具符号内已标注编号者，不再注明型号	

3.3　电气图识读步骤及方法

3.3.1　电气识图的一般方法

1. 化整为零法

可以把总原理图化成若干部分，在细分过程中，如对于个别元件的特殊用途一时难以明了，可以放后研究。在此步骤里，只求弄清各部分主要电路及元件的联系及作用。

例如，控制电路一般是由开关、按钮、信号指示、接触器、继电器的线圈和各种辅助触点构成，无论简单或复杂的控制电路，一般均是由各种典型电路（如延时电路、联锁电路、顺控电路等）组合而成，用以控制主电路中受控设备的"启动""运行""停止"，使主电路中的设备按设计工艺的要求正常工作。对于简单的控制电路，只要依据主电路要实现的功能，结合生产工艺要求及设备动作的先、后顺序依次分析即可。

对于电动机拖动电路图，要先分清主电路和辅助电路、交流电路和直流电路，按照先看主电路，再看辅助电路的识读顺序。看主电路时，通常是从下往上看，即从用电设备开始，经控制元件、保护元件顺次往上看电源。看辅助电路时，则自上而下，从左向右看，即先看电源，再顺次看各条回路，分析各条回路元器件的工作情况及其对主电路的控制关系。

通过看主电路，搞清楚用电设备如何取得电源，电源经过哪些元件到达负载，这些元件的作用是什么；看辅助电路时，要搞清电路的构成，各元件间的联系（如顺序、互锁等）及控制关系，在什么条件下电路构成通路或断路，以理解辅助电路对主电路是如何控制动作的，进而搞清楚整个系统的工作原理。

2. 指标估算法

为了对电路图有更加深入的了解，可对某些主要技术指标进行一定的估算，必要时要用仪器仪表来验证某个元件的功能及引脚的电气参数，以便对电路的技术性能获得定量的概念，敢于用事实来怀疑电路图的准确性。因为有些图纸并非原厂图纸。

3. 比较分析法

对于复杂的控制电路，按各部分所完成的功能，分割成若干个局部控制电路，然后与典型电路相对照，找出相同之处，本着先简后繁、先易后难的原则逐个理解每个局部环节，再找到各环节的相互关系。

4. 综合分析法

综合分析法就是将经过化整为零分析后的各个组成部分进行综合分析。

对于比较复杂的控制电路，可按照先简后繁，先易后难的原则，逐步解决。因为无论怎样复杂的控制线路，总是由许多简单的基本环节组成。阅读时可将他们分解开来，先逐个分析各个基本环节，然后再综合起来全面加以解决。

5. 修理识图法

修理识图是针对性很强的电路分析，主要是根据故障现象和所测得的数据决定分析的电路，带着问题对局部电路进行识图，识图的范围不广，但要有一定深度，还应联系故障的实际。修理识图的基础是十分清楚电路的工作原理，不能做到这一点则无法进行正确的修理

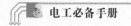

识图。

在修理识图中，一般不需对整机电路图中的各部分电路进行全面的系统分析。

综上所述，每个人都有自己读图的习惯和方法，在掌握一定读图规律后可根据自己的知识水平和知识面的宽窄，总结适合自己的读图习惯和方法。但是读图的目的都是一样的，都是要理解电气设计人员的设计思想，掌握电气设备的工作原理和性能，为电气系统和设备的安装调试及维护管理打下坚实的基础。

3.3.2 电气识图的一般步骤

要想看懂电气原理图，必须熟记电气图形符号所代表的电气设备、装置和控制元件。在此基础上才能看懂电气原理图。由于电气项目类别、规模大小、应用范围的不同，电气图的种类和数量相差很大。电气图的识读应按照一定步骤进行阅读。

（1）了解说明书。了解电气设备说明书，目的是了解电气设备总体概况及设计依据，了解图纸中未能表达清楚的各有关事项。了解电气设备的机械结构、电气传动方式、对电气控制的要求、设备和元器件的布置情况、电气设备的使用操作方法，以及各种开关、按钮等的作用。

（2）理解图纸说明。拿到图纸后，首先要仔细阅读图纸的主标题栏和有关说明，搞清楚设计的内容和安装要求，就能了解图纸的大体情况，抓住看图的要点。例如，图纸目录、技术说明、电气设备材料明细表、元件明细表、设计和安装说明书等，结合已有的电工电子技术知识，对该电气图的类型、性质、作用有一个明确的认识，从整体上理解图纸的概况和所要表述的重点。

（3）掌握系统图和框图。由于系统图和框图只是概略表示系统或分系统的基本组成、相互关系及主要特征，因此紧接着就要详细看电路图，才能清楚它们的工作原理。系统图和框图多采用单线图，只有某些 380/220V 低压配电系统图才部分采用多线图。

（4）熟悉电路图。电路图是电气图的核心，也是内容最丰富但最难识读的电气图。看电路图时，首先要识读电路图中的图形符号和文字符号，了解电路图各组成部分的作用，分清主电路和辅助电路、交流回路和直流回路；其次按照先看主电路，后看辅助电路的顺序进行识图。

从主电路着手，根据每台电动机和执行器件的控制要求去分析控制功能。分析主电路时，采用从下往上看，即从用电设备开始，经控制元件，依次往电源看；分析控制电路时，采用从上往下，从左往右的原则，将电路化整为零分析局部功能。

通过看主电路，要搞清楚电气负载是怎样获取电能；电源线都经过哪些元件到达负载，以及这些元件的作用、功能。通过看辅助电路，则应搞清辅助电路的回路构成、各元件之间的相互联系和控制关系及其动作情况等。同时还要了解辅助电路与主电路之间的相互关系，进而搞清整个电路的工作原理和来龙去脉。

分析控制电路就是弄清控制电路中各个控制元件之间的关系，弄清控制电路中哪些控制元件控制主电路中用电负载状态的改变。

分析控制电路时，最好是按照每条支路串联控制元件的相互制约关系去分析，然后再看该支路控制元件动作对其他支路中的控制元件有什么影响。采取逐渐推进法分析是比较好的方法。控制电路比较复杂时，最好是将控制电路分为若干个单元电路，然后将各个单元电路分开分析，以便抓住核心环节，使复杂问题简化。

（5）清楚电路图与接线图的关系。接线图是以电路为依据的，因此要对照电路图来看接线图。看接线图时要根据端子标志、回路标号从电源端依次查下去，搞清线路走向和电路的连接方法，搞清每个回路是怎样通过各个元件构成闭合回路的。看安装接线图时，先看主电路后看辅助回路。看主电路是从电源引入端开始，顺序经开关设备、线路到负载（用电设备）。看辅助电路时，要从电源的一端到电源的另一端，按元件连接顺序对每一个回路进行分析。接线图中的线号是电气元件间导线连接的标记，线号相同的导线原则上都可以接在一起。由于接线图多采用单线表示，因此对导线的走向应加以辨别，还要搞清端子板内外电路的连接。

配电盘内外线路相互连接必须通过接线端子板，因此看接线图时，要把配电盘内外的线路走向搞清楚，就必须搞清端子板的接线情况。

综上所述，阅读图纸的顺序没有统一的规定，可以根据自己的识图能力及工作需要灵活掌握，并应有所侧重。有时一幅图纸需反复阅读多遍。实际读图时，要根据图的种类作相应调整。

3.3.3　电气识图注意事项

1. 切忌毫无头绪、杂乱无章

电气读图时，应该是一张一张地阅读电气图纸，每张图全部读完后再读下一张图。如读图时遇有与另外图有关联或标注说明时，应找出另一张图，但只读关联部位了解连接方式即可，然后返回来再继续读完原图。读每张图纸时则应一个回路、一个回路地读。一个回路分析清楚后再分析下个回路。这样才不会乱，才不会毫无头绪、杂乱无章。

2. 切忌烦躁、急于求成

电气读图时，应该心平气和地读。尤其是负责电气维修的人员，更应该在平时设备无故障时就心平气和地读懂设备的原理，分析其可能出现的故障原因和现象，做到心中有数。否则，一旦出现故障，心情烦躁，急于求成，一会儿查这条线路，一会儿查那个回路，没有明确的目标。这样不但不能快速查找出故障的原因，也很难真正解决问题。

3. 切忌粗糙、不求甚解

电气读图时，应该是仔细阅读图样中表示的各个细节，切忌不求甚解。注意细节上的不同才能真正掌握设备的性能和原理，才能避免一时的疏忽造成的不良后果甚至是事故。

4. 切忌不懂装懂、想当然

电气读图时，遇到不懂的地方应该查找有关资料或请教有经验的人，以免造成不良的影响和后果。应该清楚，每个人的成长过程都是从不懂到懂的过程，不懂并不可怕，可怕的是不懂装懂、想当然，从而造成严重后果。

5. 切忌心中无数

电气读图时一定要做到心中有数。尤其是比较大或复杂的系统，常常很难同时分析各个回路的动作情况和工作状态，适当进行记录，有助于避免读图时的疏漏。

总之，初学识图的原则是从易到难，从简单到复杂。一般来讲，照明电路比电气控制电路简单，单项控制电路比系列控制电路简单。复杂的电路都是简单电路的组合，从识读简单的电路图开始，弄清每个电气符号的含义，明确每个电气元件的作用，理解电路的工作原理，为识读复杂电气图打下基础。

对于复杂的电气系统，读图应该分 3 个阶段：首先是粗读，然后是细读，最后是精读。粗读可比细读"粗"点。这里的"粗"不是"粗糙的粗"，而是相对不侧重在细节上。而精读则是选择重点的或重要的关键内容进行的进一步阅读，是为了保证万无一失而进行的精读。

3.4　电气图识读举例

3.4.1 电气照明配电图识读

1. 某住宅楼照明配电图识读

如图 3-6 所示是某住宅楼照明配电系统图。该住宅楼照明系统的组成和相互之间的关系如下：

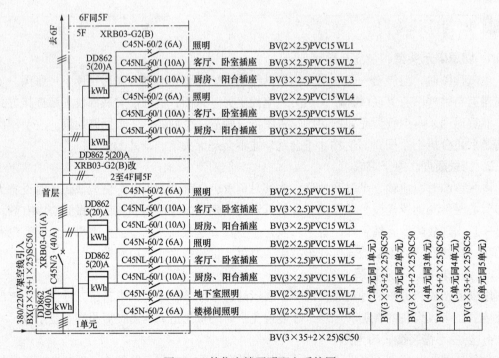

图 3-6　某住宅楼照明配电系统图

（1）总体情况。该住宅楼的照明系统分为 6 个单元，每个单元的组成相同，都有 6 层楼，每层楼都有一个配电箱（图中采用点画线框表示的部分）。首层的配电箱由 3 部分组成。

1）三相四线总电能表及总控三相断路器（俗称空气开关）。

2）两户的单相分电能表及每户3个单相断路器。

3）控制本单元地下室和楼梯间照明的两个单相断路器。2~6层楼的配电箱相同，但与首层配电箱不同。每个配电箱内只有两户的单相分电能表及每户3个（两户共6个）单相断路器。

4）每户的照明配电由单相电能表引出，经过3个单相断路器分成3路，分别向照明（灯）、客厅与卧室的插座、厨房与阳台插座供电。

（2）总配电箱设置。照明系统的电源采用的是三相四线制，由架空线引入到各个单元首层楼的配电箱。总配电箱的型号为XRB03-G1（A）。在总配电箱中，总电能表的型号为DD862 10（40）A，每户分电能表为单相电表，型号为DD862 5（20）A。在总配电箱中，总控三相断路器的型号为C45N/3（40）A，每户有三个断路器，照明控制断路器的型号为C45N-60/2（6）A，两路插座控制断路器的型号均为C45NL-60/1（10）A。型号中的字母L表示具有漏电保护功能。

总电能表的进线有4条，而总控三相断路器通往2~6层的配电输出有5条。为了保证三相供电的质量，一般要求三相负荷应尽量对称（相等）。因此，三相电源的三根相线（火线）应平均分配给6层楼。即通往2~6层的5条线中，有3条相线，一条供给1~2层，一条供给3~4层，另外二条供给5~6层（在设计说明中有专门的说明）。

通往2~6层的5条线中，有3条相线，一条零线N，一条保护接地线PE。实际接线时应该注意，虽然PE和N两条线都是连接到三相交流电源的PEN，但在各层的分电箱里，PE和N应该设置两个专门的接线端子排。并且每户的每个回路中的PE和N不能接错端子排，否则会存在安全隐患，可能引发安全事故。

在总配电箱中，总控三相断路器到两个分电能表的2条线中只有一条相线，另外两条分别是PE和N。每户的分电能表到3个单相断路器的接线由断路器的型号及输出线缆的标注可以看出。照明支路（WL1和WL4）只有两条线，两条线都通过断路器连接。其中一条是相线，另外一条是零线。每户的两路插座（WL2、WL5和WL3、WL6）都是3条线，一条相线通过相应的断路器（单极），另外两条没有通过断路器直接输出，分别为PE和N。

从配电箱引出到各户的每个支路线缆，标注有该支路的用途、导线型号、敷设方式和支路编号。支路的用途采用中文直接标注，导线的型号都是BV，BV后括号里的第一个数字表示导线的根数，乘号后面的数字表示导线芯线的截面积，单位是 mm^2。敷设方式的标注都是PVCl5，表示穿管敷设，线管型号为PVCl5。其中，PVC为具有阻燃作用的塑料管，15表示管径为15mm。支路的编号采用WL加数字表示。

除了两户照明配电引出线外，在首层楼的总配电箱里，由总控断路器引出的线中，还分别经过两个单相断路器，引出两路分别作为地下室照明和楼梯间照明用。支路编号分别为WL7和WL8。两个单相断路器的型号都是C45N-60/2（6）A，两个支路的敷设方式与线缆型号和每户照明支路完全一样。

2~6层分配电箱与总配电箱比，少了总电能表、总控三相断路器和控制地下室与楼梯间照明的两个单相断路器及其支路，其他内容与总配电箱相同。

（3）电线配置情况。电源线在引入处标注为380/220V架空线引入BX（3×35+1×25）SC50，其中380/220V表示电源线的电压等级（线电压为380V，相电压为220V），采用架空线引入，BX（3×35+1×25）SC50 表示架空线的规格型号为 BX，共有 4 条线，3 条截面积为 35mm²，一条截面积为 25mm²，SC50 表示其引入方式为穿管，SC 表示线管为水煤气管，50 表示管径为 50mm²。

电源 4 根线进入第一单元的总配电箱后，相继又引到 2~6 单元的总配电箱。由 2 单元总配电箱进线的标注可以看出，进入 2 单元总配电箱的电源线为 5 根 BV（3×35+2×25）SC50。从 1 单元总配电箱中多引出一根线作保护接地线 PE。也就是说，从 1 单元总配电箱出来的线有 5 根，3 根是相线，截面积都是 35mm²。另外两根的截面积都是 25mm²，有一根为零线，还有一根是保护接地线 PE。由 1 单元到 2 单元的电源线也采用 50mm² 的水煤气管进行穿管敷设。而从 2 单元到 3、4、5 和 6 单元的电源线与从 1 单元到 2 单元的情况完全一样。

住宅楼配电系统图一般采用概略图绘制。读概略图的主要目的是对整个系统相互之间关系有一个较全面的认识。识读图时，主要应读懂以下两个方面的内容：

（1）该住宅楼照明系统的总体组成。

（2）该住宅楼照明系统的组成和相互之间的关系，包括单元总配电箱组成元器件的型号、各分配电箱组成元器件的型号、线缆走向与型号等。

2. 某单元 1 层配电平面图识读

某单元 1 层配电平面图如图 3-7 所示。

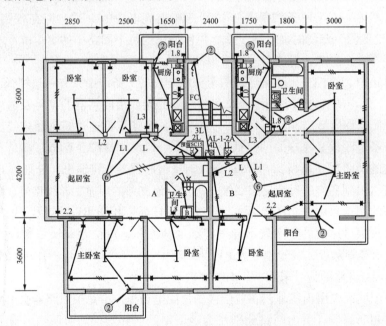

图 3-7　某单元 1 层配电平面图

单元配电箱引出线情况：从 AL-1-2 箱引出 4 条支路 1L、2L、3L、4L。其中，1L、2L 分别接到两户户内配电箱 L，采用 3 根截面积 4mm² 塑料绝缘铜导线连接，穿直径 20mm 焊接钢管，沿墙内暗敷设。A 户 L 箱在厨房门右侧墙上，B 户 L 箱与 AL-l-2 箱在同一面墙上，但在墙内侧。支路 3L 为楼梯照明线路，4L 为三表计量箱预留线路。三表计量箱安装在楼道墙上。两条支路均用 2 根截面积 2.5mm² 塑料绝缘铜导线连接，穿直径 15mm 焊接钢管，沿地面、墙面内暗敷设。支路 3L 从箱内引出后，接箱右侧壁灯 B1，并向上引至 2 层及单元门外雨篷下的 2 号灯。壁灯 B1 使用声光开关控制。单元门灯开关装在门内右侧。

图中，没有标注安装高度的插座均为距地面 0.3m 的低位插座。

因为 A、B 两户线路基本相同。下面以看 A 户为例，B 户内情况与 A 户内相仿，读图方法与 A 户相同。

从 A 户 L 箱引出 3 条支路 L1、L2、L3。其中，L1 为照明灯具支路，L2、L3 为插座支路。

（1）照明支路 L1。支路 L1 从 L 箱到起居室内的 6 号灯。因照明线不需要保护零线，所以这段线路用 2 根截面积 2.5mm² 塑料绝缘铜导线连接，穿直径 15mm 焊接钢管，沿顶板内暗敷设，并在灯头盒内分为 3 路，分别引至各用电设备。

第一路引向外门方向的为 6 号灯的开关线。由于要接户外的门铃按钮，这段管线内有 3 根导线，分别为相线、零线和开关回火线。线路接单极开关后，相线和零线先分别接到门铃按钮，再接到门内的门铃上。

第二路从起居室 6 号灯上方引至两个卧室，先接右侧卧室荧光灯及开关，从灯头盒引线至右侧卧室荧光灯，再从灯头盒引出开关线，接左侧卧室开关。两开关均为单极跷板开关。从右侧卧室荧光灯灯头盒上分出一路线，到厨房荧光灯灯头盒，开关在厨房门内侧。厨房阳台上有一盏 2 号灯，开关在阳台门内侧。

第三路从起居室 6 号灯向下引至主卧室荧光灯，开关设在门左侧。并由灯头盒引至另一间卧室内荧光灯和主卧室外阳台上的 2 号灯。2 号灯开关在阳台门内侧。

（2）插座支路 L2。插座支路 L2 由户内配电箱 L 引出，使用 3 根截面积 2.5mm² 塑料绝缘铜导线，穿直径 15mm 焊接钢管，沿本层地面内暗敷设到起居室。3 根线分别为相线、零线和保护零线。起居室内有 3 只单相三孔插座，其中一只为安装高度 2.2m 的空调插座。进入主卧室后，插座线路分为两路，一路引至主卧室和主卧室右侧的卧室，另一路向右在起居室装一插座后进入卫生间，在卫生间安装一只三孔防溅插座，高度 1.8m。由该插座继续向右接壁灯，壁灯的控制开关在卫生间的门外，是一只双极开关，用来控制壁灯和卫生间的换气扇，另一只为单极开关，用于控制洗衣房墙上的座灯口。

（3）插座支路 L3。插座支路口由户内配电箱 L 引出，先在两间卧室内各装 3 只单相三孔插座，接入厨房后，装一只防溅型双联六孔插座，安装高度 1.0m，然后在外墙内侧和墙外阳台上各装一只单相三孔插座，也为防溅型，安装高度 1.8m。

3.4.2　工厂供电电气图识读

1. 识读工厂变配电所一次回路图的大致步骤

电气系统一次回路图是以各配电屏的单元为基础组合而成的。所以，阅读电气系统一次电路图时，应按照图样标注的配电屏型号查阅有关手册，把有关配电屏电气系统一次电路图看懂。

看图的步骤可按电能输送的路径进行，即读标题栏→看技术说明→读接线图（可由电源到负载，从高压到低压，从左到右，从上到下依次读图）→了解主要电气设备材料明细表。

2. 工厂变配电所电气一次回路图识读

工厂变电所是将 6～10kV 高压降为 220/380V 的终端变电所，其主接线也比较简单，一般有 1～2 台主变压器。它与车间变电所的不同主要在于：① 变压器高压侧有计量、进线、操作用的高压开关柜，因此须配有高压控制室，一般高压控制室与低压配电室是分设的，但只有一台变压器且容量较小的工厂变电所，其高压开关柜只有 2～3 台，故允许两者合在一室，但要符合操作及安全规定；② 小型工厂变电所的电气主接线要比车间变电所复杂。

如图 3-8 所示是某工厂变电所高、低压侧电气一次回路图。

（1）电源。该厂电源由地区变电所经 4km 长架空线路获取，进入厂区后用 10kV 电缆引入 10/0.4kV 变电所。

（2）主接线形式。10kV 高压侧为单母线隔离插头（相当于隔离开关功能，但结构不同）分段，220/380V 低压侧为单母线断路器分段。

（3）主变压器。采用低损耗的 S9-500/10、S9-315/10 电力变压器各一台，降压后经电缆分别将电能输往低压母线 I、II 段。

（4）高压侧。采用 JYN2-10 型交流金属封闭型移动式高压开关柜 5 台，编号分别为 Y1～Y5。Y1 为电压互感器-避雷器柜；Y2 为通断高压侧电源的总开关柜；Y3 可计量电能及限电（如电力定量器）；Y4、Y5 分别为两台主变压器的操作柜。高压开关柜还装有控制、保护、测量、指示等二次回路设备。

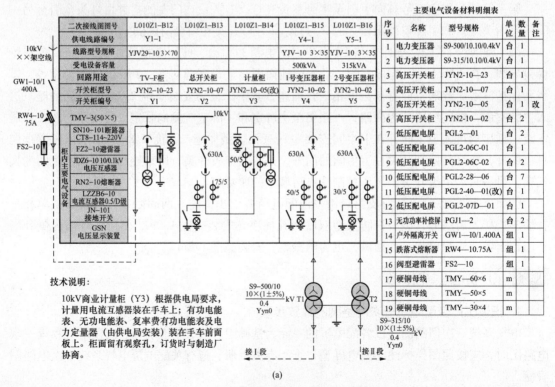

图 3-8　某工厂高、低压侧电气一次回路图（一）

(a) 高压侧电气一次回路图

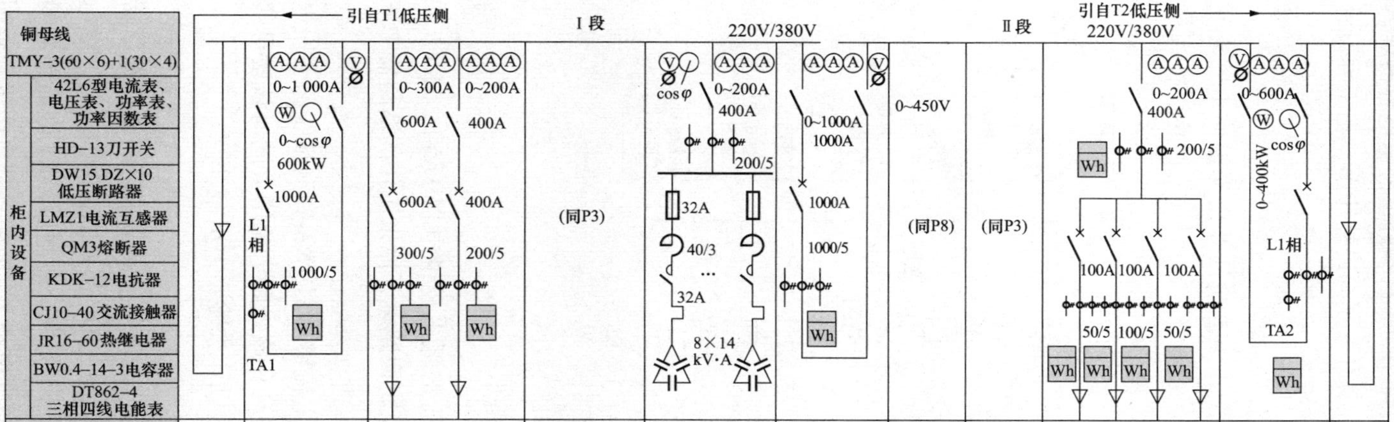

图 3－8　某工厂变电所高、低压侧电气一次回路图

(b)　低压侧电气一次回路图

铜母线														
TMY-3(60×6)+1(30×4)														
柜内设备	42L6型电流表、电压表、功率表、功率因数表													
	HD-13刀开关													
	DW15 DZ×10低压断路器													
	LMZ1电流互感器													
	QM3熔断器													
	KDK-12电抗器													
	CJ10-40交流接触器													
	JR16-60热继电器													
	BW0.4-14-3电容器													
	DT862-4三相四线电能表													
配电屏编号	P1	P2	P3	P4-P7	P8	P9	P10	P11、P12	P13	P14	P15
配电屏型号	PGL2-01	PGL2-06C-01	PGL2-28-06	PGL2-28-06	PGJ1-2	PGL2-06C-02	PGJ1-2	PGL2-28-06	PGL2-40-01改	PGL2-07D-01	PGL2-01
配电线路编号	PX1		PX3-1　PX3-2	PX4-PX7				PX11、PX12	PX 13-1～PX 13-4		PX15
用途	电缆受电	1号变压器低压总开关	工装、恒温车间动力　机修车间动力	镶工、冲压、装配等车间动力	电容自动补偿(1)	低压联络	电容自动补偿(2)	热处理车间办公楼生活区防空洞等及备用	照明……备用	2号变压器低压总开关	电缆受电
回路计算电流/A		750	300　200	200-300		750		60-400	50……100	600	
低压断路器脱扣器额定电流/A		1000	400　300	300-400		1000		100-600	80……100	800	
低压断路器瞬时脱扣器额定电流/A		3000	1200　900	900-1200		3000		500-1800	800……1000	2400	
配电线路型号及规格	3(VV-1 1×500)	OZA.354.223	VV29-13 X150+1×50　VV29-13 ×95+1×35	同P3	112kvar	OZA.354.224	112kvar	VV29-1 3×35+ 1×10	VV29-1 3×35+ 1×10	OZA.354.140(改)	3(VV-1 1×500)
二次接线图图号	电缆无铠装	TA1为电容补偿柜(1)用 Wh为DT862型 220/380V	OZA.354.240	同P3		OZA.354.240		OZA.354.240	同左　同左 Wh为三相四线 屏宽改为800mm	OZA.354.223 TA2为电容屏(2)用 Wh为DT862 220/380V	电缆无铠装

技术说明:
1. 低压P13配电屏为厂区生活用电专用屏，根据供电局要求安装计费有功电能表。在屏前上部装有加锁的封闭小室，屏有观察孔。
2. 柜及屏外壳均为仿牙色喷漆。
3. TA1～TA2至各电容器屏均用BV—500(22.5)线，外包绝缘带。
4. 本图中除P2、P9、P14外，均选用DZX10型低压断路器。

(b)

123

（5）低压部分。220/380V 低压母线为单母线经断路器分段。单母线断路器分段的两段母线 I、II 分别经编号为 P3~P7、P11~P13 的 PGL2 型低压配电屏配电给全厂生产、办公、生活的动力和照明负荷。P1、P2、P9、P14、P15 各低压配电屏用于引入电能或分段联络；P8、P10 是为了提高电路的功率因数而装设的 PGJ1-2 型无功功率自动补偿静电电容器屏。

在图 3-8（b）中，因图幅限制，P4~P7、P10~P12 没有分别画出接线图，在工程设计图中因为要分别标注出各屏引出线电路的用途等应详细画出。

3. 备用电源自动投入二次回路接线图识读

如图 3-9 所示为某备用电源自动投入二次回路接线图，该二次回路由交流回电路和直流逻辑回路组成。

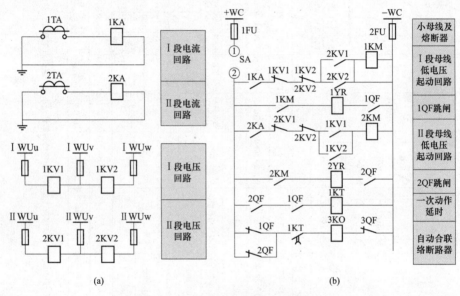

图 3-9　备用电源自动投入二次回路接线图
（a）交流回路；（b）直流逻辑回路

（1）交流电压测量回路。由分别测量两段母线电压的低电压继电器 1KV1、1KV2 和 2KV1、2KV2 构成，作用是当母线失电时触点闭合起动逻辑回路跳开原来工作的断路器 1QF 或 2QF，它是起动逻辑回路的主要条件之一。

（2）交流电流闭锁回路。测量线路 I 段电流回路的电流继电器 1KA 和测量线路 II 段电流回路的电流继电器 2KA 组成电流闭锁回路，其作用是只有该线路电流增大同时该段母线电压降低时，逻辑电路中的中间继电器 1KM 或 2KM 才能动作去跳开 1QF 或 2QF。

（3）合闸逻辑回路。

1）在逻辑回路中接有一个延时返回的时间继电器 1KT，该继电器受主电路工作断路器 1QF 和 2QF 动合辅助触点控制。在主电路的工作断路器 1QF、2QF 都处于合闸位置时，继电器 KT 带电吸合；在主电路的工作断路器 1QF 和 2QF 中的任何一个跳闸后，KT 因断路器的动合辅助触点断开而失电，开始其延时释放的过程。时间继电器 KT 的动合触点串接在备用断路器 3QF 的合闸回路中，其延时时间（也就是动合触点在线圈失电后继续保持接通的时间，一般为 0.5~0.8s）应能保证备用断路器可靠合闸一次。

2）只有当备用电源有电时（由电压继电器 1KV1、1KV2 和 2KV1、2KV2 测量，有电时动合触点闭合）才允许接通工作断路器的跳闸回路，即允许 1KM 或 2KM 动作。

3）工作断路器跳闸后，备用断路器 3QF 的合闸元件 KO 在工作断路器的动断辅助触点（1QF 或 2QF）闭合而时间继电器 KT 的动合触点尚未返回（即打开）的这段时间内动作，将备用断路器 3QF 合闸投入。

4）备用断路器 3QF 在合闸一次后，由于时间继电器 KT 的动合触点因延时时间已到而断开，所以备用断路器 3QF 可在故障母线保护动作时将其跳开，不会引起再次合闸。也就是说保证装置只能合闸一次。

5）SA 是装置的投入和退出的转换开关。

4. 某车间动力线路平面图识读

某车间动力线路平面图如图 3-10 所示。该图为采用线路暗敷设方式的车间动力线路平面图，其线路及有关预埋件需要与土建同步施工安装。

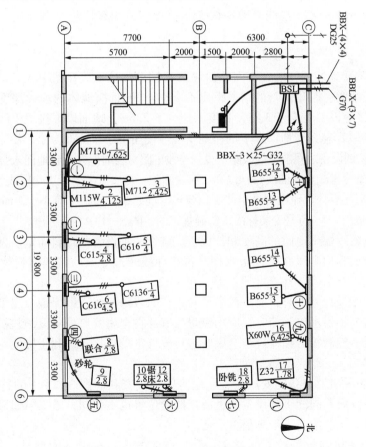

图 3-10　某车间动力线路平面图

从 3-10 图中可以看出，车间内有动力设备 18 台，由于动力设备较多，只能按照一定的顺序依次分析。车间大门在东西两侧，车间的动力配电室在车间西北角，照明配电箱（柜）在西门北侧，动力和照明电源由车间西北侧分别引入。

（1）看电源电路。

1）照明配电箱（柜）的电源，从车间西北角采用 BBX-（4×4）DG25 引入。即用 4mm^2

棉纱编织橡皮绝缘铜导线 4 根，穿直径为 25mm 的金属管引入到照明配电箱（柜），并由此处再将电源引向楼上，电源进户方式需看图样说明。

2）动力配电屏 BSL 的电源，采用 BBLX-（3×70）G70 引入。即用 70mm^2 棉纱编织橡皮绝缘铝导线 3 根，穿直径为 70mm 的金属管引入到动力配电屏。电源进户方式需看图样说明。动力配电屏 BSL 一般由专业厂家生产，施工人员所做工作是将配电屏进行固定、接地、接入电源和引出负荷线路。

（2）看控制箱、配电屏。

1）本车间内共有设备控制箱 11 个，暗装于墙上，距地高度应不低于 1.4m。1 号控制箱为一路，分别控制 M7130、M115W、M712 3 台设备。2~6 号控制箱为一路，7~11 号控制箱为一路。控制箱内的配线安装可参阅相关的系统图。

2）从动力配电屏 BSL 处引出 4 条供电电路。其中本车间敷设 3 条线路，另一条线路由配电室引到楼上，供给楼上的设备使用。本车间内的 3 条线路，使用直径为 32mm 的金属管进行敷设，内穿 BBX-3×25 导线，即 3 根 25mm^2 棉纱编织橡皮绝缘铜导线，分别引至车间内各控制箱。

（3）看线路。

1）本车间的接地装置安装在车间外西北角 C 轴处。接地线穿墙引入到动力配电屏 BSL 处。接地装置安装时，距建筑物的水平距离不应小于 3m，接地体的埋设深度要求距地面不应小于 0.6m，接地极不应少于 3 根，长度不应少于 2.5m，地面以下接地干线应使用截面积不小于 48mm^2 的镀锌扁钢，地面以上的接地干线应使用不小于 6mm^2 的绝缘铜软导线。

2）从控制箱到设备之间的电气线路敷设。本段电路敷设时应在土建地面未曾抹灰之前进行，这样可以使金属管尽量减少弯曲次数，以利于穿线施工。金属管的管径大小应视设备所需导线的截面积而定，但应注意穿管导线的最小截面积要求，铜导线截面积不应小于 1mm^2，铝导线截面积不应小于 2.5mm^2。这一点是安装标准中明确规定的，图 3-11 中并未标出。

金属管在设备一端出地面的高度和位置，应查阅相关设备的资料而定。做法是金属管引出地面后，在金属管口套丝并装设防水帽，再将导线通过金属软管或塑料软管（俗称蛇皮管）引入到设备的接线盒。注意此段线路不可过长。

按照本图线路进行施工时，要注意金属管连接时焊跨接线，以保证金属管能够良好的接地。金属管在引入和引出控制箱时，应用锁母拧紧并在金属管口处装设塑料护口，以防穿线施工时刮伤导线。控制箱的箱体应与金属管进行电气上的连接，以利于接地。

（4）看设备。

1）车间内各种机器设备的安放位置，应查阅相关资料，图 3-11 中的符号不能确定其准确位置。另一方面不同的机器设备的电源接线盒位置也不相同，施工中如果电源线从地面引出的位置不对，将会给施工带来很多不便。

2）图 3-11 中机器设备符号的含义：分数前面的符号是设备的型号，如 M712、卧铣等；分式中分子为设备编号，分母为设备的总功率，单位为 kW，如 C616$\frac{6}{4.5}$，即 6 号设备，总功率为 4.5kW。施工中可根据设备的功率计算其工作电流并决定选用导线的规格。

理清电源的来龙去脉是看懂图 3-11 的关键。图 3-11 中的电源涉及照明配电箱（柜）的电源和动力配电屏 BSL 的电源两大部分。此外，图 3-11 涉及的设备控制箱有 11 个，线路连接情况比较复杂。在看图时，可按照"看电源→看控制箱、配电屏→看线路→看设备"

的步骤进行。

3.4.3 弱电电气图识读

1. 某大楼电视监控系统图识读

如图 3-11 所示是某大楼电视监控系统图。

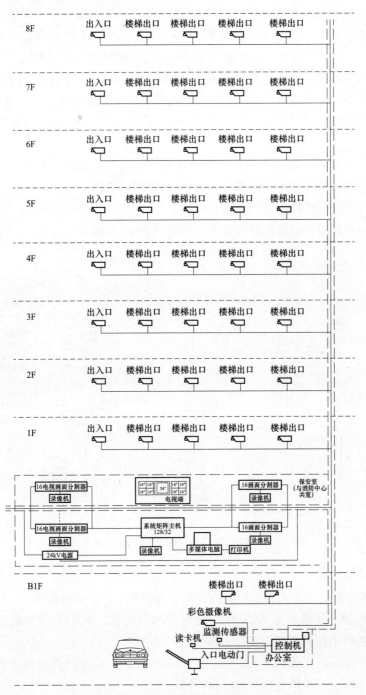

图 3-11　某大楼电视监控系统图

　　该建筑地下1层，地上8层，地下1层为停车场，地上8层为住宅。地下层在2个楼梯出口设置2个监控摄像头，地上部分每层住宅的4个楼梯出口设置4个监控摄像头，摄像头可以通过1层的控制中心进行控制。为能使系统图更清楚，其他栋楼未在图中反映，只是表示一栋建筑的部分。对小区入口设置了自动安检及停车收费管理装置，通过IC卡进行管理。入门有摄像监控，管理系统设在门卫值班室。

　　（1）保安室设在B栋一层与消防中心共室，内设矩阵主机、十六画面分割器、视频录像、监视器及交流24V电源设备等。视频自动切换器接受多个摄像点信号输入，定时自动轮换（1~30s）输出监控信号，也可手动任选一个摄像机的画面跟踪监视、录像、打印。系统矩阵主机带输入输出板、云台控制及编程、控制输出时日、字符叠加等功能。交流24V电源设备除向各摄像机供电外，还负责保安室内所有保安电视系统设备供电。

　　（2）在建筑的地下汽车库入口，各层电梯厅等处设置摄像机，要求图像质量不低于四级。

　　（3）在地下车库设一套停车场管理系统。采用影像全鉴系统，对进出的内部车辆采用车辆影像对比方式，防止盗车；外部车辆采用临时出票机方式。

2. 某楼宇不可视对讲系统电气图识读

　　某楼宇的不可视对讲防盗门锁装置电气图如图3-12所示。

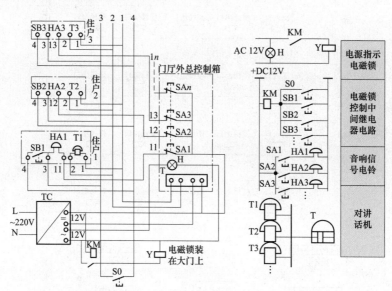

图3-12　某楼宇不可视对讲防盗门锁装置电气图
（a）系统图；（b）电路图

　　该系统由电源部分、电磁锁电路、门铃电路和话机电路4部分组成。

　　（1）电源部分。其输入为AC220V；输出有两种电源，AC12V供给电磁锁和电源指示灯，DC12V供给声响门铃和对讲机。

　　（2）电磁锁电路。电磁锁Y由中间继电器KM控制，而中间继电器由各单元门户的按钮SB1、SB2、SB3、…和锁上按钮S0控制开启。

　　（3）门铃电路。各门户的门铃HA由门外控制箱上的按钮SA1、SA2、…SAn控制。若防盗门采用单片机控制，就要在键盘上按入房门号码，例如，访问 203 房间，就得依次按 2、0、3 号键，单片机输出口就输出一个高电位给 203 房门铃电路信号，使该门铃工作，发出响声。

（4）话机电路。门外的控制箱或按钮箱上的话机 T 与各房间的话机 T1、T2、…相互构成回路，按下被访房间号码按钮之后，被访房间的话机与门外的话机就接通，实现被访者与来访者的对话。

3. 住宅楼电话工程图识读

某住宅楼电话工程系统图如图 3-13（a）所示，单元电话平面图如图 3-13（b）所示。

从图 3-13 中可以看到，进户使用 HYA-50（2×0.5）型电话电缆，电缆为 50 对线，每根线芯的直径为 0.5mm，穿直径 50mm 焊接钢管埋地敷设。电话组线箱 TP-1-1 为一只 50 对线电话组线箱，型号为 STO-50。箱体尺寸为 400mm×650mm×160mm，安装高度距地 0.5m。进线电缆在箱内与本单元分户线和分户电缆及到下一单元的干线电缆连接。下一单元的干线电缆为 HYV-30（2×0.5）型电话电缆，电缆为 30 对线，每根线的直径为 0.5mm，穿直径 40mm 焊接钢管埋地敷设。

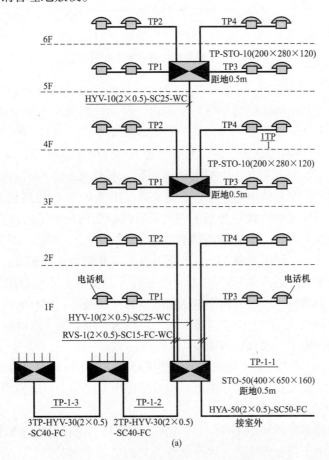

图 3-13　某住宅楼电话系统工程图（一）

（a）系统图

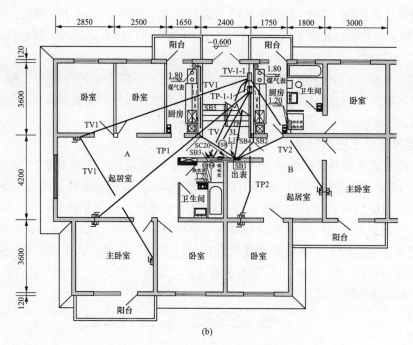

(b)

图 3-13　某住宅楼电话系统工程图（二）

（b）单元平面图

一、二层用户线从电话组线箱 TP-1-1 引出，各用户线使用 RVS 型双绞线，每条的直径为 0.5mm，穿直径 15mm 焊接钢管埋地、沿墙暗敷设（SC15-FC，WC）。从 TP-1-1 到三层电话组线箱用一根 10 对线电缆，电缆线型号为 HYV-10（2×0.5），穿直径 25mm 焊接钢管沿墙暗敷设。在三层和五层各设一只电话组线箱，型号为 STO-10，箱体尺寸为 200mm×280mm×120mm，均为 10 对线电话组线箱。安装高度距地 0.5m。三层到五层也使用一根 10 对线电缆。三层和五层电话组线箱分别连接上下层四户的用户电话出线口，均使用 RVS 型双绞线，每条直径为 0.5mm。每户内有两个电话出线口。

在平面图中，从一层的组线箱 TP-1-1 箱引出一层 B 户电话线 TP2，向下到起居室电话出线口，隔墙是卧室的电话出线口；一层 A 户电话线 TP1 向左下到起居室电话出线口，隔墙是主卧室的电话出线口。每户的两个电话出线口为并联关系，两只电话机并接在一条电话线上。二层用户电话线从 TP-1-1 箱直接引入二层户内，位置与一层对应。一层线路沿一层地面内敷设，二层线路沿一层顶板内敷设。

单元干线电缆 TP 从 TP-1-1 箱向左下到楼梯对面墙，干线电缆沿墙从一层向上到五层，三层和五层装有电话组线箱，从各层的电话组线箱引出本层和上一层的用户电话线。

4. 某银行综合布线系统图识读

某银行综合布线系统图如图 3-14 所示。该系统采用的是灵活的星形拓扑结构，整个系统分为两级星形：主干部分为一级，水平部分为二级，主干部分的星形结构中心在主机房，向各个楼层辐射，传输介质为光纤和大对数双绞电缆；水平部分的星形结构中心在各楼层配线间，由配线架引出水平双绞电缆到各个信息点，这样便形成两层星形的两点管理方式。各部分结构如下：

（1）工作区。由各个办公区域构成，设置一孔至四孔信息插座，支持 100Mbit/s 及以下的高速数据通信。每一信息插座支持数据终端或电话终端。

（2）水平子系统。采用五类 4 对双绞电缆平均长度为 45m，具有较好的抗干扰性。

（3）管理区。在楼内共设 5 个楼层配线间（五层不单独设楼层配线间），在各层配线间内，设 110 型电缆配线架、光纤配线架及必要的网络户连设备。110 型电缆配线架由两部分组成：一部分用来端接干线（大对数双绞电缆），另一部分用来端接水平干线。光纤配线架则用来端接干线光纤。

（4）干线子系统。在该银行大楼的综合布线中，系统干线采用 6 芯 62.5/125μm 多模光缆，传输速率可达 500Mbit/s 以上。电话干线采用三类 100 对大对数双绞电缆，每层由楼层配线间配出一条线缆，保安监控系统采用 25 对双绞电缆，每层由楼层配线间配一条线缆，可支持 100Mbit/s 传输速率。

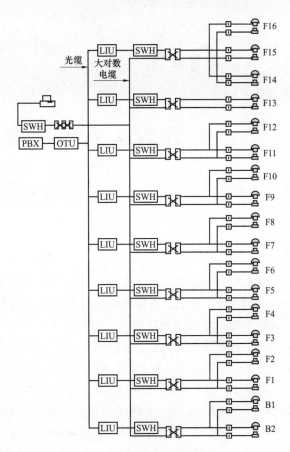

图 3-14　某银行综合布线系统图

（5）设备间。计算机网络采用两个光纤配线架（400A2）对整个大楼内计算机进行统一管理。通过简单的跳线管理，可很方便地配置楼内计算机网络的拓扑结构。

计算机网络干线采用光纤，所有计算机网络相连的布线均为五类（100Mbit/s）产品，即五类信息插座、五类跳线、五类双绞电缆等。

程控电话由主机房统一管理，每条线路均按 4 对双绞电缆配置，设计传输速率 100Mbit/s，可满足综合业务数字网需求。

保安监控系统可传输视频监控信号及保安传感器信号。程控电话和保安监控系统采用 110 型电缆配线架，通过跳线对终端设备进行管理。

第**4**章

供配电系统工程设计与应用

4.1 供电的选择

4.1.1 供配电质量的选择

电能是一种商品，具有质量。供电质量包括供电可靠性和电能质量。供电可靠性按"停电次数/年"衡量。电能质量的基本指标有频率、电压、波形等。

1. 频率质量及改善措施

（1）频率偏差值的规定。电网频率的变化对供配电系统正常运行的影响很大，因而对频率的要求比对电压的要求更严格。我国采用的工业频率（简称工频）为 50Hz，电力系统正常频率允许偏差为±0.2Hz（300 万 kW，220kV 以上电网）；当系统容量较小时，频率偏差值可以放宽到±0.5Hz（300 万 kW，110kV 以下电网）。

（2）供电频率偏差的影响。供电频率偏差是指实际频率和额定频率之差与额定频率之比的百分数。供电频率主要决定于系统中的有功功率平衡，系统发出有功不足时，频率会降低。如果供电频率偏差过大，对电力用户和发电厂都将产生一系列的不良影响，具体如下。

1）频率偏低，会使用户电动机转速下降，功率降低，造成机械出力下降；频率偏高，会使用户电动机转速上升，增加功率消耗。

2）频率偏离额定值，不论偏低和偏高，都会影响用户产品的质量和数量，并影响电动机寿命，还将引起电子仪器误差增大、电钟走时不准以及计算机等电子装置不能准确工作等问题。

3）频率偏差对发电厂本身将造成更为严重的影响。例如，对锅炉的给水泵和风机类的离心式机械，当频率降低时，其出力将急剧下降，从而迫使锅炉的出力大大减小，甚至紧急停炉，这样势必进一步减少系统电源的出力，导致系统频率进一步下降。另外，在频率降低的情况下运行时，汽轮机叶片将因振动加大而产生裂纹，以致缩短汽轮机的寿命。因此，如果系统频率急剧下降的趋势不能及时制止，势必造成恶性循环，导致整个系统发生崩溃。

（3）频率偏差的改善措施。

1）增加系统装机容量和调峰能力。

2）减少冲击性负荷的影响。

3）加设低频减载自动装置。这是一种专门监测系统频率的保护装置，当电压大于整定值、电流大于整定值时，系统负荷过重，频率下降时，就会甩掉部分系统负荷，保证系统正常运行。低频减载装置一般装在中央控制室的保护屏上。

2. 电压质量及调整措施

（1）电压波动过大的危害。电压变动幅度如果超过允许范围，将产生下列危害：

1）对电力系统来说，低电压会影响发、供电设备的出力，影响供电可靠性，也影响电力企业自身的经济效益；特别严重时，会发生电网崩溃、频率下降和大面积停电。

2）增大线损。在输送一定电力时，电压降低，电流增大，电网中可变损失与运行电压的二次方成反比。更为严重的是，电压和无功互为因果，互相影响。当无功不足时，将造成电压低；电压越低无功得越少，这种恶性循环是很危险的。

3）对用电设备来说，电压实际值偏离额定值时，其运行参数和寿命将受到影响。影响程度受偏差大小及其持续时间而异。

a. 异步电动机。当异步电动机端子电压为负偏差时，负荷电流将增大，启动转矩、最大转矩和最大负荷能力均显著减小，严重时甚至不能启动或堵转；当电压为正偏差时，转矩增加，严重时可能导致联轴器剪断，或损坏设备。

b. 同步电动机。与异步电动机相似，电压变化虽然不引起转速变动，但其启动转矩与端电压的二次方成正比，最大转矩直接与端电压成正比变化；如同步电动机励磁电流由晶闸管整流器供给，且整流器交流侧电源是与同步电动机共同的，则其最大转矩将与端电压的二次方成正比变化。

c. 电热设备。电阻炉热能输出与外施电压的二次方成正比，端电压降低 10%，热能输出降低 19%，熔化和加热时间显著延长，影响生产效率；端电压升高 10%，热能输出升高 21%，致使电热元件寿命缩短。

d. 电气照明灯。电压升高 10%，白炽灯的使用寿命减少到约为原来的 70%；电压降低 10%，白炽灯的光通量减少到约为原来的 32%。荧光灯的光通量约与其端电压的二次方成正比，过低，启辉发生困难；过高，镇流器过热而缩短寿命。高压水银荧光灯和金属卤化物灯的光通量约与电压的三次方成正比；高压钠灯的光通量为电压降低 10%，光通量降低到约为原来的 37%，电压升高 10%，光通量升高 50%。

e. 并联电容器。电容器输出的无功功率与电压的二次方成正比，电压偏差不超过 ±10% 时，电容器可长期运行；如果电压偏差长期超过 10%，将因过负荷引起电容器内部热量增加，绝缘老化加速，介质损失角增大，造成过热而击穿。

f. 电阻焊机。当电压正偏差过大时，将使焊接处热量过多而造成焊件过熔，负偏差过大则影响焊机输出功率，其焊接热量不够而造成虚焊。

g. 电压降低还会影响通信、广播、电视等的传播和收视质量。电压过高和过低会引起电脑自动关机，影响电信、金融等以电脑为文体的单位的正常运行。

（2）供电电压允许偏差的规定。

1）单相供电 220V 客户受电端：−10% ~ +7%，即用电时最高电压不高于 236V，最低电压不低于 198V。

2）三相供电 10kV（6kV）专线客户或 380V 客户端：−7% ~ +7%，即用电时最高电压不高于 10.7kV（6.42kV）或 407V，最低电压不低于 9.3kV（5.58kV）或 353V。

3）35kV 及以上用户的电压变动幅度，应不大于系统额定电压的 10%；其电压允许偏差值，其绝对值之和应不超过系统额定电压的 ±10%。

4）对电压质量有特殊要求的客户（如高、新技术客户等），供电电压允许偏差及其合格率由供用电协议确定。

5）变电站 110~35kV 母线，正常运行方式时为相应系统额定电压的 -3%～+7%，事故时为系统额定电压的 ±10%。如调度重新下达母线电压曲线，则以调度下达的为准。

6）变电站的 10kV 母线电压允许偏差值，应使所带线路的全部高压用户和配电变压器供电的低压用户电压均符合规定值，原则上为相应系统额定电压的 0~+7%。

7）对供电电压允许偏差有特殊要求的用户，由供用双方协商确定。

（3）用电设备受电端电压允许偏差值。根据 GB 50052—2009《供配电系统设计规范》的规定，正常运行情况下，用电设备受电端电压允许偏差值（以额定电压的百分数表示），见表 4-1。

表 4-1   用电设备受电端电压允许偏差值

用电设备名称	电压允许偏差值	用电设备名称	电压允许偏差值
电动机	±5%	应急照明、道路照明和警卫照明	+5%，-10%
电梯电动机	±7%	医院 X 光机	±10%
一般工作场合照明	±5%	无特殊要求的用电设备	±5%

（4）额定电压的确定。

1）线路额定电压：取线路首、末两端电压的平均值。

2）电力设备额定电压：与所连接的线路电压相同。

3）发电机额定电压：应高出线路额定电压。

4）升压变压器额定电压：一次绕组同发电机额定电压；二次绕组加 10%。

5）降压变压器额定电压：一次绕组同线路额定电压；二次绕组在线路长时加 10%（需再次降压，如 35kV 供 10kV 线路）；线路短时加 5%（供 0.4kV 线路时）。

（5）电压偏差的调整措施。

1）正确选择变压器的电压分接头，或采用有载调压的变压器。

2）降低系统阻抗。

3）尽量使三相系统负荷均衡。

4）合理调整系统的运行方式。

5）采用无功补偿装置。电网中的电力负荷如电动机、变压器等，大部分属于感性负荷，在运行过程中需向这些设备提供相应的无功功率。在电网中安装并联电容器等无功补偿设备以后，可以提供感性负载所消耗的无功功率，减少了电网电源向感性负荷提供、由线路输送的无功功率。由于减少了无功功率在电网中的流动，因此可以降低线路和变压器因输送无功功率造成的电能损耗，这就是无功补偿。

3. 电网谐波及抑制措施

（1）谐波的产生原因。电力系统中的三相交流发电机发出的三相交流电压一般可认为是 50Hz 的正弦波，但由于系统中存在各种非线性元件，致使系统和用户的线路内出现了谐波，使电压或电流波形发生畸变。系统中产生谐波的非线性元件很多，尤其以大型硅整流设备和大型电弧炉所产生的谐波最为突出，严重影响系统的电能质量。

（2）谐波的危害性。当谐波电流通过变压器时，变压器铁芯的损耗明显增加，发热量激增，致使铁芯的使用寿命缩短；当谐波电流通过交流电动机时，会使电动机转子发生振动，增大电动机产生的噪声，严重影响电动机的正常工作；当谐波电压加在电容器两极时，由于电容器对谐波的阻抗很小，电容器很容易发生过负荷甚至烧毁。

谐波电流会使电力线路的电能损耗和电压损耗增加，使计量电能的感应式电能表计量不准确，电子式电能表会被严重干扰，无法正常工作，甚至被烧毁。

谐波会使电力系统发生电压谐振，使线路产生过电压，有可能击穿线路设备的绝缘，造成事故；还可能造成系统的继电保护和自动装置误动作，对电力线路附近的通信线路和通信设备产生信号干扰。

由此可见，谐波的危害是十分严重的，应高度重视。

（3）谐波抑制措施。

1）合理选用电力电子设备。选用电力电子设备时，尽量选脉动数较大或有一定移相角的换流变压器。

2）合理改造电力电子装置。在用户进线处加串联电抗器，以增大与电气系统的电气距离，减小谐波的相互影响。当设备本体无法改造时，可在谐波源附近安装有源电力滤波器来吸收谐波电流，但补偿容量较小，造价较高。

3）保持电源三相平衡。从电源电压、线路阻抗、负载特性等方面找出不平衡原因，改善电源三相不平衡度；加装无功功率补偿装置，抑制电压波动、闪变、三相不平衡；增大供电电源容量，减小谐波含量。

4）改进设备或装置性能，提高用电设备的抗干扰能力。信号线与动力线分开配线，尽量使用双绞线降低共模干扰。在通信电子控制系统中，编制的软件可适当增加对检测信号和输出控制部分的软件滤波，以增强系统自身的抗干扰能力。

5）安装电力滤波器。无源电力滤波器无功补偿效果良好，适合于稳态谐波场所。有源电力滤波器动态性能好，响应时间短（$15\mu s$），三相补偿谐波电流的功率损耗低（小于设备额定功率的 3%），适合于暂态谐波或谐波成分复杂、变化较快、随机性较强的场所。

4. 供电可靠性

（1）供电可靠性主要指标及计算。

1）供电可靠率：一年中对用户有效供电时间总小时数与统计期间时间的比值。

2）用户平均停电时间：一年中每一用户的平均停电时间，单位以 h 表示。

3）用户平均停电次数：一年中每一用户的平均停电次数。

4）用户平均故障停电次数：一年中每一用户的平均故障停电次数。

5）用户平均预安排停电次数：一年中每一用户的平均预安排停电次数。

6）系统故障停电率：一年中配电系统每百千米线路（包括架空线及电缆）故障停电次数。

7）架空线路故障率：一年中每百千米架空线路故障次数。

8）电缆线路故障率：一年中每百千米电缆线路故障次数。

9）配电变压器故障率：一年中每百台配电变压器故障次数。

10）断路器（带间接保护的）故障率：一年中每百台断路器故障次数。

11）外部影响停电率：一年中每一用户因配电系统外部原因造成的平均停电时间与平均停电时间之比。

（2）供电可靠性参考指标及计算。

1）用户平均预安排停电时间：一年中每一用户的平均预安排停电时间，单位以 h 表示。

2）用户平均故障停电时间：一年中每一用户的平均故障停电时间，单位以 h 表示。

3）预安排平均停电时间：一年中预安排停电的每次平均停电时间，单位以 h 表示。

4）故障平均停电时间：一年中故障停电的每次平均停电时间，单位以 h 表示。

5）平均停电用户数：一年中平均每次停电的停电用户数。

6）预安排平均停电用户数：一年中平均每次预安排停电的停电用户数。

7）故障平均停电用户数：一年中平均每次故障停电的停电用户数。

8）用户平均停电损失电量：一年中平均每一用户因停电损失的电量，单位以 kWh 表示。

9）预安排平均停电损失电量：一年中平均每次预安排停电损失电量，单位以 kWh 表示。

10）故障平均停电损失电量：一年中平均每次故障停电损失电量，单位以 kWh 表示。

11）设备停运率：一年中某类设备平均停运次数。这一指标，适用于配电系统内各种类型的设备如变压器、断路器、线路等（对设备按台统计，对线路电缆按长度千米数统计）。

12）设备停运持续时间：一年中某类设备平均每次停运的持续时间。设备停运持续时间又可按其性质分为故障停运持续时间和预安排停运持续时间。这一指标，适用于配电系统内各种类型的设备，如变压器、断路器、线路电缆等。

4.1.2 供配电电压的选择

1. 供电企业的额定电压

根据国家标准，我国供电企业的额定电压如下：

（1）低压供电：单相负载的电压为 220V，三相负载的电压为 380V。

（2）高压供电：电压为 10、35、110、220、330kV。

除发电厂直配电压可采用 6kV 以外，其他等级的电压应逐步过渡到上列电压等级。

2. 高压供电电压的选择

用电单位供电电压的选择，应从供电的安全、经济出发，根据电网规划、用户用电性质、用户的用电容量、供电方式以及当地的供电条件等因素，进行技术比较后与用户协商确定。

表 4-2 列出了我国 3kV 及以上交流三相系统的标称电压及电气设备的最高电压值。表 4-3 列出了各级电压线路的送电能力。

表 4-2　　　　3kV 及以上交流三相系统的标称电压及电气设备的最高电压值

系统标称电压（kV）	电气设备的最高电压（kV）
3	3.6

系统标称电压（kV）	电气设备的最高电压（kV）
6	7.2
10	12
20	24
35	40

表 4-3　　　　　　　　　　　各级电压线路的送电能力

标称电压（kV）	线路种类	送电容量（MW）	供电距离（km）
6	架空线	0.1~1.2	15~4
6	电缆	3	3 以下
10	架空线	0.2~2	20~6
10	电缆	5	6 以下
35	架空线	2~8	50~20
35	电缆	15	20 以下

表中数字的计算依据为：

（1）架空线及 6~10kV 电缆芯截面积最大 240mm^2，35kV 电缆线芯截面积最大 400mm^2，电压损失≤5%。

（2）导线的实际工作温度：架空线为 55℃，6~10kV 电缆为 90℃，35kV 电缆为 80℃。

（3）导线间的几何均距：10（6）kV 为 1.25m，35kV 为 3m，功率因数 $\cos\varphi$ 均为 0.85。

3. 工厂供配电电压的选择

工厂供、配电电压主要取决于地区电网的电压、工厂用电设备的总容量、输送距离、负荷大小和分布情况等几个方面的因素。

（1）供电电压为 35kV 及以上的用电单位，配电电压应采用 10kV。

（2）用电设备（主要指高压电动机）的总容量较大，其配电电压选用 6kV，在技术经济上合理时，则宜采用 6kV。

（3）当企业有 3kV 电动机时，应配用 10/3kV 专用变压器，但不推荐以 3kV 作为配电电压。

（4）供电电压为 35kV 及以上的用电单位，配电电压宜采用 35kV。

一般来说，工厂供、配电电压的选择可参考表 4-4 进行。

表 4-4　　　　　　　　　　　工厂供、配电电压的选择

工厂类型	设备容量	供电距离	供电电压
小型工厂（无高压设备）	100kW 以下	600m 以内	380/220V
中小型工厂	100~2000kW	4~20km 以内	6~10kV
大中型工厂	1000~5000kW	20~150km 以内	35~110kV

4. 民用建筑供配电电压的选择

民用建筑供电电压的选择，应根据国家有关规定进行。

（1）用电设备总容量在 250kW 及以上或变压器容量在 160kVA 及以上时，宜以 10（6）kV 供电。

（2）当用电设备总容量在 250kW 以下或变压器容量在 160kVA 以下时，可由 380/220V 低压供电。

4.1.3 供电网络的选择

供配电网络常用的典型结构分为：放射式、树干式、环式，住宅用户通常采用放射式、树干式，或采用二者相结合的供配电网络方式。

1. 单回路放射式网络结构

单回路放射式供电方式的特点是供电可靠性较高，当任意一回线路故障时，不影响其他回路供电，且操作灵活方便，易于实现保护和自动化，但一般情况下，其有色金属消耗量较多，采用的开关设备也较多。

这种配电网络可用于对容量较大、位置较分散的用户。此种网络结构在 2000 年以前修建的住宅低压系统中比较常见，如图 4-1 所示。

2. 双回路放射式网络结构

对于高端用户，为保证供电回路故障时，不影响对用户供电，可采用双回路放射式接线，如 4-2 所示。

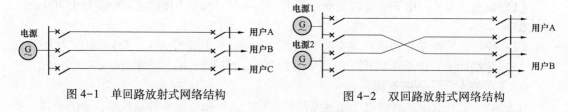

图 4-1　单回路放射式网络结构　　　　图 4-2　双回路放射式网络结构

这种配电网络一次投资较大，因此一般仅用于确需高可靠性的用户，并可将双回路的电源端接于不同的电源，以保证电源和线路同时得以备用。

3. 单回路树干式网络结构

如图 4-3 所示，树干式网络结构就是由电源端向负荷端配出干线，在干线的沿线引出数条分支线向用户供电。

这种供电方式可靠性差，如果干线发生故障，则各个用户将全部停电。

4. 双回路树干式网络结构

对于要求高可靠性的用户宅，采用双回路干线，使线路互为备用，同时可将双回路引自不同的电源，如图 4-4 所示，实现电源和线路的两种备用，因此，供电可靠性高。

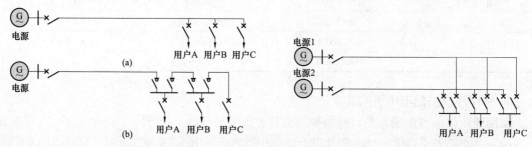

图 4-3　单回路树干式网络结构　　　　图 4-4　双回路树干式网络结构

在实际应用中，用户低压配电方式主要有放射式、树干式和混合式三种方案，如图 4-5 所示。

对于高层建筑，通常采用至少两路独立的 10kV 电源同时供电，如图 4-6 所示。

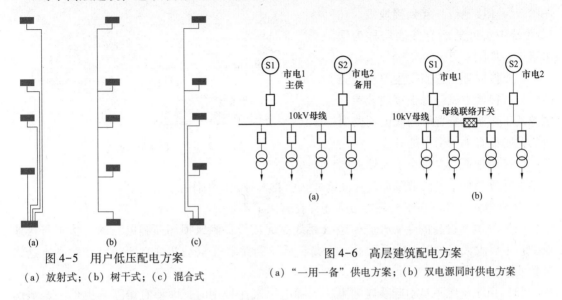

图 4-5 用户低压配电方案

（a）放射式；（b）树干式；（c）混合式

图 4-6 高层建筑配电方案

（a）"一用一备"供电方案；（b）双电源同时供电方案

4.1.4 低压配电系统的选择

我国 220V/380V 低压配电系统，广泛采用中性点直接接地的运行方式，而且引出有中性线（N 线）、保护线（PE 线）或保护中性线（PEN 线）。低压配电系统按接地形式可分为 TN 系统、TT 系统、IT 系统，其中 TN 系统又分为 TN-C、TN-S 和 TN-C-S 三种形式，见表 4-5。

表 4-5 低 压 配 电 系 统

分类		配电线	负载金属外壳	典型应用
IT 系统		ABC	直接接地	用于三相负载平衡且容易发生接地故障的场所，但在实际中很少使用
TT 系统		ABC+N	直接接地	城镇、农村居民区、工业企业和由公用变压器供电的民用建筑中
TN 系统	TN-C	ABC+PEN	接 PEN	工业与民用建筑应用很普遍，但不适用于对人身安全和抗电磁干扰要求高的场所
	TN-S	ABC+N+PE	接 PE	浴室、居民住宅、实验室等
	TN-C-S	ABC+PEN（分后合）	接 PEN	民用住宅建筑
		ABC+N+PE（分后不合）	接 PE	工业企业、民用建筑

其中，I 表示所有带电部分绝缘，TT 的第一个大写字母 T 表示电源变压器中性点直接接地；第二个大写字母 T 表示电气设备的外壳直接接地，它与系统中的其他任何接地点无直接关系；N 表示电气设备的外壳与系统的接地中性线相连；C 表示工作零线与保护线是合一的；S 表示工作零线与保护线是严格分开的。

住宅用户的配电通常采用 TT 系统或 TN-S 系统，下面予以简要介绍。

1. TT 系统

TT 供电系统即三相四线供电系统，其电源中性点直接接地，电气设备的外露导电部分用PEN线（接地线）接到接地极。在 TT 系统中负载的所有接地均称为保护接地，如图 4-7 所示。

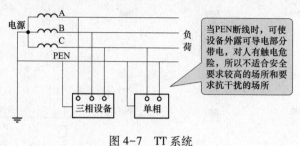

当PEN断线时，可使设备外露可导电部分带电，对人有触电危险，所以不适合安全要求较高的场所和要求抗干扰的场所

图 4-7 TT 系统

其工作原理是：当发生单相碰壳故障时，接地电流经保护接地装置和电源的工作接地装置所构成的回路流过。此时如有人触带电的外壳，则由于保护接地装置的电阻小于人体的电阻，大部分的接地电流被接地装置分流，从而对人身起保护作用。

TT 供电系统在确保安全用电方面还存在着以下不足。

（1）当电气设备的金属外壳带电（相线碰壳或设备绝缘损坏而漏电）时，由于有接地保护，可以大大减少触电的危险性。但是，低压断路器（自动开关）不一定能跳闸，这将导致线路长期带故障运行。

（2）由于绝缘不良引起线路漏电，当漏电电流比较小时，即使有熔断器也不一定能熔断，这将导致漏电设备的外壳长期带电，增加了人身触电的危险。

因此，TT 系统必须加装剩余电流动作保护器，才能成为较完善的保护系统。目前，TT 系统广泛应用于城镇、农村居民区、工业企业和由公用变压器供电的民用建筑中。

2. TN-S 系统

在三相四线制供电系统中，把零线的两个作用分开，即一根线做工作零线（N），另外用一根线作保护零线（PE），这样的供电接线方式称为三相五线制供电方式，称为 TN-S 系统。

由于 TN-S 系统将保护线和中性线分开，采用三相五线制供电，但系统造价略贵，如图 4-8 所示。

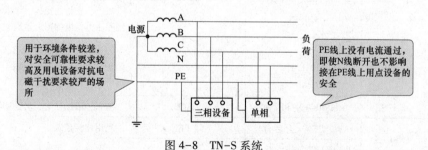

用于环境条件较差，对安全可靠性要求较高及用电设备对抗电磁干扰要求较严的场所

PE线上没有电流通过，即使N线断开也不影响接在PE线上用点设备的安全

图 4-8 TN-S 系统

采用 TN-S 供电既方便又安全，其特点如下：

（1）系统正常运行时，专用保护线（PE）上没有电流，只是工作零线上有不平衡电流。电气设备的金属外壳是接在专用的保护线 PE 上，称为接零保护，所以安全可靠。

（2）当电气设备相线碰壳，直接短路，可采用过电流保护器切断电源。

（3）当中性线（N线）断开，如三相负荷不平衡，中性点电位升高，但外壳无电位，PE线也无电位。

（4）PE线首末端应做重复接地，以减少PE线断线造成的危险。

TN-S系统供电注意事项如下：

（1）保护零线绝对不允许断开。否则在接零设备发生带电部分碰壳或是漏电时，就构不成单相回路，电源就不会自动切断，就会产生两个后果：一是使接零设备失去安全保护；二是使后面的其他完好的接零设备外壳带电，引起大范围的电气设备外壳带电，形成可怕的触电威胁。因此，专用保护线必须在首末端做重复接地。

（2）同一用电系统中的电气设备绝对不允许部分接地、部分接零。否则当保护接地的设备发生漏电时，会使中性点接地线电位升高，造成所有采用保护接零的设备外壳带电。

（3）保护零线的截面积应不小于工作零线的截面积，并使用黄/绿双色线。保护零线与电气设备连接应采用铜鼻可靠连接，不得采用铰接；电气设备接线柱应镀锌或涂防腐油脂，保护零线在配电箱中应通过端子板连接，在其他地方不得有接头出现。

4.2　用电负荷的分级与计算

4.2.1　用电负荷分级

1. 民用建筑用电负荷分级

民用建筑用电负荷分级见表4-6。

表4-6　　　　　　　　　　　　民用建筑用电负荷分级

序号	用电单位	用电设备或场合名称		负荷级别
1	一类高层建筑	消防控制室、消防泵、防排烟设施、消防电梯及其排水泵、火灾应急照明及疏散指示标志、电动防火卷帘等消防用电		一级
		走道照明、值班照明、警卫照明、航空障碍标志灯		
		主要业务用计算机系统用电，安防系统用电，电子信息机房用电		
		客梯、排污泵、生活泵		
2	二类高层建筑	消防控制室、消防泵、防排烟设施、消防电梯及其排水泵、火灾应急照明及疏散指示标志、电动防火卷帘等消防用电		二级
		主要通道及楼梯间照明、值班照明、航空障碍标志灯等		
		主要业务用计算机系统、信息机房电源，安防系统电源		
		客梯电力、排污泵、生活泵		
3	非高层建筑	建筑高度大于50m的乙、丙类厂房和丙类库房		一级
		（1）大于1500个座位的影院、大于3000个座位的体育馆	消防用电	二级
		（2）任一层面积大于3000m²的展览楼、电信楼、财贸金融楼、商店、省市级以及以上广播电视楼		
		（3）室外消防用水量大于25L/s的其他公共建筑		
		（4）室外消防用水量大于30L/s的工厂、仓库		

序号	用电单位		用电设备或场合名称		负荷级别
4	国宾馆，国家级大会堂、国际会议中心		主会场、接见厅、宴会厅照明，电声、录像、计算机系统		一级（特）
			地方厅，总值班室、主要办公室、会议室、档案室、客梯、生活泵		一级
5	省部级计算中心		电子计算机系统电源		一级（特）
6	地、市级及以上气象台		气象业务用计算机系统电源		一级（特）
			气象雷达、电报及传真收发设备、卫星云图接收机及语言广播设备、气象绘图及预报照明用电		一级
7	防灾中心电力调度中心交通指挥中心	国家及省级的	防灾、电力调度及交通指挥计算机系统电源		一级（特）
			其他用电负荷的负荷等级套用序号1、2、3、8的负荷分级表		
8	办公建筑	国家及省部级行政楼	主要办公室、会议室、总值班室、档案室及主要通道照明、消防用电、客梯、生活泵等负荷		一级
		其他办公建筑	一类办公建筑、一类高层办公建筑	包括客梯、主要办公室、会议室、总值班室、档案室及主要通道照明及消防用电负荷、生活泵等	一级
			二类办公建筑、二类高层办公建筑		二级
			地、市级办公建筑		
			三类办公建筑		三级
			除一、二级负荷以外的用电设备及部位		
9	旅馆建筑	不低于四星级，一、二级	经营及设备管理计算机系统的电源		一级（特）
			电子计算机、电话、电声及录像设备电源、新闻摄影用电；排污泵、生活泵、主要客梯，宴会厅、餐厅、康乐设施、门厅及高级客房、主要通道等场所的照明用电；厨房用电		一级
		三星级，三级	其他用电		二级
			一、二级或四星级及以上旅馆建筑所列用电负荷		
		不高于二星级，四~六级	其他用电		三级
			所有用电		
10	商店建筑	大型	经营管理用计算机系统用电		一级（特）
			营业厅、门厅、主要通道的照明、应急照明		一级
			自动扶梯、客梯、空调设备		二级
		中型	营业厅、门厅、主要通道的照明、应急照明、客梯		
		其他	大中型商店的其余负荷及小型商店的全部负荷		三级
		高层建筑附设商店负荷等级同其最高负荷等级			

续表

序号	用电单位	用电设备或场合名称		负荷级别
11	县级以上，二级以上医疗建筑	重要手术室、重症监护等涉及患者生命安全照明及呼吸机等设备用电		一级（特）
		急诊部的所有用房；监护病房、产房、婴儿室、血液病房的净化室、血液透析室；病理切片分析、核磁共振、手术部、介入治疗用 CT 及 X 光机扫描室、高压氧仓、加速器机房、治疗室、血库、配血室的电力照明，以及培养箱、冰箱、恒温箱和其他必须持续供电的精密医疗装备；走道照明；重要手术室空调，重症呼吸道感染区通风系统用电		一级
		电子显微镜、一般 CT 及 X 光机用电、高级病房、肢体伤残康复病房照明、一般手术室空调、客梯电力		二级
12	科研院所高等院校	重要实验室电源：生物制品、培养剂用电等		一级
		高层教学楼客梯、主要通道照明		二级
13	民用机场	航空管制、导航、通信、气象、助航灯光系统设施和台站用电；边防、海关的安全检查设备；航班预报设备；三级以上油库、为飞机及旅客服务的办公用房及旅客活动场所的应急照明		一级（特）
		候机楼、外航驻机场办事处、机场宾馆及旅客过夜用房、站坪照明、站坪机务用电		一级
		除一级负荷和特别重要负荷外的其他用电		二级
14	铁路客运站（火车站）	大型站和国境站	包括旅客站房、站台、天桥及地道等的用电负荷	一级
		中型站		二级
		小型站的用电负荷		三级

注　1. 我国的用电负荷只有一、二、三共三个负荷等级。表格中"一级（特）"表示一级负荷中的特别重要负荷，它也属于一级负荷，不能将其与一、二、三级负荷并列为第四种负荷级别。

2. 用电单位的负荷级别取决于该单位内最高级别用电设备的负荷等级。

3. 当主体建筑内有特别重要的一级负荷（即特别重要负荷）时，与特别重要负荷相关的空调负荷应划为一级负荷。

4. 当主体建筑内有一级负荷时，与一级负荷有关的主要通道照明应为一级负荷。二级负荷用电单位同理类推。

5. 重要电信机房的电源为一级负荷，其交流电源的负荷级别应与该用电单位的最高等级的电力负荷相同。

6. 主体建筑内有大量一级负荷设备时，其附属的锅炉房、冷冻站、空调机房的电力和照明应为二级负荷。

7. 民用建筑中消防用电的负荷等级，应符合 GB 50052—2009《供配电系统设计规范》、GB 50016—2014《建筑设计防火规范》等相关规范的规定。一类和二类高层建筑的消防用电应分别按一级和二级负荷要求供电，非高层民用建筑的消防用电除表4-6所列项目及专项设计规范另有规定外均可按三级负荷要求供电。

8. 一级负荷的电子计算机及其系统机房和已记录的媒体存放间的应急照明应为一级负荷。

9. 非高层住宅（包括底部设置商业服务用房的非高层住宅）的电梯电力应为三级负荷。

2. 一级负荷的供电要求及措施

（1）一级负荷供电要求。一级负荷应由两路电源供电，当一路电源发生故障时，另一路电源不应同时受到损坏（即两路独立电源）。特别重要的一级负荷，应考虑在第一路电源检修或故障的同时第二路电源也发生故障的可能性，所以除由独立双电源供电外，尚应增设第三路应急电源。当一级负荷用户的一路电源或线路故障时，第二路电源或线路应能承担该单位的全部一级负荷及一级负荷中的特别重要负荷。特别重要一级负荷用户变电站内的低压配电系统中应设置专供一级负荷及特别重要一级负荷的应急供电系统（包括普通一级负荷及特别重要一级负荷），此系统严禁接入中其他级别的用电负荷。

（2）一级负荷用户及一级负荷设备的供电措施。

1）一级负荷应由两路独立电源供电，这两路电源不应同时发生故障，每路电源均应有承担本用户全部一级负荷的能力。事实上，因地区大电网在主网上是并网的，所以用电单位无论从电网取几回路电源进线都无法得到严格意义上的两个独立电源，电网的各种故障可能引起全部电源进线同时断电。因此，一般对用电单位从 网取得双电源的要求是一种非严格意义上的相对独立的两路电源。

独立双（三）电源是指当其中任一回路电源因检修或事故而中断供电时，其他电源不会因此受到影响，能够继续供电的两路或三路电源。凡满足下列条件之一者均可视为满足一级负荷供电要求（其中的任一项所指的双电源均可视为独立双电源）：

a. 两路电源分别来自不同发电厂（包括自备电厂）的电源回路。

b. 两路电源分别来自不同变电站的电源回路。

c. 两路电源分别来自不同发电厂和变电站的电源回路。

d. 两路电源分别来自不同发电厂和区域变电站。

e. 两路电源分别来自不同的区域变电站。

f. 两路电源回路来自同一区域变电站的不同母线段。

g. 两路电源分别来自一路高压电源和自备发电机（或 UPS 或 EPS）。

h. 两路电源分别来自一路高压电源和一路取自市政或邻近单位的低压电源。

2）当地电业部门规定或要求一级负荷用户设置自备电源，或者一级负荷用户只具备一路外部电源条件时应设置自备电源（视工程及负荷情况选用柴油发电机组或 EPS 等）；一级负荷用户当具有两路外部电源条件时，如果此两路电源非严格独立，则"宜"设置柴油发电机组或 EPS 等自备电源；一级负荷用户常年有稳定的余热、废气或压差可供发电，或者因处于偏远地区、远离电力系统等原因，经技术经济比较，设置自备电源比从电力系统取得第二路电源合理时宜设置自备电源。

3）一级负荷用户变电站内的高压配电系统和低压配电系统均应采用单母线分段、分列运行，互为备用的做法。

4）根据一级负荷容量大小选用适当的供电方式。当一级负荷容量较大（一般以 200kW 为参考点）或有 10kV 用电设备时，在电网条件允许的情况下应采用两路 10kV、20kV 或 35kV 电源供电。当一级负荷容量较小时，应优先从电力公网或友邻单位取得第二路低压电源，也可采用快速自启动自备发电机组（一般为柴油发动机组）。当一级负荷仅为照明或电信负荷等弱电负荷时，宜采用 UPS 或 EPS 作为备用电源。

5）特别重要负荷用户，在具备两路市网电源条件的情况下，一般应根据特别重要负荷容量大小再设快速自启动自备发动机组或 UPS 或 EPS。也可以采用三路电源均取自电力系统的供电方案。

6）下列电源可作为应急电源（其启动指令必须由正常电源主开关的辅助接点发出），应经技术经济比较选用其中的一种或几种的组合：

a. 独立于正常电源的自备发电机组或公用发电机组。

b. 电力网中有效地独立于正常电源回路的专用供电回路。

c. UPS 或 EPS。

7）应根据用电负荷对允许中断供电时间的要求选用不同的应急电源（技术比较）：

a. 允许中断供电时间为 30s 以上时，可采用普通非快速自动启动的应急发电机组。

b. 允许中断供电时间为 15~30s 时，可采用在线式快速自动启动的应急发电机组。

c. 允许中断供电时间为 1.5~15s 时，可采用带有自动投入装置的独立于正常电源回路的专用供电回路。

d. 允许中断供电时间为 0~1.5s 时，可根据具体情况采用可靠的 EPS 或 UPS 等。

3. 二级负荷的供电要求及其供电措施

（1）二级负荷的供电要求。二级负荷的供电系统应做到当电力变压器或供电线路发生常见故障时不至于中断供电或中断供电后能迅速及时恢复供电。二级负荷宜由两回线路供电。在负荷较小或地区供电条件困难时，二级负荷可由一回 6kV 及以上专用的架空线路或电缆供电。当采用架空线时，可为一回架空线供电；当采用电缆线路时，应采用两根电缆组成的线路供电，其每根电缆应能承受 100% 的二级负荷。

（2）二级负荷用户及二级负荷设备的供电措施。

1）二级负荷用户应根据当地电网条件选用下列方式之一：

a. 由双回路（有条件则用双电源）供电，第二电源可来自地区电力网或邻近单位（须征得邻近单位的许可，一般不建议采用此方案），也可根据实际情况设置柴油发电机组（必须采取措施防止其与正常电源并列运行）。

b. 由同一区域变电站的不同母线引来的两回线路供电（设计文件上应注明）。

c. 在负荷较小或条件困难时可用一路高压专用架空线路供电，或者采用由两根电缆组成的电缆线路供电，每根电缆均能承受本单位的全部二级负荷，且互为热备用。

2）二级负荷设备应根据本单位的电源条件及负荷性质采用下列方式之一：

a. 双回路（有条件时用双电源）供电，在最末一级配电装置处自动切换。

b. 双回路（有条件时用双电源）供电到适当的配电点（不一定是在末端），自动互投后用专线放射式送到用电设备或者用电设备的控制装置上（仅适用于非消防负荷）。

c. 由变电站引出可靠的专用的单回线路供电（仅适用于非消防负荷）。

d. 应急照明等比较分散的小容量用电负荷可以采用一路市电加 EPS，也可采用一路市电与设备自带的（干）蓄电池（组）在设备处自动切换。

4. 三级负荷用户和设备的供电要求及其供电措施

三级负荷对供电无特殊要求，一般采用单回线路供电，但应尽量使配电系统简洁可靠，尽量减少配电级数（不宜超过四级），在技术经济比较合理的前提下尽量减少或减小电压偏差和电压波动。

4.2.2 建筑物用电需求系数

1. 需求系数的计算与选取

需求系数主要适用于配变电站的负荷计算，其计算公式为

$$\Sigma P = K\Sigma(K_d P_e) \tag{4-1}$$

$$\Sigma Q = K\Sigma(K_d P_E \tan\phi) \tag{4-2}$$

$$S = \sqrt{(\Sigma P)^2 + (\Sigma Q)^2} \tag{4-3}$$

式中：P 为计算有功功率，kW；Q 为计算无功功率，kvar；S 为计算视在功率；P_e 为用电设备组的设备功率，kW；K_d 为需求系数；$\tan\phi$ 为功率因数角正切值；K 为同期系数，有功时取 0.8~0.9，无功时取 0.93~0.97。

需求系数是在一定的条件下，根据统计方法得出的，它与用电设备的工作性质、设备效率、设备数量、线路效率以及生产组织和工艺设计等诸多因素有关。将这些因素综合为一个用于计算的系数，即需求系数，有时也称为需用系数。显然，在不同地区、不同类型的建筑物内，对于不同的用电设备组，用电负荷的需求系数也不相同。

需求系数是一个至关重要的数据，直接影响到负荷的计算结果，关系到变压器容量的选择，特别是对于一些大面积的住宅小区，需求系数的选择不同，变压器容量可能相差一个等级，甚至更大。

需求系数的确定又是极为烦琐、经验的事，虽然在现行的各种设计手册上都有数据可查，但表述比较笼统、模糊，有一些不尽合理的地方，只能作为配电设计中进行负荷计算的参考。这是需要提醒读者的注意问题。在实际工程中应根据具体情况从设计手册中选取一个恰当的值进行负荷计算。一般而言，当用电设备组内的设备数量较多时，需求系数应取较小值；反之，则应取较大值。设备使用率较高时，需求系数应取较大值；反之，则应取较小值。

2. 单位建筑面积用电指标

各类建筑物的单位建筑面积用电指标见表 4-7。

表 4-7　　　　建筑物的单位建筑面积用电指标

建筑类别		用电指标（W/m²）	变压器容量指标（VA/m²）	建筑类别	用电指标（W/m²）	变压器容量指标（VA/m²）
公寓		30~50	40~70	医院	30~70	50~100
宾馆、饭店		40~70	60~100	高等院校	20~40	30~60
办公楼		30~70	50~100	中小学	12~20	20~30
商业建筑	一般：40~80		60~120	展览馆、博物馆	50~80	80~120
	大中型：60~120		90~180			
体育场/馆		40~70	60~100	演播厅	250~500	500~800
剧场		50~80	80~120	汽车库（机械停车库）	8~15（17~23）	12~34（25~35）

注　当空调冷水机组采用直燃机（或吸收式制冷机）时，用电指标一般比采用电动压缩机制冷时的用电指标降低 25~35VA/m²。表中所列用电指标的上限值是按空调冷水机组采用电动压缩机组时的数值。

3. 分类建筑综合用电指标及需求系数

分类建筑综合用电指标及需求系数见表4-8。

表 4-8　　　　　　　　　　分类建筑综合用电指标及需求系数

用地分类	建筑分类		用电指标（W/m²）			需求系数	备注
			低	中	高		
居住用地 R	一类：高级住宅、别墅		60	70	80	0.35~0.5	装设全空调、电热、电灶等家电，家庭全电气化
	二类：中级住宅		50	60	70		客厅、卧室均装空调，家电较多，家庭基本电气化
	三类：普通住宅		30	40	50		部分房间有空调，有主要家电的一般家庭
公共设施用地 C	行政、办公		50	65	80	0.7~0.8	党政、企事业机关办公楼和一般写字楼
	商业、金融、服务业		60~70	80~100	120~150	0.8~0.9	商业、金融业、服务业、旅馆业、高级市场、高级写字楼
	文化、娱乐		50	70	100	0.7~0.8	新闻、出版、文艺、影剧院、广播、电视楼、书展、娱乐设施等
	体育		30	50	80	0.6~0.7	体育场、馆和体育训练基地
	医疗卫生		50	65	80	0.5~0.65	医疗、卫生、保健、康复中心、急救中心、防疫站等
	科教		45	65	80	0.8~0.9	高校、中专、技校、科研机构、科技园、勘测设计机构
	文物古迹		20	30	40	0.6~0.7	—
	其他公共建筑		10	20	30	0.6~0.7	宗教活动场所和社会福利院等
工业用地 M	一类工业		30	40	50	0.3~0.4	无干扰、无污染的高科技工业如电子、制衣和工艺制品等
	二类工业		40	50	60	0.3~0.45	有一定干扰和污染的工业如食品、医药、纺织及标准厂房等
	三类工业		50	60	70	0.35~0.5	机械、电器、冶金等及其他中型、重型工业
仓储用地 W	普通仓储		5	8	10	—	—
	危险品仓储		5	8	12		
	堆场		1.5	2	2.5		
对外交通用地 T	铁路、公路站房		25	35	50	0.7~0.8	
	港口	10万~50万 t（kW）	100	300			
		50万~100万 t（kW）	500	1500			
		100万~500万 t（kW）	2000	3500			
	机场、航站		40	60	80	0.8~0.9	

用地分类	建筑分类	用电指标（W/m²）			需求系数	备　注
		低	中	高		
道路广场 S	道路（kW/km²）	10	15	20		kW/km²为开发区、新区按用地面积计算的负荷密度
	广场（kW/km²）	50	100	150		
	公共停车场（kW/km²）	30	50	80		
市政设施 U	水、电、燃气、供热设施、公交设施	（kW/km²）	（kW/km²）	（kW/km²）	（0.6~0.7）	同上。但括号内的数据仍按建筑面积计算
	电信、邮政设施	800	1500	2000		
	环卫、消防及其他设施	（30）	（45）	（60）		

注　1. 除 S、U 类按用地面积计，其余均按建筑面积计，且计入了空调用电。无空调用电可扣减 40%~50%。

　　2. 计算负荷时，应分类计入需求系数和计入总同期系数。

　　3. 住宅也可按户计算，普通 3~4kW/户、中级 5~6kW/户、高级和别墅 7~10kW/户。

4. 各类用电负荷的需求系数及功率因素

各类用电负荷的需求系数及功率因素见表 4-9。

表 4-9　　　　　　　　各类用电负荷的需求系数及功率因素

负荷名称	规模（台数）	需求系数（K_x）	功率因数（$\cos\varphi$）	备　注
照明	$S<500m^2$	1~0.9	0.9~1	含插座容量，荧光灯就地补偿或采用电子镇流器
	$500m^2<S<3000m^2$	0.9~0.7	0.9	
	$3000m^2 \leqslant S \leqslant 15\,000m^2$	0.75~0.55		
	$S>15\,000m^2$	0.7~0.4		
冷冻机	1~3 台	0.9~0.7	0.8~0.85	—
锅炉	>3 台	0.7~0.6		
热力站、水泵房	1~5 台	0.95~0.8		
通风机	>5 台	0.8~0.6		
电梯	—	0.5~0.2	—	此系数用于配电变压器总容量选择的计算
洗衣房	$P_e \leqslant 100kW$	0.5~0.4	0.8~0.9	—
厨房	$P_e > 100kW$	0.4~0.3		
空调	4~10 台	0.8~0.6	0.8	—
	11~50 台	0.6~0.4		
	50 台以上	0.4~0.3		

续表

负荷名称	规模（台数）	需求系数（K_x）	功率因数（$\cos\varphi$）	备　注
舞台照明	<200kW	1~0.6	0.9~1	—
	>200kW	0.6~0.4		

注　1. 一般电力设备为 3 台及以下时，需求系数宜取为 1。

　　2. 照明负荷需求系数的大小与灯的控制方式及开启率有关。例如：大面积集中控制的灯比相同建筑面积的多个
　　　小房间分散控制的灯需求系数略大。插座容量的比例大时，需求系数可选小些。

5. 常用用电设备组功率因素及需用系数表

常用用电设备组功率因素及需用系数表见表 4-10。

表 4-10　　　　　　　常用用电设备组功率因素及需用系数表

用电设备组名称		需求系数	功率因数	功率因数角正切值
单独传动的金属加工机床	小批生产的金属冷加工机床	0.12~0.16	0.5	1.73
	大批生产的金属冷加工机床	0.17~0.2	0.5	1.73
	小批生产的金属热加工机床	0.2~0.25	0.55~0.6	1.51~1.33
	大批生产的金属热加工机床	0.25~0.3	0.65	1.17
	锻锤、压床、剪床及其他锻工机械	0.25	0.6	1.33
	木工机械（木加工车间内）	0.2~0.3	0.5~0.6	1.73~1.33
	液压机	0.3	0.6	1.33
	生产用通风机	0.75~0.85	0.8~0.85	0.75~0.62
	卫生用通风机	0.65~0.7	0.8	0.75
	泵、活塞型压缩机、电动发电机组	0.75~0.85	0.8	0.75
	钢球磨煤机、破碎机、筛选机、搅拌机等	0.75~0.86	0.8~0.85	0.75~0.62
电阻炉（带调压器或变压器）	非自动装料	0.6~0.7	0.95~0.98	0.33~0.2
	自动装料	0.4~0.6	0.95~0.98	0.33~0.2
	干燥箱、加热器等	0.7~0.9	1	0
	工频感应电炉（不带无功补偿装置）	0.8	0.35	2.67
	高频感应电炉（不带无功补偿装置）	0.8	0.6	1.33
	焊接和加热用高频加热设备	0.5~0.65	0.7	1.02
	熔炼用高频加热设备	0.8~0.85	0.8~0.85	0.75~0.62
表面淬火电炉（带无功补偿装置）	电动发电机	0.65	0.7	1.02
	真空管振荡器	0.8	0.85	0.62
	中频电炉（中频机组）	0.65~0.75	0.8	0.75
	氢气炉（带调压器或变压器）	0.4~0.5	0.85~0.9	0.62~0.48
	真空炉（带调压器或变压器）	0.55~0.65	0.85~0.9	0.62~0.48
	电弧炼钢炉变压器	0.9	0.85	0.62
	电弧炼钢炉的辅助设备	0.15	0.5	1.73
	点焊机（非电子行业）、缝焊机	0.35	0.6	1.33

用电设备组名称	需求系数	功率因数	功率因数角正切值
电子行业点焊机	0.2	0.6	1.33
对焊机	0.35	0.7	1.02
自动弧焊变压器	0.5	0.5	1.73
单头手动弧焊变压器	0.35	0.35	2.68
多头手动弧焊变压器	0.4	0.35	2.68
单头直流弧焊机	0.35	0.6	1.33
多头直流弧焊机	0.7	0.7	1.02
金属、机修、装配车间、锅炉房起重机（$\varepsilon=25\%$）	0.1~0.15	0.5	1.73
铸造车间用起重机（$\varepsilon=25\%$）	0.15~0.3	0.5	1.73
联锁的连续运输机械	0.65	0.75	0.88
非联锁的连续运输机械	0.5~0.6	0.75	0.88
一般工业用硅整流装置	0.5	0.7	1.02
电镀用硅整流装置	0.7	0.8	0.75
电解用硅整流装置	0.7	0.8	0.75
红外线干燥设备	0.85~0.9	1	0
电火花加工装置	0.5	0.6	1.33
超声波装置	0.7	0.7	1.02
X光设备	0.3	0.55	1.52
电子计算机主机（中频机组）	0.6~0.7	0.8	0.75
电子计算机外部设备	0.4~0.5	0.5	1.73
试验设备（仪表为主）	0.15~0.2	0.7	1.02
试验设备（电热为主）	0.2~0.4	0.8	0.75
磁粉探伤机	0.2	0.4	2.29
铁屑加工机械	0.4	0.75	0.88
木工机械一般木材加工	0.2	0.65	1.17
筛砂机	0.6	0.7	1.02
称量车	0.15	0.5	1.73
阀门	0.18	0.5	1.73
静电除尘器	0.8	0.8	0.75
硒整流器	0.7	0.7	1.02
稳压器	0.6	0.7	1.02
插头设备	0.15~0.25	0.7	1.02
排气台	0.5~0.7	0.9	0.48
老炼台	0.6~0.7	0.7	1.02
陶瓷隧道窑	0.8~0.9	0.95	0.33

表面淬火电炉（带无功补偿装置）

续表

用电设备组名称		需求系数	功率因数	功率因数角正切值
	拉单晶炉	0.7~0.75	0.9	0.48
	赋能腐蚀设备	0.6	0.93	0.4
	真空浸渍设备	0.7	0.95	0.33
	科研机构的实验室及实习工厂总的电力负荷	0.1~0.2	0.7~0.8	1.02~0.75
	大专院校的实验室及实习工厂总的电力负荷	0.1~0.2	0.7~0.8	1.02~0.75
	一般医疗插座	0.2	0.8	0.75
	给水泵和排水泵	0.8	0.85	0.62
	循环水泵、油泵	0.8	0.8	0.75
表面淬火电炉（带无功补偿装置）	剪板机	0.2~0.4	0.5	1.73
	振动机	0.6~0.7	0.65~0.75	1.17~1.02
	卷扬机	0.55~0.6	0.8	0.75
	冷冻机	0.65~0.75	0.8	0.75
	窗式空调器	0.7~0.8	0.8	0.75
	洗衣房电力	0.65~0.75	0.5	1.73
	厨房电力	0.5~0.7	0.8	0.75
	实验室电力	0.2~0.4	0.7~0.8	1.02~0.75
	医院电力	0.4~0.5	0.8	0.75
	洗衣机	0.4	0.5	1.73
	绞肉机、磨碎机	0.7	0.8	0.75

6. 住宅用电需求系数

1000 户及以下住宅用电需求系数值见表 4-11。

表 4-11　　　　　　　　　　　1000 户及以下需求系数值

住宅户数	需求系数值	住宅户数	需求系数值	住宅户数	需求系数值
≤6	1	52~57	0.50	169~186	0.34
7~9	0.89	58~60	0.49	187~204	0.33
10~12	0.81	61~63	0.48	205~222	0.32
13~15	0.76	64~69	0.47	223~246	0.31
16~18	0.72	70~72	0.46	247~273	0.30
19~21	0.68	73~78	0.45	274~303	0.29
22~24	0.66	79~84	0.44	304~336	0.28
25~27	0.63	85~90	0.43	337~375	0.27
28~30	0.61	91~96	0.42	376~423	0.26
31~33	0.59	97~105	0.41	424~477	0.25
34~36	0.58	106~111	0.40	478~540	0.24
37~39	0.56	112~120	0.39	541~615	0.23

住宅户数	需求系数值	住宅户数	需求系数值	住宅户数	需求系数值
40~42	0.55	121~132	0.38	616~708	0.22
43~45	0.54	133~141	0.37	709~816	0.21
46~48	0.52	142~156	0.36	817~948	0.20
49~51	0.51	157~168	0.35	949~1000	0.19

4.2.3 利用系数法计算负荷

利用系数法适用于已知用电设备情况下的负荷计算，计算步骤如下：

1. 用电设备级在最大负荷班内的平均负荷

有功功率

$$P_{av} = K_x P_e \tag{4-4}$$

无功功率

$$Q_{av} = K_x P_e \tan\varphi \tag{4-5}$$

式中：P_e 为用电设备组的设备功率（kW）；K_x 为利用系数；$\tan\varphi$ 为功率因数角正切值。

利用系数和功率因数见表 4-12。

表 4-12　　　　　　　　　利用系数和功率因数表

用电设备组名称		利用系数 K_x	功率因数角正切值 $\tan\varphi$
金属切削机床	小批生产：小型车、刨、插、铣、钻床，砂轮机	0.1~0.12	0.5
	大批生产	0.12~0.14	0.5
	冲床，自动车床，六角车床；大型车、刨、插、铣、立车、镗床	0.16	0.55
金属热加工机床	小批生产：锻造、锻锤传动、拉丝、碾磨、清理转磨筒	0.17	0.6
	大批生产	0.2	0.65
连续运输机械	联锁：提升机、带式运输机、螺旋运输机等	0.35	0.75
	不联锁	0.5	0.75
直流弧焊机	单头	0.25	0.5
	多头	0.5	0.95
弧焊变压器	单头	0.25	1.0
	多头	0.3	0.8
高频感应电炉	单头	0.7	0.8
	多头	0.65	0.65
生产用通风机、空气压缩机、泵、电动发电机组		0.55	0.8
卫生用通风机		0.5	0.8

用电设备组名称	利用系数 K_x	功率因数角正切值 $\tan\varphi$
移动式电动工具	0.05	0.5
自动弧焊机	0.3	0.5
点焊机及缝焊机	0.25	0.6
对焊机及铆钉加热器	0.25	0.7
工频感应电炉	0.75	0.35

2. 平均利用系数 K_{av}

$$K_{av} = \sum P_{av} \Big/ \sum P_e \tag{4-6}$$

式中：$\sum P_{av}$ 为各用电设备组平均负荷的有功功率之和，kW；$\sum P_e$ 为各用电设备组的设备功率之和，kW。

3. 用电设备有效台数 n_{eq}

$$n_{eq} = (\sum P_e)^2 / \sum P_{1e}^2 \tag{4-7}$$

式中：P_{1e} 为单个用电设备的设备功率，kW。

4. 计算负荷

$$P = K_m \sum P_{av} \tag{4-8}$$

$$Q = K_m \sum Q_{av} \tag{4-9}$$

$$K_m = \int (K_{av}, n_{eq})$$

$$S = \sqrt{P^2 + Q^2} \tag{4-10}$$

式中：K_m 为最大系数。

其他符号的意义同前。

4.2.4　用电负荷的设备容量

1. 照明负荷的设备容量

对于热辐射光源的白炽灯和卤钨灯而言，其设备容量 P_e 就等于其标称的额定功率 P_n。特低电压卤钨灯的 P_e 除灯泡 P_n 外，还应加上变压器的功耗。对应气体放电光源的荧光灯、金属卤化物灯等的 P_e 除灯泡（或灯管）的 P_n 外，还应加上镇流器的功耗。

在无法得到确切参数的情况下可以采用如下方法计算 P_e：

（1）配电子整流器的荧光灯

$$P_e \approx 光源功率\ P_n \times 1.1$$

（2）配电感整流器的荧光灯

$$P_e \approx 光源功率\ P_n \times 1.2$$

（3）金属卤化物灯

$$P_e \approx 光源功率\ P_n \times 1.5$$

（4）烘手器：P_e 可按 2kW 计；

（5）插座：无具体设备接入时，每个面板（2 孔、3 孔、2+3 孔或 2+2+3 孔）可按 100W 计，计算机较多的办公场所可按 150W 计。对于宾馆饭店吸尘器用的清扫插座，一般一个楼层（或防火分区）用一个回路，同时可能会有 1～3 台吸尘器工作（一台吸尘器 0.25kW），即清扫插座可按 0.25～0.75kW/回路计。

2. 空调负荷的设备容量

空调类负荷有风机盘管、新风机组、空调机组、制冷机、冷却水循环泵及冷冻水循环泵。空调的制冷/热量的功率单位为瓦（W）和千瓦（kW）。空调器的制冷（制热）性能系数，即能效比 $\eta =$ 制冷（制热）量/输入电功率，其物理意义是标准额定工况下每消耗 1W 电功率所能产生的冷量/热量（W）。空调室内机铭牌上为标准额定工况下制冷、制热消耗功率；室外机铭牌上为最大工况下制冷、制热消耗功率。

空调"匹"数（P）是指空调器的输入功率，包括压缩机、风扇电动机及电控部分所消耗的电能。输入 1 马力（1 马力 = 735.499W）的功率所能产生的冷/热功率叫"1 匹"。对于电气专业来讲，这个"匹"是电功率的概念，对于暖通空调专业则可认为是冷/热功率的概念。空调负荷的用电量一般应由暖通专业配合确定，在无法得到确切参数的情况下，可通过表 4-13 所示关系大体估算；一个风机盘管的功率可按 100W 计。

表 4-13　　　　　　空调匹数与制冷量及耗电量的对应关系

匹数	1	1.5	2	2.5	3	5	10
制冷/热量（kW）	2.2～2.6	3.2～3.6	4～5.2	5.8～6.2	6.5～7.2	12	24
耗电量（kW）	0.75	1.3	1.8	2.4	2.8	5	10

注　一般 1～3P 的空调电压为 220V，3P 以上的为 380V，3P 的有 220V 也有 380V。

3. 水泵、风机、电梯的设备容量

水泵、风机铭牌上给出的额定功率是指其轴功率，即原动机经传动系统传到水泵、风机主轴上的功率，亦即水泵、风机的输入功率。水泵、风机额定功率乘以大于 1 的安全系数才是电动机的额定功率。一般情况下，水泵、风机产品样本上直接给出的是经过"换算"的电动机的额定功率。

在配电设计中，一般用额定功率和额定电流作为选择相关电气元件的依据。电动机的额定功率即其额定输出功率（也称满载功率），是指电动机在额定条件（即满载）下运行时主轴的输出功率，不含电动机的机械损耗（轴承损耗、风损耗）和电气损耗（铜损、铁损），也就是说电动机实际需要的电力系统提供的功率比其额定功率要大。电动机的额定电流（即满载电流）则指满载运行时输入电动机的电流，它包括电动机的损耗。三相电动机的额定电流 I_r 应按式（4-11）计算

$$I_r = \frac{P_r}{\sqrt{3}\, U_r \eta \cos\varphi} \tag{4-11}$$

式中：P_r 为电动机的额定功率，kW；U_r 为电动机的额定电压，kV；η 为电动机额定运行（满载）时的效率；$\cos\varphi$ 为电动机额定运行（满载）时的功率因数。

电梯、自动扶梯和自动人行道的供电容量，应按其拖动电动机的容量与附属设备用电容量的和。实际计算时，电梯的供电容量应以厂家提供的数据为准，在无法得到厂家数据的情况下可以做如下估算：

交流单速电梯

$$S \approx 0.035 L \times V$$

交流双速电梯

$$S \approx 0.030 L \times V$$

直流有齿轮电梯

$$S \approx 0.021 L \times V$$

直流无齿轮电梯

$$S \approx 0.015 L \times V$$

式中：L 为电梯的额定载重量，kg；V 为电梯的额定速度（m/s）。

4. 连续长期工作制电动机的设备容量

连续长期工作制电动机的设备容量等于其铭牌标称额定功率（如自动扶梯），即

$$P_e = P_n \tag{4-12}$$

5. 断续周期工作制电动机的设备容量

断续周期工作制电动机如起重机用电动机等的设备容量是指将额定功率换算为统一负载持续率下的有功功率。当采用需求系数法计算负荷时，应统一换算到负载持续率 ε_r（电动机额定负载持续率）为 25% 下的有功功率，即

$$P_e = P_r \varepsilon_r \tag{4-13}$$

当采用利用系数法计算负荷时，应统一换算到负载持续率 ε_r 为 100% 下的有功功率，即

$$P_e = P_r \tag{4-14}$$

式中：P_r 为电动机的额定功率，kW。

6. 短时工作制设备的设备容量

车床上的进给电动机等短时工作制设备的设备容量按零计。原因是其在工作时间内的发热量不足以达到稳定的温升，而在停歇时间内能够冷却到环境温度。

7. 电焊机的设备容量

电焊机的设备容量是将其铭牌标称额定功率换算到负载持续率 ε 为 100% 时的有功功率。即

$$P_e = S_r \cos\varphi \tag{4-15}$$

式中：S_r 为电焊机的额定容量，kVA；$\cos\varphi$ 为电焊机的额定功率因数。

8. 整流变压器时设备容量

整流变压器的设备容量是指其额定直流功率。

9. 整流器的设备功率

整流器的设备功率是指额定交流输入功率。

10. 电炉变压器的设备功率

电炉变压器的设备容量是指额定功率因数时的有功功率，即

$$P_e = S_r \cos\varphi \tag{4-16}$$

式中：S_r 为电炉变压器的额定容量，kVA；$\cos\varphi$ 为电炉变压器的额定功率因数。

11. 用电设备组的设备容量

用电设备组的设备容量是指不包括备用设备的所有单个设备的设备容量之代数和。

12. 季节性负荷的设备容量

季节性负荷应分别计算冬季采暖用电负荷和夏季制冷用电负荷，取其大者计入正常的设备容量。在确定变压器的容量和数量时必须从经济运行的角度出发考虑季节性负荷。可以根据季节性负荷的容量设置专用变压器。

13. 消防负荷的设备容量

火灾有可能发生在正常电源供电的时候，也有可能发生在柴油发电机等备用电源供电的时候。一般而言，建筑物的消防负荷应按整个建筑工程的所有消防电梯及消防应急照明的用电负荷，再加上消防负荷最大的那个防火分区（或楼层）发生火灾时所需要使用的消防负荷（包括消防泵、防排烟设施等），作为火灾情况下消防用电设备的计算负荷。规模较小的单体建筑在简化计算时可以直接将所有的消防负荷相加。

由单台或两台变压器供电的建筑物，均应按一台变压器正常工作时发生火灾，把消防用电设备的计算负荷加上未因火灾切除的非消防负荷来作为火灾情况下的总计算负荷，并以此来校验变压器的过载能力。

当消防设备的计算负荷大于火灾时切除的非消防设备的计算负荷时，应按消防设备的计算负荷加上火灾时未切除的非消防设备的计算负荷进行计算。当消防设备的计算负荷小于火灾时切除的非消防设备的计算负荷时，可不计入消防负荷。

14. 变电站直流负荷

变电站的直流负荷可分为经常性正常负荷、事故负荷和冲击负荷三大类。

（1）经常性正常负荷：主要包括信号灯、位置指示器、经常带电的继电器、直流长明灯以及其他接入直流系统中的用电设备，一般可取 1~2kW。

（2）事故负荷：当变电站正常交流电停电后由直流系统供电的负荷，主要有事故照明。

（3）冲击负荷：主要是断路器的合闸机构在其合闸时的 0.1~0.5s 短时冲击电流。

15. 单相负荷的计算

单相用电设备既有接于线电压（380V）又有接于相电压（220V）的，并相应地称为线间负荷和相负荷。单相用电设备应均衡分配到三相系统，使各相的计算负荷尽量接近，由于负荷效应最终要体现在电流上，所以三相平衡应包括三相电流的平衡。当单相负荷的总计算容量小于计算范围内三相对称负荷总计算容量的15%时，可全部按三相对称负荷计算；当超过15%时，应将单相负荷换算为等效三相负荷，再与三相负荷相加。

4.3 短路电流及其计算

短路电流计算的目的及一般规定

1. 短路概述

（1）短路的定义。短路是指供电系统中不同电位的导电部分（各相导体、地线等）之间发生的低阻性短接。

（2）短路的原因。最主要原因是电气设备载流部分的绝缘损坏，其次是人员误操作、鸟兽危害等。

（3）短路后果。

1）短路电流产生的热量，使导体温度急剧上升，会使绝缘损坏。

2）短路电流产生的电动力，会使设备载流部分变形或损坏。

3）短路会使系统电压骤降，影响系统其他设备的正常运行。

4）严重的短路会影响系统的稳定性。

5）短路还会造成停电。

6）不对称短路的短路电流会对通信和电子设备等产生电磁干扰等。

（4）短路的类型。三相系统中发生的短路有四种基本类型，即三相短路、两相短路、单相对地短路和两相对地短路。其中，除三相短路时，三相回路依旧对称，因而又称对称短路外，其余三类均属不对称短路。在中性点接地的电力网络中，以一相对地的短路故障最多，约占全部故障的 90%。在中性点非直接接地的电力网络中，短路故障主要是各种相间短路。

2. 短路电流计算目的

供电网络中发生短路时，很大的短路电流会使电气设备过热或受电动力作用而遭到损坏，同时使网络内的电压大大降低，因而破坏了网络内用电设备的正常工作。为了消除或减轻短路的后果，就需要计算短路电流，以正确地选择电器设备、设计继电保护和选用限制短路电流的元件。

（1）选择电气主接线时，为了比较各种接线方案，确定某接线是否需要采取限制短路电流的措施等，均需进行必要的短路电流计算。

（2）在选择电气设备时，为了保证各种电器设备和导体在正常运行和故障情况下都能保证安全、可靠地工作，同时又力求节约资金，这就需要用短路电流进行校验。

（3）在设计屋外高压配电装置时，需按短路条件校验软导线的相间和相对地安全距离。

（4）在选择继电保护方式和进行整定计算时，需以各种短路时短路电流为依据。

3. 短路电流计算的一般规定

（1）验算导体和电气的动、热稳定及电气开断电流所用的短路电流，应按工程的设计手册规划的容量计算，并考虑电力系统 5~10 年的发展。

（2）接线方式应按可能发生最大短路电流和正常接线方式，而不能按切换中可能出现的运行方式。

（3）选择导体和电气设备中的短路电流，在电气连接的电网中，应考虑电容补偿装置的充放电电流的影响。

（4）选择导体和电气设备时，对不带电抗器回路的计算短路点应选择在正常接线方式时，I_d 最大的点，对带电抗器的 6~10kV 出线应计算两点，电抗器前和电抗器后的 I_d。

短路时，导体和电气的动稳定、热稳定及电气开断电流一般按三相电流验算，若有更严重的按更严重的条件计算。

4.3.2 短路电流的计算

1. 假设条件

（1）正常工作时，三相系统对称运行。

（2）所有电源的电动势相位角相同。

（3）系统中的同步和异步电机均为理想电机。

（4）电力系统中各元件磁路不饱和。

（5）短路发生在短路电流为最大值瞬间。

（6）不考虑短路点的电弧阻抗和变压器的励磁电流。

（7）除计算短路电流的衰减时间常数外，元件的电阻不考虑。

（8）元件的计算参数均取其额定值，不考虑参数误差和调整范围。

（9）输电线路电容略去不计。

2. 高（中）压系统短路电流计算

高（中）压系统短路电流的计算可采用标幺值法或有名值法。对于包含有多少个电压等级的高（中）压系统，一般均采用标幺值法。标幺制是一种相对单位制，电参数的标幺值为其有名值与基准值之比，即

$$某量的标幺值 = \frac{该量的实际值（任意单位）}{该量的基准值（与实际单位值同单位）}$$

按标幺值法进行短路计算时，一般是先选定基准容量 S_j 和基准电压 U_j，基准电流 I_j 和基准电抗 X_j，常用标幺值计算式见表 4-14。

表 4-14　　　　　　　常 用 标 幺 值 计 算 式

名　　　称	计算式	说　　　明
容量标幺值	$S_j^* = \dfrac{S}{S_j}$	
电压标幺值	$U_j^* = \dfrac{U}{U_j}$	式中：S、U、I、X 及 S_j、U_j、I_j、X_j 分别为以有名单位及基准容量表示的容量（MVA），电压（kV），电流（kA）、电抗（Ω）
电流标幺值	$I_j^* = \dfrac{I}{I_j}$	
电抗标幺值	$X_j^* = \dfrac{X}{X_j}$	

标幺值法计算短路电流公式简明、清晰、数字简单，特别是在大型复杂、短路计算点多的系统中，优点更为突出。所以标幺值法在电力工程计算中应用广泛。

3. 低压系统短路电流计算

1kV 以下的低压配电网中短路电流计算一般采用有名值法。

（1）配电变压器一次侧可以作为无穷大功率电源供电来考虑。

（2）低压配电网中电气元件的电阻值较大，电抗值较小，当 $X > R/3$ 时才计算 X 的影响。因 $X = R/3$ 时，用 R 代替 Z，误差 5.4%，在工程允许范围内。

（3）低压配电网电气元件的电阻多以 mΩ 计，因而用有名值比较方便。

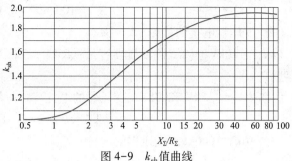

图 4-9 k_{sh} 值曲线

（4）因低压配电网的非周期分量衰减快，k_{sh} 值在 1~1.3 范围取。

当然，k_{sh} 值可通过求出 X_Σ / R_Σ 比值后在图 4-9 所示的曲线中查出，也可按下式直接计算

$$k_{sh} = 1 + e^{-\frac{\pi R_\Sigma}{X_\Sigma}}$$

三相阻抗相同的低压配电系统的短路电流可按照下式计算

$$I_{Z \cdot B}^{(3)} = \frac{U_{av}}{\sqrt{3(R_\Sigma^2 + X_\Sigma^2)}}$$

校验低压断路器的最大短路容量时，要用没有装设电流互感器那一相（如 B 相）的短路电流为

$$I_{Z \cdot B}^{(3)} = \frac{U_{av}}{\sqrt{3(R_\Sigma^2 + X_\Sigma^2)}}$$

校验电流互感器的稳定度时，可按 AB 或 BC 相间的短路电流值计算

$$I_{Z \cdot AB}^{(3)} = I_{Z \cdot BC}^{(3)} = \frac{U_{av}}{\sqrt{(2R_\Sigma + R_{TA})^2 + (2X_\Sigma + X_{TA})^2}}$$

4. 低压系统短路电流简便计算法

采用上述方法计算短路电流比较烦琐，下面介绍一种"口诀式"的计算方法，只要记牢 7 句口诀，就可掌握短路电流计算方法。

（1）系统电抗的计算。

口诀：系统电抗，百兆为一。容量增减，电抗反比。100 除系统容量。

例如：基准容量 100MVA，则：

当系统容量为 100MVA 时，系统的电抗为

$$X^* = 100/100 = 1$$

当系统容量为 200MVA 时，系统的电抗为

$$X^* = 100/200 = 0.5$$

当系统容量为无穷大时，系统的电抗为

$$X^* = 100/\infty = 0$$

系统容量单位：MVA。

系统容量应由当地供电部门提供。当不能得到时，可将供电电源出线开关的开断容量作为系统容量。如已知供电部门出线开关为 W-VAC 10kV 2000A 额定分断电流为 40kA。则可认为系统容量

$$S = 1.73 \times 40 \times 10\ 000 = 692\ （MVA）$$

系统的电抗为

$$X^* = 100/692 = 0.144。$$

（2）变压器电抗的计算。

口诀：110kV，10.5 除变压器容量；35kV，7 除变压器容量；10kV（6kV），4.5 除变压器容量。

例如：一台 35kV 3200kVA 变压器的电抗

$$X^* = 7/3.2 = 2.187\ 5$$

一台 10kV 1600kVA 变压器的电抗

$$X^* = 4.5/1.6 = 2.813$$

变压器容量单位：MVA。

这里的系数 10.5，7，4.5 实际上就是变压器短路电抗的百分数。不同电压等级有不同的值。

（3）电抗器电抗的计算。

口诀：电抗器的额定电抗除额定容量再打九折。

例如：有一电抗器 $U = 6kV$，$I = 0.3kA$，额定电抗 $X = 4\%$，则额定容量

$$S = 1.73 \times 6 \times 0.3 = 3.12\ （MVA）$$

电抗器电抗

$$X^* = \{4/3.12\} \times 0.9 = 1.15$$

电抗器容量单位：MVA。

（4）架空线路及电缆电抗的计算。

口诀：架空线：6kV，等于公里数；10kV，取 1/3；35kV，取 3%。

电缆：按架空线再乘 0.2。

例如：10kV 6km 架空线，则架空线路电抗

$$X^* = 6/3 = 2$$

10kV 0.2km 电缆，则电缆电抗

$$X^* = \{0.2/3\} \times 0.2 = 0.013$$

这里作了简化，实际上架空线路及电缆的电抗和其截面有关，截面越大电抗越小。

（5）短路容量的计算。

口诀：电抗标幺值相加，去除 100。

例：某短路点前各元件电抗标幺值之和为 $X^* \sum = 2$，则短路点的短路容量

$$S_d = 100/2 = 50\ （MVA）$$

短路容量单位：MVA。

（6）短路电流的计算。

口诀：6kV，9.2 除电抗；10kV，5.5 除电抗；35kV，1.6 除电抗；110kV，0.5 除电抗；0.4kV，150 除电抗。

例如：已知一短路点前各元件电抗标幺值之和为 $X^* \sum = 2$，短路点电压等级为 6kV，则短路点的短路电流

$$I_d = 9.2/2 = 4.6\ （kA）$$

短路电流单位：kA。

（7）短路冲击电流的计算。

口诀：1000kVA 及以下变压器二次侧短路时，冲击电流有效值 $I_c = I_d$，冲击电流峰值 $i_c = 1.8I_d$。

1000kVA 以上变压器二次侧短路时，冲击电流有效值 $I_c = 1.5I_d$，冲击电流峰值 $i_c = 2.5I_d$。

例：已知 1600kVA 变压器二次侧短路点的短路电流 $I_d = 4.6$kA，则该点冲击电流有效值

$$I_c = 1.5I_d = 1.5 \times 4.6 = 7.36 \text{（kA）}$$

冲击电流峰值

$$i_c = 2.5I_d = 2.5 \times 4.6 = 11.5 \text{（kA）}$$

可见，短路电流计算的关键是算出短路点前的总电抗（标幺值），但一定要包括系统电抗。

4.4　电力变压器的选择

4.4.1 变压器基础知识

1. 变压器的分类
为了达到不同的使用目的，并适应不同的工作条件，变压器有很多类型，见表 4-15。

表 4-15　　　　　　　　　　变 压 器 的 分 类

序号	分类方法	种　类
1	按冷却方式分类	自然冷式、风冷式、水冷式、强迫油循环风（水）冷方式、及水内冷式等
2	按防潮方式分类	开放式变压器、灌封式变压器、密封式变压器
3	按铁芯或线圈结构分类	芯式变压器（插片铁芯、C 型铁芯、铁氧体铁芯）、壳式变压器（插片铁芯、C 型铁芯、铁氧体铁芯）、环形变压器、金属箔变压器、辐射式变压器等
4	按电源相数分类	单相变压器、三相变压器、多相变压器
5	按用途分类	电力变压器、特种变压器（电炉变压器、整流变压器、工频试验变压器、调压器、矿用变压器、音频变压器、中频变压器、高频变压器、冲击变压器、仪用变压器、电子变压器、电抗器、互感器等）
6	按冷却介质分类	干式变压器、液（油）浸变压器及充气变压器等
7	按线圈数量分类	自耦变压器、双绕组、三绕组、多绕组变压器等
8	按导电材质分	铜线变压器、铝线变压器及半铜半铝、超导等变压器
9	按调压方式分类	无励磁调压变压器、有载调压变压器
10	按中性点绝缘水平分类	全绝缘变压器、半绝缘（分级绝缘）变压器

变电站常用的电力变压器有三相双绕组、三相三绕组和三相自耦式三种类型。

2. 电力变压器的特性参数
不同类型的变压器均有相应的技术要求，一般用铭牌的形式表示出来。电力变压器主要

技术参数的含义如下。

（1）工作频率。变压器铁芯损耗与频率关系很大，故应根据使用频率来设计和使用，这种频率称工作频率。

（2）额定功率。在规定的频率和电压下，变压器能长期工作，而不超过规定温升的输出功率。

（3）额定电压。指在变压器的线圈上所允许施加的电压，工作时不得大于规定值。

（4）电压比。指变压器一次侧电压和二次侧电压的比值，有空载电压比和负载电压比的区别。

（5）空载电流。变压器一次侧开路时，仍有一定的电流，这部分电流称为空载电流。空载电流由磁化电流（产生磁通）和铁损电流（由铁芯损耗引起）组成。对于50Hz的电源变压器而言，空载电流基本上等于磁化电流。

（6）空载损耗。指变压器二次侧开路时，在一次侧测得的功率损耗。主要损耗是铁芯损耗，其次是空载电流在一次侧线圈铜阻上产生的损耗（铜损），这部分损耗很小。

（7）效率。指二次侧功率 P_2 与一次侧功率 P_1 比值的百分比。通常变压器的额定功率越大，效率就越高。

（8）绝缘电阻。表示变压器各线圈之间、各线圈与铁芯之间的绝缘性能。绝缘电阻的高低与所使用的绝缘材料的性能、温度高低和潮湿程度有关。

3. 电力变压器的结构

我国生产的电力变压器，基本上只有一种结构型式，即芯式变压器，所以绕组都采用同心式结构。同心绕组就是在铁芯柱的任一横断面上，绕组都是以同一圆筒形线套在铁芯柱的外面。一般情况下总是将低压绕组放在里面靠近铁芯处，将高压绕组放在外面。高压绕组与低压绕组之间，以及低压绕组与铁芯柱之间都必须留有一定的绝缘间隙和散热通道（油道），并用绝缘纸板筒隔开。绝缘距离的大小，决定于绕组的电压等级和散热通道所需要的间隙。当低压绕组放在里面靠近铁芯柱时，因它和铁芯柱之间所需的绝缘距离比较小，所以绕组的尺寸就可以减小，整个变压器的外形尺寸也同时减小了。

4. 电力变压器的组件功能

电力变压器的主要组成部分有：铁芯、绕组（线圈）、油箱、储油柜（油枕）、呼吸器、防爆管或泄压器、散热（冷却）器、绝缘套管、分接开关、气体继电器、温度计、净油器、分接开关滤油机等。变压器主要组件的功能见表4-16。

表4-16　　　　　　　　　　　电力变压器主要组件功能介绍

部件	功能说明	图示
油箱和散热器	油箱是变压器的外壳，由钢板焊成，用来盛装器身（包括铁芯和绕组）和变压器油。变压器油起着绝缘和散热作用，为了加强冷却效果，在油箱四周装有扁管散热器或波纹片散热器。 油浸式变压器冷却装置包括散热器和冷却器，不带强油循环的称为散热器，带强油循环的称为冷却器	

部件	功 能 说 明	图 示
铁芯	在原理上,铁芯是构成变压器的磁路。它把一次电路的电能转化为磁能,又把该磁能转化为二次电路的电能,因此,铁芯是能量传递的媒介体。 在结构上,它是构成变压器的骨架。在它的铁芯柱上套上带有绝缘的线圈,并且牢固地对它们支撑和压紧	
绕组	绕组是变压器最基本的组成部分,它与铁芯合称电力变压器本体,是建立磁场和传输电能的电路部分。电力变压器绕组由高压绕组,低压绕组,对地绝缘层(主绝缘),高、低压绕组之间绝缘件及由燕尾垫块,撑条构成的油道,高压引线,低压引线等构成。 不同容量、不同电压等级的电力变压器,绕组形式也不一样。一般电力变压器中常采用同心式和交叠式两种结构形式	
分接开关	变压器调压是在变压器的某一绕组上设置分接头,当变换分接头时就减少或增加了一部分线匝,使带有分接头的变压器绕组的匝数减少或增加,其他绕组的匝数没有改变,从而改变了变压器绕组的匝数比。绕组的匝数比改变了,电压比也相应改变,输出电压就改变,这样就达到了调整电压的目的	
储油柜	当变压器油的体积随着油的温度膨胀或减小时,储油柜起着调节油量,保证变压器油箱内经常充满油的作用。 变压器储油柜有三种形式,即波纹式、胶囊式、隔膜式	

部件	功能说明	图示
气体继电器	又称为瓦斯继电器，安装位置在变压器油箱和储油柜的联管上，当变压器漏油或有气体分解时，轻瓦斯保护动作，发出预报信号。当变压器内部有严重故障时，重瓦斯保护动作，接通断路器的跳闸回路，切除电源，发出事故信号	
吸湿器	吸湿器又名呼吸器，常用吸湿器为吊式吸湿器结构。吸湿器内装有吸附剂硅胶，储油柜内的绝缘油通过吸湿器与大气连通，内部吸附剂吸收空气中的水分和杂质，以保持绝缘油的良好性能。 为了显示硅胶受潮情况，一般采用变色硅胶。变色硅胶原理是利用二氯化钴（$CoCl_2$）所含结晶水数量不同而有几种不同颜色做成，二氯化钴含六个分子结晶水时，呈粉红色；含有两个分子结晶水时呈紫红色；不含结晶水时呈蓝色。 呼吸器的作用是提供变压器在温度变化时内部气体出入的通道，解除正常运行中因温度变化产生对油箱的压力。 呼吸器内硅胶的作用是在变压器温度下降时对吸进的气体去潮气。 油封杯的作用是延长硅胶的使用寿命，把硅胶与大气隔离开，只有进入变压器内的空气才通过硅胶	
净油器	净油器又名热吸虹器，是用钢板焊接成圆筒形的小油罐，罐内也装有硅胶或活性氧化铝吸附剂。当油温变化而上下流动时，经过净油器达到吸取油中水分、渣滓、酸、氧化物的作用。 净油器安装再变压器上部时净化效率高，装在下部时易于更换，安装位置视情况而定	

部件	功 能 说 明	图　示
防爆管	防爆管又名安全气道，装在油箱的上盖上，由一个喇叭形管子与大气相通，管口用薄膜玻璃板或酚醛纸板封住。为防止正常情况下防爆管内油面升高使管内气压上升而造成防爆薄膜松动或破损及引起气体继电器误动作，在防爆管与储油柜之间连接一小管，已使两处压力相等。 　　防爆管的作用使当变压器内部发生故障时，将油里分解出来的气体及时排出，以防止变压器内部压力骤然增高而引起油箱爆炸或变形	连接小管 储油柜 防爆管 油箱
高、低压套管	绝缘套管是油浸式电力变压器箱外的主要绝缘装置，变压器绕组的引出线必须穿过绝缘套管，使引出线之间及引出线与变压器外壳之间绝缘，同时起到固定引出线的作用	
温度计	大型变压器都装有测量上层油温的带电接点的测温装置，它装在变压器油箱外，便于运行人员监视变压器油温情况	示值指示针　上限接点指示针　轴转　单圈管弹簧　齿轮传动机构　接线盒 下限接点指示针 标度盘　拉杆　表壳 毛细管 温包

5. 变压器型号及含义

变压器的型号通常由表示相数、冷却方式、调压方式、绕组线芯等材料的符号，以及变压器容量、额定电压、绕组连接方式组成。变压器的型号和符号含义见表 4-17。

表 4-17　　　　　　　　　　　变压器的型号和符号含义

型号中符号排列顺序	含　义		代表符号
	内　容	类　别	
1（或末数）	线圈耦合方式	自耦降压（或自耦升压）	O
2	相数	单相	D
		三相	S

型号中符号排列顺序	含　义		代表符号
	内　容	类　别	
3	冷却方式	油浸自冷	J
		干式空气自冷	G
		干式浇注绝缘	C
		油浸风冷	F
		油浸水冷	S
		强迫油循环风冷	FP
		强迫油循环水冷	SP
4	线圈数	双线圈	—
		三线圈	S
5	线圈导线材质	铜	—
		铝	L
6	调压方式	无励磁调压	-
		有载调压	Z
		加强干式	Q
		干式防火	H
		移动式	D
		成套	T

注 1. 电力变压器后面的数字部分：斜线左边表示额定容量，kVA；斜线右边表示一次侧额定电压，kV。例如：SJL-1000/10，即三相油浸自冷式铝线、双线圈电力变压器，额定容量为1000kVA、高压侧额定电压为10kV。

2. 电力变压器的型号表示方法：基本型号+设计序号——额定容量，kVA/高压侧电压。例如：SCZ（B）9-××××/××，即 SC——三相固体成型 环氧浇注）；Z——有载调压；B——低压箔式线圈；9——性能水平代号；××××——额定容量，kVA；××——额定高压电压（按额定值填入）。

3. 变压器的型号另一种表示方法：变压器绕组数+相数+冷却方式+是否强迫油循环+有载或无载调压+设计序号+"-"+容量+高压侧额定电压组成。

例如，某变压器的型号为（SCB10-1000kVA/10kV/0.4kV），其含义为：

S 表示此变压器为三相变压器，如果 S 换成 D 则表示此变压器为单相；C 表示此变压器的绕组为树脂浇注成形固体；B 表示箔式绕组，如果是 R 则表示为缠绕式绕组，如果是 L 则表示为铝绕组，如果是 Z 则表示为有载调压（铜不标）；10 表示设计序号，也叫技术序号；1000kVA 表示此台变压器的额定容量为1000kVA；10kV 表示额定电压为10kV；0.4kV 表示二次额定电压为0.4kV。

6. 变压器的工作原理

变压器是利用电磁感应原理，以相同的频率在两个或多个相互耦合的绕组回路之间传输功率的静止电器。变压器通过变换（升高或降低）交流电压和电流，传输交流电能。它是电网和变电站中间环节中最重要的主设备，它连接着不同电压的配电装置，是电网安全、经济运行的基础。

7. 三绕组变压器的特点

三绕组变压器和双绕组变压器的原理相同，但由于多一个绕组因而形成以下特点：

（1）容量匹配：国家标准规定三个绕组的容量匹配有 100/100/100、100/100/50 和 100/50/100 三类。在运行时，一个绕组的负荷等于其他两个绕组负荷的相量和，但都不得超过各自的额定容量。

（2）由于三个绕组的电路是彼此关联的。在运行时，一个绕组负荷电流的变化将会影响其他绕组的电压。

（3）降压型绕组的排列为：铁芯—低压—中压—高压，高—低之间的阻抗最大。

（4）三个绕组中通常要有一个三角形连接的绕组，用于减小三次谐波分量。

8. 自耦变压器的特点

（1）具有公共绕组的变压器称为自耦变压器。自耦变压器区别与普通变压器的特点是其中两个绕组除有磁的耦合外，还直接有电的联系，其他方面与普通变压器一样。

（2）自耦变压器铭牌上的额定容量是指额定通过容量，它包括串联绕组电路中直接由电流传输的功率和公共绕组磁路耦合传输的功率两部分。

（3）自耦变压器绕组（结构）容量，总小于额定（通过）容量。因此，与同容量同电压等级的普通变压器比较，具有用材少、体积小、质量轻、运输方便、投资少、损耗小、经济性好等显著优点，但其变比一般在 3∶1 以内。

9. 变压器的保护装置

变压器的保护装置除继电保护装置外，还有本体和有载储油柜（油枕）、呼吸（吸湿）器、净油器、滤油机、本体和有载气体继电器、防爆管或泄压器、温度计、油位计和充氮灭火装置或水喷雾灭火装置等。

4.4.2 变压器容量和台数的选择

在选用配电变压器时，如果容量选择过大，那么就会形成"大马拉小车"的现象，这样不仅仅是增加了设备投资，而且还会使变压器长期处于一个空载的状态，使无功损失增加；如果变压器容量选择过小，将会使变压器长期处于过负荷状态，易烧毁变压器。无论是自耦变压器还是三相变压器，都是一样的。因此，正确选择变压器容量是电网降损节能的重要措施之一。

1. 变压器的容量等级

变压器的容量等级：30、50、63.80、100、125、160、200、250、315.400、500、630、800、1000、1250、1600、2000、2500、3150、4000、5000、6300、8000、10 000、12 500、16 000、20 000、25 000、31 500、40 000、50 000、63 000、90 000、120 000、150 000、180 000、260 000、360 000、400 000kVA。通常，容量为 630kVA 及以下的变压器统称为小型变压器；800~6300kVA 的变压器称为中型变压器；8000~63 000kVA 的变压器称为大型变压器；90 000kVA 以上的变压器称为特大型。

2. 变压器容量的基本估算

变压器容量的选择是一个全面的、综合性的技术问题，没有一个简单的公式可以表示。变压器容量的选择与负荷种类和特性、负荷率、需要率、功率因数、变压器有功损耗和无功损耗、电价（包括基本电价）、基建投资、（包括变压器价格及安装土建费用和供电贴费）、使用年限、变压器折旧、维护费以及将来的计划等因数有关。

变压器容量的基本估算主要有以下三种方面。

（1）利用计算负荷法估算。先求出变压器所要供电的总计算负荷，然后按下式估算

$$变压器总容量 = 总计算负荷 + 考虑将来的增容裕量$$

选择变压器容量，要以现有的负荷为依据，适当考虑负荷发展，选择变压器容量可以按照 5～10 年电力发展计划确定。当 5～10 年内电力发展明确，变动不大且当年负荷不低于变压器容量的 30% 时

$$S_N = K_S \cdot \sum P_H / (\eta \cdot \cos\varphi)$$

式中：S_N 为箱式变压器在 5 年内所需配置容量，kVA；$\sum P_H$ 为 5 年内的有功负荷，kW；K_S 为同时率，一般为 0.7～0.8；$\cos\varphi$ 为功率因数，一般为 0.8～0.85；η 为变压器效率，一般为 0.8～0.9。

根据公式，一般把 $K_S = 0.75$，$\cos\varphi = 0.8$，$\eta = 0.8$，$S_N = 0.75$，则

$$\frac{\sum P_H}{(0.8 \times 0.8)} = 1.17 \sum P_H$$

（2）利用最经济运行效果法估算。所选择的变压器，其最佳经济负荷和实际使用负荷相等或接近。

（3）按年电能损耗最小法选择变压器。该方法适用于不同的企业性质和生产班制及负荷曲线的场合，它是根据年电能损耗最小为原则来选择变压器容量的，因此，从节能角度看较合理。经验表明，变压器容量应在使用负荷和最高经济负荷之间进行选择。一班制企业，可按使用负荷选择变压器容量，也可略留裕量；二班间断和三班间断的企业，可分别按比例使用负荷高一级或二级左右的容量选择变压器；三班连续制企业，可按最经济负荷选择变压器。该方法只考虑年电能损耗最小这一点，还未考虑其他因数，因此，还是不全面的。

按变压器年电能损耗最小和运行费用最低、并综合考虑变压器装设的投资来确定变压器安装容量，才是经济合理的。

表 4-18 是某工厂变压器容量计算示例，可供读者参考。

表 4-18　　　　　　　　　　变 压 器 容 量 计 算

名称\组别	额定功率 P_e (kW)	输入容量 S (kVA)	需求系数 K_x	功率因数 $\cos\varphi$	功率因数正切 $\tan\varphi$	有功功率 P_{js} (kW)	无功功率 Q_{js} (kvar)	视在功率 S_{js} (kVA)	低压额定电流 I_{js} (A)	10kV额定电流 I_{gs} (A)	有功功率同期系数 (0.8～0.9) K_p	无功功率同期系数 (0.93～0.97) K_q	无功功率补偿率 Δ_{qc}
用电设备													
1号照明及电热	344.00		0.75	0.80	0.75	258.00	193.50	322.50					

续表

名称＼组别 用电设备	额定功率 P_e (kW)	输入容量 S (kVA)	需求系数 K_x	功率因数 $\cos\varphi$	功率因数正切 $\tan\varphi$	有功功率 P_{js} (kW)	无功功率 Q_{js} (kvar)	视在功率 S_{js} (kVA)	低压额定电流 I_{js} (A)	10kV额定电流 I_{gs} (A)	有功功率同期系数(0.8~0.9) K_p	无功功率同期系数(0.93~0.97) K_q	无功功率补偿率 Δ_{qc}
2 号照明及电热	302.00		0.75	0.80	0.75	226.50	169.88	283.13					
办公及商住楼	240.00		0.70	0.80	0.75	168.00	126.00	210.00					
自动扶梯	30.00		0.60	0.50	1.73	18.00	31.18	36.00					
厨房电力	120.00		0.70	0.70	1.02	84.00	85.70	120.00					
电梯	112.00		0.40	0.50	1.73	44.80	77.60	89.60					
防排烟风机	42.00		0.90	0.80	0.75	37.80	28.35	47.25					
卷帘门	48.00		0.60	0.70	1.02	28.80	29.38	41.14					
	0.00			0.70	1.02	0.00	0.00	0.00					
	0.00			0.70	1.02	0.00	0.00	0.00					
	0.00			0.70	1.02	0.00	0.00	0.00					
	0.00			0.70	1.02	0.00	0.00	0.00					
	0.00			0.70	1.02	0.00	0.00	0.00					
	0.00			0.70	1.02	0.00	0.00	0.00					
	0.00			0.70	1.02	0.00	0.00	0.00					
	0.00			0.70	1.02	0.00	0.00	0.00					
合计	1238.00					865.90	741.58	1140.05					
同时系数				0.74	0.90	779.31	704.50	1050.54	1596.14		0.90	0.95	
电容补偿							448.35						0.58
电容补偿后				0.95	0.33	779.31	256.15	820.33	1246.36				
功率损耗						8.20	41.02						
总计				0.84	0.94	787.51	297.16	841.71	1278.85				
30~16 000kVA 容量变压器		1000							1443.38	57.74			
变压器负荷率 0.75~0.85		0.84											

注　变压器应选容量为：1000kVA；无功补偿容量为：448kvar。

3. 变压器台数的选择

（1）供电给二类、三类负荷的变电站，负荷或容量不太大的动力与照明宜共负荷，原则上只装设一台变压器。

（2）供电负荷较大的城市变电站或者有一类负荷的重要变电站，为了保证供电的可靠性，变电站一般装设两台主变压器。变压器的容量应满足一台变压器停运后，另一台能够供给全部一类负荷；在无法确定一类负荷所占比重时，每台变压器的容量可按照计算负荷的60%~80%选择。

（3）对于城市郊区的一次变电站，如果在中、低压侧已经构成环网的情况下，变电站可装设两台变压器。

（4）地区性孤立的一次变电站或者大型工业专用变电站可装设 3 台变压器。对于规划只装设两台主变压器的变电站，其变压器的基础宜按照大于变压器容量的 1~2 级设计。

装设多台变压器时，宜根据负荷特点和变化适当分组以便灵活投切相应的变压器组。变压器应按分列方式运行。变压器低压出线端的中性线和中性点接地线应分别敷设。为测试方便，在接地回路中，靠近变压器处做一可拆卸的连接装置。

（5）当属下列情况之一时，可设专用变压器。

1）当照明负荷较大或动力和照明采用共用变压器严重影响照明质量及灯泡寿命时，可设照明专用变压器。

2）单台单相负荷较大时，宜设单相变压器。

3）冲击性负荷较大，严重影响电能质量时，可设冲击负荷专用变压器。

4）当季节性负荷（如空调设备等）约占工程总用电负荷的 1/3 及以上时，宜配置专用变压器。

4.4.3 主变压器的选择

1. 容量和台数的确定

变压器容量应根据计算负荷选择。变压器台数的确定原则是为了保证供电的可靠性。确定一台变压器的容量时，应首先确定变压器的负荷率。变压器当空载损耗等于负荷率的二次方乘以负载损耗时效率最高，在效率最高点变压器的负荷率为 63%~67%，对平稳负荷供电的单台变压器，负荷率一般在 85% 左右。但这仅仅是从节电的角度出发得出的结论，是不够全面的。值得考虑的重要元素还有运行变压器的各种经济费用，包括固定资产投资、年运行费、折旧费、税金、保险费和一些其他名目的费用。选择变压器容量时，适当提高变压器的负荷率以减少变压器的台数或容量，即牺牲运行效率，降低一次投资，也只是一种选择。

低压为 0.4kV 变电站中单台变压器的容量不宜大于 1600kVA，当用电设备容量较大，负荷集中且运行合理时可选用 2000kVA 及以上容量的变压器。近几年来有些厂家已能生产大容量的 ME、AH 型低压断路器及限流低压断路器，在民用建筑中采用 1250kVA 及 1600kVA 的变压器比较多，特别是 1250kVA 更多些，故推荐变压器的单台容量不宜大于 1250kVA。

主变压器容量和台数的确定方法见本节前面的介绍，这里不重复。

2. 变压器结构型式的确定

（1）建筑要求多层或高层主体建筑内变电站，变压器一般可采用环氧树脂浇注型铜芯绕组干式变压器并设有温度监测及报警装置。在多尘或有腐蚀性气体严重影响变压器安全运行的场所，应选用防尘型或防腐型变压器。特别潮湿的环境不宜设置浸渍绝缘干式变压器。

设置在二层以上的三相变压器，应考虑垂直与水平运输对通道及楼板荷载的影响，如采用干式变压器，其容量不宜大于 630kVA。居住小区变电站内单台变压器容量不宜大于 630kVA。

（2）内设置的可燃油浸电力变压器应装设在单独的小间内。变压器高压侧间隔两侧宜安装可拆卸式护栏。

变压器与低压配电室以及变压器室之间应设有通道实体门。如采用木制门应在变压器一侧包铁皮。变压器基座应设固定卡具等防震措施。变压器噪声级应严格控制，必要时可采用加装减噪垫等措施，以满足国家规定的环境噪声卫生标准，相关的生活工作房间内白天不大于 45dB，夜间不大于 35dB。

高压配电柜选用下进下出的接线方式，在高压配电室下设电缆夹层。低压配电柜采用上进上出的接线方式，在柜顶上方设电缆桥架布线。

上进上出与下进下出的接线方式各有优缺点：上进上出可以省做结构层，但它需要电缆桥架，安装要求极为严格。下进下出的接法必须做结构层，不需要电缆桥架。高低压配电室均应设有气体灭火和排风系统。

对于就地检修的室内油浸变压器，室内高度可按吊芯所需要的最小高度再加 0.7m；宽度可按变压器两侧各加 0.8m 确定。多台干式变压器布置在同一房间内时，变压器防护外壳间的净距不应小于安全距离。

（3）因 IT 系统的带电部分与大地不直接连接，因此照明不能和动力共用变压器，必须设专用照明变器。

3. 调压方式的选择

当用户系统有调压要求时，应选用有载自动调压电力变压器。变压器的调压方式分为带负荷切换的有载（有励磁）调压方式和不带负荷切换的无载（无励磁）调压方式。无励磁调压，其调整范围通常在 ±2×2.5% 以内；有载调压，其调整范围可达 30%。

（1）在能满足电压正常波动情况下一般采用无载调压方式。

（2）发电厂可以通过发电机的励磁调节来调压，其主变压器一般选择无载调压方式。

（3）一般变电站的变压器选择有载调压方式。

（4）对于新建的电力变电站建议采用有载自动调压变压器，有利于网络运行的经济性。虽然暂时投资稍高一些，但是在短时间内就可以收回所附加的投资。

4. 绕组接线组别的选择

（1）三相双绕组变压器的高压侧，110kV 及以上电压等级，三相绕组都采用"YN"连接；35kV 及以下采用"Y"连接。

（2）三相双绕组变压器的低压侧，三相绕组采用"△"连接，若低压侧电压等级为 380/220V，则三相绕组采用"yn0"连接。

（3）在变电站中，为限制三次谐波，主变压器接线组别一般都选用 YNd11 常规接线。

注：高压绕组为星形连接时，用符号 Y 表示，如果将中性点引出则用 YN 表示，对于中、低压绕组则用 y 及 yn 表示；高压绕组为三角形连接时，用符号 D 表示，低压绕组用 d 表示。例如常用 YN、yn0、d11 接

线组别，表示高中压侧均为星形连接且中性点都引出，高中压间为 0 点接线，高低压间为 11 点接线。

5. 冷却方式的选择

油浸式变压器可有自冷式、风冷式、强油风冷或水冷式冷却方式可供选择。

（1）40 000kVA 及以下额定容量的变压器可选用油浸自冷冷却方式。优点是不要辅助供风扇用的电源，没有风扇所产生的噪声，散热器可直接持在变压器油箱上，也可集中装在变压器附近，油浸自冷式变压器的维护简单，始终可在额定容量下运行。

如选用可膨胀式散热器，变压器可不装储油柜并可设计成全密封型，维护量更少了，一般可在 2500kV 及以下配电变压器上采用。

（2）风冷式散热器是利用风扇改变进入散热器与流出散热器的油温差，提高散热器的冷却效率，使散热器数量减少，占地面积缩小。8000kVA 以上容量的变压器可选用风冷冷却方式。但此时要引入风扇的噪声，风扇的辅助电源。停开风扇时可按自冷方式运行，但是输出容量要减少，要降低到 2/3 的额定容量。对管式散热器而言，每个散热器上可装两个风扇，对片式散热器而言，可用大容量风机集中吹风，或一个风扇吹几组散热器。

（3）强油风冷式（水冷式）是采用带有潜油泵与风扇的风冷却器或带有潜油泵的水冷却器。一般用于 50 000kVA 及以上额定容量的变压器。强油风冷冷却器可安装在油箱上或单独安装。根据国内习惯，一般在变压器上多供一台备用冷却器，主要是方便有一台冷却器有故障需维修时使用。

选择强油风冷式（水冷式）应注意几个问题：

1）油泵与风扇失去供电电源时，变压器就不能运行，即使空载也不能运行，因此应有两个独立电源供冷却器使用。

2）潜油泵不能有定子与转子扫膛现象，金属异物进入绕组会引起击穿事故。油路设计时不能使潜油泵产生负压，有负压时勿吸入空气，影响绝缘会引起击穿事故。

3）强油冷却的油面温升较低，不能以油面温度来判断绕组温升。尤其强油水冷，绕组温升接近规定限值时，油面温升很低。

4）超高压变压器采用强油冷却时还应防止油流放电现象。在绕组内油路设计时，应防止油的紊流，限制油流速度，选用合适电阻率的油，绝缘件表面要光滑，铁芯上应有足够体积使油释放电荷。防止油流带电发展到油流放电。在启动冷却器时可逐个启动到应投入的冷却器数。

5）选用大容量冷却器时应注意油流不能短路，要使冷却后的油能进入绕组。

6）选用水冷却器时应注意冷却水的水质，冷却水内有杂质，易堵住冷却器而影响散热面。水压不能大于油压。

7）强油风冷变压器外有隔墙时，隔墙应离冷却器 3m 以上，以免干扰空气自由运动。

选用散热器或强油风冷冷却方式，此时，停泵时可按 80% 额定容量运行，停泵与停风扇时可按 60% 额定容量运行，但安装面积要足够。

6. 阻抗的选择

三绕组变压器的各绕组之间的阻抗，由变压器的三个绕组在铁芯上的相对位置决定。故变压器阻抗的选择实际上是结构形式的选择。三绕组变压器分升压结构和降压结构两种类型，如图 4-10 所示。

（1）升压结构变压器高、中压绕组阻抗大而降压结构变压器高、低压绕组阻抗大。从电力系统稳定和供电电压质量及减小传输功率时的损耗考虑，变压器的阻抗越小越好，但阻抗偏小又会使短路电流增大，低压侧电器设备选择遇到困难。

（2）接发电机的三绕组变压器，为低压侧向高中压侧输送功率，应选升压型。

（3）变电站的三绕组变压器，如果以高压侧向中压侧输送功率为主，则选用降压型；如果以高压侧向低压侧输送功率为主，则可选用升压型，但如果需要限制 6~10kV 系统的短路电流，可以考虑优先采用降压结构变压器。

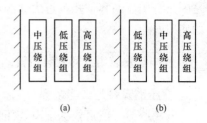

图 4-10　三绕组变压器的结构类型
（a）升压结构；（b）降压结构

另外，变压器的选择内容还有：变压器的容量比、绝缘和绕组材料等的选择。

4.4.4 变压器并列运行

变压器是电力网中的重要电气设备，由于连续运行的时间长，为了使变压器安全经济运行及提高供电的可靠性和灵活性，在运行中通常将两台或以上变压器并列运行。

变压器并列运行，就是将两台或以上变压器的一次绕组并联在同一电压的母线上，二次绕组并联在另一电压的母线上运行。

1. 变压器并列运行的意义

（1）当一台变压器发生故障时，并列运行的其他变压器仍可以继续运行，以保证重要用户的用电。

（2）当变压器需要检修时可以先并联上备用变压器，再将要检修的变压器停电检修，既能保证变压器的计划检修，又能保证不中断供电，提高供电的可靠性。

（3）由于用电负荷季节性很强，在负荷轻的季节可以将部分变压器退出运行，这样既可以减少变压器的空载损耗，提高效率，又可以减少无功励磁电流，改善电网的功率因数，提高系统的经济性。

2. 变压器并列运行的条件

在变电室有两台或多台变压器同时运行时，必须满足以下的条件。

（1）各变压器的一次和二次额定电压必分别相等。例如一次高压均为 10kV，低压均为 0.4kV。其误差不应大于±5%。如果两台变压器的变压比不同，则必然在二次绕组内产生环流，很容易导致变压器过热而烧毁。

（2）并联的各变压器的短路电压必须相等。短路电压也称作阻抗电压。由于并联运行的变压器的负荷是按照其阻抗电压值成反比例分配的，阻抗电压小的变压器必然会因为分配的电压过高而损坏。通常允许差值为不大于±10%。

（3）并联各变压器的连接组别必须相同。也就是各变压器的一次或二次电压的相序必须分别对应，否则根本不能并列运行。例如：当 Dyn11 连接与 Yyn0 连接的两台变压器并联了，在它们对应的二次侧将出现 30°的相位差，使二次绕组之间出现电位差，从而产生很大的环流。

（4）并联各变压器的额定容量应该尽可能地相似，通常容量之比不宜超过 1：3。这主要是因为变压器的容量相差过大会因内部阻抗不同或其他特性不同而产生环流，而影响变压器的使用寿命。

4.4.5 变压器安装方式和安装位置的选择

1. 变压器安装方式的选择

配电变压器一般可根据配电变压器容量的大小和周围的环境情况，考虑采用高台式、屋顶式、杆架式、落地式等形式。在农村，配电变压器采用高台式、屋顶式或杆架式安装方式为多，落地式及户内式较少。

双杆变压器台装设在两根电杆之间，由两槽钢和连接金具搭建而成，距地高 2～2.5m。

电力变压器安装在其上，并用螺栓紧固；高压进线用带有绝缘层铜芯或铝芯线引入变压器，并配置有户外跌落式熔断器、避雷器；高压进线的线间距要求不得小于 0.35m，这种杆上变压器台有安全、结构简单、组装方便、消耗材料少和占地面积小等很多优点，特别适合小型变压器的安装，如图 4-11 所示。

除双杆变压器台以外，常用的还有地台式变压器台、落地式变压器台。地台式变压器台是在地面上修砌一个高 1.7～2m、宽能容纳变压器的石台，变压器放置与上。落地式变压器台与地台式变压器台相似，只是高度较矮，主要用于大型变压器的安装需要。为安全起见，这两种方式的变压器台都必须在距变压器周边 1.5m 外安装 1.7m 高的栅栏，以防人畜靠近而引发事故。这两种变压器台所占用的场地较

图 4-11　双杆变压器台装

大，如图 4-12 所示。

(a)　　　　　　　　　　(b)

图 4-12　地台式变压器台和落地式变压器台

（a）地台式变压器台；（b）落地式变压器台

一般来说，560kVA 以上变压器采用落地变台式，而以下的多采用杆上式或地台式安装。50VA 以下的配电变压器可以采用单杆式安装。

配电变压器应安装在用电负荷中心点，以保证供电质量。

2. 变压器安装位置的选择

（1）接近负荷中心。先根据负荷和分布情况，计算出负荷矩，以此确定负荷中心，然后将变压器靠近负荷中心安装。这样可以缩短供电半径（不大于 0.5km），减小投资，减小损耗。提高电压质量，运行维护方便。一般情况下，应安装在用电量较大的用户附近。另外，如果变压器单独安装在底架横担或台上时，应尽量避开下列情况的电杆：大转角杆、分支杆、装有柱上油断路器或隔离开关电杆、有高压引下线和电缆的电杆、低压架空线、接户线较多的电杆以及不便于巡视、检查、测量和检修吊装变压器的电杆，集镇十字交叉路口的电杆，重要线路主干线的电杆。

（2）避开易燃易爆场所。易燃物主要指汽油、柴油、油漆、香蕉水和酒精等液体以及柴草、棉花、橡胶等固体，易爆物主要指火药、炸药、雷管、导火索、导爆索以及鞭炮等，应远离贮存这些物品的场所和仓库。

（3）避开污秽地带。主要是粉碎作业地、水泥、砖瓦、面粉以及化工场所，应远离盐雾、腐蚀性气体及灰尘较多的场所。

（4）避开地势低洼地段。正常年份（按 30 年一遇的洪水考虑）避开可能被雨水冲刷和淹没的地段，避开易塌方的场所。

（5）高低压进出线要方便。要考虑高压配电线路进线的可能性与安全性。线路走廊要充裕。即保证各种安全距离足够，不影响当地的长远规划。对地埋线来说，应布置好各回出线的敷设途径，并满足对地下设施的安全距离，且不影响当地的长远发展。

（6）施工要方便。包括变压器安装运输方便、配电室建筑施工方便和离低压线路架设施工方便等。

（7）不应放在靠近学校、广场中心等人口稠密的地方，应选择没有剧烈震动的场所。

4.5 电气接线方式的选择

4.5.1 变电站电气主接线

变电站的电气主接线（简称主接线）是由变压器、断路器、隔离开关、自感器、母线和电缆等电气设备，按一定顺序连接的，用以表示生产和分配电能的电路。电气主接线又称为一次接线。

1. 电气主接线的基本要求

电能不能大量储存，发电、输电和用电必须在同一瞬间完成的，任何一个环节出现故障都会造成供电中断。概括地说，电气主接线应满足可靠性、灵活性、经济性三项基本要求。

（1）衡量电气主接线可靠性的标志。

1）断路器检修时能否不影响供电。

2）断路器或母线故障以及母线检修时，尽量减少停运的回路数和停运时间，并要保证对重要用户的供电。

3）尽量避免发电厂、变电站全部停运的可能性。

4）大机组、超高压电气主接线应满足可靠性的特殊要求。

可靠性不是绝对的，对于不重要的用户，太高的可靠性将造成浪费。分析主接线的可靠性时，要考虑发电厂与变电站在电力系统中的地位和作用、负荷的性质、设备的可靠性和运行实践等因素。

（2）对灵活性和方便性的要求。

1）应能灵活地投入和切除某些机组、变压器或线路，从而达到调配电源和负荷的目的。

2）能满足电力系统在事故运行方式、检修运行方式和特殊运行方式下的调度要求。

3）当需要进行检修时，应能够很方便地使断路器、母线及继电保护设备退出运行进行检修，而不致影响电力网的运行或停止对用户供电。

4）必须能够容易地从初期接线过渡到最终接线，以满足扩建的要求。

（3）对经济性的要求。总的来说，经济性的要求是投资省，占地面积小，电能损耗少，年运行费用少，具体要求如下：

1）应力求简单，以节省断路器、隔离开关、电流互感器、电压互感器及避雷器等一次设备的投资。

2）要尽可能的简化继电保护和二次回路，以节省二次设备和控制电缆。

3）应采取限制短路电流的措施，以便选择轻型的电器和小截面的载流导体。

4）要为配电装置的布置创造条件，以节约用地和节省有色金属、钢材和水泥等基建材料。

5）应经济合理地选择主变压器的形式、容量和台数，要避免出现两次变压，以减少变压器的电能损耗。

2. 电气主接线的基本接线形式

根据是否有母线，主接线的接线形式可以分为有母线和无母线两大类型。

母线也称汇流母线，起汇集和分配电能的作用。母线可分为单母线和双母线。由于设置了母线，使得电源和引出线之间连接方便，接线清晰，接线形式多，运行灵活，维护方便，便于安装和扩建。但有母线的主接线使用的开关电器多，配电装置占地面积较大，投资较大。

无母线的主接线，使用的开关电器少，配电装置占地面积较小，投资较小。

变电站常用有母线的主接线方式见表4-19，无母线的主接线方式见表4-20。

表4-19　　　　变电站常用的主接线方式

接线方式	接线图	结构特征	简要说明	适用场合
单母线接线		（1）只有一组母线W，接在母线上的所有电源和出线回路，都经过开关电器连接在该母线上并列运行。 （2）各回路都装有断路器和隔离开关，断路器用以正常工作时切该回路及故障时切除该回路；隔离开关用以在切断电路时建立明显可见的断开点，将电源与停运设备可靠隔离，以保证检修安全	母线隔离开关：与母线相连接的隔离开关，如图中的QS11。线路隔离开关：与线路相连接的隔离开关，如图中的QS12	只能用于某些出线回数较少，对供电可靠性要求不高的小容量发电厂和变电站中

接线方式	接线图	结构特征	简要说明	适用场合
单母线分段接线	WL1 WL2 WL3 WL4 QS12 QF1 QSd QS11 W QFd 电源1 电源2	（1）设置分段断路器 QFd 将母线分成两段，当可靠性要求不高时，也可利用分段隔离开关 QSd 进行分段。 （2）各段母线为单母线结构	任一段母线故障或检修期间，该母线上的所有回路均需停电；任一断路器检修时，该断路器所带用户也将停电	中、小容量发电厂和变电站的 6～10kV 配电装置和出线回路数较少的 35～220kV 配电装置中
带专用旁路断路器的单母线分段带旁路母线接线	WL1 W3 QS1p QS2 QS12 QFp QF1 QS1 QS11 W2 W1 QFd 电源1 电源2	（1）在单母线分段的基础上又增加了旁路母线 W3、专用旁路断路器 QFp 及旁路回路隔离开关 QS1 和 QS2。 （2）各出线回路除通过断路器与汇流母线连接外，还通过旁路隔离开关与旁路母线相连接	可以使单母线分段接线在检修任一出线断路器时不中断对该回路的供电。但增加了断路器和隔离开关数量，投资增大	6～10kV 配电装置
单母线分段带简易旁路母线接线	WL1 W3 QS1p QS12 QS3 QS4 QFd QF1 QS11 QS1 QS2 W2 W1 QSd 电源1 电源2	在单母线分段接线的基础上，增加了旁路母线 W3、隔离开关 QS3、QS4、分段隔离开关 QSd 及各出线回路中相应的旁路隔离开关，分段断路器 QFd 兼作旁路断路器。 旁路母线可以经 QS4、QFd、QS1 接至母线 W2，也可以经 QS3、QFd、QS2 接至母线 W1	分段隔离开关 QSd 的作用是：可使 QFd 作旁路断路器时，保持两段工作母线并列运行	6～10kV 配电装置
双母线接线	WL1 WL2 WL3 WL4 W2 W1 QFc 电源1 电源2	（1）有两组母线 W1、W2，两组母线间通过母线联络断路器 QFc 相连。 （2）每回进出线均经一组断路器和两组母线隔离开关分别接至两组母线。正常运行时只合一组隔离开关	由于每个回路均可以换接至两组母线的任一组上运行，使得双母线接线的可靠性和灵活性大大提高	应用于对可靠性要求较高、出线回路数较多的 6～220kV 配电装置

接线方式	接线图	结构特征	简要说明	适用场合
双母线三分段接线		将一组母线用分段断路器 QFd 分为两段（W1 和 W2），两个分段母线（W1 和 W2）与另一组母线（W3）之间都用母联断路器连接	分段双母线，比双母线具有更高的可靠性，运行方式更为灵活。母线故障时的停电范围只有 1/3，没有停电部分还可以按双母线或单母线分段运行	6～220kV 配电装置
双母线四分段接线		可将两组母线均用分段断路器分为两段	母线故障时的停电范围只有 1/4，可靠性进一步提高	大型电厂和变电站的 220kV 主接线
带叉接电抗器的双母线分段接线		在分段处装设有分段断路器 QFd，母线分段电抗器 L 及 4 台隔离开关。为了使任一工作母线停运时，电抗器仍能起到限流作用，母线分段电抗器 L 可以经分段断路器及隔离开关交叉接至备用母线上	可以限制 6～10kV 系统中的短路电流，W1 和 W2 两段母线经分段电抗器、断路器及隔离开关并列运行，W3 备用	中、小型发电厂的 6～10kV 配电装置中
双母线带旁路母线接线		(1) 增设了一组旁路母线 W3 及专用旁路断路器 QFp 回路。(2) 各回路除通过断路器与两组汇流母线连接外，还通过旁路隔离开关与旁路母线相连接	旁路母线只为检修断路器时不中断供电而设，它不能代替汇流母线	220kV 出线在 4 回路及以上、110kV 出线在 6 回路及以上的主接线

接线方式	接线图	结构特征	简要说明	适用场合
一台半断路器接线	WL1 WL2 WL3 QF1 QF4 QF7 QF2 QF5 QF8 QF3 QF6 QF9 T1 T2 T3	（1）每两个回路经 3 台断路器（称为一串）接在两组母线之间，构成一串，两个回路中间的断路器称为联络断路器。 （2）由多个串构成多环路	完全串：2 个回路 3 台断路器。 不完全串：1 个回路 2 台断路器	大型电厂和变电站的 500kV 配电装置

表 4-20　　　　　　　　　　　变电站无母线的主接线方式

接线方式	接线图	结构特征	简要说明	适用场合
桥形接线	WL1 WL2 WL1 WL2 QS2 QS3 QS1 QF3 QF1 QF2 QF1 QF2 QF3 QS1 QS2 QS3 T1 T2 T1 T2 (a) (b)	（1）无母线，只有 2 台变压器和 2 回线路（常见形式）。 （2）4 个回路使用 3 台断路器，中间的断路器称为联络断路器，连同两侧的隔离开关称为联接桥。联接桥靠近变压器为内桥接线，联接桥靠近线路为外桥接线	图中的虚线部分为跨条，加跨条可使联络断路器检修时，穿越功率可从"跨条"中通过，减少了系统的开环机会。跨条回路中装设两台隔离开关的目的是能轮流停电检修任意一台隔离开关	可用于两变压器配两线的中小型发电厂和变电站，或作为最终接线为单母线分段或双母线接线的工程初期接线方式
多角形接线	WL1 WL2 WL2 T1 T1 T2 WL1 (a) (b)	（1）多角形接线的断路器数与回路数相同。 （2）每个边中含有一台断路器和两台隔离开关，各个边互相连接成闭合的环形。 （3）每个回路都接在两台断路器之间	一般多角形不要超过六角形。设计时应将电源回路按对角原则配置，以减少设备（如断路器）故障时或开环运行合并一个回路故障时的影响范围	中小型水电厂的 110kV 及以上配电装置主接线

续表

接线方式	接线图	结构特征	简要说明	适用场合
单元接线	(a) (b) (c)	发电机与变压器直接连接，中间不设母线	为调试发电机方便，可装一组隔离开关。对于200MW及以上机组，发电机引出线采用封闭母线，可不装隔离开关，但应有可拆的连接片	小型电厂的主接线
扩大单元接线	(a) (b)	由两台发电机与一台变压器组成扩大单元接线，减少了变压器及其高压侧断路器的台数，相应的配电装置间隔也减少了	图（a）所示为发电机—变压器扩大单元接线。图（b）所示为发电机—分裂低压绕组变压器的扩大单元接线，其优点是可以限制其低压侧的短路电流	小型电厂的主接线

4.5.2 低压配电系统接线方式

1. 低压电力系统配电的原则

（1）低压电力配电系统应根据工程性质、规模、负荷容量等因素综合考虑。应满足生产和使用所需的供电可靠性和电能质量的要求，同时应注意接线简单，操作方便安全，具有一定灵活性，能适应生产和使用上的变化及设备检修的需要。

（2）自变压器二次侧至用电设备之间的低压配电级数不宜超过三级。

（3）在正常环境的车间或建筑物内，当大部分用电设备容量不很大，又无特殊要求时，宜采用树干式配电。

（4）当用电设备容量大、负荷性质重要，或在潮湿、腐蚀性环境的车间、建筑内，宜采用放射式配电。

（5）当一些容量很小的次要用电设备距供电点较远，而彼此相距很近时，可采用链式配电。但每一回路链接设备不宜超过5台、总容量不超过10kW。当供电给小容量用电设备的，每一回路的链接设备数量可适当增加。

（6）在高层建筑内，当向楼层各配电点供电时，宜用分区树干式配电，但部分较大容量的集中负荷或重要负荷，应从低压配电室以放射式配电。

（7）平行的生产流水线或互为备用的生产机组，根据生产要求，宜由不同的母线或线路配电。同一生产流水线的各用电设备，宜由同一母线或线路配电。

（8）单相用电设备的配置应力求三相平衡。在 TN 系统及 TT 系统的低压电网中，如选 Yyn0 接线组别的三相变压器，其由单相负荷三相不平衡引起的中性线电流不得超过 Yyn0 接线的变压器低压绕组额定电流的 25%，且任一相的电流不得超过额定电流值。

（9）冲击负荷和用量较大的电焊设备，宜与其他用电设备分开，用单独线路或变压器供电。

（10）配电系统的设计应便于运行、维修，生产班组或工段比较固定时，一个大厂房可分车间或工段配电，多层厂房宜分层设置配电箱，每个生产小组可考虑设单独的电源开关。实验室的每套房间宜有单独的电源开关。

（11）在用电单位内部的邻近变电站之间宜设置低压联络线。

（12）由建筑物外引来的配电线路应在屋内靠近进线点、便于操作维护的地方装设隔离电器。

（13）由树干式系统供电的配电箱，其进线开关宜选用带保护的开关；由放射式系统供电的配电箱，其进线可以用隔离开关。

2. 常用低压电力配电系统的接线

低压配电是指电压等级在 1kV 以下的自配电变压器低压侧或从直配发电机母线至各用户受电设备的电力网络，主要由配电线路、配电装置、用电设备等组成。低压配电系统的接线要综合考虑配电变压器的容量及供电范围和导线截面。低压配电网供电半径一般不超过 400m。低压配电系统的几种接线方式见表 4-21。

表 4-21　　　　　　　　　　　　　低压配电系统的几种接线方式

名称	接线图	简　要　说　明
放射式	220/380V	配电线故障互不影响，供电可靠性较高，配电设备集中，检修比较方便，但系统灵活性较差，有色金属消耗较多，一般在下列情况下采用： （1）容量大、负荷集中或重要的用电设备。 （2）需要集中联锁启动、停车的设备。 （3）有腐蚀性介质或爆炸危险等环境，不宜将用电及保护启动设备放在现场者
树干式	220/380V　220/380V	配电设备及有色金属消耗较少，系统灵活性好，但干线故障时影响范围大。 一般用于用电设备的布置比较均匀、容量不大，又无特殊要求的场合

名称	接线图	简 要 说 明
变压器干线式		除了具有树干式系统的优点外，接线更简单，能大量减少低压配电设备。为了提高母线的供电可靠性，应适当减少接出的分支回路数，一般不超过 10 个。 频繁启动、容量较大的冲击负荷，以及对电压质量要求严格的用电设备，不宜用此方式供电
备用柴油发电机组	220/380V 一般动力照明　应急用电负荷	10kV 专用架空线路为主电源，快速自启动型柴油发电机组做备用电源。用于附近只能提供一个电源，若得到第二个电源需要大量投资时，经技术经济比较，可采用此方式供电。宜注意以下几点： （1）与外网电源间应设机械与电气联锁，不得并网运行。 （2）避免与外网电源的计费混淆。 （3）在接线上要具有一定的灵活性，以满足在正常停电（或限电）情况下能供给部分重要负荷用电
链式		特点与树干式相似，适用于距配电屏较远而彼此相距又较近的不重要的小容量用电设备。链接的设备一般不超过 5 台、总容量不超过 10kW。 供电给容量较小的用电设备的插座，采用链式配电时，每一条环链回路的数量可适当增加

4.6 继电保护装置与整定计算

4.6.1 继电保护装置

1. 继电保护装置及其作用

当电力系统中的电力元件（如发电机、线路等）或电力系统本身发生了故障危及电力系统安全运行时，能够向运行值班人员及时发出警告信号，或者直接向所控制的断路器发出跳闸命令以终止这些事件发展的一种自动化措施和设备。实现这种自动化措施的设备，一般通称为继电保护装置。

继电保护装置能反应电气设备的故障和不正常工作状态并自动迅速地、有选择地动作于断路器将故障设备从系统中切除，保证无故障设备继续正常运行，将事故限制在最小范围，提高系统运行的可靠性，最大限度地保证向用户安全、连续供电。

继电保护装置的控制对象是一个紧密联系的庞大而复杂的系统，对该系统的监控又是由众多的二次系统来实现的。

2. 对继电保护装置的基本要求

（1）选择性。系统发生故障时，要求保护装置只将故障的设备切除，保证无故障的设备继续运行，从而尽量缩小停电范围，达到有选择地动作的目的。

（2）快速性。在系统发生故障后，如不能迅速将故障切除，则可能使故障扩大。如短路时，电压大量降低，短路点附近用户的电动机受到制动转速减慢或停止，用户的正常生产将遭到破坏；另一方面，短路时发电机送不出功率，要引起电力系统稳定破坏。短路时，故障设备本身将通过很大的短路电流，由于电动力和热效应的作用设备也将遭到严重损坏。短路电流通过的时间越长，设备损坏越严重。所以电力系统发生故障后，继电保护装置应尽可能快速地动作并将故障切除。

（3）灵敏性。保护装置对在它保护范围内发生的故障和不正常工作状态应能准确地反应。也就是说保护装置不但在最大运行方式下三相金属性短路时能够灵敏地动作，而且在最小运行方式和经过较大过渡电阻的两相短路时，也能有足够的灵敏度和可靠的动作。

（4）可靠性。一套保护装置的可靠性是非常重要的，也就是说，在其保护的范围内发生故障时，不应因其本身的缺陷而拒绝动作，在任何不属于它动作的情况下，又不应误动作。否则不可靠的保护装置投入使用，本身就能成为扩大事故和直接造成事故的根源。

3. 继电保护装置的类型（见表 4-22）

表 4-22　　　　　　　　　　　　　继电保护装置的类型

装置类型		说　　明
电流保护	过电流保护	按照躲过被保护设备或线路中可能出现的最大负荷电流来整定的。如大电机启动电流（短时）和穿越性短路电流之类的非故障性电流，以确保设备和线路的正常运行。为使上、下级过电流保护能获得选择性，在时限上设有一个相应的级差
	电流速断保护	按照被保护设备或线路末端可能出现的最大短路电流或变压器二次侧发生三相短路电流而整定的。速断保护动作，理论上电流速断保护没有时限，即以零秒及以下时限动作来切断断路器的
	定时限过电流保护	在正常运行中，被保护线路上流过最大负荷电流时，电流继电器不应动作，而本级线路上发生故障时，电流继电器应可靠动作；定时限过电流保护由电流继电器、时间继电器和信号继电器三元件组成（电流互感器二次侧的电流继电器测量电流大小→时间继电器设定动作时间→信号继电器发出动作信号）；定时限过电流保护的动作时间与短路电流的大小无关，动作时间是恒定的（人为设定）
	反时限过电流保护	继电保护的动作时间与短路电流的大小成反比，即短路电流越大，继电保护的动作时间越短，短路电流越小，继电保护的动作时间越长。在 10kV 系统中常用感应型过电流继电器（GL 型）
	无时限电流速断	不能保护线路全长，它只能保护线路的一部分，系统运行方式的变化，将影响电流速断的保护范围。为了保证动作的选择性，其启动电流必须按最大运行方式（即通过本线路的电流为最大的运行方式）来整定，但这样对其他运行方式的保护范围就缩短了。规程要求最小保护范围不应小于线路全长的 15%。 另外，被保护线路的长短也影响速断保护的特性，当线路较长时，保护范围就较大，而且受系统运行方式的影响较小，反之，线路较短时，所受影响就较大，保护范围甚至会缩短为零

装置类型		说　明
电压保护	过电压保护	防止电压升高可能导致电气设备损坏而装设的（雷击、高电位侵入、事故过电压、操作过电压等）10kV 开关站端头、变压器高压侧装设避雷器主要用来保护开关设备、变压器；变压器低压侧装设避雷器是用来防止雷电波由低压侧侵入而击穿变压器绝缘而设的
	欠电压保护	防止电压突然降低致使电气设备的正常运行受损而设置
	零序电压保护	防止变压器一相绝缘破坏造成单相接地故障的继电保护，主要用于三相三线制中性点绝缘（不接地）的电力系统中。 　　零序电流互感器的一次侧为被保护线路（如电缆三根相线），铁芯套在电缆上，二次绕组接至电流继电器；电缆相线必须对地绝缘，电缆头的接地线也必须穿过零序电流互感器；原理：正常运行及相间短路时，一次侧零序电流为零（相量和），二次侧内有很小的不平衡电流。当线路发生单相接地时，接地零序电流反映到二次侧，并流入电流继电器，当达到或超过整定值时，动作并发出信号（变压器零序电流互感器串接于零线端子出线铜排）
	瓦斯保护	油浸式变压器内部发生故障时，短路电流所产生的电弧使变压器油和其他绝缘物产生分解，并产生气体（瓦斯），利用气体压力或冲力使气体继电器动作。故障性质可分为轻瓦斯和重瓦斯，当故障严重时（重瓦斯）气体继电器触点动作，使断路器跳闸并发出报警信号。轻瓦斯动作信号一般只有信号报警而不发出跳闸动作。 　　容量在 800kVA 及以上的变压器应装设瓦斯保护
差动保护	横联差动保护	常用做发电机的短路保护和并联电容器的保护，一般设备的每相均为双绕组或双母线时，采用这种差动保护
	纵联差动保护	一般常用做主变压器的保护，是专门保护变压器内部和外部故障的主保护
高频保护	相差高频保护	是比较两端电流的相位的一种保护装置。规定电流方向由母线流向线路为正，从线路流向母线为负。就是说，当线路内部故障时，两侧电流同相位而外部故障时，两侧电流相位差 180°
	方向高频保护	是以比较被保护线路两端的功率方向，来判别输电线路的内部或外部故障的一种保护装置
距离保护		又称为阻抗保护，这种保护是按照长线路故障点不同的阻抗值而整定的
平衡保护		这是一种作为高压并联电容器的保护装置。继电保护有较高的灵敏度，对于采用双星形接线的并联电容器组，采用这种保护较为适宜。它是根据并联电容器发生故障时产生的不平衡电流而动作的一种保护装置
方向保护		这是一种具有方向性的继电保护。对于环形电网或双回线供电的系统，某部分线路发生故障时，而故障电流的方向符合继电保护整定的电流方向，则保护装置可靠地动作，切除故障点

4. 电力变压器的继电保护

变压器的故障可分为油箱内部故障和外部故障。变压器异常运行方式有：由于外部短路引起的过电流；由于种种原因引起的过负荷；油箱内部的油面降低等。

根据变压器的故障种类及异常运行方式应装设如下保护装置：

（1）针对变压器油箱内部短路和油面降低的瓦斯保护。

（2）针对变压器绕组和引出线的多相短路，大接地电流电网侧绕组和引出线的接地短路以及绕组匝间短路的纵差保护或电流速断保护。

（3）针对外部相间短路并作瓦斯保护和纵差保护（或电流速断保护）后备的过电流保护（或复合电压启动的过电流保护或负序电流保护）。

（4）针对大接地电流电网中外部接地短路的零序电流保护。

（5）针对对称过负荷的过负荷保护等。

6~10kV 电力变压器的继电保护装置见表 4-23。

表 4-23　　　　　　　　　6~10kV 电力变压器的继电保护装置

变压器容量（kVA）	保护装置名称						备注
	过电流保护	电流速断保护	单相低压侧接地保护	过负荷保护	瓦斯保护	温度保护	
<400	—	—	—	—	—	—	一般用高压熔断器保护
400~750	高压侧采用断路器时装设	高压侧采用断路器且电流保护时限大于 0.5s 时装设	装设	并联运行的变压器装设，作为其他备用的电源的变压器根据过荷的可能性装设	车间内变压器装设	—	—
800	装设	过电流保护限大于 0.5s 时装设			装设	—	
1000~1800						装设	

注　1. 400kVA 及以上，线圈为星形—星形连接，低压侧中性点直接接地的变压器，对低压侧单相接地短路应选择下列保护方式，保护装置应带时限动作于跳闸：

（1）利用高压侧的过电流保护时，保护装置宜采用三相式。

（2）接于低压侧中性线上的零序电流保护。

（3）接于低压侧的三相电流保护。

2. 400kVA 及以上，一次电压为 10kV 及以下，线圈为三角—星形连接，低压侧中性点直接接地的变压器，低压侧单相接地短路符合灵敏度要求时，可利用高压侧的过电流保护。保护装置带时限动作于跳闸。

3. 过负荷保护采用单相式，带时限动作于信号；无人值班变电站，可动作于跳闸或断开部分负荷。

5. 10kV 分段母线的继电保护（见表 4-24）

表 4-24　　　　　　　　　10kV 分段母线的继电保护

被保护设备	保护装置名称		备　注
	电流速断保护	过电流保护	
不并列运行的分段母线	仅在分段断路器合闸瞬间投入，合闸后自动解除	装设	（1）采用反时限过电流保护时，继电器瞬动部分应解除。（2）出线不多时，对二、三级负荷供电的配电所分段母线，可不装设保护装置

6. 6~10kV 线路的继电保护（见表 4-25）

表 4-25 6~10kV 线路的继电保护

被保护线路	保护装置名称				备　注
	无时限电流速断保护	带时限速断保护	过电流保护	单相接地保护	
单侧电源放射式单回路线路	自重要配电所引出的线路装设	当无时限电流速断不能满足选择性动作时装设	装设	根据需要装设	当过电流保护的时限不大于0.5~0.7s，且没有保护配合上的要求时，可不装设电流速断保护

注　无时限电流速断保护范围，应保证切除所有使该母线残压低于 50%~70% 额定电压的短路。为满足这一要求，必要时保护装置可无选择地动作，并以自动装置来补救。

7. 高压电动机的继电保护

高压电动机应装设低电压保护装置。当电源电压短时降低或中断后的恢复过程中，为保证重要电动机的自启动，通常应将一部分不重要的电动机利用低电压保护装置将其切除。对于某些负载，根据生产过程和技术安全等要求，不允许自启动的电动机，当电压降低或中断后至 10s 左右时，也应利用低电压保护将此类电动机切除。

低压保护装置分两个时限，第一个时限较短，按躲过电流速断固有动作时限来整定，约 0.5s，利用时间继电器滑动接点实现，用来切除不重要的电动机，以保证重要电动机的自启动。第二个时限较长，约 9s，利用时间继电器的终止接点来实现，以便电源电压长期下降或中断时，节除由于生产过程或技术保安条件不允许自启动的重要电动机。

对高压电动机低电压保护接线基本要求如下：

（1）当电压互感器一次侧或二次侧断线时，保护装置不应误动作，只发断线信号。但在电压回路断线期间，若母线真正失去电压（或电压下降至规定值），保护装置应正确动作。

（2）当电压互感器一次侧隔离开关因操作被断开时，保护装置不应误动作。

（3）0.5s 和 9s 的低电压保护的动作电压应分别整定。

（4）线路中应采用能长期承受电压的时间继电器。

3~10kV 电动机的继电保护见表 4-26。

表 4-26 3~10kV 电动机的继电保护

电动机容量（kW）	保护装置名称						
	电流速断保护	纵联差动保护	过负荷保护	单相接地保护	低电压保护	失步保护	防止非同步冲击的断电失步保护
异步电动机	装设	当电流速断保护不能满足灵敏性要求时装设	生产过程中发生过负荷时，或启动、自启动条件严重时应装设	单相接地电流大于 5A 时装设，不小于 10A 时一般动作与跳闸，5~10A 时可动作与跳闸或信号	根据需要装设	—	—
异步电动机不小于 2000	—	装设					
同步电动机小于 2000	装设	当电流速断保护不能满足灵敏性要求时装设			—	装设	根据需要装设

注　1. 对于短路比在 0.8 以上且负荷平稳的同步电动机，负荷变动大的同步电动机，可以利用反应定子回路的过负荷保护兼作失步保护。
　　2. 大容量同步电动机当不允许非同步冲击时，宜装设防止电源短时中断再恢复时，造成非同步冲击的保护。

8. 电力电容器组的继电保护

JGJ 16—2008《民用建筑电气设计规范》中对电力电容器的继电保护员规定如下：

（1）对 3～10kV 并联补偿电容器组的下列故障及异常运行方式，应装设相应的保护装置。

1）电容器组和断路器之间连接线短路。

2）电容器内部故障及其引出线短路。

3）电容器组中某一故障电容器切除后所引起的过电压。

4）电容器组的单相接地故障。

5）电容器组过电压。

6）所连接的母失压。

（2）当电容器组中故障电容器切除到一定数量，引起电容器端电压超过 110% 额定电压时，保护应将整组电容器断开。为此，可采用下列保护之一：

1）单星形接线电容器组的零序电压保护，电压差动保护或利用电桥原理的电流平衡保护等。

2）双星形接线电容器组的中性点电压或电流不平衡保护。

正确选择电容器组的保护方式，是确保电容器安全可靠运行的关键，但无论采用哪种保护方式，均应符合以下几项要求：

（1）保护装置应有足够的灵敏度，不论电容器组中单台电容器内部发生故障，还是部分元件损坏，保护装置都能可靠地动作。

（2）能够有选择地切除故障电容器，或在电容器组电源全部断开后，便于检查出已损坏的电容器。

（3）在电容器停送电过程中及电力系统发生接地或其他故障时，保护装置不能有误动作。

（4）保护装置应便于进行安装、调整、试验和运行维护。

（5）消耗电量要少，运行费用要低。

6～10kV 电力电容器组的继电保护见表 4-27。

表 4-27　　　　　　　　6～10kV 电力电容器组的继电保护

保护装置名称									备注
有短延时的速断保护	过电流保护	过负载保护	横差保护	中心线不平衡电流保护	开口三角电压保护	过电压保护	低电压保护	单相接地保护	
装设	装设	宜装设	对电容器内部故障及其引出线短路采用专用的断路器保护时，可不装设		当电压可能超过110%额定值时，宜装设	宜装设	电容器与支架绝缘时可不装设	当电容器组的容量在400kvar以内时，可以用带熔断器的负荷开关进行	

4.6.2 继电保护整定计算

1. 继电保护整定计算的步骤

（1）按继电保护功能分类拟定短路计算的运行方式，选择短路类型，选择分支系数的计算条件。

（2）进行短路故障计算，录取结果。

（3）按同一功能的保护进行整定计算，选取整定值并做出定值图。

（4）对整定结果分析比较，以选出最佳方案；最后应归纳出存在的问题，并提出运行要求。

（5）画出定值图。

（6）编写整定方案说明书，一般应包括以下内容：

1）方案编制时间、电力系统概况。

2）电力系统运行方式选择原则及变化限度。

3）主要的、特殊的整定原则。

4）方案存在的问题及对策。

5）对继电保护运行规定，如保护的停、投，改变定值，改变使用要求以及对运行方式的限制要求等。

6）方案的评价及改进方向。

2. 电力变压器的继电保护计算公式

（1）瓦斯保护。作为变压器内部故障（相间、匝间短路）的主保护，根据规定，800kVA 以上的油浸变压器，均应装设瓦斯保护。

1）重瓦斯动作流速：$0.7 \sim 1.0 \mathrm{m/s}$。

2）轻瓦斯动作容积：$S_b < 1000 \mathrm{kVA}$：200（$1 \pm 10\%$）cm^3；S_b 在 $1000 \sim 15\,000 \mathrm{kVA}$：250（$1 \pm 10\%$）$\mathrm{cm}^3$；$S_b$ 在 $15\,000 \sim 100\,000 \mathrm{kVA}$：300（$1 \pm 10\%$）$\mathrm{cm}^3$；$S_b > 100\,000 \mathrm{kVA}$：350（$1 \pm 10\%$）$\mathrm{cm}^3$。

（2）差动保护。作为变压器内部绕组、绝缘套管及引出线相间短路的主保护。包括平衡线圈 Ⅰ、Ⅱ 及差动线圈。

（3）电流速断保护整定计算公式。

1）动作电流

$$I_{\mathrm{dz}} = K_k I_{\mathrm{dmax2}}^{(3)}$$

继电器动作电流

$$I_{\mathrm{dzj}} = K_k K_{\mathrm{jx}} \frac{I_{\mathrm{dmax2}}^{(3)}}{K_i K_u}$$

式中：K_k 为可靠系数（DL 型取 1.2，GL 型取 1.4）；K_{jx} 为接线系数（接相上为 1，相差上为 $\sqrt{3}$）；$I_{\mathrm{dmax2}}^{(3)}$ 为变压器二次最大三相短路电流；K_i 为电流互感器变比；K_u 为变压器的变比。

一般计算公式：按躲过变压器空载投运时的励磁涌流计算速断保护值，其公式为

$$I_{\mathrm{dzj}} = K_k K_{\mathrm{jx}} \frac{I_{1e}}{K_i}$$

式中：K_k 为可靠系数，取 $3 \sim 6$；K_{jx} 为接线系数（接相上为 1，相差上为 $\sqrt{3}$）；I_{1e} 为变压器一次侧额定电流；K_i 为电流互感器变流比。

2）速断保护灵敏系数校验

$$K_l = \frac{I_{dmin1}^{(2)}}{I_{dzj}K_i} > 2$$

式中：$I_{dmin1}^{(2)}$ 为变压器一次最小两相短路电流；I_{dzj} 为速断保护动作电流值；K_i 为电流互感器变流比。

（4）过电流保护整定计算公式。

1）继电器动作电流

$$I_{dzj} = K_k K_{jx} \frac{I_{1e}}{K_f K_i}$$

式中：K_k 为可靠系数，取 $2 \sim 3$（井下变压器取 2）；K_{jx} 为接线系数（接相上为 1，相差上为 $\sqrt{3}$）；I_{1e} 为变压器一次侧额定电流；K_f 为返回系数，取 0.85；K_i 为电流互感器变比。

2）过流保护灵敏系数校验

$$K_l = \frac{I_{dmin2}^{(2)}}{I_{dzj}K_i K_u} > 1.5$$

式中：$I_{dmin2}^{(2)}$ 为变压器二次最小两相短路电流；I_{dzj} 为过流保护动作电流值；K_i 为电流互感器变比；K_u 为变压器的变比。

过流保护动作时限整定：一般取 $1 \sim 2s$。

（5）零序过电流保护整定计算公式。

1）动作电流

$$I_{dz} = 0.25 K_k \frac{I_{2e}}{K_i}$$

式中：K_k 为可靠系数，取 2；I_{2e} 为变压器二次侧额定电流；K_i 为零序电流互感器变比（适用于 YY012 接线的变压器）。

2）零序过电流保护灵敏系数校验

$$K_l = \frac{I_{d1min2}}{I_{dz}K_i} > 2$$

式中：I_{d1min2} 为变压器二次最小单相短路电流；I_{dz} 为零序过流继电器动作电流值；K_i 为零序电流互感器变比。

3. 高压电动机的继电保护计算公式

（1）电流速断保护。

1）异步电动机

$$I_{dzj} = K_k K_{jx} \frac{I_{qd}}{K_i}$$

$$I_{qd} = n_{qd} \times I_{de} = (5 \sim 6) I_{de}$$

式中：K_k 为可靠系数（DL 型取 $1.4 \sim 1.6$，GL 型取 $1.6 \sim 1.8$）；K_{jx} 为接线系数（接相上为

1，相差上为$\sqrt{3}$）；I_{qd}为电动机的启动电流；K_i为电流互感器变比。

注：带排水泵的电机启动电流应按所配电抗器的参数进行计算。

2）同步电动机。

- 同步电动机应躲过启动电流的计算，按异步电动机速断保护公式计算。
- 应躲过外部短路时的输出电流计算

$$I_{dzj} = K_k K_{jx} \frac{I''_{dmax}}{K_i}$$

式中：K_k为可靠系数（DL 型取 1.4 ~ 1.6，GL 型取 1.6 ~ 1.8）；K_{jx}为接线系数（接相上为1，相差上为$\sqrt{3}$）；K_i为电流互感器变流比；I''_{dmax}为最大运行方式时，外部三相短路时，同步电动机的反馈电流为

$$I''_{dmax} = \left(\frac{1.05}{X''_d} + 0.95\sin\varphi_e \right) I_e$$

式中：X''_d为同步电动机次暂态电抗标幺值；φ_e为电动机额定功率因数角；I_e为电动机额定电流。

注：取其中最大者为同步电动机的速断保护值

3）速断保护灵敏系数校验（同步电动机、异步电动机）

$$K_l = \frac{I^{(2)}_{dmin}}{I_{dzj} K_i} > 2$$

式中：$I^{(2)}_{dmin}$为电机出口处最小两相短路电流；I_{dzj}为速断保护动作电流值；K_i为电流互感器变比。

（2）纵联差动保护。

1）躲过下列不平衡电流，取其较大者：

- 异步或同步电动机，由启动电流引起的不平衡电流为

$$I_{dzj1} = K_k \frac{0.1 I_{qd}}{K_i}$$

$$I_{qd} = n_{qd} \times I_{de} = (5 \sim 6) I_{de}$$

式中：K_k为可靠系数（取 1.2 ~ 1.4）；I_{qd}为电动机的启动电流；K_i为电流互感器变比。

- 躲过外部短路时，同步电动机输出电流引起的不平衡电流为

$$I_{dzj2} = K_k \frac{0.1 I''_{dmax}}{K_i}$$

式中：K_k为可靠系数（取 1.2 ~ 1.4）；I''_{dmax}为同步电动机外部三相短路时的输出电流；K_i为电流互感器变比。

2）纵联差动保护灵敏系数校验

$$K_l = \frac{I^{(2)}_{dmin}}{I_{dz} K_i} \geq 2$$

式中：$I^{(2)}_{dmin}$为保护装置安装处最小两相短路电流；I_{dz}为纵差保护动作电流；K_i为电流互感器变比。

（3）过流保护。

1）动作电流

$$I_{\mathrm{dzj}} = K_{\mathrm{k}} K_{\mathrm{jx}} \frac{I_{\mathrm{e}}}{K_{\mathrm{f}} K_{\mathrm{i}}}$$

式中：K_{k} 为可靠系数（动作于信号时取 1.1，动作于跳闸时取 1.2～1.4）；K_{jx} 为接线系数（接相上为 1，相差上为 $\sqrt{3}$）；I_{e} 为电动机的额定电流；K_{f} 为返回系数（取 0.85）；K_{i} 为电流互感器变比。

2）对同步电动机兼作失步保护的动作电流

$$I_{\mathrm{dzj}} = (1.4\text{–}1.5) K_{\mathrm{jx}} \frac{I_{\mathrm{e}}}{K_{\mathrm{i}}}$$

式中：K_{jx} 为接线系数（接相上为 1，相差上为 $\sqrt{3}$）；I_{e} 为同步电动机的额定电流；K_{i} 为电流互感器变比。

3）过流保护动作时限：应躲过电动机的启动时间，$t > t_{\mathrm{qd}}$，一般取 10～15s。

（4）低电压保护。

1）动作电压取 50% 电机的额定电压。

2）动作时限：不需自启动取 1s；需自启动取 10～15s。

4. 电力电容器继电保护计算公式

（1）电流速断保护。

1）动作电流

$$I_{\mathrm{dzj}} = K_{\mathrm{k}} K_{\mathrm{jx}} \frac{\sqrt{3}\, n I_{\mathrm{e}}}{K_{\mathrm{i}}}$$

式中：K_{jx} 为接线系数；I_{e} 为单台电容器的额定电流；n 为每相电容器安装台数；K_{i} 为速断保护电流互感器变比；K_{k} 为可靠系数（考虑躲过冲击电流取 2～2.5）。

2）速断保护灵敏系数校验

$$K_{l} = \frac{I_{\mathrm{dmin}}^{(2)}}{I_{\mathrm{dzj}} K_{\mathrm{i}}} \geqslant 2$$

式中：$I_{\mathrm{dmin}}^{(2)}$ 为被保护电容器安装处最小两相次暂态短路电流；I_{dzj} 为速断保护动作电流值；K_{i} 为电流互感器变比。

（2）当电容器容量较小时（300kvar 以下），可采用熔断器保护相间短路，熔体的额定电流按下式选择

$$I_{\mathrm{R}} = K_{\mathrm{k}} I_{\mathrm{ce}}$$

式中：I_{ce} 为电容器组的额定电流；K_{k} 为可靠系数（取 2～2.5）。

5. 3～10kV 线路继电保护计算公式

（1）架空线路的保护整定。

1）电流速断保护

$$I_{\mathrm{dzj}} = K_{\mathrm{k}} K_{\mathrm{jx}} \frac{I_{\mathrm{dmax}}^{(3)}}{K_{\mathrm{i}}}$$

式中：K_k 为可靠系数（DL 型取 1.2，GL 型取 1.4）；K_{jx} 为接线系数（均为 1）；$I_{dmax}^{(3)}$ 为被保护线路末端三相最大短路电流；K_i 为速断保护电流互感器变比。

一般计算公式：按躲过最大设备启动电流加其余设备的额定电流之和计算，即

$$I_{dzj} = K_k K_{jx} \frac{I_{qd} + \sum I_e}{K_i}$$

2）电流速断保护灵敏系数校验

$$K_1 = \frac{I_{dmin}^{(2)}}{I_{dzj} K_i} > 2$$

式中：$I_{dmin}^{(2)}$ 为保护安装处最小两相短路电流；I_{dzj} 为速断保护动作电流值；K_i 为电流互感器变比。

3）电流速断最小保护范围校核。被保护线路实际长度应大于被保护线路的最小允许长度。被保护线路的最小允许长度为

$$l_{min} = \frac{2K_k \alpha - \sqrt{3}}{\sqrt{3} - 2K_k \beta} \cdot \frac{X_{symax}^*}{Z_1^*}$$

$$Z_1^* = \sqrt{R_1^{*2} + X_1^{*2}}$$

式中：K_k 为可靠系数（DL 型取 1.2，GL 型取 1.4）；α 为系数，最小与最大运行方式系统计算电抗之比；β 为被保护线路允许的最小保护范围（取 0.15）；Z_1^* 为被保护线路每千米阻抗标幺值。

也可用公式

$$l_{min} = \frac{1}{X_0} \left(\frac{\sqrt{3}}{2} \frac{U_{xp}}{I_{dz}} - X_{x,max} \right)$$

式中：U_{xp} 为保护安装处的平均相电压，V；$X_{x,max}$ 为最小运行方式下归算到保护安装处的系统电抗，Ω；X_0 为线路每千米电抗，Ω/km。

4）过电流保护

$$I_{dzj} = K_k K_{jx} \frac{I'_{lm}}{K_f K_i}$$

式中：K_k 为可靠系数。考虑自启动因素时，取 2～3；不考虑自启动因素时，DL 型取 1.2，GL 型取 1.4；K_{jx} 为接线系数（接相上为 1，相差上为 $\sqrt{3}$）；I'_{lm} 为被保护线路最大计算负荷电流，当最大负荷电流难以确定时，可按两倍的电缆安全电流计算，此时，可靠系数取 1；K_i 为电流互感器变比；K_f 为返回系数（取 0.85）。

5）过流保护灵敏系数校验。

● 近后备

$$K_1 = \frac{I_{dmin}^{(2)}}{I_{dzj} K_i} \geqslant 1.5$$

式中：$I_{dmin}^{(2)}$ 为被保护线路末端最小两相短路电流；I_{dzj} 为过流保护动作电流值；K_i 为电流互感器变比。

● 远后备

$$K'_1 = \frac{I^{(2)'}_{\mathrm{dmin}}}{I_{\mathrm{dzj}} K_i} \geqslant 1.2$$

式中：$I^{(2)'}_{\mathrm{dmin}}$ 为远后备计算点最小两相短路电流；I_{dzj} 为过流保护动作电流值；K_i 为电流互感器变比。

（2）电缆线路的保护整定。

1）电流速断保护

$$I_{\mathrm{dzj}} = K_k K_{\mathrm{jx}} \frac{I^{(3)}_{\mathrm{dmax}}}{K_i}$$

式中：K_k 为可靠系数（DL 型取 1.2，GL 型取 1.4）；K_{jx} 为接线系数，均为 1；$I^{(3)}_{\mathrm{dmax}}$ 为被保护线路末端三相最大短路电流；K_i 为速断保护电流互感器变比。

一般计算公式：按躲过最大设备起动电流加其余设备的额定电流之和计算，即

$$I_{\mathrm{dzj}} = K_k K_{\mathrm{jx}} \frac{I_{\mathrm{qd}} + \sum I_e}{K_i}$$

2）电流速断保护灵敏系数校验

$$K_1 = \frac{I^{(2)}_{\mathrm{dmin}}}{I_{\mathrm{dzj}} K_i} \geqslant 2$$

式中：$I^{(2)}_{\mathrm{dmin}}$ 为保护安装处最小两相短路电流；I_{dzj} 为速断保护动作电流值；K_i 为电流互感器变比。

3）过电流保护

$$I_{\mathrm{dzj}} = K_k K_{\mathrm{jx}} \frac{I'_{\mathrm{lm}}}{K_f K_i}$$

式中：K_k 为可靠系数，取 1.2~1.4；K_{jx} 为接线系数，接相上为 1，相差上为 $\sqrt{3}$；I'_{lm} 为被保护线路最大计算负荷电流，应实测或用额定值乘以需用系数求得，此时，可靠系数取 1.2~1.4，当最大负荷电流难以确定时，可按两倍的电缆安全电流计算，此时，可靠系数取 1；K_i 为电流互感器变比；K_f 为返回系数，取 0.85。

4）过流保护灵敏系数校验

$$K_1 = \frac{I^{(2)}_{\mathrm{dmin}}}{I_{\mathrm{dzj}} K_i} \geqslant 1.5$$

式中：$I^{(2)}_{\mathrm{dmin}}$ 为被保护线路末端（或变压器二次侧）最小两相短路电流；I_{dzj} 为过流保护动作电流值；K_i 为电流互感器变比。

第 5 章

电力供配电线路施工

5.1 架空电力线路

电力线路按照架设方式可分为架空电力线路（简称架空线路）和电缆线路两大类。目前我国输电线路基本上以架空线路为主，电缆线路一般只应用在城市中心地带、线路走廊狭窄和变、配电站进出困难的地段，或因过电压保护需要而设置一段线路。

5.1.1 架空线路基础知识

1. 架空线路的结构

架空线路是用绝缘子将输电导线固定在直立于地面的杆塔上以传输电能的输电线路，主要由导线和避雷线（架空地线）、杆（塔）、绝缘子、金具、杆塔基础、拉线和接地装置等组成，如图 5-1 和表 5-1 所示。从架空线路总的成本构成看，杆塔的投资约占送电线路总投资的 30%～50%，因此，它是配电线路极为重要的组成部分。

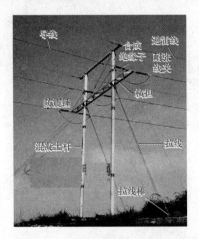

图 5-1 典型架空线路的结构

表 5-1	架空线路的结构介绍
组成部分	简 要 介 绍
导线	由导电良好的金属制成，有足够粗的截面（以保持适当的通流密度）和较大曲率半径（以减小电晕放电）。架空线路常用的裸导线一般可以分为铜线、铝线、钢芯铝线、镀锌钢绞线等。目前架空线路中普遍使用的电力电缆主要是交联聚乙烯绝缘电力电缆

续表

组成部分	简 要 介 绍
架空地线	又称避雷线，设置于输电导线的上方，一般不与杆塔绝缘而是直接架设在杆塔顶部，并通过杆塔或接地引下线与接地装置连接。 架空地线的作用是减少雷击导线的机会，提高耐雷水平，减少雷击跳闸次数，保证线路安全送电。重要的输电线路通常用两根架空地线
绝缘子	一般是用电工陶瓷制成的，又叫瓷瓶。还有钢化玻璃制作的玻璃绝缘子和用硅橡胶制作的合成绝缘子。绝缘子的用途是使导线之间以及导线和大地之间绝缘，保证线路具有可靠的电气绝缘强度，并用来固定导线，承受导线的垂直荷重和水平荷重。 按照机械强度的要求，绝缘子串可组装成单串、双串、V形串。对超高压线路或大跨越等，由于导线的张力大，机械强度要求高，故有时采用三串或四串绝缘子。绝缘子串基本有两大类，即悬垂绝缘串和耐张绝缘子串。悬垂绝缘子串用于直线杆塔上，耐张绝缘子串用于耐张杆塔或转角、终端杆塔上
杆塔	杆塔是电杆和铁塔的总称，一般按原材料分为水泥杆和铁塔两种；按用途分为直线杆、耐张杆、转角杆、终端杆和特种杆五种。特种杆又包括跨越通航河流、铁路等的跨越杆及长距离输电线路的换位杆、分支杆。 杆塔的用途是支持导线和避雷线，以使导线之间、导线与避雷器、导线与地面及交叉跨越物之间保持一定的安全距离
拉线	用来平衡作用于杆塔的横向荷载和导线张力、可减少杆塔材料的消耗量，降低线路造价。一方面提高杆塔的强度，承担外部荷载对杆塔的作用力，以减少杆塔的材料消耗量，降低线路造价；另一方面，连同拉线棒和托线盘一起将杆塔固定在地面上，以保证杆塔不发生倾斜和倒塌。 拉线按作用分为张力拉线和风力拉线两种。 拉线材料一般用镀锌钢绞线。拉线上端是通过拉线抱箍和拉线相连接，下部是通过可调节的拉线金具与埋入地下的拉线棒、拉线盘相连接
线路金具	输电线路导线的自身连接及绝缘子连接成串，导线、绝缘子自身保护等所用附件称为线路金具。金具在架空电力线路中，主要用于支持、固定和接续导线及绝缘子连接成串，亦用于保护导线和绝缘子。 按金具的主要性能和用途，可分为夹具（如耐张线夹、悬垂线夹）、连接金具（如球头挂环、U形挂环、二联板等）、接续金具（如钳压接续管、液压接续管）和防护金具（如防振锤、预绞丝护线条、均压环、屏蔽环）等几类
接地装置	接地体和接地线总称为接地装置。 架空地线在导线的上方，它将通过每基杆塔的接地线或接地体与大地相连，当雷击地线时可迅速地将雷电流向大地中扩散，因此，输电线路的接地装置主要是泄导雷电流，降低杆塔顶电位，保护线路绝缘不致击穿闪络。它与地线密切配合对导线起到了屏蔽作用

2. 架空线路的几个重要概念

（1）档距。同一线路上两相邻电杆的水平距离称为档距。

（2）弧垂。指在平坦地面上，相邻两基电杆上导线悬挂高度相同时，导线最低点与两悬挂点间连线的垂直距离。如果导线在相邻两电杆上的悬挂点高度不相同，此时，在一个档距内将出现两个弧垂，即导线的两个悬挂点至导线最低点有两个垂直距离，称为最大弧垂和最小弧垂。架空线路的弧垂和档距如图 5-2 所示。

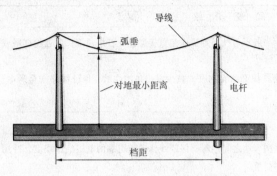

图 5-2　架空线路的弧垂和档距示意

（3）限距。架空线路的导线与地面之间的最小距离，称为限距。

（4）导线应力。导线应力是指导线单位横截面积上的内力，一般架空线提到这个概念比较多。悬挂于两根塔柱之间的一段导线，在导线自重、冰重和风压等负荷载重作用下，任一横截面上均有一内力存在。

因导线上作用的荷载是沿导线长度均匀分布的，所以一档导线中各点的应力是不相等的，且导线上某点应力的方向与导线悬挂曲线该点的切线方向相同，从而可知，一档导线中其导线最低点应力的方向是水平的。

（5）导线张力。导线本身是有质量的，导线在架空状态时，就会对两端产生收拢的趋势，这个收拢的力就是导线张力。

（6）电晕现象。就是带电体表面在气体或液体介质中局部放电的现象，常发生在不均匀电场中电场强度很高的区域内（例如高压导线的周围，带电体的尖端附近）。其特点为：出现与日晕相似的光层，发出嘶嘶的声音，产生臭氧、氧化氮等。

（7）跳线。连接承力杆塔（耐张、转角和终端杆塔）两侧导线的引线，也称引流线或弓子线。

（8）导线（地线）振动。在线路档距中，当架空线受到垂直于线路方向的风力作用时，在其背风面会形成按一定频率上下交替的稳定涡流，在涡流升力分力作用下，架空线在其垂直面内产生周期性振荡，称为架空线振动。

（9）导线换位。送电线路的导线排列方式，除正三角形外，三根导线的线间距离不相等，而导线的电抗取决于半径及线间距离，因此，导线如不进行换位，三相阻抗是不平衡的，线路越长这种不平衡越严重，因而会产生不平衡的电流和电压，对发电机的运行及无线电通信产生不良影响。送电线路设计规程规定："在中性点直接接地的电力网中，长度超过 100km 的送电线路均应换位。"一般在换位塔进行导线换位。

3. 架空线路的相序排列（见表 5-2）

表 5-2　　　　　　　　　　　架空线路的相序排列

供 电 系 统	相 序 排 列
TT 系统	面向负荷，从左向右为 L1、L2、L3
TN-S 系统或 TN-C-S 系统，与保护零线在同一横担架设时	面向负荷，从左至右为 L1、N、L2、L3、PE
TN-S 系统或 TN-C-S 系统，动力线与照明线同杆架设上下两层横担	上层横担，面向负荷，从左至右为 L1、L2、L3；下层横担，面向负荷，从左至右为 L1、L2、L3、N、PE。 当照明线在两个横担上架设时，最下层横担面向负荷，最右边的导线为保护零线 PE

4. 架空线路的导线排列

（1）高压配电线路的导线应采用三角排列或水平排列。

（2）双回路线路同杆架设时，宜采用三角排列或垂直三角排列。

（3）低压配电线路的导线宜采用水平排列。

（4）同一地区低压配电线路的导线在电杆上的排列应统一。零线应靠电杆或靠建筑物；同一回路的零线，不应高于相线。

（5）低压路灯线在电杆上的位置，不应高于其他相线和零线。

（6）沿建（构）筑物架设的低压配电线路应采用绝缘线，导线支持点之间的距离不宜大于 15m。

5. 导线弧垂的计算

架空线路导线的弧垂应根据计算确定。导线架设后塑性伸长对弧垂的影响，宜采用减小弧垂法补偿，弧垂减小的百分数为：铝绞线为 20%；钢芯铝绞线为 12%；铜绞线为 7%～8%。

架空线路中导线的弧垂与档距有关，同样的导线档距越大则弧垂越大；同样的档距弧垂越小则应力越大。大档距架空线弧垂计算见表 5-3。

表 5-3　　　　　　　　　　　大档距架空线弧垂计算表

类别	名称	符号	说　　　明	结果	单位
设计参数	导线每米质量	ω		0.28	kg/m
	导线实际截面积	S		79.39	mm^2
	铝部截面积	S_1		68.05	mm^2
	钢部截面积	S_g		11.34	mm^2
	铝部比重	r_1	t/m^3 = g/cm^3	2.70	t/m^3
	钢部比重	r_g	t/m^3 = g/cm^3	7.80	t/m^3
	导线外径	d		11.40	mm
	冰层厚度	b		5.00	mm
	空气动力系数	k	$d<17mm$ 时 $k=1.2$；$d>17mm$ 时 $k=1.1$；覆冰 $k=1.2$	1.10	1
	风速不均匀系数	α	10kV 取 $\alpha=1$	1.00	1
	最大风速	ν	IV类气象区	25.00	m/s
	覆冰时风速	ν_1	IV类气象区	10.00	m/s
导线比载	自重比载	g_1	$g_1 = \omega/S = 1.025 \times (r_1 \times S_1 + r_g \times S_g)/(1000 \times S)$	0.003 52	kg/(m·mm^2)
	覆冰比载	g_2	$g_2 = 0.002\,83 \times b \times (d+b)/S$	0.002 92	kg/(m·mm^2)
	自重、覆冰总比载	g_3	$g_3 = g_1 + g_2$	0.006 44	kg/(m·mm^2)
	风压比载（最大风时）	g_4	$g_4 = \alpha \times k \times \nu^2 \times d/(16 \times S \times 1000)$	0.006 17	kg/(m·mm^2)
	风压比载（覆冰时）	g_5	$g_5 = \alpha \times k \times \nu_1^2 \times (d+2 \times b)/(16 \times S \times 1000)$	0.002 02	kg/(m·mm^2)

类别	名称	符号	说　明	结果	单位
导线比载	综合比载（最大风时）	g_6	$g_6 = \sqrt{(g_1^2 + g_4^2)}$	0.007 10	kg/(m·mm²)
	综合比载（覆冰时）	g_7	$g_7 = \sqrt{(g_3^2 + g_5^2)}$	0.006 75	kg/(m·mm²)
档距高差	档距	l		870.00	m
	最大风等值档距	l_{dA}	$l_{dA} = l + 2 \times \sigma_0 \times h/(g_6 \times l)$	1178.34	m
	最大风等值档距	l_{dB}	$l_{dB} = l - 2 \times \sigma_0 \times h/(g_6 \times l)$	561.66	m
	覆冰等值档距	l_{dA1}	$l_{dA1} = l + 2 \times \sigma_{01} \times h/(g_7 \times l)$	1178.52	m
	覆冰等值档距	l_{dB1}	$l_{dB1} = l - 2 \times \sigma_{01} \times h/(g_7 \times l)$	561.48	m
	悬挂点高差	h		9.00	m
	任意 X 点至悬挂点 A 距离	x		100.00	m
	临界档距	l_j	$l_j = \sigma_m \sqrt{[24 \times (t_m - t_n)/(\nu_m - \nu_n)]}$		
最大风时应力	安全系数	K		2.50	>2
	瞬时破坏应力	σ_p	$\sigma_p = 264.6$	264.60	N/mm²
	强度许用应力	$[\sigma]$	$[\sigma] = \sigma_p/K$	105.84	N/mm²
	架空线最低点应力（最大风速）	σ_0	将许用应力视为最大风速时水平应力（设计条件：最大风速）	105.84	N/mm²（MPa/m）
	导线任一点应力	σ_x	$\sigma_x = \sigma_0 + g_6 \times f_y$	105.86	N/mm²
	悬挂点等高时悬挂点 A/B 应力	σ_A	$\sigma_A = \sigma_B = \sigma_0 + g_6^2 \times l^2/(8 \times \sigma_0)$	105.89	N/mm²
	悬挂点不等高时悬挂点 A 应力	σ_A	$\sigma_A = \sigma_0 + g_6^2 \times l_{dA}^2/(8 \times \sigma_0)$	105.92	N/mm²
	悬挂点不等高时悬挂点 B 应力	σ_b	$\sigma_b = \sigma_0 + g_6^2 \times l_{db}^2/(8 \times \sigma_0)$	105.86	N/mm²
覆冰时应力	安全系数	K_1		2.63	
	瞬时破坏应力	σ_p	$\sigma_p = 264.6$	264.60	N/mm²
	架空线最低点应力（覆冰时）	σ_{01}	覆冰时水平应力	100.65	N/mm²（MPa/m）
	导线任一点应力	σ_{x1}	$\sigma_x = \sigma_{01} + g_7 \times f_y$	100.67	N/mm²
	悬挂点等高时悬挂点 A/B 应力	σ_{A1}	$\sigma_{A1} = \sigma_{B1} = \sigma_{01} + g_7^2 \times l^2/(8 \times \sigma_{01})$	100.69	N/mm²
	悬挂点不等高时悬挂点 A 应力	σ_{A1}	$\sigma_{A1} = \sigma_{01} + g_7^2 \times l_{dA1}^2/(8 \times \sigma_{01})$	100.73	N/mm²
	悬挂点不等高时悬挂点 B 应力	σ_{b1}	$\sigma_{b1} = \sigma_{01} + g_7^2 \times l_{db1}^2/(8 \times \sigma_{01})$	100.67	N/mm²

续表

类别	名称	符号	说明	结果	单位
最大风时弧垂	悬挂点等高时弧垂	f_x	$f_x = g_6 \times x \times (l-x)/(2 \times \sigma_0)$	2.58	m
	中点对悬挂点弧垂	f_0	$f_0 = g_6 \times l^2/(8 \times \sigma_0)$	6.35	m
	悬挂点不等高时 X 点弧垂	f_x	$f_x = g_6 \times x \times (l_{dA}-x)/(2 \times \sigma_0)$	3.62	m
	最低点对悬挂点 A 弧垂	F_{0A}	$f_{0A} = g_6 \times l_{dA}^2/(8 \times \sigma_0)$	11.65	m
	最低点对悬挂点 B 弧垂	f_{0B}	$f_{0B} = g_6 \times l_{dB}^2/(8 \times \sigma_0)$	2.65	m
覆冰时弧垂	悬挂点等高时弧垂	f_{x1}	$f_{x1} = g_7 \times x \times (l-x)/(2 \times \sigma_{01})$	2.58	m
	中点对悬挂点弧垂	f_{01}	$f_{01} = g_7 \times l^2/(8 \times \sigma_{01})$	6.34	m
	悬挂点不等高时 X 点弧垂	f_{x1}	$f_{x1} = g_7 \times x \times (l_{dA1}-x)/(2 \times \sigma_{01})$	3.62	m
	最低点对悬挂点 A 弧垂	F_{0A1}	$f_{0A1} = g_7 \times l_{dA1}^2/(8 \times \sigma_{01})$	11.64	m
	最低点对悬挂点 B 弧垂	f_{0B1}	$f_{0B1} = g_7 \times l_{dB1}^2/(8 \times \sigma_{01})$	2.64	m

6. 导线使用应力计算（见表 5-4）

表 5-4　　　　　　　　　　　导线使用应力计算表

气象	名称	符号	公式	结果	单位
气象条件 1：最大风速	导线综合比载	g_m	无冰综合比载	0.007 10	$kg/(m \cdot mm^2)$
	环境温度	t_m	IV类气象区 最大风速时温度	-5	℃
	导线应力	σ_m	视为许用应力	105.84	N/mm^2
气象条件 2：导线覆冰	导线综合比载	g	有冰综合比载	0.006 75	$kg/(m \cdot mm^2)$
	环境温度	t	IV类气象区 覆冰时温度	-5	℃
	导线应力	σ	用插值渐进试探法求取	求取	N/mm^2
导线参数	瞬时破坏应力	σ_p		264.6	N/mm^2
	弹性系数	E		78 400	N/mm^2
	线膨胀系数	α_z		0.000 019	1/℃
悬挂点等高时，架空线状态方程					
方程：			$\sigma - E \times g^2 \times l^2/(24 \times \sigma^2) = \sigma_m - E \times g_m^2 \times l^2/(24 \times \sigma_m^2) - \alpha_z \times E \times (t-t_m)$		
设：			$A = E \times g^2 \times l^2/24$	10 818 565	
			$B = \sigma_m - E \times g_m^2 \times l^2/(24 \times \sigma_m^2) - \alpha_z \times E \times (t-t_m)$	-963.35	
则：			$\sigma - A/\sigma^2 = B$		
插值渐进试探法	σ 取值		左 $= \sigma - A/\sigma^2$	右 $= B$	
	100		-981.856 478 7	-963.35	
	105		-876.275 717 6	-963.35	
	101.5		-948.616 701 4	-963.35	
	100.65		-967.278 290 9	-963.35	σ 取值正确

7. 导线截面积的规定

确定高、低压线路的导线截面时，除根据负荷条件外，尚应与地区配电网的发展规划相结合。当无地区配电网规划时，架空线路导线的截面积不宜小于表5-5的数值。

表5-5　　　　　　　　　　架空线路导线截面积的规定（mm²）

导线种类	高压线路			低压线路		
	主干线	分干线	分支线	主干线	分干线	分支线
铝绞线及铝合金线	120	70	35	70	50	35
钢芯铝绞线	120	70	35	70	50	35
铜绞线	—	—	16	50	35	16

8. 三相四线制的零线截面积的规定

（1）LJ、LCJ，相线截面积在70mm²以下，与相线截面积相同。

（2）LJ、LGJ，相线截面积在70mm²以上，不小于相线截面积的50%。

（3）TJ-35以下，与相线截面积相同。

（4）TJ-35以上，不小于相线截面积的50%。

（5）单相制的零线截面积应与相线截面积相同。

9. 导线连接的要求

（1）不同金属、不同规格、不同绞向的导线，严禁在档距内连接。

（2）在一个档距内，每根导线不应超过一个接头。

（3）接头距导线的固定点，不应小于0.5m。

10. 导线接头的要求

（1）钢芯铝绞线在档距内的接头，宜采用钳压或爆压。

（2）铜绞线在档距内的接头宜采用绕接或钳压。

（3）铜绞线与铝绞线的接头宜采用铜铝过渡线夹、铜铝过渡线，或采用铜线搪锡插接。

（4）铝绞线、铜绞线的跳线连接宜采用钳压、线夹连接或搭接。

（5）铝绞线、钢芯铝绞线或铝合金线在与绝缘子或金具接触处，应缠绕铝包带。

导线接头的电阻，不应大于等长导线的电阻。档距内接头的机械强度不应小于导线计算拉断力的90%。

5.1.2 架空线路的有关规定

1. 架空线路导线与地面的最小垂直距离（见表5-6）

表5-6　　　　　　　　　　架空线路导线与地面的最小距离

线路经过的地区	线 路 电 压	
	1kV 以下	1kV 以上
居民区（m）	6.0	6.5
非居民区（m）	5.0	5.5
交通困难地区（m）	4.0	4.5

2. 导线与山坡、峭壁、岩石的净空距离

在最大风偏的情况下，架空线路导线与山坡、峭壁、岩石的净空距离不应小于表 5-7 的规定。

表 5-7　　　　　　　　　　　　导线与山坡、峭壁、岩石的净空距离

线路经过的地区	线路电压（kV）					
	35～110	220	330	500	1 以下	1～10
步行可到达的山坡（m）	5.0	5.5	6.5	8.5	3.0	4.5
步行不能到达的山坡、峭壁和岩石（m）	3.0	4.0	5.0	6.5	1.0	1.5

3. 导线与街道及行道树的距离

架空线路经过街道时，导线与公园、街道、行道绿化树的最小距离不应小于表 5-8 的规定。

表 5-8　　　　　　　　　　　　导线与街道树、行道树的最小距离

最大弧垂时的垂直距离		最大风偏时的水平距离	
1kV 以下	1～10kV	1kV 以下	1～10kV
1.0m	1.5m	1.0m	2.0m

4. 导线与道路、河流、管道等的安全距离

架空线路导线与公路、铁路、河流、索道和管道等交叉或接近时的最小垂直距离不应小于表 5-9 的规定。

表 5-9　　　　　导线与道路、河流、管道等交叉或接近的最小垂直距离（m）

电压等级（kV）	铁路轨顶	公路	通航河道船桅顶	索道	特殊管道
1～10	7.5	7.0	1.5	2.0	3.0
1.0 以下	7.5	6.0	1.0	1.5	1.5

注　1. 特殊管道指架设在地面上输送易燃、易爆物的管道；管、索道上的附属设施，应视为管、索道的一部分。
　　2. 通航河流的距离是指架空线路与最高航行水位的最高船桅顶的距离。最高洪水位时，有抗洪抢险船只航行的河流，垂直距离应协调确定。
　　3. 公路等级应按 JTG D 20—2006《公路路线设计规范》的规定采用。

5. 导线与果树、经济作物或城市绿化灌木之间的最小垂直距离

架空线路导线与果树、经济作物或城市绿化灌木之间的最小垂直距离不应小于表 5-10 的规定。

表 5-10　　　　　导线与果树、经济作物或城市绿化灌木之间的最小垂直距离

线路电压	3kV 以下	3～10kV	35～66kV
最小垂直距离（m）	1.5	1.5	3.0

6. 导线与杆塔构件、拉线、脚钉的最小间隙

海拔为 1000m 以下的地区，35kV 和 66kV 架空电力线路带电部分与杆塔构件、拉线、

脚钉的最小间隙，应符合表 5-11 的规定。海拔为 1000m 及以上的地区，海拔每增高 100m，内过电压和运行电压的最小间隙应按 5-11 所列数值增加 1%。

表 5-11　　　　　　导线与杆塔构件、拉线、脚钉的最小间隙（m）

工作状况	最　小　间　隙	
	线路电压 35kV	线路电压 66kV
雷电过电压	0.45	0.65
内过电压	0.25	0.50
运行电压	0.10	0.20

7. 架空线路与各种架空电力线路交叉跨越最小垂直距离

架空线路与各种架空电力线路交叉跨越时的最小垂直距离，在最大弧垂时不应小于表 5-12 的规定，并且要求高压线路架设在上方，低压线路应架设在下方。

表 5-12　　　架空线路与各种架空电力线路交叉跨越最小垂直距离（m）

架空配电线路电压（kV）	电力线路（kV）				
	1.0 以下	1~10	35~110	220	330
1~10	2	2	3	4	5
1.0 以下	1	2	3	4	5

8. 同杆架设配电线路横担间的垂直距离

同杆架设的双回路或高、低同杆架设的配电线路、横担间的垂直距离不应小于表 5-13 的规定。

表 5-13　　　　　同杆架设配电线路横担之间的最小垂直距离（mm）

导线排列方式	直线杆	耐张杆	绝缘线杆
高压与高压	800	600	500
高压与低压	1200	1000	1000
低压与低压	600	300	

9. 架空线路的档距和导线间的最小水平距离

高、低压配电线路的档距不应小于表 5-14 的规定。架空线路导线间的最小水平距离不应小于表 5-15 的规定。

表 5-14　　　　　　　架空配电线路档距最小距离（m）

地　区	高压（10kV）	低　压
城区	40~50	30~45
居民区	35~50	30~40
郊区	50~100	40~60

表 5-15		架空线路导线间的最小水平距离（mm）					
档距电压		40m 以下	50m	60m	70m	80m	90m	100m
高压（10kV）	裸线	600	650	700	750	850	900	1000
	绝缘线	500	500	500	—	—	—	—
低压		300	400	450	500	—	—	—

10. 架空线路电杆埋设深度的最小值

架空线路电杆的埋设深度应根据当地的地质条件进行计算。对一般土质，电杆埋深宜为杆长的 1/6，并应符合表 5-16 的规定。对特殊土质或无法保证电杆的稳固时，应采取加卡盘、围桩、打人字拉线等加固措施。基坑回填土应分层夯实，地面宜设防沉土台。

表 5-16			电杆埋设深度最小值（m）				
电杆长度	8	9	10	11	12	13	15
埋设深度	1.5	1.6	1.7	1.8	1.9	2.0	2.5

11. 拉线盘的埋深及方向、拉线绑扎的规定

拉线盘的埋深和方向应符合设计要求。拉线棍与拉线盘应垂直，连接处应加专用垫和双螺母，拉线棍露出地面部分长度宜为 500~700mm。拉线与地面的夹角宜为 45°，且不得大于 60°。拉线的规格与埋设深度应符合表 5-17 的规定。拉线绑扎应采用直径 2.0mm 或 2.6mm 的镀锌铁线。绑扎应整齐、紧密，拉线最小绑扎长度应符合表 5-18 的规定。

表 5-17	拉线规格与埋设深度（mm）	
拉线棍规格	拉线盘（长×宽）	埋设深度
φ16×（2000~2500）	500×300	1300
φ19×（2500~3000）	600×400	1600
φ19×（3000~3500）	800×600	2100

表 5-18		拉 线 最 小 绑 扎 长 度		
钢绞线截面积（mm²）	上段（mm）	下段（mm）		
		下端	花缠	上端
25	200	150	250	80
35	250	200	250	80
50	300	250	250	80

12. 导线与建筑物间的最小垂直距离（见表 5-19）

表 5-19	架空线路导线与建筑物间的最小垂直距离（m）			
线路电压	3kV 以下	3~10kV	35kV	66kV
距离	2.5	3.0	4.0	5.0

13. 起重机（吊车）与架空线路边线的最小安全距离（见表5-20）

表 5-20 　　　　　　　　起重机与架空线路边线的最小安全距离

安全距离（m）	线路电压等级（kV）						
	<1	10	35	110	220	330	500
沿垂直方向	1.5	3.0	4.0	5.0	6.0	7.0	8.5
沿水平方向	1.5	2.0	3.5	4.0	6.0	7.0	8.5

14. 防护设施与架空线路之间的最小安全距离（见表5-21）

表 5-21 　　　　　　防护设施与架空线路之间的最小安全距离（m）

电压等级（kV）	≤10	35	110	220	330	500
最小安全距离	1.7	2.0	2.5	4.0	5.0	6.0

15. 低压接户线的最小截面积和线间距离

　　低压接户线应采用绝缘导线，导线截面积应根据负荷计算电流和机械强度确定。要考虑今后发展的可能性。当计算电流小于30A且无三相用电设备时，宜采用单相接户线；大于30A时，宜采用三相接户线。低压接户线的最小允许截面积见表5-22所列数值，低压接户线的线间距离不应小于表5-23所列数值。

表 5-22 　　　　　　　　低压接户线的最小允许截面积

架设方式	档距（m）	最小截面积（mm²）	
		绝缘铜芯线	绝缘铝芯线
自电杆上引下	10以下	4	6
	10~25	6	10
沿墙敷设	6及以下	4	6

表 5-23 　　　　　　　　　低压接户线的线间距离

架设方式	档距（m）	线间距离（m）
自电杆上引下	25及以下	0.15
	25以上	0.20
沿墙敷设	6及以下	0.10
	6以上	0.15

5.1.3 土石方工程施工

1. 土石方工程施工流程（如图5-3所示）

2. 线路复测

　　（1）线路测量前必须依据设计提供的数据复核设计给定的杆塔位中心桩，并以此作为测量基准。复测时有下列情况之一时，应查明原因并予以纠正：

1）以相邻直线桩为基准，其横线路方向偏差大于 50mm。

2）用经纬仪视距法复测时，顺线路方向两相邻杆塔位中心桩间的距离与设计值的偏差大于设计挡距的 1%。

3）转角桩的角度值，用方向法复测时对设计值的偏差大于 1′30″。

（2）如下特殊地点应重点复核：

1）导线对地距离有可能不够的地形凸起点的标高。

2）杆塔位间被跨越物的标高。

3）相邻杆塔位的相对标高。

实测值与设计值的偏差不应大于 0.5m，超过时应由设计方查明原因并予以纠正。

（3）设计交桩后个别丢失的杆塔中心桩，应按设计数据予以补钉，其测量精度应符合下列要求：

1）桩之间的距离和高程测量，可采用视距法同向两测回或往返各一测回测定，其视距长度不宜大于 400m，当受地形限制时，可适当放长。

2）测距相对误差，同向不应大于 1/200，对向不应大于 1/150。

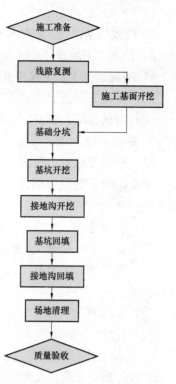

图 5-3　施工流程框图

3）当距离大于 600m 时，宜采用电磁波测距仪或全站仪测量。

（4）因地形或障碍物等原因需改变杆塔位或拉线坑位置时，应会同设计处理。

（5）对设计平断面图中未标识的新增障碍物应重点予以复核。

3. 施工基面开挖

施工基面的开挖应以施工图为准。基面开挖后应平整，不应积水，边坡不应坍塌，及时清除周边的浮石、悬石。如需爆破施工，施工过程必须严格执行国家相关规定。

4. 基础分坑

（1）分坑前，应复核该塔邻档的档距或角度，有问题应查明原因并予以纠正。

（2）分坑应在复测结束后进行，特殊情况下必须在一个耐张段复测无误后进行。

（3）分坑时应复核基础边坡距离是否满足设计要求。

（4）杆塔位中心桩移桩的测量精度应符合下列规定：

1）当采用钢卷尺直线量距时，两次测值之差不得超过量距的 1‰。

2）当采用视距法测距时，两次测值之差不得超过测距的 5‰。

3）当采用方向法测定角度时，两测回测角值之差不应超过 1′30″。

（5）分坑时，应根据杆塔位中心桩的位置定出必要的、作为施工及质量控制的辅助桩，其测量精度应能满足施工精度的要求。对施工中无法保留的杆塔位中心桩，必须钉立可靠的辅助桩，并对其位置做记录，以便恢复该中心桩。

（6）分坑过程中除应做分坑记录外，遇有下列情况应绘制塔基平面草图，并会同设计处理：

1）基础保护范围不够。

2）拉线坑基面与主基础杆位基面有较大高差。

3）位于上下坡度较陡或坎边的拉线坑。

4）基础处于上、下梯田或高低坎时。

（7）拉线基础沿上山坡或下山坡地形放坡确定拉线坑中心时，测量应准确。

（8）对转角塔位的复测分坑，宜采用双测工互相校核。

5. 基坑开挖

（1）杆塔基础的坑深应以设计施工基面为基准。当设计施工基面为零时，杆塔基础坑深应以设计中心桩处自然地面标高为基准。拉线基础坑深以拉线基础中心的地面标高为基准。

（2）在有电缆、光缆及管道等地下设施的地方开挖时，应事先取得有关管理部门的同意，制定安全措施并设专人监护；严禁用冲击工具或机械挖掘。

（3）对土质较差且基础四个腿坑深不同时，应先开挖较深的基坑，待回填后再开挖较浅的基坑。

（4）基坑开挖时，如发现地基土质与设计不符或发现天然孔洞、文物等，应及时通知设计及有关单位研究处理。

（5）人工开挖基坑时，坑壁宜留有适当坡度，坡度的大小应视土质特性、地下水位和挖掘深度等确定，预留坡度见表 5-24。

表 5-24　　　　　　　　　　各 类 土 质 的 坡 度

土质类别	砂土、砾土、淤泥	砂质黏土	黏土、黄土	硬黏土
坡度（深：宽）	1：0.75	1：0.5	1：0.3	1：0.15

（6）坑口边沿 0.8m 范围内，不得堆放余土、材料、工器具等。易积水或冲刷的杆塔基础，应在基坑的外围修筑排水沟。

（7）杆塔基础坑深允许偏差为 -50～+100mm，坑底应平整。同基基础坑在允许偏差范围内按最深基坑操平。

（8）基坑开挖完毕后，按设计要求及时浇制垫层。基坑垫层如图 5-4 所示。

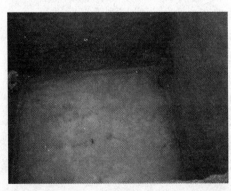

图 5-4　基坑垫层示例

（9）杆塔基础坑深与设计坑深偏差大于 +100mm 时，应按以下规定处理：

1）铁塔现浇基础坑：其超深部分应铺石灌浆。

2）混凝土电杆基础、铁塔预制基础等：其超深在 +100～+300mm 时，应采用填土或砂、石夯实处理，每层厚度不宜超过 100mm；遇到泥水坑时，应先清除坑内泥水再铺石灌浆。当不能以填土或砂、石夯实处理时，其超深部分按设计要求处理，设计无具体要求时，按铺石灌浆处理。坑深超过规定 +300mm 以上时应采用铺石灌浆处理。

（10）拉线基础坑深不允许有负偏差。当坑深超深后对拉线基础安装位置与方向有影响时，应采取措施以保证拉线对地夹角。

6. 基坑回填

（1）现浇基础拆模后应及时回填，回填时应清除坑内冰雪、积水、杂物等，且应对称回填。

（2）预制拉线基础回填时，拉棒的方向、角度应正确，各部连接环与拉棒应挺直，不得横置或卡住。

（3）杆塔基础坑及拉线基础坑回填，应符合设计要求。一般应分层夯实，每回填 300mm 厚度夯实一次。

坑口的地面上应筑防沉层，防沉层的上部边宽不得小于坑口边宽，其高度视土质夯实程度确定，基础验收时宜为 300～500mm，如图 5-5 所示。基础顶面低于防沉层时，应设置临时排水沟，以防基础顶面积水。经过沉降后应及时补填夯实，工程移交时坑口回填土不应低于地面。

图 5-5　基坑施工完毕

（4）石坑回填时大块石应破碎，石子与土按 3∶1 掺和后回填夯实。

7. 危险点分析辨识和预控（见表 5-25）

表 5-25　　　　　　　　　　电线杆塔基础施工危险点分析辨识和预控

作业项目	危险点（危险源）	防范类型	预 控 措 施
土石方开挖	（1）不了解土质情况。 （2）没有放坡和支撑。 （3）松动石块滑落	坍塌	（1）挖土前根据挖土深度、土质情况、环境情况、地下物和地下水情况，制定施工方案，作业时应有安全施工措施，做好边坡放坡支撑。 （2）在有电缆、光缆及管道等地下设施的地方开挖时，应事先取得有关部门的同意，并有相应的安全措施且有专人监护；严禁用冲击工具或机械挖掘。 （3）清除上山坡浮石，滚落下方不得有人，设立专人监护。 （4）严禁上、下山坡同时撬挖。 （5）作业人员之间应保持适当距离。 （6）在悬岩陡坡上作业时应系安全带
	坑口边缘堆满材料，工具和泥土	坍塌	坑口边缘 1.0m 以内不得堆放材料、工具、泥土。并视土质特性，留有适当坡度
	基础开挖坑内多人同时作业	物体打击	（1）工作票中要明确规定基坑内不许多人同时作业。 （2）二人同时作业时不得面对面作业
	基础掏挖施工	坍塌	（1）掏挖桩基础施工前应经土质鉴定，土质不符合要求不许掏挖施工。 （2）为防止掏挖基础施工时塌方，必须使用沉降式挡土模板，上、下坑时使用绳索或梯子，并设有安全监护人。 （3）在扩孔范围内的地面上不得堆积土方。坑模成型后，应及时浇灌混凝土，否则应采取防止土体塌落的措施

作业项目	危险点（危险源）	防范类型	预控措施
混凝土基础	搭设架有探头板或跳板有缺陷（强度不够，裂纹，腐蚀等）	高处坠落	跳板材质和搭设符合要求，跳板捆绑牢固，支撑牢固可靠，有上料通道
	现浇基础模板支撑不牢	物体打击	模板的支撑应牢固，并应对称布置，高出坑口的加高立柱模板应有防止倾覆的措施
	上料平台结构不稳定，未设简易栏杆	物体打击 高处坠落	上料平台不得搭悬臂结构，中间应设支撑点并结构可靠。平台应设栏杆
	小推车运料时乱跑乱撞	物体打击	用小推车运料时，要分进、出道，不要相互奔跑，防止相互碰撞
	推车至跳板边缘翻车下料	物体打击	必须经下料漏斗溜下，坑上、坑下人员密切配合，下料时坑内人员应停止其他作业
	钢筋加工不符合要求	机械伤害	（1）人工平直、切剁钢筋时，打锤人应站在扶剁人的侧面，锤柄应楔塞牢固。 （2）弯曲钢筋的工作台应设置稳固，扳扣与钢筋应配套。 （3）切割短于30cm的短钢筋必须用钳子夹牢，严禁直接用手把持
	人工浇筑混凝土不符合要求	物体打击	（1）浇筑混凝土或投放大石块时，必须听从坑内捣固人员的指挥。 （2）坑口边缘0.8m以内不得堆放材料和工具。 （3）捣固人员不得在模板或撑木上走动
	临时用电无专人负责，水坑抽水时潜水泵漏	触电	（1）在工作票上指定专人负责，严禁私拉乱接电源。 （2）抽水用的水泵要用绝缘良好的电缆，水下部分绝缘良好，按规定检查试验合格并安装防溅式漏电保护器
	振捣器施工过程漏电	触电	安装漏电保安器并指定专人戴绝缘手套穿绝缘鞋操作。其他人员不得随意使用

8. 安全文明施工要点

（1）施工人员在作业区内必须正确佩戴安全帽及正确使用防护用品。

（2）挖掘时，坑上应设监护人，监视坑壁有无塌落现象；特别监护坑内作业人员是否佩戴安全帽及防护用品。在坑内作业人员如感觉身体不适，应停止作业立即回到基坑面上。

（3）堆土距坑口1m以外，且在扩孔范围内的地面上不应堆积土方。

（4）挖掘过程中，随时检查地质情况与设计提供的地址资料是否一致，如果差异较大时，应停止挖掘并告知项目部请设计代表作出鉴定。

（5）坑内挖掘人员在掏挖底部扩大头时应随时观察坑壁有无变形或裂缝。

（6）掏挖基础的基坑挖掘完成后应尽快浇制混凝土基础，未浇混凝土前，必须用塑料薄膜封堵坑口，薄膜周围用土掩埋，在基坑四周采用硬围栏圈起来，并设警示牌。

（7）基坑内只允许一人挖掘，坑深超过2m时，上下应用楼梯。

（8）混凝土搅拌应采用机械搅拌，搅拌机应放置在平整坚实的地基上；安装后使用支架受力。

（9）搅拌机在运转中，严禁将工具伸入滚筒内扒料，加料时应放置加料斗上，用铲子将料推入滚筒，严禁将铲子伸入滚筒内。

（10）向基坑浇灌混凝土时，坑深超过3m时，应使用溜槽将混凝土流入坑底，避免混凝土投料后发生离析现象。

5.1.4 铁塔组立作业

1. 施工工艺流程（如图5-6所示）

2. 现场布置

（1）场地应平整，对影响施工的弃物要予以清除。

（2）塔材堆放整齐有序，各类螺栓规格数量特别是防盗螺栓应分别分类摆放，组装时要认真看图，不要将防盗螺栓装错。每基杆号要根据实际情况按要求画出施工平面布置图。

（3）机动绞磨距离铁塔中心距离为塔全高的1.2倍，埋设3t地锚，埋深不小于1.5m，对不同土质应验证后再埋设，为外拉线时对地夹角小于45°。

（4）对施工用工器具材料进行详细检查，包括规格、质量、性能、出力情况应良好。抱杆头滑轮转动应灵活，销钉齐全可靠，部件无损坏现象，抱杆运输要轻抬轻放，严禁抛掷、碰撞、摩擦或手弯，平放时要垫平，防止弯曲和重压。塔材如有弯曲变形，但未超过表5-26所列限度时，应在材料站校正后发料，矫正后的塔材不允许出现裂纹。

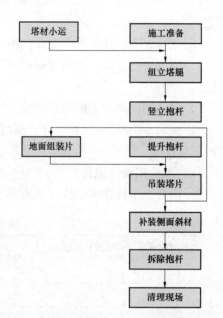

图5-6 悬浮式拉线抱杆组塔工艺流程框图

表5-26 塔材变形限度

角钢宽度（mm）	变形限度（%）	角钢宽度（mm）	变形限度（%）
40	35	90	15
45	31	100	14
50	28	110	12.7
56	25	125	11
63	22	140	10
70	20	160	9
75	19	180	8
80	17	200	7

（5）组织全体参加组塔人员进行技术、工作交底、熟悉图纸、操作工艺、质量要求、安全操作规程及规定。

（6）对运至现场的塔材作一次性全面检查，内容是塔材规格、型号、数量和质量情况，对缺件、规格不合、损坏、弯曲、脱锌、锈蚀等问题，应妥善处理，将清查塔材按段堆放整齐。

3. 抱杆的起立

（1）起立小抱杆。

1）把 $\phi140\times8000$ 的小抱杆布置好，顶部挂一个 3t 的起重滑轮，安装好 $\phi9.3$ 的起吊钢丝绳及临时拉线（$\phi18$ 的白棕绳）。

2）在基础的四个腿上安装好塔脚（插入式角钢时则取消本条操作）并把地脚螺栓扭紧。

3）在靠近小抱杆的顶部支好"剪刀撑"。

4）用人力把小抱杆的顶部抬高放进支好的"剪刀撑"里，这时小抱杆对地有一定的角度。

5）用塔脚或插入式角钢作锚桩，用 $\phi18$ 的白棕绳作制动绳固定小抱杆的底部。

6）拉动小抱杆顶部的临时拉线起立小抱杆，并利用塔脚或插入式角钢作锚桩打好小抱杆的临时拉线。

（2）起立铝合金抱杆。

1）铝合金单杆技术参数（见表 5-27）。

表 5-27　　　　　　　　　　　　　铝合金单杆技术参数表

高度（m）	抱杆的长细比 λ	临界应力 Σ	最大工作中心受压 P_{max}（kN）	安全系数 N
12	57	2185	203	2.5
14	70	1450	134	2.5
16	76.6	1211	112	2.5
18	86	960	88	2.5
20	95.6	777	72	2.5
22	105.3	640	58	2.5
24	115	578	48	2.5

注　表中的计算均不考虑偏心作用，不计上、下拉线及斜材剪力的影响。

2）选择好抱杆（规格为 450mm×450mm×24 000mm 或 600mm×600mm×24 000mm），抱杆组装 12m 左右时，安装起重滑轮、磨绳、内拉线或外拉线。

3）通过起立好的小抱杆用机动绞磨来起立铝合金抱杆，抱杆竖立在中心桩旁，并打好内拉线或外拉线。

4）用抱杆放下小抱杆，把小抱杆抬出并摆放在工器具位置。

铝合金抱杆的起立如图 5-7 所示。

4. 塔腿及下段起吊

用铝合金抱杆起吊四个塔腿的主材，主材长度控制在 18m 之内，四根主材上部挂好 2.0t 滑轮作起吊小材用，然后通过滑轮起吊下段的交叉材，最后连接好小材。

5. 抱杆的提升

（1）提升抱杆包括将抱杆由地面升至平口和每段吊装后提升。

1）应将抱杆腰环拉线打紧，再将抱杆头平衡绳及浪风绳松出但不能完全松完，将抱杆提升绳套进机动绞磨，提升绳通过滑车提升抱杆。

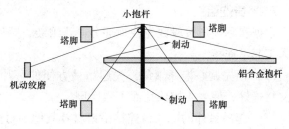

图 5-7　铝合金抱杆的起立

2）提升抱杆离地后，卸下抱杆底部段，根据需要把未组完的 4m 或 2m 抱杆段连接好，然后再连接抱杆底部段，这时可以正常提升铝合金抱杆了。

3）提升到位后，先将抱杆头平衡绳及浪风绳打紧，松出抱杆腰环绳。再打紧抱杆兜子绳。抱杆腰绳不得系得过紧或过松，以保证抱杆能在腰绳内自由升降为原则。

（2）启动绞磨，使牵引钢绳拉紧，松开抱杆尾端绑扎绳，慢慢松出四方拉线，使抱杆沿牵引绳徐徐升起。

（3）提升抱杆时是将提升钢绳通过提升滑车用机动绞磨将抱杆摇受力，使提升绳承受抱杆重量，当抱杆底部下悬浮绳不受力后，将其解开。

（4）抱杆提升到预定高度后，用抱杆根部的钢绳套兜子绳（用四根同样长的 $\phi15$ 钢丝套直接和主材相连，不允许用手扳葫芦连接调节）固定在主材节点处；抱杆升起的高度应满足起吊构件的要求。

（5）抱杆固定后，松开腰绳，同时收紧四方拉线，松出牵引绳。

（6）抱杆提升过程中必须注意以下两点：

1）应注意抱杆与腰绳的摩擦，需专人监视，严防卡死。

2）应随抱杆的提升，指挥四方拉线慢慢松出，力求同步，使抱杆保持垂直状态，严防拉线松紧不一。

（7）抱杆升到需要高度后，先将抱杆底部下悬浮绳牢靠固定在四方主材上后将提升绳换成起吊绳，重复上面步骤调好抱杆头，就可起吊下一段塔材。

（8）调整抱杆的倾斜度，一般应使抱杆顶部滑车对准被吊构件在塔身上的预定结构中心，以便构件就位对接。抱杆倾角调好后，必须固定四方拉线。

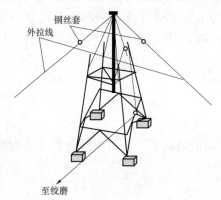

图 5-8　提升抱杆布置

6. 拉线及承托系统

（1）拉线系统。当采用外拉线时，外拉线对地夹角不大于 45°，规格不小于 $\phi11$，当采用内拉线时，规格不小于 $\phi13.5$。

如图 5-8 所示，根据抱杆有效高度计算，在外拉线合适位置上穿一个 $\phi13.5$ 的钢丝套，即内、外拉合二为一，无论是采用内拉线还是外拉线施工，都只使用一根拉线来进行，这样可简化工器具的使用。

（2）承托系统。用四根一样长 $\phi15$ 的钢丝套将抱杆底部直接与主材相连，不允许用手扳葫芦联结来进行调节，同时承托绳与抱杆夹角不得大于 45°。

7. 塔身的组立

根据实际地形按段数先在地面分两片组装，然后按片起吊，两片之间交叉材、小材用滑轮人工起吊连接。

（1）预先调好抱杆倾角，先起吊最方便的一片，扭紧包角钢位置连接螺栓，把两侧的交叉材连好，使之支撑该片而不致倾倒。

（2）起吊另外的一片，连接平口材及其他小材。

（3）当组立塔段接近抱杆高度时，要将抱杆提升后再进行下一段组立，提升前应将提升滑车及其以下塔身的辅材装齐并紧固螺栓。

8. 直线塔曲臂、横担的起吊

（1）起吊下曲臂时，将抱杆腰绳固定在平口左右；起吊上曲臂时，抱杆腰绳固定在下曲臂主材上。

（2）吊臂与片允许偏差距离见表5-28。

表5-28　　　　　　　　　　　　吊片允许偏差

吊臂高度（m）	12	15	20	25	30	35	40	45	50
允许偏差（m）	1.7	2.6	3.5	4.4	5.2	6.2	7.0	7.9	8.8

（3）铁塔下曲臂组装完毕后，为了防止整个下曲臂下塌给组立横担带来困难，须用手扳葫芦将整个下曲臂向内侧收紧，并拧紧整个下曲臂的连接螺栓，直至导线横担组立完后方可松开手扳葫芦。

（4）对于猫头塔，可分左右整段起吊下曲臂，上曲臂与横担连在一起分前后片起吊。

（5）起吊时采用双点吊，用一台机动绞磨。

（6）最后连接小材。

9. 转角塔横担的起吊

抱杆不放下，在吊装侧的反方向把抱杆的内拉线（或外拉线）打紧，仅用地线横担作转向通过抱杆来吊装横担。

10. 抱杆拆卸

横担组装完后，将提升钢绳绑在抱杆上部通过固定在上部的滑车拆除上拉绳，适当拉动吊绳，使承托绳放松，拆除承托绳及腰环；缓缓降落抱杆至滑车半米处，拆除起吊系统滑车，钢绳和拉线，继续降落抱杆，直至抱杆距杆根6m左右，从塔柱斜材空挡处将抱杆拉出最后放落地面。

11. 螺栓安装的规定

（1）穿入方向的规定。

1）对立体结构：方向由内向外；直方向由下向上。

2）平面结构：线路方向由送电侧穿入，横线路方向由内向外；中间由左向右（面向受电侧）；垂直方向由下向上。

3）主材接头螺栓一律由里向外。

4）塔腿内侧"V"形面上（俗称肚皮撑）的螺栓：穿入方向为由中心桩向塔腿主材方向穿。个别螺栓难以满足上述规定的可以变更。

（2）螺栓紧固以后，露出的丝扣长度规定如下：

1）除脚钉外，螺栓丝扣不允许进入剪切面。

2）螺栓露出的丝扣长度应符合线路施工规范的要求，螺栓加装防松、防盗装置后，露出丝扣长度不少于一扣。双螺母允许与螺杆齐平。螺栓的扭矩值应符合表5-29的规定。

表 5-29　　　　　　　　　　　　螺 栓 的 扭 矩 值

螺栓规格	M16	M20	M24
等级	6.8 级	6.8 级	6.8 级
扭矩值（N·cm）	≥8000	≥10 000	≥25 000

3）交叉处有间隙的，应装相应厚度的垫圈或垫板。

4）除接线路施工验收规范规定必须加装垫片外，所以螺栓不另加平垫或弹簧垫片。

（3）同一连板、同一接头处且穿过孔的厚度相同，螺栓应采用同一规格；连板与接头处螺栓应统一、平整。连板或接头处有空隙的应及时通知生产厂家来处理。

（4）滑牙和棱角损坏的螺栓应予更换。

12. 组塔组立操作的注意事项

（1）铁塔成片吊装时，注意起吊质量不超过抱杆允许承载质量，分片起吊前要将塔材加固，防止塔材变形。

（2）各种起吊绳受力后塔材离开地面1m左右，要停下来检查一下受力绳是否畅通无阻，没有被塔材或脚钉等绊住。

（3）在吊装过程中，受力钢丝绳与塔材接触处必须用胶皮或麻袋等软垫物包裹，以防止损伤塔材锌层；同时在受力较大的塔材内侧，必须放置稍粗的木棒以防塔材变形。

（4）在组装过程中要加强成品的保护。在基础顶部（浆砌块石顶面）铺上木板并用10号铁丝绑扎好，以防止落物击伤。注意保护好堡坎、排水沟不被损坏。

（5）铁塔的挂线铁、挂线板与主材连接螺栓均使用双帽。

（6）铁塔下曲臂组装完毕后，为了防止整个下曲臂下塌给组立横担带来困难，须用手扳葫芦将整个下曲臂向内侧收紧，并拧紧整个下曲臂的连接螺栓，直至导线横担组立完后方可松开手扳葫芦。

（7）中线横担采取分片吊装，为保证横担中部不下塌变形而影响吊装，在地面组装时横担中部应给予补强。

（8）耐张塔跳线支架安装在转角的内角侧，对零度耐张塔跳线支架统一安装在线路的右侧。

5.1.5 混凝土杆组立作业

1. 立杆的几种方法

（1）人力叉杆法起立电杆。

（2）单抱杆起吊法组立电杆。

（3）脱落式人字抱杆组立电杆。

（4）吊车起立电杆。

目前，在交通便利的地方立杆通常采用吊车起立电杆的方法。

2. 吊车立杆

采用吊车立杆节省人力、物力、财力，是在当前施工中提高工作效率的普遍施工方法。需要司机具有特殊行业许可证，方可上岗操作。

（1）立杆前的器材准备。吊车、垫木、铁锹、钢丝绳、U型环、棕绳、指挥旗、扩音喇叭、对讲机、木夯、铁镐等。

（2）立杆前的检查。

1）起吊电杆前，应检查钢丝绳是否达到有关技术标准的规定，检查U型环是否达到起吊重物的机械强度，检查U型环螺栓丝扣能否拧满，严禁采用不配套的螺栓，当作U型环的配套螺栓。

2）立杆前对吊车的各部位要进行全面检查。首先要确认吊车的吨位能否满足起吊电杆的要求，吊车臂滑轮及钢丝绳转动、传动是否灵活，吊车腿的伸缩出入是否灵活可靠，吊车脚的垫木数量是否充足及符合要求，严禁用砖石瓦块或其他易碎物当作垫木。

3）立杆前应对电杆进行全面检查，看杆顶是否封堵，杆身有无漏筋现象，纵、横裂纹是否在规定允许范围内。

4）立杆现场所有人员必须佩戴好安全帽，应有专人统一指挥，司机应按照指挥人员的口令、旗语及扩音喇叭的指令进行操作。

5）现场人员应精力集中，禁止闲谈、嬉戏打闹。吊车臂下严禁有人逗留。

6）除立杆作业人员外，其他人员一律撤离在吊车伸展吊臂高度1.5倍以外。

（3）立杆过程。

1）将电杆用专用车辆（一般称为炮车），分散运到杆位。

2）将吊车就位，放好垫木，支撑牢固可靠。

3）钢丝绳绳套应套在电杆重心以上，且在高度中心偏上位置，禁止缠绕在金具或其他部件上。拴好缆风绳，挂好吊钩，在专人指挥下，起吊就位。

4）电杆在被吊起，稍离开地面时，应停止起立，检查各部位及钢丝绳套是否牢固，可用手锤适当力度敲打钢丝绳扣部位，使其缠绕紧密。检查螺栓是否紧固，螺母拧入螺栓是否合格，销子是否销好，确认无误后再继续起吊。

5）司机应检查垫木是否牢固可靠，不得松动、滑移。

6）经检查无误后，继续起吊，至70°角左右，应减缓速度，电杆方向绳控制人员应沿着电杆倾斜方向的反方向，对电杆进行找正，如图5-9所示。

图5-9 吊车立杆

7）待电杆立直后，指挥人应指示有关人员，看好顺线路方向及横线路线方向电杆是否垂直（纵向可用经纬仪，横向可用线坠）。确认无误后，回填一部分土至杆根向上埋深的2/3位置。若无卡盘继续埋至地面；若有卡盘，应挖掘、清理好卡盘坑后，接续卡盘安装埋设。

电杆立好后应直，位置偏差应符合下列规定：

- 直线杆的横向位移不应大于 50mm。
- 直线杆的倾斜不应大于杆长的 3‰。
- 转角杆的横向位移不应大于 50mm。
- 转角杆应向外预偏，紧线后不能向内倾斜。
- 根开不应超过 ±30mm。

（4）电杆起立后的工作。

1）电杆起立后，吊车司机应将起吊钩脱离钢丝绳套，收回吊臂驶离现场。

2）工作人员登杆，摘除钢丝绳套及方向绳等。

3）基坑回填土。基坑回填的基本要求是：当电杆立起并调正后，应立即回填土并分层夯实，如图 5-10 所示；拉线坑、杆坑的回填土，夏季每 300mm 夯实一次，冬季应将土块打碎，每 200mm 夯实一次；基坑填满后，地面上还要培起高出地面 0.3m 的防沉土台；待杆基回填土完全牢固后，才可进行登杆工作；在拉线和电杆易受洪水冲刷的地方，应设保护桩或采取其他加固措施。

图 5-10　回填土

（5）吊车立杆注意事项。

1）应将吊车停在合适的位置，放好垫木，若遇土质松软的地方，支脚下垫一块面积较大的厚木板。

2）起吊电杆的钢丝绳套，一般可拴在电杆重心以上的部位，对于拔稍杆的重心在距大头端电杆全长的 2/5 处并加上 0.5m，等径的重心在电杆的 1/2 处。

3）如果是组装横担后整体起立，电杆头部较重时，应将钢丝绳套适当上移。

4）拴好钢丝套后，吊车进行立杆，立杆时在立杆范围以内应禁止行人走动，非工作人员应撤离施工现场以外。

5）电杆在吊至杆坑中后，要在进行校正、填土、夯实后方可拆除钢丝绳套。

6）吊车严禁越过无防护设施的带电架空线路作业。在带电的架空线路附近吊装时，起重的任何部位或被吊物边缘在最大偏斜时与架空线路边线的最小安全距离应符合表 5-20 的规定。

5.1.6　在铁塔上架线作业

1. 架线的工器具

架线作业，一个施工队应准备的工器具见表 5-30。

表 5-30   架 线 工 器 具 表

序号	名　称	规　格	单位	数量（一个队用量）	备　注
1	钢丝绳	$\phi16$	km	3	牵引绳
2	导线双轮放线滑车	MC-3	只	10	单导线
3	导线三轮放线滑车	WQS-660			双导线
4	地线单轮放线滑车	MC-1	只	2	
5	抗弯连接器	13T	只	3	
6	旋转连接器	13T	只	5	
7	导线放线架		套	4	含轴
8	地线放线盘		套	1	
9	拖拉机		台	2	配专用卸扣
10	机动绞磨	5t	台	2	
11	液压机		台	2	含千斤顶
12	钢模	$\phi45/\phi26/\phi20/\phi16$	套	各2	
13	网套连接器	LGJ-400/35	只	3	单头
14	卡线器	LGJ-400/35	只	12	
15	卡线器	JLB40/150 地线	只	6	
16	接地滑车	STL-100	只	3	
17	接地滑车	STC-100	只	6	
18	钻桩	$\phi32\times1.5m$	根	60	
19	钻桩挡土地锚		只	60	
20	钻桩专用连杆		跟	40	
21	手扳葫芦	6t	个	6	
22	对讲机		台	10	
23	双钩	3t	把	10	
24	卸扣	DG-3/DG-5	只	20/60	
25	三串滑车	5t	只	6	
26	手拉葫芦	5t/3t	只	6/3	
27	单轮滑车	5t/3t	只	6/6	
28	挂线钢丝绳	$\phi22.5\times80m$	根	2	
29	挂线三串绳	$\phi17.5\times180m$	根	2	
30	钢丝绳	$\phi22.5\times80m$	根	6	
31	钢丝绳	$\phi22.5\times40m$	根	4	
32	钢丝绳	$\phi11\times60m$	根	6	
33	钢丝绳头	$\phi17.5\times2\sim4m$	根	12	
34	钢丝绳头	$\phi15.5\times2\sim4m$	根	8	
35	白棕绳	$\phi18\times70m$	根	2	
36	白棕绳	$\phi16\times50m$	根	2	

序号	名　称	规　格	单位	数量（一个队用量）	备　注
37	断线钳		把	2	
38	经纬仪	J2	台	1	配架腿
39	塔尺	5m	付	1	
40	游标卡尺	0.02mm	把	1	
41	钢卷尺	3m/15m	把	5/2	
42	弧垂板		块	9	
43	登高板		付	4	
44	挂板	Z-7	块	50	
45	木杠		根	10	
46	道木	200mm×200mm×1000mm	根	10	
47	元宝卡	Y-10/Y-12	只	30/20	
48	温度计		只	1	
49	大撬棍		根	4	
50	大锤	8kg	把	1	
51	小木锤		把	1	
52	小钢锯		把	2	配锯条
53	平挫		把	2	
54	钢丝刷		把	5	
55	棕刷把		把	2	
56	记号笔		根	5	
57	信号旗		付	2	
58	吊带	3t	根	3	

2. 跨越架搭设

（1）架线施工前应沿线调查交叉跨越情况，并与有关单位联系办理跨越手续，跨越架根据被跨越物情况采用不同型式结构。电力线跨越多采用搭设竹跨越架封顶的跨越方式，条件受限制的采用带电跨越架或其他跨越方式。

（2）线路与跨越物正跨或斜跨角大于30°时，应考虑整体搭设跨越架，跨越架斜跨角小于30°时，可采取分相搭设跨越架，地线与边相共用一个，中相单独使用一个，并用经纬仪定位，以保证位置正确。

1）跨越架横线路长度（已经考虑风偏）

$$L=\frac{L'+2(F+1.5)}{\sin\theta}$$

式中：L 为跨越架实际长度；L' 为两边线间距离；θ 为线路与被跨越物夹角；F 为施工线路导线和地线在安装气象条件下，跨越点的风偏距离。

2）跨越架宽度 W（两主排之间的水平距离）

$$W = W_1 + 2(X_1 + X_2)$$

式中：W_1 为公路的宽度，电力线、通信线两边相距离；X_1 为跨越与被跨越物之间的最小水平距离（见表 5-31 和表 5-32）；X_2 为电力线、通信线的风偏距离（110kV 以下取 0.5m）。

表 5-31 跨越架与被跨越物的最小安全距离（m）

被跨越物名称	公 路	通信线、低压配电线
距架身水平距离	至路边：0.6	0.6
距封顶杆垂直距离	至路面：5.5	1.0

表 5-32 跨越架与带电体之间的最小安全距离（最大风偏后）（m）

距离说明	线路电压等级（kV）				
	≤35	66~110	154~220	330	500
架面与导线的水平距离	1.5	2.0	2.5	5.0	6.0
无地线时，封顶网（杆）与带电体的垂直距离	1.5	2.0	2.5	4.0	5.0
有地线时，封顶网（杆）与带电体的垂直距离	0.5	1.0	1.5	2.6	3.6

3）跨越架高度

$$H = h_1 + h_2 + h_3$$

式中：h_1 为被跨越物高度；h_2 为跨越架与被跨越物最小安全距离；h_3 为高度裕度。跨越架宽度小于 5m 时取 0.5m；大于 5m 时取 1.0m。

（3）搭设跨越架使用应注意的问题。

1）跨越架使用毛竹时，小头有效直径不小于 75mm，搭设时立柱间距离一般为 1.5m 左右，横杆上下距离一般在 1.0m 左右；立柱及支撑杆应埋入土内不少于 0.5m；一般跨越架上部不用封顶，比较重要的跨越需要封顶时一般采用斜向或交叉封。

2）不停电搭设跨越架，一般用于 10~35kV 的带电线路，搭设时线路应退出重合闸，并邀请被跨越线路运行部门现场监护，且应在良好的天气下进行，应用坚实而干燥的竹或杉木杆搭设，并在远离被跨越线路侧打临时拉线，以控制杆不向带电侧倾倒；搭设电力线跨越架的架杆应保持干燥，防止感应电压伤人，竖于地面的架杆埋深不小于 0.5m，跨越架结构要牢固。搭设带电跨越架时，靠近电力线以上部分严禁使用铁丝绑扎。跨越架两边顶端应做羊角保护。

3）为防跨越架顶磨损，应选择好控制挡的水平放线张力，对个别有摩擦的用圆木补强。

4）带电跨越架必须在两头各挂一块"有电危险，严禁攀登"的警示牌。

5）公路跨越架夜间设红色标志灯，在施工过程中派人监护。公路跨越架必须在前后 200m 处设有"电力施工，车辆慢行"的警示牌。

6）跨越架的拆除按搭架时的反顺序自上向下拆除，且须一件一件地拆除，严禁整片推倒。

3. 牵张场地布置

（1）一般情况下，张力放线段的长度宜为 5~8km，放线滑车 15 个。当选择牵张场地非常困难时，放线滑轮数量不应超过 20 个。

（2）选用的放线段长度与线轴导线累计线长相近的方案以减少直线压接管数量。如果导线供货为定长时，放线段长度应与线轴中线长的整数倍相近。

（3）张力场、牵引场宜是地势平坦，交通方便的直线塔之间。

（4）牵张场地应满足牵引机、张力机能直接运达到位，且道路修补量不大，场地面积不应小于：张力场为 55m×25m；牵引场为 30m×25m。牵、张机出口与邻塔悬挂点间的高差角不应超过 15°。

（5）牵引机、张力机一般布置在线路中心线上，其方向应对正邻塔导线悬挂点，使绳（或线）在机上的进出方向垂直于大牵引机的卷扬轮和大张力机的张力轮中心轴。对于地形受限制的地方，可采用转角引出的方式布置牵张场地。转向场地的布置应另编写特殊施工方案，且符合安全使用要求。

4. 放线滑车悬挂

（1）直线塔上采用悬垂放线，滑车悬挂一般与悬垂绝缘串一起吊装。悬垂绝缘子串及放线滑车吊装前应作下列检查：

1）悬垂绝缘子串及金具的组装符合设计图纸规定。

2）放线滑车与绝缘子串连接方式可靠、正确。

3）绝缘子碗头、球头与弹簧销之间的间隙配合适当。

4）采用合成绝缘子串的应同时安装出线操作梯，以防合成绝缘子串受损。

5）耐张塔转角小于 30° 时，每相导线横担端部悬挂一个放线滑车；转角大于 30° 时，每相导线悬挂两个放线滑车。耐张塔的放线滑车，为防止受力后跳槽，应采取预倾斜措施，并随时调整倾斜角度，使导引绳、牵引绳、导线的方向基本垂直于滑车轮轴。悬垂滑车悬挂如图 5-11 所示。

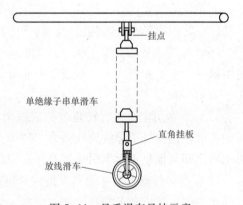

图 5-11 悬垂滑车悬挂示意

（2）通过验算，达到以下条件的杆塔应悬挂双滑车。

1）加在滑车上的荷载 $N = 2T\sin(\varphi/2)$ 大于滑车的承载能力时。

2）滑车包络角 $\cos\phi = \cos(\theta_B + \theta_A) - [\cos(\theta_B + \theta_A) + \cos(\theta_B - \theta_A)]\sin^2(\beta/2)$，角度值大于 30° 时。

5. 导引绳展放

（1）导引绳展放一般采用人力分段展放，在条件较差或者地方关系复杂的地段，采用动力伞或飞艇等进行展放。

（2）导引绳分段展放完毕后，将各段连接升空，利用小牵张系统牵引更大规格的牵引绳。用动力伞或飞艇展放的展引绳，利用小牵张系统逐级牵引。地线可直接用钢丝绳导引绳进行牵引。

6. 牵引绳及导地线展放

（1）展放牵引绳及地线均采用小牵机及小张机。小牵张系统的构成如图 5-12 所示。

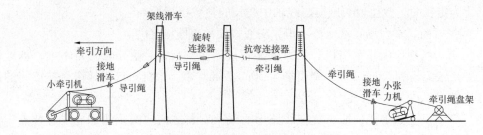

图 5-12　小牵张系统构成示意

（2）展放牵引绳，开始时应慢速牵引。待系统运转正常后，方可全速牵引，其速度应控制在 40~70m/min。

（3）当放线段内的地线或牵引绳展放到位后停止牵引，用卡线器将地线或牵引绳的前后端锚固在地锚上。

（4）导线放线准备妥当且牵放系统连接好后，拆除牵引绳上的卡线器，并在牵引机前的牵引绳上安装钢质接地滑车，进行导线展放工作。

（5）分裂导线（是一组平行导线按一定的几何排列连接的导线束）的展放过程应控制好各子导线的放线张力，使各子导线张力基本一致，保持牵引走板平衡，当牵引走板通过第一基杆塔并向第二基杆塔爬坡时，将张力调整到规定值。

（6）导线调平后，牵引机逐步增大牵引力和速度。牵引力的增值一次不宜大于 5kN，避免增幅过大引发冲击力。牵引速度开始时宜控制在 50m/min，运转正常后，控制牵引速度在 60~120m/min。

（7）当牵引走板接近转角塔的放线滑车时，应减缓牵引速度，并注意按转角塔监视人员的要求，调整好子导线放线张力，使牵引板的倾斜度与放线滑车倾斜度相同。牵引板通过滑车后，即可恢复正常牵引速度及正常牵引速度及正常放线张力。

（8）当导线盘上的导线剩下最后一层时，应减慢牵引速度；当盘上导线剩下 3~5 圈时，应停止牵引，倒出盘上余线，卸下空盘，装上新盘导线，两端头做临时连接后将余线盘入线盘，继续牵引展放导线，接口出张力机后临锚进行压接连接。

（9）导线展放到位后，放线段的两端导线临时收紧连接于地锚上，以保持导线对地面有一定的安全距离。分裂导线临锚时各子导线间应相互错开位置以防导线之间发生鞭击受损。

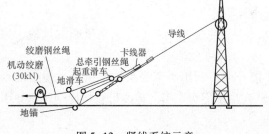

图 5-13　紧线系统示意

7. 导地线紧线

（1）紧线顺序：先紧地线，后紧导线。对单回路线路导线，先紧中相线，后紧边相线；对双回路或多回路导线，按先紧左、右上相，再紧左、右中相，最后紧左、右下相的顺序。紧线系统布置如图 5-13 所示。

（2）分裂导线紧线时，各子导线牵引系统应做到基本同步收紧，同步看弛度。当弛度调整符合设计规定及验收规范要求时，进行画印，设置过轮临锚。过轮临锚布置如图 5-14 所示。

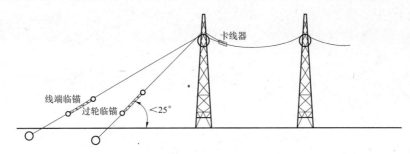

图 5-14　过轮临锚布置示意

（3）在本紧线段与上紧线段的衔接挡内，进行导（地）线直线压接，拆除导（地）线的线端临锚，使导地线由地面升至空中等项作业，简称为松锚升空，如图 5-15 所示。松锚升空应按下列步骤操作：

1）在待紧线端的线端临锚前安装卡线器，尾端连接钢丝绳，通过转向滑车，收紧导线，使线端临锚不受力。

2）拆除待紧线段及已紧线段的线端临锚。

3）收紧压线滑车组，使其受力后，再慢慢松出代替线端临锚的钢丝绳。当钢丝绳不受力时，再拆除卡线器。

4）慢慢松出压线滑车组，使导（地）线升空。

5）当压线滑车组松放到不受力时，拉动拉脱绳，使压线滑车翻转，解下压线滑车。

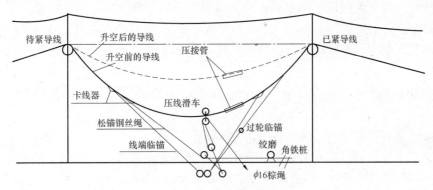

图 5-15　松锚升空布置示意

8. 平衡挂线

（1）耐张塔平衡挂线及半平衡挂线的作业程序：

1）横担两侧进行高空临锚。

2）割线、松线落地。

3）压接耐张线夹。

4）连接绝缘子及金具串。

5）平衡挂线或半平衡挂线。

6）安装其他附件。

（2）平衡挂线也称不带张力挂线。挂线所需过牵引量用空中临锚收足，连接金具到达挂线位置时，空中临锚仍然承受锚固的导线张力（即过牵引张力）。挂线工具只承受拉紧耐张绝缘子串及所带导线的张力，如果空中临锚收紧量不足影响挂线时，应补充收足，不得以挂线工具强行拉线。

（3）同相两侧挂线后，同步放松高空临锚的手扳葫芦。待临锚钢绳松弛后，方可拆除临锚装置。平衡挂线布置如图5-16所示。

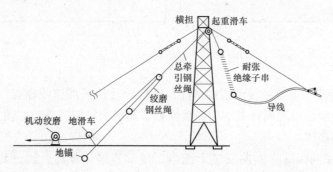

图5-16 平衡挂线布置示意

9. 质量控制措施

（1）线路通道内的障碍物应清除，遇有交叉跨越处应采取防止磨损导线的措施。

（2）展放导线前应检查线轴轮缘和侧板有无损坏。凡有损坏者应修补完好并将轮缘铁钉拔除干净。

（3）导线线盘盘架应按扇形布置，使导线引出方向与线轴轴心线方向垂直，并与张力机的进线架保持一定距离。

（4）放线过程中，牵张机操作应平稳，保持四根子导线张力平衡，预防导线跳槽或牵引板翻转。

（5）耐张转角塔的放线滑车应安装预偏装置，上扬塔位应设置压线滑车，避免导线跳槽。

（6）必须保证指挥通信系统正常工作，加强施工监护。

（7）卡线器安装前应核对型号，检查槽口、槽体是否圆滑，必要时进行磨光处理。卡线器在导线上安装、拆卸时，禁止在导线上滑动或转动，并在其后方的导线上套上开口胶管加以保护。

（8）过轮临锚应采用每根子导线单独分离安装，避免临锚钢丝绳与导线同槽压伤导线。临锚时间不宜过长，应尽量缩短各子工序之间的间隔时间，避免导线在滑车处磨损和导线在档距中间互相鞭击磨损。

（9）张力机的导线出口处与邻塔悬挂点的高差仰角不宜超过15°。

（10）在压接操作场，地形应平整，地面应铺垫帆布，使导线与地面隔离。

（11）断线前，应用细铁丝绑紧断线点两侧的导线，防止断线后导线松股。断线后，不用的导线应顺线弯盘好，放在木板上，或盘绕在线盘上。断线后待压的导线应理顺，防止扭曲松股。

（12）外层导线线股有轻微擦伤，其擦伤深度不超过单股直径的 1/4，且截面积损伤不超过导电部分截面积的 2% 时，可不补修，用 0 号细砂纸磨光表面棱刺。

当导线损伤已超过轻微损伤，但在同一处损伤的强度损失不超过总拉断力的 8.5%，且损伤截面积不超过导电部分截面积的 12.5% 时为中度损伤。中度损伤应采用修补管补修。

当导线强度损伤超过保证计算拉断力的 8.5%，且截面损伤超过导电部分截面积的 12.5%，损伤范围超过一个补修管允许补修的范围时，或钢芯有断股，金钩、破股已使钢芯或内层线股形成无法修复的永久变形时，应将损伤部分全部锯掉，用直线压接管将导线重新连接，其压接尺寸见表 5-33。

表 5-33　　　　　　　　　　　　　　　　导线压接尺寸（mm）

管名		型号	内径		外径		管长	压接部位长度	最大对边距
导线耐张管	铝管	NY-400/35	—	-0.4	45	+0.6 / -0.2	—		38.90
	钢管		±0.2		16	+0.4 / -0.2			13.96
导线耐张管	铝管	NYYBX-400/35	—	-0.4	45	+0.6 / -0.2	—		38.90
	钢管		±0.2		16	+0.4 / -0.2			13.96
导线耐张管	铝管	NY-400/50	—	-0.4	45	+0.6 / -0.2	—		38.90
	钢管		±0.2		20	+0.4 / -0.2			17.40
地线耐张管	铝管	NY150BG	—	-0.4	42	+0.6 / -0.2	—		36.32
	钢管		±0.2		26	+0.4 / -0.2			22.56

（13）不同金属、不同规格、不同绞制方向的导线或避雷线严禁在一个耐张段内连接。

（14）导线或避雷线采用液压连接时，必须由经过培训并考试合格的技术工人担任。操作完成并自检合格后，应在连接管上打上操作人员的钢印。

（15）导线或避雷线必须使用符合设计要求的电力金具配套接续管及耐张线夹进行连接。连接后的握着强度在架线施工前应制作试件试验。试件不得少于三组，其试验握着强度不得小于导线或避雷线保证计算拉断力的 95%。

（16）切割导线铝股时严禁伤及钢芯。导线及避雷线的连接部分不得有线股绞制不良、断股、缺股等缺陷。连接后管口附近不得有明显的松股现象。

（17）液压连接导线时，导线连接部分外层铝股在清洗后应薄薄地涂上一层导电脂，并应用细铜丝刷清刷表面氧化膜，保留导电脂进行连接。

（18）在一个档距内每根导线或避雷线只允许有一个接续管和三个补修管，当张力放线时不应超过两个补修管，并应满足下列规定：

　　1）各类管与耐张线夹间的距离不应小于15m。

　　2）接续管或补修管与悬垂线夹的距离不应小于5m。

　　3）接续管或补修管与间隔棒的距离不宜小于0.5m。

　　4）宜减少因损伤而增加的接续管。

　　（19）观测弧度时的实测温度应能代表导线或避雷线的温度，温度应在观测档内测量。

　　（20）架线后应测量导线对被跨越物的净空距离，并换算到最大温度时的距离，换算后的净空距离必须符合设计规定。

5.1.7　弧度观测与调整

1. 观测档的选择原则

　　（1）观测档位置应分布均匀，相邻两观测档相距不应超过四个线档。

　　（2）观测档应具有代表性，如较高悬挂点的前后两侧，相邻紧线段的结合处，重要被跨物附近等。

　　（3）宜选档距较大，悬挂点高差较小及接近代表档距的线档。

　　（4）宜选对临近线档监测范围较大的塔号作观测站。不宜选临近转角塔的线档作观测站。

　　（5）紧线段在5档及以下时，在靠近中间选择一档；在6～12时，在靠近两端各选一档；在12档以上时，在靠近中间和两端各选一档。

2. 弧度调整程序及操作方法

　　（1）观测弧垂的温度为在观测档内实测或采用几个观测档实测值的平均数。

　　（2）收紧导线，调整距紧线场最远的观测档的弧度，使其合格或略小于要求的弧度；放松导线，调整距紧线场次远的观测档的弧度，使其合格或略大于要求的弧度；再收紧使较近的观测档合格，依此类推，直至全部观测档调整完毕。

　　（3）同一观测档同相子导线应同为收紧或同为放松调整，否则可能造成非观测档子导线弧度不平。

　　（4）同相子导线用经纬仪统一操平，并利用观测站尽量多检查一些非观测档的弧度情况。

　　（5）弧度调整发生困难，各观测档不能统一时，应检查观测数据和观测档档距。发生紊乱时，应放松导线，暂停一段时间后重新调整。

5.1.8　金具组装

1. 金具组装的一般要求

　　（1）导线防振锤与导线连接需缠绕铝包带，其余与导地线连接的金具均不加缠铝包带。

　　（2）耐张线夹本体尾部水平线呈35°或45°，其偏向总是偏往远离塔身一侧。

　　（3）金具串上的螺栓、销钉穿向应符合下列规定：

　　1）悬垂式：横线路方向，所有连接金具的螺栓及穿钉方向一律由线路内侧向线路外侧穿行，中线由左向右穿入；顺线路方向，一律向大号侧穿行（合成绝缘子上下均压环螺栓也向大号侧穿行）。

2）耐张式：垂直方向的由上向下穿，水平方向由内向外，中线由左向右穿入；双联时水平方向要对穿；各种销子均应开口，且开口 60°~90°。

（4）绝缘子弹簧销子穿向。先明确绝缘子的两种弹簧销子的穿入方向，如图 5-17 所示。

图 5-17　绝缘子的两种弹簧销子的穿入方向
(a) R 型销子及方向；(b) W 型 销子及方向

1）单、双联悬垂串：绝缘子销子（W 型销或 R 型销）一律向大号侧穿入，碗头挂板销子由内向外穿。

2）跳线串：绝缘子及碗头挂板销子穿向同单联悬垂串。

3）耐张串：绝缘子（R 型销）及碗头挂板（R 型销）销子由上向下穿。

（5）绝缘子及碗头大口方向。单、双及跳线悬垂串使用 W 弹簧销子时，绝缘子及碗头大口均朝线路小号侧；使用 R 弹簧销子时，绝缘子及碗头大口均朝线路大号侧。

耐张串当使用 W 弹簧销子时，绝缘子大口均应向上；当使用 R 弹簧销子时，绝缘子大口均应向下。

导线单联耐张串：碗头大口两边相对内、中相对右。

导线双联耐张串：碗头大口朝串内（大口相对）。

所有弹簧垫圈的紧固应闭口，所有 R 弹簧销子装好后应与铅垂面成 45°夹角。

2. 防振锤安装

防振锤安装个数及距离，应根据设计要求进行安装，见表 5-34 和表 5-35。不论是悬垂串还是耐张串，不论安装几个防振锤，防振锤安装距离一律从线夹出口处算起。

防振锤应与地面垂直，其安装距离偏差不应大于±30mm。

表 5-34　　　　　　　　　　防 振 锤 安 装 个 数

导线直径 d（mm）	档距（m）		
	1 个	2 个	3 个
$d<12$	≤300	300~600	600~900
$12≤d≤22$	≤350	350~700	700~1000
$22<d<37.1$	≤450	450~800	800~1200

表 5-35　　　　　　　　　　防振锤安装距离一览表

安装距离（m）　档距（m）　导线型号	100	120	140	160	180	200	220	240	280	300	320
LGJ-70	0.645	0.636	0.63	0.62	0.61	0.61	0.61				
LGJ-95	0.81	0.83	0.83	0.82	0.81	0.81	0.81				
LGJ-120	0.907	0.92	0.94	0.94	0.93	0.93	0.93	0.93	0.93		
LGJ-150	0.966	1.02	1.04	1.05	1.07	1.07	1.07	1.07			
LGJ-185	1.082	1.10	1.13	1.15	1.17	1.17	1.08	1.18	1.182		

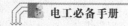

续表

档距（m） 安装距离（m） 导线型号	100	120	140	160	180	200	220	240	280	300	320
LGJ-240	1.132	1.17	1.20	1.12	1.25	1.26		1.28	1.281		
GJ-35	0.637		0.64	0.64		0.64		0.63			
GJ-50	0.732		0.74		0.74		0.74		0.74	0.73	0.73

注 在同一耐张段内，防振锤的安装距离一样。

3. 跳线安装

（1）耐张塔跳线长度，以施工图数据为参考，以保证跳线弧垂为准，塔上实际比量施工。

（2）跳线所用的导线应选用未受张力拉伸的导线。

（3）引流线安装后应呈近似悬链线状自然下垂，做到工艺美观。压接引流线夹中间不得有接头。

（4）跳线安装后，测量最小对塔距离，如不符合设计要求，必须查明原因，进行调整或重装。在任何气象条件下，跳线均不得与金具相碰。

（5）直线耐张塔的中相引流线，面向大号侧安装在线路前进方向的右侧。

（6）跳线安装后，跳线应呈悬链状自然下垂，跳线悬垂串平面不得有弯曲扭转现象，并应垂直，两边跳线呈自然弯曲；直跳跳线使用5只间隔棒，2只位置分别为两侧线夹下0.5m处，中间均匀分布3只。绕跳跳线在位于线夹下0.5m处安装2只间隔棒，在中间跳线串两侧合适位置安装2只JB-5的并沟线夹。

跳线弧垂的施工误差应控制在±0.05m以内。跳线对塔身的最小距离满足大气过电压1.9m，操作过电压1.45m，运行电压0.55m；三相对应风偏角分别为7.78°，16.95°，46.03°的要求。引流板连接面为光面，连接前耐张管尾板与引流板接触面应用汽油清洗干净，涂导电脂以增强导电能力。引流板安装时导电脂涂刷要均匀、涂满。有跳线悬垂串的，两边跳线呈对称自然弯曲。

5.1.9 在混凝土杆上架线作业

1. 横担安装技术要求

目前低压架空线路主要使用的是铁横担，也有的使用瓷横担。安装横担的技术要求如下。

（1）安装偏差。横担安装应平整，安装偏差不应超过下列数值的规定：横担端部上下歪斜为20mm；横担端部左右歪斜为20mm。双杆横杆，与电杆接触处的高差不应大于两杆距的5‰，左右扭斜不大于横担总长的1%。

（2）横担的上沿应装在离电杆顶部100mm处，如图5-18所示。多路横担上下档之间的距离应在600mm左右，分支杆上的单横担的安装靠向必须与干线线路横担保持一致。

（3）安装方向。直线单横担应安装于受电侧；90°转角杆或终端杆，当采用单横担时，应安装于拉线侧，多层横担同上。双横担必须有拉板或穿钉连接，连接处个数应与导线根数对应。

（4）陶瓷横担安装时，应在固定处垫橡胶垫，垂直安装时，顶端顺线路歪斜不应大于10mm；水平安装时，顶端应向上翘起 5°~15°，水平对称安装时，两端应一致，且上下歪斜或左右歪斜不应大于 20mm。

（5）横担在电杆上的安装部位必须衬有弧形垫铁，以防倾斜。

图 5-18　横担安装示例

（6）耐张杆、跨越杆和终端杆上所用的双横担，必须装对整齐。

（7）在直线段内，每档电杆上的横担必须互相平行。

2. 绝缘子安装技术要求（见表 5-36）

表 5-36　　　　　　　　　　　　　　绝缘子安装技术要求

序号	技术要求及说明
1	针式绝缘子应与横担垂直，顶部的导线槽应顺线路方向，紧固应加镀锌的平垫弹垫。针式绝缘子不得平装或倒装。绝缘子的表面清洁无污
2	悬式绝缘子使用的平行挂板、曲形拉板、直角挂环、单联碗头、球头挂环、二联板等连接金具必须外观无损、无伤、镀锌良好，机械强度符合设计要求，开口销子齐全且尾部已曲回。绝缘子与绝缘子连接成的绝缘子串应能活动，必要时要做拉伸试验弹簧销子、螺栓的穿向应符合规定
3	蝶式绝缘子使用的穿钉、拉板的要求同 2，所有螺栓均应由下向上穿入
4	外观检查合格外，高压绝缘子应用 5000V 绝缘电阻表摇测每个绝缘子的绝缘电阻，阻值不得小于 500MΩ；低压绝缘子应用 500V 绝缘电阻表摇测，阻值不得小于 10MΩ 最后将绝缘子擦拭干净。绝缘子裙边与带电部位的间隙不应小于 50mm

3. 架线

架线是由放线、挂线和紧线三个工序组成，这三个工序安装顺序同时施工，一气呵成。

（1）放线。放线必须按线轴或导线盘缠绕的反方向，且要面对挂线或线路方向放线，如图 5-19 所示。放线时，线轴或导线盘必须立放，不得倒放，严禁导线打扭或拧成麻花状。

（2）挂线。挂线分两个步骤：① 把非紧线端（终端或始端/接户杆或进户杆根据现场条件选定）的导线固定在横杆上的终端绝缘子（茶台）上。② 把导线挂在其他直线杆的横担上。

1）非紧线端导线在横担茶台上固定，可在杆上直接操作，也可在杆下先把导线绑扎在茶台上，然后再登杆操作并把茶台用拉板固定在横担上。

2）直线杆上的挂线可在横担上悬挂开口铜或铝滑轮，必须用铁线将滑轮绑扎牢固。也可在横担上垫以草袋或棉垫，其目的是防止紧线时将导线划伤。草袋或棉垫也应用绳子绑扎

图 5-19　线轴放置及放线架

（a）放线架的结构；（b）将托线盘安装在底座上；（c）放线架插入线轴孔中；（d）电线盘立放在放线架上

牢固。

（3）紧线。低压配电线路一般采用人工杆上紧线器紧线，如图 5-20 所示。紧线时要注意横担和杆身的偏斜、拉线地锚的松动、导线与其他物的接触或磨损、导线的垂度等。紧线的准备工作见表 5-37。紧线操作的方法及步骤见表 5-38。

表 5-37　　　　　　　　　　紧 线 准 备 工 作

序号	操作方法及说明
1	检查耐张段内拉线是否齐全牢固，地锚底把有无松动
2	检查导线有无损伤、交叉混淆、障碍、卡住等情况，接头是否符合要求，是否已挂滑轮且导线已在轮内；检查电杆有无倾斜、杆头金具、绝缘子是否缺件等
3	紧线工具（紧线器、耐张线夹、铝包带、绑线、活扳手、头、登杆工具、挂紧线器用的 8 号铅丝或 6~10mm 的钢筋等）应准备齐全并运到现场，操作人员应全部到达指定现场
4	紧线操作人员、观察导线弧垂的人员、指挥人员等应全部到达指定地点，并做好准备

表 5-38　　　　　　　　　　紧线操作的方法及步骤

步骤	操作方法及说明
1	操作人员登上杆塔后，将导线末端穿入紧线杆塔上的滑轮后，把导线端头顺延在地下，一般先由人力拉导线，然后再用牵引绳将导线拴好、拴紧

续表

步骤	操作方法及说明
2	紧线前，将与导线规格对应的紧线器预先挂在与导线对应的横担上，同时将耐张线夹及其附件、绑线、铝包带、工具等用工具袋带到杆上挂好。 紧线器的优点在于牵引取掉后仍可随意调节导线的松紧，因此是一种常用的方法
3	通过规定的信号在紧线系统内（始端、中途杆上、垂度观察员、牵引装置等）进行最后检查和准备工作，一切正常后即可由指挥者发出准备起动牵引装置的命令，准备就绪后即可起动牵引装置。牵引速度宜慢不得快
4	弧垂一般由人肉眼观察，必要时应用经纬仪观察。弧垂观测挡的选择原则如下： （1）紧线段在 5 挡及以下时，靠近中间选择一挡。 （2）紧线段在 6~12 挡时，靠近两端约 1/4 处各选择一挡。 （3）紧线段 12 挡以上时，靠近两端 1/4 处及中间各选一挡。 （4）观测挡宜选挡距较大和悬挂点高差较小的挡距，若地形特殊应适当增加观测挡

图 5-20　人工在杆上用紧线器紧线

4. 在绝缘子上固定导线

（1）导线在绝缘子上固定的技术要求见表 5-39。

表 5-39　　　　　　　　　　　　导线在绝缘子上固定的技术要求

序号	技术要求及说明
1	导线的固定必须牢固可靠，不得有松脱，空绑等现象
2	对于直线杆塔，导线应安装在针式绝缘子或直立瓷横担的顶槽内；水平瓷横担的导线应安装在端部的边槽上；采用绝缘子串悬挂导线时，必须使用悬垂线夹
3	直线角度杆，导线应固定在针式绝缘子转角外侧的脖子上
4	直线跨越杆，导线应固定在外侧绝缘子上，中相导线应固定在右侧绝缘子上（面向电源侧）。导线本体不应在固定处出现角度
5	绑扎铝绞线或钢芯铝绞线时，应先在导线上包缠两层铝包带，包缠长度应露出绑扎处两端各 15mm，如图 5-21 所示
6	绑扎方式应按标准要求进行，绑线的材质应与导线相同
7	绑扎固定时，应先观察前后挡距弧垂是否一致，否则应先拉动导线使其基本一致后，再进行绑扎，绑扎必须紧固

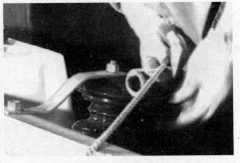

图 5-21　包缠铝包带操作

（2）导线在绝缘子上的固定方法。导线在针式及蝶式绝缘子上的绑扎固定，通常采用绑线缠绕法。绑线缠绕法有顶部绑扎法和颈部绑扎法两种，其操作方法及步骤如图 5-22 所示。

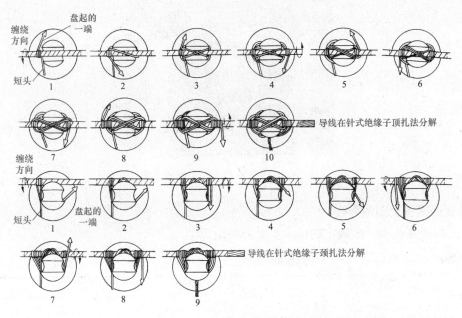

图 5-22　绑线缠绕法操作步骤分解

（3）导线在绝缘子上固定的注意事项（见表 5-40）。

表 5-40　　　　　　　　　　　　　　　导线在绝缘子上固定宜与忌

序号	注意要点及说明
1	核实并检查绝缘子及连接金具（送电线路使用的铁制或铝制金属附件，统称为金具）的规格型号与导线的规格型号、电压等级是否相符
2	检查绝缘子的瓷质部分有无裂纹、硬伤、脱釉等现象；瓷质部分与金属部分的连接是否牢固可靠；金属部分有无严重锈蚀现象
3	擦拭绝缘子上的污迹

续表

序号	注意要点及说明
4	针式绝缘子顶槽绑扎时，顶槽应顺线路方向
5	针式绝缘子在横担上的固定必须紧固，且有弹簧垫
6	使用连接金具连接时，应检查其有无锈蚀破坏、螺纹脱扣等现象
7	不合格的绝缘子，金具不得在线路中使用
8	清理并检查杆头有无遗漏工具，草屑、铁丝、绑线等物，应清除干净
9	杆头较复杂时，应检查导线与横担、拉线及相与相之间的安全距离是否符合要求
10	杆头有无其他不妥

5.1.10　拉线制作与安装

1. 拉线的种类及用途（见表 5-41）

表 5-41　　　　　　　　　　　拉线的种类及用途

序号	拉线名称	用途
1	普通拉线	用于终端、转角和分支杆，装设在电杆受力的反面，用来平衡电杆所受导线的单向拉力。对于耐张杆则在电杆顺线路方前后设拉线，以承受两侧导线的拉力
2	侧面拉线（人字拉线）	用于交叉跨越和耐张段较长的线路上，以便使线路能抵抗横线路方向上的风力，因此有时也叫作风雨拉线或防风拉线，每侧与普通拉线一样
3	水平拉线（拉桩拉线）	用于拉线需要跨越道路或其他障碍时的拉线
4	自身拉线	用于地面狭窄、受力不大的杆上
5	Y 型上下拉线	用于受力较大或较高的杆上
6	Y 型水平拉线	用于双杆受力不大的杆上
7	X 型拉线（交叉拉线）	用于双杆受力较大的杆上

2. 拉线制作操作要点（见表 5-42）

表 5-42　　　　　　　　　　　拉线制作操作要点

序号	内容	要点	
1	基本方法	用尺量出钢绞线及回弯处的长度，利用钳具、大剪刀、铁锤等工具，人力制作回弯并装入线夹	
2	操作程序	根据测量计算的结果，量出钢绞线长度→断开→制作上把→现场组立、校正杆段→制作下把→绑扎断头→涂红丹→调整拉线	
3	质量标准检查项目	各部件规格强度必须符合设计要求	（关键）与图纸核对
		拉线连接强度必须符合设计要求	（关键）按标准金具核对
		拉线可调部分不少于线夹可调部分的 1/2	（关键）尺量
		拉线与拉棒应是一直线，组合拉线应受力一致	（一般）观察
	检查方式	X 型拉线的交叉点处应有足够的空隙，避免相互磨碰	（一般）观察

序号	内容	要　　点	
3	检查方式	拉线线夹弯曲部位不应有明显松股，拉线断头应用φ1.2镀锌铁丝绑扎5道；与本线的绑扎处用φ3.2铁丝扎5道，线夹尾线长度为300~400mm	（一般）观察
4	注意事项	（1）线夹舌板应与拉线紧密接触，受力后无滑动现象。线夹的凸背应在尾侧，安装时，线股不应松散及受损坏。 （2）同组拉线使用两个线夹时，线夹尾线端方向统一在线束的外侧。 （3）杆塔多层拉线应在监视下对称调节，防止过紧或受力不匀。 （4）线夹及花篮螺栓的螺杆必须露出螺母，并加装防盗帽。 （5）拉线断头处及拉线钳夹紧处损伤时应涂红丹防锈。 （6）当拉线制作采用爆压、液压时，参见对应施工工艺规程。 （7）现场负责人对拉线制作工艺质量负责检验	

3. 固定拉线上把

（1）缠绕法。用2~3mm的镀锌铁丝将上把心形环处绑扎，绑扎要紧密牢固可靠，最好用小辫收尾，如图5-23所示，绑扎长度250~350mm，要根据拉线的长短而定。

（2）楔形线夹法。用金具（线夹）固定拉线，如图5-24所示。金具的选择要与拉线的直径相符，线尾要绑扎固定。

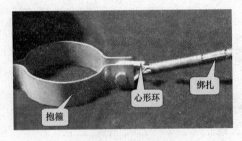

图5-23　绑扎缠绕法制作上把

图5-24　楔形线夹法制作上把

4. 固定拉线下把

拉线下把的固定方法一般有三种，即缠绕法、楔形UT线夹法和花篮螺栓法。目前应用最广泛的是采用UT型线夹固定，如图5-25所示。

5. 拉线制作及固定注意事项

（1）拉线与电杆的夹角一般为45°~60°，当受地形限制时，不宜小于30°。终端杆的拉线及耐张杆承力拉线应与线路方向对正；转角拉线应与转角后线路方向对正；防风拉线应与线路方向垂直；拉线穿过公路时，对路面中心的垂直距离不得小于6m。

（2）采用UT型线夹及楔形线夹固定，安装前螺纹上应涂润滑剂；拉线弯曲部分不应有明显松股，露出的尾线不宜超过400mm；所有尾线方向应一致；调节螺钉应露扣，应有不小于1/2螺杆螺纹长度可供调节。调整后UT型线夹应用双螺母且拧紧，花篮螺栓应封固，尾线应绑扎固定。

（3）居民区、厂矿内，混凝土电杆的拉线从导线之间穿过时，拉线中间应装设拉线专

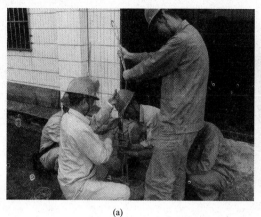

（a） （b）

图 5-25 用 UT 型线夹制作拉线下把

（a）安装 UT 线夹；（b）安装完毕后的效果图

用的蛋形绝缘子。

（4）拉线底把埋设必须牢固可靠，拉线棒与底拉盘应用双螺母固定，拉线棒外露地面长度一般为 500~700mm。

（5）拉线安装前应对拉线抱箍及其穿钉、心形环、钢绞线或镀锌铁丝、拉线棒、底盘、线夹、花篮、螺钉、蛋形绝缘子等进行仔细检查，有不妥的不得使用。拉线组装完后，应对杆头进行检查，不得有遗物滞留在杆上。

5.1.11 架空线路的防雷接地

1. 接地引线的安装（见表 5-43）

表 5-43 接地引线的安装要求

序号	安装要求及说明
1	钢筋混凝土电杆都用其内主筋作为接地引线，有的混凝土杆在制作时已将上下端的接地端引出或加长，避免了用电焊加长引线的作业，否则要动用电焊或气焊将主筋用同径的圆钢焊接加长，然后将上端用钢制并钩线夹将其与架空地线或中性线连接。 下端通常是在引线上焊接一块长 300mm、厚 4mm 且开 2 个 16mm 圆孔的镀锌扁钢，焊接处要涂沥青漆。然后与由接地体引来的接地线螺栓连接，接地线通常也应用镀锌扁钢引来，连接点同上，螺栓必须有平垫、弹簧垫
2	预应力钢筋混凝土杆不允许用主筋接地，一般沿杆身另挂一根接地引线，为了便于用双沟线夹和避雷线连接，一般使用 16mm 镀锌圆钢或 50mm^2 及以上的镀锌钢绞线，沿杆身每隔 1.5m 用抱箍卡子加以固定。下端采用镀锌圆钢时作法同 1。采用镀锌钢绞线时，由接地体引来的接地线应用 16mm 镀锌圆钢，与钢绞线用双沟线夹可靠连接，如图 5-26 所示
3	铁塔本身可作为接地导体，上端可用螺栓连接短节镀锌钢绞线，然后再与避雷线并沟线夹连接；下端可直接与接地线螺栓连接

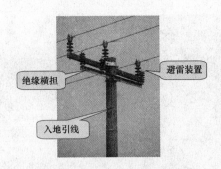

图 5-26　架空线路防雷接地

2. 接地体及接地线的安装（见表 5-44）

表 5-44　　　　　　　　　接地体及接地线的安装要求

序号	安装要求及说明
1	在杆塔四周 3~5m 的地面上挖深 0.8m、宽 0.4~0.5m（以能进行安装宜）环形地沟
2	将 2500~3000mm 的镀锌圆钢垂直打入沟内，上留 100mm 焊接接地线，打入根数一般为 3~5 根，间隔应大于或等于 5m。其根数以实测接地电阻为准，接地电阻大于规定值时，应增加根数
3	用 12~16mm 的镀锌圆钢或 5mm×40mm 的镀锌扁钢，用电焊将环形沟内的接地极焊接起来，并引至杆塔接地引线处，所有焊点应涂沥青漆防腐
4	接地极引至杆塔出地平 2.0m 处用竹套管或镀锌角钢保护，并用两个抱箍将其与杆固定，然后用黑、白漆间隔段 50mm 涂刷

3. 接地极接地电阻

接地极安装好，未与杆塔接地引线连接前应测试其接地电阻，防雷接地电阻值应小于 10Ω；中性线接地的接地电阻值应小于 4Ω；重复接地电阻值为 10Ω。接地电阻达不到要求时可增补接地极或换土。

4. 重复接地

低压架空线路的重复接地是指低压架空线路的中性线每隔 5 档（或按设计规定）接地一次，方法要求同前所述。

5. 防雷接地装置的安装要求

（1）在倾斜地形上敷设接地体及接地线应沿等高线敷设，防止因接地沟被雨水冲刷而造成接地体外露。接地体不宜有明显的弯曲。

（2）所有材料必须镀锌处理。

（3）采用搭接焊时，搭接长度应符合下列规定：

1）圆钢为其直径的 6 倍，并双面施焊。

2）扁钢为其宽度的 2 倍，并四面施焊。

3）圆钢与扁钢连接，搭接长度为圆钢直径 6 倍，双面焊。

4）爆压连接，爆压管的壁厚不得小于 3mm，长度不小于下列要求：

- 搭接爆压管为圆钢直径的 10 倍；
- 对接爆压管为圆钢直径的 20 倍。

5.2　电力电缆线路

5.2.1　电力电缆的选用

1. 电力电缆的相关名词（见表5-45）

表 5-45　　　　　　　　　　　　　电力电缆的相关名词

序号	名词	含　义
1	电力电缆	输配电用的电缆
2	绝缘电缆	绝缘电缆是下列几个部分组成的集合体：一根或多根绝缘线芯，它们各自的包覆层（如果具有时），总保护层（如果具有时），外保护层（如果具有时），电缆也可以有附加的没有绝缘的导体
3	单芯电缆	只有一根绝缘线芯的电缆
4	多芯电缆	有一根以上绝缘线芯的电缆
5	扁（多芯）电缆	多根绝缘线芯组平行排列成扁平状的多芯电缆
6	电缆附件	在电缆线路中与电缆配套使用的附属装置的总称
7	不滴流电缆	在最高连续工作温度下浸渍剂不流淌的整体浸渍纸绝缘电缆
8	耐火电缆	又称为 FS 电缆，这种电缆不易着火至完全烧毁，在火灾中及火灾后尚能继续工作，可保证救火过程中的用电需要
9	阻燃电缆	又称为 FR 电缆，普通聚合物，在燃点以上的火焰中都会燃烧。FR 阻燃电缆的特点是单根电缆垂直燃烧时可阻止火焰蔓延，火焰移去后会自动熄灭
10	低延阻燃电缆	又称为 FRR 电缆，其特点是能通过多根电缆垂直托架敷设的阻燃试验，在试验中，集中成束电缆中所含可燃物质比单根电缆多，但要求其火焰蔓延能受到控制
11	无卤低烟阻燃电缆	又称为 FOH 电缆，FOH 电缆的特点是燃烧时既具有 FR 或 FRR 阻燃能力，又不会排放氯化氢（HCl）等有毒气体，所散发的烟雾也非常稀薄
12	心导体电力电缆	N 线（或 PEN 线）均匀外包于各相线外侧，与各相线距离均等，有利于均衡、降低各相对 N 的电抗
13	分相铅套电缆	每根绝缘线芯分别挤包铅或铅合金（护）套的三芯电缆
14	充油电缆	用绝缘油作加压流体，并能使油在电缆中自由流动的一种自容式压力型电缆
15	架空绝缘电缆	用于架空或户外悬挂的绝缘电缆
16	绝缘层	电缆中具有耐受电压特定功能的绝缘材料
17	挤包绝缘	通常由一层热塑性或热固性材料挤包成的绝缘
18	绕包绝缘	用绝缘带螺旋绕包成同心层的绝缘
19	浸渍纸绝缘	用浸渍绝缘纸组成的绕包绝缘
20	橡皮绝缘	由橡皮或橡皮带组成的密实层绝缘
21	塑料绝缘	由塑料制成的密实层的或带包的绝缘
22	屏蔽层	将电磁场限制在电缆内或电缆元件内，并保护电缆免受外电场、磁场影响的屏蔽层。包覆在电缆外的屏蔽层通常是接地的
23	导体屏蔽	覆盖在导体上的非金属或金属材料的电屏蔽层

序号	名词	含　义
24	绝缘屏蔽	包覆在绝缘层上金属或非金属材料的电屏蔽层
25	绝缘线芯	导体及其绝缘层和屏蔽层（如具有时）的组合体
26	填充物	在多芯电缆中用于填充各个绝缘线芯之间间隙的材料
27	内衬层	包在多芯电缆缆芯（可包括填充物）外面放在保护层下的非金属层
28	隔离层	用来防止电缆的不同组成部分间（如导体和绝缘或绝缘和护层间）相互有害影响的隔离薄层
29	护套	金属或非金属材料均匀连续的管状包层，通常是挤制而成
30	铠装层	通常用以防止外界机械影响由金属带、线、丝制成的电缆的覆盖层
31	外被层	在电缆外面的一层或几层非挤出的覆盖层
32	编织层	由金属或非金属材料编织而成的覆盖层
33	百分数电导率	在20℃时国际标准软的标准电阻率（IACS）与同温度下材料的电阻率之比，用百分数表示，可用质量或体积计算
34	载流量	在允许工作温度下电缆导体中所传导的长期满载电流
35	导体截面积	组成导体的各个单线垂直于导体轴线的横截面积之和
36	绞距	电缆某元件以螺旋形旋转一周时沿轴向的长度
37	节径比	绞合元件的绞距与其螺旋直径之比
38	氧指数	是指在规定条件下，固体材料在氧、氮混合气流中，维持平稳燃烧所需的最低氧含量。氧指数高表示材料不易燃烧，氧指数低表示材料容易燃烧。材料的氧指数（LOI）与其阻燃性的对应关系如下：LOI 小于 23，可燃；LOI 24~28，稍阻燃；LOI 29~35，阻燃；LOI 大于 36，高阻燃
39	绞向	电缆的绞合元件相对以电缆轴向的旋转方向
40	绞合常数	绞合前元件的长度与绞合后制件的长度之比
41	填充系数	组成导体的单线截面积总和与导体轮廓截面积之比

2. 电力电缆选用原则

（1）电线电缆型号的选择。选用电线电缆时，要考虑用途，敷设条件及安全性。例如，根据用途的不同，可选用电力电缆、架空绝缘电缆、控制电缆等；根据敷设条件的不同，可选用一般塑料绝缘电缆、钢带铠装电缆、钢丝铠装电缆、防腐电缆等；根据安全性要求，可选用不延燃电缆、阻燃电缆、无卤阻燃电缆、耐火电缆等。

（2）电线电缆规格的选择。确定电线电缆的使用规格（导体截面积）时，一般应考虑发热，电压损失，经济电流密度，机械强度等选择条件。

根据经验，对于高压线路，则先按经济电流密度选择截面积，然后验算其发热条件和允许电压损失；而高压架空线路，还应验算其机械强度。低压动力线因其负荷电流较大，故一般先按发热条件选择截面积，然后验算其电压损失和机械强度；低压照明线因其对电压水平要求较高，可先按允许电压损失条件选择截面积，再验算发热条件和机械强度。

3. 电力电缆的选择要素

选取电气装备用电缆时必须根据线缆的性能和使用条件，确定线缆的要素，按要素来选用线缆。一般用途电缆，必须考虑表 5-46 所列的要素。

表 5-46 　　　　　　　　　选择电气装备用电缆的要素

序号	要素名称	说　明	举　例
1	电缆颜色	黑、黄绿等	黑
2	承受最大电流（载流量）	A	15A
3	导体截面积或线规	$25mm^2$、24AWG 等	14AWG
4	耐压水平	1000V	600V
5	环境工作温度	℃	105℃
6	类型	BVR、UL 等	UL1015
7	导体直流电阻	Ω/km	9.46
8	阻燃要求	氧指数	28
9	安规认证	如：UL	UL
10	附加说明	双层护套、多芯等	

4. 常用电缆的载流量

（1）电缆敷设在地中导管内的载流量，见表 5-47。

表 5-47 　　　　　　　电缆敷设在地中导管内的载流量（A）

导体标称截面积（mm²）	电缆敷设在导管内			
	聚氯乙烯绝缘 导体温度：70℃ 环境温度：地中 20℃		聚乙烯绝缘 导体温度：90℃ 环境温度：地中 20℃	
	两根有载导体/铜	三根有载导体/铜	两根有载导体/铜	三根有载导体/铜
1.0	17.5	14.5	21	17.5
1.5	22	18	26	22
2.5	29	24	34	29
4	38	31	44	37
6	47	39	56	46
10	63	52	73	61
16	81	67	95	79
25	104	86	121	101
35	125	103	146	122
50	148	122	173	144
70	183	151	213	178
95	216	179	252	211
120	246	203	287	240
150	278	230	324	271

续表

导体标称截面积（mm²）	电缆敷设在导管内			
	聚氯乙烯绝缘 导体温度：70℃ 环境温度：地中20℃		聚乙烯绝缘 导体温度：90℃ 环境温度：地中20℃	
	两根有载导体/铜	三根有载导体/铜	两根有载导体/铜	三根有载导体/铜
185	312	257	363	304
240	360	297	419	351
300	407	336	474	396

（2）8.7/10（8.7/15）kV 交联聚乙烯绝缘电缆允许持续载流量，见表 5-48。

表 5-48　　　　8.7/10（8.7/15）kV 交联聚乙烯绝缘电缆允许持续载流量（A）

型号	YJV、YJLV、YJY、YJLY、YJV22、YJLV22、YJV23、YJLV23、JYV32，YJLV32、YJV33、YJLV33				YJV、YJLV、YJY、YJLY							
芯数	三芯				单芯							
敷设环境	空气中		土壤中		空气中				土壤中			
导体材质	铜	铝	铜	铝	铜	铝	铜	铝	铜	铝	铜	铝
标称截面积（mm²） 25	120	90	125	100	140	110	165	130	150	115	160	120
35	140	110	155	120	170	135	205	155	180	135	190	145
50	165	130	180	140	205	160	245	190	215	160	225	225
70	210	165	220	170	260	200	305	235	265	200	275	215
95	255	200	265	210	315	240	370	290	315	240	330	255
120	290	225	300	235	360	280	430	335	360	270	375	290
150	330	225	340	260	410	320	490	380	405	305	425	330
185	375	295	380	300	470	365	560	435	455	345	480	370
240	435	345	445	350	555	435	665	515	530	400	555	435
300	495	390	500	395	640	500	765	595	595	455	630	490
400	565	450	520	450	745	585	890	695	680	520	725	565
500	…	…	…	…	855	680	1030	810	765	595	825	650
环境温度（℃）	40		25		40				25			

（3）26/35kV 电力电缆允许持续载流量，见表 5-49。

表 5-49　　　　　　　　　26/35kV 电力电缆允许持续载流量（A）

型号		YJV、YJLV、YJY、YJLY、YJV22、YJLV22、YJV23、YJLV23、JYV32、YJLV32、YJV33、YJLV33				YJV、YJLV、YJY、YJLY							
芯数		三芯				单芯							
敷设环境		空气中		土壤中		空气中				土壤中			
导芯材质		铜	铝	铜	铝	铜	铝	铜	铝	铜	铝	铜	铝
标称截面积（mm²）	50	185	145	200	170	220	170	245	190	215	165	225	175
	70	230	190	250	190	270	210	305	235	265	200	275	215
	95	280	215	300	230	330	255	370	285	315	240	330	255
	120	310	240	330	255	375	290	425	330	360	270	375	290
	150	360	280	380	295	425	330	485	375	400	305	420	325
	185	400	310	425	330	485	380	555	430	455	345	475	370
	240	470	365	490	380	560	435	650	505	525	400	555	430
	300	540	430	555	435	650	510	745	580	595	455	630	490
	400	610	485	625	500	760	595	870	680	680	525	720	565
	500	…	…	…	…	875	690	1000	790	775	600	825	645
	600	…	…	…	…	1000	800	1160	920	875	685	940	740
环境温度（℃）		40		25		40				25			

（4）矿用交联电力电缆载流量，见表 5-50。

表 5-50　　　　　　　　　矿用交联电力电缆载流量（A）

型号	芯数	额定电压（kV）			
		0.6/1	1.8/3	3.6/6、6/6	6/10、8.7/10
		标称截面积（mm²）			
MYJV	3	1.5~300	10~300	25~300	25~300
MYJV22	3	4~300	10~300	25~300	25~300
MYJV32	3	4~300	10~300	25~300	25~300
MYJV42	3	4~300	10~300	25~300	25~300

（5）矿用电缆规格型号载流量，见表 5-51。

表 5-51　　　　　　　　　矿用电缆规格型号载流量（A）

芯数截面积（mm²）	导体结构根数/直径（mm）	绝缘厚度（mm）	护套厚度（mm）	电缆外径 标称（mm）	电缆外径 最大（mm）	参考质量（kg/km）	导体（铜）最大直流电阻（20℃，Ω/km）	20℃载流量（A）
3×4+1×4	56/0.30	1.4	3.5	20.9	23.0	637	4.950	35
	56/0.30						4.950	

芯数 截面积 （mm²）	导体结构根数 /直径（mm）	绝缘厚度 （mm）	护套厚度 （mm）	电缆外径		参考质量 （kg/km）	导体（铜）最大直流电阻 （20℃，Ω/km）	20℃载流量 （A）
				标称（mm）	最大（mm）			
3×6+1×6	84/0.30	1.4	3.5	22.9	25.1	856	3.300	46
	84/0.30						3.300	
3×10+1×10	84/0.40	1.6	4.0	27.8	30.6	1304	1.910	64
	84/0.40						1.910	
3×16+1×10	126/0.40	1.6	4.0	30.3	33.3	1545	1.210	85
	84/0.40						1.910	
3×25+1×16	196/0.40	1.8	4.5	36.4	40.1	2269	0.780	113
	126/0.40						1.210	
3×35+1×16	276/0.40	1.8	4.5	40.5	44.6	2786	0.554	138
	126/0.40						1.210	
3×50+1×16	396/0.40	2.0	5.0	45.5	50.1	3554	0.386	173
	126/0.40						1.210	
3×70+1×25	360/0.50	2.0	5.0	51.5	55.1	4587	0.272	215
	196/0.40						0.780	

（6）钢芯铝绞线载流量，见表5-52。

表5-52 钢芯铝绞线载流量（A）

标准截面积 （mm²）	结构 （根数/直径） （mm）	外径 （mm²）	20℃时直流电阻不大于 （Ω/km）	计算拉断力（N）	计算重量 （kg/km）	交货长度 （不小于）	连续载流量（A）
16	7/1.70	5.10	1.802 0	2840	43.5	4000	111
25	7/2.15	6.45	1.127 0	4355	69.6	3000	147
35	7/2.50	7.50	0.833 2	5760	94.1	2000	180
50	7/3.00	9.00	0.578 6	7930	135.5	1500	227
70	7/3.60	10.80	0.401 8	10 590	195.1	1250	284
95	7/4.16	12.48	0.300 9	14 450	26.5	1000	338
120	19/2.85	14.25	0.237 3	16 420	22.5	1500	390
150	19/3.15	15.75	0.194 3	23 310	407.4	1250	454
185	19/3.50	17.50	0.157 4	28 440	503.0	1000	518
210	19/3.75	18.75	0.137 1	32 260	577.4	1000	575
240	19/4.00	20.00	0.120 5	36 260	656.9	1000	610
300	37/3.20	22.40	0.096 89	46 850	82.4	1000	707
400	37/3.70	25.90	0.072 47	61 150	1097.0	1000	851
500	37/4.16	29.12	0.057 33	76 370	1387.0	1000	982

标准 截面积 （mm²）	结构 （根数/直径） （mm）	外径 （mm²）	20℃时直流 电阻不大于 （Ω/km）	计算拉 断力（N）	计算重量 （kg/km）	交货长度 （不小于）	连续载 流量（A）
630	61/3.63	32.67	0.045 77	91 940	1744.0	800	1140
800	61/4.10	36.90	0.035 88	115 900	2225.0	800	1340

（7）钢芯铝绞线载流量，见表 5-53。

表 5-53　　　　　　　　　　钢芯铝绞线载流量（A）

标准截 面积铝/钢 （mm²）	结构（根数/直径） （mm）		外径 （mm²）	20℃时直流 电阻不大于 （Ω/km）	计算 拉断力 （N）	计算 重量 （kg/km）	交货长度 （不小于）	连续载 流量（A）
	铝	钢						
10/2	6/1.50	1/1.50	4.50	2.706	4120	42.9	3000	87
16/3	6/1.85	1/1.85	5.55	1.799	6130	65.2	3000	110
25/4	6/2.32	1/2.32	6.96	1.131	9290	102.6	3000	125
35/6	6/2.72	1/2.72	8.16	0.823 0	12 630	141.0	3000	145
50/8	6/3.20	1/3.20	9.60	0.594 6	16 870	195.1	2000	212
50/30	12/2.32	7/2.30	11.60	0.569 2	42 620	372.0	2000	250
70/10	6/3.80	1/3.80	11.40	0.421 7	23 390	275.2	2000	255
70/40	12/2.72	7/2.72	13.60	0.414 1	58 300	511.3	2000	340
95/15	26/2.15	7/1.67	13.61	0.305 8	35 000	380.8	2000	350
95/20	7/4.16	7/1.85	13.87	0.301 9	37 200	408.9	2000	360
95/55	12/3.20	7/3.20	16.00	0.299 2	78 110	707.7	2000	420
120/7	18/2.90	1/2.90	14.50	0.242 2	27 570	379.0	2000	380
120/20	26/2.32	7/1.85	15.07	0.249 6	41 000	466.8	2000	390
120/25	7/4.72	7/2.10	15.74	0.234 5	47 880	526.6	2000	400
120/70	12/3.60	7/3.60	18.00	0.236 4	89 370	895.6	2000	505
150/8	18/3.20	1/3.20	16.00	0.198 9	32 860	461.4	2000	442
150/20	24/2.78	7/1.85	16.67	0.198 0	46 630	549.4	2000	450
150/25	26/2.70	7/2.10	17.10	0.193 9	54 110	601.0	2000	470
150/35	30/2.5	7/2.50	17.50	0.196 2	65 020	676.2	2000	500
185/10	18/3.60	1/3.60	18.00	0.157 2	40 880	584.0	2000	497
185/25	24/3.15	7/2.10	18.90	0.154 2	59 420	706.1	2000	525
185/35	26/2.98	7/2.32	18.88	0.159 2	64 320	732.6	2000	525
185/45	30/2.80	7/2.80	19.6	0.126 4	80 190	848.2	2000	522
210/10	18/3.80	1/3.80	19.00	0.141 1	45 140	650.7	2000	523
210/25	34/3.33	7/2.22	19.98	0.138 0	65 990	789.1	2000	560
210/35	26/3.22	7/2.50	20.38	0.136 3	74 250	853.9	2000	590

续表

标准截面积铝/钢 (mm²)	结构（根数/直径）(mm)		外径 (mm²)	20℃时直流电阻不大于 (Ω/km)	计算拉断力 (N)	计算重量 (kg/km)	交货长度（不小于）	连续载流量（A）
	铝	钢						
210/50	30/2.98	7/2.98	20.86	0.138 1	90 830	906.8	2000	600
240/30	24/3.60	7/2.40	21.60	0.118 1	75 620	922.2	2000	610
240/40	26/3.42	7/2.66	21.66	0.120 9	83 370	964.3	2000	610
240/50	30/3.20	7/3.20	22.40	0.118 9	102 100	1108	2000	640
300/15	40/3.00	7/1.67	23.01	0.097 24	68 060	939.8	2000	650
300/20	45/2.93	7/1.95	23.43	0.095 20	75 680	1002	2000	655
300/25	48/2.85	7/7.22	27.76	0.094 33	83 410	1058	2000	690
300/40	24/3.99	7/2.66	23.94	0.096 14	92 220	1133	2000	705
300/50	26/3.83	7/2.98	24.26	0.096 36	103 400	1210	2000	725
300/70	30/3.60	7/3.60	25.20	0.094 63	128 000	1402	1200	740
400/20	42/3.51	7/1.95	26.91	0.071 04	88 850	1286	1500	800
400/25	45/3.33	7/2.22	26.64	0.073 70	95 940	1295	1500	800
400/35	48/3.22	7/2.50	26.82	0.073 89	103 900	1349	1500	810
400/50	54/3.07	7/3.07	27.63	0.072 32	123 400	1511	1500	815
400/65	26/4.22	7/3.44	28.00	0.073 26	135 200	1611	1500	850
400/95	30/4.16	19/2.32	29.14	0.070 87	171 300	1860	1500	873

（8）BVR 电线的载流量，见表 5-54。

表 5-54　　　　　　　　　　　　　　　**BVR 电线的载流量**

导线面积（mm²）	空气敷设长期允许载流量（A）			
	橡皮绝缘电线		聚氯乙烯绝缘电线	
	铜芯 BXF、BXFR	铝芯 BLXF	铜芯 BV、BVR	铝芯 BLV
0.75	18		16	
1.0	21		19	
1.5	27	19	24	18
2.5	33	27	32	25
4	45	35	42	32
6	58	45	55	42
10	85	65	75	59
16	110	85	105	80
25	145	110	138	105
35	180	138	170	130
50	230	175	215	165

导线面积（mm）²	空气敷设长期允许载流量（A）			
	橡皮绝缘电线		聚氯乙烯绝缘电线	
	铜芯 BXF、BXFR	铝芯 BLXF	铜芯 BV、BVR	铝芯 BLV
70	285	220	265	205
95	345	265	325	250
120	400	310	375	285
150	470	360	430	325
185	540	420	490	380
240	660	510		
300	770	600		
400	940	730		
500	1100	850		
630	1250	980		

（9）YJV，YJLV 电缆的载流量，见表 5-55。

表 5-55　　　　　　　　　　YJV，YJLV 电缆的载流量（A）

序号	铜电线型号（mm²/c）	单心载流量（25℃，A）		电压降（mV/m）	品字形电压降（mV/m）	紧挨一字形电压降（mV/m）	间距一字形电压降（mV/m）	两芯载流量（25℃，A）		电压降（mV/m）	三芯载流量（25℃，A）		电压降（mV/m）	四芯载流量（25℃，A）		电压降（mV/m）
		YJLV	YJV					YJLV	YJV		YJLV	YJV		YJLV	YJV	
1	1.5	20	25	30.86	26.73	26.73	26.73	16	16		13	18	30.86	13	13	30.86
2	2.5	28	35	18.9	18.9	18.9	18.9	23	35	18.9	18	22	18.9	18	30	18.9
3	4	38	50	11.76	11.76	11.76	11.76	34	38	11.76	23	34	11.76	28	40	11.76
4	6	48	60	7.86	7.86	7.86	7.86	40	55	7.86	32	40	7.86	35	55	7.86
5	10	65	85	4.67	4.04	4.04	4.05	55	75	4.67	45	55	4.67	48	80	4.67
6	16	90	110	2.95	2.55	2.56	2.55	70	108	2.9	60	75	2.6	65	65	2.6
7	25	115	150	1.87	1.62	1.62	1.63	100	140	1.9	80	100	1.6	86	105	1.6
8	35	145	180	1.35	1.17	1.17	1.19	125	175	1.3	105	130	1.2	108	130	1.2
9	50	170	230	1.01	0.87	0.88	0.9	145	210	1	130	160	0.87	138	165	0.87
10	70	220	285	0.71	0.61	0.62	0.65	190	265	0.7	165	210	0.61	175	210	0.61
11	95	260	350	0.52	0.45	0.45	0.5	230	330	0.52	200	260	0.45	220	260	0.45
12	120	300	410	0.43	0.37	0.38	0.42	270	410	0.42	235	300	0.36	255	300	0.36
13	150	350	480	0.36	0.32	0.33	0.37	310	470	0.35	275	350	0.3	340	360	0.3
14	185	410	540	0.3	0.26	0.28	0.33	360	570	0.29	320	410	0.25	400	415	0.25
15	240	480	640	0.25	0.22	0.24	0.29	430	650	0.24	390	485	0.21	470	495	0.21

序号	铜电线型号 (mm²/c)	单心载流量 (25℃, A)		电压降 (mV/m)	品字形电压降 (mV/m)	紧挨一字形电压降 (mV/m)	间距一字形电压降 (mV/m)	两芯载流量 (25℃, A)		电压降 (mV/m)	三芯载流量 (25℃, A)		电压降 (mV/m)	四芯载流量 (25℃, A)		电压降 (mV/m)
		YJLV	YJV					YJLV	YJV		YJLV	YJV		YJLV	YJV	
16	300	560	740	0.22	0.2	0.21	0.28	500	700	0.21	450	560	0.19	500	580	0.19
17	400	650	880	0.2	0.17	0.2	0.26	600	820	0.19						
18	500	750	1000	0.19	0.16	0.18	0.25									
19	630	880	1100	0.18	0.15	0.17	0.25									
20	800	1100	1300	0.17	0.15	0.17	0.24									
21	1000	1300	1400	0.16	0.14	0.16	0.24									

（10）BXF 铜芯氯丁橡皮电线，BLXF 铝芯氯丁橡皮电线载流量，见表 5-56。

表 5-56　　　　　　　　　BXF，BLXF 电线载流量（A）

导体标称截面积 （mm²）	导电线芯 根/单线直径（mm）	电缆外径 （mm）	20℃时导体电阻（≤，Ω/km）	
			铜	铝
0.75	1/0.97	3.9	24.5	—
1.0	1/1.13	4.1	18.1	—
1.5	1/1.38	4.4	12.1	—
2.5	1/1.78	5.0	7.41	11.8
4	1/2.25	5.6	4.61	7.39
6	1/2.76	6.8	3.08	4.91
10	7/1.35	8.3	1.83	3.08
16	7/1.70	10.1	1.15	1.91
25	7/2.14	11.8	0.727	1.20
35	7/2.52	13.8	0.524	0.868
50	19/1.78	15.4	0.387	0.641
70	19/2.14	18.2	0.263	0.443
95	19/2.52	20.6	0.193	0.320
120	37/2.03	23.0	0.153	0.253
150	37/2.25	25.0	0.124	0.206
185	37/2.52	27.9	0.099 1	0.164
240	61/2.25	31.4	0.075 4	0.125

（11）BXR 铜芯橡皮软电线载流量，见表 5-57。

表 5-57 BXR 铜芯橡皮软电线载流量（A）

导体标称截面积（mm²）	导电线芯	电缆外径参考（mm）	20℃时导体电阻（≤，Ω/km）
	根/单线直径（mm）		
0.75	7/0.37	4.5	24.5
1.0	7/0.43	4.7	18.1
1.5	7/0.52	5.0	12.1
2.5	19/0.41	5.6	7.41
4	19/0.52	6.2	4.61
6	19/0.64	6.8	3.08
10	49/0.52	8.9	1.83
16	49/0.64	10.1	1.15
25	98/0.58	12.6	0.727
35	133/0.58	13.8	0.524
50	133/0.68	15.8	0.387
70	189/0.68	18.4	0.263
95	259/0.68	20.8	0.193
120	259/0.76	21.6	0.153
150	336/0.74	25.9	0.124
185	427/0.74	26.6	0.099 1
240	427/0.85	30.2	0.075 4

5.2.2 电力电缆敷设的施工

1. 高压电缆的敷设方式

高压电缆的敷设方式主要有直埋式、管道式和隧道式，见表 5-58。

表 5-58 高压电缆的敷设方式

敷设方式	说　明
直埋式	高压电缆直接敷设于地下，要求埋深不得低于 0.7m，穿越农田时不得小于 1m，在容易受重压的场所应在 1.2m 以下，并在电缆上下均匀铺设 100mm 厚的细砂或软土，并覆盖混凝土板等保护层，覆盖超出电缆两侧各 50mm；在寒冷地区，则应埋设在冻土层以下
管道式	将高压电缆敷设于预制的管路（如混凝土管）中，要求每隔一定距离配有人孔，用于引入和连接电缆，如电缆为单芯电缆，为减少电力损失和防止输送容量的下降，引起电缆过热，管材应采用非磁性或不导电的
隧道式	电缆敷设于专门的电缆隧道内桥架或支架上，电缆隧道内可敷设大量电缆，散热性好，便于维护检修，但工程量较大，一般只在城市内使用

2. 敷设电缆的前期准备工作

（1）根据设计提供的图纸，熟悉掌握各个环节，首先审核电缆排列断面图是否有交叉，走向是否合理，在电缆支架上排列出每根电缆的位置，为敷设电缆时作为依据。

（2）为避免浪费，收集电缆到货情况，核实实际长度与设计长度是否合适，并测试绝缘是否合格，选择登记，在电缆盘上编号，使电缆敷设人员达到心中有数，忙而不乱，文明施工。

（3）制作临时电缆牌。

（4）工具与材料的准备根据需要配备。

（5）沿敷设路径安装充足的安全照明，在不便处搭设脚架。

（6）根据电缆敷设次序表规定的盘号，电缆应运到施工方便的地点。

（7）检查电缆沟、支架是否齐全、牢固，油漆是否符合要求，电缆管是否畅通，并已准备串入牵引线，清除敷设路径上的垃圾和障碍。

（8）在电缆隧道、沟道、竖井上下、电缆夹层及转变处、十字交叉处都应绘出断面图，并准备好电缆牌、扎带。

（9）将图纸清册和次序表交给施工负责人，便于熟悉路径，在重要转弯处，安排有经验人员把关，准备好通信用具，统一联络用语。

（10）在扩建工程中若涉及进入带电区域时，应事先与有关部门联系办理作业票。

3. 电缆敷设的施工机械

在电缆敷设施工中用于牵引电缆到安装位置的机械称为牵引机械，用它替代人的体力劳动和确保敷设施工质量。常用牵引机械有卷扬机、输送机和电动滚轮。

（1）卷扬机。卷扬机又称牵引车。按牵引动力不同，有电动卷扬机、燃油机动卷扬机和汽车卷扬机等。电缆敷设牵引应选用与电缆最大允许牵引力相当的卷扬机，不宜选用过大动力的牵引设备，以避免由于操作不当而拉坏电缆。一般水平牵引力为 30kN 的卷扬机可以满足牵引各种常规电缆的需要。电缆敷设牵引常选用电动机功率为 7.5kW 的慢速电动卷扬机，牵引线速度为 7m/min。

（2）输送机。输送机又称履带牵引机，是以电动机驱动的中型电动机械。它用凹型橡胶带压紧电缆，通过预压弹簧调节对电缆的压力（以不超过电缆允许侧压力为限），使之对电缆产生一定推力。按水平推力大小输送机有 5kN、6~8kN 等品种供选用。

（3）电动滚轮。电动滚轮是一种小型牵引机械，其滚筒由电动机同步驱动，给予电缆向牵引方向的一定推力。一般电动滚轮的牵引推力有 0.5~1.0kN。

4. 电缆敷设的质量控制

（1）电缆弯曲半径。在电缆路径上水平或垂直转向部位，电缆会受到弯曲。在电缆敷设施工过程中，必须对电缆的弯曲半径进行检测和控制。电缆最小允许弯曲半径与电缆外径、电缆绝缘材料和护层结构有关，通常规定以电缆外径的倍数表示的一个数，作为最小允许弯曲半径。

1）35kV 及以下塑料绝缘电力电缆最小允许弯曲半径见表 5-59。

表 5-59   35kV 及以下塑料绝缘电力电缆最小允许弯曲半径

项　　目	单芯电缆		三芯电缆	
	无铠装	有铠装	无铠装	有铠装
安装时的电缆最小弯曲半径	20D	15D	15D	12D

续表

项　　目	单芯电缆		三芯电缆	
	无铠装	有铠装	无铠装	有铠装
靠近连接合和终端的电缆的最小弯曲半径	15D	12D	12D	10D

注　D 为电缆外径。

2）电缆桥架转弯处的弯曲半径，应不小于桥架内电缆最小允许弯曲半径，电缆最小允许弯曲半径见表 5-60。

表 5-60　　　　　　　　　电缆最小允许弯曲半径

序号	电　缆　种　类	最小允许弯曲半径
1	无铅包钢铠护套的橡皮绝缘电力电缆	10D
2	有钢铠护套的橡皮绝缘电力电缆	20D
3	聚氯乙烯绝缘电力电缆	10D
4	交联聚氯乙烯绝缘电力电缆	15D
5	多芯控制电缆	10D

注　D 为电缆外径。

3）电缆敷设的弯曲半径与电缆外径的比值，不应小于表 5-61 的规定。

表 5-61　　　　　　　　电缆弯曲半径与电缆外径比值

电缆护套类型		电力电缆		其他多芯电缆
		单芯	多芯	
金属护套	铅	25D	15D	15D
	铝	30D	30D	30D
	纹铝套和纹钢套	20D	20D	20D
非金属护套		30D	15D	无铠装 10D，有铠装 15D

（2）电缆敷设机械力控制。敷设电缆时，作用在电缆上的机械力有牵引力、侧压力和扭力。为防止敷设过程中作用在电缆上的机械力超过允许值而造成电缆机械损伤，敷设施工前必须按设计施工图对电缆敷设机械力进行计算。在敷设施工中，还应采用必要措施以确保各段电缆的敷设机械力在允许值范围内。通过敷设机械力的计算，可确定牵引机的容量和数量，并按最大允许机械力确定被牵引电缆的最大长度和最小弯曲半径。

1）牵引力是指作用在电缆被牵引方向上的拉力。如采用牵引端，牵引力主要作用在电缆导体上，部分作用在金属护套和铠装上。而沿垂直方向敷设电缆时，例如竖井和水底电缆敷设，牵引力主要作用在铠装上。

牵引力计算方法：电缆敷设时的牵引力，应根据敷设路径分段进行计算，总牵引力等于各段牵引力之和。

电缆某受力部位的最大允许牵引力等于该部位材料的最大允许牵引力和受力面积的乘积。

2) 垂直作用在电缆表面方向上的压力称为侧压力。侧压力主要发生在牵引电缆时的弯曲部位,例如电缆在转角滚轮或圆弧形滑板上以及海底电缆的入水槽处,当敷设牵引使电缆上要受到侧压力。盘装电缆横置平放,或用简装、圈装的电缆,下层电缆要受到上层电缆的压力,也是侧压力。

侧压力的计算应考虑以下两种情况:① 在转弯处经圆弧形滑板电缆滑动时的侧压力,与牵引力成正比,与弯曲半径成反比。② 转弯处设置滚轮,电缆在滚轮上受到的侧压力,与各滚轮之间的平均夹角或滚轮间距有关。

电缆的允许侧压力包括滑动允许值和滚动允许值,可根据电缆制造厂提供的技术条件来确定。也可以按下述规定:在圆弧形滑板上,具有塑料外护套的电缆不论其金属护套种类,滑动允许侧压力为3kN/m;在敷设路径弯曲部分有滚轮时,电缆在每只滚轮上所受的压力(滚动允许值)规定对无金属护套的挤包绝缘电缆为1kN,对波纹铝护套电缆为2kN,对铅护套电缆为0.5kN。

3) 扭力是作用在电缆上的旋转机械力。在电缆敷设过程中产生由于牵引钢丝绳和电缆铠装及加强层在受力时而退扭作用而产生扭力。敷设电缆时可采用防捻器消除电缆扭力。

(3) 直埋电缆的保护措施(见表5-62)。

表 5-62　　　　　　　　　　直埋电缆的常用保护措施

序号	类　　型	保　护　措　施
1	机械损伤	加电缆导管
2	化学作用	换土并隔离(加陶瓷管)
3	地下电流	加套陶瓷管或采取屏蔽
4	振动	用地下水泥桩固定
5	热影响	用隔热耐腐材料隔离
6	腐殖物质	采取换土或隔离
7	虫鼠危害	加保护管等

5. 电缆绝缘测试

电缆绝缘测试工序的流程如下:芯线导通→线间绝缘测试→对地绝缘测试→整体记录

(1) 芯线导通。将电缆两端各剥开约30mm,将A端所有芯线拧在一起,B端用绝缘电阻表的E端子连接一根芯线作回线,用L端子依次连接B端的其他芯线,轻摇绝缘电阻表,当指针指零时,表示此芯线完好,否则该芯线为断线,如图5-27所示。

(2) 线间绝缘测试。将电缆的A端芯线全部开路,B端芯线全部拧在一起,与绝缘电阻表的E端子连接,抽出其中任意一根芯线为1号线与绝缘电阻表的L端子相连,以每分钟120转的速度摇表,当指针稳定后,其读数为1号芯线与其他芯线间的绝缘值。此后,E端子不动,再抽出2号线接L端子用同样方法测试,依此类推,如图5-28

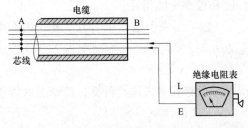

图 5-27　电缆芯线导通

所示。

（3）对地绝缘测试。将电缆两端全部开路，绝缘电阻表的 E 端子接地，L 端子依次连接各芯线进行测试，以每分钟 120 转的速度摇表，待指针稳定后，其读数即为每根芯线对地绝缘值，如图 5-29 所示。

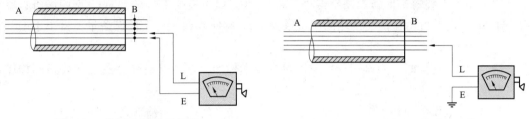

图 5-28　测试电缆线间绝缘　　　　　　　图 5-29　测试芯线对地绝缘

（4）整理记录。电缆进行"三测试"后，要求将数据填写在"电缆单盘测试记录表"内，特别是电缆接续配线前的测试数据还要填入"隐蔽工程记录"内，作为竣工资料使用。

（5）电缆绝缘测试注意事项。

1）当电缆较长情况下，摇动绝缘电阻表初期，其绝缘电阻值不能如实反映出来（数据偏小）这是由电缆芯线间电容存在的缘故，所以必须多摇一会儿，待电容充电饱和后，所测数据即为真实绝缘电阻值。

2）电缆暴晒后测量所得数据，不能作为电缆电气特性的结论。

6. 电缆线路敷设

电缆线路敷设工序流程如下：挖电缆沟及过道→清理电缆沟→敷设电缆→理顺沟内电缆及间填→设立埋设标及补回填→电缆绝缘测试、隐蔽记录、封端

（1）技术标准。

1）电缆敷设时，电缆弯曲半径不得小于电缆外径 15 倍，不得出现背扣、小弯现象。

2）电缆沟底应平坦、无石块，电缆埋深距地面不得小于 700mm，农田中埋深不得小于 1200mm；石质地带电缆埋深不得小于 500mm。电缆通过铁路的股道、道口等处，其埋深应与本电缆沟底相平。

3）箱盒处的储备电缆最上层埋深应符合电缆沟埋深。

4）电缆与夹石、铁器以及带腐蚀性物体接触时，应在电缆上、下各垫盖 100mm 软土或细沙。

5）在敷设电缆时，必须根据定测后的电缆径路布置图来敷设电缆，每根电缆两端必须栓上事先备好的写明电缆编号、长度、芯线规格的小铭牌。

6）放电缆时应做到通信畅通，统一指挥，间距适当，匀速拉放，严禁骤拉硬拖，待电缆的首、尾位置适合后，再同时顺序缓缓将电缆放入沟内，使之保持自然弯曲度。

7）待电缆全部放入沟内后，按图纸的排列，从头开始核对、整理电缆的根数、编号、规格及排列位置，最后按要求进行防护和回填土。

8）电缆沟内敷设多条电缆时，应排列整齐，互不交叉，分层敷设时，其上下层间距不得小于 100mm。

9）应在以下地点或附近设立电缆埋设标：电缆转向或分支处；当长度大于 200m 的电

缆径路，中间无转向或分支电缆时，应每隔不到 100m 处；信号电缆地下接续处；电缆穿越障碍物处而需标明电缆实际径路的适当地点（路口、桥涵、隧、沟、管、建筑物等处）；根据埋设地点的不同，电缆埋设标上应标明埋深、直线、拐弯或分支等，地下接续处应标写"按续标"字样及接头编号。

10）室外电缆每端储备长度不得小于 2m，20m 以下电缆不得小于 1m、室内储备长度不得小于 5m，电缆过桥在桥的两端的储备量为 2m，接续点每端电缆的储备量不得小于 1m。

（2）操作要领。

1）开挖电缆沟时，要确保开挖深度符合技术标准要求，穿越铁路股道、公路的深度与引入电缆沟同深。

2）电缆敷设前应将电缆沟清理，要求沟直，底平沟内无石渣或易损伤电缆的杂物。

3）电缆敷设时，电缆应缓和地敷设在沟内，使其有一定的自然弯曲。沟内敷设多根电缆时，应排列整齐，不交叉重叠，如分层敷设时，沟深应增加 100mm，其上下层间距不得小于 100mm，并使用砂或软土隔开。

4）电缆沟恢复填土时，应先填沙土或软土 10cm 然后再填其他回填物。

5）电缆沟回填时，应及时按要求埋设电缆标。

6）电缆敷设后，进行一次绝缘测试，并填好电缆隐蔽工程记录表，然后及时进行电缆封端。

（3）注意事项。

1）电缆盘禁止平放。放电缆时一般先放干线电缆，后放支线电缆；敷设电缆时应指定对电缆径路较为熟悉的专职人员负责指挥。

2）电缆敷设好之后，进行电缆的电气测试、封端和挂铭牌等项工作。电缆切割之后，必须在当天用 30 号胶或绝缘热缩帽进行临时封头防护，以免潮气侵入，致使绝缘降低。

3）挖电缆沟前，首先应了解地下各种设施的情况，并对有关的线路设备采取必要的安全措施，挖沟时应设专人防护。

4）安全防护员必须思想集中，严守岗位，及时传递防护信号，严禁擅离职守。

5）施工前应认真检查、试验所使用的机具，包括安全帽、对讲机、喇叭、安全防护旗等，确认良好后方可施工。

6）施工时，施工人员要戴好安全帽，穿好黄色防护服，禁止穿拖鞋、高跟鞋作业。

7）在同一电缆径路上挖沟时，施工人员之间的相互距离应保持在 5m 以上，防止发生碰伤事故。

8）坚石地带使用钢钎挖沟时，掌钎人应戴防护眼镜、防护手套及安全帽，打锤人不得戴手套，两人应保持在 90°~120°，工作中选择有利地势，集中精力步调一致。

9）电缆沟有塌方可能时，应用木板支撑，并根据情况做好必要的安全防护。

10）开挖后的电缆沟，要在主要地段用木板或枕木将沟盖住，必要时应派专人看守，夜间可设照明灯防护。

11）安全员在每天工作前向全体工作人员布置安全措施及注意事项。

7. 制作电缆接头的基本要求

与电缆本体相比，电缆终端和中间接头是薄弱环节，大部分电缆线路故障发生在这里，也就是说电缆终端和中间接头质量的好坏直接影响到电缆线路的安全运行。为此，电缆终端和中间接头应满足表 5-63 所示的要求。

表 5-63   电缆接头的基本要求

序号	基本要求	说　　明
1	导体连接良好	对于终端，电缆导线电芯线与出线杆、出线鼻子之间要连接良好；对于中间接头，电缆芯线要与连接管之间连接良好。 要求接触点的电阻要小且稳定，与同长度同截面导线相比，对新装的电缆终端头和中间接头，其值要不大于 1；对已运行的电缆终端头和中端接头，其比值应不大于 1.2
2	绝缘可靠	要有能满足电缆线路在各种状态下长期安全运行的绝缘结构，所用绝缘材料不应在运行条件下加速老化而导致降低绝缘的电气强度
3	密封良好	结构上要能有效地防止外界水分和有害物质侵入到绝缘中去，并能防止绝缘内部的绝缘剂向外流失，避免"呼吸"现象发生，保持气密性
4	有足够的机械强度	能适应各种运行条件，能承受电缆线路上产生的机械应力
5	耐压合格	能够经受电气设备交接试验标准规定的直流（或交流）耐压试验
6	焊接好接地线	防止电缆线路流过较大故障电流时，在金属护套中产生的感应电压可能击穿电缆内衬层，引起电弧，甚至将电缆金属护套烧穿

8. 制作电缆终端头和中间接头需用的材料

（1）分支手套和雨罩（硬质聚氯乙烯塑料制成）是制作电缆终端头所必需的材料。分支手套由软聚氯乙烯塑料制成，如图 5-30 所示。雨罩是保证户外电缆终端头有足够的湿闪络电压，其顶部有四个阶梯，使用时可按电缆绝缘外径大小，将一部分阶梯切除。

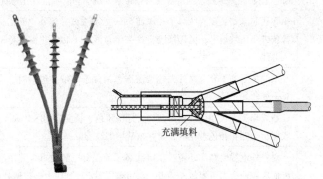

充满填料

图 5-30 分支手套

（2）聚氯乙烯胶粘带，用于电缆终端头和中间接头的一般密封，但不能依靠它作长期密封用。

（3）自黏性橡胶带，是一种以丁基橡胶和聚异丁烯为主的非硫化橡胶，有良好的绝缘性能和自粘性能，在包绕半小时后即能自粘成一整体，因而有良好的密封性能。但它机械强度低，不能光照，容易产生龟裂，因此在其外面还要包两层黑色聚氯乙烯带作保护层。

（4）黑色聚氯乙烯带，这种塑料带比一般的聚氯乙烯带的耐老化性好，其本身无粘性且较厚，因而在其包绕的尾端，为防松散，还要用线扎紧。

9. 制作电缆终端头

制作电缆终端头的步骤及操作方法见表5-64。

表5-64 制作电缆终端头的步骤及操作方法

序号	步骤	操 作 方 法
1	剥除塑料外套	根据电缆终端的安装位置至连接设备之间的距离决定剥塑尺寸，一般从末端到剖塑口的距离不小于900m
2	锯铠装层	在离剖塑口20mm处扎绑线，在绑线上侧将钢甲锯掉，在锯口处将统包带及相间填料切除
3	焊接地线	将10~25mm²的多股软铜线分为三股，在每相的屏蔽上绕上几圈。若电缆屏蔽为铝屏蔽，要将接地铜线绑紧在屏蔽上；若为铜屏蔽，则应焊牢
4	套手套	用透明聚氯乙烯带包缠钢甲末端及电缆线芯，使手套套入，松紧要适度。套入手套后，在手套下端用透明聚氯乙烯带包紧，并用黑色聚氯乙烯带包缠两层扎紧
5	剥切屏蔽层	在距手套末端20mm处，用直径为1.25mm的镀锡铜丝绑扎几圈，将屏蔽层扎紧，然后将末端的屏蔽层剥除。屏蔽层内的半导体布带应保留一段，将它临时剥开缠在手指上，以备包应力锥
6	包应力锥	（1）用汽油将线芯绝缘表面擦拭干净，主要擦除半导体布带黏附在绝缘表面上的炭黑粉。 （2）用自粘胶带从距手指20mm处开始包锥。锥长140mm，最大直径在锥的一半处。锥的最大直径为绝缘外径加15mm。 （3）将半导体布带包至最大直径处，在其外面，从屏蔽切断处用2mm铅丝紧密缠绕至应力锥的最大直径处，用焊锡将铅丝焊牢，下端和绑线及铜屏蔽层焊在一起（铝屏蔽则只将铅丝和镀锡绑线焊牢）。 （4）在应力锥外包两层橡胶自粘带，并将手套的手指口扎紧封口
7	压接线鼻子	在线芯末端长度为线鼻子孔深加5mm处剥去线芯绝缘，然后进行压接。压好后用自粘橡胶带将压坑填平，并用橡胶自粘带绕包线鼻子和线芯，将鼻子下口封严，防止雨水渗入芯线
8	包保护层	从线鼻子到手套分岔处，包两层黑色聚氯乙烯带。包缠时，应从线鼻子开始，并在线鼻子处收尾
9	标明相色	在线鼻子上包相色塑料带两层，标明相色，长度为80~100mm。也应从末端开始，末端收尾。为防止相色带松散，要在末端用绑线绑紧
10	套防雨罩	对户外电缆终端头还应在压接线鼻子前先套进防雨罩，并用自黏橡胶带固定，自粘带外面应包两层黑色聚氯乙烯带。从防雨罩固定处到应力锥接地处的距离要小于400mm

10. 制作电缆中间接

制作电缆中间接头的步骤及操作方法见表5-65。

表5-65 制作电缆中间接头的步骤及操作方法

序号	步骤	操 作 方 法
1	切割塑料外套	将需要连接的电缆两端头重叠，比好位置，切除塑料外套，一般从末端到剖塑口的距离为600mm左右
2	锯铠装层	从剖塑口处将钢甲锯掉，并从锯口处将包带及相间填充物切除

序号	步骤	操作方法
3	剥除电缆护套	在剥除电缆护套时，注意不要将布带（纸带）切断，而要将其卷回到电缆根部作为备用
4	剥除屏蔽层	将电缆屏蔽层外的塑料带和纸带剥去，在准备切断屏蔽的地方用金属线扎紧，然后将屏蔽层剥除并切断，并且要将切口尖角向外返折
5	剥离半导体布带	将线芯绝缘层上的半导体布带剥离，并卷回根部备用
6	压接导体	将电缆绝缘线芯的绝缘按连接套管的长度剥除，然后插入连接管压接，并用锉刀将连接管突起部分锉平、擦拭干净
7	清洁绝缘表面	将靠近连接管端头的绝缘削成圆锥形，用汽油润湿的布揩净绝缘表面
8	绕包绝缘	（1）等绝缘表面去污溶剂（汽油）完全挥发后，用半导体布带将线芯连接处的裸露导体包缠一层。 （2）用自粘橡胶带以半迭包的方法顺长包绕绝缘。 （3）用半导体布带绕包整个绝缘表面。 （4）用厚 0.1mm 的铝带卷绕在半导体布带上，并与电缆两端的屏蔽有 20mm 左右的重叠，再用多股镀锡铜线扎紧两端，然后用软铜线在屏蔽线上交叉绕扎，交叉处及两端与多股镀锡铜线焊接。 （5）用塑料胶粘带以半迭包法绕包一层。 （6）再用白纱带绕包一层
9	芯合拢	将已包好的线芯拢在拢，以布带填充并使之恢复原状，并用宽布带绕包扎紧
10	绕包防水层	用自粘橡胶带绕包密封防水层成两端锥形的长棒形状后，再用塑料胶粘带在其外绕包三层

11. 电缆头的接地

在制作电缆头时，可以将钢铠和铜屏蔽层分开焊接接地，这主要是为了便于检测电缆内护层的好坏。

在检测电缆护层时，钢铠与铜屏蔽间通上电压，如果能承受一定的电压就证明内护层是完好无损。如果没有这方面的要求，用不着检测电缆内护层，也可以将钢铠与铜屏蔽层连在一起接地（提倡分开引出后接地）。

12. 电缆地下接续

（1）工序流程。

1）开启式电缆地下接续工序流程如下：准备工作→切割电缆→安装内外挡片→固定电缆→测试绝缘→电缆接续→屏蔽接续→密封接头盒→埋封接头盒

2）电缆热缩套管型地下接续工序流程如下：准备工作→切割电缆→固定电缆→电缆接续→埋设标桩→热缩套管→屏蔽接续

（2）技术要求。

1）操作人员严格遵循操作程序和工艺。电缆地下接续材料的质量、型号、技术指标应符合有关规定。

2）电缆剥头应按标准进行，芯线接续正确，无虚接、假焊、混线、无毛刺等现象。

3）芯线热缩管热缩后，端口密封，铜芯不得外露。

4）屏蔽连接线、铝衬套、铜带连通导体、安装、焊接牢固，接触良好。

5）包绕芯线外缘的石棉带及热缩带时，用力要适当。

6）电缆地下接续作业应按程序一次完成。

7）屏蔽线在电缆钢管与铝护套上应焊接牢固、光滑，其焊接面积应大于 100mm。

8）芯线焊接接头应错开、均匀分布。两芯线应扭绞，铜芯线端部应加焊，加焊长度不得小于 5mm。

9）热缩套管应热缩均匀，封口益胶、密封良好，无气鼓。

10）地下电缆接续盒应严格密封，相关密封带、密封条作用良好。

11）芯线顺直，芯线线把粗细均匀。

（3）开启式电缆地下接续的操作要点。

1）准备工作。

● 整理操作场地：在接头坑口整理出长 1m、宽 0.5m 的操作平地，并用塑料布铺在地面，使用的工具、材料均放在塑料布上，不得污染。

● 根据接续电缆的外径，提前加工好内外挡片的孔，外挡片孔径比电缆外大 0.5mm，内挡片的孔径比电缆内护套大 0.5mm。

● 检查接头坑，应符合质量要求：接头坑挖在电缆沟地势较开阔的一侧，0.8m×1m 的方坑其深度与电缆的沟同深。

● 检查所有接续工具和材料，保证其清洁、干燥、无潮气，接头盒无损伤，无裂纹。

● 雨天及大风天不得进行接续工作。

● 综合扭绞电缆接续时，必须 A、B 端相接，相同的芯组内颜色相同的芯线相接。

2）切剥电缆。

● 确定电缆 A、B 端准确无误，否则不得接续。

● 电缆接续头切剥，每端不得小于 300mm。

● 电缆接续后，余留储备量每端不得小于 1000mm。

● 外护套及钢带用钢锯齐切剥，内护套外露 50mm，钢带外露 10mm，切剥整齐。

3）固定电缆。用电缆支架分别把接头电缆卡好，然后固定卡具，连接两支架，把支架平稳地放在塑料布上。

4）安装内外挡片。将外挡片安装在电缆外护套上，内挡片安装在电缆内护套上，两挡片均距内外护套切口 15mm。

5）测试电缆绝缘。

● 把电缆接头及手擦净，打开电缆芯组外最后绕包层塑料带，把芯组拢好，以防散乱，影响接续。

● 确认电缆所有芯线无断线、混线及接地障碍，并将绝缘情况填写测试记录卡片。

6）电缆接续。

● 电缆接续在接头室的 1/4 和 3/4 处等分为两排接续，接续的顺序先内层芯组，然后由内到外接续外层各芯组。把各芯组色标线，按原绕距绕接到接续点，然后系在一起，为防止电缆接头改变电容、电感，接续时按原绕组状进行接续，将两端同芯组同颜色的芯线扭绞接续。

● 芯线按左压右顺时针方向扭绞，聚乙烯绝层绕接 15mm，裸铜线绕接 20mm，接头长短一致。

● 裸铜线从顶端焊接 5mm，焊接时不要时间过长，不得使用任何有腐蚀性焊剂，将硅橡胶严密均匀地涂抹在扭绞的聚乙烯绝缘层上，用热熔套管套至塑料绝缘层的根部，再套上热塑套管。

● 将接头保护挡板放在芯线接头处的下端，用焊笔对接头缩管加热，使之收缩、密封。待热熔管熔接，热熔管缩紧后，关闭焊笔。

● 逐一焊接每组芯线，并把接头整齐均匀地排成四排，用塑料带绕包固定。

7）屏蔽电缆的屏蔽接续。有铝护套的电缆，应对铝护套连接，在铝护套切口处清理出 10mm×20mm 的平面，打磨干净、光亮，用喷灯在铝护套平面镀一层铝焊底料，镀好后马上用石蜡降温。用两根 7mm×0.52mm 铜线焊接在铝护套上，焊接应牢固，并用塑料带将7mm×0.52mm 铜线固定好。

8）密封接头盒。打开 20mm×2mm 的密封胶带包装，将其缠绕在电缆两挡片间，缠满后高出挡片 2mm。将电缆及内外挡片嵌入接头盒的预留槽中，打开密封胶带，在盒体的凹槽内压入 $\phi 7mm×35mm$ 密封橡胶条，使其整齐嵌入，不留空隙，并与密封胶带结合，使盒体密封。

电缆接头卡片一式两份，认真填写接续者、日期、天气、接头盒代号、电缆线间绝缘、对地绝缘。一份放入接头盒中，一份存档备查。扣严盒盖，用螺栓紧固，紧固时盒体应受力均匀，以确保密封良好。

9）埋设接头盒。将接头盒及电缆储备量做成"Ω"形埋入地下，有电缆防护地段应加相同防护，弯曲半径符合施规要求，回填土并埋设地下接头埋设标。

（4）电缆热缩套管型地下接续的操作要点。

1）电缆接续套装热缩套管时，接头两端 1m 范围内保持清洁和干燥。接续电缆做头长度，按所接电缆直径相适应的热缩材料的型号确定，剥切电缆严禁伤及芯线，钢带根部应用 1.6mm 铁线绑扎 3~5 匝。

2）电缆芯线接头应采用大接头方式，扭绞部位应加焊，焊接时不得使用腐蚀性焊剂，电缆芯线接头长度宜为 10~15mm，相邻芯线的接头与接头之间错开 15~20mm，接续后的芯线长度应相等，并保持在 170mm 或 210mm，芯线接头的热缩管应热缩密贴，封端良好，铜芯严禁外露。电缆芯线接续工作完毕后，应分别用石棉带和热缩带将全部芯线以压绕方式包扎一层，并加温热缩，首尾处用 PVC 胶带粘住。

3）接续铝护套电缆时，必须安装屏蔽连接线和铝衬套，并将接头两端的钢带用导体焊接连通，电缆内护套和外护套应分别加装热缩套管，电缆外护套在距剥头切口 80mm 外应包绕铝箔，电缆接续处，热缩套管与电缆护套的搭接长度不得小于 80mm，电缆护套的搭接部位应打毛，并用清洗条清洗。

4）热缩套管加温热缩时，应先从热缩套管的中间位置开始均匀加温，待热缩后逐渐向两端推移，当套管示温涂料由蓝色变成褐色时，应立即停止该部位的加温。热缩管加温热缩后，应待套管冷却再进行下道工序。

（5）操作注意事项。

1）电缆穿越铁路、公路及道口时，在距铁路钢轨、公路和道口的边缘 2m 的地方不得进行地下接续。

2）电缆地下接续地点距热力、煤气、燃料管道不应小于 2m；当小于 2m 时，应有防护措施。

3）电缆地下接续时，电缆的备用量每端长度不得小于 1m。

4）电缆的地下接头应水平放置，接头两端各 300mm 内不得弯曲，并应设线槽防护，其长度不应小于 1m。

5）屏蔽连接线、电缆芯线焊接时不得使用腐蚀性焊剂，严禁虚焊、假焊、有毛刺。

6）电缆地下接续前应进行电气特性测试，合格后方可接续，接续后也应进行电气特性测试。

7）电缆地下接续时，电缆的储备量应集中一端，其长度不得小于 2m，埋深应符合规定。

8）雨、雪、大风天气进行电缆地下接续时，应采取相应的防护措施，确保接续质量（一般情况下不接续）。

9）电缆地下接续的工具、材料应保护清洁和干燥。

13. 电缆绝缘灌胶

（1）技术标准。灌胶时，第一次使用热胶，第二次使用温胶，温度保持 80℃ 为宜，确保绝缘胶面光亮平整。

（2）准备工作。检查麻袋条是否已将保护管管口与钢带耳朵之间的空隙堵严，把箱盒准备灌注胶的地方清理干净，沾有油污的地方用汽油擦洗干净。

（3）熔胶。将绝缘胶敲碎，放入铁容器中，不要装满，用喷灯或其他炉火徐徐加热之，并及时搅拌，以防壶底部分被熬焦。为了保证电缆绝缘性能良好，尽量降低绝缘胶灌注时的温度以减小对聚乙烯、聚氯乙烯塑料护套的热变形，一般使绝缘胶熔化时的温度不超过 150℃ 为宜。

（4）灌注操作。首先确定灌注胶液深度，并做记号，一般胶面保持在低于内护套高度 10~15mm 为好，根据具体情况分 2~3 次灌注完毕，保证绝缘胶面光亮、平整、无麻面皱纹及塌陷。

（5）注意事项。

1）熬绝缘胶时应注意不断搅拌，壶内不宜一次熬得过满，由于绝缘胶能燃烧，明火不能与已熔化的胶液接触，熬胶时不应火力太大，防止胶液燃烧炭化。

2）充分固定端头设备后方可灌注胶液。

3）灌注胶液时不可直接将胶液灌注在塑料护层上，以防烫伤芯线护层。

4）灌注时应注意风向，防止溅落到其他地方影响美观，灌注人员应站在上风处，防止烫伤。

5）灌注第一层胶液时，禁止用手握棉纱，抓在封端底部堵漏，以防被漏出的胶液烫伤。

6）禁止在雨、雪、雾的天气灌注绝缘胶。

第6章

配电装置的工程应用

6.1 配电装置概述

6.1.1 配电装置简介

1. 配电装置的组成

配电装置是发电厂和变电站的重要组成部分，它是根据主接线的连接方式，由开关电器、保护和测量电器，母线和必要的辅助设备组建而成，用来接受和分配电能的装置。

根据电气主接线的连接方式，配电装置由开关设备、载流导体、保护和测量电器及必要的辅助设备构成。

2. 配电装置的作用

配电装置是发电厂和变电站的重要组成部分，具有以下两个方面的作用：

（1）在电力系统正常运行时，用来接受和分配电能。

（2）在系统发生故障时，迅速切断故障部分，维持系统正常运行。

3. 配电装置的基本要求

（1）安全：设备布置合理清晰，采取必要的保护措施。

（2）可靠：设备选择合理、故障率低、影响范围小，满足对设备和人身的安全距离。

（3）方便：设备布置便于集中操作，便于检修、巡视。

（4）经济：在保证技术要求的前提下，合理布置、节省用地、节省材料、减少投资。

（5）发展：预留备用间隔、备用容量，便于扩建和安装。

6.1.2 配电装置的类型及应用

1. 配电装置的分类

（1）按电气设备安装地点可分为：屋内配电装置和屋外配电装置。屋外配电装置根据电气设备和母线布置的高度可分为中型、半高型和高型。

（2）按结构形式可分为：装配式配电装置和成套式配电装置。

（3）按电压等级可分为：低压配电装置（1kV 以下）、高压配电装置（1~220kV）、超高压配电装置（330~750kV）、特高压配电装置（交流 1000kV 和直流±800kV）。

2. 屋外配电装置的特点

（1）土建工程量较少，建设周期短。

（2）扩建比较方便。

（3）占地面积大。

（4）相邻设备之间的距离较大，便于带电作业。

（5）受外界污秽影响较大，设备运行条件较差。

（6）外界气象变化使对设备维护和操作不便。

3. 屋内配电装置特点

（1）允许安全净距小和可以分层布置。

（2）维修、操作、巡视比较方便，不受气候影响。

（3）外界污秽不会影响电气设备，减轻了维护工作量。

（4）房屋建筑投资较大，但可采用价格较低的户内型电器设备，以减少总投资。

4. 成套配电装置的特点

在制造厂预先将开关电器、互感器等组成各种电路成套供应的称为成套配电装置。

（1）电气设备布置在封闭或半封闭的金属外壳中，相间和对地距离可以缩小，结构紧凑，占地面积小。

（2）所有电气元件已在工厂组装成一个整体（开关柜），大大减少了现场安装工作量，有利于缩短建设工期，也便于扩建和搬迁。

（3）运行可靠性高，维护方便。

（4）耗用钢材较多，造价较高。

5. 装配式配电装置的特点

在现场将电气组装而成的称为装配式配电装置，其特点如下：

（1）建造安装灵活。

（2）投资较少。

（3）金属消耗量少。

（4）安装工作量大，工期较长。

6. 配电装置形式的应用

配电装置形式的选择和应用应根据所在地区的地理情况及环境条件，因地制宜，节约用地，并结合运行及检修要求，通过经济技术比较确定。

（1）大、中型发电厂和变电站中，110kV 及以上电压等级一般多采用屋外配电装置。

（2）35kV 及以下电压等级的配电装置多采用层内配电装置。

（3）遇特殊情况，110kV 装置也可以采用屋内配电装置。如城市中心等空间狭小的场所或处于严重污秽的海边或化工区等区域。

（4）成套配电装置一般设在屋内。

1）3~5kV 发电厂和变电站中广泛被应用。

2）现代变电站和发电厂正逐步使用 110~500kV 的 SF_6 全封闭组合电器装置。

6.1.3 配电装置的有关术语

1. 安全净距

配电装置各部分之间，为了满足配电装置运行和检修的需要，确保人身和设备的安全所必须的最小电气距离，称为安全净距。在这一距离下，无论是在正常最高工作电压还是在出现内、外过电压时，都不致使空气间隙击穿。

DL/T 5352—2006《高压配电装置设计技术规程》规定的屋内、屋外配电装置各有关部分之间的最小安全净距，这些距离可分为 A、B、C、D、E 五类，见表 6-1。

表 6-1　　　　　　　　　　　　配电装置的最小安全净距（mm）

类型		含　义	规定值（mm）
A	A_1	带电部分对接地部分之间的空间最小安全净距	
	A_2	不同相的带电部分之间的空间最小安全净距	
B	B_1	带电部分至栅状遮栏间的距离，和移动设备在移动中至带电裸导体的距离	$B_1 = A_1 + 750$
	B_2	带电部分至网状遮栏间的电气净距	$B_2 = A_1 + 30 + 70$
C		无遮栏裸导体至地面的垂直净距	屋外：$C = A_1 + 2300 + 200$ 屋内：$C = A_1 + 2300$
D		不同时停电检修的平衡无遮栏裸导体之间的水平净距	屋外：$D = A_1 + 1800 + 200$ 屋内：$C = A_1 + 1800$
E		屋内配电装置通向屋外的出现套管中心至屋外通道路面的距离	35kV 及以下：$E = 4000$ 60kV 及以上：$E = A_1 + 3500$

在各种间隔距离中，最基本的是 A1 和 A2 值。在这一距离下，无论在正常最高工作电压或出现内、外过电压时，都不致使空气间隙被击穿。其他最小安全净距 B、C、D、E 是在 A 值的基础上在考虑运行维护、设备移动、检修工具活动范围、施工误差等具体情况而确定的。

屋内配电装置安全净距如图 6-1 所示，其含义见表 6-2。

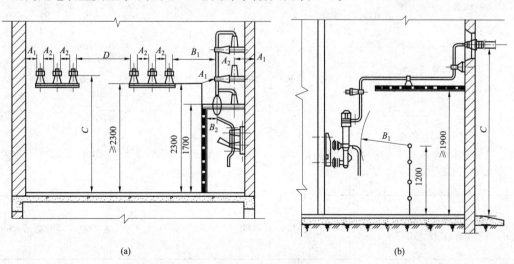

(a)　　　　　　　　　　　　　　　　　(b)

图 6-1　屋内配电装置安全净距示意

（a）示例一；（b）示例二

表 6-2 屋内配电装置的安全净距（mm）

符号	适用范围	额定电压（kV）									
		3	6	10	15	20	35	60	110J	110	220J
A_1	（1）带电部分至接地部分之间。（2）网状和板状遮栏向上延伸线距地 2.3m，与遮栏上方带电部分之间	75	100	125	150	180	300	550	850	950	1800
A_2	（1）不同相的带电部分之间。（2）断路器和隔离开关的断口两侧带电部分之间	75	100	125	150	180	300	550	900	1000	2000
B_1	（1）栅状遮栏至带电部分之间。（2）交叉的不同时停电检修的无遮栏带电部分之间	825	850	875	900	930	1050	1300	1600	1700	2550
B_2	网状遮栏至带电部分之间	175	200	225	250	280	400	650	950	1050	1900
C	无遮栏裸导线至地面之间	2500	2500	2500	2500	2500	2600	2850	3150	3250	4100
D	平行的不同时停电检修的无遮栏裸导线之间	1875	1900	1925	1950	1980	2100	2350	2650	2750	3600
E	通向屋外的出线套管至屋外通道的路面	4000	4000	4000	4000	4000	4000	4500	5000	5000	5500

注 J指中性点直接接地系统。

屋外配电装置安全距离示意如图 6-2 所示，其含义见表 6-3。

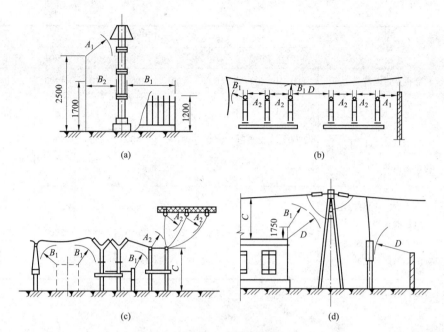

图 6-2 屋外配电装置安全距离示意

（a）示例一；（b）示例二；（c）示例三；（d）示例四

表 6-3 屋外配电装置的安全净距（mm）

符号	适用范围	额定电压（kV）								
		3~10	15~20	35	60	110J	110	220J	330J	500J
A_1	（1）带电部分至接地部分之间。 （2）网状和板状遮栏向上延伸线距地 2.5m，与遮栏上方带电部分之间	200	300	400	650	900	1000	1800	2500	3800
A_2	（1）不同相的带电部分之间。 （2）断路器和隔离开关的断口两侧带电部分之间	200	300	400	650	1000	1100	2000	2800	4300
B_1	（1）栅状遮栏至带电部分之间。 （2）交叉的不同时停电检修的无遮栏带电部分之间。 （3）设备运输时，其外廓至无遮栏带电部分之间。 （4）带电作业时的带电部分至接地部分之间	950	1050	1150	1400	1650	1750	2550	3250	4550

符号	适用范围	额定电压（kV）								
		3~10	15~20	35	60	110J	110	220J	330J	500J
B_2	网状遮栏至带电部分之间	300	400	500	750	1000	1100	1900	2600	3900
C	（1）无遮栏裸导线至地面之间。 （2）无遮栏裸导线至建筑物、构筑物顶部之间	2700	2800	2900	3100	3400	3500	4300	5000	7500
D	（1）平行的不同时停电检修的无遮栏裸导线之间。 （2）带电部分与建筑物、构筑物的边沿部分之间	2200	2300	2400	2600	2900	3000	3800	4500	5800

注　J 指中性点直接接地系统。

2. 间隔

间隔是指为了将设备故障的影响限制在最小的范围内，以免波及相邻的电气回路以及在检修中的电器时，避免检修人员与邻近回路的电器接触，而用砖或用石棉板等做成的墙体。

一般来说，间隔是指一个完整的电气连接，其大体上对应主接线图中的接线单元，以主设备为主，加上附属设备组成的一整套电气设备（包括断路器、隔离开关、TA、TV、端子箱等）。

在发电厂或变电站内，间隔是配电装置中最小的组成部分，根据不同设备的连接所发挥的功能不同有主变压器间隔、母线设备间隔、母联间隔、出线间隔等。

屋内配电装置间隔，按回路用途为：发电机、变压器、线路、母联（或分段）断路器、电压互感器和避雷器等间隔。

3. 层

层是指设备布置位置的层次。配电装置有单层、两层、三层布置。

4. 列

一个间隔断路器的排列次序。配电装置有单列式布置、双列式布置、三列式布置。双列式布置是指该配电装置纵向布置有两组断路器及附属设备。

5. 通道

为便于设备的操作、检修和搬运，配电装置在布置时设置了维护通道（用来维护和搬运各种电器的通道）、操作通道（设有断路器或隔离开关的操动机构、就地控制屏）、防爆通道（和防爆小室相通）。

6.1.4　配电装置的图

1. 平面图

按照配电装置的比例进行绘制，并标出尺寸；图中标出房屋轮廓、配电装置间隔的位置与数量、各种通道与出口、电缆沟等。平面图上的间隔不标出其中所装设备，如图 6-3 所示。

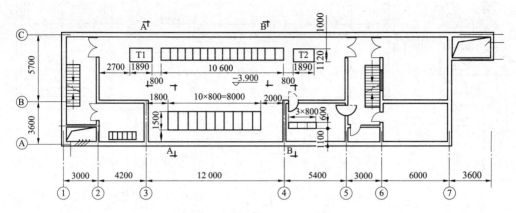

图 6-3　配电装置平面图示例

2. 断面图

按照配电装置的比例进行绘制，用以校验其各部分的安全净距（成套配电装置内部除外）；图中表示配电装置典型间隔的剖面，表明间隔中各设备具体的布置以及相互之间的联系，如图 6-4 所示。

3. 配置图

配置图是把进出线（进线—发电机、变压器，出线—线路）、断路器、互感器、避雷器等设备，合理地分配在屋内配电装置的各层间隔中，并且用代表图形表示出在各间隔中的导线和电器。

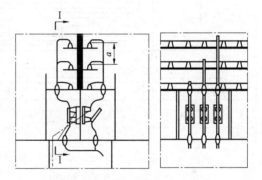

图 6-4　配电装置断面图示例

配置图是一种示意图，可不按照比例进行绘制，主要用于了解整个配电装置中设备的布置、数量、内容。对应平面图的实际情况，图中标出各间隔的序号与名称、设备在各间隔内布置的轮廓、进出线的方式与方向、通道名称等，如图 6-5 所示。

6.1.5　配变电装置的有关数据

1. 电力变压器的重量

电力变压器二次搬运应由起重工作业，电工配合。最好采用汽车吊吊装，也可采用吊链吊装，距离较长最好用汽车运输，运输时必须用钢丝绳固定牢固，并应行车平稳，尽量减少振动；距离较短且道路良好时，可用卷扬机、滚杠运输。变压器质量及吊装点高度可参照表 6-4 和表 6-5。

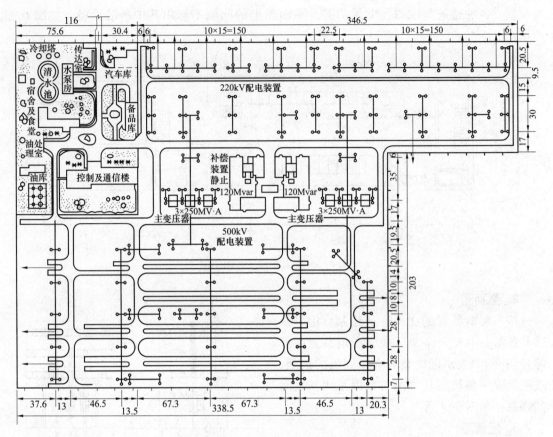

图 6-5　配电装置配置图示例

表 6-4　　　　　　　　　　　　　　**树脂浇铸干式变压器的重量**

序号	容量（kV·A）	质量（t）
1	100~200	0.71~0.92
2	250~500	1.16~1.90
3	630~1000	2.08~2.73
4	1250~1600	3.39~4.22
5	2000~2500	5.14~6.30

表 6-5　　　　　　　　　　　　　　**油浸式电力变压器质量**

序号	容量（kV·A）	总质量（t）	吊点高（m）
1	100~180	0.6~1.0	3.0~3.2
2	200~420	1.0~1.8	3.2~3.5
3	500~630	2.0~2.8	3.8~4.0
4	750~800	3.0~3.8	5.0
5	1000~1250	3.5~4.6	5.2
6	1600~1800	5.2~6.1	5.2~5.8

2. 35/10kV 电力变压器的几个重要数据（见表6-6）

表6-6　　　　　　　　　　　35/10kV 电力变压器的几个重要数据

型号	容量（kV·A）	质量（kg）	油质量（kg）	轨轮距（mm）
S7	1000	4410	1150	820
	1250	4780	1310	
	1600	6005	1440	
	2000	6120	1700	1070
	2500	7540	1810	
	3150	8780	1940	
	4000	10 540	2570	
	5000	11 010	2400	
	6300	13 990	2860	1475
SL7	1000	4595	1435	820
	1250	5470	1590	
	1600	6060	1715	1070
	2000	6240	1630	
	2500	6980	1770	
	3150	8280	2040	
	4000	9590	2310	
	5000	11 000	2590	
	6300	13 340	2970	1475
SZ6	1000	5210	1760	1070
	1600	6615	1920	
	2000	7435	2160	
	2500	8235	2576	
	3150	8540	2380	
	4000	11 175	2962	
	5000	12 480	3050	
	6300	15 900	4045	
SF7	8000	16 500	3300	1475
	10 000	19 630	—	
	12 500	21 410	4830	
	16 000	—	—	
	20 000	29 390	6480	
SZ7	2000	7350	2215	1070
	2500	8850	2250	
	3150	9230	2730	
	4000	10 910	3165	

型号	容量（kV·A）	质量（kg）	油质量（kg）	轨轮距（mm）
SZ7	5000	13 245	3720	1475
	6300	15 100	4090	
	8000	18 250	4620	
	10 000	21 100	5180	

注　各变压器的计算荷重 Q 为取大一级容量变压器的质量乘以 9.8，单位为 N。

3. 10/0.4kV 电力变压器的几个重要数据（见表6-7）

表 6-7　　　　　　　　　　10/0.4kV 电力变压器的几个重要数据

型号	容量（kV·A）	质量（kg）	油质量（kg）	轨轮距（mm）
S7	200	1010	235	550
	250	1110	265	
	315	1310	295	
	400	1585	365	
	500	1820	395	660
	630	2385	545	
	800	2950	655	
	1000	3685	850	820
	1250	4340	1000	
	1600	5070	1100	
SL7	200	1070	283	550
	250	1255	326	
	315	1525	380	
	400	1775	445	
	500	2055	514	660
	630	2745	730	
	800	3305	875	
	1000	4135	1207	820
	1250	5030	1450	
	1600	6000	1622	
S9	200	1010	215	550
	250	1200	250	
	315	1385	275	660
	400	1640	320	
	500	1880	360	
	630	2830	610	820
	800	3260	690	

型号	容量（kV·A）	质量（kg）	油质量（kg）	轨轮距（mm）
S9	1000	3820	865	820
	1250	4525	985	1070
	1600	5185	1145	
SCL1	200	1020		760/400
	250	1160		820/400
	315	1320		880/400
	400	1480		940/450
	500	1810		960/450
	630	2090		1020/500
	800	2270		1050/500
	1000	2920		1090/550
	1250	3230		1180/557
	1600	4070		1250/650

注　1. 各变压器的计算荷重 Q 为取大一级容量变压器的质量乘以 9.8，单位为 N。但 Q 最小不小于 30 000N。

　　2. 表中斜线上方数字为 F1，下方数字为 F2。

6.2　屋内配电装置

6.2.1　屋内配电装置的分类

屋内配电装置分类按其布置形式的不同，一般可分为以下五种形式。

1. 三层装配式布置

布置：将所有电器依其轻重分别布置在各层中。

优点：安全、可靠性高，占地面积少。

缺点：结构复杂，施工时间长，造价高，检修维护不方便。

2. 双层装配式布置

布置：将重设备置于第一层，轻设备置于第二层。

优点：造价较低，运行维护和检修较方便。

缺点：占地面积有所增加。

3. 单层装配式布置

布置：所有电器均布置在一层。

优点：占地面积较大，通常采用成套开关柜。

4. 混合式布置

（1）单层装配与成套混合式布置。

（2）双层装配与成套混合式布置。

6.2.2 屋内配电装置及布置

1. 屋内配电装置总体布置原则

（1）出线方便，为减小母线上的电流，电源布置在母线中部，有时为连接方便将其设在端部。

（2）同一个回路的设备布置在同一个间隔内（保证检修安全和限制故障范围）。

（3）较重的设备（如电抗器、断路器等）放在下层。

（4）满足安全净距要求的前提下，充分利用间隔的位置。

（5）布置清晰，力求对称，便于操作，容易扩建。

（6）采光、通风良好。

2. 母线的设置

母线通常装在配电装置的上部，一般呈水平、垂直和直角三角形布置，如图 6-6 所示。母

图 6-6　母线布置示例

线相间距离决定于相间电压。在 10kV 小容量装置中，母线水平布置时为 250~350mm；垂直布置时为 700~800mm；35kV 母线水平布置时，约为 500mm。

（1）母线水平布置。可以降低配电装置高度，便于安装。通常用于中小型发电厂或变电站。

（2）母线垂直布置。通常用隔板隔开，其结构复杂，增加了配电装置的高度。一般适用于 20kV 以下、短路电流较大的发电厂或变电站。

（3）母线三角形布置。结构紧凑，但各相母线和绝缘子的机械强度均不相同。适用于 10~35kV 大、中容量的配电装置中。

3. 母线隔离开关的设置

母线隔离开关通常设在母线的下方。在双母线布置的屋内配电装置中，母线与母线隔离开关之间宜装设耐火隔板。两层以上的配电装置中，母线隔离开关宜单独布置在一个小室内。

为确保设备及工作人员的安全，屋内外配电装置应设置闭锁装置，以防止带负荷误拉隔离开关、带接地线合闸、误入带电间隔等电气误操作事故。

4. 断路器及其操动机构的布置

（1）断路器设在单独的封闭小室内。小室有封闭、敞开和防爆型三种。总油量超过 100kg 的电力变压器设于封闭小室；总油量超过 600kg 单台断路器、互感器设于防爆小室，同时还设置储油和挡油措施，60kg 以下设于有隔板的敞开小室。

（2）断路器操动机构。断路器的操动机构与断路器之间应该使用隔板隔开，其操动机构布置在操作通道内。手动操动机构和轻型远距离操动机构均安装在壁上；重型远距离控制操动机构则装在混凝土基础上。

5. 互感器的布置

（1）电流互感器。无论是干式还是油浸式，都可以和断路器放在同一个小室内。穿墙式电流互感器应尽可能作为穿墙套管使用。

（2）电压互感器。经隔离开关和熔断器（60kV 及以下采用熔断器）接到母线上，它需占用专门的间隔，但在同一间隔内，可以装设几个不同用途的电压互感器。

6. 避雷器的布置

当母线上接有架空线路时，母线上应装设阀型避雷器，由于其体积不大，通常与电压互感器共用一个间隔，但应用隔层隔开。

7. 电抗器的布置

由于电抗器比较重，多布置在第一层的封闭小室内。

电抗器按其容量不同有三种不同的布置方式，即三相垂直布置、品字形布置和三相水平布置，如图 6-7 所示。通常线路电抗器采用垂直或"品"字形布置。当电抗器的额定电流超过 1000A、电抗值超过 5%~6% 时，宜采用"品"字形布置；额定电流超过 1500A 的母线分段电抗器或变压器低压侧的电抗器，则采取水平布置。

注意，在采用垂直或品字形布置时，只能采用 UV 或 VW 两相电抗器上下相邻叠装，而不允许 UW 两相电抗器上下相邻叠装在一起。

8. 电缆构筑物的布置

电缆隧道及电缆沟是用来放置电缆的。

（1）电缆隧道为封闭狭长的构筑物，高 1.8m 以上，两侧设有数层敷设电缆的支架，可容纳较多的电缆，人

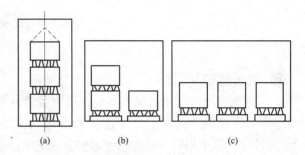

图 6-7　电抗器的布置方式
（a）垂直布置；（b）品字形布置；（c）水平布置

在隧道内能方便地进行敷设和维修电缆工作。电缆隧道造价较高，一般用于大型电厂。

（2）电缆沟为有盖板的沟道，沟深与宽不足 1m，敷设和维修电缆不方便。沟内容易积灰，可容纳的电缆数量也较少；工程简单，造价较低，常为变电站和中、小型电厂所采用。

电缆隧道及电缆沟在进入建筑物（包括控制室和开关室）处，应设带门的耐火隔墙（电缆沟只设隔墙）。以防止发生火灾时，烟火向室内蔓延，造成事故扩大，同时也可以防止小动物进入室内。

一般将电力电缆与控制电缆分开排列在过道两侧。

9. 电容器室的布置

（1）电容器室宜单独设置在不低于二级耐火等级的建筑物内。如果数量较少或者 1000V 及以下的电容器，可不另行单独设置低压电容器室，而将低压电容器柜与低压配电柜布置在一起。

（2）室内电容器室的布置，不宜超过三层。下层电容器的底部距离地面应不小于 100mm。电容器之间应保持 50mm 的距离，通道宽度不应小于 1m。同时，电容器的带电桩头距地面不得低于 2.2m，否则应加屏护措施。

（3）电容器组应有单独的控制开关。电容器开关的额定电流不应小于电容器额定电流的 30%。若采用熔断保护时，熔丝的额定电流应不大于电容器额定电流的 130%。

（4）电容器室应有良好的散热通风装置，保证室温不超过 45℃，电容器表面温度不超过 55℃。

（5）高压电容器室的建筑物最好不与配电室毗连。充油式电容器，一旦鼓肚爆炸，极易引起火灾。如果与配电室毗连，势必威胁配电装置的安全。电容器室与配电室的设置如图6-8所示。

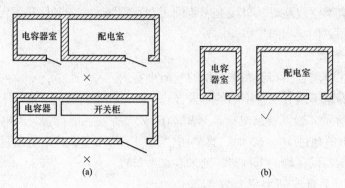

图 6-8　电容器室与配电室的设置
（a）错误方法；（b）正确方法

10. 变压器室的布置

（1）配变电站的变压器室不宜设在火灾危险性大的场所正上方或正下方，当贴邻时其隔墙的耐火等级应为一级。变压器室大门避免朝西，其大小一般按变压器外廓尺寸再加0.5m计算，要求采用甲级防火门（非燃烧材料）。油重超过1000kg的变压器，其下面需设贮油池或挡油墙，以免发生火灾，使灾情扩大。

（2）变压器室的最小尺寸，根据变压器外形尺寸和变压器外廓至变压器室四壁应保持的最小距离而定，按规程规定不应小于表6-8所列的数值。

表 6-8　　　　变压器外廓与变压器室四壁的最小距离（mm）

变压器容量（kVA）	320 及以下	400~1000	1250 及以上	图　　示
至后壁和侧壁净距 A	600	600	800	
至大门净距 B	600	800	1000	

（3）变压器室的地坪不抬高时，变压器室的高度一般为3.5~4.8m；地坪抬高时，地坪抬高高度一般有0.8、1.0及1.2m三种，变压器室高度相应地增加为4.8~5.7m。有通风要求的变压器室，应采用抬高地坪的方案，变压器的地面应设有坡向中间通风洞2%的坡度。

（4）变压器室的进风窗必须加铁丝网以防小动物进入；出风窗要考虑用金属百叶窗来防挡雨雪。

11. 通道和出口的布置

配电装置的布置应便于设备操作、检修和搬运，故须设置必要的通道（走廊）。

（1）维护通道。凡用来维护和搬运配电装置中各种电气设备的通道，称为维护通道。

其最小宽度应比最大搬运设备大 0.4~0.5m。

（2）操作通道。如通道内设有断路器（或隔离开关）的操动机构、就地控制屏等，称为操作通道。其最小宽度为 1.5~2.0m。

（3）防爆通道。仅和防爆小室相通的通道，称为防爆通道。其最小宽度为 1.2m。

（4）出口。配电装置室的门（出口）应向外开，并装弹簧锁，相邻配电装置室之间如有门，应能向两个方向开启。

屋内配电装置 110kV 布置实例如图 6-9 所示。图中标识尺寸的单位为 mm。

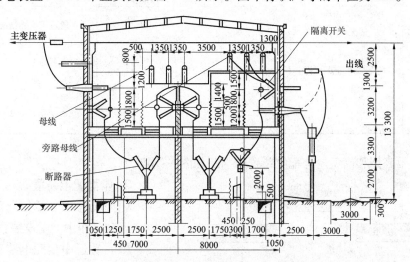

图 6-9　屋内配电装置 110kV 布置实例

6.3　屋 外 配 电 装 置

6.3.1　屋外配电装置概述

1. 结构特征、适用场合及优缺点

（1）结构特征。将电气设备安装在露天场地基础、支架或构架上的配电装置。

（2）适用场合。屋外配电装置一般多用于 110kV 及以上电压等级的配电装置。

（3）优缺点。

1）土建工作量和费用较小，建设周期短；扩建比较方便。

2）相邻设备之间距离较大，便于带电作业。

3）受外界环境影响，设备运行条件较差，需加强绝缘。

4）不良气候对设备维修和操作有影响。

5）占地面积大。

2. 屋外配电装置的类型

根据电气设备和母线布置的高度，屋外配电装置可以分为中型、半高型和高型等，见表 6-9。

表 6-9 屋外配电装置的类型

类型	简要说明	应用
中型配电装置	所有电器都安装在同一水平面内，并装在一定高度的基础上，使带电部分对地保持必要的高度，以便工作人员能在地面安全地活动，中型配电装置母线所在的水平面稍高于电器所在的水平面	我国屋外配电装置普遍采用的一种方式
半高型配电装置	将母线置于高一层的水平面上，与断路器电流互感器、隔离开关上下重叠布置。半高型配电装置的优缺点介于高型和中型之间	一般用于 110kV 电压等级的配电装置
高型配电装置	将母线和隔离开关上下布置，母线下面没有电气设备	一般适用下列情况： （1）配电装置设在高产农田或地少人多的地区。 （2）原有配电装置需要扩建，而场地受到限制。 （3）场地狭窄或需要大量开挖

中型、半高型和高型屋外配电装置的判断如图 6-10 所示。

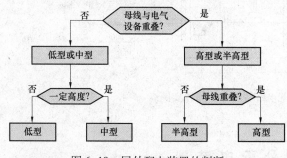

图 6-10 屋外配电装置的判断

3. 中型配电装置

中型配电装置可分为普通中型配电装置和分相中型配电装置两类。

（1）普通中型配电装置。普通中型配电装置的结构特征是：所有电器设备均安装在有一定高度的同一水平面上，而母线一般采用软导线安装在架构上，稍高于电器设备所在水平面。

普通中型配电装置因设备安装位置较低，便于施工、安装、检修与维护操作；构架高度低，抗振性能好；布置清晰，不易发生误操作，运行可靠；所用的钢材比较少，造价低。主要缺点是占地面积大。

普通中型配电装置是我国有丰富设计和运行经验的配电装置，广泛应用于 220kV 及以下的屋外配电装置中，如图 6-11 所示。

（2）分相中型配电装置。分相中型配电装置的结构特征是：隔离开关分相布置在母线正下方的中型配电装置。

分相中型配电装置除具有中型配电装置的优点外，还具有接线简单清晰，可以缩小母线相间距离，降低架构高度，较普通中型布置节省占地面积 1/3 左右。其缺点主要是施工复杂，使用的支柱绝缘子防污和抗振能力差。分相中型布置适合用于污染不严重、地震烈度不高的地区，如图 6-12 所示。

4. 高型配电装置

高型配电装置的结构特征是：一组母线与另一组母线重叠布置。

高型配电装置按其结构不同可分为单框架双列式、双框架单列式、三框架双列式。

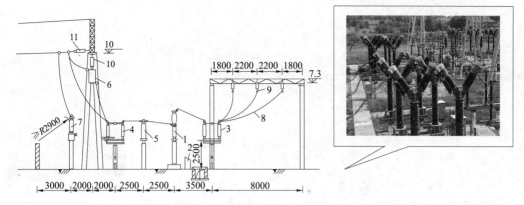

图 6-11　普通中型配电装置

1—断路器；2—端子箱；3—隔离开关；4—带接地开关的隔离开关；

5—电流互感器；6—阻波器；7—耦合电容器；8—引下线；9—母线；10、11— 绝缘子

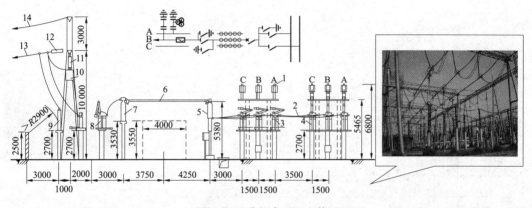

图 6-12　分相中型配电装置

与普通中型配电装置相比，可节省占地面积 50% 左右。高型配电装置的主要缺点是对上层设备的操作与维修工作条件较差；耗用钢材比普通中型多 15% ~ 60%；抗振能力差。如图 6-13 所示为 220kV 双母线、进出线带旁路、纵向三框架结构、断路器双列布置的高型配电装置进出线间隔断面图。

5. 半高型配电装置

半高型配电装置的结构特征是：母线的高度不同，将旁路母线或一组主母线置于高一层的水平面上，且母线与断路器、电流互感器重叠布置。

优点：占地面积比普通中型布置减少 30%；除旁路母线（或主母线）和旁路隔离开关（母线隔离开关）布置在上层外，其余部分与中型布置基本相同，运行维护较方便，易被运行人员所接受，如图 6-14 所示。

缺点：检修上层母线和隔离开关不方便。

6.3.2　屋外配电装置及布置

屋外配电装置的设备主要有：变压器、断路器及操动机构、隔离开关及操动机构、电

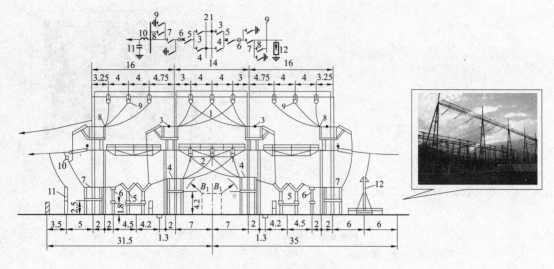

图 6-13　高型配电装置

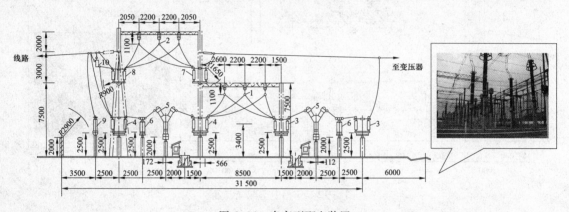

图 6-14　半高型配电装置

流/电压互感器、绝缘子、避雷器、避雷针、避雷线、引线、阻波器、耦合电容及各种附属设备等。

1. 母线

屋外配电装置的母线有软母线和硬母线两种。软母线为钢芯铝绞线、扩径软管母线和分裂导线，三相呈水平布置，用悬式绝缘子悬挂在母线构架上。硬母线有矩形和管型两种，矩形用于 35kV 及以下配电装置中，管型用于 110kV 及以上配电装置中。管型硬母线一般采用柱式绝缘子安装在支柱上。

2. 架构

屋外配电装置的构架，可由型钢或钢筋混凝土制成。钢构架经久耐用，机械强度大，便于固定设备，抗振能力强，运输方便。但钢结构金属消耗量大，且为了防锈需要经常维护。钢筋混凝土构架经久耐用，维护简单。

3. 电力变压器的布置

电力变压器外壳不带电，采用落地布置，安装在铺有铁轨的双梁形钢筋混凝土基础上，轨距中心等于变压器的滚轮中心。在电力变压器下面设置储油池或挡油墙，其尺寸应比变压器的外廓大 1m，储油池内一般铺设厚度不小于 0.25m 卵石层，如图 6-15 所示。

主变压器与建筑物的距离不应小于 1.25m，且距变压器 5m 以内的建筑物，在变压器总高度以下及外廓两侧各 3m 范围内，不应有门窗和通风孔。

当变压器油重超 2500kg 以上时，两台变压器之间的防火净距，不应小于 10m。如布置有困难，应设防火墙。

4. 断路器的布置

断路器有低式和高式两种布置方式。低式布置的断路器放在 0.5~1m 的混凝土基础上。低式布置检修比较方便，抗振性能较好，但必须设置围栏，影响通道的畅通。一般中型配电装置的断路器采用高式布置，即把断路器安装在约高 2m 的混凝土基础上如图 6-16 所示。

图 6-15　屋外电力变压器的布置

图 6-16　断路器的高式布置

断路器的操动机构须装在相应的基础上。按照断路器在配电装置中所占据的位置，可分为单列布置和双列布置。当断路器布置在主母线两侧时，称为双列布置；将断路器集中布置在主母线的一侧，则称为单列布置。

5. 隔离开关和电流互感器、电压互感器的布置

隔离开关、电流互感器和电压互感器均采用高式布置，其要求与断路器相同。隔离开关的手动操动机构，装在其靠边一相基础的一定高度上。

6. 避雷器的布置

避雷器有高式和低式两种布置。110kV 及以上的阀型避雷器由于本身细长，多采用落地布置，安装在 0.4m 的基础上，四周加围栏。磁吹避雷器及 35kV 的阀型避雷器形体矮小，稳定度较好，一般采用高式布置。

7. 电缆沟和道路的布置

（1）电缆沟的布置。屋外配电装置中电缆沟的布置，应使电缆所走的路径最短。电缆沟可分为纵向和横向电缆沟。一般横向电缆沟布置在断路器和隔离开关之间。大型变电站的纵向电缆沟应采用辐射形布置，减少控制电缆沟与高压线平行的长度，减小电磁和静电耦合。

（2）道路的布置。为了运输设备和消防需要，应在主要设备近旁铺设行车道路。还应设置宽 0.8~1m 的巡视小道，以便运行人员巡视电气设备，电缆沟盖板可作为部分巡视小

道。110kV 以上屋外配电装置应设置 3m 的环型道路。

6.4　成套配电装置

成套配电装置是按照电气主接线的标准配置或用户的具体要求，将同一功能回路的开关电器、测量仪表、保护电器和辅助设备都组装在全封闭或半封闭的金属壳（柜）体内，形成标准模块，由制造厂按主接线成套供应，各模块在现场装配而成的配电装置。

简单地说，成套配电装置是集开关、测量、保护、辅助设备于一体的配电设置。

1. 成套配电装置的特点

（1）有金属外壳（柜体）的保护，电气设备和载流导体不易积灰，便于维护，特别处在污秽地区更为突出。

（2）易于实现系列化、标准化，具有装配质量好、速度快，运行可靠性高的特点。其结构紧凑、布置合理、缩小了体积和占地面积，降低了造价。

（3）电气安装、线路敷设与变配电室的施工分开进行，缩短了基建时间。

（4）耗用钢材较多，造价较高。

2. 成套配电装置的分类

（1）按柜体结构特点分为开启式和封闭式。

（2）按元件固定的特点分为固定式和手车式（又称抽屉式）。

（3）按其母线套数分为单母线和双母线。

（4）按其电压等级分为高压开关柜和低压开关柜。

（5）按安装地点可分为屋内式和屋外式。

低压成套配电装置只做成屋内式，高压开关柜有屋内式和屋外式。由于屋外式有防水、防锈等问题，故目前大量使用的是屋内式。SF_6 全封闭式组合电器也因屋外气候条件较差，大部分都布置在屋内。

3. 常用的成套配电装置

目前成套配电装置主要有三种：低压成套配电装置、高压成套电装置和 SF_6 全封闭组合电气配电装置。

（1）低压成套配电装置也称为低压开关柜或者低压配电屏，有固定式和抽屉式两种。

（2）高压成套电装置也称为高压开关柜，有固定式和手车式两种。其中手车式是将断路器及其操动机构装在小车上，正常运行时将手车推入柜内，断路器通过隔离触头与母线及出线相连接，检修时将小车拉出柜外，很方便，并可用相同规格的备用小车，使电路很快恢复供电。

（3）SF_6 全封闭组合电器（GIS）配电装置是以 SF_6 气体作为绝缘和灭弧介质，以优质环氧树脂绝缘子作支撑的一种新型成套高压电器。其类型和结构发展变化很快。

4. SF_6 全封闭组合电器的优缺点

SF_6 全封闭组合电器与常规电器的配电装置相比，有以下优点：

（1）大量节省配电装置所占面积与空间，电压越高，效果越显著。

（2）运行可靠性高。SF_6 封闭电器由于带电部分封闭在金属壳中，因此，不受污秽、潮湿和各种恶劣天气的影响，也不会由于小动物造成短路和接地事故。SF_6 气体为不燃的惰性气体，不致发生火灾，一般也不会发生爆炸事故。

（3）土建和安装工作量小，建设速度快。

（4）不检修周期长，维护方便。全封闭 SF_6 断路器由于触头很少氧化，触头开断后烧损甚微，因此不检修周期长，维护方便。

（5）由于金属外壳接地的屏蔽作用，能有效消除电磁干扰、静电感应和噪声等，同时，也没有触及带电体的危险，有利于工作人员的安全和健康。

（6）抗振性能好。SF_6 全封闭电器由于没有或很少有瓷套管之类的脆性元件，设备的高度和重心都很低，且本身的金属结构具有足够抗受外力的强度，因而抗振性能好。

SF_6 全封闭组合电器的缺点是：

（1）对材料性能、加工精度和装配工艺要求很高。

（2）需要专门的 SF_6 气体系统和压力监视装置，对 SF_6 气体的纯度和水分都有严格的要求。

（3）金属消耗量较大，造价较高。

5. 母线排位置相序对应关系（见表 6-10）

表 6-10　　　　　　　　　　开关柜母线排位置相序对应关系

相别	颜色	母线安装相互位置		
		垂直	水平	引下线
A 相	黄	上	远	左
B 相	绿	中	中	中
C 相	红	下	近	右

6. IP 防护等级

IP 防护等级是指外壳、隔板及其他部分防止人体接近带电部分和触及运动部件以及防止外部物体侵入内部设备的保护程度。IP 防护等级是由两个数字所组成（见表 6-11），第 1 个数字表示电气设备离尘、防止外物侵入的等级，第 2 个数字表示电气设备防湿气、防水侵入的密闭程度，数字越大表示其防护等级越高。

表 6-11　　　　　　　　　　IP 防 护 等 级 的 含 义

数字	第一位数字	第二个数字
0	没有防护	没有防护
1	可抵御超过 50mm 的固体物质，如：手部意外触摸	可经受垂直落下的水点
2	可抵御直径超过 12mm 直径、长度不超过 80mm 的固体物质，如：手指	可经受呈 15°垂直角的水花的直接喷射

数字	第一位数字	第二个数字
3	可抵御直径超过 2.5mm 的固体物质，如：工具或金属丝	可经受呈 60°垂直角的水花的直接喷射
4	可抵御直径超过 1.0mm 的固体物质，如：细小金属丝	可经受任何方向射来的水花——允许有限的进入
5	防尘，有限进入（无有害堆积物）	可经受来自任何方向的低压水柱喷射——允许有限的进入
6	灰尘难以进入，完全防尘	可经受来自任何方向的强力水柱喷射——允许有限的进入
7	不适用	允许短暂放入 0.15～1m 深的水中，时间可长达 30min
8	不适用	可经受压力下长期浸泡

例如：防护等级 IP54，IP 为标记字母，数字 5 为第一标记数字，4 为第二标记数字。第一标记数字表示接触保护和外来物保护等级，第二标记数字表示防水保护等级。

在进行开关柜设计时，可以追求更高的防护等级，但存在的问题是随着防护等级的提高，生产成本相应提高，散热条件变差，所以不能一味追求高的防护等级，一般以 IP3X 和 IP4X 为宜即可，主要是根据使用环境情况来决定。

6.4.2 低压成套配电装置

低压成套配电装置是指电压为 1000V 及以下的成套配电装置。主要有固定式低压配电屏和抽屉式低压开关柜两种。

1. 固定式低压配电屏

如图 6-17 所示为 GGD 型固定式低压配电屏的外形尺寸。配电屏的构架为拼装式结合局部焊接。

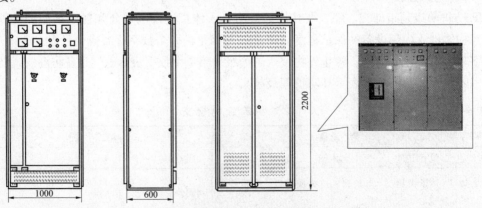

图 6-17　GGD 型固定式低压配电屏外形及尺寸

型号的含义：G—交流低压配电柜；G—电器元件固定安装、固定接线；D—电力用柜。

柜架采用 8MF 冷弯型钢局部焊接组装而成，构架上有安装孔，可适应各种元器件装配；柜门采用整体单门或不对称双门结构，柜体后面采用对称式双门结构。柜门周边均加有橡胶密封条，可防止与柜体直接碰撞，防护等级为 IP30，柜门采用镀锌转轴式铰链与构架相连，安装、拆卸方便；柜体上部有一个小门，用于安装各类仪表、指示灯、控制开关等；柜体的下部、后上部和顶部均有不同数量的散热槽孔，当柜内电器元件发热后，热量上升，通过上端槽孔排出，而冷风不断地由下端槽孔补充进柜，使密封的柜体自下而上形成一个自然的通风道，达到散热的目的；主母线列在柜的上部后方，采用的 ZMJ 母线夹是用高阻热合金材料热塑成型，机械强度高，绝缘性能好，长期允许温度可达 120℃，并设计成积木组合式，安装使用十分方便；隔离开关的操动机构为万向节式的旋转机构，手柄可以拆卸，操作方向为左右旋转式，操作方便，增强了安全性；配电柜的零部件按模块原理设计，外形尺寸及开孔尺寸均按基本模数 $E = 20\text{mm}$ 变化，柜内安装件均镀锌防锈钝化处理；柜内的安装件与柜体构架间用接地滚花螺钉连接，构成完整的接地保护电路；柜体采用聚酯橘形烘漆喷涂，消除旋光，附着加强。

图 6-18　GGD 型固定式低压
配电屏内部结构

（1）结构特点。

1）正面上部装有测量仪表，双面开门。

2）三相母线布置在屏顶，闸刀开关、熔断器、断路器、互感器和电缆端头依次布置在屏内，继电器、二次端子排也装设在屏内，如图 6-18 所示。

3）主母线排列在柜的上部后方，柜体的下部、后上部和顶部均有通风、散热装置。

4）该配电柜为不靠墙安装，单面（正面）操作，双面开门维修的低压配电柜。

（2）基本电气参数（见表 6-12）。

表 6-12　　　　　　　　　GCS 抽屉式低压开关柜的基本电气参数

型号	额定电压 (V)	额定电流 (A)		额定短路开断电流 (kA)	额定短时耐受电流 (1s, kA)	额定峰值耐受电流 (kA)
GGD1	380	A	1000	15	15	30
		B	600 (630)			
		C	400			
GGD2	380	A	1500 (1600)	30	30	63
		B	1000			
		C	—			
GGD3	380	A	3150	50	50	105
		B	2500			
		C	2000			

（3）电路方案。GGD 柜的主电路设计了 129 个方案，共 298 个规格（不包括辅助电路的功能变化及控制电压的变化而派生的方案和规格）。其中，GGD1 型有 49 个方案123 个规格；GGD2 型有 53 个方案 107 个规格；GGD3 型有 27 个方案 68 个规格。此外，为适应无功补偿的需要设计了 GGJ1、GGJ2 电容补偿柜，其主电路方案 4 个，共12 个规格。

辅助电路的设计分供用电方案和发电厂方案两部分，GGD 柜内有足够的空间安装二次元件，同时 NLS 还开发研制了专用的 LMZ3D 型电流互感器以满足发电厂和特殊用户附设继电保护时的需要。

GGD 型交流低压配电柜具有分断能力高，动热稳定性好，电气方案灵活、组合方便、防护等级高等特点，GGD 型配电柜按其分断能力的大小可分为 Ⅰ、Ⅱ、Ⅲ 型，广泛应用于发电厂、变电站、工矿企业等电力用户。

2. 抽屉式低压配电屏

如图 6-19 所示为 GCS 抽屉式低压开关柜外形及安装尺寸。

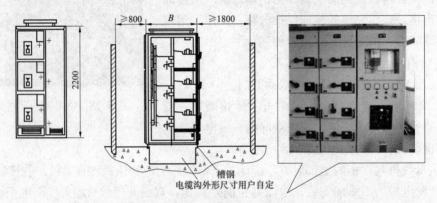

图 6-19　GCS 抽屉式低压开关柜的外形及安装尺寸

型号的含义：G—交流低压配电柜；C—电器元件固定安装、固定接线；D—电力用柜。

（1）技术特点。

1）该开关柜主构架采用 8MF 型钢，构架采用全组装式和部分（侧柜和横梁）焊接两种形式。主构架上均有安装孔模数（$E=20mm$）。

2）该开关柜各功能室相互隔离，其隔室主要分为功能单元室、母线室、电缆室，各单元的功能相对独立。功能室由抽屉组成，主要低压设备均安装在抽屉内。若回路发生故障时，可立即换上备用的抽屉，迅速恢复供电，开关柜前面门上装有仪表、控制按钮和空气自动开关操作手柄。抽屉有联锁机构，可防止误操作。

3）该开关柜与外部电缆的连接在电缆隔室中完成，电缆可以上下进出。

4）该开关柜母线平置式排列装置的动、热稳定性好，能承受 80/176kA 短路电流的冲击。

（2）技术参数（见表 6-13）。

表 6-13　　　　　　　　　　　　　GCS 抽屉式低压开关柜的技术参数

序号	项　　目		数　　值
1	主电路额定电压（V）		交流 380（400）、（660）
2	辅助主电路额定电压（V）		交流 220、380（440），直流 110、220
3	额定频率（Hz）		50（60）
4	额定绝缘电压（V）		660（1000）
5	额定电流（A）	水平母线	≤4000
		垂直母线（MCC）	1000
6	母线额定短时耐受电流（kA/1s）		50，80
7	母线额定峰值耐受电流（kA/1s）		105，176
8	工频试验电压（V/1min）	主电路	2500
		辅助电路	1760
9	母线	三相四线制	A，B，C，PEN
		三相五线制	A，B，C，PE，N
10	防护等级		IP30，IP40

这种配电屏的特点是：密封性能好，可靠性高，占地面积小；但钢材消耗较多，价格较高。它将逐步取代固定式低压配电屏。

6.4.3　高压成套配电装置

1. 高压开关柜的结构

高压成套配电装置也称为高压开关柜，是指 3~35kV 的成套配电装置，是按一定的接线方案将涉及一、二次设备成套组装的一种高压配电装配，在发电厂和变配电站中作为保护发机电、电力变压器和高压线路之用。

高压开关柜由高压开关设备、保护电器、检验测定仪表、母线和绝缘子等组成。

2. 高压开关柜的分类

（1）按断路器安装方式分为移开式（手车式）和固定式。

1）移开式或手车式（用 Y 表示）：表示柜内的主要电器元件（如：断路器）是安装在可抽出的手车上的，由于手车柜有很好的互换性，因此可以大大提高供电的可靠性。手车式又可分为铠装型和间隔型，而铠装型按手车的位置可分为落地式和中置式。

常用的手车类型有：隔离手车、计量手车、断路器手车、TV 手车、电容器手车和站用变压器手车等，如 KYN28A-12。

2）固定式（用 G 表示）：表示柜内所有的电器元件（如：断路器或负荷开关等）均为固定式安装的，固定式开关柜较为简单经济，如 XGN2-10、GG-1A 等。

一般在中小型工厂的变配电站中，绝大多数采用较经济的固定式高压柜。手车式开关柜的独特之处是：高压断路器等首要设备是装在可以拉出推进的手车上。设备检查修理时，任什么时候间拉出而推入同类手车，便可恢复供电，具备检查修理利便和安全，并可大大缩短断停电时间的优点，但价格高。

（2）按安装地点分为户内和户外。

1）用于户内（用 N 表示），表示只能在户内安装使用，如：KYN28A-12 等开关柜。

2）用于户外（用 W 表示），表示可以在户外安装使用，如：XLW 等开关柜。

（3）按柜体结构可分为金属封闭铠装式开关柜、金属封闭间隔式开关柜、金属封闭箱式开关柜和敞开式开关柜四大类。

1）金属封闭铠装式开关柜（用字母 K 来表示），主要组成部件（例如：断路器、互感器、母线等）分别装在接地的用金属隔板隔开的隔室中的金属封闭开关设备。如 KYN28A-12 型高压开关柜。

2）金属封闭间隔式开关柜（用字母 J 来表示），与铠装式金属封闭开关设备相似，其主要电器元件也分别装于单独的隔室内，但具有一个或多个符合一定防护等级的非金属隔板。如 JYN2-12 型高压开关柜。

3）金属封闭箱式开关柜（用字母 X 来表示），开关柜外壳为金属封闭式的开关设备。如 XGN2-12 型高压开关柜。

4）敞开式开关柜，无保护等级要求，外壳有部分是敞开的开关设备。如 GG-1A（F）型高压开关柜。

3. 高压开关柜的功能

高压开关柜应具有"五防"功能，即：

（1）防止误分、误合断路器。

（2）防止带负荷分、合隔离开关。

（3）防止误入带电间隔。

（4）防止带电挂（合）接地线（接地开关）。

（5）防止带接地线（接地开关）合断路器（隔离开关）送电。

电气"五防"功能的实现成了电力安全生产的重要措施之一。随着电网的不断发展，技术的不断更新，防误装置得到不断改进和完善。防误装置的设计原则是：凡有可能引起误操作的高压电气设备，均应装设防误装置和相应的防误电气闭锁回路。

4. 高压开关柜的主要特点

（1）有一、二次方案，这是开关柜具体的功能标志，包括电能汇集、分配、计量和保护功能电气线路。一个开关柜有一个确定的主回路（一次回路）方案和一个辅助回路（二次回路）方案，当一个开关柜的主方案不能实现时可以用几个单元方案来组合而成。

（2）开关柜具有一定的操作程序及机械或电气联锁机构，实践证明：开关柜无"五防"功能或"五防"功能不全是造成电力事故的主要原因。

（3）具有接地的金属外壳，其外壳有支撑和防护作用。因此要求它应具有足够的机械强度和刚度，保证装置的稳固性，当柜内产生故障时，不会出现变形，折断等外部效应。同时也可以防止人体接近带电部分和触及运动部件，防止外界因素对内部设施的影响；以及防止设备受到意外的冲击。

（4）具有抑制内部故障的功能。这里的"内部故障"是指开关柜内部电弧短路引起的故障，一旦发生内部故障要求把电弧故障限制在隔室以内。

5. KYN28A-12 高压开关柜

KYN28A-12 型户内金属铠装抽出式开关柜，主要用于发电厂、工矿企事业配电以及电力系统的二次变电站的受电、送电及大型电动机的启动等，作为控制、保护、实时监控和测量之用。有完善的五防功能。

（1）型号及含义（如图 6-20 所示）。

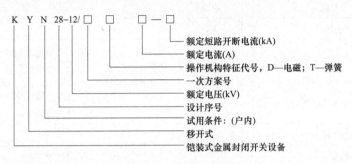

图 6-20　型号及含义

（2）结构特点。整体是由柜体和中置式可抽出部件（即手车）两大部分组成。柜体分四个单独的隔室，外壳防护等级为 IP4X，各小室间的断路器室门打开时防护等级为 IP2X。具有架空出线、电缆进出以及其他功能方案，经排列、组合后能成为各种方案形式的配电装置。该开关设备可以从正面进行安装调试和维护，因此它可以背靠组成双重列和靠墙安装，提高了开关设备的安全性、灵活性，减少了占地面积。

1）外壳与隔板。开关柜的外壳和隔板是用覆铝锌钢板经过数控机床加工和折弯之后拴接而成，因此，装配好的开关柜能保证结构尺寸的统一性。覆铝锌钢板具有很强的抗腐蚀与抗氧化作用，并且具有比同等钢板高的机械强度。开关柜被隔板分成手车室、母线室、电缆室和继电器仪表室，每一单元均独立接地。

2）手车。根据各自的功能作用，可分为隔离手车（简称 GL 车）、电压互感器手车（简称 TV 车）、电流互感器手车（简称 TA 车）、下层电压互感器手车（简称 XPT 车）、计量手车（简称 JL 车）、隔离电压互感器手车（简称 GL+TV 车）、熔断器手车（简称 RDQ 车）、下层避雷器手车（简称 XBLQ 车）、接地手车（简称 JD 车）及核相手车（简称 HX 车）、配用专用推进机构，能实现工作、试验位置的互换，且同类手车有极高的互换性。

3）断路器隔离室。断路器隔室内安装了特定的轨道供手车移动。断路器在试验位置与工作位置之间移动时，隔离活门自动打开或关闭，保证工作人员不触及带电体。手车可在柜门关闭的情况下被操作，通过观察窗可看到手车在柜内所处的位置，同时看到手车上的任何标志。

4）母线小室。主母线从一个开关柜引至另一个开关柜通过分支小母线和静触头盒固定，在穿越邻柜侧板时用母线套管固定。全部母线采用热缩绝缘管塑封。

5）电缆隔离室。充裕的电缆室不但可以连接多根电缆，而且可安装电流互感器、接地开关、避雷器等。

6）继电器室。继电器室内板和面板可安装控制、保护元件，计量、显示仪表、带电监测指示器等二次元件。

7）接地装置。在电缆室内，单独设有 10mm×40mm 的接地母线，此母线能贯穿相邻各柜，与柜体良好接触。

（3）开关柜基本参数（见表6-14）。

表 6-14　　　　　　　　　　　开 关 柜 基 本 参 数

项　　目	单位	数　　据
额定电压	kV	12
1min 工频耐受电压（额定绝缘水平）	kV	42（相对地及相间） 48（隔离断口）
雷电冲击耐受电压（额定绝缘水平）	kV	75（相对地及相间） 85（隔离断口）
额定频率	Hz	50
主母线额定电流	A	630　1250　1600　2000　2500　3150
分支母线额定电流	A	630　1250　1600　2000　2500　3150
4s 热稳定电流	kA	16　20　25　31.5　40
额定动稳定电流	kA	40　50　63　80　100
防护等级		外壳为 IP4X，隔室间和门打开时为 IP2X

（4）"五防"联锁简介。

1）当手车在柜体的工作位置合闸后，在底盘车内部的闭锁电磁铁被锁定在丝杠上，而不会被拉动，以防止带负荷误拉断路器手车。

2）当接地开关处在合闸位置时，接地开关主轴联锁机构中的推杆被推入柜中的手车导轨上，于是所配断路器手车不能被推进柜内。

3）断路器手车在工作位置合闸后，出线侧带电，此时接地开关不能合闸，接地开关主轴联锁机构中的推杆被阻止，其操作手柄无法操作接地开关主轴。

4）对于电缆进线柜、母线分段柜和站用变压器，由于进线电缆侧带电，下门上装电磁锁，可确保在电缆侧带电时不能进入电缆室。

5）通过安装在面板上的防误型转换开关（带红绿牌），可以防止误分、误合断路器。

（5）操作程序。

1）送电操作：先装好后封板，再关好前下门→操作接地开关主轴并且使之分闸→用转运车（平台车）将手车（处于分闸状态）推入柜内（试验位置）→把二次插头插到静插座上→（试验位置指示器亮）→（关好前中门）→用手柄将手车从试验位置（分闸状态）推入到工作位置→（工作位置指示器亮，试验位置指示器灭）→合闸断路器手车。

2）停电（检修）操作：将断路器手车分闸→用手柄将手车从工作位置（分闸状态）退出到试验位置→（工作位置指示器灭，试验位置指示器亮）→打开前中门→把二次插头拔出静插座→（试验位置指示器灭）→用转运车将手车（处于分闸状态）退出柜外→操作接地开关主轴并且使之合闸→打开后封板和前下门。

注意：下避雷器手车和下 TV 手车，可以在母线运行时直接拉出柜外。

6. XGN37-12 高压开关柜

XGN37-12 箱型固定式金属封闭开关设备，是用于 3~10kV 三相交流 50Hz 作为单母线和单母线分段系统接受与分配电能的装置，特别适用于频繁操作的场所。

（1）型号及含义（如图 6-21 所示）。

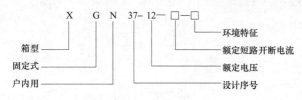

图 6-21　型号的含义

（2）开关柜基本参数（见表 6-15）。

表 6-15　　　　　　　　　　　　　开关柜基本参数

项　目		单位	数　据
系统的标称电压		kV	3，　6，　10
设备额定电压		kV	3.6，　7.2，　12
额定绝缘水平	1min 工频耐受电压（有效值）	kV	42（相间及对地） 48（隔离断口）
	雷电冲击耐受电压（峰值）	kV	75（相间及对地） 85（隔离断口）
最大额定电流		A	1000
额定短路开断电流		kA	16，　20，　25，　31.5
额定短路关合电流		kA	40，　50，　63，　80
额定峰值耐受电流		kA	40，　50，　63，　80
额定短时耐受电流（4s 有效值）		kA	16，　20，　25，　31.5
防护等级			IP4X，门开时为 IP3X

（3）结构特点。XGN37-12 高压开关柜的内部结构如图 6-22 所示。

1）设备的外壳选用进口敷铝锌板采取多重折边工艺制作而成，具有很强的抗腐蚀性和抗氧化性，外形美观。

2）柜体采用组装式结构，用高强度的螺栓连接而成，整个柜体精度高、机械强度好；仪表室、母线室单独设计，可缩短加工生产周期，便于组织生产。

3）开关柜内元器件布置紧凑，柜体外形尺寸小，柜体内主开关可选用全绝缘的 VS1 型真空断路器，可实现少（免）维护。

4）开关设备的联锁简洁、完备，灵活好，安全可靠性高，完全满足了"五防"的要求。

5）开关柜外壳防护等级为 IP4X，柜门打开时为 IP3X，带电体对地距离不小于 125mm。

6）下隔离开关、接地开关布置灵活，柜体可以靠墙安装，进行正面维护；也可以离墙安装，进行双面维护。

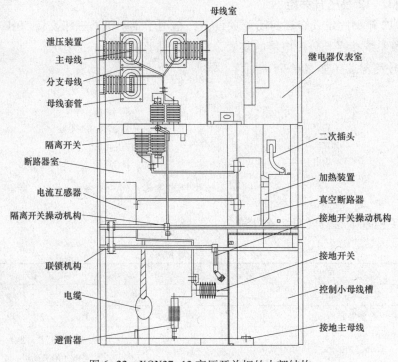

图 6-22 XGN37-12 高压开关柜的内部结构

图中标注：母线室、泄压装置、主母线、分支母线、母线套管、隔离开关、断路器室、电流互感器、隔离开关操动机构、联锁机构、电缆、避雷器、继电器仪表室、二次插头、加热装置、真空断路器、接地开关操动机构、接地开关、控制小母线槽、接地主母线

（4）操作程序。

1）送电操作：关好下门→操作接地开关分闸→拔出定位销→操作隔离开关合闸，定位销自动复位→断路器合闸。

2）停电操作：断路器分闸→拔出定位销→操作隔离开关分闸，定位销自动复位→操作接地开关合闸→打开下门。

6.4.4 SF₆全封闭组合电器

SF_6全封闭组合电器，简称 GIS。它将断路器、隔离开关、母线、接地开关、互感器、出线套管或电缆终端头等分别装在各自密封间中，集中组成一个整体外壳，充以 3~5 大气压（1 大气压＝$1.013\,3×10^5\,Pa$）的 SF_6 气体作为绝缘介质。外壳可用钢板或铝板制成，形成封闭外壳，保护活动部件不受外界物质侵蚀。

SF_6全封闭组合器由各个独立的标准元件组成，各标准元件制成独立气室，再辅以一些过渡元件，便可适应不同形式主接线的要求，组成成套配电装置。主要用于 110kV 及以上、占地面积较小、高海拔、高烈度地震区及外界环境较恶劣的地区。

1. GIS 的分类

（1）按结构形式分。根据充气外壳的结构形状，GIS 可以分为圆筒形和柜形两大类。圆筒形依据主回路配置方式类还可分为单相一壳型（即分相型）、部分三相一壳型（又称主母线三相共筒型）、全三相一壳型和复合三相一壳型四种；柜形又称 C-GIS，俗称充气柜，依据柜体结构和元件间是否隔离可分为箱型和铠装型两种。

分相式 GIS 的最大特点是：相间影响小，运行中不会出现相间短路故障，而且带电部分与接地外壳间采用同轴电场结构，电场的均匀性问题较易解决，制造也较方便；但是，钢外壳中感应电流引起的损耗大，外壳数量及密封面较多，增加了制造成本及漏气的概率，其占地面积和体积也较大。

三相共箱式 GIS 的结构紧凑，外形尺寸和外壳损耗都较小；但是，其内部电场为三维电场，电场均匀度问题是个难点，相间影响大，容易出现相间短路。

（2）按绝缘介质分。可以分为全 SF₆ 气体绝缘型（F-GIS）和部分气体绝缘型（H-GIS）两类。前者是全封闭的，而后者则有两种情况：一种是除母线外，其他元件均采用气体绝缘，并构成以断路器为主体的复合电器；另一种则相反，只有母线采用气体绝缘的封闭母线，其他元件均为常规的敞开式电器。

（3）按主接线方式分。常规的有单母线、双母线、单（双）母线分段、3/2 断路器接线、桥型和角型等多种接线方式。

（4）按安装场所分。可分为户内型和户外型，如图 6-23 所示。

(a)　　　　　　　　　　　　　　　　　(b)

图 6-23　户内型和户外型 GIS

（a）户外型；（b）户内型

2. GIS 的主要优缺点

（1）GIS 的主要优点。

1）可靠性高，不会受到外界环境的影响。解决了户外高压隔离开关经常出现的四大问题：绝缘子断裂、操作失灵、导电回路过热、锈蚀。

2）安全性高，不会产生火灾，不存在触电的危险。

3）占地面积小，各电气设备之间、设备对地之间的最小安全净距小。

4）安装、维护方便。检修周期长，维护方便，维护工作量小。

（2）GIS 的主要缺点。

1）密封性能要求高，对加工的精度有严格的要求。金属耗费量大，价格较昂贵。

2）虽然 GIS 很少需维护，但由于 GIS 内部场强很高，一旦发生故障必将引起局部以致全部地区停电。GIS 绝缘故障的，可能是在产品生产、现场安装以及运行操作等过程中发生。故障后危害较大，检修时有毒气体（SF₆ 气体与水发生化学反应后产生）会对检修人员造成伤害。

3. GIS 的结构

各种型号的 GIS 在结构设计上虽不尽相同，但内部结构基本一致，主要由 SF_6 气体、绝缘支座、拉杆、盘式绝缘子、导电体、气室外壳等组成。

GIS 根据主接线分为若干个间隔。每个间隔可再划分为若干气室或气隔。气室划分应考虑以下因素：

（1）断路器的额定气压常高于其他元件，应将它和其他气室分开。

（2）要便于运行、维护和检修。当发生故障需要检修时，应尽可能将停电范围限制在一组母线和一回线的区域，须注意：主母线和备用母线气室应分开；主母线和主母线侧的隔离开关气室应分开；当间隔数较多时，应将主母线分为若干个气室；通常将电压互感器和避雷器单独设气室；电缆终端应单独设立气室，可通过阀门与其他元件相连。

（3）要合理确定气室的容积。一般气室容积的上限是由气体回收装置的容量决定的，下限则主要取决于内部电弧故障时的压力升高，不能造成外壳爆炸。

（4）有电弧分解物产生的元件与不产生电弧分解物的元件分开。

4. 常规的测试方法

近年来，国内外对 GIS 局部放电试验技术进行了大量的研究和探讨，取得了很大的进展，但各种测试方法各有其局限性。

GIS 设备局部放电在线监测的主要方法有：常规电测法、电磁波检测法、特高频检测法（UHF）、甚高频测量法（VHF）、高频接地电流法、超声波检测法。

6.5 发电机、变压器与配电装置的连接

发电机、变压器与配电装置之间的电气连接有电缆、母线桥、组合导线及封闭母线等方式。由于电缆价格昂贵，而且电缆头运行可靠性不高，因此这种连接方式只在机组容量不大（一般在 25MW 以下），且厂房和设备的布置无法采用敞露母线时采用。

6.5.1 母线桥和母线槽

1. 母线桥的类型

发电厂和变电站的各级电压配电装置中，将发动机、变压器与各种电器连接的导线称为母线。将连接导体固定在支柱绝缘子上，支柱绝缘子安装在钢筋混凝土支柱和型钢构成的支架上，以便使导体跨越通道及其他设备，故称为母线桥，又称桥式接线，如图 6-24 所示。

图 6-24　母线桥

根据载流量的不同，连接导体可以是一条或多条矩形导体，也可以是槽形导体。

根据跨接桥断路器的位置不同，母线桥可分为内接线桥和外接线桥。其中内接线桥适用于线路较长，负荷曲线比较平稳的变电位置；外接线桥则适用于线路较短，负荷曲线变化较大的变电位置。

根据电压不同，母线桥可分为高压母线桥和低压母线桥。

2. 母线桥刷漆

母线桥刷漆的作用：绝缘、防腐、散热和"相"的标识。

3. 母线桥的应用

如图 6-25 所示为用于连接发电机与主变压器或连接屋内配电装置与主变压器的屋外单层母线桥。由于母线桥需要使用的支柱绝缘子较多，导体截面积较大，为减少投资，设计时应尽量缩短母线桥的长度。

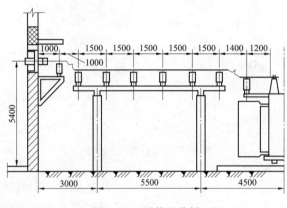

图 6-25　屋外母线桥

4. 母线槽的种类

封闭母线槽（简称母线槽）是由金属板（钢板或铝板）为保护外壳、导电排、绝缘材料及有关附件组成的母线系统。它可制成每隔一段距离设有插接分线盒的插接型封闭母线槽，也可制成中间不带分线盒的馈电型封闭母线槽。

在高层建筑的供电系统中，动力和照明线路往往分开设置，母线作为供电主干线在电气竖井内沿墙垂直安装一路或多路。按用途，一路母线槽一般由始端母线槽、直通母线槽（分带插孔和不带插孔两种）、L 型垂直（水平）弯通母线、Z 型垂直（水平）偏置母线、T 型垂直（水平）三通母线、X 型垂直（水平）四通母线、变容母线、膨胀母线、终端封头、终端接线箱、插接箱、母线有关附件及紧固装置等组成，如图 6-26 所示。

按绝缘方式，母线槽可分为空气式插接母线槽、密集绝缘插接母线槽和高强度插接母线槽三种。

6.5.2　组合导线

1. 组合导线的结构

组合导线是由多根软绞线固定在套环上组合而成，如图 6-27 所示。套环每隔 0.5～1m 设置一个，套环的作用是使各铝绞线之间保持均匀的距离，有利于散热。套环的左右两侧导

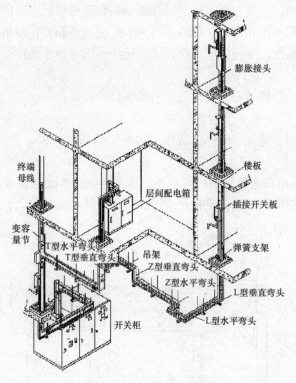

图 6-26 母线槽应用示例

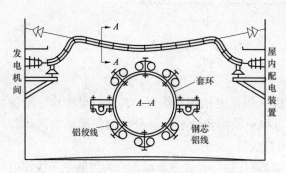

图 6-27 组合导线的结构

线采用钢芯铝绞线作为悬挂线，用以承受组合导线的机械荷载，其余绞线采用铝绞线或铜绞线，用于载流。

组合导线常规的组合方式是平行排列，每根导线都是平行的。

2. 组合导线的优点及应用

组合导线具有散热好、集肤效应小，有色金属消耗量小、支柱绝缘子和构架需要量小、投资省、可靠性高、维护工作量小等优点，它适用于跨距较大、载流量也较大的连接。

组合导线用悬式绝缘子悬挂在主厂房、屋内配电装置的墙上或专用的门型架上，其跨距由组合导线的机械载荷决定，通常不大于 40m。

6.5.3 封闭母线

对于 200MW 及以上的发电机与变压器间的连接母线、厂用分支母线及电压互感器分支母线等，为避免因气候、污秽气体和落下外界物体造成短路故障，要求有更高的运行可靠性，一般采用全连式分相封闭母线。

封闭母线包括离相封闭母线、共箱（含共箱隔相）封闭母线和电缆母线，广泛用于发电厂、变电站、工业和民用电源的引线。

如图 6-28 所示为 200MW 发电机—变压器组全连式分相封闭母线结构布置。这种连接方式仍用空气和瓷作绝缘，自然冷却，从发电机出线端到主变压器接线端之间的导体和各分支导体均用封闭母线分相封闭起来。主变压器和厂用变压器（分裂低压绕组变压器）采用前后布置（也可采用并列布置）方式，由于它们之间的距离较近，故在它们之间设置防火墙。为便于分相装设，发电机出口电压互感器回路的电压互感器采用单相式。

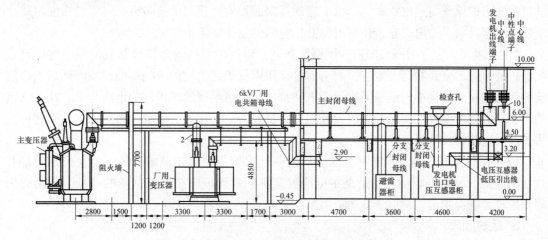

图 6-28　200MW 发电机全连式分相封闭母线

6.6　防雷保护装置

6.6.1　常用防雷保护装置

现代电力系统中的防雷保护包括了线路、变电站、发电厂等各个环节。实际采用的防雷保护装置主要有：避雷针、避雷线、保护间隙、各种避雷器、防雷接地、电抗线圈、电容器组、消弧线圈、自动重合闸等。这里主要介绍几种最常用的防雷保护装置。

1. 避雷针和避雷线

（1）保护对象。电力系统中需要安装直接雷击防护装置，广泛采用的即为避雷针和避雷线（又称架空地线）。避雷针适宜用于变电站、发电厂等电力电气设备相对集中的保护对象；避雷线适宜用于像架空线路那样伸展很广的保护对象。

（2）保护原理。

1）避雷针。它是通过导线接入地下，与地面形成等电位差，利用自身的高度，使电场强度增加到极限值的雷电云电场发生畸变，开始电离并下行先导放电；避雷针在强电场作用下产生尖端放电，形成向上先导放电；两者会合形成雷电通路，随之泄入大地，达到避雷效果。实际上，避雷针是引雷针，可将周围的雷电引来并提前放电，将雷电流通过自身的接地导体传向地面，避免保护对象直接遭雷击。

通俗的解释就是：避雷针的作用像雨伞为人们遮雨一样，覆盖着它一定范围内的建筑设施，一旦有雷电进入到了这个伞状的范围，雷电就会被避雷针吸引过来，再通过本体泄入大地，从而使伞状以下的建筑不被雷击。

2）避雷线。它是通过防护对象的制高点向另外制高点或地面接引金属线来防雷电，它的防护作用等同于在弧垂上每一点都是一根等高的避雷针。单根避雷线的保护半径要比单根避雷针的保护半径小得多。

3）避雷带。它是在屋顶四周的女儿墙或屋脊、屋檐上安装金属带做接闪器来防雷电，避雷带的防护原理与避雷线一样，由于它的接闪面积大，接闪设备附近空间电场强度相对比较强，更容易吸引雷电先导，使附近尤其比它低的物体受雷击的概率大大减少。

4）避雷网。它分明网和暗网。明网是在避雷带的中间加敷金属线制成的网，然后通过截面积足够大的金属物与大地连接的防雷电，用以保护建筑物的中间部位。暗网则是利用建筑物钢筋混凝土结构中的钢筋网进行雷电防护，只要每层楼的楼板内的钢筋与梁、柱、墙内的钢筋有可靠的电气连接，并与层台和地桩有良好的电气连接，形成可靠的暗网，则这种方法要比其他防护设施更为有效。

（3）保护范围。表示避雷装置的保护效能，保护范围是相对的，每一个保护范围都有规定的绕击（概）率，绕击指的是雷电绕过避雷装置而击中被保护物体的现象。我国有关规程所推荐的保护范围对应于 0.1% 的绕击率。

2. 保护间隙

保护间隙是由两个金属电极构成的一种简单的防雷保护装置。其中一个电极固定在绝缘子上，与带电导线相接，另一个电极通过辅助间隙与接地装置相接，两个电极之间保持规定的间隙距离。保护间隙构造简单，维护方便，但其自行灭弧能力较差。其间隙的结构有棒型、球型和角型三种。近年来，角型间隙被广泛用于配电线路和配电设备的防雷保护。

保护间隙与被保护绝缘并联。在正常情况下，保护间隙对地是绝缘的，并且绝缘强度低于所保护线路的绝缘水平，因此，当线路遭到雷击时，保护间隙首先因过电压而被击穿，将大量雷电流泄入大地，使过电压大幅度下降，从而起到保护线路和电气设备的作用，如图 6-29 所示。

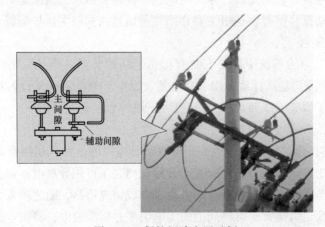

图 6-29　保护间隙应用示例

电力系统中，保护间隙仅用于不重要和单相接地不会导致严重后果的场合。

3. 避雷器

避雷器是能释放雷电或兼能释放电力系统操作过电压能量，既能保护电工设备免受瞬时过电压危害，又能截断续流，不致引起系统接地短路的电器装置。

避雷器通常接于带电导线与地之间，与被保护设备并联。当过电压值达到规定的动作电压时，避雷器立即动作，流过电荷，限制过电压幅值，保护设备绝缘；电压值正常后，避雷器又迅速恢复原状，以保证系统正常供电。

避雷器有管式和阀式两大类。阀式避雷器分为碳化硅避雷器和金属氧化物避雷器（又称氧化锌避雷器）。

（1）管式避雷器。管式避雷器也称排气式避雷器，它实质上是一只具有较强灭弧能力的保护间隙，其基本元件为装在消弧管内的火花间隙，在安装时再串接一只外火花间隙。

管式避雷器仅安装在输电线路上绝缘比较薄弱的地方，也可以用于变电站、发电厂的进线段保护中。

（2）普通阀式避雷器。变电站的防雷保护主要依靠阀式避雷器，它在电力系统过电压保护和绝缘配合中都起着重要的作用，它的保护特性是选择高电压电力设备绝缘水平的基础。

普通阀式避雷器主要由火花间隙 F 及与之串联的工作电阻 R 两大部分组成，如图 6-30 所示。

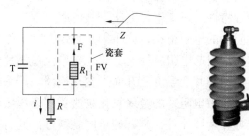

图 6-30　阀式避雷器示意

F—火花间隙；R_1—工作电阻（阀片）；Z—连线波阻抗；
T—被保护绝缘；R—接地装置的冲击接地电阻

我国生产的普通阀式避雷器有 FS 和 FZ 两种系列，电气参数见表 6-16。

表 6-16　　　　　　　　　普通阀式避雷器的电气参数

系列名称	系列型号	额定电压（kV）	结构特点	应用范围
配电所型	FS	3, 6, 10	有火花间隙和阀片，但无分路电阻，阀片直径 55mm	配电网中变压器、电缆头、柱上开关等设备的保护
变电所型	FZ	3~220	有火花间隙、阀片和分路电阻，阀片直径 100mm	200kV 及以下变电站电气设备的保护

评价阀式避雷器性能的主要技术指标见表 6-17。

表 6-17　　　　　　　　　评价阀式避雷器性能的主要技术指标

技术指标	说　　明
保护水平	它表示该避雷器上可能出现的最大冲击电压的峰值
冲击系数	它等于避雷器冲击放电电压与工频放电电压幅值之比。一般希望它接近于 1，这样避雷器的伏秒特性比较平坦，利于绝缘配合
切断比	它等于避雷器工频放电电压的下限与灭弧电压之比。切断比接近于 1，说明该火花间隙的灭弧性能越好、灭弧能力越强

技术指标	说　明
保护比	它等于避雷器的残压与灭弧电压之比。保护比越小，表明残压低或灭弧电压高，意味着绝缘上受到的过电压小，而工频续流又能很快被切断，因而该避雷器的保护性能越好

（3）磁吹式避雷器。磁吹式避雷器与普通阀式避雷器类似，主要区别采用了灭弧能力较强的磁吹火花间隙和通流能力较大的高温阀片。

常用的磁吹式避雷器有旋弧型磁吹避雷器和灭弧栅型磁吹避雷器。

（4）金属氧化物避雷器。金属氧化物避雷器由金属氧化物阀片组成，并可能串联（或并联）有放电间隙的避雷器。其保护性能优于普通阀式避雷器和磁吹避雷器。

金属氧化物避雷器的非线性电阻阀片主要成分是氧化锌，氧化锌的电阻片具有极为优越的非线性特性。正常工作电压下其电阻值很高，实际上相当于一个绝缘体，而在过电压作用下，电阻片的电阻很小，残压很低。但正常工作电压下，由于阀片长期承受工频电压作用而产生劣化，引起电阻特性的变化，导致流过阀片的泄漏电流的增加。电流中的阻性分量急剧增加，会使阀片上温度上升而发生热崩溃，严重时，甚至引起避雷器的爆炸事故。

只有压敏电阻片的金属氧化物避雷器，压敏电阻片是由氧化锌等金属氧化物烧结而成的多晶半导体陶瓷元件，具有理想的阀特性。同时具有非线性系数小、保护特性好、能量吸收能力强、通流能力大、结构简单和稳定性好等优点，是目前世界各国避雷器发展的主要方向，必将逐步取代传统的带间隙的避雷器，也将是未来特高压系统关键的过电压保护设备。

金属氧化物避雷器在正常工作时与配电变压器并联，上端接线路，下端接地。其接地线应直接与配电变压器外壳连接，然后外壳再与大地连接。

依照规程的规定，金属氧化物避雷器的检测项目有以下六项：

1）绝缘电阻；

2）直流 U_1mA 及 $0.75U_1mA$ 下的泄漏电流；

3）运行电压下的交流泄漏电流；

4）工频参考电流下的工频参考电压；

5）底座绝缘电阻；

6）检查放电计数器动作情况。

4. 消弧线圈

消弧线圈顾名思义就是灭弧的，早期采用人工调匝式固定补偿的消弧线圈，称为固定补偿系统。消弧线圈属于动芯式结构。消弧线圈广泛用于 6~10kV 级的谐振接地系统。由于变电站的无油化发展方向，因此 35kV 以下的消弧线圈现很多是干式浇注型。

图 6-31　消弧线圈

消弧线圈能使雷电过电压所引起来的一相对地冲击闪络不转变成稳定的工频电弧，即大大减小建弧率和断路器的跳闸次数。消弧线圈如图 6-31 所示。

6.6.2 发电厂、变电站的防雷保护

发电厂、变电站的雷电灾害事故主要来源于三方面：雷电直击于发电厂、变电站的建筑物、输电线路和其他设备产生的破坏；雷电击中避雷针时而在引下线附近产生的高电位和感应过电压而产生的破坏；输电线路传导来的雷电波击坏设备。

1. 常用的防雷保护措施

（1）装设避雷针，保护整个变电站建（构）筑物，防止直接雷击。避雷针可以防护直击雷。避雷针可以单独立杆，也可以利用户外配电装置的构架或投光灯的杆塔；但变压器的门型构架不能用来装设避雷针，以防止雷击产生的过电压对变压器发生闪络放电。

选择独立避雷针的安装地点时，避雷针及其接地装置与配电装置之间应保持以下距离。在地上，由独立避雷针到配电装置的导电部分之间，以及到变电站电气设备与构架接地部分之间的空气隙一般不小于 5m。在地下，由独立避雷针本身的接地装置与变电站接地网间最近的地中距离一般不小于 3m。

在装设避雷针时，应注意以下两点。

1）为防止雷击避雷针时雷电波沿导线传入室内，危及人身安全，所以照明线或电话线不要架设在独立的避雷针上。

2）独立避雷针及其接地装置，不应装设在行人经常通行的地方。避雷针及其接地装置与道路或出入口的距离不应小于 3m，否则应采取均压措施，或铺设厚度为 50~80mm 的沥青加碎石层。

（2）装设架空避雷线及其他避雷装置，作为变电站进出线段的防雷保护。

这主要是用来保护主变压器，以免雷电冲击波沿高压线路侵入变电站损坏了主变电站的这一关键设备。为此要求避雷器应尽量靠近主变压器安装。

35kV 电力线路，一般不采用全线装设架空避雷线的方法来防直击雷，但为防止变电站附近线路上受到雷击时雷电沿线路侵入变电站破坏设备，需在变电站进出线 1~2km 段内装设架空避雷线作为保护，使该段线路免遭直接雷击。为使上项保护段以外的线路受雷击时侵入变电站内的过电压有所限制，一般可在架空避雷线的两端装设管形避雷器，其接地电阻不得大于 10Ω。

对于电压 35kV、容量 3200kVA 以下的一般负荷变电站，可采用简化的进出线段保护接线方式。

对于 10kV 以下的高压配电线路进出线段的防雷保护，可以只装设 FZ 型或 FS 型阀型避雷器，以保护线路断路器及隔离开关。

（3）装设阀型避雷器，对沿线路侵入变电站的雷电波进行防护。变电站的进出线段虽已采取防雷措施，且雷电波在传播过程中也会逐渐衰减，但沿线路传入变电站内的部分，其过电压对内设备仍有一定危害。特别是对价值最高、绝缘相对薄弱的主变压器更是这样。故在变压器母线上，还应装设一组阀型避雷器进行保护。

6~10kV 变电站中，阀型避雷器与被保护的变压器间的电气距离，一般不应大于 5m。为使任何运行条件下变电站内的变压器都能够得到保护，当采用分段母线时，其每段母线上都应装设阀型避雷器。

（4）低压侧装设避雷器。这主要用在多雷区用来防止雷电波沿低压线路侵入而击穿电力变压器的绝缘。当变压器的低压侧中性点不接地时（如 IT 系统），其中性点可装设阀式避雷器或金属氧化物避雷器或保护间隙。需要注意的是，防雷系统的各种钢材必须采用镀锌防锈钢材，连接方法要用焊接。圆钢搭接长度不小于 6 倍直径，扁钢搭接长度不小于 2 倍宽度。

2. 变电站的进线保护措施

为了防止沿输电线路传导来的雷电波损坏配电设备，可采用安装管型或阀型避雷器。考虑的参数除了与普通电源防雷器相同的，如额定电压、残压等外，还要考虑灭弧电压、充放电电压等参数。

（1）一般变电站的进线保护。除了直击雷和感应雷外，当线路上受雷击时，雷电进行波就会沿着线路向变电站袭来，由于线路的绝缘水平较高，侵入变电站的雷电进行波的幅值往往很高，就有可能使主变压器和其他电气设备发生绝缘损坏事故。此外，由于变电站和线路直接相连，线路分布广，长度较长，遭受雷击的机会也较多，所以对变电站的进线线段必须有完善的保护措施，这是能否保证设备安全运行的关键。

对于未沿全线装设避雷线的 35～110kV 的线路，为了保证变电站的安全，应在变电站的进线段 1～2km 长度内应采用避雷线保护。

当变电站上有了避雷保护线以后，就可以防止在变电站附近的线路导线上落雷。如果雷落在了保护线的首段，雷电波就会沿着线路侵入变电站。如果进线端采用钢筋混凝土杆磁横担等电路，为了限制从进线端以外沿导线侵入的雷电波的幅值，应在进线端的首端装设一组管型避雷器。

保护段内的杆塔工频接地电阻不应大于 10Ω。钢塔和钢筋混凝土杆铁横担线路以及全线有避雷线的线路，其进线段的首端可不装设管型避雷器。

（2）35kV 及以上电缆段的变电站的进线保护。35～100kV 变电站的进出线通常采用电缆，有三芯电缆，也有单芯电缆，其保护线应不同。在电缆和架空线的连接处应装设阀型避雷器保护，其接地必须与电缆的金属外皮线连接。

当电缆长度不超过 50m 或根据经验算法装设一组避雷器即能满足保护要求时，可只装设一组阀型避雷器；当电缆长度超过 50m，而且断路器在雨季可能经常短路运行，应在电缆末端装设管型避雷器或阀型避雷器。

此外，靠近电缆段的 1km 架空线路上还应架设避雷线保护。

（3）小容量变电站的简化保护。对于 35kV 负荷不很重要且容量较小的变电站，采取简化的防雷保护方式，对绝缘正常的变压器绝大部分还是可以保证安全运行的，特别是在雷电不太强烈的地区采取简化的防雷保护方式，是可行的。

（4）6～10kV 变电所配电装置的保护。6～10kV 变电站的每段母线上和每路架空进出线上都应装设避雷器。

架空进线采用双回路塔杆，有同时遭到雷击的可能，在确定避雷器与主变压器的最大电气距离时，应按一路考虑，而且在雷雨季节中应避免将其中的一路断开。

6.6.3 架空线路的防雷保护

在大多数情况下，电力架空线路采用保护线保护。

1. 输电线路耐雷性能的若干指标

（1）耐雷水平（I）。耐雷水平是指雷击线路时，其绝缘尚不至于发生闪络的最大雷电流幅值或能引起绝缘闪络的最小雷电流幅值，单位为 kA。

我国标准规定的各级电压线路应有的耐雷水平，见表 6-18。

表 6-18　　　　　　　　各级电压线路应有的耐雷水平

额定电压 U_N（kV）	35	66	110	220	330	500
耐雷水平 I（kA）	20~30	30~60	40~75	75~110	100~150	125~175
雷电流超过 I 的概率（%）	59~46	46~21	35~14	14~6	7~2	3.8~1

在电力防雷中，雷电直击中架空线路时，实际电流要小于统计测量的雷电流，一般取 $I/2$，如图 6-32 所示；在遭雷击时，架空线路的波阻抗定量（两个电线杆之间的导线电阻）约为 $R=400\Omega$。此时，在线路上的绝缘冲击电压最大值

$$U=\frac{I}{2}\times\frac{R}{2}=100I$$

用绝缘冲击电压的 50%（$U_{50\%}$）代替 U，则此时的 I 就表示能引起反击的雷电流强度，也即线路在这种情况下的耐雷水平

$$I=U_{50\%}/100$$

由此可算得：

30kV 线路

$$U_{50\%}\approx 350\text{kV}, \ I=3.5\text{kA}$$

110kV 线路

$$U_{50\%}\approx 700\text{kV}, \ I=7.0\text{kA}$$

（2）雷击跳闸率（n）。雷击跳闸率是指在雷暴日数 $T_d=40$ 的情况下，100km 的线路每年因雷击而引起的跳闸次数，其单位为次/（100km·40雷暴日）。

实际线路长度 L 不是 100km，雷暴日数也不正好是 40 时，必须换算到某一相同的条件下（100km，40雷暴日），才能进行比较。

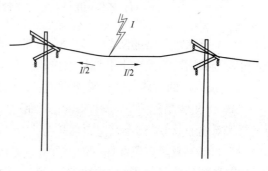

图 6-32　雷电击中输电线路时雷电流的流向

雷电流超过了线路耐雷水平，只会引起冲击闪络，只有在冲击闪络之后还建立工频电弧，才会引起线路跳闸。

由冲击闪络转变成稳定工频电弧的概率为建弧率（η），它与沿绝缘子串或空气间隙的平均运动电压梯度有关。可由下式求得

$$\eta=(4.5E^{0.75}-14)\times 10^{-2}$$

式中：η 为建弧率；E 为绝缘子串的平均工作电压梯度。

（3）保护角（α）。保护角如图所 6-33 表示。

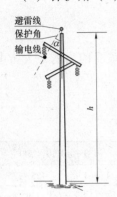

避雷线
保护角
输电线路

图 6-33　输电线路保护角

说明：防止雷电击中输电线路，α、h 越小越好。

保护角的大小，关系到线路是否遭雷电绕击的可能。计算绕击的可能，即绕击概率，平原地区线路可以用下面的公式计算

$$\lg P_a = \frac{\alpha\sqrt{h}}{86} - 3.9$$

式中：α 为保护角；h 为杆高；P_a 为绕击概率。

根据高压送电线路的运行经验、现场实测和模拟试验均证明，雷电绕击率与避雷线对边导线的保护角、杆塔高度以及高压送电线路经过的地形、地貌和地质条件有关。对山区线路的杆塔，计算公式如下

$$\lg P_a = \frac{\alpha\sqrt{h}}{86} - 3.35$$

山区设计送电线路时不可避免会出现大跨越、大高差档距，这是线路耐雷水平的薄弱环节；一些地区雷电活动相对强烈，使某一区段的线路较其他线路更容易遭受雷击。

绕击跳闸次数的计算公式为

$$n_2 = NP_aP_2\eta \quad （次／年）$$

式中：N 为年落雷总数；P_a 为绕击率；P_2 为超过绕击耐压水平 I_2 的雷电流；η 为建弧率。

2. 输电线路的具体保护措施

架空输电线路雷害事故的发展过程及相应的防护措施，如图 6-34 所示。

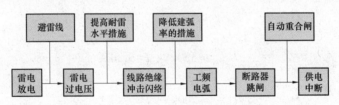

图 6-34　架空输电线路雷害事故的发展过程及相应的防护措施

（1）3~35kV 线路的防护。3~10kV 架空输电线路，绝缘水平低，通常只有一个绝缘子，可直接利用钢筋混凝土电杆自然接地，并采用中性点不接地，而不用架设避雷线。

35kV 及以下的线路主要依靠架设消弧线圈和自动重合闸装置来进行防雷保护。

（2）60kV 线路的防护。60kV 输电线路，除多雷区外也不用架设避雷线。在相关规范中，要求新建的 60kV 的线路防雷保护与 110kV 的线路相同。

（3）110kV 及其以上线路的防雷保护。110kV 输电线路一般沿全线架设避雷线，在雷电活动特别强烈的地区，还可架设双避雷线，其保护角取 22°~25°。在雷电活动不频繁的地区，可不沿全线架设避雷线。

220kV 输电线路，沿全线架设避雷线，在山区和非少雷区，要架设双避雷线，保护角取 16.5°~25.5°。

330~550kV 输电线路，绝缘耐雷水平增加了，但线路落雷总数也增加了，另线路的重

要性也较高，一律采用全线架设双避雷线，保护角取 $10° \sim 20°$。对于线路经过特殊地形的，可采取增强绝缘性的措施，来增强防雷效果。

至于 550kV 以上的高压输电线路，其防雷措施与 550kV 输电线路的方法基本相同。

3. 架空线路防雷的接地电阻

对所有的防雷来说，接地电阻的大小至观重要，要求接地电阻越小越好。电力部门根据多年的实践经验，以及输电线路所经过的环境等，规定输电线路的防雷接地电阻在 20Ω 以内都是允许的，但一般要求小于 10Ω。

6.6.4 建筑物的防雷保护

1. 建筑物防雷分类（见表6-19）

表 6-19　　　　　　　　　　　　建 筑 物 防 雷 分 类

分类	建　筑　物	备　注
第一类防雷建筑物	（1）制造、使用或贮存炸药、起爆药、火工品等大量爆炸物质的建筑物	因电火花而引起爆炸，会造成巨大 破坏和人身伤亡者
	（2）具有 0 区或 0 区爆炸危险环境的建筑物	
	（3）具有 I 区爆炸危险环境的建筑物	
第二类防雷建筑物	（1）国家级重点文物保护的建筑物	因电火花而引起爆炸，不致造成巨大 破坏和人身伤亡者
	（2）国家级的会堂、办公建筑物、大型展览和博览建筑物、大型火车站、国宾馆、国家级档案馆、大型城市的重要给水水泵房等特别重要的建筑物	
	（3）国家级计算中心、国际通信枢纽等对国民经济有重要意义且装有大量电子设备的建筑物	
	（4）制造、使用或贮存爆炸物质的建筑物	
	（5）具有 I 区爆炸危险环境的建筑物	
	（6）具有 2 区或 II 区爆炸危险环境的建筑物	
	（7）工业企业内有爆炸危险的露天钢质封闭气罐	
	（8）部、省级办公建筑物及其他重要或人员密集的公共建筑物	预计雷击次数大于 0.06 次/年
	（9）住宅、办公楼等一般性民用建筑物	预计雷击次数大于 0.3 次/年
第三类防雷建筑物	（1）省级重点文物保护的建筑物及省级档案馆	
	（2）部、省级办公建筑物及其他重要或人员密集的公共建筑物	0.012 次/年 ≤预计雷击次数≤0.06 次/年
	（3）住宅、办公楼等一般性民用建筑物	0.06 次/年 ≤预计雷击次数 ≤0.03 次/年
	（4）一般性工业建筑物	0.06 次/年 ≤预计雷击次数
	（5）高度在 15m 及以上的烟囱、水塔等孤立的高耸建筑物	平均雷暴日>15d/年的地区
	（6）确定需要防雷的其他火灾危险环境	

2. 接闪器的有关规定

（1）避雷带、避雷网和避雷针接闪器（见表6-20）。

表 6-20　　　　　　　　避雷带、避雷网和避雷针接闪器的规格

类别		材料	规　　格
避雷带、避雷网		圆钢	直径≥8mm
		扁钢	截面积≥48mm^2
			厚度≥4mm
烟囱顶上避雷环		圆钢	直径≥12mm
		扁钢	截面积≥100mm^2
			厚度≥4mm
架空避雷线、避雷网		镀锌钢绞线	截面积≥35mm^2
避雷针	针长≤1m	圆钢	12mm
		钢管	20mm
	针长1~2m	圆钢	16mm
		钢管	25mm

（2）接闪器的布置（见表6-21）。

表 6-21　　　　　　　　接 闪 器 布 置 的 规 定

建筑物防雷类别	滚球半径 h_r（m）	避雷网网格尺寸（m）
第一类防雷建筑物	30	≤5×5 或 ≤6×4
第二类防雷建筑物	45	≤10×10 或 ≤12×8
第三类防雷建筑物	60	≤20×20 或 ≤24×16

注　1. 布置接闪器时，可单独或任意组合采用滚球法、避雷网。

　　2. 滚球法是以 h_r 为半径的一个球体，沿需要防直击雷的部位滚动，当球体只触及接闪器（包括被利用作为接闪器的金属物），或只触及接闪器和地面（包括与大地接触并能承受雷击的金属物），而不触及需要保护的部位时，则该部分就得到接闪器的保护。

3. 引下线的有关规定

（1）防雷装置的引下线（见表6-22）。

表 6-22　　　　　　　　防雷装置引下线的规格

类别	材料	规　　格
明敷	圆钢	直径≥8mm
	扁钢	截面积≥48mm^2
		厚度≥4mm
暗敷	圆钢	直径≥10mm
	扁钢	截面积≥80mm^2
		厚度≥12mm

续表

类别	材料	规　格
烟囱引下线	圆钢	截面积≥100mm²
	扁钢	厚度≥4mm

（2）接地（接零）线的焊接长度（见表6-23）。

表6-23　　　　　　　　　　接地（接零）线的焊接长度规定

项　　目		规定数值	检验方法
搭接长度	扁钢	≥2d	尺量检查
	圆钢	≥6d	
	圆钢和扁钢	≥6d	
扁钢搭接焊的棱边数		3	尺量检查

（3）钢接地体和接地线的最小规格（见表6-24）。

表6-24　　　　　　　　　　钢接地体和接地线的最小规格

种类、规格和单位		地　　上		地　　下	
		室内	室外	交流电流回路	直流电流回路
圆钢（直径，mm）		6	8	10	12
扁钢	截面积（mm²）	60	100	100	100
	厚度（mm）	3	4	4	6
角钢厚度（mm）		2	2.5	4	6
钢管管壁厚度（mm）		2.5	2.5	3.5	4.5

6.7　接地保护装置与等电位联结

6.7.1　接地保护装置

1. 基本概念

（1）接地装置。接地装置是埋设在地下的接地电极与由该接地电极到设备之间的连接导线的总称。

（2）接地体。埋入土壤中或混凝土基础中作散流用的导体。

（3）接地线。从引下线断接卡或换线处至接地体的连接导体。

（4）集中接地装置。为加强对雷电流的流散作用，降低对地电压而敷设的附加接地装置。

（5）接地电阻。电流经过接地体进入大地并向周围扩散时所遇到的电阻。接地电阻主要取决于接地装置的结构、尺寸、埋入地下的深度及当地的土壤电阻率。

2. 接地装置的组成

接地装置是用来实现电气系统与大地相连接的目的，它由接地极（板）、接地母线（户内、户外）、接地引下线（接地跨接线）、构架接地等组成。

与大地直接接触实现电气连接的金属物体为接地极。它可以是人工接地极，也可以是自然接地极。对此接地极可赋以某种电气功能，例如用来作系统接地、保护接地或信号接地。

接地母排是建筑物电气装置的参考电位点，通过它将电气装置内需接地的部分与接地极相连接。它还有另一作用，即通过它将电气装置内诸等电位连接线互相连通，从而实现一建筑物内大件导电部分间的总等电位连接。

接地极与接地母排之间的连接线称为接地极引线。

3. 常用接地保护装置

（1）工作接地。为了保证电力系统正常运行所需要的接地。例如中性点直接接地系统中的变压器中性点接地，其作用是稳定电网对地电位，从而可使对地绝缘降低。

（2）防雷接地。针对防雷保护的需要而设置的接地。例如避雷针（线）、避雷器的接地，目的是使雷电流顺利导入大地，以利于降低雷过电压，故又称过电压保护接地。

（3）保护接地。也称安全接地，是为了人身安全而设置的接地，即电气设备外壳（包括电缆皮）必须接地，以防外壳带电危及人身安全。

（4）仪控接地。发电厂的热力控制系统、数据采集系统、计算机监控系统、晶体管或微机型继电保护系统和远动通信系统等，为了稳定电位、防止干扰而设置的接地。也称为电子系统接地。

6.7.2 电气设备及装置的接地保护

1. 金属部分需要接地的 A 类电气装置和设备

（1）电机、变压器和高压电器等的底座和外壳。

（2）电气设备传动装置。

（3）互感器的二次绕组。

（4）发电机中性点柜外壳、发电机出线柜和封闭母线的外壳等。

（5）气体绝缘全封闭组合电器（GIS）的接地端子。

（6）配电、控制、保护用的屏（柜、箱）及操作台等的金属框架。

（7）铠装控制电缆的外皮。

（8）屋内外配电装置的金属架构和钢筋混凝土架以及靠近带电部分的金属围栏和金属门。

（9）电力电缆接线盒、终端盒的外壳，电缆的外皮，穿线的钢管和电缆桥架等。

（10）装有避雷线的架空线路杆塔。

（11）除沥青地面的居民区外，其他居民区内，不接地、消弧线圈接地和高电阻接地系统中无避雷线架空线路的金属杆塔和钢筋混凝土杆塔。

（12）装在配电线路杆塔上的开关设备、电容器等电气设备。

（13）箱式变电站的金属箱体。

2. 金属部分可不接地的 A 类电气设备和电力生产设施

（1）在木质、沥青等不良导电地面的干燥房间内，交流标称电压 380V 及以下、直流标称电压 220V 及以下的电气设备外壳（但当维护人员可能同时触及电气设备外壳和接地物件时除外）。

（2）安装在配电屏、控制屏和配电装置上的电测量仪表、继电器和其他低压电器等的外壳，以及当发生绝缘损坏时在支持物上不会引起危险电压的绝缘子金属底座等。

（3）安装在已接地的金属架构上的设备（应保证电气接触良好），如套管等。

（4）标称电压 220V 及以下的蓄电池室内的支架。

3. A 类电气设置及装置的接地电阻

（1）发电厂、变电站电气装置保护接地的接地电阻不得大于 5Ω。

（2）发电厂、变电站电力生产用低压电气装置共用的接地装置不宜大于 10Ω。

（3）发电厂、变电站独立避雷针（含悬挂独立避雷线的架构）的接地电阻，在土壤电阻率不大于 500Ωm 的地区不应大于 10Ω。

（4）架空线路杆塔保护接地的接地电阻不宜大于 30Ω。

（5）保护配电柱上断路器、负荷开关和电容器组等的避雷器的接地线应与设备外壳相连，接地装置的接地电阻不应大于 10Ω。

（6）配电变压器安装在其供电的建筑物内时，接地电阻不宜大于 4Ω。

4. 高压架空线路杆塔的接地装置

（1）在土壤电阻率 $\rho \leqslant 100\Omega$m 的潮湿地区，可利用铁塔和钢筋混凝土杆自然接地。对发电厂、变电站进线段应另设雷电保护接地装置。在居民区，当自然接地电阻符合要求时，可不设人工接地装置。

（2）在土壤电阻率 100Ωm$<\rho \leqslant 300\Omega$m 的地区，除利用铁塔和钢筋混凝土杆的自然接地外，并应增高人工接地装置，接地极埋设深度不宜小于 0.6m。

（3）在土壤电阻率 100Ωm$<\rho \leqslant 2000\Omega$m 的地区，可采用水平敷设的接地装置，接地极埋设深度不宜小于 0.5m。

（4）在土壤电阻率 $\rho>2000\Omega$m 的地区，可采用 6~8 根总长度不超过 500m 的放射形接地极或连续伸长接地极。放射形接地极可采用长短结合的方式，接地极埋设深度不宜小于 0.3m。

放射形接地极每根的最大长度，应符合表 6-25 的要求。

表 6-25 放射形接地极每根的最大长度

土壤电阻率（Ωm）	≤500	≤1000	≤2000	≤5000
最大长度（m）	40	60	80	100

（5）居民区和水田中的接地装置，宜围绕杆塔基础敷设成闭合环形。

（6）在高土壤电阻率地区采用放射形接地装置时，当在杆塔基础的放射形接地极每根长度的 1.5 倍范围内有土壤电阻率较低的地带时，可部分采用引外接地或其他措施。

5. B 类电气装置的接地保护

（1）向 B 类电气装置供电的配电变压器安装在该建筑物外时，低压系统电源接地点的连接地电阻应符合下列要求：

1）配电变压器高压侧工作于不接地、消弧线圈接地和高电阻接地系统，当该变压器的保护接地装置的接地电阻不超过4Ω时，低压系统电源接地点可与该变压器保护接地共用接地装置。

2）当建筑物内未作总等电位连接，且建筑物距低压系统电源接地点的距离超过50m时，低压电缆和架空线路在引入建筑物处，保护线（PE）或保护中性线（PEN）应重复接地，接地电阻不宜超过10Ω。

3）向低压系统供电的配电变压器的高压侧工作于低电阻接地系统时，低压系统不得与电源配电变压器的保护接地共用接地装置，低压系统电源接地点应在距该配电变压器适当的地点设置专用接地装置，其接地电阻不宜超过4Ω。

（2）向B类电气装置供电的配电变压器安装在该建筑物内时，低压系统电源接地点的接地电阻应符合下列要求：

1）配电变压器高压侧工作于不接地、消弧线圈接地和高电阻接地系统，当该变压器保护接地的接地装置的接地电阻符合要求时，低压系统电源接地点可与该变压器保护接地共用接地装置。

2）配电变压器高压侧工作于低电阻接地系统，当该变压器的保护接地装置的接地电阻符合要求，且建筑物内采用（含建筑物钢筋的）总等电位连接时，低压系统电源接地点可与该变压器保护接地共用接地装置。

（3）低压系统由单独的低压电源供电时，其电源接地点接地装置的接地电阻不宜超过4Ω。

（4）TT系统中，当地系统接地点和电气装置外露导电部分已进行总等电位连接时，电气装置外露导电部分不另设接地装置。否则，电气装置外露导电部分应设保护接地的接地装置，

（5）IT系统的各电气装置外露导电部分保护接地的接地装置可共用同一接地装置，也可个别地或成组地用单独的接地装置接地。

6.7.3 等电位连接

1. 等电位连接的定义

GB 50057—2010《建筑物防雷设计规范》对等电位连接定义为"将金属装置、外来导电物、电力线路、电信线路及其他线路连于其上以能与防雷装置做等电位连接的金属带"。

国际上非常重视等电位连接的作用，它对用电安全、防雷以及电子信息设备的正常工作和安全使用，都是十分必要的。根据理论分析，等电位连接作用范围越小，电气上越安全。

2. 等电位连接的做法

等电位连接只是简单的导线的连接，并无深奥的理论和复杂的技术要求。其所用设备仅是等电位箱和铜芯线，投资不大，却能极大地消除安全隐患。

等电位连接分为总等电位连接（MEB）和局部等电位连接（LEB）。

（1）总等电位连接的做法。通过每一进线配电箱近旁的总等电位连接母排将下列导电部分互相连通：进线配电箱的PE（PEN）母排；公用设施的上、下水；热力、煤气等金属

管道；建筑物金属结构和接地引出线。

总等电位连接的作用在于降低建筑物内间接接触电压和不同金属部件间的电位差，并消除自建筑物外经电气线路和各种金属管道引入的危险故障电压的危害。

B 类电气装置采用接地故障保护时，建筑物内电气装置应采用总等电位连接。对下列导电部分应采用总等电位连接线相互可靠连接，并在进入建筑物处接向总等电位连接端子板，如图 6-35 所示。

1）PE（PEN）干线。

2）电气装置的接地装置中的接地干线。

3）建筑物内的水管、煤气管、采暖和空调管道等金属管道。

4）便于连接的建筑物金属构件等导电部分。

（2）局部等电位连接做法。在一个局部范围内通过局部等电位连接端子板将下列部分用 6mm^2 黄绿双色塑料铜芯线互相连通：柱内墙面侧钢筋；壁内和楼板中的钢筋网；

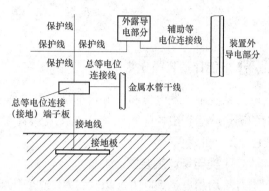

图 6-35　建筑物内总等电位连接

金属结构件；公用设施的金属管道；用电设备外壳（可不包括地漏、扶手、浴巾架、肥皂盒等孤立小物件）等。

一般是在浴室、游泳池、喷水池、医院手术室、农牧场等场所采用。要求等电位连接端子板与等电位连接范围内的金属管道等金属末端之间的电阻不超过 3Ω。

3. 等电位连接的接线

等电位连接主母线的最小截面积可以小于装置的最大保护线截面积的一半，但并不应小于 6mm^2。当采用铜线时，其截面积不宜大于 25mm^2。当采用其他金属时，则其截面积应承载与之相当的载流量。

连接 2 个外露导电部分的辅助等电位连接线，其截面积不应小于接至该 2 个外露导电部分的较小保护线的截面积。连接外露导电部分与装置外导电部分的辅助等电位连接线，其截面积不应小于相应保护线截面积的一半。

4. 等电位连接的要求

（1）所有进入建筑物的外来导电体均应在 LPZ 0A 或 LPZ 0B 与 LPZ1 区的界面处做等电位连接。当外来导电体、电力线、通信线在不同地点进入建筑物时，宜设若干等电位连接带，并应就近连到环形接地体、内部环形导体（均压环）或此类钢筋上。它们在电气上是贯通的并连通到接地体，含基础接地体。

环形接地体和内部环形导体应连到钢筋或金属立面等其他屏蔽构件上，宜每隔 5m 连接一次。

（2）穿过防雷区界面的所有导电物、电力线、通信线均应在界面处做等电位连接。应采用一局部等电位连接带做等电位连接，各种屏蔽结构或设备外壳等其他局部金属物也连到该带。

用于等电位连接的接线夹和电涌保护器应分别估算通过的雷电流。

（3）所有电梯轨道、吊车、金属地板、金属门框架、设施管道、电缆桥架等大尺寸的内部导电物，其等电位连接应以最短路径连到最近的等电位连接带或其他已做了等电位连接的金属物，各导电物之间宜附加多次互相连接。

（4）信息系统的所有外露导电物应建立等电位连接网络。由于按照规定实现的等电位连接网络均有通大地的连接，因此每个等电位联结网不宜设单独的接地装置。

6.8　电　能　计　量　装　置

6.8.1 电能计量装置分类

在电力系统中，发电量和用电量都是以电能作为计算标准的，因此电能的测量是一种必不可少的测量。运行中的电能计量装置按其所计量电能量的多少和计量对象的重要程度分五类（Ⅰ、Ⅱ、Ⅲ、Ⅳ、Ⅴ）进行管理。

1. Ⅰ类电能计量装置

月平均用电量 500 万 kWh 及以上或变压器容量为 10 000kVA 及以上的高压计费用户、200MW 及以上发电机、发电企业上网电量、电网经营企业之间的电量交换点、省级电网经营企业与其供电企业的供电关口计量点的电能计量装置。

2. Ⅱ类电能计量装置

月平均用电量 100 万 kWh 及以上或变压器容量为 2000kVA 及以上的高压计费用户、100MW 及以上发电机、供电企业之间的电量交换点的电能计量装置。

3. Ⅲ类电能计量装置

月平均用电量 10 万 kWh 及以上或变压器容量为 315kVA 及以上的计费用户、100MW 以下发电机、发电企业厂（站）用电量、供电企业内部用于承包考核的计量点、考核有功电量平衡的 110kV 及以上的送电线路电能计量装置。

4. Ⅳ类电能计量装置

负荷容量为 315kVA 以下的计费用户、发供电企业内部经济技术指标分析、考核用的电能计量装置。

5. Ⅴ类电能计量装置

单相 220V 供电的电力用户计费用电能计量装置。

6.8.2 电能计量方式

1. 高压供电高压侧计量

高压供电高压侧计量（简称高供高计），是指我国城乡普遍使用的国家电压标准 10kV 及以上的高压供电系统，须经高压电压互感器（TV）、高压电流互感器（TA）计量。

电能表的额定电压：3×100V（三相三线三元件）或 3×100/57.7V（三相四线三元件）；额定电流：1（2）、1.5（6）、3（6）A。其计算用电量须乘高压 TV、TA 倍率。

10kV/630kVA 受电变压器及以上的大用户为高供高计。

2. 高压供电低压侧计量

高压供电低压侧计量（简称高供低计），是指 35、10kV 及以上供电系统。有专用配电变压器的大用户，须经低压电流互感器（TA）计量。

电能表额定电压：3×380V（三相三线二元件）或 3×380/220V（三相四线三元件）。额定电流 1.5（6）、3（6）、2.5（10）A。计算用电量须乘以低压 TA 倍率。

10kV 受电变压器 500kVA 及以下为高供低计。

3. 低压供电低压计量

低压供电低压计量（简称低供低计），是指城乡普遍使用，经 10kV 公用配电变压器供电用户。

电能表额定电压：单相 220V（居民用电），3×380V/220V（居民小区及中小动力和较大照明用电），额定电流：5（20）、5（30）、10（40）、15（60）、20（80）和 30（100）A用电量直接从电能表内读出。

10kV 受电变压器 100kVA 及以下为低供低计。

低压三相四线制计量方式中，也可以用 3 只单相电能表来计量，用电量是 3 只单相电能表之和。一般居民生活照明用电配置单相电能表。

6.8.2 电能表

电能等于功率与时间的乘积。在测量发电机发出多少电能或负载吸收多少电能时，测量仪表不仅要反映出发电机发出多少功率或负载吸收多少功率，而且还要反映出功率延续的时间，即要反映出电能随时间积累的总和。

1. 电能表的分类

用来测量某一段时间内，发电机发出多少电能或负载吸收多少电能的仪表称为电能表，又叫电度表、千瓦小时表。电能表按其结构、工作原理和测量对象等可以分为许多类，且分类方法也很多，见表 6-26。

表 6-26　　　　　　　　　　　　电 能 表 的 分 类

分类方法	种　类
按结构和工作原理	机感应式（机械式）、静止式（电子式）、机电一体式（混合式）
按用途	工业与民用表、电子标准表、最大需量表、复费率表
按接入电源性质	交流表、直流表
按安装接线方式	直接接入式、间接接入式
按用电设备	单相、三相三线、三相四线电能表
根据测量对象的不同	有功电能表、无功电能表
按测量的准确度等级	一般有 1 级和 2 级表
按付费方式	普通电能表（抄表决算付费）、预付费电能表（先付费后用电）

（1）机械式电能表。机械式电能表又分为电动系和感应系两类。

1）电动系电能表。电动系电能表相当于把电动系功率表的游丝去掉，采用多个活动线圈，加上换向装置，让它的活动部分可以连续转动，从而进行电能测量。用来测量直流电能的电能表就是电动系电能表。由于电动系电能表结构复杂、造价高，所以对于需要量大、用来测量交流电能的电能表不宜采用电动系结构。

2）感应系电能表。感应系电能表是用于交流电能测量的仪表，它的转动力矩较大，结构牢固，价格便宜。目前仍是国内外大量使用的一类交流电能表。

感应式电能表采用电磁感应的原理把电压、电流、相位转变为磁力矩，推动铝制圆盘转动，圆盘的轴（蜗杆）带动齿轮驱动计度器的鼓轮转动，转动的过程即是时间量累积的过程。因此感应式电能表的好处就是直观、动态连续、停电不丢数据。感应式电能表的结构如图6-36所示。

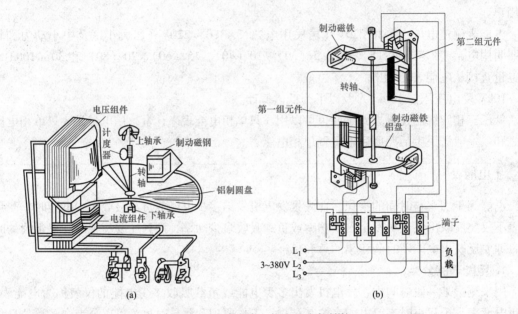

图6-36　感应式电能表的内部结构
（a）单相感应式电能表的结构；（b）三相感应式电能表的结构

感应式电能表的功能单一、精度低、磨损件多，而且只能人工抄表，显然不能适应电力事业迅速发展的需要，正在逐渐被电子式电能表所替代。

（2）电子式电能表。电子式电能表是国外在20世纪70年代发展起来的一种产品，它是应用现代电能测量技术、微电子技术、计算机软硬件技术及通信技术构成的一类全新系列的电能表。它与感应式电能表相比，除了具有测量精度高、性能稳定、功耗低、体积小、质量轻等优点外，还易于实现多功能计量，可现场校验和检索多种计量数据，便于数据采集和处理以及集中监控。

电子式电能表一般由电能测量机构和数据处理机构两部分组成。根据电能测量机构的不同，电子式电能表分为机电脉冲和全电子式两类。其中机电脉冲式电能表出现较早，仍然沿用了感应式电能表的测量机构，数据处理机构由电子电路和计算机控制系统实现，因而它只是一种电子线路与机电转换单元相结合的半电子式电能表，而且由于感应式测量机构的制约，机电脉冲式电能表难以降低功耗、提高测量精度；而全电子式电能表没有使用感应式测量机构，而采用乘法器来完成对电功率的测量，不但提高了测量精度、降低了功耗、还增加了过载能力。

由于电子式电能表具有良好的扩展性，目前已由常规的全电子式电能表发展出了多功能电能表、多费率电能表、预付费电能表、载波电能表、红外抄表、集中抄表系统、远距离自动抄表电能表等系列产品。同时，电能的计量方法已经成熟，已有用于计量电能的专用集成电路，可将电功率转换成频率信号供计算机处理。电能的预付费功能也有多种实现方式，根据安全性需求等级的不同可以采取不同的方式，当然安全等级越高成本越高。

（3）有功电能表。电能可以转换成各种能量，如通过电炉转换成热能，通过电动机转换成机械能，通过电灯转换成光能等。在这些转换中所消耗的电能为有功电能。而记录这种电能的电能表为有功电能表。

（4）无功电能表。由电工原理可知，有些电器装置在作能量转换时先得建立一种转换的环境，如电动机，变压器等要先建立一个磁场才能作能量转换，还有些电器装置是要先建立一个电场才能作能量转换。而建立磁场和电场所需的电能都是无功电能。而记录这种电能的电能表为无功电能表。

无功电能在电器装置本身中是不消耗能量的，但会在电器线路中产生无功电流，该电流在线路中将产生一定的损耗。无功电能表是专门记录这一损耗的，一般只有较大的用电单位才安装这种电能表。

（5）特种电能表。

1）用来自动监视并控制用电单位日用电量及电能计量控制的电力定量器。

2）附带有测量在一定计算周期内最大平均功率指示器的最大需量电能表。

3）测量线路损耗的铜损电能表（如 DD14-2 型）。

4）测量大型含铁芯电器（如变压器）铁心损耗的铁损电能表（如 DD14-1 型）。

5）配置有多个计度器分别在规定的不同费率时段内记录电能的复费率电能表。

2. 电能表的型号及铭牌

（1）电能表型号含义。

D—用在前面表示电能表，如 DD862；用在后面表示多功能，如 DTSD855。

DD—单相，如 DD862。

DT—三相四线，如 DT862。

DS—三相三线，如 DS862

F—复费率，如 DDSF855。

Y—预付费，如 DDSY855。

S—电子式，如 DDS855。

派生型号：T—湿热、干燥两用；TH—湿热带用；TA—干热带用；G—高原用；H—船用；F—化工防腐用等。

（2）电能表铭牌电流。例如某电能表的铭牌电流为 10（20）A，括号前的电流值叫基本电流，是作为计算负载基数电流值的，括号内的电流叫额定最大电流，是能使电能表长期正常工作，而误差与温升完全满足规定要求的最大电流值。

根据规程要求，直接接入式的电能表，其基本电流应根据额定最大电流和过载倍数来确定，其中，额定最大电流应按经核准的客户报装负荷容量来确定；过载倍数，对正常运行中的电能表实际负荷电流达到最大额定电流的 30% 以上的,宜取 2 倍;实际负荷电流低于30%的,应取 4 倍。

(3) 环境温度标志。电能表铭牌上的温度标志有 A、A1、B、B1,其含义见表 6-27。当环境温度改变时,电能表的制动磁通和电压、电流工作磁通及其相位角 ϕ 都发生改变,从而引起附加误差。如当温度升高时,制动磁通减少,制动力矩随之减小,电能表转速加快,同时电能表转盘电阻增大,电流工作磁通与总电流间的夹角减小,总电流的励磁分量与相应磁通皆增大,使电能表转速变快;而且,电压工作磁通的这部分磁路磁阻随之减小,使电压工作磁通增加,电能表转速变快,以上三者作用都产生正的温度附加误差。

表 6-27　　　　　　　　　　　　　电能表铭牌上温度标志的含义

温度标志符号	含　　义
A	表示电能表使用的外界环境温度应为 0~+40℃,相对温度应为 95%
A1	表示电能表使用的外界环境温度为 0~+40℃,相对湿度为 85%
B	表示电能表使用的外界环境湿度为 -10~50℃,相对湿度为 95%
B1	表示电能表使用的外界环境温度为 -10~+50℃,相对湿度为 85%

(4) 参比电压。确定电能表有关特性的电压值,以 U_N 表示。对于三相三线电能表以相数乘以线电压表示,如 3×380V;对于三相四线电能表则是相数乘以相电压/线电压表示,如 3×220/380V;对于单相电能表则以电压线路接线端上的电压表示,如 220V。

(5) 参比频率。确定电能表有关特性的频率值,以赫兹(Hz)表示。

(6) 电能表常数。电能表记录的电能和相应的转数或脉冲数之间关系的常数。有功电能表以 kWh/r(imp)或 r(imp)/kWh 形式表示;无功电能表 kvarh/r(imp)或 r(imp)/kvarh 形式表示。两种常数互为倒数关系。

3. 电能表的选择

(1) 型式的确定。

1) 在中性点非有效接地的高压线路中,应选用经互感器接入的三相三线 3×100V 的有功、无功电能表,接地电流较大者应安装经互感器接入的三相四线 3×57.5/100V 的有功、无功电能表。

2) 在三相三线制低压线路中,应选用三相三线 3×100V 的有功、无功电能表,当照明负荷占总负荷的 15% 及以上时,为减小线路附加误差,应采用三相四线 3×220/380V 的有功、无功电能表。

3) 在三相四线制低压线路中,应选用三相四线 3×220/380V 的有功、无功电能表。

4) 负荷电流为 50A 及以下时,宜采用直接接入式电能表;负荷电流为 50A 以上时,宜采用经电流互感器接入式的接线方式。

(2) 基本电流的确定。

1) 当电能表与 0.5 级或 0.2 级电流互感器联用时,如果互感器的额定二次电流为 5A,那么电能表的电流量范围可采用 1.5(6)、3(6)A 或 5A;如果互感器的额定二次电流为 1A 时,那么电能表的电流范围可采用 0.3(1.2)A,或 1A。若负荷电流变化幅值较大或实际使用电流经常小于电流互感器额定一次电流的 30%,宜采用宽负载的电能表。

2）当电能表与 0.5s 级或 0.2s 级电流互感器联用时，电能表的电流范围宜采用 1.5
（6）A。

3）当电能表直接接入计量回路时，应根据经核准的用户申请报装负荷容量来确定额定
最大电流，即

$$P = \sqrt{3} I U \cos\phi$$

$$I_{\max} = \frac{P}{\sqrt{3} U \cos\phi}$$

提高低负荷时计量的准确性，一般宜选用过载 4 倍及以上的电能表。

（3）准确度等级的确定。电能计量装置是根据用户平均用电量的多少或变压器容量的
大小和计量对象的不同进行分类的，不同类别的电能计量装置对电能表准确度等级要求也不
同，见表 6-28。

表 6-28 各类计量装置的准确等级

电能计量 装置类别	准　确　等　级			
	有功电能表	无功电能表	电压互感器	电流互感器
I	0.2S 或 0.5S	2.0	0.2	0.2S 或 0.2*
II	0.5S 或 0.5	2.0	0.2	0.2S 或 0.2*
III	1.0	2.0	0.5	0.5S
IV	2.0	3.0	0.5	0.5S
V	2.0	—	—	0.5S

* 0.2 级电流互感器仅指发电机出口电能计量装置中配用。

（4）有功、无功电能表的联合接线。

1）在双向送、受电的电力装置回路中，应分别计量送、受的电量，应采用两块有无功
电能表。

2）在装有同步调相机或无功补偿装置的线路中，负载可能会是容性或感性，应分别计
量容性和感性的无功电量，采用两块无功电能表。

3）在条件允许的情况下，使用电能计量双向有功电量及双向无功电量的全电子多功能
电能表。

4. 与电能表配套使用互感器的选择

（1）额定电压的确定。

1）电流互感器的额定电压应与被测线路电压相适应，$U_N \geqslant U_L$。

2）电压互感器要求额定一次电压应大于接入的被测线路电压的 0.9 倍，小于线路电压
的 1.1 倍，即

$$0.9 U_L < U_N < 1.1 U_L$$

（2）额定二次负荷的确定。

1）互感器若接入二次负荷超过其额定二次负荷，其准确度等级下降。为保证计量的准
确性，一般要求测量用电流、电压互感器的二次负荷 S_2 必须在额定二次负荷 S_{2N} 的 25%～
100%，即

$$0.25S_{2N} < S_2 < S_{2N}$$

2）电压互感器的额定二次负荷标准值有：10、15、25、30、50、75、100、150、200、250、300、400、500、1000VA，计量专用电压互感器额定二次负荷一般为 50VA 及以下。

3）电流互感器的额定二次负荷标准值有 5、10、15、20、25、30、40、50、60、80、100VA，计量专用电流互感器二次负荷一般取 40VA 及以下。

（3）额定变比的确定。

1）电流互感器的额定二次电流规定为 5A 或 1A，一般选 5A。为保证计量准确度，选择时应保证正常运行时的一次电流为其额定值得 60% 左右，至少不低于 30%，即

$$I_1 = \frac{P_1}{\sqrt{3}\,U\cos\phi}$$

当实际负荷电流小于 30% 时，应采用二次绕组具有抽头的多变比电流互感器或 0.5s、0.2s 级电流互感器。

2）电流互感器的额定变比由额定一次电流与额定二次电流的比值决定。

3）电压互感器其额定变比等于额定一次与额定二次电压的比值。

额定一次电压应满足电网电压要求，额定二次电压应和计量仪表等二次设备的额定电压相一致，通常为 100V。

（4）额定功率因数的确定。

1）计量用电压互感器额定二次负荷的额定功率因数应与实际二次负荷的功率因数相接近。

2）计量用电流互感器额定二次负荷的功率因数为 0.8~1.0。

（5）准确度等级的确定。电能计量装置是根据用户平均用电量的多少或变压器容量的大小和计量对象的不同进行分类的，不同类别的电能计量装置对电能表准确度等级要求也不同。

1）电流互感器的准确度等级组合为 0.2/0.2*，0.2/0.5，0.5/0.5S。

2）电压互感器的准确度等级组合为 0.2/0.2*，0.2/0.5，0.5/0.5S。

（6）互感器的二次回路规定。为保证电能计量装置的安全、可靠、准确，对 35kV 以上线路供电的用户，应有电流互感器的专用二次绕组和电压互感器的专用二次回路，不得与继电保护的测量回路共用，并不得装熔断器和开关。

5. 单相电能表的接线

（1）直接接入法。如果负载的功率在电能表允许的范围内，那么就可以采用直接接入法，接线如图 6-37 所示。

单相电能表共有 4 个接线端子，从左至右按 1、2、3、4 编号，接线方式通常有两种：一般是 1、3 接进线，2、4 接出线；另一种是按 1、2 接进线，3、4 接出线。无论何种接法，相线（火线）必须接入电表的电流线圈的端子。具体的接线方法需要参照接线端子盖板上的接线图去接。

单相电能表直接接入接线的计量功率为

$$P = U \times I\cos\phi = UI\cos\phi$$

（2）经互感器接入法。在用单相电能表测量大电流的单相电路的用电量时，应使用电

流互感器进行电流变换，电流互感器接电能表的电流线圈。接法有以下两种：

1）单相电能表内 5 和 1 端未断开时，由于表内短接片没有断开，所以互感器的 K2 端子禁止接地，如图 6-38 所示。

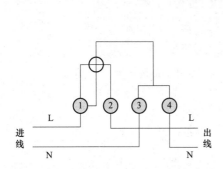

图 6-37　单相电能表接线（直接接入式）

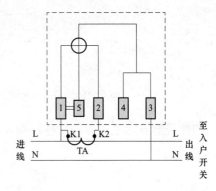

图 6-38　单相电能表经互感器接入法（5 和 1 端连接）

单相电能表经互感器接线的计量功率为

$$P = U \times I \cos\phi = UI \cos\phi$$

2）单相电度表内 5 和 1 端短接片已断开时，由于表内短接片已断开，所以互感器的 K2 端子应该接地。同时，电压线圈应该接于电源两端，如图 6-39 所示。

6. 三相电能表的接线

（1）直接接入法。如果负载的功率在电能表允许的范围内，那么就可以采用直接接入法，如图 6-40 所示。

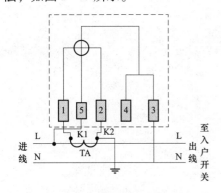

图 6-39　单相电能表经互感器接入法
（5 和 1 端子断开）

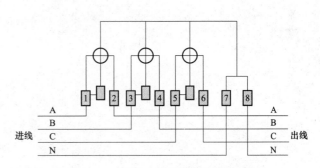

图 6-40　三相四线制有功电能表接线
（直接接入法）

三相四线制有功电度表接线的计量功率为

$$P = P_1 + P_2 + P_3 = 3IU \cos\phi$$

（2）经互感器接入法。电能表测量大电流的三相电路的用电量时，因为线路流过的电流很大，例如 300~500A，不可能采用直接接入法，应使用电流互感器进行电流变换，将大的电流变换成小的电流，即电能表能承受的电流，然后再进行计量。一般来说，电流互感器的二次侧电流都是 5A，例如 300/5，100/5，其接线方法如图 6-41 所示。

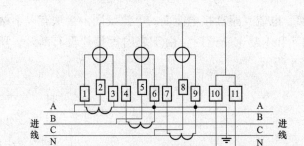

图 6-41　三相四线制有功电能表接线（经互感器接入法）

三相四线制有功电能表经互感器接入法的计量功率为

$$P = P_1 + P_2 + P_3 = 3IU\cos\phi$$

第 7 章

电气照明设计与应用

7.1 电气照明基础

7.1.1 电气照明常用术语

1. 光和光谱

光是能量的一种存在形式，可以通过电磁辐射方式从一个物体传到另一个物体，光的本质是一种电磁波（电磁辐射）。

从物理学角度讲，光是电磁波谱的一部分。波长在 $380 \sim 780nm$（$1nm = 10^{-9}m$）的电磁波，作用于人的视觉器官能产生视觉，这部分电磁波叫可见光。不同波长的可见光在视觉上会形成不同的颜色，只含一种波长成分的可见光称单色光，可见光分成红、橙、黄、绿、青、蓝、紫七种单色光。紫光左边是紫外区，红光右边是红外区。由于它们也能够有效地转换成可见光，而将它们一同称为光。

光谱是复色光经过色散系统（如棱镜、光栅）分光后，被色散开的单色光按波长（或频率）大小而依次排列的图案，全称为光学频谱。光谱中最大的一部分可见光谱是电磁波谱中人眼可见的一部分，在这个波长范围内的电磁辐射被称作可见光。

2. 光谱辐射通量

光谱辐射通量是指物体单位时间内发射或接收的辐射能量，或者在介质中单位时间内传递的辐射能量，单位是 W。在实际工程中光源发出的都是复合光，将其分为具有线光谱和连续光谱的复合光。

光谱辐射通量定义为：辐射源在给定波长范围内，产生的辐射通量与该波长范围之比，单位是 W/M。

3. 辐射通量的光谱分布

光源的辐射能量随波长而变化的规律，常称为光谱能量分布，可用曲线表示。实际测量是分成若干波长段，测量其每一波长段的辐射通量。一般取 $5 \sim 10nm$ 为一个波长段。

4. 光谱光效率

光谱光效率是单位辐射通量产生的视觉强度。光刺激引起的视觉强度与光能量大小有关，还与光的波长有关。常用光谱光效率来表示人眼的视觉灵敏度。给定波长的光谱光效能与最大光谱光效能 K_m 之比表示为

$$V(\lambda) = K(\lambda)/K_m$$

5. 明视觉与暗视觉

亮度在 $10cd/m^2$ 为明视觉，亮度在 $10^{-2}cd/m^2$ 为暗视觉。

实验表明：明视觉下对波长 555nm 的黄绿光最敏感；暗视觉下对波长 507nm 的光最敏感。

6. 光通量

单位时间内光辐射能量的大小称为光通量（Φ），单位是流明（lm）。

光通量是光源发光能力的基本量。例如：一只 220V、40W 的白炽灯光通量为 350lm，而一只 220V、36W 的 T8 荧光灯约为 2500lm，说明荧光灯的发光能力比白炽灯强。

光通量也是根据人眼对光的感觉来评价光源在单位时间内光辐射能量的大小的。例如：一只 200W 的白炽灯比 100W 的灯泡看起来要明亮许多，说明 200W 灯泡在单位时间内发出光的量多于 100W 灯泡发出的光的量。

7. 发光强度

发光强度又称为光强，是光源向空间某一方向辐射的光通密度，单位为坎德拉（cd）。光强用来描述光源发出的光通量在空间给定方向的分布情况。

8. 照度

人眼对不同波长的可见光，在相同的辐射量时有不同的明暗感觉。人眼的这种视觉特性称为视觉度，并以光通量作为基准单位来衡量。

光源在某一方向单位立体角内所发出的光通量叫作光源在该方向的发光强度，单位为坎德拉（cd）。被光照的某一面上其单位面积内所接收的光通量称为照度，单位为勒克斯（lx）。

9. 光色

光色主要取决于光源的色温（K），并影响室内的气氛。一般色温小于 3300 为暖色，色温在 3300~5300K 为中间色，色温大于 5300K 为冷色。光源的色温应与照度相适应，即随着照度增加，色温也要相应提高。

人工光源的光色，一般以显色指数（Ra）表示，Ra 最大值为 100，80 以上显色性优良；79~50 显色性一般；50 以下显色性差。常用照明灯具的显色指数见表 7-1。

表 7-1 　　　　　　　　　常用照明灯具的显色指数（Ra）

灯具类型	Ra	灯具类型	Ra
白炽灯	97	高压汞灯	20~30
卤钨灯	95~99	高压钠灯	20~25
白色荧光灯	55~85	氙灯	90~94
日光色灯	75~94		

10. 亮度

亮度是表示由被照面的单位面积所反射出来的光通量，也称为发光度，因此与被照面的反射率有关，单位为坎德拉/米^2（cd/m^2）。

有许多因素影响亮度的评价，诸如照度、表面特性、视觉、背景、注视的持续时间甚至包括人眼的特性。

11. 亮度比的控制

控制整个室内的合理的亮度比例和照度分配，与灯具布置方式有关。

（1）一般灯具的布置方式有四种：整体照明、局部照明、整体与局部混合照明、成角照明。

（2）照明地带分区。照明地带可分为天棚地带、周围地带和使用地带，见表 7-2。

表 7-2　　　　　　　　　　　　照 明 地 带 分 区

分区	说　　明
天棚地带	常用一般照明或工作照明
周围地带	处于经常的视野范围内，照明应特别需要避免眩光
使用地带	使用地带的工作照明是需要的，通常各国颁布有不同工作场所要求的最低照度标准

（3）室内各部分最大允许亮度比。

1）视力作业与附近工作面之比为 3∶1；

2）视力作业与周围环境之比为 10∶1；

3）光源与背景之比为 20∶1；

4）视野范围内最大亮度之比为 40∶1。

12. 气体放电

在电场的作用下，载流子在气体或蒸汽中产生并运动，从而使电流通过气体的过程，称为气体放电。

气体放电分为低气压放电和高气压放电。

（1）低气压放电。放电管内的气体一般是汞蒸气和钠蒸气，管内气体总气压约为百分之一大气压时（气体压力较小时），产生的气体放电就是低气压放电。

低气压时，组成气体的原子间距离较大，它们的辐射看成是孤立原子产生的原子辐射，即线光谱。

（2）高气压放电。放电管内气体压力升高到几个大气压时，产生的放电就是高气压放电。它包括强的线光谱成分和弱的连续光谱成分。

气体放电主要是在充有气体的管中以原子辐射形式产生光辐射的。

13. 电致发光

电流通过半导体等类似物质时产生的发光现象称电致发光。电致发光不需要加热等中间过程，直接将电能转化成光能。

14. 视觉

视觉的光射入眼睛后产生的一种知觉。

视觉取决于光，又依赖于光。视觉可以使人们察觉物体的存在以及它的运动、颜色、明亮度、形状等。

15. 暗视觉

在视场亮度为 $10^{-6} \sim 10^{-2} \mathrm{cd/m^2}$ 时，只有杆状细胞工作，锥状细胞不工作，这种视觉叫暗视觉，也叫杆状视觉。

杆状细胞的最大视觉灵敏度在 507nm 处，因此暗视觉时绿光和蓝光特别明亮。杆状细胞对物体细节的分辨能力很差也没有色感，世界是蓝色灰色的。

16. 明视觉

视场亮度超过 $10\mathrm{cd/m^2}$ 时，锥状细胞起主要作用，这种视觉叫明视觉，也叫锥状视觉。这时，锥状细胞的最大灵敏度在 555nm 处，波长较长的光谱会显得很明亮。锥状细胞能感受色觉，分辨物体的细节。

17. 中介视觉

视场亮度在 $10^{-2} \sim 10\mathrm{cd/m^2}$ 时，两种细胞同时起作用，叫中介视觉。

18. 明适应和暗适应

从黑暗处进入明亮环境，人会感到刺眼而无法看清目标，过 1min 才能恢复正常，眼睛的这种由暗到亮的视觉适应过程就是明适应。

从明亮的环境到黑暗处时，开始什么都看不见，一会才能看见，这种由明到暗的视觉适应就是暗适应。大约需要 7min。

19. 眩光

由于亮度分布或亮度范围不适宜，或者存在着极端的亮度对比，以致引起不舒适感觉或降低观察细部的能力的视觉现象，称为眩光。

不舒适眩光：产生不舒适感觉的眩光。

失能眩光：降低视觉功效和可见度的眩光。

20. 光源色和物体表面色

（1）光源色。发光体发出的光引起人们色觉的颜色，称为光源色。光源色取决于光的波长成分。单色光取决于波长，复合光取决于光谱能量分布。

（2）物体表面色。非发光体表面的颜色，称为物体表面色，也叫物体色和表面色。它是由物体产生反射光引起的，取决于入射光源的光谱能量分布和物体表面的光谱反射比。

21. 色调

色调又叫色相，它是可见光谱中不同波长的光在视觉上的表现。波长有无数种，光谱就有无数种，因此色调就有无数种。而相近波长的单色光眼睛很难区分，所以通常把各种光谱色归纳为有限种色调，来表示色刺激的主观属性。

22. 彩度

彩度是颜色的深浅程度，或者是颜色的丰富程度。

彩度高表示颜色深，反之表示颜色浅。如深红、深绿、浅红、浅蓝等。

彩度可表现波长范围的大小，范围越窄则颜色越纯，彩度越高。

23. 明度

明度是颜色的明暗程度。

物体表面色的明度取决表面反射比，反射比高则明亮，低则发暗，中等则发灰。如表面是黑白色，反射比在 $0 \sim 0.05$ 之间呈黑色，在 0.8 以上呈白色，在 $0.05 \sim 0.8$ 之间呈灰色。

24. 色温

当光源的颜色与某温度下的黑体的颜色相同时，黑体的温度就是光源的颜色温度，即色温，单位开尔文，符号为 K。

相关色温：气体放电光源与黑体辐射特性相差很大，当光源的颜色与某一温度下的颜色最接近时，黑体的温度就是光源的色温，即相关色温。

25. 显色指数（*Ra*）

显色指数是表征在特定条件下，经某光源照射的物体所产生的心理感官颜色与该物体在标准光源照射下的心理颜色相符合的程度的参数。它表示的是用这个光源照射物体，拍下彩照的颜色保真程度，显色指数越高，色彩失真越小。有些光源如金卤灯、荧光灯，其发光机理是原子（离子）发光，所发出的光波长不是连续分布的，也就是说缺少某些颜色的光线，造成拍下彩照的颜色出现失真。

日光显色指数最高为 100；

白炽灯、金卤灯、镝灯等一般显色指数为 85～100；

荧光灯显色指数为 70～80；

节能型荧光灯、高压汞灯显色指数为 40～65；

高压钠灯由于是接近单色的灯，显色指数很低，小于 40。

26. 标准光源

习惯地将北向天空光看着是标准光源，但天空光受天气、季节、白昼的影响，CIE 规定了以下四种标准光源：

A 光源：色温约为 2856K 的充气钨丝灯泡。

B 光源：在 A 上加了特定的液体滤光器（戴维斯·吉伯森滤光器 B）得到 4874K 的黑体放射光，代表直射阳光。

C 光源：在 A 上加了上述得到 6774K 的黑体放射光，代表平均昼光。

D65 光源：色温 6504K 的合成昼光。

27. 色差

颜色差异引起色度图上的位置差异，色差用来定量描述这种差异。照明技术中是指一种颜色样品在标准光源和被测光源下的颜色差异。

28. 绿色照明

绿色照明的概念源于 20 世纪 90 年代的美国，后来传播到世界许多国家，它是指以提高照明效率、节约电力、保护环境为主要目的照明设计与控制方法。

绿色照明的主要包含三项内容：照明设施、照明设计及照明维护管理。具体可分为五个方面内容：

（1）开发并应用高光效的光源。

（2）开发并应用高光效的灯具和智能化照明控制系统。

（3）合理的照明方式。

（4）充分利用自然光。

（5）加强照明节能的管理。

29. 采光部位

室内采光效果主要取决于采光部位和采光口的面积大小和布置形式，一般分为侧光、高侧光和顶光三种形式。

如图 7-1 所示是采光面积相同的侧窗和高侧窗室内照度的比较。

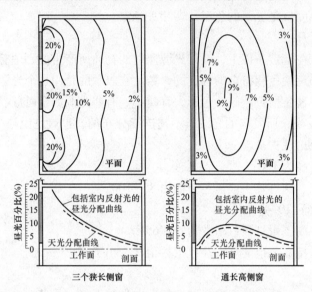

图 7-1 采光面积相同的侧窗和高侧窗室内照度的比较

7.1.2 照明方式和种类

利用不同材料的光学特性，利用材料的透明、不透明、半透明以及不同表面质地制成各种各样的照明设备和照明装置，重新分配照度和亮度，根据不同的需要来改变光的发射方向和性能，是室内照明应该解决的主要问题。

1. 照明方式

照明方式按灯具的散光方式可分为间接照明、半间接照明、直接间接照明、漫射照明、半直接照明、宽光束的直接照明和高集光束的下射直接照明 7 种，如图 7-2 所示。常用照明方式见表 7-3。

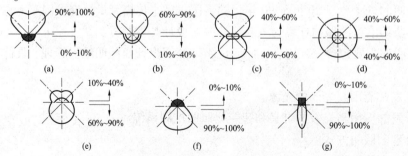

图 7-2 不同类型的照明方式

(a) 间接照明；(b) 半间接照明；(c) 直接间接照明；(d) 漫射照明；
(e) 半直接照明；(f) 宽光束的直接照明；(g) 高集光束的下射直接照明

表7-3 　　　　　　　　　　　　常用照明方式

照明方式	照明简介	说明
间接照明	由于将光源遮蔽而产生间接照明，把90%～100%的光射向顶棚、穹隆或其他表面，从这些表面再反射至室内。 当间接照明紧靠顶棚，几乎可以造成无阴影，是最理想的整体照明。 上射照明是间接照明的另一种形式，筒形的上射灯可以用于多种场合	这四种照明，为了避免天棚过亮，下吊的照明装置的上沿至少低于天棚305～460mm
半间接照明	将60%～90%的光线向天棚或墙面上部照射，把天棚作为主要的反射光源，而将10%～40%的光直接照射在工作面上。 从天棚反射来的光线趋向于软化阴影和改善亮度比，由于光线直接向下，照明装置的亮度和天棚亮度接近相等	
直接间接照明	直接间接照明装置是对地面和天棚提供近于相同的照度，即均为40%～60%，而周围光线只有很少，这样就必然在直接眩光区的亮度是低的。 这是一种同时具有内部和外部反射灯泡的装置，如某些台灯和落地灯能产生直接间接光和漫射光	
漫射照明	这种照明装置，对所有方向的照明几乎都一样，为了控制眩光，漫射装置圈要大，灯的瓦数要低	
半直接照明	在半直接照明灯具装置中，有60%～90%的光向下直射到工作面上，而其余10%～40%的光则向上照射，由下射照明软化阴影的百分比很少	
宽光束的直接照明	具有强烈的明暗对比，并可造成有趣生动的阴影，由于其光线直射于目的物，如不用反射灯泡，要产生强的眩光。鹅颈灯和导轨式照明属于这一类	—
高集光束的下射直接照明	因高度集中的光束而形成光焦点，可用于突出光的效果和强调重点的作用，它可提供在墙上或其他垂直面上充足的照度，但应防止过高的亮度比	

2. 照明种类

照明种类可分为正常照明、事故照明、警卫值班照明、障碍照明、彩灯和装饰照明。正常照明分为一般照明、局部照明和混合照明。照明种类及作用见表7-4。

表7-4 　　　　　　　　　　　　照明种类及作用

种类		作用
正常照明	一般照明	为整个房间普遍需要的照明称为一般照明
	局部照明	在工作地点附近设置照明灯具，以满足某一局部工作地点的照度要求
	混合照明	由一般照明和局部照明共同组成。适用于照度要求较高，工作位置密度不大，且单独装设一般照明不合理的场所
事故照明		正常照明因故而中断，供继续工作和人员疏散而设置的照明称为事故照明
警卫值班照明		在值班室、警卫室、门卫室等地方所设置的照明叫警卫值班照明
障碍照明		在建筑物上装设用于障碍标志的照明称为障碍照明
彩灯和装饰照明		为美化市容夜景，以及节日装饰和室内装饰而设计的照明叫彩灯和装饰照明

7.1.3 建筑照明形式

室内建筑照明包括窗帘照明、花檐反光、凹槽口照明、发光墙架、底面照明、龛孔（下射）照明、泛光照明、发光面板和导轨照明等不同形式，如图 7-3 所示。常用建筑照明形式见表 7-5。

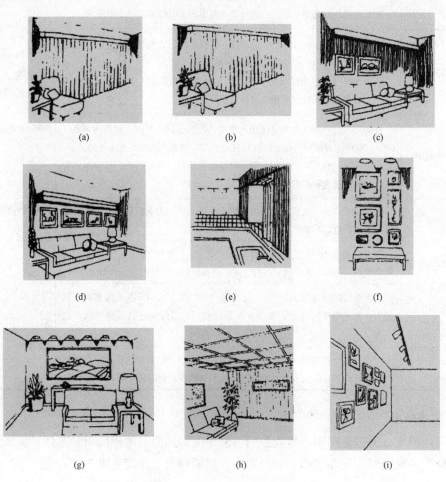

图 7-3　各种不同的建筑照明形式

（a）窗帘照明；（b）花檐反光；（c）凹槽口照明；（d）发光墙架；（e）底面照明；

（f）龛孔（下射）照明；（g）泛光照明；（h）发光面板；（i）导轨照明

表 7-5　　　　　　　　　　　常用建筑照明形式

照明方式	说　　明
窗帘照明	将荧光灯管或灯带安置在窗帘盒背后，内漆白色以利反光，光源的一部分朝向天棚，一部分向下照在窗帘或墙上，在窗帘顶和天棚之间至少应有 254mm 空间，窗帘盒把设备和窗帘顶部隐藏起来
花檐反光	用作整体照明，檐板设在墙和天棚的交接处，至少应有 154mm 深度，荧光灯板布置在檐板之后，常采用较冷的荧光灯管，这样可以避免任何墙的变色。 为了有最好的反射光，面板应涂以无光白色，花檐反光对引人注目的壁画、图画、墙面的质地是最有效的，在低天棚的房间中，特别希望采用，因为它可以给人以天棚高度较高的感觉

续表

照明方式	说　明
凹槽口照明	这种槽形装置，通常靠近天棚，使光向上照射，提供全部漫射光线，有时也称为环境照明。 由于亮的漫射光引起天棚表面似乎有退远的感觉，使其能创造开敞的效果和平静的气氛，光线柔和。此外，从天棚射来的反射光可以缓和在房间内直接光源热能的集中辐射。 不同距离的凹槽口照明布置方式如图 7-4 所示
发光墙架	由墙上伸出的悬架来照明，它布置的位置要比窗帘照明低，并和窗无必然的联系
底面照明	任何建筑构件下部底面均可作为底面照明，某些构件下部空间为光源提供了一个遮蔽空间，这种照明方法常用于浴室、厨房、书架、镜子、壁龛和搁板
龛孔照明	将光源隐蔽在凹处，这种照明方式包括提供集中照明的嵌板固定装置，可以是圆的、方的或矩形的金属盒，安装在顶棚或墙内
泛光照明	加强垂直墙面上照明的过程称为泛光照明，起到柔和质地和阴影的作用。泛光照明有许多不同的方式，如图 7-5 所示
发光面板	发光面板可以用在墙上、地面、天棚或某一个独立装饰单元上，它将光源隐蔽在半透明的板后。发光天棚是常用的一种，广泛用于厨房、浴室或其他工作地区，为人们提供一个舒适的无眩光的照明
导轨照明	现代室内也常采用导轨照明，它包括一个凹槽或装在面上的电缆槽，灯具支架就附在上面，布置在轨道内的圆辊可以很自由地转动，轨道可以连接或分段处理，做成不同的形状。这种灯能用于强调或平化质地和色彩，主要决定于灯的所在位置和角度。 要保持其效果最好，天棚高 2290～2740mm、2740～3350mm、3350～3960mm 时，轨道灯离墙安装距离应为 610～910mm、910～1220mm、1220～1520mm。

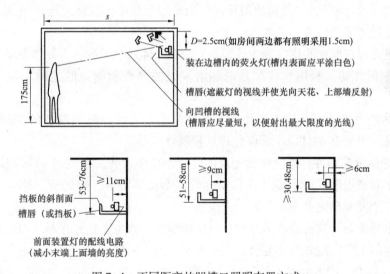

图 7-4　不同距离的凹槽口照明布置方式

7.1.4　电光源

1. 光源类型

光源类型可以分为自然光源和人工光源。

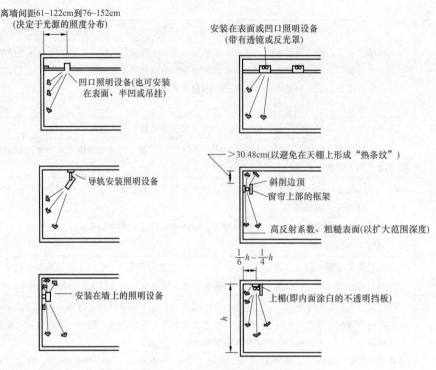

离墙间距61~122cm到76~152cm
(决定于光源的照度分布)

凹口照明设备(也可安装
在表面、半凹或吊挂)

安装在表面或凹口照明设备
(带有透镜或反光罩)

导轨安装照明设备

>30.48cm(以避免在天棚上形成"热条纹")

斜削边顶
窗帘上部的框架

高反射系数、粗糙表面(以扩大范围深度)

$\frac{1}{6}h \sim \frac{1}{4}h$

安装在墙上的照明设备

上楣(即内面涂白的不透明挡板)

图 7-5 泛光照明的不同方式

自然光源（或称昼光），是由直射地面的阳光和天空光（或称天光）组成。人工光源是能模拟太阳光谱的发光装置，又称为电光源。

常用的电光源按发光原理可分为热辐射光源、气体放电光源和半导体发光器件。

（1）热辐射光源。利用物体加热时辐射发光的原理所制造的光源，如白炽灯、卤钨灯等。

（2）气体放电光源。利用电场作用下气体放电发光的原理所制造的光源，如荧光灯、高压汞灯、高（低）压钠灯、金属卤化物灯和氙灯等。

（3）半导体发光器件。半导体发光器件包括半导体发光二极管（简称 LED）、数码管、符号管、米字管及点阵式显示屏（简称矩阵管）等。事实上，数码管、符号管、米字管及矩阵管中的每个发光单元都是一个发光二极管。

微小的半导体晶片被封装在洁净的环氧树脂物中，当电子经过该晶片时，带负电的电子移动到带正电的空穴区域并与之复合，电子和空穴消失的同时产生光子。电子和空穴之间的能量（带隙）越大，产生的光子的能量就越高。光子的能量反过来与光的颜色对应，可见光的频谱范围内，蓝色光、紫色光携带的能量最多，桔色光、红色光携带的能量最少。由于不同的材料具有不同的带隙，从而能够发出不同颜色的光。

2. 常用电光源

日常生活中使用的电光源比较多，常用电光源如图 7-6 所示。

（1）白炽灯。白炽灯是靠电流加热钨丝到白炽程度引起热辐射发光的，至今仍然是应用范围较为广泛的一类光源，目前家庭新居装修时用在灯具上的白炽灯主要有装饰灯和反射

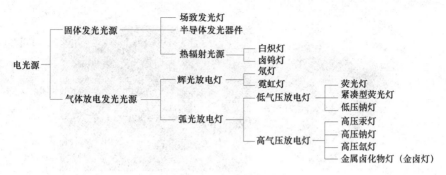

图 7-6　常用电光源

型灯泡两种。

白炽灯的优点是构造简单、价格低、显色性好、有高度的集光性、便于光的再分配、使用方便、适于频繁开关，缺点是光效低、使用寿命短、耐振性差。

在中国淘汰白炽灯路线图中，淘汰目标产品不包括反射型白炽灯、聚光灯、装饰灯等其他类型白炽灯以及特殊用途白炽灯（特殊用途白炽灯是指专门用于科研医疗、火车船舶航空器、机动车辆、家用电器等的白炽灯）。

限制白炽灯应用，当前重点是宾馆和家庭两类场所：对宾馆主要靠设计师、装饰工程师和建设单位共同努力，增强节能观念和责任来解决；对家庭主要靠政府运用价格政策引导。

（2）卤钨灯。卤钨灯是利用卤钨循环的原理，在白炽灯中充入微量的卤化物，其结构如图 7-7 所示，白炽灯灯丝蒸发出来的钨和卤元素结合，生成的卤化钨分子扩散到灯丝上重新分解，使钨又回到灯丝上，从而既提高了灯的光效又延长了使用寿命。

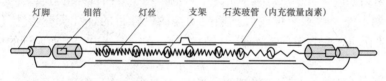

图 7-7　卤钨灯的结构

卤钨灯利用电流通过细钨丝产生的高温而发光。卤钨灯通常用石英材料做玻璃泡壳，因此切不可用于低温场合，也不准在泡壳边放易燃物质。

如图 7-8 所示，卤钨灯的灯泡尺寸很紧凑，控光方便，光线能从更远处更精确地投射。通常用于室内重点照明，如大面积投光泛光照明、照墙灯和上射式灯具等。

卤钨灯要求水平安装，注意防振。

（3）荧光灯（节能灯）。荧光灯是一种低压汞蒸气弧光放电灯，结构如图 7-9 所示，汞蒸气放电时发出可见光和紫外线，紫外线又激励管内壁的荧光粉而发出可见光，两者混合光色接近白色。荧光灯的优点是光效高、寿命长、显色性好；但需要附件多，不宜用于需要频繁启动的场合，例如工矿企业的生产车间、学校的教室、图书馆、商场等场所。

近年来在家庭等室内照明场所中大量使用的是节能荧光灯，简称节能灯，节能灯可分为单端荧光灯（PL 节能管灯）和自镇流荧光灯（电子节能灯）两大类。除了白色（冷光）的

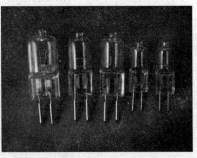

图 7-8　卤钨灯

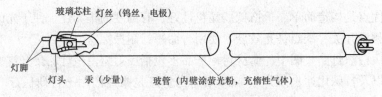

图 7-9　荧光灯的结构

外，现在还有黄色（暖光）的。一般来说，在同一瓦数之下，一盏节能灯比白炽灯节能80%，平均寿命延长 8 倍，热辐射仅 20%。非严格的情况下，一盏 5W 的节能灯光照可视为等于 25W 的白炽灯，7W 的节能灯光照约等于 40W 白炽灯的，9W 的节能灯约等于 60W 的白炽灯。

单端荧光灯指的是单灯头低压汞蒸气放电灯，其大部分光是由放电产生的紫外线激活荧光粉涂层而发射出来的。可以从灯具中拆卸下来的，用于专门设计的灯具之中，借助与灯具合成一体的控制电路，达到装饰或优化照明功能的设计目的。灯头有两针（2P）和四针（4P）两种，两针的灯头中含有启辉器（也称跳泡）和抗干扰电容，而四针的灯头中没有任何电路元器件。

自镇流荧光灯自带镇流器、启动器灯全套控制电路，并装有螺旋式灯头或者插口式灯头。电路一般是封闭在一个外壳里，灯组件中的控制电路以高频电子镇流器为主。这种一体化紧凑型节能灯可直接安装在标准的白炽灯的灯座上面，直接替换白炽灯，使用比较方便。节能灯管是节能灯的一部分，属于半成品。节能灯管分类：2U 节能灯管、3U 节能灯管、4U 节能灯管，全螺旋节能灯管、半螺旋节能灯管，伞形节能灯管、直管节能灯管、梅花形节能灯管、莲花节能灯管。

常用的节能灯有紧凑型荧光灯、三基色荧光灯、反射型荧光灯等类型，如图 7-10 所示。

（4）半导体发光器件（LED）。LED 即发光二极管，是一种半导体固体发光器件。它是利用固体半导体芯片作为发光材料，在半导体中通过载流子发生复合放出过剩的能量而引起光子发射，直接发出红、黄、蓝、绿色的光，在此基础上，利用三基色原理，添加荧光粉，可以发出红、黄、蓝、绿、青、橙、紫、白色等任意颜色的光。LED 照明产品就是利用LED 作为光源制造出来的照明器具。

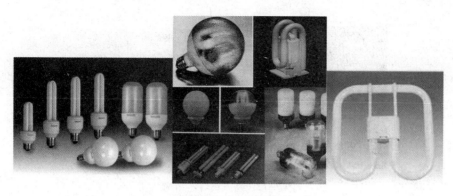

图 7-10 节能荧光灯

目前，LED 照明主要应用于景观照明、商业照明等，用于室内普通照明成本还比较高，还有待于技术上的进一步突破，使价格进一步下降到用户能够承受的价位。LED 作为一种新型的绿色光源产品，必然是未来发展的趋势。近年来，在家庭装修时大量采用的是 LED 灯带和 LED 灯泡，用于装饰照明，如图 7-11 所示。

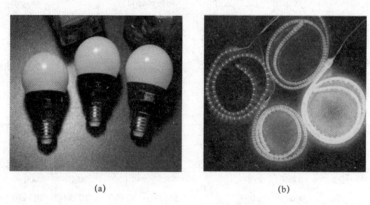

(a)　　　　　　　　　　　　　(b)

图 7-11　LED 灯带和 LED 灯泡

(a) LED 灯泡 (b) LED 灯带

(5) 高压钠灯。高压钠灯利用高压钠蒸气放电发光，其辐射光的波长集中在人眼较敏感的区域内，其结构如图 7-12 所示。具有照射范围广、寿命长、紫外线辐射少、透雾性好等优点。但显色性差，对电压波动较敏感。

(6) 金属卤化物灯。金属卤化物灯是在高压汞灯的基础上发展起来的，它克服了高压汞灯显色性差的缺点。在高压汞灯内添加了某些金属卤化物，通过金属卤化物的循环作用，不断向电弧提供金属蒸气，金属原子在电弧中受电弧激发而辐射发光。

金属卤化物灯具有光色好、光效高、受电压影响小等优点，是比较理想的光源。选择适当的金属卤化物并控制相对比例，便可制成各种不同光色的金属卤化物灯。

(7) 氙灯。氙灯为惰性气体弧光放电灯，高压氙气放电时能产生很强的白光，接近连续光谱，与太阳光十分相似，故有"人造小太阳"之称。氙灯特别适合作广场等大面积场所的照明。

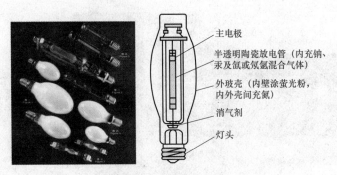

图 7-12　高压钠灯的结构

3. 常用电光源的性能及选择

常用电光源的主要性能比较见表7-6。

表 7-6　　　　　　　　　　　常用电光源的主要性能比较

光源类别性能参数	热辐射光源			气体放电光源						新光源	
	白炽灯	卤钨灯	荧光灯	高压汞灯		高压钠灯		金卤灯	大功率异型荧光灯	LED	微波离子灯
				普通型	自动型	普通型	高光色型				
光效（lm/W）	7.4~16	18~21	40~100	44	29	112	60~80	100	70~80	80	120
显色指数 Ra	99~100	99~100	65~90	20~25	20~25	70~80		60~90	80~90	70	≈90
相关色温（K）	2500~2900	2900~3000	2700~6500	4000	3700	2000~3000		300~5600	2500~7000	4500~6000	6500~7000
平均寿命（h）	1000	1500~2000	3000~8000	4000~6000	3000	6000~2400	12 000~16 000	1000~10 000	8000~10 000	>20 000	>20 000
眩光	一般	严重	一般	严重		严重		严重	一般	一般	无
频闪效应	不明显	不明显	明显	明显	明显	明显		明显	无	无	无
功率因数	1	1	0.4~0.5	0.4~0.6	0.9	0.44		0.4~0.9	0.95	>0.9	>0.95
起动稳定时间	瞬时	瞬间	1~3min	4~8min		4~8min		4~8min	瞬时	瞬时	瞬时
再起动时间	瞬时	瞬间	瞬间	5~10min		10~20min		5~15min	瞬时	瞬时	8min

从表中可以看出，这些性能指标之间有时是相互矛盾的，在选用电光源时，首先应考虑光效高、寿命长；其次再考虑显色指数、起动性能以及其他次要指标；最后综合考虑环境条件、初期投资与年运行费用。

各类工业厂房相比于一般居家照明来讲，工业类照明光源的选用更为重要及关键，光源类型选用不正确的话将会直接影响到产品质量、作业人员的作业安全及视觉健康等方面。而道路照明现在普遍使用的是高压钠灯光源，但是节约能源方面不是太好，继而要大范围推广使用更为节能的 LED 路灯。因此，根据不同的场所及使用特点，在选择照明光源时一般考虑以下因素。

（1）对于一般性生产车间、辅助车间、仓库和站房，以及非生产性建筑物、办公楼和宿舍、厂区道路等，优先考虑选用投资低廉的节能灯和日光灯。

（2）照明开闭频繁，需要及时点亮、调光和要求显色性好的场所，以及需要防止电磁波干扰的场所，宜采用白炽灯和卤钨灯。

（3）对显色性和照度要求较高，视看条件要求较好的场所，宜采用日光色荧光灯、白炽灯和卤钨灯。

（4）对于注重节能效果的场所，宜选用 LED 灯。

（5）荧光灯、高压汞灯和高压钠灯的抗震性较好，可用于振动较大的场所。

（6）选用光源时还应考虑到照明器的安装高度。荧光灯为 $2\sim4m$，高压汞灯为 $5\sim18m$，卤钨灯为 $6\sim24m$。对于灯具高挂并需要大面积照明的场所，宜采用金属卤化物灯和氙灯。

（7）在同一场所，当采用的一种光源的光色较差时，可考虑采用两种或多种光源混合照明。

4. 光源的灯头

光源的灯头见表 7-7。

表 7-7　　　　　　　　　　光 源 的 灯 头

灯头	光源名称	功率（W）	品牌
E27	普通电子节能灯	$9\sim26$	欧司朗
	白炽灯	$40\sim100$	
	金卤灯	$700\sim150$	
	高压钠灯	70	
	高压钠灯	$70\sim150$	亚字牌
E40	金卤灯	$175\sim2000$	欧司朗
	高压钠灯	$150\sim1000$	
RX7S	双端金卤灯	$70\sim150$	欧司朗
FC-2	双端金卤灯	$250\sim400$	
	双端高压钠灯	$250\sim400$	
G12	插入式金卤灯	$70\sim150$	欧司朗
G13	日光灯	$18\sim58$	欧司朗

7.1.5　照明灯具

照明灯具是将光源发出的光进行再分配的装置。灯具的主要功能是合理分配光源辐射的光通量，满足环境和作业的配光要求，并且不产生眩光和严重的光幕反射。灯具是灯罩及其附件的总称。

1. 灯罩

灯罩是提高照明质量的一种重要附件，灯罩的主要作用是重新分配光源发出的光通量、限制光源的眩光作用、减少和防止光源的污染、保护光源免遭机械破坏及安装和固定光源，与光源配合起一定的装饰作用。

2. 配光曲线

灯具在空间各个方向上的光强的分布情况用配光曲线来描述。配光特性是衡量灯具光学特性的重要指标。常见的灯具的配光曲线有正弦分布型、广照型、漫射型、配照型和深照型五种形状，如图7-13所示。

3. 灯具效率

灯具射出的光通量与光源发出的光通量的比值称为灯具的效率。灯具的效率一般在0.5~0.9之间，其大小与灯罩材料与形状、光源的中心位置有关。

4. 遮光角

遮光角又称为保护角，指的是灯具出光沿口遮蔽光源发光体使之完全看不见的方位与水平线的夹角，如图7-14所示。为了限制45°~85°内的亮度，一般选15°~30°的保护角。格栅灯选25°~45°的保护角。

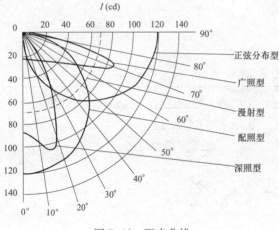

图7-13　配光曲线

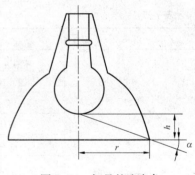

图7-14　灯具的遮光角

5. 灯具分类及选用

（1）灯具按结构特点分类见表7-8。

表7-8　灯具按结构特点分类

灯具类别	结　构　特　点
开启型	光源与外界空间直接接触（无罩）
闭合型	灯罩将光源包起来，但内外空气仍能流通
封闭型	灯罩固定处加以一般封闭，内外空气仍可有限流通
密闭型	灯罩固定处加以严密封闭，内外空气不能流通
防爆型	灯罩及其固定处和灯具外壳均能承受所要求的压力，使光源能在爆炸性环境中安全可靠的使用

（2）灯具的分类。灯具按光通量在上下两半球空间的比例可分为 5 类，见表 7-9。

表 7-9　　　　　　　　　　　　　　灯具按出射光线分布的分类

灯具类别		直接型	半直接型	全漫射（直接-间接型）	半间接型	间接型
光通分配（%）	上	0~10	10~40	40~60	60~90	90~100
	下	100~90	90~60	60~40	40~10	10~0
灯具特点		由反射性能良好的非透明材料制成，如搪瓷、抛光铝或铝合金板和镀银镜面，下方敞口 90% 光通向下直射，效率高，上射光通量少，顶棚暗，下方容易产生重阴影	由透明材料制成，如下方敞口灯具或简易荧光灯，下方光线较多，上方光通供空间环境照明，室内亮度对比合适	用漫透射材料（乳白玻璃或透明塑料）制成封闭灯罩，美观，光线柔和，光利用率低	上部用透明材料制成或敞口，下部用漫透射材料制成，光线更加柔和，单上部容易积灰尘	上部用透光材料，下部用不透光材料，光线均匀柔和，减少阴影眩光，但没有立体感，光线损失大

（3）按使用的光源分类。

1）白炽灯具：采用白炽灯或卤钨灯作为光源的灯具。

2）荧光灯具：采用荧光灯作为光源的灯具。

3）高强度气体放电灯具：采用 HID 灯作为光源的灯，多用于工厂照明和城市闹市区的装饰照明。另外 HID 灯还可制造成各种投光灯，用于城市的泛光装饰照明。

4）混光灯具：为了改善显色性和光色，将两种不同的 HID 灯装在一起混光使用，可适当提高显色性，一些厂商专门生产混光灯具。

（4）按安装方式分类。按安装方式，灯具可分为吸顶灯、壁灯、悬挂式灯具、嵌墙灯具和移动式灯具。

（5）灯具的选用。根据被照场所对配光的要求、环境条件和使用特点，合理地选择灯具的光强分布、效率、保护角、类型及造型尺寸等，同时还应考虑灯具的装饰效果和经济性，优先选用配光合理、光效高、寿命长的灯具。

一般生产车间、办公室和公共建筑，多采用半直接型或均匀漫射型灯具，从而获得舒适的视觉效果。在正常工作环境中，宜选用开启型灯具。

6. 室内灯具的悬挂高度

室内灯具的悬挂高度不宜过高也不宜过低。过高，不能满足工作面上的照度要求且维修不便；室内灯具也不能悬挂太低，如果悬挂太低，一方面容易被人碰撞，不安全；另一方面会产生眩光，降低人的视力。国家规定的工业企业室内一般照明灯具最低悬挂高度见表 7-10。该标准同样适用于 LED 照明灯具的安装。

表 7-10　　　　　　　　　　工业企业室内一般照明灯具的最低悬挂高度

光源种类	灯具形式	灯具庶光角	光源功率（W）	最低悬挂高度（m）
白炽灯	有反射罩	10°~30°	≤100	2.5
			150~200	3
			300~500	3.5
	乳白玻璃漫射罩	—	≤100	2
			150~200	2.5
			300~500	3
荧光灯	无反射罩	—	≤40	2
			>40	3
	有反射罩	—	≤40	2
			>40	2
荧光高压汞灯	有反射罩	10°~30°	<125	3.5
			125~250	5
			≥400	6
	有反射罩带格栅	>30°	<125	3
			125~250	4
			≥400	5
金卤灯、高压钠灯、混光光源	有反射罩	10°~30°	<150	4.5
			150~250	5.5
			250~400	6.5
			>400	7.5
	有反射罩带格栅	>30°	<150	4
			150~250	4.5
			250~400	5.5
			>400	6.5

　　简单地说，室内灯具安装高度一般不低于 2m，当灯具安装高度低于 2.4m 时，其灯具外壳的金属体必须接零或接地可靠。

7. 常用室内灯具的特点及选择

　　室内照明常用的灯具主要有吊灯、吸顶灯、壁灯、落地灯、射灯和筒灯等，如图 7-15 所示。

　　室内装修时，应根据灯具的不同功能，并与建筑结构相结合选择灯具。各种灯具虽然样式上有多种选择，但在功能性上比较单一，因此，装修前要充分考虑装修后各个灯具的实际功能效果，不要过分注重样式而忽略实用性。常用灯具的特点及选择见表 7-11。

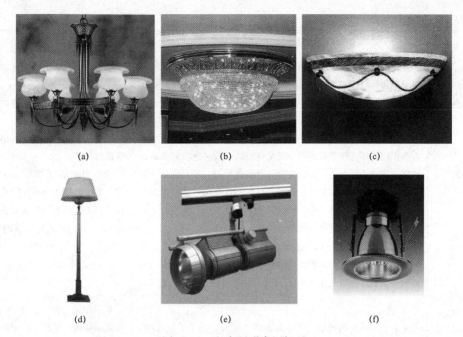

图 7-15 室内照明常用灯具

（a）吊灯；（b）吸顶灯；（c）壁灯；（d）落地灯；（e）射灯；（f）筒灯

表 7-11   常用灯具的特点及选择

灯具类型		选　　择	特　　点
吊灯	欧式烛台吊灯	欧洲古典风格的吊灯，灵感来自古时人们的烛台照明方式，那时人们都是在悬挂的铁艺上放置数根蜡烛。如今很多吊灯设计成这种款式，只不过将蜡烛改成了灯泡，但灯泡和灯座还是蜡烛和烛台的样子	吊灯适合于客厅。吊灯的花样最多，常用的有欧式烛台吊灯、中式吊灯、水晶吊灯、羊皮纸吊灯、时尚吊灯、锥形罩花灯、尖扁罩花灯、束腰罩花灯、五叉圆球吊灯、玉兰罩花灯、橄榄吊灯等。 用于居室的分单头吊灯和多头吊灯两种，前者多用于卧室、餐厅；后者宜装在客厅里。 吊灯的安装高度，其最低点应离地面不小于 2.2m
	水晶吊灯	水晶灯有几种类型：天然水晶切磨造型吊灯、重铅水晶吹塑吊灯、低铅水晶吹塑吊灯；水晶玻璃中档造型吊灯、水晶玻璃坠子吊灯、水晶玻璃压铸切割造型吊灯、水晶玻璃条形吊灯等。 目前市场上的水晶灯大多由仿水晶制成，但仿水晶所使用的材质不同，质量优良的水晶灯是由高科技材料制成，而一些以次充好的水晶灯甚至以塑料充当仿水晶的材料，光影效果自然很差。所以，在购买时一定要认真比较、仔细鉴别	
	中式吊灯	外形古典的中式吊灯，明亮利落，适合装在门厅区。在进门处，明亮的光感给人以热情愉悦的气氛，而中式图案又会告诉那些张扬浮躁的客人，这是个传统的家庭。 注意灯具的规格、风格应与客厅配套。如果想突出屏风和装饰品，则需要加射灯	
	时尚吊灯	大多数人家也许并不想装修成欧式古典风格，现代风格的吊灯往往更加受到欢迎。目前市场上具有现代感的吊灯款式众多，供挑选的余地非常大，各种线条均可选择	

灯具类型	选　择	特　点
吸顶灯	吸顶灯内一般有镇流器和环行灯管，镇流器有电感镇流器和电子镇流器两种，与电感镇流器相比，电子镇流器能提高灯和系统的光效，能瞬时启动，延长灯的寿命。与此同时，它温升小、无噪声、体积小、重量轻，耗电量仅为电感镇流器的1/4～1/3，所以消费者要选择电子镇流器吸顶灯。 吸顶灯的环行灯管有卤粉和三基色粉的，三基色粉灯管显色性好、发光度高、光衰慢；卤粉灯管显色性差、发光度低、光衰快。区分卤粉和三基色粉灯管，可同时点亮两灯管，把双手放在两灯管附近，能发现卤粉灯管光下手色发白、失真，三基色粉灯管光下手色是皮肤本色。 吸顶灯有带遥控和不带遥控两种，带遥控的吸顶灯开关方便，适合用于卧室中。吸顶灯的灯罩材质一般是塑料、有机玻璃的，玻璃灯罩的现在很少了	吸顶灯常用的有方罩吸顶灯、圆球吸顶灯、尖扁圆吸顶灯、半圆球吸顶灯、半扁球吸顶灯、小长方罩吸顶灯等。 吸顶灯适合于客厅、卧室、厨房、卫生间等处照明。吸顶灯可直接装在天花板上，安装简易，款式简单大方，赋予空间清朗明快的感觉
落地灯	一般放在沙发拐角处，落地灯的灯光柔和，晚上看电视时，效果很好。 落地灯的灯罩材质种类丰富，消费者可根据自己的喜好选择。 许多人喜欢带小台面的落地灯，因为可以把固定电话放在小台面上	常用作局部照明，不讲全面性，而强调移动的便利，对于角落气氛的营造十分实用。落地灯的采光方式若是直接向下投射，适合阅读等需要精神集中的活动，若是间接照明，可以调整整体的光线变化。 落地灯的灯罩下边应离地面1.8m以上
壁灯	选壁灯主要看结构、造型，一般机械成型的较便宜，手工的较贵。铁艺锻打壁灯、全铜壁灯、羊皮壁灯等都属于中高档壁灯，其中铁艺锻打壁灯销量最好。 目前，还有一种带灯带画的数码万年历壁挂灯，这种壁挂灯有照明、装饰作用，又能作日历，很受消费者欢迎	适合于卧室、卫生间照明。常用的有双头玉兰壁灯、双头橄榄壁灯、双头鼓形壁灯、双头花边杯壁灯、玉柱壁灯、镜前壁灯等。 壁灯的安装高度，其灯泡应离地面不小于1.8m
台灯	选择台灯主要看电子配件质量和制作工艺，一般小厂家台灯的电子配件质量较差，制作工艺水平较低，所以消费者要选择大厂家生产的台灯。 一般客厅、卧室等用装饰台灯，工作台、学习台用节能护眼台灯，但节能灯不能调光	台灯按材质分陶灯、木灯、铁艺灯、铜灯等；按功能分护眼台灯、装饰台灯、工作台灯等；按光源分灯泡、插拔灯管、灯珠台灯等

8. 灯具布置要求和照明质量

（1）灯具布置的要求。

1）规定的照度。

2）工作面上照度均匀，如图7-16所示。

3）光线的射向适当，无眩光、无阴影。

4）灯泡安装容量减至最少。

5）维护方便。

6）布置整齐美观并与建筑空间相协调。

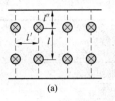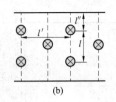

（2）照明质量。照明设计应根据具体场合的要求，正确选择光源和照明器；确定合理的照明方式和布置方案；在节约能源和资金的条件下，创造一个满意的视觉条件，从而获得一个良好的、舒适愉快的工作、学习和生活环境。良好的照明质量，不仅要有足

图 7-16　均匀布置的灯具
（a）矩形布置；（b）菱形布置

够的照度，而且对照明的均匀度，亮度分布、眩光的限制、显色性，照度的稳定性，频闪效应的消除均有一定要求。

照明质量是衡量照明设计优劣的主要指标，在进行照明设计时，应考虑比较好的照度均匀度、舒适的亮度比、良好的显色性能、较小的眩光、消除频闪效应以及相宜的色温。

7.2　照　度　标　准

照度标准是指在照明装置在作业面或参考平面上的维持平均照度，规定表面上的平均照度不得低于此数值，这是为确保工作时视觉安全和视觉功效所需要的照度。

照度标准可以分为 0.5、1、3、5、10、15、20、30、50、75、100、150、200、300、500、750、1000、1500、2000、3000 、5000lx 几个等级。

7.2.1　常见场所的照度标准值

1. 图书馆类建筑照明的照度标准

图书馆类建筑照明的照度标准见表 7-12。

表 7-12　　　　　　　　　　图书馆类建筑照明的照度标准

类　别	参考平面及其高度	照度标准值（lx）		
		低	中	高
一般阅览室、少年儿童阅览室、研究室、装裱修整间、美工室	0.75m 水平面	150	200	300
老年读者阅览室、善本书和舆图阅览室		200	300	500
陈列室、目录厅（室）、出纳厅（室）、视听室、缩微阅览室		75	100	150
读者休息室		30	50	75
书库	0.25m 垂直面	20	30	50
开敞式运输传送设备	0.75m 水平面	50	75	100

2. 办公楼建筑照明的照度标准

办公楼建筑照明的照度标准见表 7-13。

表 7-13　　　　　　　　　　办公楼建筑照明的照度标准

类　别	参考平面及其高度	照度标准值（lx）		
		低	中	高
办公室、报告厅、会议室、接待室、陈列室、营业厅	0.75m 水平面	100	150	200

续表

类　　别	参考平面及其高度	照度标准值（lx）		
		低	中	高
有视觉显示屏的作业	工作台水平面	150	200	300
设计室、绘图室、打字室	实际工作面	200	300	500
装订、复印、晒图、档案室	0.75m 水平面	75	100	150
值班室	0.25m 水平面	50	75	100
门厅	地面	30	50	75

注　有视觉显示屏的作业，屏幕上的垂直照度不应大于150lx。

3. 商店建筑照明的照度标准

商店建筑照明的照度标准见表7-14。

表 7-14　　　　　　　　　　商店建筑照明的照度标准

类　　别		参考平面及其高度	照度标准值（lx）		
			低	中	高
一般商店营业厅	一般区域	0.75m 水平面	75	100	150
	柜台	柜台面上	100	150	200
	货架	1.5m 垂直面	100	150	200
	陈列柜、橱窗	货物所处平面	200	300	500
室内菜市场营业厅		0.75m 水平面	50	75	100
自选商场营业厅			150	200	300
试衣室		试衣位置1.5m 高处垂直面	150	200	300
收款处		收款台面	150	200	300
库房		0.75m 水平面	30	50	75

注　陈列柜和橱窗是指展出重点、时新商品的展柜和橱窗。

4. 旅馆建筑照明的照度标准

旅馆建筑照明的照度标准表7-15。

表 7-15　　　　　　　　　　旅馆建筑照明的照度标准

类　　别		参考平面及其高度	照度标准值（lx）		
			低	中	高
客房	一般活动区	0.75m 水平面	20	30	50
	床头		50	75	100
	写字台		100	150	200
	卫生间		50	75	100
	会客间		30	50	75
梳妆台		1.5m 高处垂直面	150	200	300
主餐厅、客房服务台、酒吧柜台		0.75m 水平面	50	75	100

类　别	参考平面及其高度	照度标准值（lx）		
		低	中	高
西餐厅、酒吧间、咖啡厅、舞厅	0.75m 水平面	20	30	50
大宴会厅、总服务台、主餐厅柜台、外币兑换处		150	200	300
门厅、休息厅		75	100	150
理发		100	150	200
美容		200	300	500
邮电		75	100	150
健身房、器械室、蒸汽浴室、游泳池		30	50	75
游艺厅		150	75	100
台球	台面	150	200	300
保龄球	地面	100	150	200
厨房、洗衣房、小卖部	0.75m 水平面	100	150	200
食品准备、烹调、配餐		200	300	500
小件寄存处		30	50	75

注　1. 客房无台灯等局部照明时，一般活动区的照明可提高一级。

2. 理发栏的照度值适用于普通招待所和旅馆的理发厅。

5. 影院剧场建筑照明的照度标准

影院剧场建筑照明的照度标准见表 7-16。

表 7-16　　　　　　　　　　　影院剧场建筑照明的照度标准

类　别		参考平面及其高度	照度标准值（lx）		
			低	中	高
门厅		地面	100	150	200
门厅过道			75	100	150
观众厅	影院	0.75m 水平面	30	50	75
	剧院		50	75	100
观众休息厅	影院		50	75	100
	剧院		75	100	150
贵宾室、服装室、道具间			75	100	150
化妆室	一般区域		75	100	150
	化妆台	1.1m 高处垂直面	150	200	300
放映室	一般区域	0.75m 水平面	75	100	150
	放映				
演员休息室			20	30	50
排演厅			50	75	100
声、光、电控制室		控制台面	100	150	200

类　别	参考平面及其高度	照度标准值（lx）		
		低	中	高
美工室、绘景间	0.75m 水平面	150	200	300
售票房	售票台面	100	150	200

6. 住宅建筑照明的照度标准

住宅建筑照明的照度标准见表7-17。

表 7-17　　　　　　　　住宅建筑照明的照度标准

类　别		参考平面及其高度	照度标准值（lx）		
			低	中	高
起居室 卧室	一般活动区	0.75m 水平面	20	30	50
	书写、阅读		150	200	300
	床头阅读		75	100	150
	精细作业		200	300	500
餐厅或方厅、厨房		0.25m 水平面	20	30	50
卫生间		0.75m 水平面	10	15	20
楼梯间		地面	5	10	15

7. 铁路旅客站建筑照明的照度标准值

铁路旅客站建筑照明的照度标准值见表7-18。

表 7-18　　　　　　　铁路旅客站建筑照明的照度标准值

类　别	参考平面及其高度	照度标准值（lx）		
		低	中	高
普通候车室、母子候车室、售票室	0.75m 水平面	50	75	100
贵宾室、软席候车室、售票厅、广播室、调度室、行车计划室、海关办公室、公安验证处、问讯处、补票处		75	100	150
进站大厅、行李托运和领取处、小件寄存处	地面	50	75	100
检票处、售票工作台、售票柜、结账交班台、海关检验处、票据存放室（库）	0.75m 水平面	100	150	200
公安值班室	0.25m 垂直面	50	75	100
有棚站台、进出站地道、站台通道	地面	15	20	30
无棚站台、人行天桥、站前广场		10	15	20

8. 港口旅客站建筑照明的照度标准

港口旅客站建筑照明的照度标准见表7-19。

表 7-19 港口旅客站建筑照明的照度标准

类别	参考平面及其高度	照度标准值（lx）		
		低	中	高
检票口、售票工作台、结账交接班台、票据存放库、海关检查厅、护照检查室	0.75m 水平面	100	150	200
贵宾室、售票厅、补票处、调度室、广播室、问讯处、海关办公室		75	100	150
售票室、候船室、候船通道、迎送厅、接待室、海关出入口		50	75	100
行李托运处、小件寄存处		50	75	100
栈桥、长廊	地面	20	30	50
站前广场		10	15	20

9. 体育运动场地照度标准

体育运动场地照度标准见表 7-20。

表 7-20 体育运动场地照度标准

运动项目	参考平面及其高度	照度标准值（lx）					
		训练			比赛		
		低	中	高	低	中	高
篮球、排球、羽毛球、手球、田径（室内）、体操、艺术体操、技巧、武术	地面	150	200	300	300	500	750
棒球、垒球		—	—	—	300	500	750
保龄球		150	200	300	200	300	500
举重		100	150	200	300	300	750
击剑	台面	200	300	500	300	300	750
柔道、中国摔跤、国际摔跤	地面	200	300	500	300	500	750
拳击		200	300	500	1000	1500	2000
乒乓球	台面	300	500	750	500	750	1000
游泳、蹼泳、跳水、水球	水面	150	200	300	300	500	750
花样游泳		200	300	500	300	500	750
冰球、速度滑冰、花样滑冰	冰面	150	200	300	300	500	750
围棋、中国象棋、国际象棋	台面	—	—	—	500	750	1000
桥牌	桌面	—	—	—	100	150	200

运动项目			参考平面及其高度	照度标准值（lx）					
				训练			比赛		
				低	中	高	低	中	高
射击	靶心		靶心垂直面	1000	1500	2000	1000	1500	2000
	射击房		地面	50	100	150	50	100	150
足球、曲棍球	观看距离	120m	地面	—	—	—	150	200	300
		160m		—	—	—	200	300	500
		200m		—	—	—	300	500	750
	观众席		座位面	—	—	—	50	75	100
	健身房		地面	100	150	200	—	—	—
	消除疲劳用房			50	75	100	—	—	—

注　1. 篮球等项目的室外比赛应比室内比赛照度标准值降低一级。

　　2. 乒乓球赛区其他部分不应低于台面照度的一半。

　　3. 跳水区的照明设计应使观众和裁判员视线方向上的照度不低于200lx。

　　4. 足球和曲棍球的观看距离是指观众席最后一排到场地边线的距离。

10. 运动场地彩电转播照明的照度标准

运动场地彩电转播照明的照度标准见表7-21。

表7-21　　　　　　　　运动场地彩电转播照明的照度标准

类　别	参考平面及其高度	照度标准值（lx）		
		最大摄影距离（m）		
		25	75	150
A组：田径、柔道、游泳、摔跤等项目	1.0m 垂直	500	750	1000
B组：篮球排球、羽毛球、网球、手球、体操、花样滑冰、速滑、垒球、足球等项目		750	1000	1500
C组：拳击、击剑、跳水、乒乓球、冰球等项目		1000	1500	—

11. 公用场所照明的照度标准

公用场所照明的照度标准见表7-22。

表7-22　　　　　　　　　公用场所照明的照度标准

类　别	参考平面及其高度	照度标准值（lx）		
		低	中	高
走廊、厕所	地面	15	20	30
楼梯间		20	30	50
盥洗间	0.75m 水平面	20	30	50
贮藏室		20	30	50

续表

类　　别	参考平面及其高度	照度标准值（lx）		
		低	中	高
电梯前室	地面	30	50	75
吸烟室	0.75m 水平面	30	50	75
浴室	地面	20	30	50
开水房		15	20	30

12. 医院建筑照度标准

医院建筑照度标准见表 7-23。

表 7-23　　　　　　　　　　医院建筑照度标准

用房名称	参考平面及其高度	推荐照度（lx）
治疗室		300
化验室		500
手术室	0.75m 水平面	750
诊室		300
候诊室、挂号厅		200
病房	地面	100
护士站		300
药房	0.75m 水平面	500
重症监护房		300

13. 学校建筑照明照度标准

学校建筑照明照度标准见表 7-24。

表 7-24　　　　　　　　　　学校建筑照明照度标准

房间或场所	参考平面及其高度	照度标准值（lx）
教室	课桌面	300
实验室	实验桌面	
美术教室	桌面	500
多媒体教室	0.75m 水平面	300
教室黑板	黑板面	500

14. 工业建筑一般照明照度标准

工业建筑一般照明照度标准见表 7-25。

表 7-25   工业建筑一般照明照度标准

房间或场所		参考平面及其高度	照度标准值（lx）	统一眩光值 UGR	显色指数 Ra	备注
（1）通用房间或场所						
试验室	一般	0.75m 水平面	300	22	80	可另加局部照明
	精细	0.75m 水平面	500	19	80	可另加局部照明
检验	一般	0.75m 水平面	300	22	80	可另加局部照明
	精细，有颜色要求	0.75m 水平面	750	19	80	可另加局部照明
	计量室、测量室	0.75m 水平面	500	19	80	可另加局部照明
变配电站	配电装置室	0.75m 水平面	200	—	60	
	变压器室	地面	100	—	20	
	电源设备室，发电机室	地面	200	25	60	
控制室	一般控制室	0.75m 水平面	300	22	80	
	主控制室	0.75m 水平面	500	19	80	
	电话站、网络中心	0.75m 水平面	500	19	80	
	计算机站	0.75m 水平面	500	19	80	防光幕反射
动力站	风机房、空调机房	地面	100	—	60	
	泵房	地面	100	—	60	
	冷冻站	地面	150		60	
	压缩空气站	地面	150		60	
	锅炉房、煤气站的操作层	地面	100		60	锅炉水位表照度不小于 50lx
仓库	大件库（如钢坯、钢材、大成品、气瓶）	1.0m 水平面	50		20	
	一般件库	1.0m 水平面	100	—	60	货架垂直照度不小于 50lx
	精细件库（如工具、小零件）	1.0m 水平面	100		620	油表照度不小于 50lx
（2）机、电工业						
机械加工	粗加工	0.75m 水平面	200	22	60	可另加局部照明
	一般加工（公差≥0.1mm）	0.75m 水平面	300	22	60	应另加局部照明
	精密加工（公差<0.1mm）	0.75m 水平面	500	19	60	应另加局部照明
机电仪表装配	大件	0.75m 水平面	200	25	80	可另加局部照明
	一般件	0.75m 水平面	300	25	80	可另加局部照明
	精密	0.75m 水平面	500	22	80	应另加局部照明
	特精密	0.75m 水平面	750	19	80	应另加局部照明
	电线、电缆制造	0.75m 水平面	300	25	60	

续表

房间或场所		参考平面 及其高度	照度 标准值（lx）	统一眩光值 UGR	显色指数 Ra	备注
线圈 绕制	大线圈	0.75m 水平面	300	25	80	
	中等线圈	0.75m 水平面	500	22	80	可另加局部照明
	精细线圈	0.75m 水平面	750	19	80	应另加局部照明
线圈浇注		0.75m 水平面	300	25	80	
焊接	一般	0.75m 水平面	200	—	60	
	精密	0.75m 水平面	300	—	60	
钣金		0.75m 水平面	300	—	60	
冲压、剪切		0.75m 水平面	300	—	60	
热处理		地面至 0.5m 水平面	200	—	20	
铸造	熔化、浇铸	地面至 0.5m 水平面	200	—	20	
	造型	地面至 0.5m 水平面	300	25	60	
精密铸造的制模、脱壳		地面至 0.5m 水平面	500	25	6-	
锻工		地面至 0.5m 水平面	200	—	20	
电镀		0.75m 水平面	300	—	80	
喷漆	一般	0.75m 水平面	300	—	80	
	精细	0.75m 水平面	500	22	80	
酸洗、腐蚀、清洗		0.75m 水平面	300	—	80	
抛光	一般性装饰	0.75m 水平面	300	22	80	防频闪
	精细	0.75m 水平面	500	22	80	防频闪
复合材料加工、铺叠、装饰		0.75m 水平面	500	22	80	
机电 修理	一般	0.75m 水平面	200	—	60	可另加局部照明
	精细	0.75m 水平面	300	22	60	可另加局部照明
（3）电子工业						
电子元器件		0.75m 水平面	500	19	80	应另加局部照明
电子零部件		0.75m 水平面	500	19	80	应另加局部照明
电子材料		0.75m 水平面	300	22	80	应另加局部照明
酸、碱、药液及粉配制		0.75m 水平面	300	—	80	

房间或场所		参考平面及其高度	照度标准值（lx）	统一眩光值 UGR	显色指数 Ra	备注
（4）纺织、化纤工业						
纺织	选毛	0.75m 水平面	300	22	80	可另加局部照明
	清棉、和毛、梳毛	0.75m 水平面	150	22	80	
	前纺：梳棉、并条、粗纺	0.75m 水平面	200	22	80	
	纺纱	0.75m 水平面	300	22	80	
	织布	0.75m 水平面	300	22	80	
织袜	穿综箱、缝纫、量呢、检验	0.75m 水平面	300	22	80	可另加局部照明
	修补、剪毛、染色、印花、裁剪、熨烫	0.75m 水平面	300	22	80	可另加局部照明
化纤	投料	0.75m 水平面	100	—	60	
	纺丝	0.75m 水平面	150	22	80	
	卷丝	0.75m 水平面	200	22	80	
	平衡间、中间贮存、干燥间、废丝间、油剂高位槽间	0.75m 水平面	75	—	60	
	集束间、后加工车间、打包间、油剂调配间	0.75m 水平面	100	25	60	
	组件清洗间	0.75m 水平面	150	25	60	
	拉伸、变形、分级包装	0.75m 水平面	150	25	60	操作面可另加局部照明
	化验、检验	0.75m 水平面	200	22	80	可另加局部照明
（5）制药工业						
制药生产：配制、清洗、灭菌、超滤、制粒、压片、混匀、烘干、灌装、轧盖等		0.75m 水平面	300	22	80	
制药生产流转通道		地面	200	—	80	
（6）橡胶工业						
炼胶车间		0.75m 水平面	300		80	
压延压出工段		0.75m 水平面	300		80	
成型裁断工段		0.75m 水平面	300	22	80	
硫化工段		0.75m 水平面	300	—	80	
（7）电力工业						
火电厂锅炉房		地面	100		40	
发电机房		地面	200		60	
主控室		0.75m 水平面	500	19	80	

房间或场所		参考平面及其高度	照度标准值（lx）	统一眩光值 UGR	显色指数 Ra	备注
（8）钢铁工业						
炼铁	炉顶平台、各层平台	平台面	30	—	40	
	出铁场、出铁机室	地面	100	—	40	
	卷扬机室、碾泥室、煤气清洗配水室	地面	50	—	40	
炼钢及连铸	炼钢主厂房和平台	地面	150	—	40	
	连铸浇注平台、切割区、出坯区	地面	150	—	40	
	静整清理线	地面	200	25	60	
轧钢	钢坯台、轧机区	地面	150	—	40	
	加热炉周围	地面	50	—	20	
	重绕、横剪及纵剪机组	0.75m 水平面	150	25	40	
	打印、检查、精密、分类、验收	0.75m 水平面	200	22	80	
（9）制浆造纸工业						
备料		0.75m 水平面	150	—	60	
蒸煮、选洗、漂白		0.75m 水平面	200	—	60	
打浆、纸机底部		0.75m 水平面	200	—	60	
纸机网部、压榨部、烘缸、压光、卷取、涂布		0.75m 水平面	300	—	60	
复卷、切纸		0.75m 水平面	300	25	60	
选纸		0.75m 水平面	500	22	60	
碱回收		0.75m 水平面	200	—	40	
（10）食品及饮料工业						
食品	糕点、糖果	0.75m 水平面	200	22	80	
	肉制品、乳制品	0.75m 水平面	300	22	80	
	饮料	0.75m 水平面	300	22	80	
啤酒	糖化	0.75m 水平面	200	—	80	
	发酵	0.75m 水平面	150	—	80	
	包装	0.75m 水平面	150	25	80	
（11）玻璃工业						
备料、退火、熔制		0.75m 水平面	150	—	60	
窑炉		地面	100	—	20	
（12）水泥车间						
主要生产车间（粉碎、原料粉磨、烧成、水泥粉磨、包装）		地面	100	—	20	

房间或场所		参考平面 及其高度	照度 标准值（lx）	统一眩光值 UGR	显色指数 Ra	备注
储存		地面	75	—	40	
输送走廊		地面	30	—	20	
粗坯成型		0.75m 水平面	300		60	
（13）皮革工业						
原皮、水浴		0.75m 水平面	200	—	60	
轻毂、整理、成品		0.75m 水平面	200	22	60	可另加局部照明
干燥		地面	100	—	20	
（14）卷烟工业						
制丝车间		0.75m 水平面	200	—	60	
卷烟、接过滤嘴、包装		0.75m 水平面	300	22	80	
（15）化学、石油工业						
厂区经常操作的区域，如泵压缩机、 阀门、电操作柱		操作位高度	100	—	20	
装置区现场控制和检测点， 如指示仪表、液位计等		测控点高度	75		60	
人行通道、平台、设备顶部		地面或台面	30		20	
装卸站	装卸设备顶部和底部操作位	操作位高度	75	—	20	
	平台	平台	30	—	20	
（16）木业和家具制造						
一般机器加工		0.75m 水平面	200	22	60	防频闪
精细机器加工		0.75m 水平面	500	19	80	防频闪
锯木区		0.75m 水平面	300	25	60	防频闪
模型区	0.75m 水平面	0.75m 水平面	300	22	60	
	0.75m 水平面	0.75m 水平面	750	22	60	
胶合、组装		0.75m 水平面	300	25	60	
磨光、异形细木工		0.75m 水平面	750	22	80	

注　需增加局部照明的作业面，增加的局部照明值宜按该场所一般照明照度值的1.0~3.0倍选取。

7.2.2 常见场所照明推荐照度值

1. 道路照明推荐照度值

道路照明推荐照度值见表7-26。

表 7-26　　　　　　　　　　　道路照明推荐照度值

场 地 名 称		推荐照度（lx）
住宅小区道路		0.2~1
公共建筑的庭园道路		2~5
大型停车场		3~10
广场		5~15
隧道（长度在100m以内）的直线隧道	白天	100~200
	傍晚和夜间	37~75

注　1. 庭园与广场照明，应设在深夜 12 点以后能够关闭一部分灯光或采用调光设备减光，其照度应不低于推荐值有
　　　　1/10，但宜不低于 1lx。
　　2. 室外照明的推荐照度系指路面而言。

2. 建筑物立面照明照度推荐值

建筑物立面照明照度推荐值见表 7-27。

表 7-27　　　　　　　　　　建筑物立面照明照度推荐值

建筑物或构筑物立面特征		平均照度（lx）		
		环境状况		
外表颜色	反射系数（%）	明亮	明	暗
白色	70~85	75~100	50~75	30~50
明亮色	45~70	100~150	75~100	50~75
中间色	20~45	150~200	100~150	75~100

3. CIE 对不同作业和活动推荐的照度范围

国际照明委员会对各种作业和活动推荐的照度范围（又称 CIE 照度标准），见表 7-28。

表 7-28　　　　　　　　　CIE 对不同作业和活动推荐的照度范围

作业和活动类型	照度范围（lx）
室外人口区域	20~30~50
交通区、简单地判别方位或短暂逗留	50~75~100
非连续工作时用的房间，例如工业生产监视、贮藏、衣帽间、门厅	100~150~200
有简单视觉要求的作业，如粗加工、讲堂	200~300~500
有中等视觉要求的作业，如普通机械加工、办公室、控制室	200~500~750
有一定视觉要求的作业，如缝纫、检验和试验、绘图室等	500~750~1000
延续时间长，且有精细视觉要求的作业，如精密加工和装配、颜色辨认	750~1000~1500
特殊视觉作业，如手工雕刻，很精确的工作检验	1000~1500~2000
完成很严格的视觉作业，如微电子装配、外科手术	>2000

注　表中数值为工作面上的平均照度。

7.3　照　度　计　算

照明工程的照度计算有点照度计算和平均照度计算两种。

照度计算的任务，一是根据照度标准要求及其灯具布置、室内环境条件，来确定灯具的数量和光源的功率；二是已知灯具的布置及形式，计算照明系统在被照面上产生的照度，来校验照度能否达到照度标准的要求。

7.3.1 点光源的点照度计算

光源的几何尺寸远小于光源到计算点的距离，就可把该光源看作是点光源。一般地，点光源直径小于照射距离的 1/5，线光源长度小于照射距离的 1/4，就按点光源计算。

点照度计算适用场合：用来验算工作面某点的照度，或工作面照度均匀度，适用高大的建筑，反射光少的场所。

1. 光源点照度的基本计算公式

距离平方反比定律及余弦定律是照明计算的基本公式。适用点光源、线光源、面光源的直射照度计算。

（1）距离平方反比定律。点光源的点照度如图 7-17 所示。

点光源 S 在与照射方向垂直的平面 N 上产生的照度 E_n 与光源的光强 I_θ 成正比，与光源至被照面的距离 R 的平方成反比，即

$$E_n = \frac{I_\theta}{R^2}$$

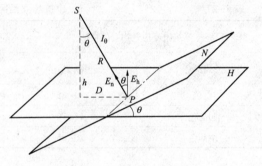

式中：E_n 为点光源在与照射方向垂直的平面上产生的照度，lx；I_θ 为照射方向的光强，cd；R 为点光源至被照面的计算点距离，m。

（2）余弦定律。点光源 S 照射在水平面

图 7-17　点光源的点照度

H 上产生的照度 E_h 与光源的光强 I_θ 及被照面法线与入射光线的夹角 θ 的余弦成正比，与光源至被照面计算点的距离 R 的平方成反比，即

$$E_h = \frac{I_\theta}{R^2}\cos\theta$$

式中：E_h 为点光源照射在水平面上 P 点产生的照度，lx；I_θ 为照射方向的光强，cd；R 为点光源至被照面计算点的距离，m；$\cos\theta$ 为被照面的法线与入射光线的夹角的余弦。

2. 点光源水平面和垂直面照度的计算

点光源在水平面与垂直面的照度如图 7-18 所示。

（1）点光源在水平面照度 E_h 的计算。点光源 S 水平面照度 E_h，可以按照余弦定律。

（2）点光源在垂直面照度 E_v 的计算。按照余弦定律，点光源 S 垂直面照度 E_v 为

$$E_v = \frac{I_\theta}{R^2}\cos\beta = \frac{I_\theta}{R^2}\sin\theta$$

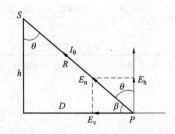

（3）E_h 和 E_v 应用光源安装高度 h 的计算。已知光

图 7-18　点光源水平面与垂直面照度

源的安装高度（或计算高度）h 时，E_h 和 E_v 的计算式为

$$E_h = \frac{I_\theta}{R^2}\cos\theta = \frac{I_\theta \cos\theta}{\left(\dfrac{h}{\cos\theta}\right)^2} = \frac{I_\theta \cos^3\theta}{h^2}$$

$$E_v = \frac{I_\theta}{R^2}\sin\theta = \frac{I_\theta \sin\theta}{\left(\dfrac{h}{\cos\theta}\right)^2} = \frac{I_\theta \cos^2\theta\sin\theta}{h^2}$$

式中：h 为光源距所计算水平面的安装高度，即计算高度，m。其他符号含义同上。

3. 点光源倾斜面照度计算

倾斜面在任意位置时，有受光面 N 和背光面 N'（如图 7-19 所示）。θ 角指倾斜面的背光面与水平面形成的倾角，可小于或大于 90°。

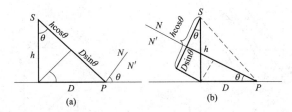

图 7-19　点光源倾斜面照度

（a）受光面能受到光照射；（b）θ 角增大受光面变化

点光源倾斜面照度 E_φ 可由下式计算

$$E_\varphi = \left(\cos\theta \pm \frac{D}{h}\sin\theta\right) E_h = \psi E_h$$

式中：E_φ 为倾斜面上 P 点的照度，lx；E_h 为水平面上 P 点的照度，lx；h 为光源至水平面上的计算高度，m；D 为光源在水平面上的投影至倾斜面与水平面交线的垂直距离，m；ψ 为比值，即 $\psi = \cos\theta \pm \dfrac{D}{h}\sin\theta$，式中的正号表示图 7-19（a）的情况，负号表示图 7-19（b）的情况，ψ 值可在图 7-20 中查出，图中虚线表示图 7-19（b）负的 ψ 值。

4. 多光源下的点照度计算

在多光源照射下，在水平面或倾斜面上的点照度分别由下式计算

$$E_{h\Sigma} = E_{h1} + E_{h2} + \cdots + E_{hn} = \sum_{i=1}^{n} E_{hi}$$

$$E_{\varphi\Sigma} = E_{\varphi1} + E_{\varphi2} + \cdots + E_{\varphi n} = \sum_{i=1}^{n} \psi_i E_{hi}$$

式中：$E_{h\Sigma}$ 为多光源照射下在水平面上的点照度，lx；E_{h1}，$\cdots$，E_{hi}，$\cdots$，E_{hn} 为各光源照射下在水平面上的点照度，lx；$E_{\varphi\Sigma}$ 为各光源照射下在倾斜面上的点照度，lx；$E_{\varphi1}$，$\cdots$，$E_{\varphi i}$，$\cdots$，$E_{\varphi n}$ 为各光源照射下在倾斜面上的点照度，lx。

7.3.2 线光源的点照度计算

1. 线光源

线光源指宽度 b 较长度 L 小得多的发光体。线光源的长度小于计算高度的 1/4（即 $L<\dfrac{1}{4}h$）时，按点光源进行照度计算，其误差小于 5%。当 $L\geqslant\dfrac{1}{4}h$ 时，一般应按线光源进行点照度计算。线光源的点照度计算方法主要有方位系数法和应用线光源等照度曲线法。

2. 线光源光强分布曲线

线光源的纵向和横向光强分布曲线如图 7-21 所示。

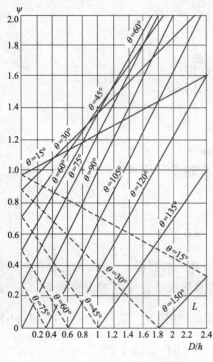

图 7-20 ψ 与 D/h 关系曲线

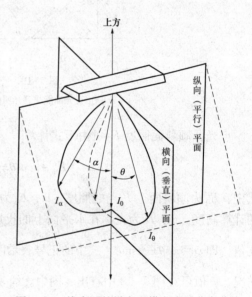

图 7-21 线光源的纵向和横向光强分布曲线

（1）线光源的横向光强分布曲线一般由下式表示

$$I_\theta = I_0 f(\theta)$$

式中：I_θ 为 θ 方向上的光强；I_0 为在线光源发光面法线方向上的光强。

（2）线光源的纵向光强分布曲线可能是不同的，但任何一种线光源在通过光源纵轴的各个平面上的光强分布曲线，具有相似的形状，可由下式表示

$$I_{\theta,\alpha} = I_{\theta,0} f(\alpha)$$

式中：$I_{\theta,\alpha}$ 为与通过纵轴的对称平面成 θ 角，与垂直于纵轴的对称平面成 α 角方向上的光强；$I_{\theta,0}$ 为在 θ 平面上垂直于光源轴线方向的光强（θ 平面是通过光源的纵轴而与通过纵轴的垂直面成 θ 夹角的平面）。

实际应用的各种线光源的纵轴向光强分布，可由下列五类相对光强分布公式表示

A 类：
$$I_{\theta,\alpha} = I_{\theta,0}\cos\alpha$$

B 类：
$$I_{\theta,\alpha} = I_{\theta,0}\left(\frac{\cos\alpha + \cos^2\alpha}{2}\right)$$

C 类：
$$I_{\theta,\alpha} = I_{\theta,0}\cos^2\alpha$$

D 类：
$$I_{\theta,\alpha} = I_{\theta,0}\cos^3\alpha$$

E 类：
$$I_{\theta,\alpha} = I_{\theta,0}\cos^4\alpha$$

纵向平面五类相对光强分布曲线如图 7-22 所示。

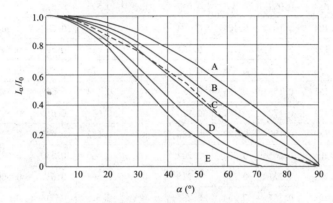

图 7-22 纵向平面五类相对光强分布曲线

I_α/I_0—相对光强；α—纵向平面角

3. 方位系数法

（1）线光源在水平面 P 点上的照度计算。计算点 P 与线光源一端 A 对齐，水平面的法线与入射光平面 APB（θ 平面）成 β 角，线光源的纵向光强分布具有 $I_{\theta,\alpha} = I_{\theta,0}\cos^n\alpha$（$n=1$、2、3、4）或者为 $I_{\theta,\alpha} = I_{\theta,0}\left(\dfrac{\cos\alpha + \cos^2\alpha}{2}\right)$ 的形式，线光源在 θ 平面上垂直于光源轴线 AB 方向的单位长度光强为

$$I'_{\theta,0} = \frac{I_{\theta,0}}{l}$$

考虑到灯具的光通量并非 1000lm 及灯具的维护系数，则线光源在水平面上 P 点产生的实际水平照度为

$$E_h = \frac{\phi I'_{\theta,0} K}{1000h}\cos^2\theta(AF)$$

式中：$I_{\theta,0}$ 为长度为 l，光通量为 1000lm 的线光源在 θ 平面上垂直于轴线的光强，cd；$I'_{\theta,0}$ 为线光源光通量为 1000lm 时，在 θ 平面上垂直于轴线的单位长度光强，cd/m；l 为线光源长度，m；ϕ 为光源光通量，lm；h 为线光源在计算水平面上的计算高度，m；AF 为水平方位系数，见表 7-29；K 为灯具的维护系数，见表 7-30。

表 7-29 水平方位系数（AF）

	照明器类别						照明器类别				
α (°)	A	B	C	D	E	α (°)	A	B	C	D	E
0	0.000	0.000	0.000	0.000	0.000	35	0.541	0.526	0.511	0.484	0.460
1	0.017	0.017	0.017	0.018	0.018	36	0.552	0.537	0.520	0.492	0.466
2	0.035	0.035	0.035	0.035	0.035	37	0.564	0.546	0.528	0.499	0.472
3	0.052	0.052	0.052	0.052	0.052	38	0.574	0.556	0.538	0.506	0.478
4	0.070	0.070	0.070	0.070	0.070	39	0.585	0.565	0.546	0.513	0.483
5	0.087	0.087	0.087	0.087	0.087	40	0.596	0.575	0.554	0.519	0.488
6	0.105	0.104	0.104	0.104	0.104	41	0.606	0.584	0.562	0.525	0.492
7	0.122	0.121	0.121	0.121	0.121	42	0.615	0.591	0.569	0.530	0.496
8	0.139	0.138	0.138	0.138	0.137	43	0.625	0.598	0.576	0.535	0.500
9	0.156	0.155	0.155	0.155	0.154	44	0.634	0.608	0.583	0.540	0.504
10	0.173	0.172	0.172	0.171	0.170	45	0.643	0.616	0.589	0.545	0.507
11	0.190	0.189	0.189	0.187	0.186	46	0.652	0.623	0.595	0.549	0.510
12	0.206	0.205	0.205	0.204	0.202	47	0.660	0.630	0.601	0.553	0.512
13	0.223	0.222	0.221	0.219	0.218	48	0.668	0.637	0.606	0.556	0.515
14	0.239	0.238	0.237	0.234	0.233	49	0.675	0.643	0.612	0.560	0.517
15	0.256	0.254	0.253	0.250	0.248	50	0.683	0.649	0.616	0.563	0.519
16	0.272	0.270	0.269	0.265	0.262	51	0.690	0.655	0.566	0.566	0.521
17	0.288	0.286	0.284	0.280	0.276	52	0.697	0.661	0.625	0.568	0.523
18	0.304	0.301	0.299	0.295	0.290	53	0.703	0.666	0.629	0.571	0.524
19	0.320	0.316	0.314	0.309	0.303	54	0.709	0.671	0.633	0.573	0.525
20	0.335	0.332	0.329	0.322	0.316	55	0.715	0.675	0.636	0.575	0.527
21	0.351	0.347	0.343	0.336	0.329	56	0.720	0.679	0.639	0.577	0.528
22	0.366	0.361	0.357	0.349	0.341	57	0.726	0.684	0.642	0.578	0.528
23	0.380	0.375	0.371	0.362	0.353	58	0.731	0.688	0.645	0.580	0.529
24	0.396	0.390	0.385	0.374	0.364	59	0.736	0.691	0.647	0.581	0.530
25	0.410	0.404	0.398	0.386	0.375	60	0.740	0.695	0.650	0.582	0.530
26	0.424	0.417	0.410	0.398	0.386	61	0.744	0.698	0.652	0.583	0.531
27	0.438	0.430	0.423	0.409	0.396	62	0.748	0.701	0.654	0.584	0.531
28	0.452	0.443	0.435	0.420	0.405	63	0.752	0.703	0.655	0.585	0.532
29	0.465	0.456	0.447	0.430	0.414	64	0.756	0.706	0.657	0.586	0.532
30	0.478	0.473	0.458	0.440	0.423	65	0.759	0.708	0.658	0.586	0.532
31	0.491	0.480	0.649	0.450	0.431	66	0.762	0.710	0.659	0.587	0.533
32	0.504	0.492	0.480	0.459	0.439	67	0.764	0.712	0.660	0.587	0.533
33	0.517	0.504	0.491	0.468	0.447	68	0.767	0.714	0.661	0.588	0.533
34	0.529	0.515	0.501	0.476	0.454	69	0.769	0.716	0.662	0.588	0.533

续表

照明器类别						照明器类别				
α (°)	A	B	C	D	E	α (°)	A	B	C	D	E
70	0.772	0.718	0.663	0.588	0.533	81	0.784	0.725	0.667	0.589	0.533
71	0.774	0.719	0.664	0.588	0.533	82	0.785	0.725	0.667	0.589	0.533
72	0.776	0.720	0.664	0.589	0.533	83	0.785	0.725	0.667	0.589	0.533
73	0.778	0.721	0.665	0.589	0.533	84	0.785	0.725	0.667	0.589	0.533
74	0.779	0.722	0.665	0.589	0.533	85	0.786	0.725	0.667	0.589	0.533
75	0.780	0.723	0.666	0.589	0.533	86					
76	0.781	0.723	0.666	0.589	0.533	87					
77	0.782	0.724	0.666	0.589	0.533	88			与 85°值相同			
78	0.782	0.724	0.666	0.589	0.533	89					
79	0.783	0.724	0.666	0.589	0.533	90					
80	0.784	0.725	0.666	0.589	0.533						

表 7-30　　　　　　　　　　　　灯 具 的 维 护 系 数

环境污染特征	工作房或场所	维护系数	
		白炽灯、荧光灯、高光强气体放电灯	卤钨灯
清洁	住宅卧、办公室、餐厅、阅览室、绘图室等	0.75	0.80
一般	商店营业厅、候车室、候船室、影剧院观众等	0.70	0.75
污染严重	厨房	0.65	0.70

（2）在垂直于线光源轴线的平面上 P 点的照度计算。考虑到灯具的光通量并非 1000lm 及灯具的维护系数，则线光源在 P 点的照度为

$$E_{vq} = \frac{\phi I'_{\theta,0} K}{1000h} \cos\theta (af)$$

式中：af 为垂直方位系数，见表 7-31。

表 7-31　　　　　　　　　　　　垂 直 方 位 系 数 （af）

照明器类别						照明器类别				
α (°)	A	B	C	D	E	α (°)	A	B	C	D	E
0	0.000	0.000	0.000	0.000	0.000	4	0.002	0.002	0.002	0.002	0.002
1	0.000	0.000	0.000	0.000	0.000	5	0.004	0.003	0.003	0.004	0.004
2	0.001	0.001	0.001	0.001	0.001	6	0.005	0.005	0.005	0.005	0.005
3	0.001	0.001	0.001	0.001	0.001	7	0.007	0.007	0.007	0.007	0.007

α (°)	照明器类别					α (°)	照明器类别				
	A	B	C	D	E		A	B	C	D	E
8	0.010	0.009	0.009	0.010	0.010	43	0.233	0.218	0.203	0.179	0.158
9	0.012	0.012	0.012	0.012	0.012	44	0.242	0.224	0.209	0.183	0.162
10	0.015	0.015	0.015	0.015	0.016	45	0.250	0.232	0.215	0.188	0.165
11	0.018	0.018	0.018	0.018	0.018	46	0.259	0.240	0.221	0.192	0.168
12	0.022	0.021	0.021	0.021	0.021	47	0.267	0.247	0.227	0.196	0.171
13	0.025	0.025	0.025	0.025	0.024	48	0.276	0.254	0.233	0.200	0.173
14	0.029	0.029	0.029	0.028	0.028	49	0.285	0.262	0.239	0.204	0.176
15	0.033	0.033	0.033	0.032	0.032	50	0.293	0.268	0.244	0.207	0.178
16	0.038	0.037	0.037	0.037	0.036	51	0.302	0.276	0.250	0.211	0.180
17	0.043	0.042	0.041	0.041	0.040	52	0.310	0.282	0.255	0.214	0.182
18	0.048	0.047	0.046	0.046	0.044	53	0.319	0.289	0.260	0.217	0.184
19	0.053	0.052	0.051	0.049	0.049	54	0.327	0.296	0.265	0.220	0.186
20	0.059	0.057	0.056	0.055	0.054	55	0.335	0.302	0.270	0.223	0.188
21	0.064	0.063	0.062	0.060	0.058	56	0.344	0.309	0.275	0.226	0.189
22	0.070	0.068	0.067	0.065	0.063	57	0.352	0.315	0.279	0.228	0.190
23	0.076	0.074	0.073	0.071	0.068	58	0.360	0.321	0.283	0.230	0.192
24	0.083	0.081	0.079	0.076	0.073	59	0.367	0.327	0.287	0.232	0.193
25	0.089	0.087	0.085	0.081	0.078	60	0.375	0.333	0.291	0.234	0.194
26	0.096	0.093	0.091	0.087	0.083	61	0.383	0.339	0.295	0.236	0.195
27	0.103	0.100	0.097	0.092	0.088	62	0.390	0.344	0.299	0.238	0.195
28	0.110	0.107	0.104	0.098	0.093	63	0.397	0.349	0.302	0.239	0.196
29	0.118	0.113	0.110	0.104	0.098	64	0.404	0.354	0.305	0.241	0.197
30	0.125	0.120	0.116	0.109	0.103	65	0.410	0.359	0.308	0.242	0.197
31	0.132	0.127	0.123	0.115	0.108	66	0.417	0.364	0.311	0.243	0.198
32	0.140	0.135	0.130	0.121	0.112	67	0.424	0.368	0.313	0.244	0.198
33	0.148	0.142	0.136	0.126	0.117	68	0.430	0.372	0.315	0.245	0.199
34	0.156	0.149	0.143	0.132	0.122	69	0.436	0.377	0.318	0.246	0.199
35	0.165	0.157	0.150	0.137	0.126	70	0.442	0.381	0.320	0.247	0.199
36	0.173	0.164	0.156	0.143	0.131	71	0.447	0.384	0.322	0.247	0.199
37	0.181	0.172	0.163	0.148	0.135	72	0.452	0.387	0.323	0.248	0.199
38	0.190	0.180	0.170	0.154	0.139	73	0.457	0.391	0.323	0.248	0.200
39	0.198	0.187	0.177	0.159	0.143	74	0.462	0.394	0.326	0.249	0.200
40	0.207	0.195	0.183	0.164	0.147	75	0.466	0.396	0.327	0.249	0.200
41	0.216	0.203	0.190	0.169	0.151	76	0.470	0.399	0.328	0.249	0.200
42	0.224	0.210	0.196	0.174	0.155	77	0.474	0.401	0.329	0.249	0.200

续表

照明器类别						照明器类别					
α（°）	A	B	C	D	E	α（°）	A	B	C	D	E
78	0.478	0.404	0.330	0.250	0.200	85	0.496	0.414	0.333	0.250	0.200
79	0.482	0.406	0.331	0.250	0.200	86	0.498	0.415	0.333	0.250	0.200
80	0.485	0.408	0.331	0.250	0.200	87	0.499	0.416	0.333	0.250	0.200
81	0.488	0.410	0.332	0.250	0.200	88	0.499	0.416	0.333	0.250	0.200
82	0.490	0.411	0.332	0.250	0.200	89	0.500	0.416	0.333	0.250	0.200
83	0.492	0.412	0.332	0.250	0.200	90	0.500	0.416	0.333	0.250	0.200
84	0.494	0.413	0.333	0.250	0.200						

在照度计算中求方位系数 AF 和 αf 时，如不知所用光源（灯具）的轴向光强分布属于哪一类，则应先求出该光源（灯具）的 $I_{\theta,\alpha}/I_{\theta,0}=f(\alpha)$，绘成曲线并与五类相对光强分布曲线比较，按最接近的相对光强分布曲线求方位系数 AF 和 αf。

（3）线光源在不同平面上的点照度计算公式。线光源在不同平面上的点照度计算公式见表 7-32。

表 7-32　　线光源在不同平面上的点照度计算公式

示意图及计算公式	示意图及计算公式
1. 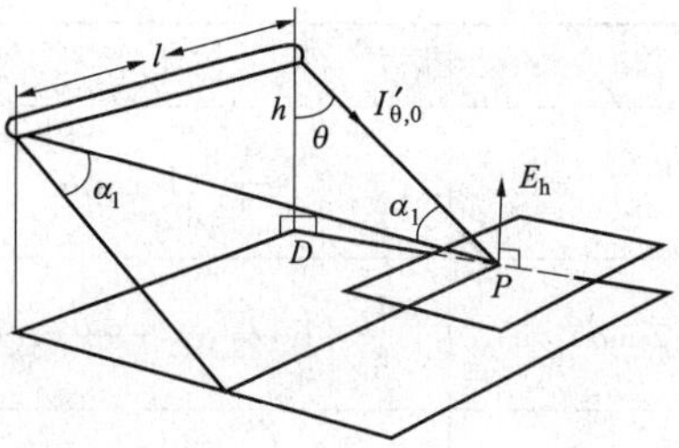 被照面为水平面 $E_h=\frac{I'_{\theta,0}}{h}\cdot\cos^2\theta\cdot(AF)$	2. 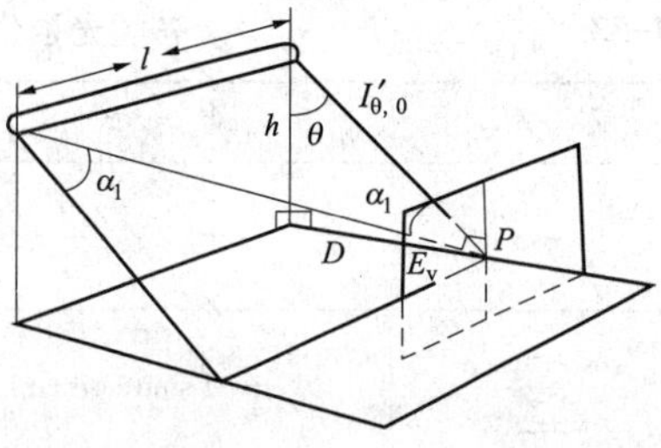 被照面垂直且平行光源 $h\neq0$：$E_v=\frac{I'_{\theta,0}}{h}\cdot\cos\theta\sin\theta\cdot(AF)$ $h=0$：$E_v=\frac{I'_{\theta,0}}{D}(AF)$
3. 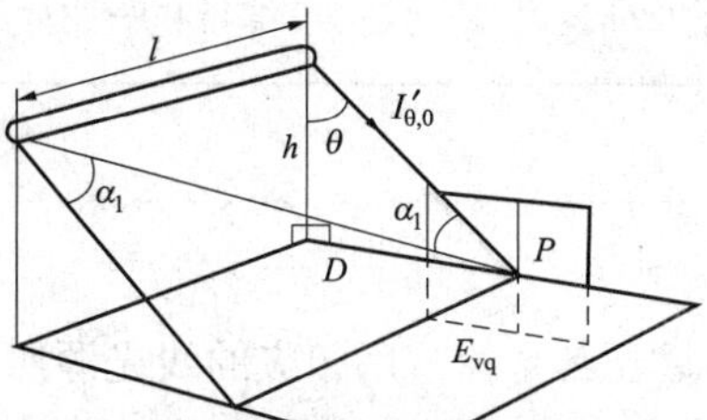 被照面垂直且横穿光源 $h\neq0$：$E_{vq}=\frac{I'_{\theta,0}}{h}\cos\theta(AF)$ $h=0$：$E_{vq}=\frac{I'_{\theta,0}}{D}(AF)$	4. 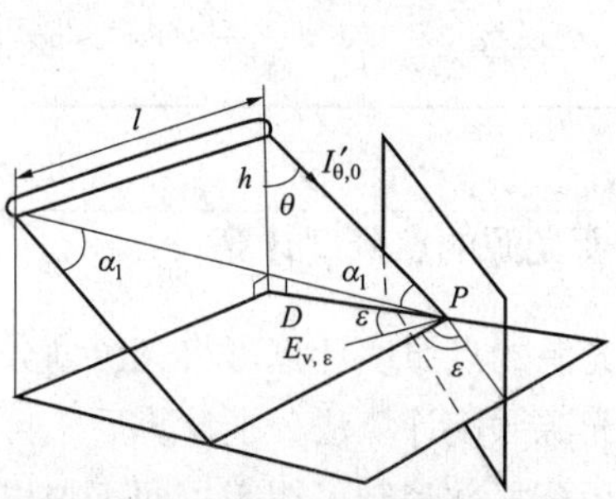 被照面垂直，相对光源方向旋转 ε 角 $E_{v,\varepsilon}=E_v\cos\varepsilon+E_{vq}\sin\varepsilon$ 式中 E_v 见序号 2 式，E_{vq} 见序号 3 式

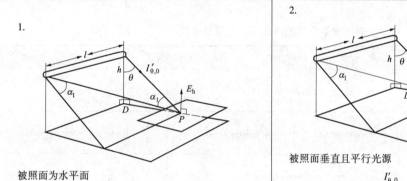

续表

示意图及计算公式	示意图及计算公式
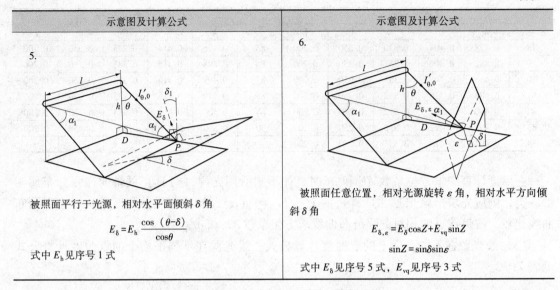	

5.（左图）

被照面平行于光源，相对水平面倾斜 δ 角

$$E_\delta = E_h \frac{\cos(\theta-\delta)}{\cos\theta}$$

式中 E_h 见序号 1 式

6.（右图）

被照面任意位置，相对光源旋转 ε 角，相对水平方向倾斜 δ 角

$$E_{\delta,\varepsilon} = E_\delta \cos Z + E_{vq} \sin Z$$

$$\sin Z = \sin\delta \sin\varepsilon$$

式中 E_δ 见序号 5 式，E_{vq} 见序号 3 式

（4）各类光强分布的线光源方位系数公式。各类光强分布的线光源方位系数公式见表 7-33。

表 7-33　　　　　　　各类光强分布的线光源方位系数公式

类型	$I_{\theta,\alpha}/I_{\theta,0}$	AF	αf
A	$\cos\alpha$	$\dfrac{1}{2}(\sin\alpha\cos\alpha+\alpha)$	$\dfrac{1}{2}(1-\cos^2\alpha)$
B	$\dfrac{\cos\alpha+\cos^2\alpha}{2}$	$\dfrac{1}{4}(\sin\alpha\cos\alpha+\alpha)+\dfrac{1}{6}(\cos^2\alpha\sin\alpha+2\sin\alpha)$	$\dfrac{1}{4}(1-\cos^2\alpha)+\dfrac{1}{6}(1-\cos^3\alpha)$
C	$\cos^2\alpha$	$\dfrac{1}{3}(\cos^2\alpha\sin\alpha+2\sin\alpha)$	$\dfrac{1}{3}(1-\cos^3\alpha)$
D	$\cos^3\alpha$	$\dfrac{1}{4}(\cos^3\alpha\sin\alpha)+\dfrac{3}{8}(\cos\alpha\sin\alpha+\alpha)$	$\dfrac{1}{4}(1-\cos^4\alpha)$
E	$\cos^4\alpha$	$\dfrac{1}{5}(\cos^4\alpha\sin\alpha)+\dfrac{4}{15}(\cos^2\alpha\sin\alpha+2\sin\alpha)$	$\dfrac{1}{5}(1-\cos5\alpha)$

7.3.3 面光源的点照度计算

面光源的点照度计算可将光源划分为若干个线光源或点光源，用相应的线光源照度计算法或点光源照度计算法分别计算后，再行叠加。对于最常见的矩形面光源和圆形面光源已经导出通用公式并编制了图表，便于求出某点的照度。

1. 矩形等亮度面光源的点照度计算

一个矩形面光源的长、宽分别为 α、b，亮度在各个方向都相等。光源的一个顶角在与光源平行的被照面上的投影为 P，如图 7-23 所示。

水平面照度 E_h 的计算公式为

$$E_h = \frac{L}{2}\left[\frac{Y}{\sqrt{1+Y^2}}\arctan\frac{X}{\sqrt{1+Y^2}} + \frac{X}{\sqrt{1+X^2}}\arctan\frac{Y}{\sqrt{1+X^2}}\right] = Lf_h$$

$$X = \frac{a}{h} \qquad Y = \frac{b}{h}$$

式中：E_h 为与面光源平行的被照面上 P 点的水平面照度，lx；L 为面光源的亮度，cd/m^2；f_h 为立体角投影率，或称形状因数，可从图 7-24 中查出。

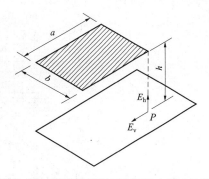

图 7-23　矩形等亮度面光源的点照度计算

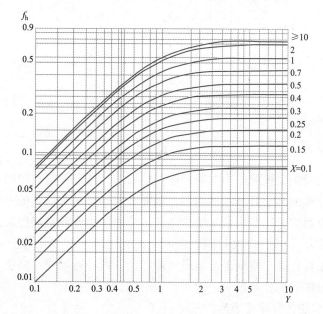

图 7-24　计算水平面照度的形状因数 f_h 与 X、Y 的关系曲线

2. 矩形非等亮度面光源的点照度计算

矩形非等亮度面光源（如格栅发光天棚），根据其光强分布形成，同样可以导出通用公式和图表，以便求出某点的照度。

对于常见的具有 $I_\alpha = I_0\cos^2\alpha$ 光强分布形式的矩形面光源（式中 I_α 为与面光源法线成 α 角度方向上的光强，单位 cd；I_0 为面光源法线方向上的光强，单位 cd）。水平面照度可由下式求出

$$E_h = \frac{L_0}{3}\left[\frac{X \cdot Y}{\sqrt{X^2+Y^2+1}} \cdot \left(\frac{1}{X^2+1} + \frac{1}{Y^2+1}\right) + \arctan\frac{XY}{\sqrt{X^2+Y^2+1}}\right] = L_0 f$$

$$X = \frac{a}{h} \qquad Y = \frac{b}{h}$$

式中：E_h 为与面光源平行的被照面上 P 点的照度，lx；L_0 为面光源法线方向的亮度，cd/m^2；a、b 为面光源的长和宽，m；f 为形状因数，可由图 7-25 查出。

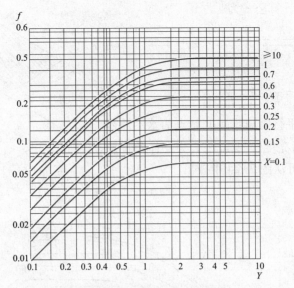

图 7-25　非均匀亮度面光源点照度计算的形状因素与 X、Y 的关系曲线

7.3.4 平均照度的计算

平均照度计算是以整个被照面为对象，把被照面的光通量除以被照面面积，得到的照度平均值。平均照度计算适用于灯具布置均匀，墙面、顶棚反射系数高的一般照明。

平均照度的计算通常应用利用系数法，该方法考虑了由光源直接投射到工作面上的光通量和经过室内表面相互反射后再投射到工作面上的光通量。利用系数法适用于灯具均匀布置、墙和天棚反射系数较高、空间无大型设备遮挡的室内一般照明，但也适用于灯具均匀布置的室外照明，该方法计算比较准确。

1. 应用利用系数法计算平均照度的基本公式

$$E_{av} = \frac{N\phi UK}{A}$$

式中：E_{av} 为工作面上的平均照度，lx；ϕ 为光源光通量，lm；N 为光源数量；U 为利用系数；A 为工作面面积，m^2；K 为灯具的维护系数，其值见表 7-30。

2. 利用系数 U

利用系数是投射到工作面上的光通量与自光源发射出的光通量之比，用 U 表示，其计算公式为

$$U = \frac{\phi_1}{\phi}$$

式中：ϕ 为光源的光通量，lm；ϕ_1 为自光源发射，最后投射到工作面上的光通量，lm。

利用上式很难求出 U，实际是求出房间的空间特征及格表面反射比，再从利用系数表中求得 U，使平面照度计算简化。

3. 室内空间的表示方法

通常把房间分成三个空腔：顶棚空间、室空间、地板空间。

（1）室空间比。房间是正六面体时为：$RCR = \dfrac{5h_r \cdot (l+b)}{l \cdot b}$；

房间不是正六面体时为：$RCR = \dfrac{2.5 \, 墙面积}{地面积}$

（2）顶棚空间比

$$CCR = \frac{5h_c \cdot (l+b)}{l \cdot b} = \frac{h_c}{h_r} \cdot RCR$$

（3）地板空间比

$$FCR = \frac{5h_f(l+b)}{lb} = \frac{h_f}{h_r} \cdot RCR$$

式中：l 为室长，m；b 为室宽，m；h_c 为顶棚空间高，m；h_r 为室空间高，m；h_f 为地板空间高，m。

4. 有效空间反射比和墙面平均反射比

为使计算简化，将顶棚空间视为位于灯具平面上，且具有有效反射比 ρ_{cc} 的假想平面。同样，将地板空间视为位于工作面上，且具有有效反射比 ρ_{fc} 的假想平面，光在假想平面上的反射效果同实际效果一样。有效空间反射比由下式计算

$$\rho_{eff} = \frac{\rho A_0}{A_s - \rho A_s + \rho A_0}$$

$$\rho = \frac{\displaystyle\sum_{i=1}^{N} \rho_i A_i}{\displaystyle\sum_{i=1}^{N} A_i}$$

式中：ρ_{eff} 为有效空间反射比；A_0 为空间开口平面面积，m^2；A_s 为空间表面面积，m^2；ρ 为空间表面平均反射比；ρ_i 为第 i 个表面反射比；A_i 为第 i 个表面面积，m^2；N 为表面数量。

若已知空间表面（地板、顶棚或墙面）反射比（ρ_f、ρ_c 或 ρ_w）及空间比，即可从事先算好的表上求出空间有效反射比。

为简化计算，把墙面看成一个均匀的漫射表面，将窗子或墙上的装饰品等综合考虑，求出墙面平均反射比来体现整个墙面的反射条件。墙面平均反射比由下式计算

$$\rho_{wav} = \frac{\rho_w(A_w - A_g) + \rho_g A_g}{A_w}$$

式中：A_w 为墙的总面积（包括窗面积），m^2；ρ_w 为墙面反射比；A_g 为玻璃空或装饰物的面积，m^2；ρ_g 为玻璃空或装饰物的反射比。

5. 利用系数（U）表

利用系数是灯具光强分布、灯具效率、房间形状、室内表面反射比的函数，计算比较复杂。为此常按一定条件编制灯具利用系数表（见表 7-34）以供设计使用。表中所列的利用系数是在地板空间反射比为 0.2 时的数值，若地板空间反射比不是 0.2 时，则应用适当的修正系数进行修正。如计算精度要求不高，也可不作修正。表中有效顶棚反射比及墙面反射比均为零的利用系数，用于室外照明计算。

表 7-34　　　　　　　利用系数表（U）（JFC42848 型灯具，L/h=1.63）

有效顶棚反射比（%）	80				70				50				30				0
墙反射比（%）	70	50	30	10	70	50	30	10	70	50	30	10	70	50	30	10	0
地面反射比	10				10				10				10				0
室空间比 RCR/室形指数 RI	—																
8.33/0.6	0.40	0.29	0.23	0.18	0.38	0.28	0.22	0.18	0.35	0.27	0.21	0.17	0.32	0.25	0.20	0.17	0.14
6.25/0.8	0.47	0.37	0.30	0.26	0.45	0.36	0.30	0.25	0.41	0.34	0.28	0.24	0.38	0.31	0.27	0.23	0.20
5.0/1.0	0.52	0.43	0.36	0.31	0.50	0.41	0.35	0.30	0.46	0.38	0.33	0.29	0.42	0.36	0.31	0.28	0.24
4.0/1.25	0.57	0.48	0.41	0.36	0.54	0.46	0.40	0.36	0.50	0.43	0.38	0.34	0.46	0.40	0.36	0.32	0.29
3.33/1.5	0.60	0.52	0.46	0.41	0.58	0.50	0.44	0.40	0.53	0.47	0.42	0.38	0.49	0.44	0.40	0.36	0.32
2.50/2.0	0.65	0.58	0.52	0.47	0.62	0.56	0.51	0.46	0.57	0.52	0.48	0.44	0.53	0.49	0.45	0.42	0.38
2.0/2.5	0.68	0.62	0.56	0.52	0.65	0.60	0.55	0.51	0.60	0.56	0.52	0.48	0.56	0.52	0.49	0.46	0.41
1.67/3.0	0.70	0.64	0.60	0.56	0.67	0.62	0.58	0.51	0.62	0.58	0.55	0.52	0.58	0.55	0.52	0.49	0.44
1.25/4.0	0.72	0.68	0.64	0.61	0.70	0.66	0.62	0.59	0.65	0.62	0.59	0.56	0.61	0.58	0.26	0.53	0.48
1.0/5.0	0.74	0.70	0.67	0.64	0.72	0.68	0.65	0.62	0.67	0.64	0.62	0.59	0.63	0.60	0.58	0.56	0.51
0.714/7.0	0.76	0.73	0.71	0.68	0.74	0.71	0.69	0.67	0.69	0.67	0.65	0.63	0.65	0.63	0.61	0.60	0.54
0.5/10.0	0.78	0.76	0.74	0.72	0.76	0.74	0.72	0.70	0.71	0.69	0.68	0.66	0.67	0.65	0.64	0.63	0.57

6. 利用 U 计算平均照度的步骤

（1）计算空间系数 RCR、CCR、FCR 或室形指数。

（2）计算有效空间反射比。

（3）确定利用系数 U。

（4）房间环境污染特征，确定维护系数。

（5）根据 E 或 U 的计算公式进行计算。

7. 确定利用系数 U 时的注意事项

（1）不同型号灯具的利用系数表不同。

（2）系数 U 表中，室空间系数 RCR 是整数，计算时用直线内插法得到整数 RCR。

（3）系数 U 表中反射比是 10 的整数倍，计算时可四舍五入得到。

（4）利用系数表中的地板反射比按 20% 编制，计算可按修正系数进行修正。

（5）利用系数表中顶棚及墙面反射比为零，使用在室外照明设计。

7.4　室内电气布线

7.4.1 《住宅建筑电气设计规范》部分条文介绍

JGJ 242—2011《住宅建筑电气设计规范》于 2011 年 5 月 3 日发布，并于 2012 年 4 月 1 日开始实施，下面摘录与住宅电气设计与安装有关的部分条文，必要时做适当讲解，期望对读者有所启迪和帮助。

1. 电能计量

（1）每套住宅的用电负荷和电能表的选择不宜低于表 7-35 的规定。

表 7-35　　　　　　　　　　　每套住宅用电负荷和电能表的选择

套型	建筑面积 S（m²）	用电负荷（kW）	电能表（单相）（A）
A	$S \leqslant 60$	3	5（20）
B	$60 < S \leqslant 90$	4	10（40）
C	$90 < S \leqslant 150$	6	10（40）

（2）电能表的安装位置除应符合下列规定外，还应符合当地供电部门的规定。

1）电能表的表箱宜安装在住宅的外边便于查表及维护的地方；

2）对于低层住宅和多层住宅，电能表宜按住宅单元集中安装；

3）对于中高层住宅和高层住宅，电能表宜按楼层集中安装；

4）电能表箱安装在公共场所时，暗装箱底距地宜为 1.5m；明装箱底距地宜为 1.8m；安装在电气竖井内的电能表箱宜明装，箱的上沿距地不宜高于 2.0m。

每套住宅用电负荷中应包括照明、插座、小型电器等，并为今后发展留有余地。考虑家用电器的特点，用电设备的功率因数按 0.9 计算。

2. 导体及线缆选择

（1）住宅建筑套内的电源线应选用铜材质导体。

（2）建筑面积小于或等于 60m² 且为一居室的住户，进户线不应小于 6mm² 时，照明回路支线不应小于 1.5mm²，插座回路支线不应小于 2.5mm²。建筑面积大于 60m² 的住户，进户线不应小于 10 mm² 时，照明和插座回路支线不应小于 2.5mm²。

3. 导管布线

（1）住宅建筑套内配电线路布线可采用金属导管或塑料导管。暗敷的金属导管管壁厚度不应小于 1.5mm，暗敷的塑料导管管壁厚度不应小于 2.0mm。

（2）潮湿地区的住宅建筑及住宅建筑内的潮湿场所，配电线路布线宜采用管壁厚度不小于 2.0mm 的塑料导管或金属导管。明敷的金属导管应做防腐、防潮处理。

（3）敷设在钢筋混凝土现浇楼板内的线缆保护导管最大外径不应大于楼板厚度的 1/3，敷设在垫层的线缆保护导管最大外径不应大于垫层厚度的 1/2。线缆保护导管暗敷时，外护层厚度不应小于 15mm；消防设备线缆保护导管暗敷时，外护层厚度不应小于 30mm。

（4）与卫生间无关的线缆导管不得进入和穿过卫生间。卫生间的线缆导管不应敷设在

0、1 区内，并不宜敷设在 2 区内（0 区为澡盆或淋浴盆的内部；1 区的限界为围绕澡盆或淋浴盆的垂直平面；对于无盆淋浴的卫生间，距喷头水平距离 1.2m，垂直距离 2.25m 的区域；2 区是在 1 区外水平距离 0.6m，垂直距离 2.25m 的区域）。

（5）净高小于 2.5m 且经常有人停留的地下室（例如车库），应采用导管或线槽布线。

4. 家居配电箱

（1）每套住宅应设置不少于一个家居配电箱，家居配电箱宜暗装在套内走廊、门厅或起居室等便于维修维护处，箱底距地高度不应低于 1.6m。

（2）家居配电箱的供电回路应按下列规定配置。

1）每套住宅应设置不少于一个照明回路；

2）装有空调的住宅应设置不少于一个空调插座回路；

3）厨房应设置不少于一个电源插座回路；

4）装有电热水器等设备的卫生间，应设置不少于一个电源插座回路；

5）除厨房、卫生间外，其他功能房应设置至少一个电源插座回路，每一回路插座数量不宜超过 10 个（组）。

（3）家居配电箱应装设同时断开相线和中性线的电源进线开关电器，供电回路应装设短路和过负荷保护电器，连接手持式及移动式家用电器的电源插座回路应装设剩余电流动作保护器。

（4）柜式空调的电源插座回路应装设剩余电流动作保护器，分体式空调的电源插座回路宜装设剩余电流动作保护器。

家居配电箱内应配置有过电流、过载保护的照明供电回路、电源插座回路、空调插座回路、电炊具及电热水器等专用电源插座回路。除壁挂分体式空调器的电源插座回路外，其他电源插座回路均应设置剩余电流动作保护器，剩余动作电流不应大于 30mA。

每套住宅可在电能表箱或家居配电箱处设电源进线短路和过负荷保护，一般情况下一处设过电流、过载保护，一处设隔离器，但家居配电箱里的电源进线开关电器必须能同时断开相线和中性线。单相电源进户时应选用双极开关电器，三相电源进户时应选用四极开关电器。

空调插座的设置应按工程需求预留。如果住宅建筑采用集中空调系统，空调的插座回路应改为风机盘管的回路。

5. 电源插座

（1）每套住宅电源插座的数量应根据套内面积和家用电器设置，且应符合表 7-36 的规定。

表 7-36　　　　　　　　　　　　电源插座的设置要求及数量

序号	名　　称	设置要求	数量
1	起居室（厅）、兼起居的卧室	单相两孔、三孔电源插座	≥3
2	卧室、书房	单相两孔、三孔电源插座	≥2
3	厨房	IP54 型单相两孔、三孔电源插座	≥2
4	卫生间	IP54 型单相两孔、三孔电源插座	≥1
5	洗衣机、冰箱、排油烟机、排风机、空调器、电热水器	单相三孔电源插座	≥1

注　表中序号 1~4 设置的电源插座数量不包括序号 5 专用设备所需设置的电源插座数量。

（2）起居室（厅）、兼起居的卧室、卧室、书房、厨房和卫生间的单相两孔、三孔电源插座宜选用 10A 的电源插座。对于洗衣机、冰箱、排油烟机、排风机、空调器、电热水器等单台单相家用电器，应根据其额定功率选用单相三孔 10A 或 16A 的电源插座。

（3）洗衣机、分体式空调、电热水器及厨房的电源插座宜选用带开关控制的电源插座，未封闭阳台及洗衣机应选用防护等级为 IP54 型电源插座。

（4）新建住宅建筑的套内电源插座应暗装，起居室（厅）、卧室、书房的电源插座宜分别设置在不同的墙面上。分体式空调、排油烟机、排风机、电热水器电源插座底边距地不宜低于 1.8m；厨房电炊具、洗衣机电源插座底边距地宜为 1.0~1.3m；柜式空调、冰箱及一般电源插座底边距地宜为 0.3~0.5m。

（5）住宅建筑所有电源插座底边距 1.8m 及以下时，应选用带安全门的产品。

（6）对于装有淋浴或浴盆的卫生间，电热水器电源插座底边距地不宜低于 2.3m，排风机及其他电源插座宜安装在 3 区。

电源插座的设置应满足家用电器的使用要求，尽量减少移动插座的使用。但住宅家用电器的种类和数量很多，因套内面积等因素不同，电源插座的设置数量和种类差别也很大，我国尚未有统一的家用电器电源线长度的统一标准，难以统一规定插座之间的间距。为方便居住者安全用电，只规定了电源插座的设置数量和部位的最低标准。

为了避免儿童玩弄插座发生触电危险，要求安装高度在 1.8m 及以下的插座采用安全型插座。

6. 套内照明与照明节能

（1）灯具的选择应根据具体房间的功能而定，并宜采用直接照明和开启式灯具。

（2）起居室（厅）、餐厅等公共活动场所的照明应在屋顶至少预留一个电源出线口。

（3）卧室、书房、卫生间、厨房的照明宜在屋顶预留一个电源出线口，灯位宜居中。

（4）卫生间等潮湿场所，宜采用防潮易清洁的灯具；卫生间的灯具位置不应安装在 0、1 区内及上方。装有淋浴或浴盆卫生间的照明回路，宜装设剩余电流动作保护器，灯具、浴霸开关宜设于卫生间门外。

（5）起居室、通道和卫生间照明开关，宜选用夜间有光显示的面板。

（6）直管形荧光灯应采用节能型镇流器，当使用电感式镇流器时，其能耗应符合现行国家标准 GB 17896《管形荧光灯镇流器能效限定值及节能评价值》的规定。

（7）有自然光的门厅、公共走道、楼梯间等的照明，宜采用光控开关。

（8）住宅建筑公共照明宜采用定时开关、声光控制等节电开关和照明智能控制系统。

7. 等电位联结

（1）住宅建筑应做总等电位联结，装有淋浴或浴盆的卫生间应做局部等电位联结。

（2）局部等电位联结应包括卫生间内金属给水排水管、金属浴盆、金属洗脸盆、金属采暖管、金属散热器、卫生间电源插座的 PE 线以及建筑物钢筋网。

（3）等电位联结线的截面应符合表 7-37 的规定。

"总等电位联结"是用来均衡电位，降低人体受到电击时的接触电压的，是接地保护的一项重要措施。"局部等电位联结"是为了防止出现危险的接触电压。

表 7-37　　　　　　　　　　　　等电位联结线截面要求

部位	等电位联结线截面	局部等电位联结线截面	
最小值	6mm²①	有机械保护时	2.5mm²①
		无机械保护时	4mm²①
	50mm²③	16mm²③	
一般值	不大于最大 PE 线截面的1/2		
最大值	6mm²②		
	100mm²③		

① 为铜材质，可选用裸铜线、绝缘铜芯线。

② 为铜材质，可选用铜导体、裸铜线、绝缘铜芯线。

③ 为钢材质，可选用热镀锌扁钢或热镀铸圆钢。

尽管住宅卫生间目前多采用铝塑管、PPR 等非金属管，但考虑住宅施工中管材更换、住户二次装修等因素，还是要求设置局部等电位接地或预留局部接地端子盒。

8. 接地

（1）住宅建筑各电气系统的接地宜采用共用接地网。接地网的接地电阻值应满足其中电气系统最小值的要求。

（2）住宅建筑套内下列电气装置的外露可导电部分均应可靠接地。

1）固定家用电器、手持式及移动式家用电器的金属外壳；

2）家居配电箱、家居配线箱、家居控制器的金属外壳；

3）线缆的金属保护导管、接线盒及终端盒；

4）Ⅰ类照明灯具的金属外壳。

（3）接地干线可选用镀锌扁钢或铜导体，接地干线可兼作等电位联结干线。家用电器外露可导电部分均应可靠接地是为了保障人身安全。目前家用电器如空调器、冰箱、洗衣机、微波炉等，产品的电源插头均带保护极，将带保护极的电源插头插入带保护极的电源插座里，家用电器外露可导电部分视为可靠接地。

采用安全电源供电的家用电器其外露可导电部分可不接地。如笔记本电脑、电动剃须刀等，因产品自带变压器将电压已经转换成了安全电压，对人身不会造成伤害。

9. 有线电视系统

（1）住宅建筑应设置有线电视系统，且有线电视系统宜采用当地有线电视业务经营商提供的运营方式。

（2）每套住宅的有线电视系统进户线不应少于 1 根，进户线宜在家居配线箱内做分配交接。

（3）住宅套内宜采用双向传输的电视插座。电视插座应暗装，且电视插座底边距地高度宜为 0.3~1.0m。

（4）每套住宅的电视插座装设数量不应少于 1 个。起居室、主卧室应装设电视插座，次卧室宜装设电视插座。

（5）住宅建筑有线电视系统的同轴电缆宜穿金属导管敷设。

有线电视系统三网融合后，光缆进户需进行光电转换，电缆调制解调器（CM）和机顶盒（STB）功能可合一，设备可单独设置也可设置在家居配线箱里。

电视插座面板由于三网融合的推进可能会发生变化，JGJ 242—2011 中的电视插座还是按 86 系列面板预留接线盒。

三网融合又叫"三网合一"，是指电信网、广播电视网、互联网在向宽带通信网、数字电视网、下一代互联网演进过程中，三大网络通过技术改造，其技术功能趋于一致，业务范围趋于相同，网络互联互通、资源共享，能为用户提供语音、数据和广播电视等多种服务。三者之间相互交叉，形成你中有我、我中有你的格局，如图 7-26 所示。

三网融合在现阶段并不意味着电信网、信息（计算机）网和有线电视网三大网络

图 7-26　三网融合示意图

的物理合一，三网融合主要是指高层业务应用的融合。三大网络通过技术改造，能够提供包括语音、数据、图像等综合多媒体的通信业务。换句话说住户不管选用三个网的哪家运营商，都可以通过这一家运营商实现户内看电视、上网和打电话（不包括移动电话，下同）。

目前 FHC 有线电视网是通过机顶盒和电缆调制解调器实现数字电视的转播和连接因特网，电信网是通过 ISDN 等连接因特网，只有信息（计算机）网是通过综合布线系统直接连接因特网。居民在家一般要通过两个或三个网络来实现看电视、上网和打电话。三网融合后，居民可以选择一家运营商实现户内看电视、上网和打电话，也可以和现在一样选择两家或三家运营商实现户内看电视、上网和打电话。

10. 电话系统

（1）住宅建筑的电话系统宜使用综合布线系统，每套住宅的电话系统进户线不应少于 1 根，进户线宜在家居配线箱内做交接。

（2）住宅套内宜采用 RJ45 电话插座。电话插座应暗装，且电话插座底边距地高度宜为 0.3~0.5m，卫生间的电话插座底边距地高度宜为 1.0~1.3m。

（3）电话插座缆线宜采用由家居配线箱放射方式敷设。

通信系统三网融合后，光缆可进户也可到桌面，为维护方便，进户线宜在家居配线箱内做交接。

11. 信息网络系统

（1）住宅建筑应设置信息网络系统，信息网络系统宜采用当地信息网络业务经营商提供的运营方式。

（2）住宅建筑的信息网络系统应使用综合布线系统，每套住宅的信息网络进户线不应少于 1 根，进户线宜在家居配线箱内做交接。

（3）每套住宅内应采用 RJ45 信息插座或光纤信息插座。信息插座应暗装，信息插座底边距地高度宜为 0.3~0.5m。

（4）每套住宅的信息插座装设数量不应少于 1 个。书房、起居室、主卧室均可装设信

息插座。

（5）每套住宅的电话插座装设数量不应少于 2 个。起居室、主卧室、书房应装设电话插座，次卧室、卫生间宜装设电话插座。

住宅建筑目前安装的电话插座、电视插座、信息插座（电脑插座），功能相对来说比较单一，随着物联网的发展、三网融合的实现，住宅建筑里电视、电话、信息插座的功能也会多样化，信息插座不仅仅是提供电脑上网的服务，还能提供家用电器远程监控等服务。

三网融合后住宅套内的电话插座、电视插座、信息插座功能合一，设置数量也会合一。

12. 家居配线箱

家居配线箱是指住宅套（户）内数据、语音、图像等信息传输线缆的接入及匹配的设备箱。家居配线箱不宜与家居配电箱上下垂直安装在一个墙面上，避免竖向强、弱电管线多、集中、交叉。家居配线箱可与家居控制器上下垂直安装在一个墙面上。

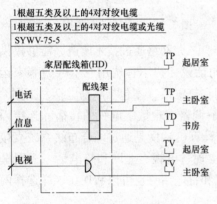

图 7-27　家居配线箱基本配置图

（1）每套住宅应设置家居配线箱。家居配线箱宜暗装在套内走廊、门厅或起居室等的便于维修维护处，箱底距地高度宜为 0.5m。

（2）距家居配线箱水平 0.15～0.20m 处应预留 AC 220V 电源接线盒，接线盒面板底边宜与家居配线箱面板底边平行，接线盒与家居配线箱之间应预埋金属导管。

家居配线箱三网融合前的接线示意图如图 7-27 所示。图中只画出了家居配线箱最基本的配置接线，未画出与能耗计量及数据远传系统的连接。

13. 家居控制器

家居控制器是指住宅套（户）内各种数据采集、控制、管理及通信的控制器。家用电器的监控包括照明灯、窗帘、遮阳装置、空调、热水器、微波炉等的监视和控制。

（1）智能化的住宅建筑可选配家居控制器。

（2）家居控制器宜将家居报警、家用电器监控、能耗计量、访客对讲等集中管理。

（3）家居控制器的使用功能宜根据居民需求、技资、管理等因素确定。

（4）固定式家居控制器宜暗装在起居室便于维修维护处，箱底距地高度宜为 1.3～1.5m。

14. 家庭安全防范系统

（1）访客对讲系统应符合下列规定。

1）主机宜安装在单元入口处防护门上或墙体内，室内分机宜安装在起居室（厅）内，主机和室内分机底边距地宜为 1.3～1.5m；

2）访客对讲系统应与监控中心主机联网。

（2）紧急求助报警装置应符合下列规定。

1）每户应至少安装一处紧急求助报警装置；

2）紧急求助信号应能报至监控中心；

3）紧急求助信号的响应时间应满足国家现行有关标准的要求。

（3）入侵报警系统应符合下列规定。

1）可在住户套内、户门、阳台及外窗等处，选择性地安装入侵报警探测装置；

2）入侵报警系统应预留与小区安全管理系统的联网接口。

7.4.2　室内配线的有关要求

1. 室内配线的安全要求

（1）室内配线必须采绝缘导线或电缆。

（2）室内配线应根据配线类型采用绝缘子、瓷（塑料）夹、嵌绝缘槽、穿管或钢索敷设。潮湿场所或埋地非电缆配线必须穿管敷设，管口和管接头应密封；当采用金属管敷设时，金属管必须做等电位连接，且必须与 PE 线相连接。

（3）室内非埋地明敷主干线距地面高度不得小于 2.5m。

（4）架空进户线的室外端应采用绝缘子固定，过墙处应穿管保护，距地面高度不得小于 2.5m，并应采取防雨措施。

（5）室内配线所用导线或电缆的截面应根据用电设备或线路的计算负荷确定，但铜线截面不应小于 $1.5mm^2$，铝线截面不应小于 $2.5mm^2$。

（6）钢索配线的吊架间距不宜大于 12m。采用瓷夹固定导线时，导线间距不应小于 35mm，瓷夹间距不应大于 800mm；采用绝缘子固定导线时，导线间距不应小于 100mm，绝缘子间距不应大于 1.5m；采用护套绝缘导线或电缆时，可直接敷设于钢索上。

（7）室内配线必须有短路保护和过载保护，短路保护和过载保护电器与绝缘导线、电缆的选配应符合规范要求。对穿管敷设的绝缘导线线路，其短路保护熔断器的熔体额定电流不应大于穿管绝缘导线长期连续负荷允许载流量的 2.5 倍。

2. 室内管道布线的技术要求

按照国家有关标准及规范，结合工程施工实践经验，室内管道布线的一般技术要求见表 7-38。

表 7-38　　　　　　　　　　　室内管道布线的一般技术要求

序号	技 术 要 求
1	电路配管、配线施工及电器、灯具安装，应符合国家现行有关标准规范的规定，同时应符合场所环境的特征，符合建筑物和构筑物的特征
2	根据室内用电设备的不同功率分别配线供电；大功率家电设备应独立配线安装插座；一个空调回路最多带两部空调。所用导线截面积应满足该回路用电设备的最大输出功率（应适当留一定的富余量）
3	配线时，相线与零线的颜色应不同；同一住宅配线颜色应统一，相线（L）宜用红色，零线（N）宜用蓝色或黄色，保护线（PE）必须用黄绿双色线
4	导线敷设的位置，应便于检查和维修
5	所敷设暗管（穿线管）应采用钢管或阻燃硬质聚氯乙烯管（硬质 PVC 管）

序号	技 术 要 求
6	为便于检查和维修，暗管必须弯曲敷设时，其路由长度应小于或等于15m，且该段内不得有S弯。连续弯曲超过2次时，应加装过线盒。所有转弯处均用弯管器完成，为标准的转弯半径（暗管弯曲半径不得小于该管外径的6~10倍）。暗管直线敷设长度超过30m时，中间应加装过线盒。在暗管内不得有各种线缆接头或打结，不得采用国家明令禁止的三通、四通等
7	为防止漏电，为导线之间和导线对地之间的电阻必须大于0.5MΩ
8	电线与暖气、热水、煤气管之间的平行距离不应小于300mm，交叉距离不应小于100mm
9	安装插座、开关时，必须要按"相线进开关，零线进灯头"及"左零右火，接地在上"的规定接线
10	插座及开关，以及明敷设线路应横平竖直、整齐美观、合理便利

配电线路的敷设，应避免下列外部环境的影响：

（1）应避免由外部热源产生热效应的影响。

（2）应防止在使用过程中因水的侵入或因进入固体物而带来的损害。

（3）应防止外部的机械性损害而带来的影响。

（4）在有大量灰尘的场所，应避免由于灰尘聚集在布线上所带来的影响。

（5）应避免由于强烈日光辐射而带来的损害。

3. 绝缘导线布线的有关规定

（1）直敷布线可用于正常环境的屋内场所，并应符合下列要求：

1）直敷布线应采用护套绝缘导线，其截面不宜大于6mm^2；布线的固定点间距，不应大于300mm。

2）绝缘导线至地面的最小距离应符合表7-39的规定。

表7-39 绝缘导线至地面的最小距离

布 线 方 式		最小距离（m）
导线水平敷设	屋内	2.5
	屋外	2.7
导线垂直敷设	屋内	1.8
	屋外	2.7

3）当导线垂直敷设至地面低于1.8m时，应穿管保护。

（2）屋外布线的绝缘导线至建筑物的最小间距，应符合表7-40的规定。

表7-40 屋外布线的绝缘导线至建筑物的最小间距

布 线 方 式		最小间距（mm）
水平敷设时的垂直间距	在阳台、平台上和跨越建筑物顶	2500
	在窗户上	200
	在窗户下	800
垂直敷设时至阳台、窗户的水平间距		600
导线至墙壁和构架的间距（挑檐下除外）		35

（3）金属管布线和硬质塑料管布线的管道较长或转弯较多时，宜适当加装拉线盒或加大管径。两个拉线点之间的距离应符合下列规定：

1）对无弯管路时，不超过 30m；

2）两个拉线点之间有一个转弯时，不超 20m；

3）两个拉线点之间有两个转弯时，不超过 15m；

4）两个拉线点之间有三个转弯时，不超过 8m。

（4）穿金属管或金属线槽的交流线路，应使所有的相线和 N 线在同一外壳内。

（5）不同回路的线路不应穿于同一根管路内，但符合下列情况时可穿在同一根管路内。

1）标称电压为 50V 以下的回路；

2）同一设备或同一流水作业线设备的电力回路和无防干扰要求的控制回路；

3）同一照明灯具的几个回路；

4）同类照明的几个回路，但管内绝缘导线总数不应多于 8 根。

（6）在同一个管道里有几个回路时，所有的绝缘导线都应采用与最高标称电压回路绝缘相同的绝缘。

（7）电线管与热水管、蒸汽管同侧敷设时，应敷设在热水管、蒸汽管的下面。当有困难时，可敷设在其上面。其相互间的净距不宜小于下列数值：

1）当电线管敷设在热水管下面时为 0.2m，在上面时为 0.3m；

2）当电线管敷设在蒸汽管下面时为 0.5m，在上面时为 1m。

当不能符合上述要求时，应采取隔热措施。对有保温措施的蒸汽管，上下净距均可减至 0.2m。电线管与其他管道（不包括可燃气体及易燃、可燃液体管道）的平行净距不应小于 0.1m。当与水管同侧敷设时，宜敷设在水管的上面。管线互相交叉时的距离，不宜小于相应上述情况的平行净距。

（8）塑料管和塑料线槽布线宜用于屋内场所和有酸碱腐蚀介质的场所，但在易受机械操作的场所不宜采用明敷。

（9）塑料管暗敷或埋地敷设时，引出地（楼）面的一段管路，应采取防止机械损伤的措施。

（10）布线用塑料管（硬塑料管、半硬塑料管、可挠管）、塑料线槽，应采用难燃型材料，其氧指数应在 27 以上。

（11）穿管的绝缘导线（两根除外）总截面积（包括外护层）不应超过管内截面积的 40%。

（12）金属管、金属线槽布线宜用于屋内、屋外场所，但对金属管、金属线槽有严重腐蚀的场所不宜采用。在建筑物的顶棚内，必须采用金属管、金属线槽布线。

7.4.3　电线管配线

1. 电线管选择原则

用于室内布线敷设的线管有白铁管、钢管和硬塑料管，其使用场合见表 7-41。

表 7-41 线管种类及使用场合

线管名称	使 用 场 合	最小允许管径
白铁管	适用于潮湿和有腐蚀气体场所内明敷或埋地	最小管径应大于内径 9.5mm
钢管	适用于干燥场所以及有火灾或爆炸危险的场所的明敷或暗敷	最小管径应大于内径 9.5mm
硬塑料管	适用于腐蚀性较强的场所明敷或暗敷	最小管径应大于内径 10.5mm

2. 线路共管敷设的条件

不同电压、不同回路、不同电流种类的导线，不得同穿在一根管内。只有在下列情况时才能共穿一根管：

（1）一台电动机的所有回路，包括主回路和控制回路。

（2）同一台设备或同一条流水作业线多台电动机和无防干扰要求的控制回路。

（3）无防干扰要求的各种用电设备的信号回路、测量回路及控制回路。

（4）电压相同的同类照明支线可以共穿一根管，但不超过 8 根。但是工作照明和应急照明不能同穿一根管。

禁止将互为备用的回路敷设在同一根管内。控制线和动力线路共管时，如果线路长而且弯多，控制线的截面不得小于动力线截面的 10%，否则应该分开敷设。

3. 供电半径与布线路径

室内插座回路与照明回路宜分别供电，其供电半径不宜超过 50m。不同回路不应同管敷设，确有困难时，同管敷设线路的保护开关电器应能同时切断同管敷设回路的电源。配电干线管径宜按选定导线截面加大 1~2 级考虑。

电线电缆穿越防火分区、楼板、墙体的洞口和重要机房活动地板下的缆线夹层等应采用耐火材料进行封堵。

室内线路敷设应避免穿越潮湿房间。潮湿房间内的电气管线应尽量成为配线回路的终端。电气布线竖井管道间宜将强、弱电分室设置。

线管敷设方式主要有以下三种：

（1）明敷：电线沿墙、顶棚、梁、柱等处敷设。

（2）暗敷：电线穿管埋设于墙壁、地墙、楼板、吊顶等内部敷设。

（3）架空敷设：线管在室内架空，适于工厂采用，管线多，管径大，用高、低支架支承。

4. 电线管配线一般工序

（1）定位划线。根据施工图纸，确定电器安装位置、导线敷设路径及导线穿过墙壁和楼板的位置。

（2）预留预埋。在土建施工过程中配合土建搞好预留预埋工作，或在土建抹灰前将配线所有的固定点打好孔洞。

（3）装设保护管。

（4）敷设导线。

（5）土建结束后，测试导线绝缘。

（6）导线出线接头与设备（开关、插座、灯具等）连接。

（7）校验、自检、试通电。

（8）验收，并保留管线图和视频资料。

5. 金属电线管的选用

配线用的钢管有厚壁和薄壁两种，后者又叫电线管。对干燥环境，可用薄壁钢管明敷和暗敷。对潮湿、易燃、易爆场所和在地下埋设，则必须用厚壁钢管。

钢管的选择要注意不能有折扁、裂纹、砂眼，管内应无毛刺、铁屑，管内外不应有严重锈蚀。

为了便于穿线，应根据导线截面和根数选择不同规格的钢管，使管内导线的总截面（含绝缘层）不超过内径截面的 40%。线管的选用通常由工程设计决定。

单芯绝缘导线穿管选择可参考表 7-42。

表 7-42　　　　　　　　　　　　　　单芯绝缘导线穿管选择表

线管内径（mm） 导线截面（mm²）	线管类别　穿线根数	厚壁钢管				薄壁钢管				PVC 塑料管		
		2	3	4	5	2	3	4	5	2	3	4
1.5		15	15	15	15	20	20	20	20	15	15	15
2.5		15	15	20	20	20	20	20	25	15	15	20
4		15	20	20	20	20	20	25	25	15	20	25
6		20	20	20	25	20	25	25	32	20	20	25
10		20	25	25	32	25	32	32	40	25	25	32
16		25	25	32	32	32	32	40	40	25	32	32
25		32	32	40	40	32	40	—	—	32	40	40
35		32	40	50	50	40	40	—	—	40	40	50

6. PVC 电线管的选用

PVC 电线管的选用见表 7-43。

表 7-43　　　　　　　　　　常用 PVC 电线管选用

种 类	特 性 说 明	管 材 连 接
硬质 PVC 管	由聚乙烯树脂加入稳定剂、润滑剂等助剂经捏合、滚压、塑化、切粒、挤出成型加工而成酸碱，加热煨弯、冷却定型才可用。主要用于电线、电缆的套管等。管材长度一般为 4m/根，颜色一般为灰色	加热承插式连接和塑料热风焊，弯曲必须加热进行
刚性 PVC 管	也叫 PVC 冷弯电线管，管材长度为 4m/根，颜色有白、纯白，弯曲要专用弯曲弹簧	接头插入法连接，连接处结台面涂专用胶合剂，接口密封
半硬质 PVC 管	由聚氯乙烯树脂加入增塑剂、稳定剂及阻燃剂等经挤出成型而得，用于电线保护，一般颜色为黄、红、自等，成捆供应，每捆 1000m	采用专用接头抹塑料胶扁粘接，管道弯曲自如，无须加热

7.4.4 钢索布线

1. 钢索布线的高度

钢索布线在对钢索有腐蚀的场所，应采取防腐蚀措施。钢索上绝缘导线至地面的距离，在屋内时为 2.5m，屋外时为 2.7m。

2. 钢索布线的要求

（1）屋内的钢索布线，采用绝缘导线明敷时，应采用瓷夹、塑料夹、鼓形绝缘子或针式绝缘子固定；用护套绝缘导线、电缆、金属管或硬塑料管布线时，可直接固定于钢索上。

（2）屋外的钢索布线，采用绝缘导线明敷时，应采用鼓形绝缘子或针式绝缘子固定；采用电缆、金属管或硬塑料管布线时，可直接固定于钢索上。

（3）钢索布线所采用的铁线和钢绞线的截面，应根据跨距、荷重和机械强度选择，其最小截面不宜小于 $10mm^2$。钢索固定件应镀锌或涂防腐漆。钢索除两端拉紧外，跨距大的应在中间增加支持点；中间的支持点间距不应大于 12m。

（4）在钢索上吊装金属管或塑料管布线时，应符合下列要求：

1）支持点最大间距符合表 7-44 的规定。

表 7-44   钢索布线支持点的最大间距

布线类别	支撑点间距（m）	支撑点距灯头盒（mm）
金属管	1500	200
塑料管	1000	120

2）吊装接线盒和管道的扁钢卡子宽度不应小于 20mm；吊装接线盒的卡子不应少于 2 个。

（5）钢索上吊装护套线绝缘导线布线时，应符合下列要求：

1）采用铝卡子直敷在钢索上，其支持点间距不应大于 500mm；卡子距接线盒不应大于 100mm。

2）采用橡胶和塑料护套绝缘线时，接线盒应采用塑料制品。

（6）钢索上采用绝缘子吊装绝缘导线布线时，应符合下列要求：

1）支持点间距不应大于 1.5m。线间距离，屋内不应小于 50mm；屋外不应小于 100mm。

2）扁钢吊架终端应加拉线，其直径不应小于 3mm。

7.4.5 家庭综合布线

综合布线系统是建筑物内部或建筑群之间的传输网络，它能使建筑内部的语音、数据、图文、图像及多媒体通信设备、信息交换设备、建筑物业管理及建筑物自动化管理设备等系统之间彼此相联，也能使建筑物业通信网络设备与外部的通信网络相联。

综合布线系统是智能建筑一个重要子系统，是智能建筑信息传输的基础传输通道。

1. 家居综合布线系统的组成

家居综合布线系统属于弱电布线系统，主要由信息接入箱、信号线和信号端口组成。如果将综合布线系统比作家居的神经系统，信息接入箱就是大脑，而信号线和信号端口就是神经和神经末梢。

信息配线箱——用于控制输入和输出的信号，使住户能够对各个房间、各个位置的网络设备进行统一的管理和控制，如图 7-28 所示。

信号线——用于传输电子信号。

信号端口——用于接驳终端设备，如图 7-29 所示。

图 7-28　信息配线箱

图 7-29　信号端口的作用示意图

家用综合布线管理系统的分布装置主要由监控模块、电脑模块、电话模块、电视模块、影音模块及扩展接口等组成，在功能上主要有接入、分配、转接和维护管理。

2. 家居综合布线系统的特点

（1）集中管理、易维护。家庭信息接入箱能够统一管理家庭内的电话、传真、电脑、电视机、影碟机、卫星接收机、安防监控设备，并且管理维护方便。

（2）资源共享。多台电脑联网共享宽带服务；多路电话任意接听、转接；多台电视共享有线电视服务。

（3）选择控制。通过跳接功能，有效控制家里儿童打电话、看电视、上网的时间。

3. 家居常用信号线路

信号线路也称为弱电线路，住宅中涉及应用信号线路的种类较多。在装修设计及安装时对信号线路传输信号的性质及方式加以分类，以便选择适合的线材。

一套完整的信号线路通常由配线箱、专用器件（信号分配器、分支器、集线器）、线材、接件端口、面板等多种多样的不同使用功能，不同性能技术指标的器材组成。实际应用时，要详细了解它们的功能和技术参数，选择正确的连接、安装方式及合格产品，这是保证工程质量的前提。

信号线路中传的信号一般分三大类：传输信息内容的数字信号、模拟信号及传输控制信息的控制信号。

（1）数字信号。这里指的是以数字编码方式传输音频、视频、图像、文字等信息内容的信号。信号线路中常用的线材有网线（双绞线）、同轴电缆、光纤线等。信号采用数字编码方式传输的优点是传输速率高、失真小、抗干扰性能好。信息传输的数字化是今后信号线路发展的必然趋势。

（2）模拟信号。信息信号的模拟传输是传统的使用方式。至今在传输视频、音频信号时仍然大量应用。信号线路中常用的线材有视频线、音频线、话筒线、音箱线等。信号采用模拟方式传输时，传输速率低、失真较大、抗干扰性能差。这些因素是信号线路由模拟传输向数字编码传输转变的必然结果。目前，由于家用电器正处于模拟向数字化转变阶段，数字化电器还不能完全取代传统的模拟家用电器。同时，采用模拟方式的信号线路具有成本低、连接方法简单易学的优点，仍在大量使用。

（3）控制信号。除信息信号外，住宅中的信号线路往往还要使用控制信号线路。它的主要作用是控制电器的工作状态，例如安防系统中摄像机监控的角度、距离、电动窗帘的拉开、闭合等。随着住宅电器智能化的发展，控制信号线路必将得到广泛应用。控制信号与信息信号的传输方式类似，也分为模拟与数字编码两类。在控制信号线路的线材选用时，要根据控制电器信号的类型与功能选择相应的线材。不能有错误或遗漏。

4. 家居综合布线设计原则

家居综合布线安装作为一项工程，首先要有一个完善的设计，以指导今后的工作，其设计原则主要包括两方面：信息接入箱体的定位和各房间信息点的定位。

（1）信息接入箱体定位原则。信息接入箱体一般有以下三种定位方式，可据实际情况选择。

1）为方便与外部进线接口，综合布线箱体位置可考虑在外部信号线的入户处，一般在大门附近。

2）因综合布线箱体的布线方式是星形布线，各信息点的连线均是从综合布线箱体直接连接，因此从节省线方面考虑，综合布线箱体可放在房子中央部位，但这要在外部信号线的入户处预留线缆连至综合布线箱体，以备将来的其他入户信号接入从方便管理家庭内信号考虑。

3）综合布线箱体可放在主人易管理的地方，从而可随时控制小孩房等其他房的信号通断，也需在外部信号线的入户处预留线缆连至综合布线箱体。

（2）开槽原则。

1）为避免强电的干扰，强弱电线缆不可近距离平行，一般应相隔30cm左右。

2）根据用户的地面铺设材料，确定开槽是走地面还是墙体。

3）相邻的面板底盒之间应留有空隙，以便于今后的面板安装。

4）通常外部进线并不与综合布线箱体配线箱在一起，进线需要进行接续才能进入综合布线箱体配线箱，因此在各接续点位置需留有底盒，以方便今后的查线和维修。

（3）布线原则。

1）综合考虑。在布线设计时，应当综合考虑电话线、有线电视电缆、电力线和双绞线的布设。电话线和电力线不能离双绞线太近，以避免对双绞线产生干扰，但也不宜离得太远，相对位置保持20cm左右即可。

2）注重美观。家居布线更注重美观，因此，布线施工应当与装修时同时进行，尽量将电缆管槽埋藏于地板或装饰板之下，信息插座也要选用内嵌式，将底盒埋藏于墙壁内。

3）简约设计。由于信息点的数量较少，管理起来非常方便，所以家居布线无须再使用配线架。双绞线的一端连接至信息插座，另一端则可以直接连接至集线设备，从而节约开支，减少管理难度。

4）适当冗余。综合布线的使用寿命为15年，也许现在家庭拥有的计算机数量较少，但是没有人能够预测将来的家用电器会发展到什么程度，或许不需要几年的时间，所有的家用电器都可以借助于Internet进行管理。所以，适当的冗余是非常有必要的。

（4）端接原则。

1）不同种类的线缆有其各自的连接方式，必须按标准连接各类线缆的接头。

2）连接完毕后立即测试其是否畅通。

3）综合布线箱体内的线缆必须整理整齐，各接头做好相应标识，让综合布线箱体的整个操作界面清楚且一目了然。

5. 家居布线方案设计要点

（1）信息点数量的确定。通常情况下，由于主卧室通常有两个主人，所以建议安装两个信息点，以便双方能同时使用计算机。其他卧室和客厅只需安装一个信息点，供孩子或临时变更计算机使用地点时使用。特别是拥有笔记本电脑时，更应当考虑在每个室和厅内都安装一个信息点。餐厅通常不需要安装信息点，因为很少会有人在那里使用计算机。如果小区预留有信息接口，应当布设一条从该接口到集线设备的双绞线，以实现家庭网络与小区宽带的连接。

另外，最好在居所中心和前后阳台的隐蔽的位置多布设 2~3 个信息点，以备将来安装无线网络的接入点设备，实现家庭计算机的无线网络连接，并可携带笔记本电脑到室外工作。

（2）信息插座位置的确定。在选择信息插座的位置时，也要非常注意，既要便于使用，不能被家具挡住，又要比较隐蔽，不太显眼。在卧室中，信息插座可位于床头的两侧；在客厅中可位于沙发靠近窗口的一端；在书房中，则应位于写字台附近，信息插座与地面的垂直距离不应少于 20cm。

（3）集线设备位置的确定。由于集线设备很少被接触，所以，在保证通风较好的前提下，集线设备应当位于最隐蔽的位置。需要注意的是，集线设备需要电源的支持，因此，必须在装修时为集线设备提供电源插座。另外，集线设备应当避免安装在潮湿、容易被淋湿和电磁干扰非常严重的位置。

（4）远离干扰源。双绞线和计算机应当尽量远离洗衣机、电冰箱、空调、电风扇，以避免这些电器对双绞线中传输信号产生干扰。

（5）电源分开。计算机、打印机和集线设备使用的电源线，应当与荧光灯、洗衣机、电冰箱、空调、电风扇使用的电源线分开，实现单独供电，以保证计算机的安全和运行稳定。

（6）路由选择。双绞线应当避免直接的日晒，不宜在潮湿处布放。另外，应当尽量远离经常使用的通道和重物之下，避免可能的摩擦，以保证双绞线良好的电气性能。

6. 家居综合布线一般形式

实现家庭智能化系统，首先必须有一个最佳的解决方案，其布线方式应根据现场实际情况而改变，既可以采取其中的单一方式，也可以把各种布线方式有机的结合在一起使用。下面介绍目前技术比较成熟的几种布线方式。

（1）星形拓扑连接。星形拓扑连接是通过中心控制总机，实现点到点连接。在星形拓扑连接的智能布线网中，可以非常容易地增加和减少设备而不影响系统其他设备工作的。

星形拓扑连接的特点如下：

1）可靠性强。在星形拓扑结构中，由于每一个连接点只连接一个设备，所以当一个连接点出现故障时只影响相应的设备，不会影响整个网络。

2）故障诊断和隔离容易。由于每个节点直接连接到中心节点，如果是某一节点的通信出现问题，就能很方便地判断出有故障的连接，方便的将该节点从网络中删除。如果是整个网络的通信都不正常，则需考虑是否是中心节点出现了错误。

3）成本高，所需电缆多。由于每个节点直接与中心节点连接，所以整个网络需要大量电缆，增加了组网成本。

总的来说，星形拓扑结构相对简单，便于管理，建网容易，是目前局域网普遍采用的一种拓扑结构。采用星形拓扑结构的局域网，一般使用双绞线或光纤作为传输介质，符合综合布线标准，能够满足多种宽带需求。

（2）总线型拓扑连接。总线型拓扑连接是采用单根传输线作为传输介质，所有的设备都通过相应的硬件接口直接连接到传输介质或称总线上，使用一定长度的电缆将设备连接在一起。设备可以在不影响系统中其他设备工作的情况下从总线中取下，任何一个站点发送的信号都可以沿着介质传播，而且能被其他所有站点接收。

总线型拓扑连接的特点如下：

1）易于分布。由于节点直接连接到总线上，电缆长度短，使用电缆少，安装容易，扩充方便。

2）故障诊断困难。各节点共享总线，因此任何一个节点出现故障都将引起整个网络无法正常工作。并且在检查故障时必须对每一个节点进行检测才能查出有问题的节点。

3）故障隔离困难。如果节点出现故障，则直接要将节点除去，如果出现传输介质故障，则整段总线要切断。

4）对节点要求较高。每个节点都要有介质访问控制功能，以便与其他节点有序地共享总线。

总线型拓扑结构适用于计算机数目相对较少的局域网络，通常这种局域网络的传输速率在100Mbit/s，网络连接选用同轴电缆。

（3）电力线载波连接。电力线载波是电力系统特有的通信方式，电力线载波连接是指利用现有电力线，通过载波方式将模拟或数字信号进行高速传输的技术。

电力线载波连接的最大特点是不需要重新架设线路，只要有电线，就能进行数据传递。但是电力线载波通信有以下缺点：

1）一般电力载波信号只能在单相电力线上传输，不利于远程控制。

2）电力线存在本身固有的脉冲干扰。

3）电力线对载波信号造成高削减。实际应用中，当电力线空载时，点对点载波信号可传输到几千米。但当电力线上负荷很重时，只能传输几十米。

（4）无线控制。随着个人数据通信的发展，功能强大的便携式数据终端以及多媒体终端的广泛应用，为了实现任何人在任何时间、任何地点均能实现数据通信及控制的目标，要求由传统的有线控制向无线控制、固定向移动、单一业务向多媒体发展，更进一步推动了无线控制的发展。无线控制产品逐渐走向成熟，并且正在以它的高速传输能力和其灵活性在这个信息社会发挥日益重要的作用。

现行的无线控制的主要采用两种传输方式：红外（IR）和无线射频（RP）。

1）红外采用小于$1\mu m$的红外线作为传输媒质。红外信号要求视距传输，有较强的方向性，对邻近区域的类似系统也不会产生干扰，但由于它具有较高的背景噪声（如日光等），在室外使用会受到很大限制，适于近距离控制。

2）无线射频的方式就是使用无线电作为传输媒质，它覆盖范围大，发射功率较自然背景噪声低，而且这种局域网多采用扩频技术，具有良好的抗干扰性、抗噪声、抗衰落及保密性能。因此它具有很高的可用性，成为目前主流的无线控制方式。

第8章

建筑弱电工程设计与施工

8.1 建筑弱电工程基础知识

8.1.1 建筑弱电工程简介

1. 弱电工程概念

在电气工程技术领域，常分为强电和弱电两部分。通常把建筑物的电力、照明用的电能称为强电，强电系统可以把电能引入建筑物，经过用电设备转换成机械能、热能和光能等；而把传播信号、进行信息交换的电能称为弱电，弱电系统则完成建筑物内部和内部与外部间的信息传递与交换。强电和弱电两者既有联系，又有区别，它们的特点如下：

（1）强电的处理对象是能源，其特点是电压高、电流大、频率低，主要考虑的问题是减少损耗、提高效率。

（2）弱电处理的对象主要是信息，即信息的传送与控制，其特点是电压低、电流小、功率小、频率高，主要考虑的问题是信息传送的效果问题，例如：信息传送的保真度、速度、广度和可靠性等。信息是现代建筑不可缺少的内容，因此以处理信息为主的建筑弱电设计是建筑电气设计的重要组成部分。与强电相比，弱电技术的另一个重要特点就是建筑弱电是一门综合性的技术，它涉及的学科十分广泛，并朝着综合化、智能化的方向发展。由于弱电系统的引入，使建筑物的服务功能大大扩展，增加了建筑物与外界的信息交换能力。

（3）弱电系统被广泛应用于建筑、楼宇、小区、社区、广场、校园等建筑智能化工程之中。

2. 建筑弱电工程的分类

建筑弱电工程是一个较为复杂、由多种技术集成的系统工程，它的应用领域很广，主要包括以下子系统：广播音响系统、电视监控系统、防盗报警系统、出入口控制系统、楼宇对讲系统、电子巡逻系统、电话通信系统、全球定位系统、火灾自动报警与消防联动控制系统、有线电视和卫星接收系统、视频会议系统、综合布线系统、防雷与接地系统、计算机网络系统。

（1）通信系统。通信系统包括电话通信系统、计算机网络系统、全球定位系统、综合布线系统等。

1）电话通信系统。电话通信设施的种类很多，按传输媒介分为有线传输和无线传输。从建筑弱电工程出发，主要采用布线传输方式。有线传输按传输信息工作方式又分为模拟传输和数字传输两种。模拟传输将信息转换成电流模拟量进行传输，例如：普通电话就是采用模拟语言信息传输。数字传输则是将信息按数字编码（PCM）方式转换成数字信号进行传输，程控电话交换就是采用数字传输各种信息。

电话通信系统主要由电话交换设备、传输系统和用户终端设备组成。建筑弱电工程中的通信系统安装施工主要是按规定在楼外预埋地下通信配线管道、敷设配线电缆，并在楼内预留电话交接间、暗管和暗管配线系统。

通信设备安装内容主要有：电话交接间、交接箱、壁龛（嵌式电缆交接箱、分线箱及过路箱）、分线盒和电话出线盒。分线箱可以明装在竖井内，也可以暗装在井外墙上。

2）计算机网络系统。计算机网络是指将地理位置不同的具有独立功能的多台计算机及其外部设备，通过通信线路连接起来，在网络操作系统，网络管理软件及网络通信协议的管理和协调下，实现资源共享和信息传递的计算机系统。网络协议对于保证网络中计算机有条不紊的工作是非常重要的。

计算机网络系统主要由通信线路、路由器、主机与信息资源等部分组成，见表 8-1。

表 8-1　　　　　　　　　　　　　　计算机网络系统的组成

组成部分	说　明
通信线路	通信线路负责将计算机网络中的路由器与主机连接起来。计算机网络中的通信线路可以分为两类：有线通信线路和无线通信信息。 通常使用"带宽"与"传输速率"等术语来描述通信线路的数据传输能力。传输速率指的是每秒钟可以传输的比特数，它的单位为比特/秒（bit/s），常用以下方法来表示： $1kbit/s = 10^3 bit/s$ $1Mbit/s = 10^6 bit/s$ $1Gbit/s = 10^9 bit/s$ $1Pbit/s = 10^{12} bit/s$ $1Tbit/s = 10^{15} bit/s$ 通信线路的最大传输速率与它的带宽成正比。通信线路的带宽越宽，它的传输速率也就越高
路由器	路由器负责将计算机网络中的各个局域网或广域网连接起来。当数据从一个网络传输到路由器时，需要根据数据所要到达的目的地，通过路径选择算法为数据选择一条最佳的输出路径。数据从源主机出发后，往往需要经过多个路由器的转发，经过多个网络才能到达目的主机
主机	主机可以分为两类：服务器和客户机。 服务器是信息资源与服务的提供者，它一般是性能比较高、存储容量比较大的计算机。服务器根据它所提供的功能不同，可以分为文件服务器、数据服务器、FTP 服务器、域名服务器等。 客户机是信息资源与服务的使用者，它可以是普通的微机或便携机。服务器使用专用的服务器软件向用户提供信息资源与服务，而用户使用各类计算机网络客户端软件来访问信息资源或服务
信息资源	计算机网络中存在着很多类型的信息资源，例如：文本、图像、声音与视频等多种信息类型，并涉及社会生活的各个方面。通过计算机网络，可以查找科技资料，获得商业信息，参与联机游戏或收看网上直播等

3）综合布线系统。如图 8-1 所示，综合布线系统可划分为六个子系统，简要说明见表 8-2。

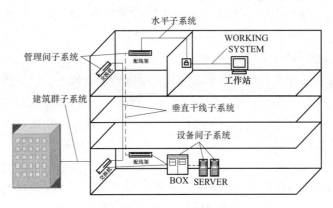

图 8-1　综合布线系统的组成

表 8-2　　　　　　　　　　　　　综 合 布 线 系 统

子系统	简 要 说 明
工作区子系统	由 RJ45 跳线信息插座与所连接的设备组成。它所使用的连接器具有国际 ISDN 标准的 8 位接口，它能接收低压信号以及高速数据网络信息和数码声频信号
水平干线子系统	从工作区的信息插座开始到管理间子系统的配线架
管理间子系统	由交连、互连和 I/O 组成。它是连接垂直干线子系统和水平干线子系统的设备，其主要设备是配线架、集线器、机框和电源
垂直干线子系统	提供建筑物的干线电缆，负责连接管理间子系统设备间子系统，通常使用光缆或选用大对数的非屏蔽双绞线
建筑群子系统	是将一个建筑物中的电缆延伸到另一个建筑物的通信设备和装置，通常由光缆和相应设备组成
设备间子系统	由电缆、连接器和相关支撑硬件组成。它把各种公共系统设备的多种不同设备互连起来，其中包括电信部门的光缆、同轴电缆和程控交换机等

（2）火灾自动报警与消防联动控制系统。火灾自动报警系统设备有多种产品，其产品性能、布线线控制方式也各不相同。它的联动控制关系简繁各异，联动控制的目标（设备）有些属强电驱动设备，要注意强、弱电接口关系。

探测器无论是开关量还是模拟量类型，或者是复合型探测器类型，只要是火灾探测器，大多通过接线盒进行安装，在天花板下暗配管安装方式居多。

自动报警设备可分为区域报警控制器和集中报警控制器，其通信线可连成主干型或环型。

手动报警器按钮是火灾自动报警系统必要的部件，是人工报警和确认火情的重要方式。按规范要求设置，其安装与一般输入/输出模块相同。

消防控制中心要设置紧急广播系统，该系统可以是消防专用的广播系统，也可以利用背景音乐的普通广播系统，由消防控制强行换至紧急广播，通过控制模块实现。控制模块与传输模块种类很多，因所连接的设备各异。控制模块输出触点电压有 24V 与 220V 之分。这些模块一般都安装在现场有关设备附近。

（3）广播音响系统。广播音响系统根据使用功能可以归纳为三种类型：一是公共广播系统；二是厅堂扩声系统；三是会议系统。

1）公共广播系统：公共广播系统属有线广播系统，包括背景音乐和紧急广播功能。公共广播系统的输出馈送方式采用高压传输方式，由于传输电流小，故对传输线要求不高，例如旅馆客户的服务性广播线路宜采用铜芯多芯电缆或铜芯塑料绞合线；其他广播线路宜采用铜芯塑料绞合线；各种节目线应采用屏蔽线；火灾紧急广播应采用阻燃型铜芯电线和电缆或耐火型铜芯电线和电缆。

公共广播系统可分为面向公众区的和面向宾馆客户的两类系统。面向公众区的公共广播系统主要用于语言广播，这种系统平时进行背景音乐广播，出现紧急情况时，可切换成紧急广播。面向宾馆客房的广播音响系统包括收音机的调幅和调频，在紧急情况下，客房广播自动中断。

2）厅堂扩声系统：厅堂扩声系统一般采用定阻抗输出方式，传输线要求截面积粗的多股线，一般为塑料绝缘双芯多股铜芯导线；同声传译扩声系统一般采用塑料绝缘三芯多股铜芯导线；这两种扩声系统的传输导线都要穿钢管敷设或线槽敷设，不得将线缆与照明、电力线同槽敷设；若不能同槽，也要以中间隔离板分开。

厅堂扩声系统使用专业音响设备，并要求有大功率的扬声器系统和功率放大器，它的用途主要有面向以体育馆、剧场为代表的厅堂扩声系统，以及面向歌舞厅、宴会厅、卡拉 OK 厅的音响系统。

3）会议系统。会议系统包括会议讨论系统、表决系统和同声传译系统。这类系统也设置由公共广播提供的背景音乐和紧急广播两用的系统。

对于屏蔽电缆电线与设备、插头连接时应注意屏蔽层的连接，连接时应采用焊接，严禁采用扭接和绕接。

对于非屏蔽电缆电线在箱、盒内的连接，可使这种线路两端插接在接线端子上，用接线端子排上的螺栓加以固定，压接应牢固可靠，并对每根导线两端进行编号。

厅堂、同声传译扩声控制室的扩音设备应设保护接地和工作接地。同声传译系统使用的屏蔽线的屏蔽层应接地，整个系统应构成一点式接地方式，以免产生干扰。

（4）电缆电视和卫星接收系统。电缆电视系统的分配方式，一种是适用于共有天线电视系统的串接单元分配方式；另一种是供付费收看的有线电视适用的分配-分支方式。若采用串接单元方式安装时，一种配管方法是用一根配管从顶层的分配器箱内一直穿通每层用户盒，此管内的同轴电缆是共用的；另一种配管方法是从顶层的分配器箱内配出一根管，一直穿通设在单元每个梯间的分支器盒内，同轴电缆由分配器箱至梯间分支器盒内为共用一根电缆，再由梯间分支器盒内引出配管至用户盒。

卫星电视接收系统要使用同步卫星，同步卫星通常分为通信卫星和广播卫星。通信卫星主要用于通信目的，在传送电话、传真的同时传送电视广播信号。广播卫星主要用于电视广播。卫星电视接收天线架安装前选择架设立位置要慎重，先进行环境调查，必须避开微波干扰。

电缆电视系统的天线一般都安装在建筑物的最高处，因此天线避雷至关重要。当建筑物有避雷带时，可用扁钢或圆钢将天线杆、基座与其避雷带电焊连接为一体，并将器件金属部件屏蔽接地，所有金属屏蔽层、电缆线屏蔽层及器件金属外壳座全部连通。

（5）安全防范系统。安全防范系统包括电视监控系统、防盗报警系统、出入口控制系统、楼宇保安对讲系统、电子巡更系统和防雷与接地系统等。

1）电视监控系统。电视监控系统的主要功能是通过遥控摄像机及其辅助设备来监视被控场所，并把监测到的图像、声音内容传递到监控中心。

电视监控系统除了正常的监视外，还可实时录像。先进数字视频报警系统还把防盗报警与监控技术结合起来，直接完成探测任务。

2）防盗报警系统。防盗报警系统是用探测器装置对建筑物内外重要地点和区域进行布防。第一代安全防盗报警器是开关式报警器，它防止破门而入的盗窃行为；第二代安全防盗报警器是安装在室内的玻璃破碎报警器和震动式报警器；第三代安全防盗报警器是空间移动报警器。防盗报警系统的设备多种多样，应用较多的探测器类型有主动与被动红外报警器、微波报警器、被动红外-微波报警器等。

3）出入口控制系统。出入口控制系统的功能是控制人员的出入，还能控制人员在楼内及其相关区域的行动。

电子出入口控制装置识别相应的各类卡片或密码，才能通过。各种卡片识别技术发展很快，生物识别技术不断涌现。这类系统装置及识别技术比较先进，但安装施工比较简单、方便。

4）楼宇保安对讲系统。楼宇保安对讲系统，亦称访客对讲系统，其作用是来访客人与住户之间提供双向通话或可视电话，并由住户遥控防盗门的开关向保安管理中心进行紧急报警的一种安全防范系统。楼宇保安对讲系统分为单对讲型、可视-对讲型两类系统。单对讲型价格低廉，应用普遍；可视—对讲型价格较高，随着技术的发展将逐渐推广起来。

5）电子巡更系统。电子巡更系统是保安人员在规定的巡逻路线上，在指定的时间和地点向中央控制站发回信号，控制中心通过电子巡更信号箱上的指示灯了解巡更路线的情况。电子巡更系统分为有线、无线巡更系统两种。有线巡更系统由计算机、网络收发器、前端控制器、巡更点等设备组成；无线巡更系统由计算机、传递单元、手持读取器、编码片等设备组成。

6）防雷与接地系统。弱电系统的接地可分为分开单独接地和共同接地两种方式。

电子设备的接地可以采用串联式一点接地、并联式一点接地、多点接地和混合式接地方式。

计算机房的接地可采用交流工作接地、安全保护接地、直流工作接地和防雷接地四种方式。

在建筑物内部，总体的防雷措施可分为安全隔离距离和等电位联结两类。安全距离指在需要防雷的空间内，两导体之间不会发生危险火花放电的最小距离。等电位联结的目的是使内部防雷装置所防护的各部分减小或消除雷电流引起的电位差，包括靠近户点的外来导体上也不产生电位差。

8.1.2　弱电工程线材的选用

1. 音频/视频线的选用

（1）音箱线。音箱线通俗的叫法是喇叭线，主要用于家庭影院中功率放大器和音箱之

图 8-2 音箱线

间的连接。一般利用高纯度的无氧铜作为导体来制成，也有用银作为导体制成的，但价格非常昂贵，所以家庭普遍使用的是铜制的音箱线，如图 8-2 所示。

音箱线常用规格有 32、70、100、200、400、504 支。这里的"支"也称"芯"，是指该规格音箱线由相应的铜丝根数所组成，如 100 支（芯）就是由 100 根铜芯组成的音箱线。芯数越多（线越粗），失真越小，音效越好。

一般来说，主音箱、中置音箱应选用 200 支以上的音箱线。环绕音箱用 100 支左右的音箱线；预埋音箱线如果距离较远，可视情况用粗点的线。

如果需暗埋音箱线，要用 PVC 线管进行埋设，不能直接埋进墙体里。

（2）同轴音频线。用于传输双声道或多声道信号（杜比 AC-3 或者 DTS 信号），两根为一组，每一组两芯，内芯为信号传输，外包一层屏蔽层（同时作为信号地线），其中芯线表皮一般区分为红色和白色，其中红色用来接右声道，白色用来接左声道，如图 8-3 所示。

选择同轴音频线时主要先看其直径，过细的线材只能用于短距离设备间的连接，对于长距离传输会因线路电阻过大导致信号损耗过大（特别是高频），同时还要注意屏蔽层的致密度，屏蔽层稀疏的极易受到外界干扰，当然其铜质必须是无氧铜，光亮、韧性强是一个显著的特征。

（3）视频线。用于传送视频复合信号，如 DVD、录像机等信号，一般和同轴音频线一同埋设，统称 AV 信号，这类信号线传送的是标准清晰度的视频信号。

选择这类线材时先看其直径，过细的线材只能用于短距离设备间的连接，对于长距离传输会因线路电阻过大导致信号损耗过大（特别是高频），出现重影等现象。同时还要注意屏蔽层的致密度（合格的线材屏蔽层网格光亮致密，而且有附加的铝箔层），而较差的线缆屏蔽层稀疏甚至不成网格，极易受到外界干扰，反映到画面上就会有干扰网纹。当然对铜质的要求是无氧铜，光亮、韧性强，如图 8-4 所示。

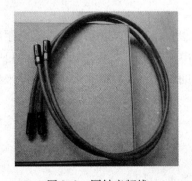

图 8-3 同轴音频线

图 8-4 视频线

2. 电话线的选用

电话线由铜芯线构成，芯数不同，其线路的信号传输速率也不同，芯数越高，速率越高。电话线的国际线径为0.5mm。

电话线常用规格有二芯、四芯和六芯。我国的电话线网络及电话插口均为二芯，而欧美国家的电话插口多为六芯。

使用普通电话，选用二芯电话线即可；使用传真机或者电脑拨号上网最好选用四芯或六芯电话线，如图8-5所示。

室内电话配线型号规格见表8-3。

图 8-5　电话线

表 8-3　　　　　　　　　　　室内电话配线型号规格

型号	名称及用途	芯线直径（mm）	芯线截面（根数×mm）	导线外径（mm）
HPV	铜芯聚氯乙烯电话配线（用于跳线）	0.5		1.3
		0.6		1.5
		0.7		1.7
		0.8		1.9
		0.9		2.1
HVR	铜芯聚氯乙烯及护套电话软线（用于电话机与接线盒之间连接）	6×2.10		两芯圆形 4.3
				两芯扁形 3×4.3
				三芯 4.5
				四芯 5.1
RVB	铜芯聚氯乙烯绝缘平行软线（用于明敷及穿管）		2×0.2	
			2×0.28	
			2×0.35	
			2×0.4	
			2×0.5	
			2×0.6	
			2×0.7	
			2×0.75	
RVS	铜芯聚氯乙烯绝缘绞型软线（用于穿管）		2×1	
			2×1.5	
			2×2	
			2×2.5	

电话电缆的选择见表8-4。

表 8-4 　　　　　　　　　　　　电话电缆的选择

电缆类别 敷设方式		主干电缆中继电缆		配线电缆				成端电缆	
结构型号		普通	直埋	普通	直埋	架空沿墙	室内穿管	MDF	交接箱
电缆结构	铜芯线线经(mm)	0.32 0.4 0.5 0.6 0.8	0.32 0.4 0.5 0.6 0.8	0.4 0.5 0.6	0.4 0.5 0.6	0.4 0.5 0.6	0.4 0.5	0.4 0.5 0.6	0.4 0.5 0.6
	芯线绝缘	实心聚烯烃泡沫聚烯烃泡沫/实心皮聚烯烃	实心聚烯烃泡沫聚烯烃泡沫/实心皮聚烯烃	实心聚烯烃泡沫/实心皮聚烯烃	实心聚烯烃泡沫/实心皮聚烯烃	实心聚烯烃泡沫/实心皮聚烯烃	宜聚氯乙烯	阻燃聚乙烯	实心聚烯烃泡沫/实心皮聚烯烃聚乙烯
	电缆护套	涂塑铝带粘接屏蔽聚乙烯	涂塑铝带粘接屏蔽聚乙烯	涂塑铝带粘接屏蔽聚乙烯	涂塑铝带粘接屏蔽聚乙烯	涂塑铝带粘接屏蔽聚乙烯	宜铝箔层聚乙烯	宜铝箔层聚乙烯	涂塑铝带粘接屏蔽聚乙烯
电缆型号		HYA HYFA HYPA 或 HYAT HYFAT HYPAT	HYAT 铠装 HYPAT 铠装 HYFAT 铠装 或 HYA 铠装 HYFA 铠装 HYPA 铠装	HYAT HYPAT 或 ZHYA HYPA	HYAT 铠装 HYPAT 铠装 或 HYA 铠装 HYPA 铠装	HYA HYAT HYAC	宜 HPVV	HPVVZ	HYA
PCM 电缆		PCM 电缆	HYAG	HYAGY 或 HYAG					

3. 电视信号线的选用

有线电视同轴电缆采用双屏蔽的 75Ω 同轴电缆，主要用于有线电视信号的传输应用，用于传输数字电视信号时会有一定的损耗，如果是老房子，仍然用也没有太大的关系，但新房子建议用 50Ω 数字电视电缆。

图 8-6　数字电视电缆

数字电视电缆采用的是四屏蔽电缆，主要用于数字电视信号的传输应用，也能够传输有线电视信号，如图 8-6 所示。在抗干扰性方面，四屏蔽电缆优于双屏蔽电缆。良好的抗干扰性是数字电视对网络的最基本的要求，数字电视电缆和有线电视电缆一般从外观上看不出多大差别，如果用美工刀把它们解剖开就能够比较出来。

4. 网络线的选用

随着 FTTB、ADSL、HFC 等宽带进入小区、延伸至家庭，出现了计算机局域网，这时局域网内部的布线连接以及与外部以太网的连接都需要线缆传输数字信号，这就是双绞线（通常叫网络线）。

目前常用双绞线有五类线、超五类线和六类线，如图 8-7 所示。五类线的标识是"CAT5"，带宽 100M，适用于百兆以下的网；超五类线的标识是"CAT5E"，带宽 155M，是目前的主流产品；六类线的标识是"CAT6"，带宽 250M，用于架设千兆网，是未来发展的趋势。

CAT5

CAT 5E

CAT 6

六类线+十字架

图8-7 常用双绞线

（a）五类线；（b）超五类线；（c）六类线

现在五类线和超五类线的价格差不多，所以家装一般选用超五类线。超五类线主要应用于目前的 10M/100M 带宽局域网，它可以稳定的支持 100M 带宽网络的数据交换，如果线材品质上佳、布线工艺到位，那么在 1000M 带宽的网络也可以应用。

六类线则是 1000M 带宽网络的不二选择。百兆网和千兆网区别主要体现在数据交换速度上，一般百兆网传输数据可以达到 10MB/s，而千兆网传输速率可达到 100MB/s，千兆网是未来发展的方向。

5. 弱电线材规格及型号要求

家庭弱电系统布线材料应符合设计要求及国家现行电器产品标准的有关规定，应满足下列要求。

（1）所用线材的规格、型号至少应满足表 8-5 所示的要求。

表 8-5　　　　　　　　　　弱电线材规格及型号要求

线材类型	规格及型号	线材类型	规格及型号
背景音乐线	标准 2×0.3mm² 线	网络线	超五类 UTP 双绞线
环绕音响线	标准 100~300 芯无氧铜线	有线电视线	宽带同轴电缆
视频线	标准 AV 影音共享线		

（2）电料的包装应完好，材料外观不应有破损，附件、备件应齐全。

（3）塑料电线保护管及接线盒、各类信息面板必须是阻燃型产品，外观不应有破损及变形。

（4）通信系统使用的终端盒、接线盒，应选用与各设备相匹配的产品。

8.2　住 宅 楼 电 话 系 统

根据住宅楼的层数，可将住宅楼分成多层住宅楼和高层住宅楼，在下面的举例中将多层住宅的层数定为 6 层，高层住宅的层数定为 18 层。

8.2.1　多层住宅楼电话系统配线方案

一般来说，多层住宅楼宜按 2~3 个单元（楼门洞）一处进线，高层住宅楼宜按一处进线。

（1）住宅楼必须设置有从住宅楼外引入住宅楼内的地下电话支线管道、电话支线管道必须与小区电话主干管道连通。

（2）当由电话支线管道直接引入住宅楼分线箱时，通常在住宅楼外设置手孔。当由电缆交接间引出电话支线管道时，通常在住宅楼外设置人孔。

（3）电话支线管道的管孔数量应满足其相应服务内终端电话线对数的需要，且管孔数量不得少于 2 孔。由住宅楼内电缆交接间或分线箱引至住宅楼外入孔或手孔的电话支线管道必须采用镀锌钢管，镀锌钢管内径不应小于 80mm，壁厚为 4mm。电话支线管道的埋深不小于 0.8m。

8.2.2 高层住宅楼电话系统配线方案

1. 高层住宅电话系统配线方案

高层住宅电话系统配线方案有 3 种，三种方案均在高层住宅楼一层（或地下一层）安排一间房间作为电缆交接间，在电缆交接间内安装本楼的电话电缆交接设备。电话分线箱和电话电缆均安装在弱电竖井内。

（1）第一种设计方案。如图 8-8 所示，在一层（或地下一层）的电缆交接间内设置一

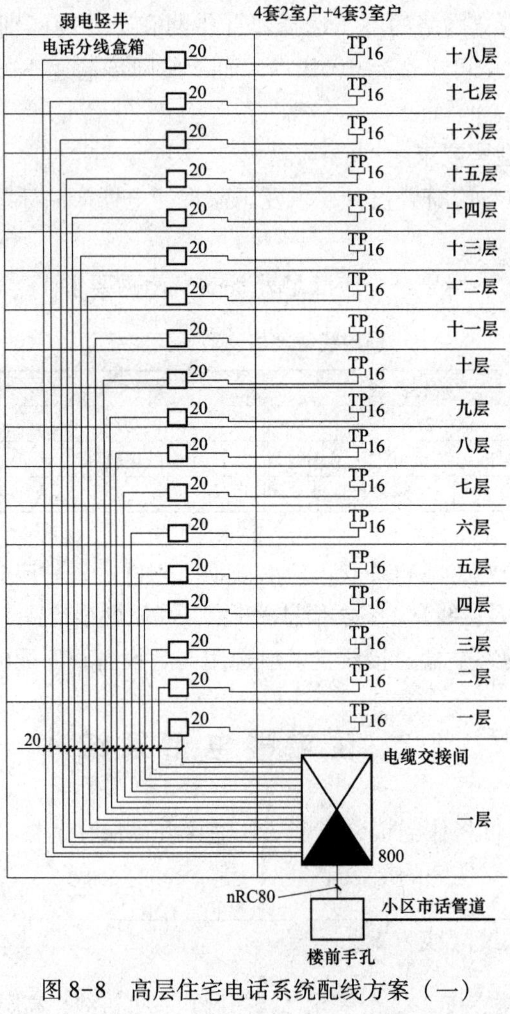

图 8-8　高层住宅电话系统配线方案（一）

套 800 对电话电缆交接设备，在各层弱电竖井内均设置一个 20 对的电话分线箱。从本楼的电话电缆交接设备分别引至各层电话分线箱一根 20 对电话电缆，经各层电话分线箱将电话线分配至各住户的电话插座上。

（2）第二种设计方案。如图 8-9 所示，在一层（或地下一层）的电缆交接间内设置一套 800 对电话电缆交接设备，在每五层（或每二层、每三层或每若干层，建议不超过五层）的弱电竖井内设置一个 100 对的电话分线箱，其他层弱电竖井内均设置一个 20 对的电话分线箱。从本楼的电话电缆交接设备分别引至五层、十一层、十六层电话分线箱各一根 100 对电话电缆，从五层、十一层、十六层电话分线箱及电缆交接间内的电话电缆交接设备分别引至其他层电话分线箱各一根 20 对电话电缆，再经各电话分线箱将电话线分配至各住户的电话插座上。

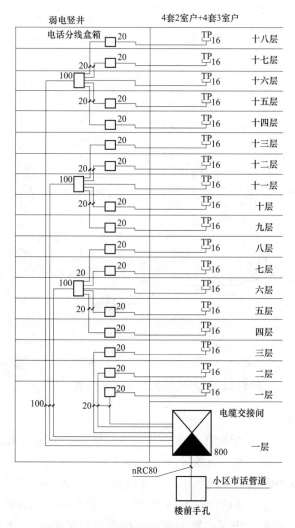

图 8-9　高层住宅电话系统配线方案（二）

（3）第三种方案。如图 8-10 所示，在一层（或地下一层）的电缆交接间内设置一套 800 对电话电缆交接设备，在每三层（或每二层、每四层或每若干层，不超过五层）的弱电竖井内设置一个 100 对的电话分线箱。从本楼的电话电缆交接设备分别引至这些 100 对电话分线箱各一根 80 对电话电缆，从这些 100 对电话分线箱分别将电话线分配至本层及上下层各住户的电话插座上。

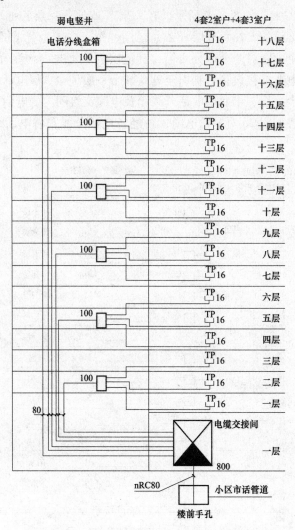

图 8-10　高层住宅电话系统配线方案（三）

2. 电话机房的供电

目前程控电话交换机采用 48V 直流电供电，为了供给交换机所需的直流电源，必须配备可将交流电源转换为直流电源的换流设备，目前多采用晶闸管整流器及开关型整流器。

由于对电话通信的不间断供电的要求，电话机房一般需配备蓄电池，目前一般采用全密封免维护的铅酸蓄电池。蓄电池的作用有两方面：一方面在换流设备直接供电时与换流设备并联工作，起平滑电压波动的作用；另一方面在换流设备停机（交流电源中断）时，保证一定时间的直流电源供给。

程控交换机供电方式大多采用浮充供电方式。供电系统由交流配电屏、整流器、直流配电屏、电池组组成，机内电源系统包括 DC-DC 变换器和 DC-AC 逆变器，如图 8-11 所示。

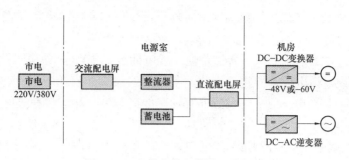

图 8-11 程控交换机供电系统框图

8.2.3 住宅楼电话线路敷设

1. 住宅楼电话管路敷设要求

（1）电话线路的引入线位置不应选择在邻近易燃、易爆、易受机械损伤的地方。引入位置和线路的敷设，不应选择在需要穿越高层建筑的伸缩缝（或沉降缝），主要结构或承重墙等关键部分，以免对电话线路产生外力影响，损坏电话电缆。

（2）当电话线路与电力线路及其他设备管道在同一竖井敷设时，应尽量不与电力电缆同侧敷设，并尽量远离电力电缆。电话线路还应与其他设备管道之间保持一定的距离。电话暗管与其他管线间最小净距离见表 8-6。

表 8-6　　　　　　　　　　　　　　电话暗管与其他管线间最小净距离

与其他管线关系	电力线路	压缩空气	给水管	热力管（不包封）	热力管（包封）	煤气管
平行净距（mm）	150	150	150	500	300	300
交叉净距（mm）	20	20	20	500	300	20

（3）电话引入线尽量选择建筑物的侧面或后面，使引入处的手孔或人孔不设在建筑物的正面出入口或交通要道上。

（4）电话电缆引入建筑时，应在室外进线处设置手孔或人孔，由手孔或人孔预埋钢管或硬质 PVC 管引入建筑内。电话用户线路的配置一般可按初装电话容量的 130% ~ 160% 考虑。电话外线工程路由及管孔数量由电信部门确认。

（5）多层及高层住宅楼的进线管道，管孔直径不应小于 80mm。多层住宅应当按 2 ~ 3 个单元一处进线组织暗管系统；塔式高层住宅应当按一处进线组织暗管系统；板式高层住宅，如果采用一处进线组织暗管系统不能满足下面要求时，可按一处以上进线组织暗管系统。

1）暗管水平敷设每超过 30m 时，电缆暗管中间加过路箱，通信线路暗管中间应加过路盒。

2）暗管水平敷设必须弯曲时，其线路长度应小于 15m，且该段内不得有 S 弯，弯曲如超过两次时，应加过路盒。

（6）室外直埋电话电缆在穿越车道时，应加钢管或铸铁管等保护。

（7）住宅楼内暗敷设管的数量和规格，应满足建筑物终期对电话线对数的需要。每套住宅电话线最少配备 2 对，如有特殊需要应另行增加。

（8）由电话分线箱（或过路箱或过路盒）至每个住户室内的电话线路不得经过其他住户室内的电话出线盒。

（9）每套住宅的起居室必须设置过路盒（或电话出线盒），其他房间设直通暗线时必须经过此过路盒（或电话出线盒）进行布线。其他房间设置非直通暗线时，另一端应接在过路盒（或电话出线盒）中。卫生间设置非直通暗线时，另一端应接在过路盒（或电话出线盒）中。

（10）电话电缆采用型号为 HYV 型（电缆）或型号为 HYA 型（铜芯聚乙烯绝缘涂敷铝带屏蔽聚乙烯护套市话电缆）、型号为 HPVV 型（铜芯聚氯乙烯绝缘聚氯乙烯护套配线电缆）线径 0.5mm 的电缆，电缆芯数利用率应小于或等于 80%。

2. 进户管线的安装

电话线路的进户管线有两种方式，即地下进户和外墙进户。

（1）地下进户方式。这种方式是为了市政管网美观要求而将管线转入地下。地下进户管线又分为两种敷设形式。第一种是建筑物设有地下层，地下进户管直接进入地下层，采用的是直进户管；第二种是建筑物没有地下层，地下进户管只能直接引入设在底层的配线设备间或分线箱（小型多层建筑物没有配线或交接设备时），这时采用的进户管为弯管。地下进户方式如图 8-12 所示。

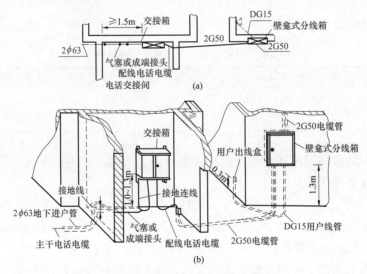

图 8-12　电话线路地下进户方式

(a) 底层平面图；(b) 立体图

地下进户管应埋出建筑物散水坡外 1m 以上，户外埋设深度在自然地坪下 0.8m。当电话进线电缆对数较多时，建筑物户外应设人（手）孔。

（2）外墙进户方式。这种方式是在建筑物第二层预埋进户管至配线设备间或配线箱（架）内。进户管应呈内高外低倾斜状，并做防水弯头，以防雨水进入管中。进户点应靠近配线设施，并尽量选在建筑物后面或侧面。这种方式适合于架空或挂墙的电缆进线，如图 8-13 所示。

在有用户电话交换机的建筑物内，一般设置配线架（箱）于电话站的配线室内；在不

设用户交换机的较大型建筑物内，在首层
或地下一层电话引入点设置电缆交接间，
内置交接箱。配线架（箱）和交接箱是连
接内外线的汇集点。

塔式的高层住宅建筑电话线路的引入
位置，一般选在楼层电梯间或楼梯间附近，
这样可以利用电梯间或楼梯间附近的空间
或管线竖井敷设电话线路。

3. 上升电缆管路安装

上升电缆管路的建筑方式与安装方法
如图 8-14 所示。

图 8-13　外墙进户方式

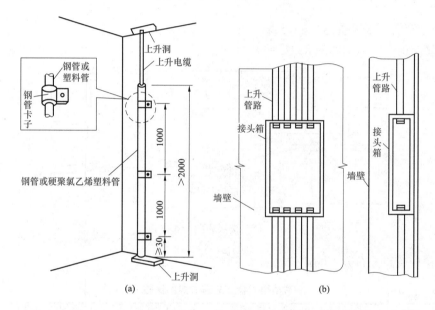

图 8-14　上升电缆管路的建筑方式与安装方法（单位：mm）
（a）上升电缆直接敷设；（b）上升管路在墙内的敷设

暗敷设管路系统上升部分的几种建筑方式见表 8-7。

表 8-7 　　　　　　　　　暗敷设管路系统上升部分的几种建筑方式

上升部分的名称	是否装设配线设备	上升电缆条数	特　点	适用场合
上升房	设有配线设备，并有电缆接头，配线设备可以明装或暗装，上升房与各楼层管路连接	8 条电缆以上	能适应今后用户发展变化，灵活性大，便于施工和维护，要占用从顶层到底层的连续统一位置的房间，占用房间面积较多，受到房屋建筑的限制因素较多	大型或特大型的高层房屋建筑，电话用户数多而集中，用户发展变化较大，通信业务种类较多的房屋建筑

上升部分的名称	是否装设配线设备	上升电缆条数	特　点	适用场合
竖井（上升通槽或通道）	竖井内一般不设配线设备，在竖井附近设置配线设备，以便连接楼层管路	5~8条电缆	能适应今后用户发展变化，灵活性较大，便于施工和维护，占用房间面积少，受房屋建筑的限制因素较少	中型的高层房屋建筑，电话用户发展较固定，变化不大的情况
上升管路（上升管）	管路附近设置配线设备，以便连接楼层管路	4条以下	基本能适应用户发展，不受房屋建筑面积限制，一般不占房间面积，施工和维护稍有不便	小型的高层房屋建筑（如塔楼），用户比较固定的高层住宅建筑

4. 楼层管路（水平管路）的布线

楼层管路的分布示例如图 8-15 所示。

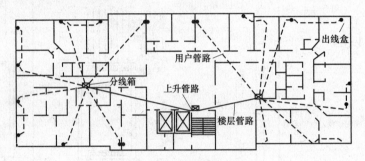

图 8-15　楼层管路分布示例

常用楼层管路分布方式的比较见表 8-8。

表 8-8　　　　　　　　　常用楼层管路分布方式的比较

分布方式	特　点	优　缺　点	适　用　场　合
放射式分布方式	从上升管路或上升房分支出楼层管路，由楼层管路连通分线设备，以分线设备为中心，用户线管路作放射式的分布	（1）楼层管路长度短，弯曲次数少； （2）节约管路材料和电缆长度及工程投资； （3）用户线管路为斜穿的不规则路由，易与房屋建筑结构发生矛盾； （4）施工中容易发生敷设管路困难	（1）大型公共房屋建筑； （2）高层办公楼； （3）技术业务楼
格子形分布方式	楼层管路有规则地互相垂直形成有规律的格子形	（1）楼层管路长度长，弯曲次数较多； （2）能适应房屋建筑结构布局； （3）易于施工和安装管路及配线设备； （4）管路长度增加，设备也多，工程投资增加	（1）大型高层办公楼； （2）用户密度集中，要求较高，布置较固定的金融、贸易、机构办公用房； （3）楼层面积很大的办公楼

续表

分布方式	特　　点	优　缺　点	适　用　场　合
分支式 分布方式	楼层管路较规则，有条理分布，一般互相垂直，斜穿敷设较少	（1）能适应房屋建筑结构布置，配合方便； （2）管路布置有规则性、使用灵活性，较易管理； （3）管路长度较长，弯曲角度大，次数较多，对施工和维护不便； （4）管路长，弯曲多使工程造价增加	（1）大型高级宾馆； （2）高层住宅建筑； （3）高层办公大楼

5. 分线箱的安装

分线箱是连接配线电缆和用户线的设备。在弱电竖井内装设的电话分线箱为明装挂墙方式。其他情况下电话分线箱大多为墙上暗装方式（壁龛线箱），以适应用户暗管的引入及美观要求。

安装时分线箱均应编号，箱号编排宜与所在的楼层数一致，若同一层有几个分线箱，可以第一位为楼层号，然后按照从左到右的原则进行顺序编号。分线箱中的电缆线序号配置宜上层小，下层大。

6. 过路盒与用户楼道出线盒的安装

直线（水平或垂直）敷设电缆管和用户线管，长度超过30m应加装过路箱（盒），管路弯曲敷设两次也应加装过路箱（盒），以方便穿线施工。过路盒外形尺寸及安装图如图8-16所示。

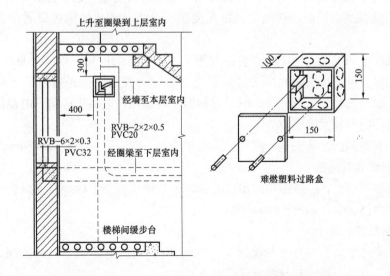

图 8-16　过路盒外形尺寸及安装图（单位：mm）

墙壁式用户楼道出线盒均暗装，底边距地宜为300mm。用户出线盒规格可采用86H50，其尺寸为75mm（高）×75mm（宽）×50mm（深），如图8-17所示。

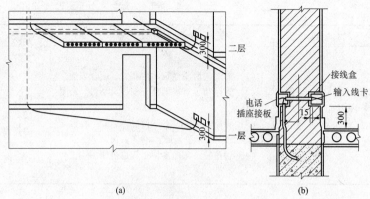

图 8-17 电话出线盒安装（单位：mm）

（a）安装示意图；（b）局部剖面图

8.2.4 电话机及插座的安装

1. 电话机安装位置的选择原则

电话机的装设地点一般应掌握"六不宜"原则。

（1）不宜将电话机安装在靠近电源线路等容易发生触电危险的地方。

（2）不宜将电话安装在潮湿、高温的地方，以免电话机内部电子器件受腐蚀。

（3）不宜将电话机安装在经常日晒雨淋的地方，以免加速话机内电子器件老化。

（4）不宜将电话机安装在电视机、录音机、空调器等电器设备的附近，以防电话机在外部强磁场的干扰下不能正常工作。

（5）室内电话线布放要整齐，不宜有接头，以免接头受潮生锈，出故障。

（6）不宜将接线盒随意放在地上，以免受潮。接线盒或其他附件要固定在不易碰撞的干燥位置。

一般来说，电话机出线插座应安装在方便连接电话机的位置，如办公桌旁、床头柜边、沙发旁等。同时，电话机出线插座（即放置电话机）的位置，应是室内所有地点都能听到电话铃声的位置。另外，为了使通话时双方都能听清说话，电话机应避开电视机、音响、电冰箱、洗衣机等响声较大的地方。

出线盒的安装高度，从安全、美观方面来考虑，一般底边离地面 20～30cm 为宜。

2. 明装接线盒的连接

若电话线路明敷设，一般采用圆形或长方形电话接线盒与电话线路入口连接，然后再通过连接线接到电话机上，如图 8-18 所示。

3. 暗装接线盒的连接

对暗敷入户的电话线路，现在比较流行使用 86 系列的电话机出线暗插座，插座内有 4 个接线端子，供电话机插座与分线盒连接。

对于普通电话机，只需将两根电话入户线接到插座中间的 3、4 两个接线端子上（粉红色和蓝色），其余两个接线端空着不接，如图 8-19 所示。然后，再通过线绳连接到电话机的插座上。对于多功能电话机或数字电话机要从分线盒引出 4 根线，分别接到插座的 4 个接线端，再通过 4 芯组合线连接到电话机上。

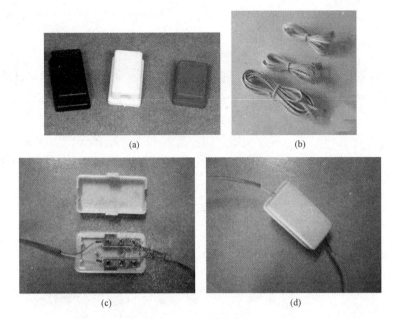

图 8-18　安装电话接线盒

（a）电话接线盒；（b）连接线；（c）接线；（d）扣上外盖

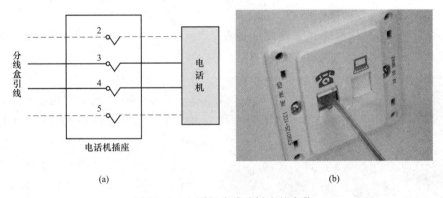

图 8-19　电话机出线暗插座的安装

（a）接线示意图；（b）实物图

8.3　有　线　电　视　系　统

　　有线电视系统（电缆电视，缩写 CATV）是指用射频电缆、光缆、多频道微波分配系统（缩写 MMDS）或其组合来传输、分配和交换声音、图像及数据信号的电视系统。有线电视系统主要由信号源、前端、干线传输和用户分配网络组成。目前，我国的有线电视系统基本上形成了以省、地市（县）为中心的省级主干线和城域联网，通过干线进入社区、住宅小区。因此，除了少数大型单位需要播放自办节目应设置电视转播站外，一般单位（住宅小区）只涉及用户分配网络等环节。

8.3.1 有线电视常用器件及配件

1. 分配器

分配器是用来分配高频信号的部件，它的作用有两个：一是将一种信号功率平均分配给几路（通常是分为两路、三路、四路、六路）；二是可将两路、三路、四路和六路信号混合起来。

常用的分配器有二分配器、三分配器、四分配器和六分配器等，如图 8-20 所示。分配器用于放大器的输出端或把一条主干线分成若干条支干线等处，也有用在支干线终端的。

图 8-20　分配器

分配器的输出端不能开路或者短路，否则会造成输入端的严重失配，同时还会影响到其他输出端。

图 8-21　分支器

2. 分支器

分支器通常用于较高电平的馈电干线中，它能以较小的插入损耗从干线取出部分信号供给住宅楼或用户，有时也可用二分支干线提供信号电平，通过分支器的电视信号其中一小部分从分支端输出，大部分功率继续沿干线传输，如图 8-21 所示。

有一个分支输出端的叫做一分支器，有两个分支输出端的叫做二分支器，有三个分支输出端的叫三分支器，有四个分支输出端的叫四分支器。分支口越多，插入损耗越大。

分支器和分配器的根本区别在于：分配器平均分配功率；而分支器是从电缆中取出一小部分功率提供给用户，而大部分功率继续向后面传输。

3. 同轴电缆

同轴电缆由同轴结构的内外导体构成，内导体（芯线）用金属制成并外包绝缘物，绝缘物外面是用金属丝编织网或用金属箔制成的外导体（皮），最外面用塑料护套或其他特种护套保护。

电缆电视用的同轴电缆的阻抗规定为 75Ω，所以使用时必须与电路阻抗相匹配，否则会引起电波的反射。

目前，国内生产的电缆电视用同轴电缆的类型可分为实芯和藕芯电缆两种。芯线一般用铜线，外导体有两种：一种是铝管，另一种为铜网加铝箔。绝缘外套又分单护套和双护套两种。

在电缆电视工程中，目前常用 SYKV 型同轴电缆，即聚氯乙烯护套聚乙烯藕芯同轴电缆。干线一般采用 SYKV-75-12 型，支干线和分支干线多用 SYKV-75-12 或 SYKV-75-9 型，用户配线多用 SYKV-75-5 型，如图 8-22 所示。

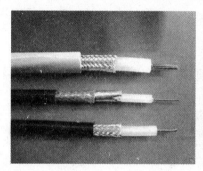

图 8-22　75Ω 同轴电缆

4. 用户接线盒

用户接线盒即系统输出口，有时也称作用户终端盒，它是电缆分配系统与用户电视机相连必不可少的部件，它常包括面板、接线盒，如果要和用户电视机相连，还必须配用一段用户线和插头。如图 8-23 所示，用户接线盒分为单输出孔和双输出孔（TV、FM），在双输出孔电路中要求 TV 和 FM 输出间有一定的隔离度，以防止相互干扰。

图 8-23　用户接线盒

数据型终端用户盒有双孔和三孔两种，如图 8-24 所示。双孔型终端用户盒的两插孔分别为 TV 和 DATA（或 DP），DP 插孔内部设有低通滤波器，用于与电脑连接，方便上网。三孔型终端用户盒增加了 1 个 FM 插孔。

用户接线盒的盒底尺寸是统一的。明装的面板和底盒都是塑料的，暗装的底盒常常是铁制的。

普通型用户盒一般有电视插孔（TV）和调频插孔（FM），数据用户盒比普通用户盒多了一个数据插孔（DATA）。使用时不能将 TV 插孔和 FM 插孔搞混、插错，因为 FM 插孔的

图 8-24 数据型终端用户盒

信号电平比 TV 插孔的信号电平低 7dB 以上，若插错后，会造成图像质量下降。

已经开通数字电视机节目的用户，一个机顶盒只能用于一台电视机。要在多个房间收看电视，需要多个机顶盒。

5. 有线电视插接件

有线电视的插接件主要有直插头（用于与用户接线盒和电视机的信号连接）、F头（用于同轴电缆与分支器、分配器、放大器等器件的连接），如图 8-25 所示。

图 8-25 有线电视插接件

8.3.2 家庭有线电视系统的安装

1. 家庭有线电视系统布线要求

（1）线路结构合理。需要在室内不同地点布置多台电视机时，一定要通过高品质的有线电视分配器进行一次信号分配，将电视信号分别送到各个终端，如图 8-26 所示。一忌用分支器进行信号分配；二忌用两个以上的分支器或分配器在室内串接，进行二次甚至多次信号分配。否则，一方面会由于室内信号分配不均，造成无法正常收看电视信号，另一方面宽带上网业务对室内布线要求高，室内线路不合理，会造成开通宽带上网功能困难，需要重新布线。

（2）严格控制分配器的端口数量。在配置室内有线电视终端时，应按方便

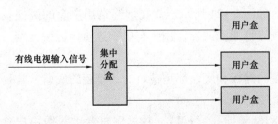

图 8-26 家庭有线电视系统的信号分配

使用的原则，在客厅、每个卧室以及书房均设置 1 个终端。在配置分配器时，严格控制分配器的路数。

分配器的作用是将入户的电视信号均等地分配到各个终端，终端数量越多，每个终端的信号越弱，因此一般不宜使用 4 路以上的分配器。为解决分配器的路数少于室内有线电视终端数量的矛盾，安装时，配置二分配器或三分配器，将实际使用的终端接在分配器输出端口上，其余的终端接头暂时不接，在需要使用时切换。

（3）严格控制施工工艺。一忌将入户线和去各终端的几路线不通过分配器简单绞合在一起。二忌将有线电视电缆随意扭曲，必须保证电缆在管道或箱体、底座内的转弯半径，即转弯必须平缓。三忌安装不当，分配器应安装在专用的家庭弱电箱中，电视终端面板必须安装在 86 盒底座上，室内电视终端的数量和具体位置以及终端面板的安装高度可根据需要决定，但要注意不要安装在以后可能被衣柜、空调等遮挡的位置，以免出现故障时影响维修。

（4）严格选用优质器材。有线电视系统根据电视终端数量确定分配器型号，2 个电视终端选二分配器，3 个终端选三分配器，4 个以上电视终端建议配置家用电视放大器。分配器、放大器安装在弱电箱中，放大器需要提供 220V 交流电源。分配器应选用标有 5 ~ 1000MHz 技术指标的优质器件；终端盒应选择带数据接口、电路板背面为密封焊接型，保证数字电视、宽带上网业务开展；电缆应选用四屏蔽物理发泡同轴电缆；放大器应选用 750MHz 以上双向放大器。

放大器属于有源设备，故障率相对分配器、终端盒要高，产品质量较难判定，使用时对电视信号质量也有一定的影响，因此一般应尽量控制选用，忌盲目使用放大器。

2. 电视线布线

家庭有线电视布线一般采取星形布线法（集中分配），多台电视机收看有线电视节目时，应使用专业布线箱或采用视频信号分配盒，把进户信号线分配成相应的分支到各个房间，如图 8-27 所示。

如果需要使用分配器，分配器应放在弱电箱中，电缆应穿电线管敷设，以便检修。安装多台电视，不能采用串接用户盒的方法，以免造成信号衰减太大，影响收看。如图 8-28 所示为某家庭有线电视管线图。

近年来，随着有线电视信号数字化的飞速发展，数字机顶盒成为家庭多媒体信号源的中心。

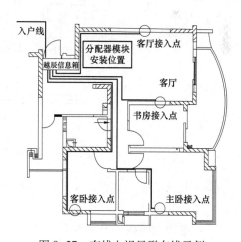

图 8-27　有线电视星形布线示例

人们不可能在每间房间的有线电视端口都配置一台价格较贵的数字机顶盒。所以，除了常规布设的同轴电缆外，有条件的话，还要增设音、视频线缆及双绞线，并配置相应的接线端口，以充分地利用有线电视网络的附加使用功能。

电视电缆线敷设注意事项如下：

（1）电视电缆中间不能有接头，以保证收视效果。

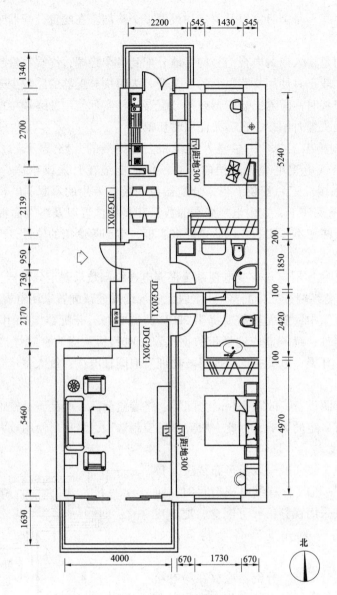

图 8-28　某家庭有线电视管线图（单位：mm）

（2）电视电缆线敷设时，一定尽量短且尽量不要过度弯曲，以减少损耗并保证良好匹配。

（3）电视电缆线尽量不要敷设在地砖下面。

（4）电缆与器件连接需用专业 F 型接头，绝不能像普通照明接线一样连接，以保证良好匹配。

（5）有线电视电缆不能并联，也不能简单地将户外进来的信号线直接接到各房间，应该使用分配器。

3. 分配器的安装

安装电视信号分配器时，应注意输入（IN）和输出端（OUT），进线应接在输入端

（IN），到其他房间的电缆应接在输出端（OUT），如图 8-29 所示。

FL10-5 型插头的连接方法如图 8-30 所示，其操作方法及步骤见表 8-9。

图 8-29　分配器的连接　　　　　　　　图 8-30　FL10-5 型插头的连接方法

表 8-9　　　　　　　　　　**FL10-5 型插头的连接步骤及方法**

步骤	操　作　方　法	图　　示
1	将电视信号同轴电缆的铜芯剥出 10~15mm，并套上固定环	
2	将 F 型接头插入电缆中	
3	将固定环固定在 F 型接头尾头处，并用钳子压紧固定环	
4	剪掉多余的铜芯	

4. 用户盒的安装

用户终端盒是系统与用户电视机连接的端口，一般应安装在距地面 0.3~1.8m 的墙上，分明装和暗装两种方式。

电视用户盒的接线方法如图 8-31 所示。

芯线头的长度要合适。
绝缘层与护套口处相距
2～3mm

为避免短路，应将
屏蔽网向外翻折

图 8-31　电视用户盒的接线

安装电视用户盒注意事项如下：

（1）在安装用户盒时，一定要精心、仔细。若在安装时不仔细，容易发生固定螺钉将同轴电缆线绝缘层钻穿，致使电缆线屏蔽层与轴芯直接将信号短路，导致无法收看电视。

（2）在安装电缆接头，注意电缆屏蔽层与芯线不能有任何接触，芯线长度要适当。若线芯过短，特别是在冬季，温度降低，电缆冷缩，易造成接触不良；芯线过长，则易造成短路现象。

（3）不能将 TV 插孔和 FM 插孔搞混、插错，因为 FM 分支孔的信号电平比 TV 主路输出孔的信号电平低 7dB 以上，若插错后，电视机输入电平下降，图像噪点会增多，将造成图像质量下降。

5. 75Ω 直插头线的制作

75Ω 直插头线的制作步骤及方法见表 8-10。

表 8-10　　　　　　　　75Ω 直插头线的制作步骤及方法

步骤	操 作 方 法	图 示
1	剥去电缆的外层护套 10mm。此时，注意不要伤到屏蔽网	
2	去掉铝膜，再剥去约 8mm 内的绝缘层	
3	把铜芯插入插头并用螺钉压紧，将屏蔽网接在插头外套金属筒上，保证接触良好	插头的金属外壳必须和屏蔽网固定器紧密结合 屏蔽层固定器起到固定金属屏蔽网，以及导通插头金属外壳的双层作用
4	拧紧压紧套	插头拧得不够紧才会有如此大的间隔，造成屏蔽固定器与金属外壳接触不良

手工制作插头线虽然比较简单，但如果制作方法不当，会造成电视信号衰减，尤其对低端各频道影响最大，在画面上常常出现雪花点和各种干扰现象。因此，为了保证收视效果良好，一般建议用户购买成品的信号线。

8.4　广播音响系统

8.4.1 广播系统的设计

1. 广播系统的组成

广播音响系统根据使用功能可以归纳为三种类型：一是公共广播系统；二是厅堂扩声系统；三是会议系统。不管哪一种广播音响系统，都可以画成如图 8-32 所示的基本组成方框图，它基本可分四个部分：节目源设备、信号的放大和处理设备、传输线路和扬声器系统。

图 8-32　广播音响系统的组成框图

（1）节目源设备。节目源通常为无线电广播、影碟机等设备提供，此外还有传声器、电子乐器等。

（2）信号放大和处理设备。包括调音台、前置放大器、功率放大器和各种控制器及音响加工设备等。这部分设备的首要任务是信号放大，其次是信号的选择。调音台和前置放大器作用和地位相似（当然调音台的功能和性能指标更高），它们的基本功能是完成信号的选择和前置放大，此外还担负音量和音响效果进行各种调整和控制。有时为了更好地进行频率均衡和音色美化，还另外单独投入图示均衡器。这部分是整个广播音响系统的"控制中心"。功率放大器则将前置放大器或调音台送来的信号进行功率放大，再通过传输线去推动扬声器放声。

（3）传输线路。传输线路虽然简单，但随着系统和传输方式的不同而有不同的要求。对礼堂、剧场等，由于功率放大器与扬声器的距离不远，一般采用低阻大电流的直接馈送方式，传输线要求用专用喇叭线；而对公共广播系统，由于服务区域广、距离长，为了减少传输线路引起的损耗，往往采用高压传输方式，由于传输电流小，故对传输线要求不高。

（4）扬声器系统。扬声器系统要求整个系统要匹配，同时其位置的选择也要切合实际。礼堂、剧场、歌舞厅音色、音质要求高，而扬声器一般用大功率音箱；而公共广播系统，由于它对音色要求不是那么高，一般用 3~6W 吸顶式喇叭。

2. 功率放大器的容量计算

在广播系统中，从功率放大器设备的输出至线路上最远的用户扬声器间的线路衰耗应符合以下要求：采用定压输出的馈电线路，输出电压采用 70V 或 100V。

广播系统功率放大器容量的计算公式为

$$P = K_1 \times K_2 \times \sum P_0$$
$$P_0 = K_i \times P_i$$

式中：P 为功率放大器输出总电功率，W；K_1 为线路衰耗补偿系数，线路衰耗 1dB 时取 1.26，线路衰耗 2dB 时取 1.58；K_2 为老化系数，一般取 1.2~1.4；P_0 为每分路同时广播时最大电功率，W；P_i 为第 i 分路的用户设备额定容量；K_i 为第 i 分路的同时需要系数，服务性广播时，客房节目每套 K_i 取 0.2~0.4，背景音乐节目 K_i 取 0.7~0.8。

功率放大器容量按该系统扬声器总数的 1.2 倍确定。

3. 广播线材的选用（见表8-11）

表 8-11   广 播 线 材 的 选 用

输出电压 70V								
截面积（mm²） 负载功率 长度	60W	120W	250W	350W	450W	650W	1000W	1500W
100m 内	0.50	0.50	0.50	0.75	1.00	1.50	2.00	4.00
250m 内	0.50	0.75	1.50	2.50	2.50	4.00	6.00	
500m 内	0.75	1.50	2.50	4.00	6.00	6.00		
1000m 内	1.50	2.50	6.00					

输出电压 100V								
截面积（mm²） 负载功率 长度	60W	120W	250W	350W	450W	650W	1000W	1500W
100m 内	0.50	0.50	0.50	0.50	0.75	0.75	1.50	2.50
250m 内	0.50	0.5	0.75	1.00	1.50	2.50	4.00	6.00
500m 内	0.50	0.75	1.50	2.50	4.00	4.00	6.00	10.00
1000m 内	0.75	1.50	4.00	4.00	6.00	10.00	11.25	16.80

输出电压 200V								
截面积（mm²） 负载功率 长度	60W	120W	250W	350W	450W	650W	1000W	1500W
100m 内							0.50	0.50
250m 内							0.75	1.00
500m 内							1.50	2.50
1000m 内							2.50	4.0

注　负载平均分布时，平均声压级衰减-2dB，导线采用多股铜芯线。

4. 广播系统的供电要求

小容量的广播站可由插座直接供电；容量在 500W 以上时，设置广播控制室，其供电可由就近的电源控制器专线供电。

交流电压偏移值一般不宜大于±10%，当电压偏移不能满足设备的限制要求时，应安装自动稳压装置。

5. 线路的敷设方式

线路采用穿钢管或线槽铺设，不得与照明、电力线同线槽敷设。

6. 扬声器配置

广播扬声器以均匀、分散的原则配置于广播服务区。其分散的程度应保证服务区内的信噪比不小于 15dB。

扬声器的选用应视环境选用不同品种、规格的广播扬声器。例如，在有天花板吊顶的室内，宜用嵌入式的、无后罩的天花扬声器。在仅有框架吊顶而无天花板的室内（如开架式商场），宜用吊装式球形扬声器或有后罩的天花扬声器。在无吊顶的室内（例如地下停车场），则宜选用壁挂式扬声器或室内音柱。在装修讲究、顶棚高阔的厅堂，宜选用造型优雅、色调和谐的吊装式扬声器。在室外要考虑防水性能好的室外防水音柱，这类音柱不仅有防雨功能，而且音量较大。考虑与环境结合也可选用防水的草地音箱等。

公共广播系统平时主要播送背景音乐，在公共区、通道走廊等处设置扬声器，一般走道扬声器间距按层高的 3~4 倍考虑，扬声器按 8~10m 设置一只。

下面介绍几种音箱的性能参数，可供设计时参考。

（1）室内壁挂音箱性能参数（见表 8-12）。

表 8-12   **室内壁挂音箱性能参数**

型号	T-601S	T-601B
额定功率（100V）	6W	6W
额定功率（70V）	3W	—
峰值功率	10W	10W
频率响应	130~16kHz	130~14kHz
灵敏度	92dB±3dB	92dB±3dB
阻抗	黑-COM 红-1.7kΩ	黑-COM 红-1.7kΩ
喇叭单元	6.5″+2.5″	4″
尺寸	200mm×105mm×276mm	202mm×99mm×271mm
质量	1.2kg	2.1kg
实物图		

（2）草地音箱性能参数（见表 8-13）。

表 8-13   **草地音箱性能参数**

型号	T-300	T-300A	T-300B	T-300C
额定功率（100V）	7.5W/15W	7.5W/15W	7.5W/15W	7.5W/15W
额定功率（70V）	3.8W/7.5W	3.8W/7.5W	3.8W/7.5W	3.8W/7.5W
峰值功率	30W	30W	30W	30W

型号	T-300	T-300A	T-300B	T-300C
喇叭单元	6.5″+1.5″	6.5″	6.5″+1.5″	6.5″
输入电压	70V/100V	70V/100V	70V/100V	70V/100V
频率响应	120Hz~15kHz	120Hz~15kHz	120Hz~15kHz	120Hz~15kHz
灵敏度	95dB	95dB	95dB	95dB
质量	5.6kg	4.6kg	4.3kg	4.6kg
实物图				

型号	T-300P	T-300Q	T-300R	T-300S
额定功率（100V）	7.5W/15W	10W/20W	7.5W/15W	7.5W/15W
额定功率（70V）	3.8W/7.5W	5W/10W	3.8W/7.5W	3.8W/7.5W
峰值功率	30W	40W	30W	30W
喇叭单元	6.5″	6.5″	5.5″	5.5″
输入电压	70V/100V	70V/100V	70V/100V	70V/100V
频率响应	120Hz~16kHz	120Hz~16kHz	120Hz~16kHz	120Hz~16kHz
灵敏度	98dB	96dB	96dB	96dB
质量	4.4kg	6kg	3.3kg	3kg
实物图				

型号	T-300T	T-300U	T-300V	T-300W
额定功率（100V）	7.5W/15W	7.5W/15W	7.5W/15W	7.5W/15W
额定功率（70V）	3.8W/7.5W	3.8W/7.5W	3.8W/7.5W	3.8W/7.5W
峰值功率	30W	30W	30W	30W
喇叭单元	6.5″	6.5″	6.5″+1.5″	6.5″
输入电压	70V/100V	70V/100V	70V/100V	70V/100V
频率响应	120Hz~16kHz	120Hz~16kHz	120Hz~16kHz	120Hz~16kHz
灵敏度	96dB	96dB	98dB	98dB
质量	5kg	4.1kg	4.7kg	4.5kg
实物图				

续表

型号	T-300X	T-300Y	T-300AA	T-300BA
额定功率（100V）	7.5W/15W	7.5W/15W	7.5W/15W	7.5W/15W
额定功率（70V）	3.8W/7.5W	3.8W/7.5W	3.8W/7.5W	3.8W/7.5W
峰值功率	30W	30W	30W	30W
喇叭单元	6.5″	6.5″	6.5″	6.5″
输入电压	70V/100V	70V/100V	70V/100V	70V/100V
频率响应	120Hz~16kHz	120Hz~16kHz	120Hz~15kHz	120Hz~15kHz
灵敏度	98dB	98dB	95dB	95dB
质量	4.4kg	5.4kg	5.1kg	4.4kg
实物图				

型号	T-700A	T-700B	T-2100	T-2300
额定功率（100V）	7.5W/15W	7.5W/15W	7.5W/15W	7.5W/15W
额定功率（70V）	3.8W/7.5W	3.8W/7.5W	3.8W/7.5W	3.8W/7.5W
峰值功率	30W	30W	30W	30W
喇叭单元	5.5″	5.5″	5.5″	6.5″
输入电压	70V/100V	70V/100V	70V/100V	70V/100V
频率响应	120Hz~16kHz	120Hz~16kHz	120Hz~15kHz	120Hz~15kHz
灵敏度	96dB	95dB	98dB	98dB
质量	8kg	7.6kg	4.6kg	5.8kg
实物图				

型号	T-900	T-1100	T-1300	T-1500
额定功率（100V）	7.5W/15W	7.5W/15W	7.5W/15W	7.5W/15W
额定功率（70V）	3.8W/7.5W	3.8W/7.5W	3.8W/7.5W	3.8W/7.5W
峰值功率	30W	30W	30W	30W
喇叭单元	6.5″	6.5″	6.5″	6.5″
输入电压	70V/100V	70V/100V	70V/100V	70V/100V
频率响应	120Hz~15kHz	120Hz~15kHz	120Hz~15kHz	120Hz~15kHz
灵敏度	95dB	95dB	95dB	95dB
质量	6kg	7.4kg	8kg	5.6kg

型号	T-900	T-1100	T-1300	T-1500
实物图				

型号	T-4500	T-3100A	T-3300A	T-100/T-100D
额定功率（100V）	20W/40W	20W/40W	7.5W/15W	10W/20W
额定功率（70V）	10W/20W	10W/20W	3.8W/7.5W	5W/10W
峰值功率	80W	80W	30W	40W
喇叭单元	8″	6″+3″	6″+3″	6.5″× 2.5″
输入电压	70V/100V	70V/100V	70V/100V	70V/100V
频率响应	80Hz~1600Hz	100Hz~10kHz	100Hz~10kHz	120Hz~13kHz
灵敏度	86dB±3dB	96dB	96dB	98dB
质量	6.8kg	3.6kg	7.2kg	10kg
实物图				

（3）有源音箱（如图8-33所示）。

图8-33　T-6707有源音箱

1）功能描述。

○内置点播采集模块，实现实时信号采集功能。

○可选配交换机模块，实现扩充功能。

○支持立体声线路输入，音量调节。

○内置立体声功率放大器。

○内置小口径、大功率的高保真扬声器。

○功率输出，外扩 8Ω/10W 定阻扬声器。

○支持音量、平衡调节。

2）T-6707 的性能参数（见表 8-14）。

表 8-14　　　　　　　　　　　T-6707 有源音箱的性能参数表

网络接口	标准 RJ45×3，1 个输入，2 个输出	扬声器输出阻抗及额定功率	8Ω，10W 工业标准压线接线端子
支持协议	TCP/IP，UDP，IGMP（组播）	辅助线路输入电平	2×400mV 标准 RCA 端子
音频格式	MP3/MP4	工作温度	−20～+60℃
采样率	8k～48kHz	工作湿度	10%～90%
传输速率	10Mbit/s	功耗	≤25W
音频模式	16 位立体声 CD 音质	输入电源	AC 220V/50Hz
输出频率	20Hz～16kHz	尺寸	162mm×115mm×360mm
谐波失真	≤0.3%	净重	3.66kg
信噪比	>70dB		

8.4.2 社区广播系统安装

1. 广播室的布线

广播室的布线方式见表 8-15，设计时可根据实际情况选择合适的布线方式。

表 8-15　　　　　　　　　　　广播室的布线方式

布线方式	操作说明
地板线槽走线	地板下设线槽走线，适用于设备多设备间连线相互交错的广播室。广播室地面敷设地板或预留线槽，可将导线整齐地排放在预留线槽内，用绑扎线每隔 1～1.5m 绑扎一次。导线一层排列不完，可以排列二层，注意一、二层不应绑扎在一起。转弯处转弯半径应大于导线直径 6 倍以上。线槽盖板应盖在线槽上。导线进出地板线槽时，应采用金属线槽加以保护。金属线槽底板用膨胀螺栓固定在设备背面。金属线槽应与地线作可靠连接
暗管敷设	暗管敷设是将钢管预敷在地下或墙壁内。有时采用暗管敷设配线，暗敷在天棚吊顶或者在木地板内，再在钢管内穿放导线。钢管的直径可根据管内敷设的导线截面积、数量和将来的预留量决定。低电平线与高电平以及电源线、广播输出线不要同穿于一根管内。穿线用的保护套管、线盒应在砌墙时预埋好。预埋的深度应根据面板的结构确定，应使设备面板紧扣墙面。线管口应光滑无毛刺。对较长或有两个弯曲部位的管子，在暗装时应预穿钢丝，以便穿引电线
明敷设	在小容量的广播室可采用明线安装，或用塑料线槽或硬管明配线。明装配线时，线路应保持横平竖直。各房间的安装高度和位置应一致

广播室内导线很多，一般传送电平极低，易受外界干扰，产生干扰后经放大器放大输送给扬声设备，对广播质量影响较大。尽管这些线路已在设计中采用了屏蔽电缆，具有很强的抗干扰能力，但在安装施工时应特别注意以下几个问题。

（1）广播室是各种强弱信号线和电源线的汇集点，干扰源较强，屏蔽电缆电线中间严禁设置中间接头。

（2）屏蔽电缆电线与设备、插头连接时，应采用焊接，严禁采用扭接和铰接。各种连接线中间不允许有接头，两头用插头连接，连接方法为焊接（即导线与插头焊接）。

（3）应对每根导线两端进行编号，编号应与系统图一致。

（4）电缆在接线盒内要留有150~200mm的预留量，以备维修时使用。

2. 广播室电源和机柜的安装

（1）电源的安装。广播室一般设置有独立的配电盘（箱），由交流配电盘（箱）输出若干回路供给各个广播设备的交流电源。配电盘（箱）安装分为壁接式和落地式两种。中等容量的广播室（500W以下）一般采用壁接式安装，施工方法如下：

1）在混凝土或砖墙上画线，然后用冲击电钻钻孔，其位置应使配电箱底边距地1.5m。

2）清理孔内的灰渣，放入膨胀螺栓。

3）用锤打击胀管，使套管里端胀开。

4）将配电箱安装端正、垂直，拧紧螺帽。

大容量的广播室（站），一般采用落地式配电盘，配电盘采用刀开关或空气开关控制总电源和分路电源，配电盘应安装在基础型钢上，其实装方法相同于前述盘柜安装。

配电盘（箱）安装完毕后，各控制开关下的标志应清楚，回路编号应齐全。各控制开关应动作灵活有效。广播系统对供电电压和容量要求很高，供电质量与广播音质有关，因此配电盘（箱）内常设有稳压装置，由于电源电压不稳，会影响音频信号失真，稳压器的容量一般大于实际需要容量，使用时不会发热。社区广播系统具有火警广播等功能，可设置直流蓄电池组备用电源和电源互换装置。

（2）机柜及设备的安装。社区广播系统的设备一般放置在19寸的标准机柜中。至于机柜的内部区隔则视系统的配备多寡决定。机柜通常会加装玻璃门，以方便监视系统设备的运作。但是也有未装玻璃门的情况。

设备在机柜架上的组合，原则上是低电平设备在上部，高电平设备在中部或者下部，稳压电源在下部。也就是说，设备应按照电梯度由上至下排列。

设备的连接方法是：音源设备（CD机、DVD机、录音机）→音频处理设备（压限器、激励器、效果器、分频器、均衡器等）→音频功率放大器→音箱或扬声器，如图8-34所示。

注意：机柜后面的预留空间应确保便于维修。由于机柜中的设备大多数是功率设备，因此其安环境应有良好的通风，避免设备工作时温度持续上升，以至损坏设备。

3. 扬声器的布置与安装

（1）纵向距离较长或混响时间较长的大中型厅堂宜将扬声器分散布置在墙壁内或吊顶中，并使不同位置上的听觉与视觉一致。

（2）公共服务区域内扬声器密度按楼层高度3倍或任何部位到最近的扬声器的距离不超过15m设置，使扬声器的电功率密度为0.025~0.05W/m²。走廊的交叉、拐弯处也应安装扬声器。

（3）室内一般采用带有助声木箱的纸盆扬声器，室外一般使用号筒式高音扬声器。

DVD机一般都带有AC-3解码器，应注意将其杜比AC-3的5.1声道(前置左、右主声道、中置声道、后置左右环绕声道、超重低音声道)音频输出端子与AV功率放大器5.1声道对应的音频输入端子相连

AV功率放大器音频输出端子与电视机音频输入端子相连(用红、白色线区分左、右声道)。有S端子的电视机和AV功率放大器，应将两者的S-VIDEO相连

AV功率放大器与扬声系统的连接应注意阻抗匹配、功率匹配、频响匹配、音色匹配等问题。根据不同的AV功率放大器与不同的扬声系统实现正确匹配，方能保证AV功率放大器、扬声器的安全和获得良好的音响效果

图 8-34　设备连接示例

（4）扬声器的安装高度：办公室内距顶 20cm 或距地面 2.5m；门厅、走廊为吸顶式或嵌入式安装；室外距地面 4~5m。

（5）扬声器的安装方向：高音扬声器的安装方向一般都标注在施工图上，其轴线指向扩音范围内的最远处。室外扬声器应按施工图所示方向再向下倾斜。

8.5　网　络　系　统

8.5.1　社区智能化的几种网络形式

1. 社区数据网

数据网是社区内部的驻地网。通常是一个宽带数据网络，目前几乎均选择 TCP/IP 以太网，它作为社区内部的信息高速公路，支撑着内部的信息服务、办公、管理、多媒体通信等有关数据信息传输和处理的功能；实现了社区的 Internet 的接入和（或）城域骨干网的接入，满足居民对 Internet 和（或）城域网信息服务的需求。

2. 社区监控网

监控网实现了社区内部有关系统和设施的控制和监测，包括对安全防范、消防、电梯、灯光照明、上下水、停车场出入口、生态环境等系统和设施的控制和监测，对于在社区中形成安全、舒适、环保、节能的环境，不可或缺。

国内外传统的常用的具有开放性的监控网络低层有关的标准和协议包括 LonWalkBACnet、RS-485、RS-232 等，低层支持 IP 以太网是监控网更加走向开放性重要的标志。当前，国外几乎所有的厂家其开放的监控网产品均包括了 TCP/IP 以太网，并可以在 TCP/IP 以太网平台上进行监控系统功能的集成和联动，利用 Web 技术和浏览器界面对集成的系统进行管理和监控。目前直接利用工业控制以太网来实现社区监控网络的功能也是可

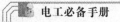

行的。

监控网络技术与其他网络技术一样也在不断发展，监控网络的几种结构形式。

早期的监控网络结构源于传统的控制网络技术，物理上由现场总线级和控制级组成。现场总线级是监控网络的最低层，直接连接各个需要监控的应用子系统，一般情况下，每个现场总线网络对应一个子系统。上层控制级主要实现各个子系统之间的联动和监管，当然也可直接连接子系统。

目前比较复杂的监控网络系统在网络物理结构上只有两层，但可以实现逻辑上的三层功能，主要在于控制网协议 BACnet 的低层支持 IP 以太网。TCP/IP 以太网利用网关或服务器来连接现场总线网络，而中间不采用传统的控制器，带宽富裕且可靠的 TCP/IP 以太网既实现了管理级功能，又实现了控制级功能。

由于在智能化社区中，机电设备监控的功能是比较简单的，绝大部分功能是只监不控、即使需要少量控制功能，也只不过是开环控制或者是简单的开关量控制，因此监控网络系统可以采用简单而优化的结构，这种结构组成的监控系统，可以实现机电设备监控、安全防范、一卡通、家居智能控制等全部功能以及这些子系统的联动和集成。

语音通信网除了通常在社区中以程控交换机为中心的结构形式支持传统的语音通信外，还包括无线通信对讲系统、手机信号增强系统等。利用电话线来实现 XDSL 宽带 Internet 接入是当前常用的一种解决方案。

3. 社区有线电视网

社区中的有线电视网自成系统，遍及社区和所有的住宅楼。

社区有线电视系统（CATV）包括卫星电视接收系统、共用天线电视系统、自办闭路电视系统等。有线电视网络除了满足居民收看电视节目外，建设双向有线电视网 HFC 也是一种构成社区宽带网的途径。利用 HFC 实现宽带 Internet 接入也是当前可行的一种解决方案。

现在小区住户都设置有线电视系统，利用有线电视网络构建宽带城域网，接入网的构建采用 10M/100M/1000M 专线，CABLE MODEM 接入方式及应用光纤到楼的高速局于域网专线接入方式。借助现有的入户同轴电缆作为统一的传输媒介，实现用户视频、通信、数据的多媒体交互式服务，为用户提供一个宽带按需分配的，完全无阻塞的、可扩展的双向宽带接入环境，不仅满足人们对新增多媒体业务的需求，同时还能在同一平台上实现家庭保安、家电控制、"三表"（电能表、水表、煤气表）数据采集等家庭智能化的功能。

8.5.2 智能化社区网络系统的结构

小区内连接各个住户和办公室的网络传输介质包括电话布线系统、有线电视布线系统（光纤电视网）、电源布线系统和计算机网络布线系统（五类双绞线），这些传输介质应该作为小区的基本传输介质。

智能化社区网络系统的结构分为社区、住宅楼、家居三个层次，这三个层次具有不同的结构和功能。以监控网中家居智能控制系统为例，其中家居网络系统是一个特殊的亮点，以家居智能控制器为核心形成了家居网络，实现家庭中家电、家居安防、"三表"计量远传、数字终端等设备的连接和控制。通过家居智能控制器与住宅楼网络以及社区网络的连接。这样一来，就可以通过社区以太网，甚至可以通过 Internet 对家居网络系统中的各种设备进行管理和监控，而像"三表"输出的计量数字信号则可以传送至社区的物业管理中心，也可以通过城市的公网或专网远传至城市中有关的公用事业管理部门。

家居网络目前可以采用蓝牙、WLAN（无线局域网）等无线技术，也可以采用 485 总线、LAN（局域网）、电话线、电力线等技术组网。住宅楼中各个家居智能控制器用 485 总线连接成住宅楼网络，然后通过网关与社区宽带网（一般为 TCP/IP 以太网）连接。家居智能控制器通过住宅楼集线器 HUB 直接与社区宽带网连接的结构，这是一种可以直接使用住宅楼综合布线系统组网的结构。显然，利用无线技术实现家居智能控制器组网也是可行的解决方案。目前，大部分生产厂家的家居智能控制器产品可以适应多种组网（485 总线、以太网或无线等）方式，以供选择。

对于数据网和电话网，则由智能化社区综合布线系统决定了社区和住宅楼两个层次的网络结构。

8.5.3　金属槽布线

1. 金属桥架的种类及选用

金属桥架多由厚度为 0.4～1.5mm 的钢板制成，可分为槽式和梯式两类，如图 8-35 所示。槽式桥架是指由整块钢板弯制成的槽形部件；梯式桥架是指由侧边与若干个横档组成的梯形部件。桥架附件是用于直线段之间，直线段与弯通之间连接所必需的连接固定或补充直线段、弯道的功能部件。支、吊架是指直接支承

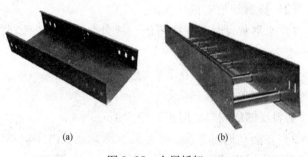

（a）　　　　　　　　　　（b）

图 8-35　金属桥架
（a）槽式桥架；（b）梯式桥架

桥架的部件，它包括托臂、立柱、立柱底座、吊架以及其他固定用支架。

为了防止金属桥架腐蚀，其表面可采用电镀锌、烤漆、喷涂粉末、热浸镀锌、镀镍锌合金钝化处理或采用不锈钢板。可以根据工程环境、重要性和耐久性，选择适宜的防腐处理方式。一般腐蚀较轻的环境可采用镀锌冷轧钢板桥架；腐蚀较强的环境可采用镀镍锌合金钝化处理桥架，也可采用不锈钢桥架。综合布线中所用线缆的性能，对环境有一定的要求。为此，在工程中常选用有盖无孔型槽式桥架（简称线槽）。

2. 线槽安装要求

安装线槽应在土建工程基本结束以后，与其他管道（如风管、给排水管）同步进行，也可比其他管道稍迟一段时间安装。但尽量避免在装饰工程结束以后进行安装，造成敷设线缆的困难。安装线槽应符合下列要求：

（1）线槽安装位置应符合施工图规定，左右偏差视环境而定，最大不超过 50mm。

（2）线槽水平度每米偏差不应超过 2mm。

（3）垂直线槽应与地面保持垂直，并无倾斜现象，垂直度偏差不应超过 3mm。

（4）线槽节与节间用接头连接板拼接，螺栓应拧紧。两线槽拼接处水平偏差不应超

过 2mm。

（5）当直线段桥架超过 30m 或跨越建筑物时，应有伸缩缝。其连接宜采用伸缩连接板。

（6）线槽转弯半径不应小于其槽内的线缆最小允许弯曲半径的最大值。

（7）盖板应紧固。并且要错位盖槽板。支吊架应保持垂直、整齐牢固、无歪斜现象。

（8）为了防止电磁干扰，宜用辫式铜带把线槽连接到其经过的设备间，或楼层配线间的接地装置上，并保持良好的电气连接。

3. 水平子系统线缆敷设

（1）预埋金属线槽。

1）在建筑物中预埋线槽可为不同的尺寸，按一层或二层设备，应至少预埋 2 根以上，线槽截面高度不宜超过 25mm。

2）线槽直埋长度超过 15m 或在线槽路由交叉、转变时宜设置拉线盒，以便布放线缆和维护。

3）接线盒盖应能开启，并与地面齐平，盒盖处应采取防水措施。

4）线槽宜采用金属引入分线盒内。

（2）设置线槽支撑。

1）水平敷设时，支撑间距一般为 1.5~2m；垂直敷设时，固定在建筑物构体上的间距宜小于 2m。

金属线槽敷设时，在下列情况下设置支架或吊架：线槽接头处；间距 1.5~2m；离开线槽两端口 0.50m 处；转弯处。

塑料线槽底固定点间距一般为 1m。

2）在活动地板下敷设线缆时，活动地板内净空不应小于 150mm。如果活动地板内作为通风系统的风道使用时，地板内净高不应小于 300mm。

3）采用公用立柱作为吊顶支撑柱时，可在立柱中布放线缆。立柱支撑点宜避开沟槽和线槽位置，支撑应牢固。

4）不同种类的线缆布放在金属线槽内，应同槽分室（用金属板隔开）布放。

4. 干线子系统的线缆敷设

（1）线缆不得布放在电梯或管道竖井中。

（2）干线通道间应沟通。

（3）弱电间中线缆穿过每层楼板孔洞宜为方形或圆形。长方形孔尺寸不宜小于 300mm×100mm，圆形孔洞处应至少安装 3 根圆形钢管，管径不宜小于 100mm。

（4）建筑群干线子系统线缆敷设支撑保护应符合设计要求。

8.5.4 建筑物内水平布线

建筑物内水平布线，可选用天花板、暗道、墙壁线槽等形式，在决定采用哪种方法之前，到施工现场，进行比较，从中选择一种最佳的施工方案。

1. 暗道布线

暗道布线是在浇筑混凝土时已把管道预埋好地板管道，管道内有牵引电缆线的钢丝或铁丝，安装人员只需索取管道图纸来了解地板的布线管道系统，确定"路径在何处"，就可以作出施工方案。

对于老的建筑物或没有预埋管道的新的建筑物，要向业主索取建筑物的图纸，并到要布线的建筑物现场，查清建筑物内电、水、气管路的布局和走向，然后，详细绘制布线图纸，确定布线施工方案。

对于没有预埋管道的新建筑物，施工可以与建筑物装修同步进行，这样既便于布线，又不影响建筑物的美观。

管道一般从配线间埋到信息插座安装孔。安装人员只要将电缆线固定在信息插座的拉线端，从管道的另一端牵引拉线就可使线缆达到配线间。

2. 天花板顶内布线

水平布线最常用的方法是在天花板吊顶内布线。具体施工步骤如下：

（1）确定布线路由。

（2）沿着所设计的路由，打开天花板，用双手推开每块镶板，如图 8-36 所示。

如果有多条线缆，为了减轻压在吊顶上的压力，可使用 J 形钩、吊索及其他支撑物，来支撑线缆。

例如现在要布放 24 条 4 对的线缆，到每个信息插座安装孔有两条线缆。可

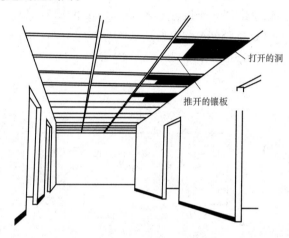

图 8-36　天花板布线

将线缆箱放在一起，并使线缆接管嘴向上。24 个线缆箱按如图 8-37 所示分组安装，每组有 6 个线缆箱，共有 4 组。

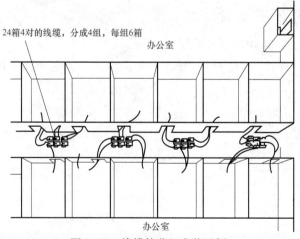

图 8-37　线缆箱分组安装示例

（3）加标注。在箱上写标注，在线缆的末端注上标号。

（4）从离管理间最远的一端开始，拉到管理间。

3. 墙壁线槽布线

在墙壁上布线槽一般遵循下列步骤。

（1）确定布线路由。

（2）沿着路由方向放线，应讲究直线美观。

（3）线槽每隔 1m 要安装固定螺钉。

（4）布线（布线时线槽容量为 70%）。

（5）盖塑料槽盖（盖槽盖应错位盖）。

8.5.5 信息模块压接

1. EIA/TIA568A 和 EIA/TIA568B 信息模块比较

信息模块的压接分 EIA/TIA568A 和 EIA/TIA568B 两种方式。

EIA/TIA568A 信息模块的物理线路分布如图 8-38（a）所示，EIA/TIA568B 信息模块的物理线路分布如图 8-38（b）所示。

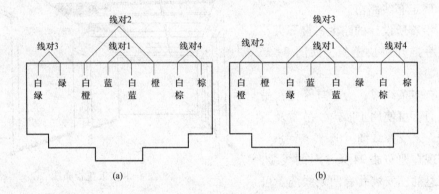

图 8-38　EIA/TIA568A 和 EIA/TIA568B 信息模块的物理线路分布
（a）EIA/TIA568A；（b）EIA/TIA568B

无论是采用 568A 还是采用 568B，均在一个模块中实现。在一个系统中只能选择一种，即要么是 568A，要么是 568B，不可混用。

568A 第 2 对线（568B 第 3 对线）把 3 和 6 颠倒，可改变导线中信号流通的方向排列，使相邻的线路变成同方向的信号，减少串扰对，如图 8-39 所示。

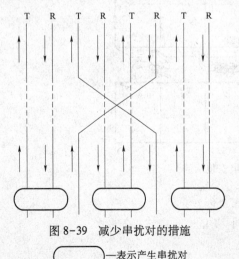

图 8-39　减少串扰对的措施

表示产生串扰对

2. 典型的信息模块与网线连接

目前，信息模块的供应商有 IBM、AT&T、AMP、西蒙等国外商家和南京普天等国内商家，产品的结构都类似，只是排列位置有所不同。有的面板注有网线颜色标号，与网线压接时，注意颜色标号配对就能够正确地压接。AT&T 公司的 568B 信息模块与网线连接的位置如图 8-40 所示。

AMP 公司的信息模块与双线连接的位置如图 8-41 所示。

橘	2	☐	☐	7白棕
白橘	1	☐	☐	8棕
白绿	3	☐	☐	6绿
白蓝	5	☐	☐	4蓝

图 8-40　AT&T 公司的 568B 信息模块与网线连接

白绿	3	☐	☐	5白棕
绿	6	☐	☐	4棕
白棕	7	☐	☐	1绿
棕	8	☐	☐	2蓝

图 8-41　AMP 公司的信息模块与双线连接

3. 信息模块压接

信息模块压接时，通常有用打线工具压接和不要打线工具直接压接两种方式。一般采用打线工具进行压接模块。

信息模块压接时的操作要点如下：

（1）网线是成对相互拧在一处的，压接时应一对一对拧开再放入与信息模块相对的端口上。

（2）在网线的压接处不能拧成团，也不能撕开，以防止断线。

（3）使用压线工具压接时，要压实，不能有松动的地方。

在现场施工过程中，有时遇到 5 类线或 3 类线，与信息模块压接时出现 8 针或 6 针模块。例如，要求将 5 类线（或 3 类线）一端压在 8 针的信息模块（或配线面板）上，另一端在 6 针的语音模块上，如图 8-42 所示。

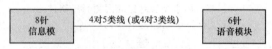

图 8-42　8 针信息模块与 6 针语音模块

对这种情况，无论是 8 针信息模块，还是 6 针语音模块它们在交接处是 8 针，只有输出时，有所不同。所以按 5 类线 8 针压接方法压接，6 针语音模块将自动放弃不用的棕色一对线。

8.5.6　信息插头制作与网线测试

与网线面板连接的网线使用信息插头，俗称水晶头，常用的是 RJ-45 水晶插头。

RJ-45 水晶插头的接线有 T586A 或 T586B 方式，一般按 T586B 方式接线。如果是线缆间跳线，或从计算机连接到信息插座，一条线两端插头的接线位置要一致。如果是从计算机连接到计算机，则接线要交叉接线。使用新型交换机，可以自动识别线序，可以使用直接连接的方式。RJ-45 插头的接线方法如图 8-43 所示。

RJ-45 水晶插头的制作工具如图 8-44 所示，其制作步骤及方法见表 8-16。

表 8-16　　　　　　　　　　RJ-45 水晶插头的制作步骤及方法

步骤	操　作　方　法	图　　示
1	用压线钳的剥线口将网线的外层的护套剥去	
2	将 4 对双绞线分开、捋直，并让线与线紧紧地靠在一起	

续表

步骤	操 作 方 法	图 示
3	用压线钳的剪线口将剥去护套的网络线多余部分剪去行（所需的长度大概是 15mm，和指甲盖长度差不多），留下一排整齐的线头	
4	套上水晶头。注意，水晶头的簧卡朝下；网线的 8 根内芯一定要伸入水晶头底部，如果不触底会影响使用效果	
5	将水晶头放入压线钳的压线口，用劲握压线钳手柄。最好是反复握几次。右图为压制过与未压制过的水晶头对比（左侧为压制过的，铜压刀已经完全没入水晶头内）	
6	将制作完成后的网线两头插入测线仪，打开开关，如果 1~8 的指示灯依次反复发光，说明网线制作成功	

RJ-45接头 T568A T568B

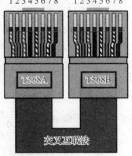

直连互联法 交叉互联法

一、直连线互连
网线的两端均按T568B接
1. 电脑←→ADSL猫
2. ADSL猫←→ADSL路由器的WAN口
3. 电脑←→ADSL路由器的LAN口
4. 电脑←→集线器或交换机

二、交叉互连
网线的一端按T568B接，另一端按T568A接
1. 电脑←→电脑，即对等网连接
2. 集线器←→集线器
3. 交换机←→交换机
4. 路由器←→路由器

图 8-43　RJ-45 水晶插头的接线

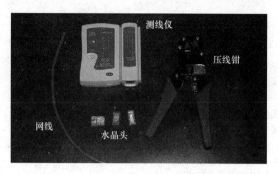

图 8-44　RJ-45 水晶插头的制作工具

8.6　社区安防与火灾报警系统

8.6.1　楼宇对讲安防系统

1. 楼宇可视对讲系统的组成

楼宇可视对讲系统作为保障居住安全的最后一道屏障，被人们喻为居家生活的"守护神"。封闭式小区的楼宇对讲系统一般由小区物业管理中心、小区入口门卫室监视对讲系统、单元门口监视对讲系统和小区用户住宅监视对讲系统等 4 部分组成，如图 8-45 所示。

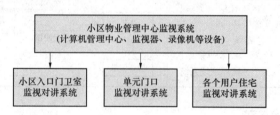

图 8-45　楼宇可视对讲系统的组成

2. 楼宇对讲系统的类型

小区楼宇对讲系统主要有单户型、单元型和小区联网型三种，见表 8-17。这三种方式是从简单到复杂、从分散到整体逐步发展而成的。小区联网型系统是现代化住宅小区管理的一种标志，是实现可视与非可视楼宇对讲系统的最高级形式。

表 8-17　　　　　　　　　　　　　　小区楼宇对讲系统的类型

种类	说　明	原　理　图
单户型	具备可视与非可视对讲、遥控开锁、主动监控，使住宅内的电话（与市话连接）、电视与单元型可视对讲主机组成单元系统等功能	主机—防盗门锁；编码输入信息、接受回馈；短路隔离保护器—分机、分机

续表

种类	说　明	原　理　图
单元型	单元型可视与非可视对讲系统主机可分为直按式和拨号式。 　　直按式容量较小，分为 15、18、21、27 等户型类别，主要适应于十层以下的住宅。其主要特点是：一按就应，操作简便。 　　拨号式对讲系统的设计容量就大得多了，多为 256 户型类别，主要适应于十层以上的高层建筑。其特点是：操作方式与拨号电话一样，界面豪华。 　　这两种系统都采用总线方式布线，它的解码类别分为楼层解码和室内机解码两种方式。这种室内机常规与单户型的室内机兼容，均能实现可视与非可视对讲，遥控开锁等诸多功能，并能管理中心系统进行通信	
小区联网型	采用区域集中化管理（多功能）。它不仅具备可视与非可视对讲、遥控开锁等多种功能，并能接收住宅小区内各种技防探测器的报警信息与紧急援助，主动呼叫辖区内任何一个住户或群呼所有住户实施广播功能。 　　功能扩展联网型系统可实现三表（水、电、煤）抄送、IC 卡门禁系统与其他系统组成的小区物业管理系统	

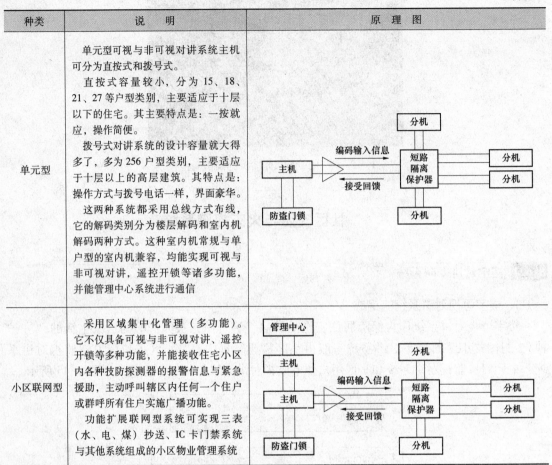

3. 对讲系统的布线方案

　　进行对讲系统布线，专业工程技术人员应根据现场的电气、电磁环境等作出最佳的安装方案。在实际工程中，应根据线长和系统的负荷及建筑物内的布局来灵活安装。下面介绍正常情况下的配线参数及方案，供参考。

　　（1）视频线配线。对讲系统视频线可分为干线、分户线和管理中心线，配线方法见表 8-18。

表 8-18　　　　　　　　　　　　视 频 线 配 线 方 案

线别	型号	说　明
单元系统中干线	SYV75-5（5C2V）	当线长超过 100m 且增益峰值达不到 1V 时，可考虑增加视频放大器
单元系统中分户线	SYV75-3（3C2V）	当线长超过 50m，可考虑用 SYV75-5（5C2V）
联接管理中心线	SYV75-5（5C2V）或 SYV75-7	当线长超过 100m 且增益峰值达不到 1V 时，可考虑增加视频放大器

　　（2）信号线配线方案。在单元系统中，主干线与到户线应一致，线长按最高楼层计算；

当线长小于或等于 50m 时，可选用 0.3mm² 的线；当线长在 50~80m 之间时，可选用 0.5mm² 的线；当线长大于或等于 80m 时，可选用 0.7mm² 的线。在连接管理中心时，联网线可采用分片方式尽量控制在 600m 以内。当系统总线长小于或等于 100m 时，可选用 0.5mm² 的线；当系统总线长在 100~200m 之间时，可选用 0.75mm² 的线；当系统总线长在 200~600m 之间时，可选用 1mm² 的线。

（3）电源线配线方案。可根据传输距离计算电压衰减值（压降）。一般情况下，电源线可采用与信号线相同规格。当线长小于 20m 时，推荐使用 0.5mm² 的线作为电源线。

4. 器材安装

对讲系统常用器材安装见表 8-19。

表 8-19　　　　　　　　　　　　　对讲系统常用器材安装

器材类别	安装方式	安装高度	注 意 事 项
主机类（包括单元门主机、围墙门主机、住户门主机）	可嵌入式安装在门体上；也可预埋式安装在墙体上	1450mm	1. 不要暴露在风雨中，如无法避免，请加防雨罩。 2. 不要将摄像机镜头面对直射的阳光或强光。 3. 尽量保证摄影机镜头前的场性光线均匀。 4. 不要安装在强磁场附近。 5. 连接线在主机入口处应考虑滴水线。 6. 彩色摄影机应考虑夜间可见光补偿。 7. 不要安装在背景噪声大于 70dB 的地方
室内分机系列	挂墙架式壁挂（台式分机可置桌面上）	1450mm	1. 不要将显示屏面对直射的强光，彩色主机要注意光线角度。 2. 不要安装在高温或低温的地方（标准温度为 0°~50°）。 3. 不要安装在滴水处或潮湿的地方。 4. 不要安装在灰尘过大或空气污染严重的地方。 5. 不要安装在背景噪声大于 70dB 的地方。 6. 不要安装在强磁场附近
电源	可以明装（挂墙）推荐使用工程箱预埋	明装时高度应大于 1500mm	1. 注意通风散热。 2. 注意用电安全，箱盖闭合
信号转换器	可以明装（挂墙架或壁挂）；推荐使用工程箱与主机电源一起安装在单元门附近	明装时高度应大于 1500mm	1. 不要与其他强电系统在一起。 2. 与其他弱电系统器材应保留 500mm 间距
保护器解码器视频放大器	可以在弱电井或楼层墙面上明装（挂墙架或壁挂），推荐使用工程箱安装	在楼层墙面上面装时，高度应大于 1500mm	1. 不要与其他强电系统在一起。 2. 与其他弱电系统器材应保留 500mm 距离

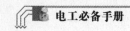

续表

器材类别	安装方式	安装高度	注 意 事 项
红外探测器	壁挂式	1.8～2.4m 一般高度为2m	1. 不要面对玻璃窗或窗口，以及冷暖气设备。 2. 不要面对光源，移动物体（如风扇，机器）。 3. 避免高温，日晒，冷凝环境
门磁探测器	门框，门体嵌入式	一般在门体上部磁铁与发码器的最大间距25mm（无线式）	1. 避免强磁场干扰。 2. 安装牢固
烟感探测器	明装	一般安装在天花板上	
瓦斯探测器	明装	墙体上	根据探测器种类和燃气种类未安装

8.6.2 视频监控系统

1. 社区监控系统的设计原则

（1）稳定性原则：整个设备部件均采用工业级系统芯片及相关配件，出厂之前都经过严格的抗老化、耐高温测试，保证整机系统工作稳定，不受外界环境的影响。

（2）可靠性原则：系统依据嵌入式架构设计，每个功能模块自成一体，有机组合，不受设备故障的干扰。即使出现严重故障问题，系统会自动重新复位，并自动恢复先前工作状态，不需人为干涉。

（3）易操作性：良好的、具亲和力的人机操作界面，简单直观，一目了然。修改各项功能配置即刻生效，不必重新启动系统，不影响正常工作。

（4）可扩展性：系统采用模块化结构设计，可随市场及用户需求随时扩展系统功能。

（5）先进性：考虑到用户"一次投入、长期使用"的原则，系统采用的相关技术均为目前主流应用技术，并留有升级空间，使产品在一定时期内能完全满足用户的实际需要，产品生命周期长。

2. 小型社区监控方案

中心使用一台16路数字硬盘录像机，一台监视器、一台电脑监控主机。当需要监控的场景少于（或等于）16个时，使用一台16路机即可满足实际需要。前端图像采集设备采用安装在社区各出入口的云台摄像机（快球）、车库出入口的标准摄像机、各电梯间的隐蔽式半球摄像机、围墙安装摄像机以及主要公共场所的云台摄像机（快球）组成。为了保证监控室和数字录像设备图像质量，摄像机的清晰度需大于450线，信噪比大于48dB，安装在围墙的摄像机宜采用昼夜两用型，以保证白天和夜晚的图像质量，其余摄像机宜采用低照度彩色摄像机。

16路录像机可实现16路音、视频输入，1路音、视频输出。输出方式包括两种：一种是直接输出至普通CRT监视器，另一种是通过VGA端口输出至具有VGA接口的其他类型显示器，如电脑显示器等。可最多内置 8 块硬盘及 2 块外置的 IDE 硬盘，每块硬盘支持的最大容量达到 4096GB，内置硬盘即可作为资料存储盘，也可作为资料备份盘。社区围墙对射报警器可直接接入硬盘录像机的报警端，当有入侵者非法侵入时，可联动录像机报警输出、画面切换、报警录像，提醒值班人员进行处理。

监视器用于显示 1~16 路图像，可单路、多路显示现场画面。电脑监控主机可通过网络端口将录像机的音、视频信息传输至 PC 机，从而可在 PC 终端利用专门的监控系统软件予以管理。可对前端云台镜头及预置位、自动巡航、轨迹、灯光、雨刷等进行控制，并且可通过前置的 USB（2.0 标准）接口备份录像资料。如图 8-46 所示是基于嵌入式 DVR 的社区监控示意图。

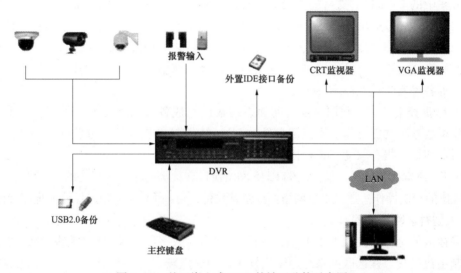

图 8-46　基于嵌入式 DVR 的社区监控示意图

该系统主要功能如下：

（1）现场监看、监听。通过采集前端传送过来的 16 路音、视频信息，在监视器上实时查看现场的状态。监视器的画面浏览模式有单画面、4 画面、8 画面和 16 画面，各通道画面切换一键完成，方便直观。可随时暂停现场画面图像，以便详细查看。图 8-47 为画面分割模式。

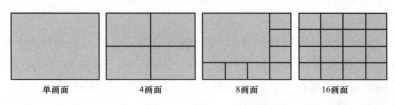

图 8-47　画面分割模式

（2）本地录像。本地录像包括 4 种录像模式：手动录像、报警录像、定时录像和移动侦测录像。支持 PAL 和 NTSC 制式，可设置画面任意区域的图像遮盖。此外，还可实现屏蔽录像，即不显示某通道的画面内容，但仍可正常录像。

（3）本地回放。具备多种回放方式，诸如多档快进、快退、单帧播放，回放画面可在各通道画面间任意切换。录像资料检索方便、快捷。

（4）资料本地备份。本地备份包括两种方式：一是通过设置内置硬盘的工作模式，将某块硬盘作为备份盘，用于备份录像文件；二是通过前面板的 USB2.0 接口或外置的 IDE 接口，将录像资料备份于 U 盘、IDE 硬盘中。

（5）报警联动。当收到报警信号后，系统自动启动报警录像、自动上传报警信息以及云台联动。报警类型可设为开路报警或闭路报警，可设定某时间段内的布防或撤防。

（6）云台控制。通过 RS-485 与云台设备的连接，可操控摄像机镜头及云台，包括对云台预置位、自动巡航、灯光、雨刷等的控制。通过将系统升级，可控制更多类型的前端设备。本方案中的 DVR 目前支持的解码器协议包括 Pelco-P、Pelco-D、ADT、KDT、AD/AB。

（7）VFD 状态提示。前面板特有的 VFD（vacuum fluorescent display，真空荧光显示屏）是 DVR 专门用于实时显示当前状态的显示屏，除了可以实时显示各种录像状态外，还可显示录像回放模式、报警、网络连接、布/撤防、云台、键盘锁定、当前时间、硬盘工作状态、视频丢失等各种实时信息。

（8）键盘控制。除了利用录像机前面板的按键完成各项功能之外，还可使用主控键盘实现录像机的各项功能操作。主控键盘通过 RS-485 与录像机连接，可控制本地录像、本地回放、通道切换、报警联动、云台控制等功能。

（9）PC 终端控制。通过录像机的 RJ45 网络接口连接至局域网的交换机，可在网络 PC 端实现对录像的控制操作。通过安装网络监控系统软件，可在 PC 端实现录像机的全部功能。

3. 大型社区网络监控方案

如果社区的全部监控点大于 16 个，则可采用多台数字硬盘录像机+视频切换控制主机+网络控制主机模式。社区联网系统用于当社区监控的点较多、一台 16 路 DVR 不能够完全满足采集所有监控点的音、视频信息时，可通过多台 16 路 DVR 实现监控。此种情形，需要视频矩阵切换器或主控键盘来实现大型组网控制。如图 8-48 所示为大型社区组网系统图。

通过视频矩阵切换器的前面板功能按键，可分别操控各台录像机，并且可在多台监视器上显示不同录像机的监控画面，也可以在一台监视器上轮巡所有录像机的监控信息。视频矩阵切换器最多可连接 16 台 16 路 DVR，同一时间内可对多达 256 个点进行监控，可切换任意 4 台 DVR 的信息到 4 个监视器中，4 个监视器最多可同时显示 64 个监控点的图像。通过 RS-485，可分别单独控制每台 DVR 的本地录像、本地回放、报警联动、云台操控等全部功能。

系统还设置主控键盘。通过 RS-485，主控键盘最多可控制 4 台视频矩阵切换器，同时控制 64 台 DVR，可在多达 16 台监视器中输出视频画面。除了具备视频矩阵切换器的操控功能之外，主控键盘还可实现在一台监视器中轮巡所有 DVR 的视频画面，利用主控键盘的液晶显示屏，可直观地显示当前控制设备、录像机、云台、摄像机、监视器号码等信息。整个系统通过网络实现多台录像机控制管理，多路图像切换、报警处理等工作。

该系统的主要功能如下：

（1）三级权限管理模式。三级权限分别指系统管理员、高级用户和一般用户，拥有不同级别的权限所能进行的功能操作也不相同。

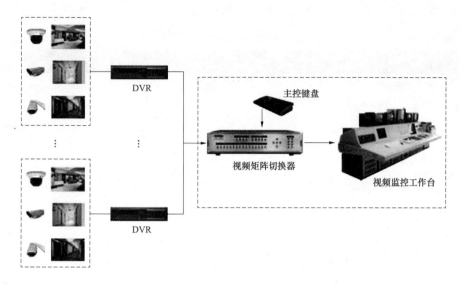

图 8-48　大型社区组网系统图

（2）网络实时监控。可以通过网络实时监看、监听 DVR 的音、视频资料，除了可以按照 1/4/8/16 模式浏览之外，还可实现多画面方式浏览，即在一个窗口中同时监看该网点某台 DVR 上所有通道的视频信息。

（3）网络配置 DVR。通过网络可对 DVR 的各项功能参数进行修改，与在本机通过调用主菜单来修改 DVR 参数的作用完全一样。

（4）网络控制 DVR。网络管理软件可操控录像机的所有功能，包括录像、放像、备份、云台等，与通过录像机前面板按键控制作用完成一样。

（5）网络图像回放。将存储于 DVR 内的视频资料，通过网络传输，实现在监控计算机的检索回放。在回放过程中可进行实时抓图，将某帧图像存储于 PC 端。

（6）网络图像下载。通过检索查询，可下载录像机内所存储的视频资料至监控计算机，以便于集中统一管理。

（7）巡检和巡视。在监控主机上，可对各 DVR 的工作状态进行手动或自动巡视和检察。此外，可以按照一定时间的间隔，分别轮流查看各台 DVR 的实时视频画面。

（8）警情接收。警情包括两种：一种是当 DVR 端收到前端报警信息后，通过网络上传至 BPLAYER，实现 PC 端集中接收，集中处置，并自动形成报警日志文件。另一种是指 DVR 设备出现故障时，自动将故障信息上传至 BPLAYER，请求处置。包括硬盘故障、视频丢失、视频恶意遮挡等。

4. 闭路监控系统的组成形式

闭路监控系统的组成如图 8-49 所示。根据不同的应用场合，闭路式监控系统有单头单尾方式、单头多尾方式、多头单尾方式和多头尾方式 4 种组成形式。摄像机可大体分为固定

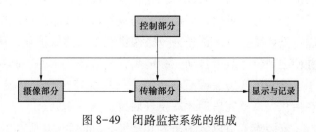

图 8-49　闭路监控系统的组成

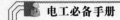
云台和电动云台。4种组成形式及应用场合详见表8-20。

表8-20　　　　　　　　　　闭路监控系统的组成形式及应用场合

组成方式		应用场合	图　　示
单头单尾方式	固定云台	用于一处连续监视	摄像机　　　　监视器
	电动云台	一个目标或一个区域	控制器
单头多尾方式		用于多处监视同一个固定目标或区域	控制器
多头单尾方式		用于一处集中监视多个目标或区域	控制器
多头多尾方式		用于多处监视多个目标或区域	控制器　分配器

5. 室内摄像机的安装

室内摄像机的安装高度以 2.5~5m 为宜，室外以 3.5~10m 为宜；电梯轿厢内安装在其顶部，与电梯操作器成对角处，且摄像机的光轴与电梯的两壁及天花板成45°。

安装时，可以根据摄像机的重量选用膨胀螺栓或塑料胀管和螺钉。

安装镜头时，首先去掉摄像机及镜头的保护盖，然后将镜头轻轻旋入摄像机的镜头接口并使之到位。对于自动光圈镜头，还应将镜头的控制线连接到摄像机的自动光圈接口上，对于电动两可变镜头或三可变镜头，只要旋转镜头到位，则暂时不需校正其平衡状态（只有在后焦聚调整完毕后才需要最后校正其平衡状态）。

安装方式可以分为吊装和壁装，如图 8-50 所示。

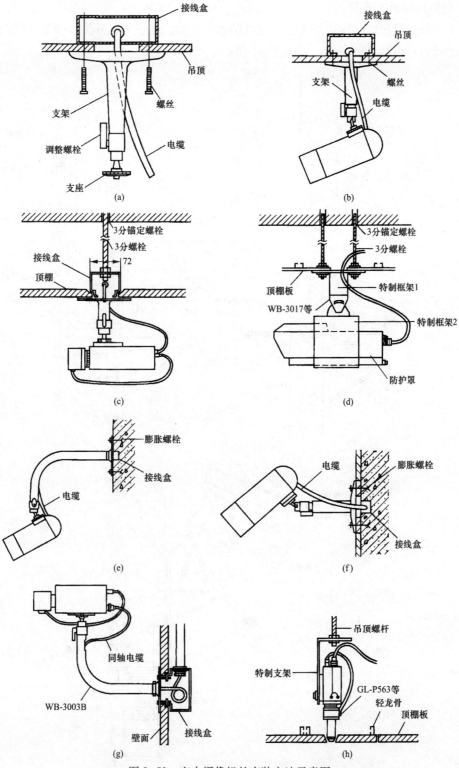

图 8-50　室内摄像机的安装方法示意图

（a）吊装方式一；（b）吊装方式二；（c）吊装方式三；（d）吊装方式四；

（e）壁装方式一；（f）壁装方式二；（g）壁装方式三；（h）壁装方式四

6. 室外摄像机的安装

安装室外摄像机时，防护罩要选用室外防水型，云台也应为室外型。摄像机的控制电缆应能满足云台自由转动的要求，如图 8-51 所示。

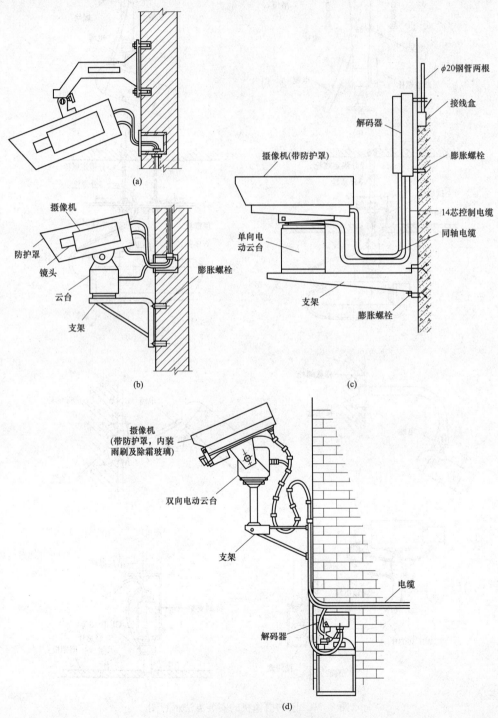

图 8-51　室外摄像机安装示意图

(a) 安装方式一；(b) 安装方式二；(c) 安装方式三；(d) 安装方式四

7. 球形摄像机的安装

（1）球形摄像机的设定。在球形摄像机未安装前，应首先确认系统中的控制主机所使用的通信协议及波特率，然后将球形摄像机后部 SW2 拨码开关设置成与系统完全一致，其中 SW1 设置球形摄像机地址，SW2 设置通信协议类型及波特率。如图 8-52（a）所示为低速球拨码图，如图 8-52（b）所示为中速球拨码图。

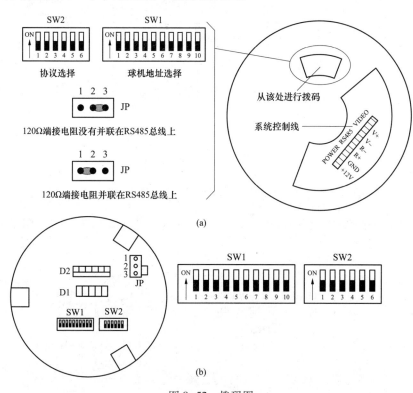

图 8-52 拨码图

（a）低速球拨码图；（b）中速球拨码图

（2）杆件安装。杆件用于安装摄像机云台，杆件安装如图 8-53所示。

（3）球形摄像机安装。从球形摄像机上取下安装底座盘，将连接线从底盘中心孔中向后穿入。如图 8-54 所示，用三颗固定螺栓将底盘固定在天花板上，并将外部接线与球形摄像机连接上，球体中的锁紧扣按图中所示与底盘上的上缺口对齐安装，当球体向上到位后将球体向顺时针方向转动，直到底盘上的弹片起作用为止。当天花板后部不能走线时，

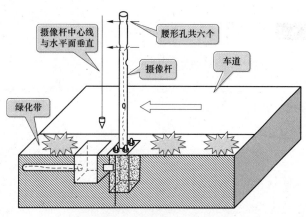

图 8-53 摄像杆安装示意图

————成 180°夹角腰形孔中心连线应与道路走向平行；

--------穿线铁丝

可将球体外壳边缘开一走线孔。

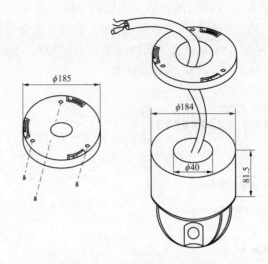

图 8-54　球形摄像机的安装

将系统连接线按照图 8-55 所示的标识对应连接好，使用随球形摄像机附带的专用开关电源。

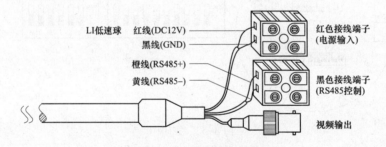

图 8-55　球形摄像机接线图

8.6.3 火灾报警系统

1. 火灾报警系统的常用形式

目前使用的社区火灾报警系统有自动报警-人工灭火和自动报警-联动灭火等两种常用形式，见表 8-21。

表 8-21　　　　　　　　　　　　社区火灾报警系统的常用形式

系统类别	功能及说明
自动报警-人工灭火	这种系统适于中、小等规模社区中比较分散的非高层楼房（火灾自动报警系统设计规范中的三级保护对象），当发生火灾时，在本层或本区域火灾报警器上发出报警信号，同时在物管中心的报警设备上发出报警信号，并显示发生火灾的楼层、房号或区域的代号，消防人员根据火灾发生的情况，采取人工直接灭火或人工操作固定式灭火设备灭火

系统类别	功能及说明
自动报警-联动灭火	这种系统除了具备自动报警、人工灭火的功能外，在物管中心的报警器上附设有直接通往消防部门的电话、自动灭火控制柜、火警广播系统等。在发生火灾时，立即发出报警信号，开动火警广播，组织人员疏散，而后报警联动信号驱动自动灭火控制柜工作。首先启动防火门，封闭火灾区域，并在火灾区域自动喷洒水或灭火剂灭火；其次开动消防泵和自动排烟装置。目前，火灾自动报警及联动灭火系统已实现全过程智能化，在计算机程序的控制下，根据火警探测器提供的现场火势信息，随机采取各种有效的自动灭火措施

2. 火灾自动报警控制系统的设置依据

根据民用建筑电气设计规范的要求，下列建筑需要设置火灾报警与联动控制系统。

（1）高层建筑：10 层及 10 层以上的住宅建筑（包括底层设置商业网点的住宅）；高度超过 24m 的其他民用建筑；与高层建筑直接相连的高度不超过 24m 的裙楼。

（2）低层建筑：建筑高度不超过 24m 的单层或多层有关公共建筑；单层主体建筑高超过 24m 的体育馆、会堂、剧院等有关公共建筑。

3. 消防保护等级的划分

各类民用建筑的消防保护等级的划分原则如下：

（1）特级保护对象：高度超过 100m 的超高层民用建筑，应采用全面保护方式。

（2）一级保护对象：高层中的一类建筑，应采用总体保护方式。

（3）二级保护对象：高层中的二类建筑和低层中的一类建筑，应采用区域保护方式；重要场所也可采用总体保护方式。

（4）三级保护对象：低层中的二类建筑，应采用场所保护方式，重要场所也可采用区域保护方式。

其中，一类建筑包括高级住宅和 19 层及 19 层以上的普通住宅、建筑高度超过 50m 或建筑高度超过 24m 且每层建筑面积超过 1500m² 的商住楼。二类建筑包括 10~18 层的普通住宅，除一类建筑以外的建筑高度超过 24m 的商业楼、综合楼、商住楼、图书馆；建筑高度低于 50m 的教学楼、办公楼。

4. 防火分区、火灾报警区域和火灾探测区域的划分

（1）防火分区的划分。防火分区是指根据建筑物的特点采用相应耐火性能的建筑物构件或防火分隔物，将建筑物人为地划分为能在一定时间内防止火灾向同一建筑物的其他部分蔓延的局部空间。防火分区按结构一般可以分为水平防火分区和垂直防火分区，见表 8-22。

表 8-22　　　　　　　　　　　　防　火　分　区

防火分区	说　明
水平防火分区	是指由耐火墙和防火门、防火卷帘门、水幕等，将各层在水平方向上分隔为若干防火区域。在进行水平防火划分时，除了按有关规范满足防火分区的面积要求和防火分隔物的构造要求以外，还要结合建筑的平面图布局、使用功能、空间造型及人流、物流等情况，妥善布置防火分区的位置

防火分区	说　明
垂直防火分区	是指将上、下层由防火楼板及窗间墙分隔为若干个防火区域。高层建筑内上下层连通的走廊、敞开的楼梯间、自动扶梯、传送带等开口部位，应按上下连通层作为一个防火分区，并在上下层连通的开口部位装设防火卷帘门或水幕等分隔设施

（2）报警区域的划分。火灾自动报警系统保护的范围按照防火分区或按楼层划分的单元叫报警区域。而警戒区域是指火灾自动报警设备的一条回路能够有效探测发生火灾的区域。一个警戒区域不得跨越防火对象的两个楼层；一个警戒区域的面积不得超过 $500m^2$；警戒区域的一条边长不得超过 50m。报警区域应按防火分区或楼层布局划分，一个报警区域不宜超过一个防火分区且不宜超出一个楼层。

在实际工程设计中，一个报警区最好由一个防火分区组成，也可由同一楼层的几个防火分区组成一个报警区。报警区域不得跨越楼层。一个报警区域内应设一台区域报警控制器。

（3）探测区域的划分。把火灾自动报警控制器的一个报警回路能够有效探测火灾发生的部位对应的区域叫作探测区域。一般就民用住宅建筑来说，探测区域的划分如下：

1）敞开或封闭的楼梯间。

2）防烟楼梯间前室、消防电梯前室、消防电梯与防烟楼梯间合用的前室。

3）走道、坡道、管道井、电缆隧道。

4）建筑物门顶、夹层处应分别划分探测区域。

5. 火灾自动报警系统的组成

火灾自动报警控制系统由光电感烟探头、差定感温探头、手动报警按钮、消火栓按钮、喷淋头、水流指示、湿式报警阀、压力开关、楼层显示器、防火阀、排烟阀、排烟机、正压送风机、正压送风阀、新风机组、空调机组、消防电梯、消防广播、消防电话、消火栓泵、喷淋泵、控制器主机和显示系统等组成，如图 8-56所示。

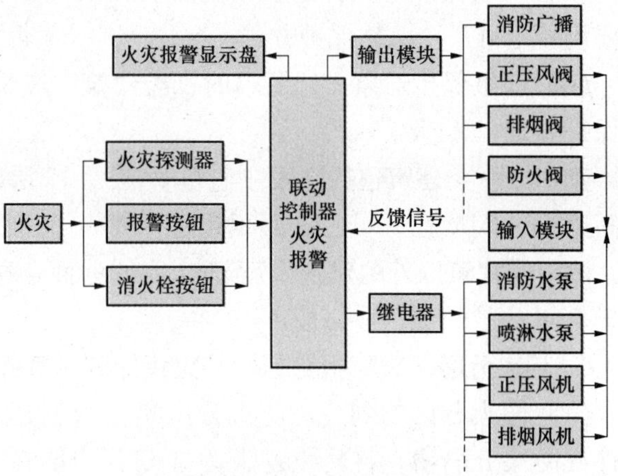

图 8-56　火灾自动报警控制系统组成框图

6. 火灾自动报警系统的主要部件

（1）光电感烟探头。感烟探测有利于早期发现火警，而这个"早"就是火灾预防追求的核心，所以在火灾监控系统中，感烟探测器的使用占绝大多数。

光电感烟探头是一种检测燃烧产生的烟雾微粒的火灾探测器，如图 8-57 所示。光电感烟作为前期、早期火灾报警是非常有效的。对于要求火灾损失小的重要地点，火灾初期有阴燃阶段，产生大量的烟和少量的热，很少或没有火焰辐射的火灾，都适合选用。

（2）差定温式火灾探测器。差定温式火灾探测器是利用热敏元件对温度的敏感性来检测环境温度，特别适用于发生火灾时有剧烈温升的场所，与感烟探测器配合使用更能可靠探

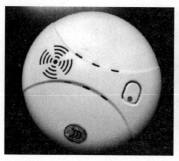

图 8-57　光电感烟探头

测火灾，减少损失，如图 8-58 所示。

图 8-58　差定温式火灾探测器

（3）手动火灾报警按钮。手动火灾报警按钮主要安装在经常有人出入的公共场所中明显和便于操作的部位，如大门厅、楼道等地方。当有人发现有火情的情况下，手动按下按钮，向报警控制器送出报警信号。手动火灾报警按钮比探头报警更紧急，一般不需要确认。因此，手动报警按钮要求更可靠、更确切，处理火灾要求更快，如图 8-59 所示。

图 8-59　手动火灾报警按钮

（4）消火栓按钮。消火栓按钮安装在消火栓箱中，在消火栓按钮表面装有一按片，当发生火灾启用消火栓时，可直接按下按片，此时消火栓按钮的红色启动指示灯亮，黄色警示物弹出，表明已向消防控制室发出了报警信息，火灾报警控制器（俗称报警主机）在确认了消防水泵已启动运行后，就向消火栓按钮发出命令信号，点亮绿色回答指示灯。如图 8-60 所示。

（5）消防喷淋头。发生火灾时，消防水通过喷淋头均匀洒出，对一定区域的火势起到控制作用，适于厨房等高温场所使用。在选用时，动作温度 68℃ 的喷淋头，玻璃球充液颜

图 8-60 消火栓按钮

色为红色。动作温度 93℃，玻璃球充液颜色为绿色，如图 8-61 所示。

图 8-61 消防喷淋头

(a)　　　　　　　(b)

图 8-62 水流指示器

(a) 法兰式；(b) 焊接式

（6）水流指示器。水流指示器安装在喷淋系统的楼层支路管道上，从顶楼到地下每层 1 个，当管网内的水流动，并且流量大于 15L/min 时，水流指示即因叶片受水流的冲击而改变开关的状态，发出报警信号，从而起到检测和指示报警楼层的作用，如图 8-62 所示。

（7）湿式报警阀。湿式报警阀是一种只允许水单向流入喷水系统并在规定流量下报警的一种单向阀。它依靠管网侧水压的降低而开启阀瓣，有一只喷头爆破就立即动作送水去灭火，如图 8-63 所示。

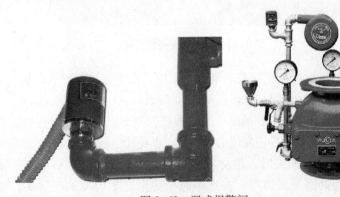

图 8-63 湿式报警阀

（8）排烟机。排烟机将室外空气送入建筑物内，建筑物内空气压力就会加大，与外部空气形成压力差。在这个压力差的作用下室内正压空气会迅速流向室外，从而达到排烟送风的目的。

排烟机的力量是消防员们战斗并控制建筑物火灾的武器。排烟机平时可以低速用于通风换气，火灾时远程启动高速排烟，如图 8-64 所示。

图 8-64　排烟机

（9）排烟阀。排烟阀是与烟感器联锁的阀门，即通过能够探知火灾初期发生的烟气的烟感器来开启阀门，是由电动机或电磁机构驱动的自动阀门，如图 8-65 所示。

排烟阀一般用于排烟系统的风管上，平时常闭，发生火灾时烟感探头发出火警信号，消防控制中心通过 DC 24V 电压将阀门打开排烟，也可手动使阀门打开，

图 8-65　排烟阀

手动复位。阀门开启后可发出电信号至消防控制中心。根据要求，还可与其他设备联锁。排烟阀与普通百叶风口或板式风口组合，可构成排烟风口。

（10）正压送风机和正压送风阀。正压送风机是指向逃生楼道里送风的风机。它将室外风压送入室内。当建筑物发生火灾时，会产生大量烟雾、一氧化碳等有毒气体并遮挡视线，通过正压送风机给逃生的消防楼梯送风，使室内的烟雾不能抵达楼梯，给人们逃生创造条件。正压送风机一般装于建筑物顶。火灾初起时打开风阀，启动正压送风机，使楼梯间、电梯厅处于正压状态。正压送风机如图 8-66 所示。

图 8-66　正压送风机

（11）新风机组。新风机组是提供新鲜空气的一种空气调节设备，如图 8-67 所示。功能上按使用环境的要求可以达到恒温恒湿或者单纯提供新鲜空气。工作原理是在室外抽取新鲜的空气经过除尘、除湿（或加湿）、降温（或升温）等处理后通过风机送到室内，在进入室内空间时替换室内原有的空气。

（12）防火阀。防火阀安装于空调风管回风口，当出现火情时关闭防火阀能阻断风管，如图 8-68 所示，它起到以下两个作用：

图 8-67　新风机组

图 8-68　防火阀

1）不往火灾现场输送空气，避免助燃。

2）阻止火源从风管往其他地方扩散。

（13）消防电梯。火灾时，电梯无论在任何方向和位置，必须迫降到 1 层并自动开门以防困人。到达 1 层后，电梯转入消防状态，可由消防救援人员根据情况进行消防运行。

（14）消防广播和消防电话。消防广播在发生火灾时用于指挥疏散，非事故情况下也可进行背景音乐广播，如图 8-69（a）所示。

消防电话用于消防中心和现场之间的通信，启动多个可多方通话，可报警、核对警情、指挥救援和故障联络，如图 8-69（b）所示。

(a)　　　　　　　　(b)

图 8-69　消防广播和消防电话

(a) 消防广播；(b) 消防电话

（15）消火栓泵和喷淋泵。消火栓泵适用于各种场合的消防给水，如图 8-70（a）所示。消火栓泵的启动方式一般分为两种，第一种启动方式是采用总线联控方式，消火栓动作按钮的启动可通过设在消火栓旁的联动接口模块将其要求的启动信号送至消防控制室控制台，再从此处输出使消火栓启动的开关量触点。第二种启动方式是直接将消火栓动作按钮的开关量触点输出到消火栓泵启动箱。

喷淋泵的自动启动是通过各保护区的管网喷嘴玻璃球高温下爆碎，引起管网水流流动，从而联动报警阀压力开关动作，达到自启动喷淋泵的目的，如图 8-70（b）所示。通过水流指示器联动模块或报警阀压力开关引线至控制室，消防控制室能准确反映其动作信号，同时控制室应能直接控制喷淋泵启停。

(a)　　　　　　　　　　　　　　　(b)

图 8-70　消火栓泵和喷淋泵

(a) 消火栓泵；(b) 喷淋泵

（16）火灾报警控制器。火灾报警控制器是火灾自动报警控制系统的核心，如图 8-71 所示，可分为通用型火灾报警控制器、区域火灾报警控制器和集中火灾报警控制器。

1）通用型火灾报警控制器。通用型火灾报警控制器是专为小型商店、小型仓库、饮食店、储蓄所和小型建筑工程的需要而设计的。它既可与探测器组成一个小范围内的独立系统，也可作为大型集中报警区的一个区域报警控制器。

2）区域火灾报警控制器。区域火灾报警控制器是一种能直接接收火灾探测器或中继器发来的报警信号的多路火灾报警控制器。区域火灾报警控制器基本容量为 50 路，每路可并接一个探测器。外形分为壁挂式、柜式和台式 3 种。区域火灾报警控制器由输入回路、光报警单元、声报警单

图 8-71　火灾报警控制器主机

元、自动监控单元、手动检查试验单元、输出回路和稳压电源、备用电源等组成。它的作用是将所监视区域探测器送来的电压信号转换为声、光报警信号，为探测器提供 24V 直流稳压电源，并向集中报警控制器输出火灾报警信号，同时还备有操作其他设备的输出接点。

3）集中火灾报警控制器。集中火灾报警控制器是一种能接收区域火灾报警控制器（包括相当于区域火灾报警控制器的其他装置）发来的报警信号的多路火灾报警控制器。它能将被监视区域内探测器输送来的火灾信号（电压信号）转换为声、光报警信号，并由荧光数码管以数字形式显示火灾发生区域。

为了检查集中报警器至各区域报警器的连接是否完好，报警器设有手动总检单元。为了

减少集中报警器至各区域报警器间的连线，各区域报警器上同一位置号的输出采用并联方式，用一条导线接至集中报警器的光报警单元上。而火灾区域的确定，由巡回检查单元来完成，采用巡层不巡点的方式。

（17）防火卷帘门。防火卷帘门是一种适用于建筑物较大洞口处的防火、隔热设施，产品在设计上采用了卷轴内藏的方式，具有结构合理紧凑的特点。防火卷帘门帘面通过传动装置和控制系统达到卷帘的升降，起到防火、隔火作用。防火卷帘门是现代建筑中不可缺少的防火设施。

消防控制设备对防火卷帘门的控制要求如下：

1）疏散通道上的防火卷帘门两侧应设置火灾探测器组及其警报装置，且两侧应设置手动按钮。

2）疏散通道上的防火卷帘门应按下列程序自动控制：烟探测器动作后，卷帘门下降至距地（楼）面 1.8m；感温探测器动作后，卷帘门下降到底。

3）用作防火分隔的防火卷帘门，火灾探测器动作后，卷帘门应直接下降到底。

4）感烟、感温火灾探测器的报警信号及防火卷帘门的关闭信号应送至消防控制室。

7. 探测器安装位置的确定

探测器安装时，要按施工图选定的位置现场划线定位。在吊顶上安装时，要注意纵横成排对称。

火灾报警施工图一般只提供探测器的数量和大致位置，在现场施工时会遇到诸如风管、风口、排风机、管道和照明灯具等各种障碍，就需要对探测器设计位置进行调整，如需取消探测器或调整位置后超出了探测器的保护范围，应和设计单位联系，变更设计。

探测区域内的每个房间至少应设置一只火灾探测器。感温、感光探测器距光源距离应大于1m。感烟、感温探测器的保护面积和保护半径应按表8-23确定。

表 8-23　　　　　　　　　　感烟、感温探测器的保护面积和保护半径

火灾探测器的种类	地面面积 S（m²）	房间高度 h（m）	探测器的保护面积 A 和保护半径 R					
			屋顶坡度 θ					
			θ≤15°		15°<θ≤30°		θ>30°	
			A（m²）	R（m）	A（m²）	R（m）	A（m²）	R（m）
感烟探测器	S≤80	h≤12	80	6.7	80	7.2	80	8.0
	S>80	6<h≤12	80	6.7	100	8.0	120	9.9
		h≤6	60	5.8	80	7.2	100	9.0
感温探测器	S≤30	h≤8	30	4.4	30	4.9	30	5.5
	S>30	h≤8	20	3.6	30	4.9	40	6.3

在宽度小于3m的走道顶棚上设置感烟探测器时，居中布置，安装间距不超过15m。

探测器至端墙的距离，不大于探测器安装距离的一半。探测器至墙壁、梁边的水平距离，不小于0.5m。在楼梯间、走廊等处安装感烟探测器时，应选在不直接受外部风吹的位置。

探测器一般安装在室内顶棚上。当顶棚上有梁时，如梁的净间距小于1m，可视为平顶

棚。如梁突出顶棚的高度小于 200mm，在顶棚上安装感烟、感温探测器时，可不考虑梁对探测器保护面积的影响。如梁突出顶棚的高度在 200~600mm 时，应按规定确定探测器安装位置。当梁突出顶棚的高度大于 600mm 时，被梁隔断的每个梁间区域应至少设置一只探测器。当被梁隔断的区域面积超过一只探测器的保护面积时，则应将被隔断区域视为一个探测区域，并应按有关规定计算探测器的设置数量。

第 **9** 章

电动机的选用及控制

9.1 电动机及其选用

电动机是把电能转换成机械能的设备，它是利用通电线圈在磁场中受力转动的原理制成的。它把输入的电能转变成机械能输出到各种用电器或生产机械上，拖动生产机械或用电器运行。也就是说，电动机的主要作用是产生驱动力矩，作为用电器或机械设备的动力源。

9.1.1 电动机型号

1. 电动机型号的含义

Y 系列电动机的型号由 4 部分组成：第一部分汉语拼音字母 Y 表示异步电动机；第二部分数字表示机座中心高（机座不带底脚时，与机座带底脚时相同）；第三部分英文字母为机座长度代号（S—短机座；M—中机座；L—长机座），字母后的数字为铁芯长度代号；第四部分是横线后的数字表示电动机的极数。

例如某电动机的型号为：Y132S1-2，其含义如下：

第一部分"Y"表示异步电动机；第二部分"132"表示机座中心高毫米数（机座不带底脚时，与机座带底脚时相同）；第三部分英文字母"S"为机座长度代号（S—短机座、M—中机座、L—长机座），字母"S"后的数字"1"为铁芯长度代号；第四部分横线后的数字"2"为电动机的极数，即这是一台 2 极电动机。

2. 电动机产品代号与代号的含义（见表9-1）

表 9-1　　　　　　　　　　电动机的产品代号与代号的汉字意义

序号	产品名称	产品代号	代号汉字意义	序号	产品名称	产品代号	代号汉字意义
1	三相异步电动机	Y	异	5	绕线转子立式三相异步电动机（大中型）	YRL	异绕立
2	分马力三相异步电动机	YS	异三	6	大型二极（快速）三相异步电动机	YK	异（二）
3	绕线转子三相异步电动机（大中型）	YR	异绕	7	大型绕线转子二极（快速）三相异步电动机	YRK	异绕（二）
4	立式三相异步电动机（大中型）	YLS	异立三	8	电阻起动单相异步电动机	YU	异（阻）

序号	产品名称	产品代号	代号汉字意义	序号	产品名称	产品代号	代号汉字意义
9	电容起动单相异步电动机	YC	异（容）	28	制冷机用耐氟双值电容单相异步电动机	YLR	异（双）氟
10	电阻运转单相异步电动机	YY	异运	29	屏蔽式三相异步电动机	YP	异屏
11	双值电容单相异步电动机	YL	异（双）	30	泥浆屏蔽式三相异步电动机	YPJ	异屏浆
12	罩极单相异步电动机	YJ	异极	31	制冷屏蔽式三相异步电动机	YPL	异屏冷
13	罩极单相异步电动机（方行）	YJF	异极方	32	高压屏蔽式三相异步电动机	YPG	异屏高
14	三相异步电动机（高效率）	YX	异效	33	特殊屏蔽式三相异步电动机	YPT	异屏特
15	电阻起动单相异步电动机（高效率）	YUX	异阻效	34	力矩三相异步电动机	YLJ	异力矩
16	电容起动单相异步电动机（高效率）	YCX	异容效	35	力矩单相异步电动机	YDJ	异单矩
17	电容运转单相异步电动机（高效率）	YYX	异运效	36	装入式三相异步电动机	YUJ	异（装）入
18	双值电容单相异步电动机（高效率）	YLX	异（双）效	37	制动三相异步电动机（旁磁式）	YEP	异（制）旁
19	三相异步电动机（高起动转距）	YQ	异起	38	制动三相异步电动机（杠杆式）	YEG	异（制）杠
20	高转差率三相异步电动机	YH	异滑	39	制动三相异步电动机（附加制动器式）	YEJ	异（制）加
21	多速三相异步电动机	YD	异多	40	锥形转子制动三相异步电动机	YEZ	异（制）锥
22	通风机用多速三相异步电动机	YDT	异多通	41	电磁调速三相异步电动机	YCT	异磁调
23	中频三相异步电动机	YZP	异中频	42	转向器式（整流子）调速三相异步电动机	YHT	异换调
24	制冷机用耐氟三相异步电动机	YSR	异三（氟）	43	齿轮减速三相异步电动机	YCJ	异齿减
25	制冷机用耐氟电阻起动单相异步电动机	YUR	异（阻）氟	44	谐波齿轮减速三相异步电动机	YJI	异减（谐）
26	制冷机用耐氟电容起动单相异步电动机	YCR	异（容）氟	45	摆线针轮减速三相异步电动机	YCJ	异齿减
27	制冷机用耐氟电容运转单相异步电动机	YYR	异（运）氟	46	三相异步电动机（低振动低噪声）	YZC	异振噪

序号	产品名称	产品代号	代号汉字意义	序号	产品名称	产品代号	代号汉字意义
47	三相异步电动机（低振动精密机床用）	YZS	异振三	66	冶金及起重用绕线转子（管道通风式）三相异步电动机	YZRG	异重绕管
48	单相异步电动机（低振动精密机床用）	YZM	异振密	67	冶金及起重用绕线转子（自带风机式）三相异步电动机	YZRF	异重绕风
49	电梯用三相异步电动机	YTD	异电梯	68	冶金及起重用多速三相异步电动机	YZD	异重多
50	电梯用多速三相异步电动机	YTTD	异梯调电	69	冶金及起重用制动三相异步电动机	YZE	异重（制）
51	电动阀门用三相异步电动机	YDF	异电阀	70	冶金及起重用减速三相异步电动机	YZJ	异重减
52	离合器三相异步电动机	YSL	异三离	71	冶金及起重用减速绕线转子三相异步电动机	YZRJ	异重绕减
53	离合器单相异步电动机	YDL	异单离	72	立式深井泵用三相异步电动机	YLB	异立泵
54	三相电泵（机床用）	YSB	异三泵	73	井用（充水式）潜水三相异步电动机	YQS	异潜水
55	单相电泵（机床用）	YDB	异单泵	74	井用（充水式）高压潜水三相异步电动机	YQSG	异潜水高
56	木工用三相异步电动机	YM	异木	75	井用（充油式）潜水三相异步电动机	YQSY	异潜水油
57	钻探用三相异步电动机	YZT	异钻探	76	井用潜油三相异步电动机	YQY	异潜油
58	耐振用三相异步电动机	YNZ	异耐振	77	井用潜卤三相异步电动机	YQL	异潜卤
59	滚筒用三相异步电动机	YGT	异滚筒	78	装岩机用三相异步电动机	YI	异（岩）
60	管道泵用三相异步电动机	YGB	异管泵	79	轴流式局部扇风机（通风机）	YT	异通
61	辊道用三相异步电动机	YG	异辊	80	正压形三相异步电动机	YZY	异正压
62	冶金及起重用三相异步电动机	YZ	异重	81	增安型三相异步电动机	YA	异安
63	冶金及起重用涡流制动三相异步电动机	YZW	异重涡	82	增安型绕线转子三相异步电动机	YAR	异安绕
64	冶金及起重用涡流制动绕线转子三相异步电动机	YZRW	异重绕涡	83	增安型高起动转距三相异步电动机	YAQ	异安起
65	冶金及起重用绕线转子三相异步电动机	YZR	异重绕	84	增安型高转差率（滑率）三相异步电动机	YAH	异安（滑）

序号	产品名称	产品代号	代号汉字意义	序号	产品名称	产品代号	代号汉字意义
85	增安型多速三相异步电动机	YAD	异安多	95	隔爆型多速三相异步电动机	YBD	异爆多
86	增安型电磁调速三相异步电动机	YACT	异安磁调	96	起重用隔爆型多速三相异步电动机	YBZD	异爆重多
87	增安型齿轮减速三相异步电动机	YACJ	异安齿减	97	隔爆型制动三相异步电动机（旁磁式）	YBEP	异爆（制）旁
88	电梯用增安型三相异步电动机	YATD	异安梯电	98	隔爆型制动三相异步电动机（杠杆式）	YBEG	异爆（制）杠
89	电动阀门用增安型三相异步电动机	YADF	异安电阀	99	隔爆型制动三相异步电动机（附加制动器式）	YBEJ	异爆（制）加
90	隔爆型三相异步电动机	YB	异爆	100	隔爆型电磁调速三相异步电动机	YBCT	异爆磁调
91	起重用隔爆型双速三相异步电动机	YBZS	异爆重双	101	隔爆型齿轮减速三相异步电动机	YBCJ	异爆齿减
92	隔爆型绕线转子三相异步电动机	YBR	异爆绕	102	隔爆型摆线针轮减速三相异步电动机（附加制动器式）	YBXJ	异爆线减
93	隔爆型高起动转矩三相异步电动机	YBQ	异爆起	103	电梯用隔爆型三相异步电动机	YBDF	异爆电阀
94	隔爆型高转差率三相异步电动机	YBH	异爆（滑）	104	电动阀门用隔爆型三相异步电动机	YBDF	异爆电阀

3. Y 系列电动机的性能参数

Y 系列电动机是一般用途的全封闭自扇冷式笼型异步电动机。安装尺寸和功率等级符合 IEC 标准，外壳防护等级为 IP44，冷却方法为 IC411，连续工作制（S1）。适用于驱动无特殊要求的机械设备，如机床、泵、风机、压缩机、搅拌机、运输机械、农业机械、食品机械等。Y 系列电动机性能参数见表 9-2。

表 9-2   **Y 系列电动机性能参数**

型号	额定功率（kW）	额定电流（A）	转速（r/min）	效率（%）	功率因数（$\cos\varphi$）	堵转转矩/额定转矩（倍数）	堵转电流/额定电流（倍数）	最大转矩/额定转矩（倍数）	噪声[dB（A）] 1级	噪声[dB（A）] 2级	振动速度（mm/s）	质量（kg）
同步转速 3000r/min 2级												
Y80M1-2	0.75	1.8	2830	75.0	0.84	2.2	6.5	2.3	66	71	1.8	17
Y80M2-2	1.1	2.5	2830	77.0	0.86	2.2	7.0	2.3	66	71	1.8	18

型号	额定功率（kW）	额定电流（A）	转速（r/min）	效率（%）	功率因数（cosφ）	堵转转矩 额定转矩（倍数）	堵转电流 额定电流（倍数）	最大转矩 额定转矩（倍数）	噪声 [dB（A）] 1级	噪声 [dB（A）] 2级	振动速度（mm/s）	质量（kg）
Y90S-2	1.5	3.4	2840	78.0	0.85	2.2	7.0	2.3	70	75	1.8	22
Y90L-2	2.2	4.8	2840	80.5	0.86	2.2	7.0	2.3	70	75	1.8	25
Y100L-2	3	6.4	2880	82.0	0.87	2.2	7.0	2.3	74	79	1.8	34
Y112M-2	4	8.2	2890	85.5	0.87	2.2	7.0	2.3	74	79	1.8	45
Y132S1-2	5.5	11.1	2900	85.5	0.88	2.0	7.0	2.3	78	83	1.8	67
Y132S2-2	7.5	15	2900	86.2	0.88	2.0	7.0	2.3	78	83	1.8	72
Y160M1-2	11	21.8	2930	87.2	0.88	2.0	7.0	2.3	82	87	2.8	115
Y160M2-2	15	29.4	2930	88.2	0.88	2.0	7.0	2.3	82	87	2.8	125
Y160L-2	18.5	35.5	2930	89.0	0.89	2.0	7.0	2.2	82	87	2.8	145
Y180M-2	22	42.2	2940	89.0	0.89	2.0	7.0	2.2	87	92	2.8	173
Y200L1-2	30	56.9	2950	90.0	0.89	2.0	7.0	2.2	90	95	2.8	232
Y200L2-2	37	69.8	2950	90.5	0.89	2.0	7.0	2.2	90	95	2.8	250
Y225M-2	45	84	2970	91.5	0.89	2.0	7.0	2.2	90	97	2.8	312
Y250M-2	55	103	2970	91.5	0.89	2.0	7.0	2.2	92	97	4.5	387
Y280S-2	75	139	2970	92.0	0.89	2.0	7.0	2.2	94	99	4.5	515
Y280M-2	90	166	2970	92.5	0.89	2.0	7.0	2.2	94	99	4.5	566
Y315S-2	110	203	2980	92.5	0.89	1.8	6.8	2.2	99	104	4.5	922
Y315M-2	132	242	2980	93.0	0.89	1.8	6.8	2.2	99	104	4.5	1010
Y315L1-2	160	292	2980	93.5	0.89	1.8	6.8	2.2	99	104	4.5	1085
Y315L2-2	200	365	2980	93.5	0.89	1.8	6.8	2.2	99	104	4.5	1220
Y355M1-2	220	399	2980	94.2	0.89	1.2	6.9	2.2	109		4.5	1710
Y355M2-2	250	447	2985	94.5	0.90	1.2	7.0	2.2	111		4.5	1750
Y355L1-2	280	499	2985	94.7	0.90	1.2	7.1	2.2	111		4.5	1900
Y355L2-2	315	560	2985	95.0	0.90	1.2	7.1	2.2	111		4.5	2105
同步转速 1500r/min 4级												
Y80M1-4	0.55	1.5	1390	73.0	0.76	2.4	6.0	2.3	56	67	1.8	17
Y80M2-4	0.75	2	1390	74.5	0.76	2.3	6.0	2.3	56	67	1.8	17
Y90S-4	1.1	2.7	1400	78.0	0.78	2.3	6.5	2.3	61	67	1.8	25
Y90L-4	1.5	3.7	1400	79.0	0.79	2.3	6.5	2.3	62	67	1.8	26
Y100L1-4	2.2	5	1430	81.0	0.82	2.2	7.0	2.3	65	70	1.8	34
Y100L2-4	3	6.8	1430	82.5	0.81	2.2	7.0	2.3	65	70	1.8	35
Y112M-4	4	8.8	1440	84.5	0.82	2.2	7.0	2.3	68	74	1.8	47

型号	额定功率（kW）	额定电流（A）	转速（r/min）	效率（%）	功率因数（cosφ）	堵转转矩 额定转矩（倍数）	堵转电流 额定电流（倍数）	最大转矩 额定转矩（倍数）	噪声 [dB（A）] 1级	噪声 [dB（A）] 2级	振动速度（mm/s）	质量（kg）
Y132S-4	5.5	11.6	1440	85.5	0.84	2.2	7.0	2.3	70	78	1.8	68
Y132M-4	7.5	15.4	1440	87.0	0.85	2.2	7.0	2.3	71	78	1.8	79
Y160M-4	11	22.6	1460	88.0	0.84	2.2	7.0	2.3	75	82	1.8	122
Y160L-4	15	30.3	1460	88.5	0.85	2.2	7.0	2.3	77	82	1.8	142
Y180M-4	18.5	35.9	1470	91.0	0.86	2.0	7.0	2.2	77	82	1.8	174
Y180L-4	22	42.5	1470	91.5	0.86	2.0	7.0	2.2	77	82	1.8	192
Y200L-4	30	56.8	1470	92.2	0.87	2.0	7.0	2.2	79	84	1.8	253
Y225S-4	37	70.4	1480	91.8	0.87	1.9	7.0	2.2	79	84	1.8	294
Y225M-4	45	84.2	1480	92.3	0.88	1.9	7.0	2.2	79	84	1.8	327
Y250M-4	55	103	1480	92.6	0.88	2.0	7.0	2.2	81	86	2.8	381
Y280S-4	75	140	1480	92.7	0.88	1.9	7.0	2.2	85	90	2.8	535
Y280M-4	90	164	1480	93.5	0.89	1.9	7.0	2.2	85	90	2.8	634
Y315S-4	110	201	1480	93.5	0.89	1.8	6.8	2.2	93	98	2.8	912
Y315M-4	132	240	1480	94.0	0.89	1.8	6.8	2.2	96	101	2.8	1048
Y315L1-4	160	289	1480	94.5	0.89	1.8	6.8	2.2	96	101	2.8	1105
Y315L2-4	200	361	1480	94.5	0.89	1.8	6.8	2.2	96	101	2.8	1260
Y355M1-4	220	407	1488	94.4	0.87	1.4	6.8	2.2	106		4.5	1690
Y355M3-4	250	461	1488	94.7	0.87	1.4	6.8	2.2	108		4.5	1800
Y355L2-4	280	515	1488	94.9	0.87	1.4	6.8	2.2	108		4.5	1945
Y355L3-4	315	578	1488	95.2	0.87	1.4	6.9	2.2	108		4.5	1985
同步转速　1000r/min　6级												
Y90S-6	0.75	2.3	910	72.5	0.7	2.0	5.5	2.2	56	65	1.8	21
Y90L-6	1.1	3.2	910	73.5	0.7	2.0	5.5	2.2	56	65	1.8	24
Y100L-6	1.5	4	940	77.5	0.7	2.0	6.0	2.2	62	67	1.8	35
Y112M-6	2.2	5.6	940	80.5	0.7	2.0	6.0	2.2	62	67	1.8	45
Y132S-6	3	7.2	960	83.0	0.8	2.0	6.5	2.2	66	71	1.8	66
Y132M1-6	4	9.4	960	84.0	0.8	2.0	6.5	2.2	66	71	1.8	75
Y132M2-6	5.5	12.6	960	85.3	0.8	2.0	6.5	2.2	66	71	1.8	85
Y160M-6	7.5	17	970	86.0	0.8	2.0	6.5	2.0	69	75	1.8	116
Y160L-6	11	24.6	970	87.0	0.8	2.0	6.5	2.0	70	75	1.8	139
Y180M-6	15	31.4	970	89.5	0.8	1.8	6.5	2.0	70	78	1.8	182
Y200L1-6	18.5	37.7	970	89.8	0.8	1.8	6.5	2.0	73	78	1.8	228

续表

型号	额定功率（kW）	额定电流（A）	转速（r/min）	效率（%）	功率因数（cosφ）	堵转转矩 额定转矩（倍数）	堵转电流 额定电流（倍数）	最大转矩 额定转矩（倍数）	噪声 [dB（A）] 1级	噪声 [dB（A）] 2级	振动速度（mm/s）	质量（kg）
Y200L2-6	22	44.6	980	90.2	0.8	1.8	6.5	2.0	73	78	1.8	246
Y225M-6	30	59.5	980	90.2	0.9	1.7	6.5	2.0	76	81	1.8	294
Y250M-6	37	72	980	90.8	0.9	1.8	6.5	2.0	76	81	2.8	395
Y280S-6	45	85.4	980	92.0	0.9	1.8	6.5	2.0	79	84	2.8	505
Y280M-6	55	104	980	92.0	0.9	1.8	6.5	2.0	79	84	2.8	56
Y315S-6	75	141	980	92.8	0.9	1.6	6.5	2.0	87	92	2.8	850
Y315M-6	90	169	980	93.2	0.9	1.6	6.5	2.0	87	92	2.8	965
Y315L1-6	110	206	980	93.5	0.9	1.6	6.5	2.0	87	92	2.8	1028
Y315L2-6	132	246	980	93.8	0.9	1.6	6.5	2.0	87	92	2.8	1195
Y355M1-6	160	300	990	94.1	0.9	1.3	6.7	2.0	102		4.5	1590
Y355M2-6	185	347	990	94.3	0.9	1.3	6.7	2.0	102		4.5	1665
Y355M4-6	200	375	990	94.3	0.9	1.3	6.7	2.0	102		4.5	1725
Y355L1-6	220	411	991	94.5	0.9	1.3	6.7	2.0	102		4.5	1780
Y355L3-6	250	466	991	94.7	0.9	1.3	6.7	2.0	105		4.5	1865
同步转速 750r/min 8级												
Y132S-8	2.2	5.8	710	80.5	0.7	2.0	5.5	2.0	61	66	1.8	66
Y132M-8	3	7.7	710	82.0	0.7	2.0	5.5	2.0	61	66	1.8	76
Y160M1-8	4	9.9	720	84.0	0.7	2.0	6.0	2.0	64	69	1.8	105
Y160M2-8	5.5	13.3	720	85.0	0.7	2.0	6.0	2.0	64	69	1.8	115
Y160L-8	7.5	17.7	720	86.0	0.8	2.0	5.5	2.0	67	69	1.8	140
Y180L-8	11	24.8	730	87.5	0.8	1.7	6.0	2.0	67	72	1.8	180
Y200L-8	15	34.1	730	88.0	0.8	1.8	6.0	2.0	70	72	1.8	228
Y225S-8	18.5	41.3	730	89.5	0.8	1.7	6.0	2.0	70	75	1.8	265
Y225M-8	22	47.6	730	90.0	0.8	1.8	6.0	2.0	70	75	1.8	296
Y250M-8	30	63	730	90.5	0.8	1.8	6.0	2.0	73	75	1.8	391
Y280S-8	37	78.2	740	91.0	0.8	1.8	6.0	2.0	73	78	2.8	500
Y280M-8	45	93.2	740	91.7	0.8	1.8	6.0	2.0	73	78	2.8	562
Y315S-8	55	114	740	92.0	0.8	1.6	6.5	2.0	82	87	2.8	875
Y315M-8	75	152	740	92.5	0.8	1.6	6.5	2.0	82	87	2.8	1008
Y315L1-8	90	179	740	93.0	0.8	1.6	6.5	2.0	82	87	2.8	1065

续表

型号	额定功率（kW）	额定电流（A）	转速（r/min）	效率（%）	功率因数（cosφ）	堵转转矩 额定转矩（倍数）	堵转电流 额定电流（倍数）	最大转矩 额定转矩（倍数）	噪声[dB（A）] 1级	噪声[dB（A）] 2级	振动速度（mm/s）	质量（kg）
Y315L2-8	110	218	740	93.3	0.8	1.6	6.3	2.0	82	87	2.8	1195
Y355M2-8	132	264	740	93.8	0.8	1.3	6.3	2.0	99		4.5	1675
Y355M4-8	160	319	740	94.0	0.8	1.3	6.3	2.0	99		4.5	1730
Y355L3-8	185	368	742	94.2	0.8	1.3	6.3	2.0	99		4.5	1840
Y355L4-8	200	398	743	94.3	0.8	1.3	6.3	2.0	99		4.5	1905
同步转速　600r/min　10 级												
Y315S-10	45	101	590	91.5	0.7	1.4	6.0	2.0	82	87	2.8	838
Y315M-10	55	123	590	92.0	0.7	1.4	6.0	2.0	82	87	2.8	960
Y315L2-10	75	164	590	92.5	0.8	1.4	6.0	2.0	82	87	2.8	1180
Y355M1-10	90	191	595	93.0	0.8	1.2	6.0	2.0	96		4.5	1620
Y355M2-10	110	230	595	93.2	0.8	1.2	6.0	2.0	96		4.5	1775
Y355L1-10	132	275	595	93.5	0.8	1.2	6.0	2.0	96		4.5	1880

9.1.2 电动机类型的选择

1. 电动机的分类

电动机是目前应用最广泛的机电设备，电动机的分类见表 9-3。电力系统中的电动机大部分是交流电动机，可以是同步电动机或者是异步电动机（电动机定子转速与转子转速不保持同步速）。

表 9-3　　　　　　　　　　电　动　机　的　分　类

分类方法	种　　类		
按工作电源分	直流电动机	有刷直流电动机	永磁直流电动机
			电磁直流电动机
		无刷直流电动机	稀土永磁直流电动机
			铁氧体永磁直流电动机
			铝镍钴永磁直流电动机
	交流电动机	单相电动机	单相电阻起动异步电动机
			单相电容起动异步电动机
			单相电容运转异步电动机
			单相电容起动和运转异步电动机
			单相罩极式异步电动机
		三相电动机	三相笼型异步电动机
			三相绕线转子异步电动机

续表

分类方法	种 类		
按结构及工作原理分	同步电动机	永磁同步电动机	
		磁阻同步电动机	
		磁滞同步电动机	
	异步电动机	感应电动机	三相异步电动机
			单相异步电动机
			罩极异步电动机
		交流换向器电动机	单相串励电动机
			交直流两用电动机
			推斥电动机
按用途分	驱动用电动机	电动工具用电动机（包括钻孔、抛光、磨光、开槽、切割、扩孔等工具用电动机）	
		家电用电动机（包括洗衣机、电风扇、电冰箱、空调器等电动机）	
		其他通用小型机械设备（包括各种小型机床、小型机械、医疗器械、电子仪器等用电动机）	
	控制用电动机	步进电动机	
		伺服电动机	
按转子结构分	笼型感应电动机		
	绕线转子感应电动机		
按运转速度分	高速电动机		
	低速电动机	齿轮减速电动机	
		电磁减速电动机	
		力矩电动机	
		爪极同步电动机	
	恒速电动机		
	调速电动机	有级恒速电动机	
		无级恒速电动机	
		有级变速电动机	
		无级变速电动机	
		电磁调速电动机	
		直流调速电动机	
		PWM 变频调速电动机	
		开关磁阻调速电动机	

2. 单相异步电动机的种类

单相异步电动机种类很多，在家用电器中使用的单相异步电动机按照起动和运行分类，基本上只有两大类6种，见表9-4。这些电动机的结构虽有差别，但是其基本工作原理是相同的。

表 9-4 家用电器中使用的单相异步电动机

种类		实物图	结构图或原理图	结构特点
单相罩极式电动机	凸极式罩极单相电动机			单相罩极式电动机的转子仍为笼型，定子有凸极式和隐极式两种，原理完全相同。一般采用结构简单的凸极式
	隐极式罩极单相电动机			
分相式单相异步电动机	电阻起动单相异步电动机			
	电容起动单相异步电动机			单相分相式异步电动机在定子上除了装有单相主绕组外，还装了一个起动绕组，这两个绕组在空间成 90° 电角度。起动时两绕组虽然接到同一个单相电源上，但可设法使两绕组电流不同相，这样两个空间位置正交的交流绕组通以时间上不同相的电流，在气隙中就能产生一个合成旋转磁场。起动结束，使起动绕组断开即可
	电容运转式单相异步电动机			
	电容起动和运转单相异步电动机			

3. 三相交流电动机的种类

三相交流异步电动机的种类见表9-5。

表 9-5　　　　　三相交流异步电动机的种类

电动机种类		主要性能特点	典型生产机械举例
异步电动机	笼型　普通笼型	机械特性硬，起动转矩不大，调速时需要调速设备	调试性能要求不高的各种机床、水泵、通风机等
	笼型　高起动转矩	起动转矩大	带冲击性负载的机械，如剪床、冲床、锻压机；静止负载或惯性负载较大的机械，如压缩机、粉碎机、小型起重机等
	笼型　多速	有2~4挡转速	要求有级调速的机床、电梯、冷却塔
	绕线型	机械特性硬（转子串电阻后变软）、起动转矩大、调速方法多、调速性能和启动性能较好	要求有一定调速范围、调速性能较好的生产机械，如桥式起重机；起动、制动频繁且对起动、制动转矩要求高的生产机械，如起重机、矿井提升机、压缩机、不可逆轧钢机等
同步电动机		转速不随负载变化，功率因数可调节	转速恒定的大功率生产机械，如大中型鼓风及排风机、泵、压缩机、连续式轧钢机、球磨机等

4. 不同类型电动机主要性能特点（见表9-6）

表 9-6　　　　　不同类型电动机主要性能特点

电动机类型		主要性能特点	应用举例
直流电动机	他励、并励	机械特性硬，起动转矩大，调速性能好	调速性能要求高的生产机械，如大型机床（车、铣、刨、磨、镗）、高精度车床、可逆轧钢机、造纸机等
	串励	机械特性软，起动转矩大，调速方便	要求起动转矩大、机械特性软的机械，如电车、电气机车、起重机、吊车、卷扬机、电梯等
	复励	机械特性软硬适中，起动转矩大，调速方便	
三相异步电动机	普通笼型转子	机械特性硬，起动转矩不太大，可以调速	调速性能要求不高的各种机床、水泵、通风机等
	高起动转矩	起动转矩大	带冲击性负载的机械，如剪床、冲床、锻压机；静止负载或惯性负载较大的机械，如压缩机、粉碎机、小型起重机等
	多速	有几挡转速（2~4速）	要求有级调速的机床、电梯、冷却塔等
	绕线转子	机械特性硬，起动转矩大，调速方法多	要求有一定调速范围、调速性能较好的生产机械，如桥式起重机；起动、制动频繁且对起动、制动转矩要求高的生产机械，如起重机、矿井提升机、压缩机、不可逆轧钢机等

电动机类型	主要性能特点	应 用 举 例
三相同步电动机	转速不随负载变化，功率因数可调	转速恒定的大功率生产机械，如大、中型鼓风及排风机、泵、压缩机、连续式轧钢机、球磨机
单相异步电动机	功率小，机械特性硬	应用最广，家用电器和农用电器中的电动机，如洗衣电动机等，基本上都是单相异步电动机
单相同步电动机	功率小，转速恒定	用于单相电源的低速或恒转速驱动，如复印机、转页式风扇等

5. 电动机类型的选择

在选择电动机类型时，首先考虑的是电动机的性能应能全面满足被驱动机械负载的要求，如起动性能、正反转运行、调速性能、过载能力等。在这个前提下，优先选用结构简单、运行可靠、维护方便、价格便宜的电动机。

对于不需要调速或对调速要求不高的生产机械，可优先选用笼型三相感应电动机。这时应充分考虑电动机的起动容量与电源容量的对应关系。普通笼型电动机的起动转矩不大，特别是采用降压起动时，只适用于空载或轻载起动的场合，例如，风机、泵类负载等。高起动转矩的笼型电动机（深槽式、双笼式）可应用于重载起动的生产机械，如压缩机、皮带运输机等。

对于需要有级调速的生产机械，可选用变级多速笼型电动机，如电梯、机床等。对于带有飞轮的冲击性负载，则应选用高转差率笼型电动机，如冲压机床、锻压机床等。

对于起动、制动转矩要求较大，需要频繁起动、制动，并且需要调速的生产机械，可选用绕线型感应电动机，如起重机、升降机、轧钢机、压缩机等。

对于容量较大且不需要调速的生产机械，应优先选用同步电动机，让同步电动机运行于过励状态，还可以改善电网的功率因数。

对于要求在宽广范围内平滑调速或要求准确位置控制的生产机械，可选用他励（并励）直流低压电动机。如数控机床、龙门刨床、轧钢机、印刷机、造纸机等。

对于要求软机械特性、高起动转矩的生产机械，如电车、蓄电池车、电力机车等，可选用串励或复励直流电动机。直流电动机有电刷和换向器，维护工作量较大，价格也比感应电动机要贵些。

有爆炸性危险的场所应选用具有防爆结构的电动机。有爆炸性危险的场所称为危险场所，危险场所分为若干等级，不同等级的危险场所应选用不同类型的防爆电动机。对于防爆电动机的结构及其适用的危险场所，国家标准中均有严格的详细规定，选用电动机时应格外谨慎。

电动机的冷却方法主要是指电动机冷却回路的布置方式、冷却介质的形式以及冷却介质的推动方法等。一般用途电动机用空气作为冷却介质，采用机壳表面冷却方式，初、次级冷却介质的推动方法均采用自循环。因此电动机的体积小、质量小、价格便宜。在无爆炸性危险的场合，可优先选择一般用途电动机。

按电动机的结构及安装型式，可分为卧式安装和立式安装两种，它们又分为端盖无凸缘和端盖有凸缘两种型式。一般情况下大多采用卧式安装，特殊情况下才考虑采用立式安装。立式和有凸缘安装的电动机价格较贵。

轴伸是电动机转子与机械负载连接，从而传递转矩和转速并输出机械功率的部分，有单轴伸、双轴伸、圆柱形轴伸、圆锥形轴伸等类型。

6. 交流电动机的选择

交流电动机结构简单、价格低廉、维护工作量小，在交流电动机能满足生产需要的场合应采用交流电动机，仅在起动、制动和调速等方面不能满足需要时才考虑直流电动机。近年来，随着电力电子及控制技术的发展，交流调速装置的性能与成本已能和直流调速装置竞争，越来越多的直流调速应用领域被交流调速所占领。

（1）普通励磁同步电动机的选用。

1）同步电动机主要用于传动恒速运行的大型机械，如鼓风机、水泵、球磨机、压缩机及轧钢机等，其功率在 250kW 以上，转速为 $100 \sim 1500 r/min$，额定电压为 6kV 或 10kV，额定功率因数为 $0.9 \sim 0.8$（超前）。

2）600r/min 以下的大功率交-交变频同步机传动装置用于轧机主传动、水泥球磨机、矿井提升机、船舶驱动等。

3）无刷励磁同步电动机，由于没有集电环和电刷，故维护简单，可用于防爆等特殊场合。

（2）永磁同步电动机的选用。永磁同步电动机与电励磁同步电动机相比，省去了励磁功率，提高了效率，例如，110kW 8 极电动机的效率可高达 95%。特别是这种电动机简化了结构，实现了无刷化，$100 \sim 1000 kW$ 电动机可省去励磁柜。

永磁同步电动机在 $25\% \sim 120\%$ 额定负载范围内均可保持较高的效率和功率因数，使轻载运行时节能效果更为显著。

永磁同步电动机主要应用于纺织化纤工业、陶瓷玻璃工业和年运行时间长的风机、水泵等。

变频器供电的永磁同步电动机加上转子位置闭环控制系统，构成自同步永磁电动机，既具有电励磁直流电动机的优异调速性能，又实现了无刷化，这在要求高控制精度和高可靠性的场合（如航空、航天、数控机床、加工中心、机器人、电动汽车、计算机外围设备和家用电器等方面）获得了广泛应用。

（3）开关磁阻电动机及选用。这是一种与小功率笼型异步电动机竞争的新型调速电动机，它是由反应式步进电动机发展起来的，突破了传统电动机的结构模式和原理。定转子采用双凸结构，转子上没有绕组，定子为集中绕组，虽然转子上多了一个位置检测器，但总体上比笼型异步电动机简单、坚固和便宜，更重要的是它的绕组电流不是交流，而是直流脉冲，因为变流器不但造价低，而且可靠性也高得多。其不足之处是低速时转矩脉动较大。目前国内外已有开关磁阻电动机调速系统的系列产品，单机容量可达 200kW（3000r/min）。

（4）异步电动机的选用。异步电动机广泛应用于工农业和国民经济各部门，作为机床、风机、水泵、压缩机、起重运输机械、建筑机械、食品机械、农业机械、冶金机械、化工机械等的动力。在各类电动机中，异步电动机应用最广。

异步电动机可分为笼型异步电动机和绕线转子异步电动机。按用途可分为一般用途异步电动机和专用异步电动机，其中基本系列为一般用途的电动机；派生系列电动机是基本系列电动机的派生产品，为适应拖动系统和环境条件的某些要求，在基本系列上做部分改动而导出的系列。专用电动机与一般用途的基本型电动机不同，具有特殊使用和防护条件的要求，不能用派生的办法解决，须按使用和技术要求进行专门设计。

7. 直流电动机的选择

直流电动机的最大优点是运行转速可在宽广的范围内任意控制，无级变速。由直流电动机组成的调速系统和交流调速系统相比，控制方便，调速性能好，变流装置结构简单，长期以来在调速传动中占统治地位。目前虽然交流调速技术迅速发展，但直流调速在近一个时期不可能被淘汰，尤其在我国，高性能的交流调速定型产品尚少，直流调速理论根深蒂固，并在发展中不断充实，交流调速技术替代直流调速需要经历一个较长的历程。因此在比较复杂的拖动系统中，仍有很多场合要用直流电动机。目前，直流电动机仍然广泛应用于冶金、矿山、交通、运输、纺织印染、造纸印刷、制糖、化工和机床等工业中需要调速的设备上。直流电动机用途和分类见表9-7。

表 9-7　　　　　　　　　　　　　　直流电动机用途和分类

序号	产 品 名 称	主 要 用 途	型号
1	直流电动机	基本系列，一般工业应用	Z
2	广调速直流电动机	供转速调节范围为 3：1 及 4：1 的电力拖动使用	ZT
3	冶金及起重用直流电动机	冶金设备动力装置和各种起重设备传动装置用	ZZJ
4	直流牵引电动机	电力传动机车、工矿电机车和蓄电池车用	ZQ
5	船用直流电动机	船舶上各种辅助机械用	ZH
6	精密机床用直流电动机	磨床、坐标镗床等精密机床用	ZJ
7	汽车起动机	汽车、拖拉机、内燃机等用	ST
8	挖掘机用直流电动机	冶金矿山挖掘机用	ZKJ
9	龙门刨用直流电动机	龙门刨床用	ZU，ZFU
10	无槽直流电动机	在自动控制系统中作执行元件	ZW
11	防爆增安型直流电动机	矿井和有易燃气体场所用	ZA
12	力矩直流电动机	作为速度和位置伺服系统的执行元件	ZLJ
13	直流测功机	测定原动机效率和输出功率用	CZ

9.1.3 电动机运行条件的选用

1. 电压和频率的选择

（1）电压的选择。选择电压，取决于电力系统对企业供电的电压。中、小型三相异步电动机的额定线电压有 6000、3000、380V 等几种；派生的 60Hz 电动机的额定线电压有 380V 和 440V 两种；YA 增安型三相异步电动机、YB 隔爆型三相异步电动机的额定电压为

380V 和 660V 两种；单相电动机为 220V。

直流电动机的额定电压有 160、220、440V 三种，220V 适用于机组供电；160V 和 440V 适用于静止整流电源供电场合，其中 160V 为单相桥式整流电路，440V 为三相桥式整流电路。

对于一般的通用机械，选用的异步电动机的额定功率大于或等于 220kW 时，选用 6000V 电压；额定功率小于 220kW 时，选用 380V 电压。额定功率大于或等于 100kW 时，多选用 3000V 电压；额定功率小于 100kW 时，选用 380V 电压。

（2）频率的选择。我国的工频供电频率为 50Hz（美洲国家电源频率为 60Hz，欧洲多数国家为 50Hz），为了出口的需要，交流电动机一般也可制成 60Hz。

2. 运行期间电压和频率的允差

有关标准规定，电动机在运行期间电源电压和频率在下列范围内变化时，电动机的输出功率仍能维持额定值。

（1）当电源频率为额定值时，电压在额定值的 95% ~ 105% 之间变化，但此时电动机性能允许与标准的规定不同，且当电压变化达上述极限而电动机连续运行时，其温升超过的最大允许值为：对于额定功率为 1000kW（或 kVA）及以下的电动机为 10K；对于额定功率为 1000kW（或 kVA）以上的电动机为 5K。

（2）当电源电压为额定值时，电源频率对额定值的变化不超过 ±1%。

（3）当电源电压和频率同时发生变化（两者变化分别不超过额定值的 ±5% 和 ±1%），若两者变化都是正值，两者之和不超过额定值的 6%；或两者变化都是负值或分别为正与负值，两者绝对值之和不超过额定值的 5%。

3. 电压及电流的波形与对称性

（1）一般交流电源。电压为实际正弦波，三相电源电压还应为实际平衡系统。所谓电压的实际正弦波，就是电压波形的正弦性畸变率（指电压波形中不包括基波在内的所有各次谐波有效值平方和的平方根值对该波形基波有效值之比）不超过 5%。所谓实际平衡的电压系统指在多相电压系统中，电压的负序分量不超过正序分量的 1%（长期运行）或 1.5%（不超过几分钟的短时运行），且电压的零序分量不超过正序分量的 1%。当电源电压的波形和平衡性能同时为所规定偏差的极限，电动机应不产生有害的高温，其温升或温度允许超过规定的限值，但不超过 10K。

有关标准规定，在进行电动机温升试验时，电源电压的波形正弦形畸变率应不超过 2.5%，电压的负序分量在消除零序分量的影响后，应不大于正序分量的 0.5%。

（2）直流电源。根据电动机的使用条件和电压高低，可选用干电池、蓄电池、直流发电机组和静止整流电源。前三者属低纹波电源，可对直流电动机供电，一般无异常情况，但应注意干电池和蓄电池随放电时间的增长其内阻加大且端电压降低。由整流电源供电的电动机，必须使得电动机在额定负载时，其电枢电流的波形因数（电流方均根值对电流平均值之比）小于或等于电动机的额定波形因数，否则，电动机可能会过热或产生较大的火花，甚至不能工作。上述条件如不能满足时，除了设法降低整流电源的纹波以外，也可以在电枢回路中串联电感，抑制电流谐波，降低其波形因数，减少电损耗和改善换向。

9.1.4　电动机转速的选择

电动机的额定转速是根据生产机械的转速要求选定的。在电源频率确定的情况下（我国电网频率为 50Hz），交流电动机的同步转速与极数成反比，常用交流电动机的极数与同步转速的对应关系见表 9-8。

表 9-8　　　　　　　　我国常用交流电动机的极数与同步转速（50Hz）

极数	2	4	6	8	10
同步转速（r/min）	3000	1500	1000	750	600

感应电动机的额定转速略低于相应的同步转速。

直流电动机的极数与转速之间没有交流电动机这种严格的关系，一般用途的基本系列直流电动机的额定转速为表 9-8 中的 5 种转速之一。

一般说来，相同功率等级电动机的转速越高，体积和质量就越小，价格越低，其飞轮矩一般也越小。电动机的飞轮矩对电动机的动态性能（如起动、调速性能等）影响很大，选择电动机时应予以注意。

选择电动机的额定转速时，还应考虑到传动机构及其转速比的选择，若转速比选择过大，虽然电动机的体积和价格降低了，但传动机构的体积增大、结构变得复杂、价格也相应较高。这时应综合考虑电动机与传动机构的技术性和经济性。

下面介绍依据转速选用电动机的方法。

1. 从技术和经济指标综合考虑来选择电动机的转速

（1）对于连续工作很少起动、制动的电力拖动系统，主要从设备投资、占地面积、维护检修等几个方面进行技术经济比较，最后确定合适的转速比和电动机的额定转速。

（2）对于经常起动、制动和反转的电力拖动系统，过渡过程将影响加工机械的生产率，如龙门刨床、轧钢机等。应根据最小过渡过程时间、最少能量损耗等条件来选择转速比及电动机的额定转速。如果过渡过程的持续时间对生产率影响不大（如高炉的装料机械），此时主要根据过渡过程能量损耗为最小的条件来选择转速比及电动机的额定转速。

（3）一般的高、中转速机械，如泵、压缩机、鼓风机等，宜选用相应转速的电动机，直接与机械连接。

一般说来，泵类主要选用 4 极异步电动机；压缩机在带连接时宜选用 4 极或 6 极的电动机，直接连接时一般选用 6 极或 8 极电动机；风扇、鼓风机一般选用 2 极或 4 极电动机；轧机、粉碎机多数选用 6 极、8 极及 10 极电动机；在农村如没有严格的要求，一般可选用 4 极电动机，因为这种转速（1500r/min）的电动机适应性较强，且功率因数和效率也较高；对不需要调速的大型风机、水泵、空气压缩机等应选用大功率的异步电动机，如 Y（6000V）型或大型同步电动机，如 T、TK 型等。

（4）不调速的低转速机械，如球磨机、水泥旋窑、轧机等，宜选用适当转速的电动机通过减速机传动。但对大型机械，电动机的转速不能太高，要考虑大型减速机（尤其是大减速比）加工困难及维修不便等因素。

（5）某些低速断续周期工作制机械，宜采用无减速机直接传动。这对提高生产率和传动系统的动态性能、减少投资和维修等均较有利。

（6）自扇冷式电动机散热效能随电动机转速而变，不宜长期在低速下运行。如果由于调速的需要，长期低速运行而又超过电动机允许的条件时，应增设外通风措施，以免损坏电动机。

2. 有调速要求时电动机的选择

对于需要调速的机械，如大型风机、水泵，一般可采用串级调速方法，这种方法可将转差功率返回电网并加以利用，因而效率较高，可平滑无级调速；而对于调速范围较大、调速精度较高的机械，选用的电动机的最高转速应与生产机械相适应，一般可选用可调速的直流电动机，也可选用电磁调速异步电动机和异步电动机变频调速。

9.1.5 电动机功率和工作制的选择

1. 电动机功率的选择

额定功率的选择是电动机选择的核心内容，关系到电动机机械负载的合理匹配以及电动机运行的可靠性和使用寿命。

选择电动机额定功率时，需要考虑的主要问题有电动机的发热、过载能力和起动性能等，其中最主要的是电动机的发热问题。

从电动机发热的角度来看，电动机的温升应与一定的功率相对应。额定功率时，电动机温升不应超过绝缘等级的温升限值。因此，选择电动机额定功率时，需要根据机械负载的轴功率对所选电动机的发热情况进行校验。发热校验就是通过计算验证电动机整个运行过程中的最高稳定温升是否不超过电动机绝缘等级的温升限值。

电动机带负载的能力总是有限的，电动机允许的最大转矩与额定转矩之比称为转矩允许过载倍数，转矩允许过载倍数反映了电动机的过载能力。交流电动机的过载能力受其最大转矩的限制，直流电动机的过载能力则主要受其换向火花的限制。另外，转轴、机座等的机械强度以及过载时的允许温升等也使电动机的过载能力受到了限制。选择电动机额定功率时，常常需要根据电动机类型和负载性质对过载能力进行校验。

对于直流绕线型感应电动机，起动转矩可以人为调节，甚至可以在最大转矩的情况下起动，因此，选择电动机功率时，其起动能力可以不必校验。但对于笼型感应电动机和异步起动的同步电动机，由于起动转矩不是很大，起动过程的最小转矩又常常小于堵转转矩，特别是为了限制起动电流而采用降压起动时，起动转矩明显减小，故需要对起动能力进行校验。

电动机额定功率选择时一般可分为以下 3 个步骤：

（1）计算负载机械所需的轴功率 P。

（2）预选电动机，使电动机的额定功率 $P_N \geqslant P$。

（3）校验所选电动机的发热、过载能力和起动能力。

2. 电动机工作制

电动机的工作制是对电动机承受负载情况的说明，它包括起动、制动、空载、断能停转以及这些阶段的持续时间和先后顺序等。根据 GB 755—2008《旋转电机　定额和性能》的规定，电动机工作制分为 10 类，见表 9-9。

表 9-9　　　　　　　　　　　　　　　　　　　电 动 机 工 作 制

代号	工作制	说　　明
S1	连续工作制	在无规定期限的长时间内是恒载的工作制。在恒定负载下连续运行达到热稳定状态
S2	短时工作制	在恒定负载下按指定的时间运行，在未达到热稳定时即停机和断能，其时间足以使电动机或冷却器冷却到与最终冷却介质温度之差在 2K 以内。若电动机采用 S2 工作制，应标明负载持续率，如 S3 25%
S3	断续周期工作制	按一系列相同的工作周期运行，每一周期由一段恒定负载运行时间和一段停机并断能时间所组成。但在每一周期内运行时间较短，不足以使电动机达到热稳定，且每一周期的起动电流对温升无明显的影响。若电动机采用 S3 工作制，应标明负载持续率，如 S3 25%
S4	包括起动的断续周期工作制	按一系列相同的工作周期运行，每一周期由一段起动时间、一段恒定负载运行时间和一段停机并断能时间所组成。但在每一周期内起动和运行时间较短，均不足以使电动机达到热稳定
S5	包括电制动的断续周期工作制	按一系列相同的工作周期运行，每一周期由一段起动时间、一段恒定负载运行时间、一段快速电制动时间和一段停机并断能时间所组成。但在每一周期内起动、运行和制动时间较短，均不足以使电动机达到热稳定
S6	连续周期工作制	按一系列相同的工作周期运行，每一周期由一段恒定负载时间和一段空载运行时间组成，但在每一周期内负载运行时间较短，不足以使电动机达到热稳定
S7	包括电制动的连续周期工作制	按一系列相同的工作周期运行，每一周期由一段起动时间、一段恒定负载运行时间和一段电制动时间所组成
S8	包括负载—转速相应变化的连续周期工作制	按一系列相同的工作周期运行，每一周期由一段按预定转速的恒定负载运行时间，和按一个或几个不同转速的其他恒定负载运行时间所组成（例如多速异步电动机使用场合）
S9	负载和转速作非周期变化的工作制	负载和转速在允许的范围内作非周期变化的工作制，这种工作制包括经常性过载，其值可远远超过满载
S10	离散恒定负载工作制	包括不多于 4 种离散负载值（或等效负载）的工作制，每一种负载的运行时间应足以使电动机达到热稳定。在一个工作周期中的最小负载值可为零（空载或停机和断能）

9.1.6　单相异步电动机的选用

对于一般器具的传动，如果没有性能和结构上的特殊要求，建议采用基本系列电动机 YU 系列（单相电阻起动异步电动机）、YC 系列（单相电容起动异步电动机）、YY 系列（单相电容运转异步电动机）、YL 系列（单相双值电容异步电动机）。如基本系列电动机不能满足要求，可选用规定用途或特殊用途电动机。下面介绍按功率大小选用单相电动机的方法。

（1）当电动机输出功率在 10W 以下时，可选用罩极异步电动机。虽然它的起动转矩和力能指标低，但由于功率很小，耗能不多，而且结构简单、制造容易、价格低廉、运行可靠，对于空载或轻载起动的器具，常可优先选用。如小型风扇、微风机、吸烟机、家用鼓风机、家用排气扇、电吹风、电动模型、复印机等多采用罩极异步电动机。

（2）当电动机输出功率在 10～60W 时，基本上采用电容运转电动机。因为在这个功率范围内，其起动性能和运行性能均甚优良，噪声低，不需要离心开关或其他起动开关，可靠性高，调速也比较方便。各种电风扇电动机、洗衣机电动机，都是以电容运转电动机为主要传动电动机的。极少数情况采用罩极电动机，例如全自动洗衣机的排水泵，由于对起动转矩要求不高，以及使用时间很短，效率可以不考虑，为了简化结构，采用凸极式罩极异步电动机；又如炉灶用鼓风机，由于环境条件较恶劣，有油烟和水蒸气，环境温度高，如采用电容运转电动机，电容容易损坏，故常采用隐极式罩极异步电动机（容量小的用凸极式）。

（3）当电动机输出功率在 60～250W 时，优先选用电容运转电动机。如果起动转矩不足，则最好用电容起动和运转（双值电容）电动机，它的起动和运行性能均好，但成本较高。也可用电阻起动或电容起动异步电动机，它们的力能指标完全相同，从价格论，电阻起动异步电动机便宜；从性能论，电容起动异步电动机的起动电流小而起动转矩大。表 9-10为三种不同型号的 180W、4 极单相异步电动机性能对照表。

表 9-10　　　　　　　　三种不同型号的 180W、4 极单相电动机性能对照

电动机型号	效率（%）	功率因数	起动转矩倍数	起动电流（A）
YU7124	53	0.62	1.40	17
YC7124	53	0.62	2.80	12
YY6324	50	0.90	0.40	5

（4）当电动机输出功率大于 250W 时，可从价格和起动性能权衡利弊来选用。对于大于550W 的电动机，尽量不选用电阻起动异步电动机，因为起动电流太大。

9.2　电动机继电器-接触器控制电路

9.2.1 电动机基本控制电路

1. 电动机点动控制电路

点动是指按下按钮时电动机运转，手松开按钮时电动机停转。即通过一个按钮开关控制接触器的线圈，按下按钮后，接触器线圈得电且触点吸合，电动机得电旋转；松开按钮后，接触器失电，电动机也停转。

点动控制用于短时间内需要电动机运转，但运转一会后，就需要停止的设备，如机床和行车等设备的步进或步退控制。

如图 9-1 所示为电动机点动控制电路。该电路适合于机床和行车等设备的步进或步退控制。

合上刀开关 QS 后，因没有按下点动按钮 SB，接触器 KM 线圈没有得电，KM 的主触点断开，电动机 M 不得电，所以没有起动。

按下点动按钮 SB 后，控制电路中接触器 KM 线圈得电，使衔铁吸合，带动接触器 KM 的三对主触点（动合触点）闭合，电动机得电运行。

需要停转时，只要松开按钮 SB，按钮在复位弹簧的作用下自动复位，控制回路断开 KM 线圈的供电，衔铁释放，带动主电路中 KM 的三对主触点恢复原来的断开状态，电动机停止转动。

该电路比较简单，用一只按钮开关 SB 控制 KM 交流接触器线圈的供电。按下 SB 电动机就运转，松开 SB 电动机就停止运转。

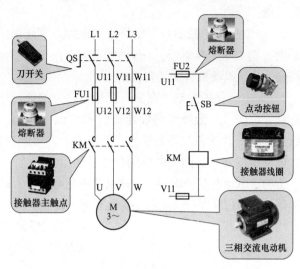

图 9-1　电动机点动控制电路

点动不需要交流接触器的自锁。由于电动机工作时间比较短，所以点动控制可以不安装热继电器。

2. 电动机长动控制线路

长动控制是指用手按下按钮后电动机得电运行，当手松开后，由于接触器利用动合辅助触点自锁，电动机照样得电运行，只有按下停止按钮后电动机才会失电停止运行。

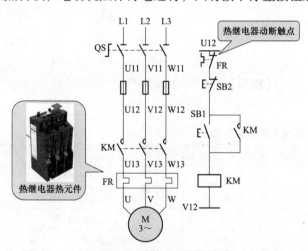

图 9-2　电动机长动控制电路

SB2—停止按钮开关；SB1—启动按钮开关

如图 9-2 所示为利用接触器本身的动合触点自锁来保证电动机长动控制的电路。该电路是在点动控制电路的基础上，增加了 SB2 和 KM 的自锁触点。

在该电路中，如果不安装热继电器，就成为接触器自锁控制长动电路；如果增加了热继电器（图中虚线所示），就成为具有过载保护的接触器自锁控制长动电路。

（1）起动控制。当按下起动按钮开关 SB1 后，KM 交流接触器线圈得电吸合，其动合触点闭合后进行自锁，为电动机提供三相交流电，使其得电运转。由于 KM 触点的自锁作用，当松开 SB1 后，控制电路仍保持接通状态，电动机 M 仍继续保持运转状态，所以这个电路称为电动机长动控制电路。

（2）停止控制。当需要停机时，按下停止按钮开关 SB2 后，KM 线圈断电释放，KM 的动合触点断开，电动机因为失去供电停止运转。

（3）保护控制。在具有接触器自锁的控制线路中，还具有对电动机失电压和欠电压保护的功能。

1）失电压保护控制。失电压保护也称为零压保护。在具有自锁的控制线路中，一旦发生断电（例如熔断器熔断），自锁触点就会断开，接触器 KM 线圈就会断电，不重新按下起动按钮 SB1，电动机将无法自动起动。

2）欠电压保护控制。在具有接触器自锁的控制电路中，控制电路接通后，若电源电压下降到一定值（一般降低到额定值的 85% 以下）时，会因接触器线圈产生的磁通减弱，电磁吸力减弱，动铁芯在弹簧反作用下释放，自锁触点断开，而失去自锁作用，同时主触点断开，电动机停转，达到欠电压保护的目的。

为确保电动机安全运行，在该电路中还可以串入热继电器 FR（如图 9-2 中虚线框所示），其作用是作为过载保护。当电动机过载时，过载电流将使热继电器中的双金属片弯曲动作，使串联在控制电路的动断触点断开，从而切断接触器 KM 线圈的电路，主触点断开，电动机脱离电源停转。

3. 点动与长动相结合的控制电路

如图 9-3 所示是利用开关 SA 控制的既能长动又能点动的控制电路。图中 SA 为选择开关，当 SA 断开时，按 SB2 为点动操作按钮；当 SA 闭合时，按 SB2 为长动操作按钮。

电路原理如下：

点动（SA 断开）：SB_2^+——KM^+——M^+（运转）

SB_2^-——KM^-——M^-（停车）

长动（SA 闭合）：$SB_2^\pm$——KM^+——M^+（运转）

$SB_2^\pm$——KM^-——M^-（停车）

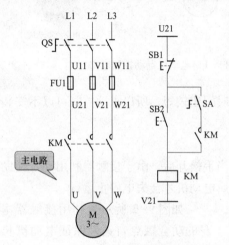

图 9-3 利用开关控制的长动和
点动控制电路

SB1—点动按钮；SA—选择开关；SB2—长动按钮

【提示】 为了分析原理时一目了然、叙述方便，本章采用的叙述符号含义见表 9-11。

表 9-11　　　　　　　　　　分析原理的叙述符号含义

符　号	含　　　义	符　号	含　　　义
SB^+	按下控制开关 SB	M^-	电动机失电停转
SB^-	松开控制开关 SB	$M^\pm$	电动机运转、停转
$SB^\pm$	先按下 SB，后松开	$KM_自^+$	接触器触点自锁
M^+	电动机得电运转	$KM^\pm$	接触器线圈先得电，后失电

9.2.2 电动机正反转控制电路

1. 接触器互锁正反转控制电路

如图 9-4 所示为接触器互锁正反转控制电路。

KM1 为正转接触器，KM2 为反转接触器。显然，KM1 和 KM2 的两组主触点不能同时闭合，否则会引起电源短路。

电路原理如下：

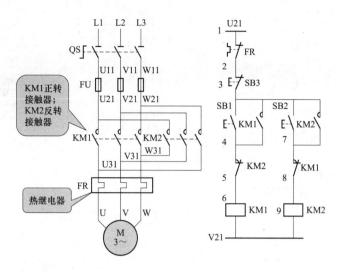

图 9-4　接触器互锁正反转控制电路

SB3—停止按钮；SB1—正转按钮；SB2—反转按钮

正转：$SB1^{\pm}$——$KM1^{+}_{自}$—M^{+}（正转）
　　　　　　　└——$KM2^{-}$（互锁）

停车：$SB3^{\pm}$——$KM1^{-}$—M^{-}（停车）

反转：$SB2^{\pm}$——$KM2^{+}_{自}$—M^{+}（反转）
　　　　　　　└——$KM1^{-}$（互锁）

　　通过以上分析可见，接触器互锁正反转控制线路的优点是工作安全可靠，缺点是操作不便。因电动机从正转变为反转时，必须先按下停止按钮后，才能按反转按钮，否则由于接触器联锁作用，不能实现反转。

　　在控制电路中，正、反转接触器 KM1 和 KM2 线圈支路都分别串联了对方的动断触点，任何一个接触器接通的条件是另一个接触器必须处于断电释放的状态。两个接触器之间的这种相互关系称为"互锁"，也称为电气联锁。

2. 按钮互锁正、反转控制电路

　　如图 9-5 所示为按钮互锁正、反转控制电路。

　　SB2 为正转按钮开关，SB3 为反转按钮开关，SB1 为停止按钮开关。KM1、KM2 分别是正、反转控制交流接触器，各有 4 组动合触点，一组用于自锁，另外三组用于电动机的正、反转控制。

　　SB2 的动合触点控制正转交流接触器 KM1 线圈电源接通，动断触点控制 KM2 线圈断电；SB3 的动合触点控制反转交流接触器 KM2 线圈电源接通，动断触点控制 KM1 线圈断电。

　　该电路的工作原理与接触器互锁正反转控制电路的工作原理基本相同。其控制过程如下：

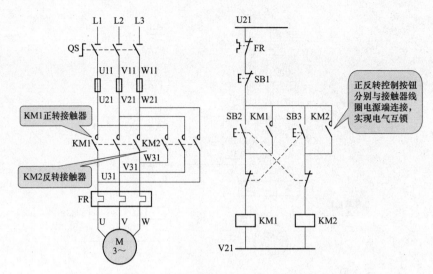

图 9-5　按钮互锁正、反转控制电路

正转：$SB2^{\pm}$—$KM2^-$（互锁）

$\qquad$—$KM1^+_{自}$—M^+（正转）

反转：$SB3^{\pm}$—$KM1^-$（互锁）—M^-（停车）

$\qquad$—$KM2^+_{自}$—M^+（反转）

　　该线路的优点是操作方便，缺点是容易产生电源两相短路故障。例如正转接触器 KM1 发生主触点熔焊或机械卡阻等故障的，即使接触器线圈失电，主触点也分断不开；若直接按下反转按钮，KM2 得电动作主触点闭合，则会造成 L1、L3 两相短路故障。所以该线路存在一定的安全隐患，还需要改进。

　　控制电路中使用了复合按钮 SB2、SB3。在电路中将动断触点接入对方线圈支路中，这样只要按下按钮，就自然切断了对方线圈支路，从而实现互锁。这种互锁是利用按钮这样的纯机械方法来实现的，为了与接触器触点的互锁（电气互锁）区别，称其为机械互锁。

　　在该电路中，如果 KM1、KM2 的主触点出现粘连故障，此时按下反转按钮 SB3，会发生短路故障。

3. 双重互锁正、反转控制电路

　　为克服接触器互锁正、反转控制线路和按钮联锁正、反转控制线路的不足，在按钮互锁的基础上，又增加了接触器互锁，构成了按钮、接触器联锁正、反转控制线路，也称为防止相间短路的正、反转控制电路。该线路兼有两种互锁控制线路的优点，操作方便，工作安全可靠。

　　如图 9-6 所示为按钮、接触器双重互锁正、反转控制电路，由于这种电路结构完善，所以常将它们用金属外壳封装起来，制成成品直接供给用户使用，其名称为可逆磁力起动器。可逆是指它可以控制电动机的正、反转。

　　电路原理：主电路中开关 QS 用于接通和隔离电源，熔断器对主电路进行保护，交流接触器主触点控制电动机的起动、运行和停止，使用两个交流接触器 KM1、KM2 来改变电动

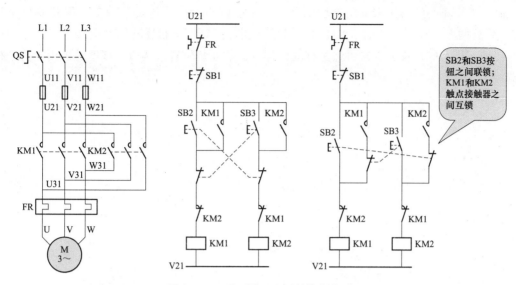

图 9-6　双重互锁正、反转控制电路

机的电源相序。KM1 通电时，电动机正转；而 KM2 通电时，使电源 L1、L3 对调接入电动机定子绕组，实现反转控制。由于电动机是长期运行，热继电器 FR 作为过载保护，FR 的动断辅助触点串联在线圈回路中。

控制线路中，正反向起动按钮 SB2、SB3 都是具有动合、动断两对触点的复合按钮。SB2 动合触点与 KM1 的一个动合辅助触点并联，SB3 的动合触点与 KM2 的一个动合辅助触点并联。动合辅助触点称为"自保"触点，而触点上、下端子的连接线称为"自保线"。由于起动后 SB2、SB3 失去控制，动断按钮 SB1 串联在控制电路的主回路，用作停车控制。SB2、SB3 的动断触点和 KM1、KM2 的各个动断辅助触点都串联在相反转向的接触器线圈回路，当操作任意一个起动按钮时，SB2、SB3 动断触点先分断，使相反转向的接触器断电释放，同时确保 KM1（或 KM2）要动作时必须是 KM2（或 KM1）确实复位，因而可防止两个接触器同时动作造成相间短路。每个按钮上起这种作用的触点叫联锁触点，而两端的接线叫联锁线。当操作任意一个按钮时，其动断触点先断开，而接触器通电动作时，先分断动断辅助触点，使相反方向的接触器断电释放，起到了双重互锁的作用。

按钮接触器双重互锁正、反转控制线路是正、反转电路中最复杂的一个电路，也是最完美的一个电路。在按钮和接触器双重互锁正、反转控制电路中，既用到了按钮之间的联锁，又用到了接触器触点之间的互锁，从而保证了电路的安全。

9.2.3　限位控制和循环控制电路

生产过程中的一些生产机械运动部件的行程或位置要受到限制，或者需要其运动部件在一定范围内自动往返循环等。如在摇臂钻床、万能铣床、桥式起重机及各种自动或半自动控制机床设备中就经常遇到这种控制要求。而实现这种控制要求所依靠的主要电器是位置开关（如行程开关、接近开关等）。

1. 正反转限位电路

限位控制可分为自动控制和手动控制两大类。如图 9-7 所示为手动控制正反转限位控制电路，工厂车间的行车常采用这种电路。行车的两头终点处各安装一个行程开关SQ1和SQ2，将这两个行程开关的动断触点分别串接在正转控制电路和反转控制电路中。行车前后装有挡铁，行车的行程和位置可通过移动行程开关的安装位置来调节。该电路采用了两个接触器。

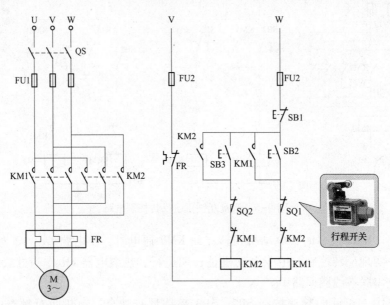

图9-7　手动控制、正反转限位电路

SB1—停止按钮；SB2—正转按钮；SB3—反转按钮

电路原理：按下正转按钮SB2，接触器KM1线圈得电，电动机正转，运动部件向前或向上运动。当运动部件运动到预定位置时，装在运动部件上的挡块碰压行程开关SQ1、SQ2（或接近开关接收到信号），使其动断触点SQ1断开，接触器KM1线圈失电，电动机断电、停转。这时再按正转按钮已没有作用。若按下反转按钮SB3，则KM2得电，电动机反转，运动部件向后或向下运动到挡块碰压行程开关或接近开关，接收到信号，使其动断触点SQ2断开，电动机停转。若要在运动途中停车，应按下停车按钮SB1。

如果将图9-7所示手动控制正、反转限位电路中的行程开关采用4个具有动合、动断触点的行程开关（或接近开关）SQ1、SQ2、SQ3、SQ4，如图9-8所示。其中，SQ1、SQ2被用来自动换接电动机正、反转控制电路，实现工作台的自动往返行程控制；SQ3、SQ4用作终端保护，以防止SQ1、SQ2失灵，工作台越过极限位置而造成事故。SB1、SB2为正转起动按钮和反转起动按钮，如若起动时工作台在右端，则按下SB1起动，工作台往左移动；如若起动时工作台在左端，则按下SB2起动，工作台往右移动。

由此可见，在明白电路原理的前提下对电路进行局部改进，使其功能更完善，也没有多少高深莫测的学问，有一定经验的电工是完全能够做到的。

2. 自动往复循环控制电路

如图9-9所示为自动往复循环控制电路。

图中，行程开关安装在工作台上，SQ1用于控制电动机正转到设定的位置时停止，并转换为反转方式；SQ2用于控制电动机反转到设定的位置时停止，并转换为正转方式；工作台

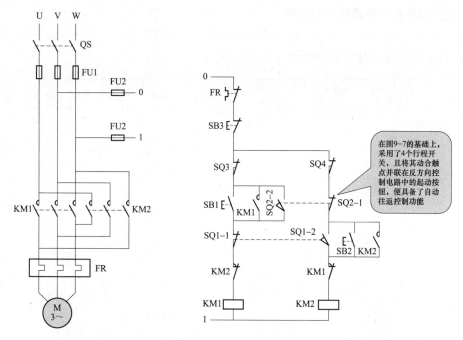

图 9-8　工作台自动往返控制电路

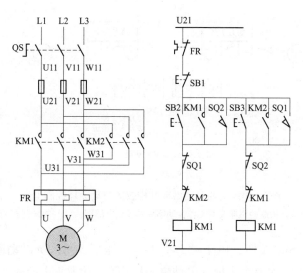

图 9-9　自动往复循环控制电路

在行程开关 SQ1 和 SQ2 之间自动往复运动。自动往复循环控制线路的工作原理如下：

$$SB2^± —KM1^+_自—M^+（正转）\overset{\Delta t}{—}SQ1^+—KM^-—M^-（停车）$$

$$\qquad\quad\bigsqcup KM2^-（互锁）\qquad\bigsqcup KM2^+_自—M^+（反转）\overset{\Delta t}{—}SQ2^+—KM2^-\cdots$$

$$\qquad\qquad\qquad\qquad\qquad\qquad\bigsqcup KM1^-（互锁）\qquad\bigsqcup KM1^+_自\cdots$$

该电路适用于小容量电动机，且往返次数不是太频繁的控制场合。电动机带动工作台自动往复运动，若要在运动途中停车，按下停车按钮 SB1 即可。

3. 两台电动机自动循环控制电路

如图 9-10（a）所示为由两台动力部件构成的机床及其工作自动循环的控制电路图，如图 9-10（b）所示是机床运行简图及工作循环图。

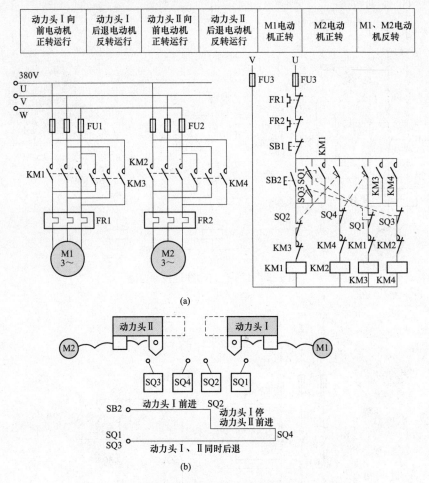

图 9-10　由两台动力部件构成的自动循环控制电路

（a）由两台动力部件构成的机床及其工作自动循环的控制电路图；（b）机床运行简图及工作循环图

电路原理：按下 SB2 按钮，由于动力头Ⅰ没有压下 SQ2，所以动断触点仍处于闭合位置，使 KM1 线圈得电，动力头Ⅰ拖动电动机 M1 正转，动力头Ⅰ向前运行。

当动力头Ⅰ运行到终点压下限位开关 SQ2 时，其动断触点断开，使 KM1 失电，而动合触点闭合，使 KM2 得电，动力头Ⅱ拖动电动机 M2 正转运行，动力头Ⅱ向前运行。当动力头Ⅱ运行到终点时，压迫 SQ4，其动断触点断开，使 KM2 失电，动力头Ⅱ停止向前运行。而 SQ4 的动合触点闭合，使得 KM3、KM4 得电，动力头Ⅰ和Ⅱ的电动机同时反转，动力头均向后退。

当动力头Ⅰ和Ⅱ均到达原始位置时，SQ1 和 SQ3 的动断触点断开，使 KM3、KM4 失电，停止后退；同时它们的动合触点闭合，使得 KM1 又得电，新的循环开始。

该电路在机床运行电路中比较常见。SB2、SQ2、SQ4、SQ1 和 SQ3 是状态变换的条件。

9.2.4 电动机顺序控制电路

在装有多台电动机的生产机械上，各电动机所起的作用是不同的，有时需按一定的顺序起动或停止，才能保证操作过程的合理和工作的安全可靠，这就是顺序控制。顺序控制可以通过控制电路实现，也可通过主电路实现。

1. 两台电动机顺序控制线路

如图9-11所示为两台电动机顺序联锁控制电路，必须M1先起动运行后，才允许M2起动；停止则无要求。

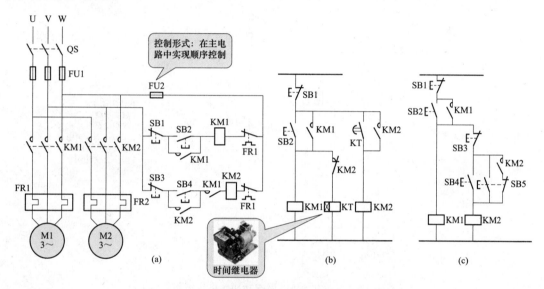

图9-11　两台电动机顺序联锁控制电路

（a）两台电动机顺序起动联锁控制电路；（b）两台电动机自动延时起动电路；
（c）一台电动机先起动、另一台电动机再起动运行

电路原理：图9-11（a）所示为两台电动机顺序起动联锁控制电路。起动时，必须先按下SB2，KM1有电，M1起动运行，同时KM1串在KM2线圈回路中的动合触点闭合（辅助触点实现自锁），为KM2线圈得电做准备。当M1运行后，按下SB4，KM2得电，其主触点闭合（辅助触点实现自锁），M2起动运行。

停止时有两种方式：

（1）按顺序停止：当按下SB3时，KM2断电，M2停车；再按下SB1，KM1断电，M1停车。

（2）同时停止：直接按下SB1，交流接触器KM1、KM2线圈同时失电释放，各自的三相主触点均断开，两台电动机M1、M2同时断电停止工作。

图9-11（b）所示为两台电动机自动延时起动电路。起动时，当先按下SB2时，KM1得电，M1起动运行，同时时间继电器KT得电，延时闭合，使KM2线圈回路接通，其主触点闭合，M2起动运行。

若按下停车按钮SB1，则两台电动机M1、M2同时停车。

图9-11（c）所示为一台电动机先起动运行，然后才允许另一台电动机起动运行，并且具有点动功能的电路。起动时，按下SB2，KM1得电，M1起动运行。这时按下SB4，使

KM2 有电，M2 起动，连续运行。若此时按下 SB5，M2 就变为点动运行，因为 SB5 的动断触点断开了 KM2 的自锁回路。

该电路的控制形式是在主电路中实现顺序控制。有的工作设备操作要求是有顺序限制的，尤其是起动控制时，先起动电动机 M1，再起动电动机 M2。图 9-11（b）和图 9-11（c）的主电路与图 9-11（a）相同，接触器 KM1 和 KM2 分别控制两台电动机 M1 和 M2。

在电路中，继电器和接触器的线圈只能并联，不能串联。

2. 两台电动机顺序起动逆序停止控制电路

如图 9-12 所示为两台电动机顺序起动逆序停止控制电路。

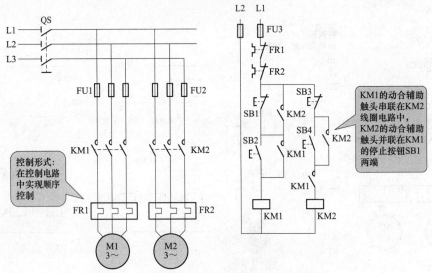

图 9-12　两台电动机顺序起动逆序停止控制电路

电路原理：按下 SB2，接触器 KM1 获电吸合并自锁，其主触点闭合，电动机 M1 起动运转。由于 KM1 的动合辅助触点作为 KM2 得电的先决条件串联在 KM2 线圈电路，所以只有在 M1 起动后 M2 才能起动，实现了按顺序起动。

需要电动机停止时，如果先按下电动机 M1 的停止按钮 SB1，由于 KM2 的动合辅助触点作为 KM1 失电的先决条件并联在 SB1 的两端，所以 M1 不能停止运转。只有在按下电动机 M2 的停止按钮 SB3 后，接触器 KM2 断电释放，M2 停止运转，这时再按下 SB1，电动机 M1 才能停止运转。这就实现了两台电动机按照顺序起动、逆序停止的控制。

该电路的控制形式：在控制电路中实现顺序控制。

该电路的控制特点：将 KM1 的动合辅助触点串联在 KM2 线圈电路中，同时将 KM2 的动合辅助触点并联在 KM1 的停止按钮 SB1 两端。这样连接方法实现该电路的功能是，起动时，先起动 M1 后才能起动 M2；停止时，先停 M2 后才能停 M1。即两台电动机按照先后顺序起动、以逆序停止。

9.2.5 电动机多点联锁控制

有时为减轻劳动者的生产强度，实际生产中常常采用在两处以上同时控制一台电气设备，这就是多地控制，也称为多点控制。如图 9-13 所示为电动机两点控制电路。

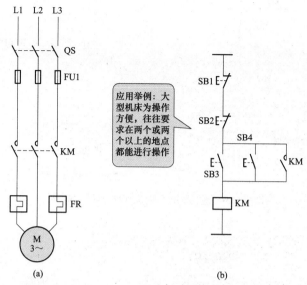

图 9-13 电动机两点控制电路

（a）主电路；（b）控制电路

SB3、SB4—起动按钮；SB1、SB2—停止按钮

电路原理：在该电路中，将起动按钮 SB3、SB4 全部并联在自锁触点两端，按下任何一个都可以起动电动机。停止按钮 SB1、SB2 全部串联在接触器线圈电路，按下任何一个都可以停止电动机的工作。本电路可实现在两个地点控制同一台电动机的起动和停止。

两地控制电路的主电路与电动机正转电路相同，不同的是控制电路。要实现三地或多地控制，只要把各地的起动按钮并联、停止按钮串联即可。

如果将上述控制电路用图 9-14 所示的电路更换，就可实现在三个地点控制一台电动机的起停。图中，SB1、SB4 为第一地点控制按钮；SB2、SB5 为第二地点控制按钮；SB3、SB6 为第三地点控制按钮。

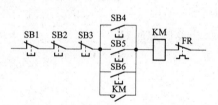

图 9-14 电动机三点控制电路

SB4、SB5、SB6—起动按钮；

SB1、SB2、SB3—停止按钮

9.2.6 电动机时间控制电路

1. 通电延时型时间继电器控制电路

如图 9-15 所示为通电延时型时间继电器控制电路。

电路原理如下：

$$SB2^{\pm}\!\!\!-\!\!\!-\!\!\!-KA^{+}_{自}\!\!\!-\!\!\!-\!\!\!-KT^{+}\!\!\!-\!\!\!\overset{\Delta t}{-}\!\!\!-KM^{+}$$

2. 断电延时型时间继电器控制电路

如图 9-16 所示为断电延时型时间继电器控制电路。时间继电器 KT 为断电延时型时间继电器，其动合延时断开触点在 KT 线圈得电时立即闭合；KT 线圈断电时，经延时后该触点断开。

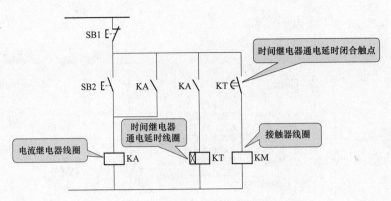

图 9-15 通电延时型时间继电器控制电路

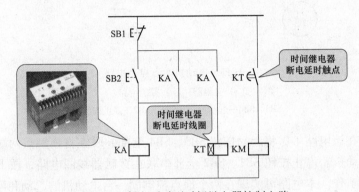

图 9-16 断电延时型时间继电器控制电路

电路原理如下：

$$SB2^{\pm}\text{——}KA^{+}\text{——}KT^{+}\xrightarrow{\Delta t}KM^{+}$$

$$SB1^{\pm}\text{——}KA^{-}\text{——}KT^{-}\xrightarrow{\Delta t}KM^{-}$$

3. 按时间控制的自动循环控制电路

如图 9-17 所示为按时间控制的自动循环控制电路。

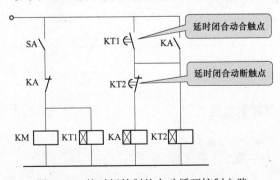

图 9-17 按时间控制的自动循环控制电路

电路原理：当控制开关 SA 置于间歇运行位置时，开始时刻 KM 得电，使电动机起动运行，同时时间继电器 KT1 有电。当 KT1 延时时间到时，其动合触点闭合，使中间继电器 KA、时间继电器 KT2 得电，KA 的动断触点断开，使 KM 失电，电动机停止运行。当 KT2 的延时时间（间歇时间）到时，其动断触点断开，使 KA 失电。KA 的动合触点断开，使 KT2 失电；KA 的动断触点闭合，使 KM 又得电，电动机起动运行，系统进入循环过程。

9.2.7 三相异步电动机降压起动控制电路

三相交流异步电动机直接起动电流很大，一般为正常工作电流的 4~7 倍，如果电源容量有限，则起动电流可能会明显地影响同一电网中其他电气设备的正常运行。因此，对于笼型异步电动机可采用定子串电阻降压起动、定子串自耦变压器降压起动、星形-三角形降压起动、延边三角形降压起动等方式。而对于绕线转子异步电动机，还可采用转子串电阻起动或转子串频敏变阻器起动等方式，以限制起动电流。

1. 定子串电阻降压起动控制线路

（1）按钮控制电动机定子串电阻降压起动电路。如图 9-18 所示为按钮控制电动机定子串电阻降压起动电路。

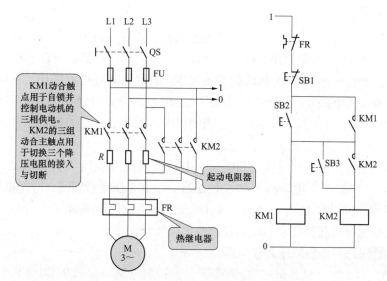

图 9-18　按钮控制电动机定子串电阻降压起动电路
SB1—停止按钮；SB2—起动按钮；SB3—运行按钮

起动时，合上电源开关 QS：

$$\mathrm{SB2^{\pm}—KM1^{+}_{自}—M^{+}(串电阻\ }R\text{ 降压起动)}n_2\uparrow\cdots$$

$$\mathrm{SB3^{\pm}—KM2(短接降压电阻\ }R)\mathrm{—M^{+}(全压运行)}$$

式中，$n_2\uparrow$ 是指转子转速的上升。

按下 SB1，电动机停止运行。

定子串电阻降压起动控制线路的优点：结构简单，动作可靠，有利于提高功率因数。

定子串电阻降压起动控制线路的缺点：如果过早按下 SB3 运行按钮，电动机还没有达到额定转速附近就加全压，会引起较大的起动电流；起动过程要分两次按下 SB2 和 SB3 也显得很不方便。因此，定子串电阻降压起动控制线路不能实现起动全过程自动化。通常用于中、小容量电动机且不经常起动的场合。

起动电阻一般采用 ZX1、ZX2 系列的铸铁电阻。铸铁电阻功率大，能够通过较大电流。起动电阻 R 可用近似公式计算

$$R = 190 \times \frac{I_1 - I_2}{I_1 I_2}$$

式中：I_1 为未串联电阻前的起动电流，A，一般 $I_1 = (4 \sim 7) I_N$；I_N 为电动机的额定电流，A；I_2 为串联电阻后的起动电流，A，一般 $I_2 = (2 \sim 3) I_N$。

起动电阻的功率可用公式 $P = I_N^2 R$ 计算。因起动电阻仅在起动过程中接入，且起动时间很短，所以实际选用的电阻功率可为计算值的 1/4～1/3。

（2）时间继电器控制电动机定子串电阻降压起动控制电路。时间继电器控制电动机定子串电阻降压起动控制电路如图 9-19 所示，其主电路与图 9-18 相同。

电路原理如下：

$$SB2^{\pm}\!\!-\!\!KM1_{\text{自}}^{+}\!\!-\!\!M^{+}（串电阻R起动）$$

$$\qquad\qquad\qquad \Big|\!\!-\!\!KT^{+\Delta t}\!KM2^{+}\!\!-\!\!M^{+}（全压运行）$$

该电路在图 9-18 的控制电路基础上，增加了一个时间继电器。当合上开关 QS，按下起动按钮 SB2 后，交流接触器 KM1 与时间继电器 KT 的线圈同时得电工作。在电动机得电起动工作后，当时间继电器 KT 线圈得电以后进入延时状态，延时到达预定时间时，其延时闭合触点闭合，又接通了 KM2 交流接触器线圈的供电，其动合主触点闭合，使 3 个起动电阻器被短接，电动机顺利进入正常运行状态。

该电路的缺点是：按下起动按钮 SB2 后，电动机 M 先串电阻 R 降压起动，经一定延时（由时间继电器 KT 确定），电动机 M 才全压运行。但在全压运行期间，时间继电器 KT 和接触器 KM1 线圈均通电，不仅消耗电能，而且缩短了电器的使用寿命。

该电路仅适用于对起动要求不高的轻载或空载场合。

2. 电动机星形-三角形降压起动电路

（1）手动控制的电动机星形-三角形降压起动控制电路。如图 9-20，手动控制开关 SA 有两个位置，分别对应的是电动机定子绕组星形（Y）和三角形（△）连接。

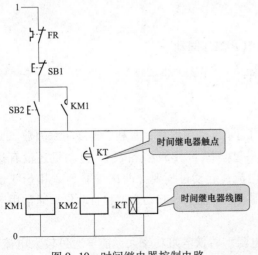

图 9-19　时间继电器控制电路

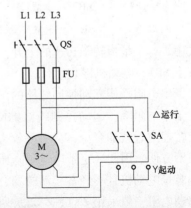

图 9-20　手动控制星形-三角形降压起动控制电路

电路原理：起动时，将开关 SA 置于"起动"位置，电动机定子绕组被接成星形，电动机降压起动。

当电动机起动且转速上升到一定值后，再将开关 SA 置于"运行"位置，电动机定子绕组接成三角形连接方式，电动机全压运行（正常运行状态）。

该电路较简单，SA 可选用一把可双向控制的三相闸刀，也可用两把单向的三相闸刀。

（2）自动控制的星形-三角形降压起动电路。如图 9-21 所示，使用了三个接触器 KM1、KM2、KM3，一个通电延时型的时间继电器 KT 和两个按钮 SB1、SB2。时间继电器 KT 用于控制星形连接降压起动时间和完成星形-三角形的自动切换。

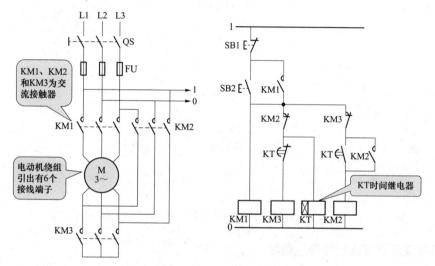

图 9-21　接触器控制星形-三角形降压起动电路
SB1—停止按钮；SB2—起动按钮

电路原理：当接触器 KM1、KM3 主触点闭合时，电动机 M 星形连接；当接触器 KM1、KM2 主触点闭合时，电动机 M 三角形连接。

$$SB2^{\pm}\!\!\begin{array}{l}\text{—}KM3^{+}\text{—}M^{+}(\text{Y起动})\\[2pt]\text{—}KM1^{+}_{\text{自}}\\[2pt]\text{—}KT^{+\Delta t}\text{—}KM3^{-}\text{—}M^{-}\\[14pt]\qquad\qquad\text{—}KM2^{+}_{\text{自}}\text{—}M^{+}(\triangle\text{运行})\\[10pt]\qquad\qquad\qquad\text{—}KT^{-},\ KM3^{-}\end{array}$$

停止时，按下 SB1 即可。

在该电路中，接触器 KM3 得电以后，通过 KM3 的辅助触点使接触器 KM2 得电动作，这样 KM3 主触点是在无负载的条件下进行闭合的，故可延长接触器 KM3 主触点的使用寿命。

在该电路中，电动机 M 三角形运行时，时间继电器 KT 和接触器 KM3 均断电释放，这样，不仅使已完成星形-三角形降压起动任务的时间继电器 KT 不再通电，而且可以确保接触器 KM2 通电后 KM3 无电，从而避免 KM3 与 KM2 同时通电造成短路事故。

在该电路中，由于星形起动时起动电流为三角形连接时的 1/3，起动转矩也只有三角形连接时的 1/3，转矩特性较差。因此，该电路只适用于空载或轻载起动的场合。

如图 9-22 所示为另一种自动控制电动机星形-三角形降压起动的控制电路。它不仅只采用两个接触器 KM1、KM2，而且电动机由星形接法转为三角形接法是在切断电源的同时间完成的。即按下按钮 SB2，接触器 KM1 通电，电动机 M 接成星形起动，经一段时间后，KM1 瞬时断电，KM2 通电，电动机 M 接成三角形，然后 KM1 再重新通电，电动机 M 三角形全压运行。其电路原理请读者自己分析。

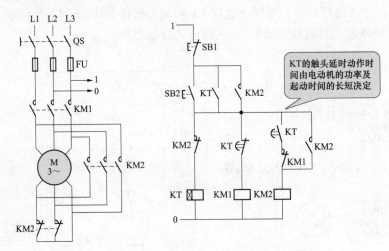

图 9-22　自动控制电动机星形-三角形降压起动电路

3. 自耦变压器降压起动控制线路

对于容量较大的正常运行时定子绕组接成星形的笼型异步电动机，可采用自耦变压器降压起动。它是指起动时，将自耦变压器接入电动机的定子回路，待电动机的转速上升到一定值时，再切除自耦变压器，使电动机定子绕组在正常工作电压工作。这样，起动时电动机每相绕组电压为正常工作电压的 $1/k$ 倍（k 是自耦变压器的匝数比，$k = N_1/N_2$），起动电流也为全压起动电流的 $1/k^2$ 倍。

自耦变压器又称为补偿器，自耦变压器降压起动分为手动控制和自动控制两种。

（1）自耦变压器降压起动手动控制电路。如图 9-23 所示，操作手柄有三个位置："停止""起动"和"运行"。操动机构中设有机械联锁机构，它使得操作手柄未经"起动"位置就不可能扳到"运行"位置，从而保证了电动机必须先经过起动阶段以后才能投入运行。

电路原理：当操作手柄置于"停止"位置时，所有的动、静触点都断开，电动机定子绕组断电，停止转动。

当操作手柄向上推至"起动"位置时，起动触点和中性触点同时闭合，电流经起动触点流入自耦变压器，再由自耦变压器的 65%（或 85%）抽头处输出到电动机的定子绕组，使定子绕组降压起动。随着起动的进行，当转子转速升高到接近额定转速附近时，可将操作手柄扳到"运行"位置，此时起动工作结束，电动机定子绕组得到电网额定电压，电动机全压运行。

停止时必须按下 SB 按钮，使失电压脱扣器的线圈断电、衔铁释放，通过机械脱扣装置

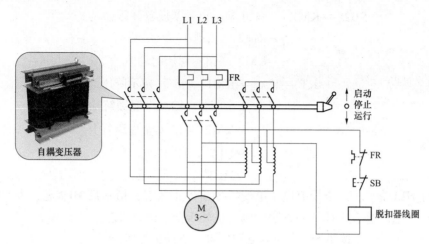

图 9-23　自耦变压器降压起动手动控制电路

将运行触点断开，切断电源。同时也使手柄自动跳回到"停止"位置，为下一次起动做好准备。

　　自耦变压器备有 65% 和 85% 两挡电压抽头，出厂时一般是接在 65% 抽头上，可根据电动机的负载情况选择不同的起动电压。

　　（2）自耦变压器降压起动自动控制电路。如图 9-24 所示，它是依靠接触器和时间继电器实现自动控制的。

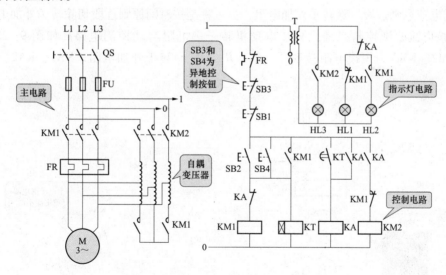

图 9-24　自耦变压器降压起动自动控制电路

　　该电路由主电路、控制电路和指示灯电路三部分组成。其中，信号指示电路由变压器和三个指示灯等组成，它们分别根据控制线路的工作状态显示"起动""运行"和"停机"。

　　电路原理：

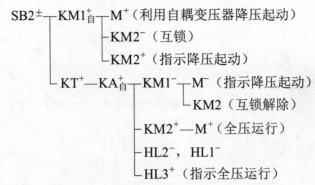

指示灯 HL1 亮，表示电源有电，电动机处于停止状态；指示灯 HL2 亮，表示电动机处于降压起动状态；指示灯 HL3 亮，表示电动机处于全压运行状态。

停止时，按下停止按钮 SB2，控制电路失电，电动机停转。

在电路中设置了 SB3 和 SB4 两个按钮，它们不安装在自动补偿器箱中，可以安装在外部，以便实现远程控制（异地控制）。在自动起动补偿箱中一般只留下 4 个接线端，SB3 和 SB4 用引线接入箱内。

4. 绕线转子异步电动机串电阻降压起动控制电路

三相交流绕线式异步电动机的转子中绕有三相绕组，通过集电环可以串入外加电阻（或电抗），从而减小起动电流，同时也可以增大转子功率因数和起动转矩。

（1）转子串电阻起动控制线路。绕线式异步电动机转子回路串电阻起动主要有两种：一种是按电流原则逐段切除转子外加电阻，另一种是按时间原则逐段切除转子外加电阻。

1）按电流原则控制绕线式异步电动机转子串电阻起动控制电路。如图 9-25 所示，KM1、KM2、KM3 为短接电阻接触器，R_1、R_2、R_3 为转子外加电阻，KA1、KA2、KA3 为

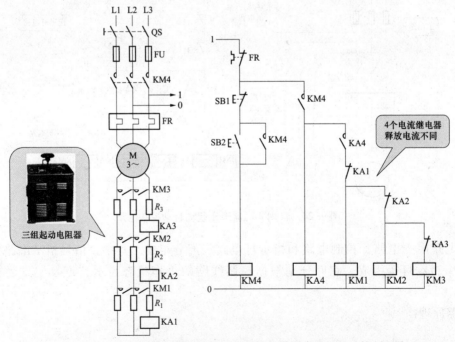

图 9-25　电流原则控制绕线转子异步电动机转子串电阻起动控制电路

电流（中间）继电器，它们的线圈串联在转子回路中，由线圈中通过的电流大小决定触点动作顺序。KA1、KA2、KA3 三个电流继电器的吸合电流一致，但释放电流不一致，KA1 最大，KA2 次之，KA3 最小。

电路原理：合上电源开关 QS，按下 SB1，在起动瞬间，转子转速为零，转子电流最大，三个电流继电器同时全部吸合（电动机串全部电阻起动）；随着转子转速的逐渐提高，转子电流逐渐减小，由于 KA1 整定值最大，所以最早动作；随着转子电流进一步减小，KA2、KA3 依次动作，完成逐级切除电阻的工作。

起动结束，电动机在额定转速下正常运行。

$$\text{SB2}^{\pm}\text{——KM1}^{+}_{\text{自}}\text{——M}^{+}\,(\text{串 } R_1\text{、}R_2\text{、}R_3\text{ 起动，且 KA1}^{+}\text{、KA2}^{+}\text{、KA3}^{+})\xrightarrow{n_2\uparrow,\,I_2\downarrow}\text{KA1——}$$

$$\text{KM1}\,(\text{切除电阻 } R_1)\xrightarrow{n_2\uparrow\uparrow,\,I_2\downarrow\downarrow}\text{KA2——KM2}\,(\text{切除电阻 } R_2)\xrightarrow{n_2\uparrow\uparrow\uparrow,\,I_2\downarrow\downarrow\downarrow}\text{KA3——KM3}\,(\text{切除电阻 } R_3)\text{——M}^{+}\,(\text{正常运行})$$

式中，$n_2\uparrow$，$n_2\uparrow\uparrow$，$n_2\uparrow\uparrow\uparrow$ 分别表示转子转速逐渐提高；$I_2\downarrow$，$I_2\downarrow\downarrow$，$I_2\downarrow\downarrow\downarrow$ 分别表示转子电流逐渐减小。

串电阻降压起动的缺点是减小了电动机的起动转矩，同时起动时在电阻上功率消耗也较大。如果起动频繁，则电阻的温度很高，对于精密的机床会产生一定的影响，故目前这种降压起动的方法在生产实际中的应用正在逐步减少。

2）时间原则控制绕线转子异步电动机转子串电阻起动控制电路。如图 9-26 所示，KM1、KM2、KM3 为短接电阻接触器；KM4 为电源接触器；R_1、R_2、R_3 为 3 组起动电阻。KT1、KT2、KT3 为通电延时型时间继电器，这三个时间继电器分别控制三个接触器 KM1、KM2、KM3 按顺序依次吸合，自动切除转子绕组中的三级电阻（其延时时间的大小决定动作顺序，以达到按时间原则逐段切除电阻的目的）。

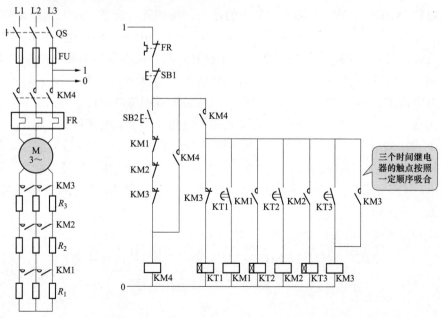

图 9-26　时间原则控制绕线转异步电动机转子串电阻起动控制电路

与起动按钮 SB2 串接的 KM1、KM2、KM3 三个动合触点的作用是保证电动机在转子绕组中接入全部起动电阻的条件下才能起动。若其中任何一个接触器的主触点因熔焊或机械故障而没有释放时，电动机就不能起动。

其电路原理与电流原则控制绕线转子异步电动机转子串电阻起动控制电路的工作原理基本相同，请读者自己分析。

（2）转子串频敏变阻器起动控制线路。如图 9-27 所示，它是利用频敏变阻器的阻抗随着转子电流频率的变化而自动变化的特点来实现起动控制的。

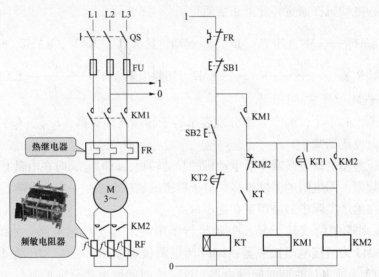

图 9-27　绕线转子异步电动机转子串频敏变阻器起动控制电路

SB1—停止按钮；SB2—起动按钮

在该电路中，RF 为频敏变阻器，采用的是一种单组连接方法；SB1 为停止按钮开关，SB2 为起动按钮开关。KM1 的三组动合触点用于控制三相电动机的供电；KM2 为切换频敏变阻器的交流接触器，KM2 的另一个触点用于控制时间继电器 KT 线圈的供电；KT 为时间继电器，KT1 为延时动合触点，KT2 为延时动断触点；FR 为热继电器。

起动时，按下起动按钮开关 SB2，KM1 交流接触器线圈得电吸合，其三组动合触点闭合后自锁，为三相电动机提供三相电源，电动机转子电路串入了频敏变阻器并起动。

在按下 SB2 以后，KT 时间继电器线圈也同时得电工作，经延迟一段时间后，其 KT1 触点闭合，接通 KM2 交流接触器线圈的供电，使 KM2 得电吸合，其动断触点断开，切断对时间继电器 KT 线圈的供电，KM2 动合触点闭合，使频敏变阻器 RF 被短接，起动过程结束，电动机进入正常运行状态。

上述工作过程可归纳为：

$$SB2^{\pm}\text{—}KT^{+}\text{—}KM1_{自}^{+}\text{—}M^{+}\text{（串频敏变阻器降压起动）}$$
$$\underset{\Delta t,n\uparrow}{\overset{}{\vert}}KM2^{+}\text{—}M^{+}\text{（全压运行）}$$
$$\vert\text{—}KT^{-}$$

在使用过程中，如果出现起动电流过大、起动太快或者起动电流过小、起动转矩不够、起动太慢，可采用换接调整频敏电阻器抽头的方法来解决（适当增加或减少匝数），并及时调整频敏电阻器的匝数和气隙。

在刚起动时，起动转矩过大，有机械冲击现象；但起动结束后，稳定的转速又太低（偶尔起动用变阻器起动完毕短接时，冲击电流较大），可通过增加铁芯气隙的方法解决此现象。

9.2.8 电动机制动控制电路

所谓制动，就是给电动机一个与转动方向相反的电磁转矩（制动转矩）使其迅速停止。常用的制动方法有电气制动和机械制动。

电气制动是通过电动机停止转动时产生一个与转子原来的实际旋转方向相反的电磁力矩（制动力矩）来进行制动。常用的电气制动有反接制动和能耗制动等。

机械制动是利用机械装置（如电磁抱闸、电磁离合器），使电动机在切断电源后迅速停止转动。

1. 反接制动控制线路

如图 9-28 所示为三相异步电动机单向运转反接制动控制电路。

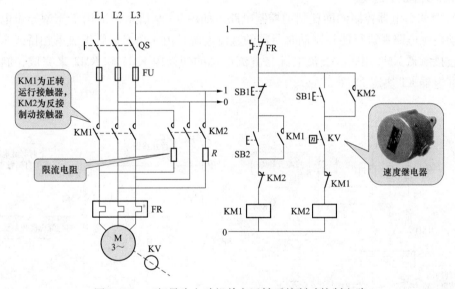

图 9-28　三相异步电动机单向运转反接制动控制电路

该电路是在普通电动机控制电路上增加了一只速度继电器而得到的。同时，在反接制动时增加了两个限流电阻 R。KM1 为正转运行接触器；KM2 为反接制动接触器；KV 为速度继电器，其轴与电动机轴相连接。

主电路中所串电阻 R 为制动限流电阻，作用是防止反接制动瞬间过大的电流损坏电动机。速度继电器 KV 与电动机同轴，当电动机转速上升到一定数值时，速度继电器的动合触点闭合，为制动做好准备。制动时转速迅速下降，当其转速下降到接近零时，速度继电器动合触点恢复断开，接触器 KM2 线圈断电，防止电动机反转。

电路原理如下：

起动：$SB2^{\pm}$——$KM1^{+}_{自}$——M^{+}（正转）$\xrightarrow{n_2\uparrow}KV^{+}$

$\qquad\qquad\qquad$└$KM2^{-}$（互锁）

反接制动：$SB1^{\pm}$┬$KM1^{-}$┬M^{-}

$\qquad\qquad\qquad\qquad$└$KM2^{-}$（互锁解除）

$\qquad\qquad\quad$└$KM^{+}_{自}$┬M^{+}（串R制动）$\xrightarrow{n_2\downarrow}KV^{-}$——$KM2^{-}$——$M^{-}$（制动完毕）

$\qquad\qquad\qquad\qquad$└$KM1^{-}$（互锁）

　　反接制动时，由于旋转磁场与转子的相对速度很高，故转子绕组中感应电流很大，致使定子绕组中的电流也很大，一般约为电动机额定电流的10倍。因此，反接制动适用于10kW以下小功率电动机的制动，并且对4.5kW以上的电动机进行反接制动时，需要在定子回路中串联限流电阻 R，以限制反接制动电流。

　　采用不对称电阻法只是限制转动力矩，没加制动电阻的一相仍有较大的制动电流。这种制动方法电路简单，但能耗大、准确度差。此法适用于容量较小的电动机制动不频繁的场合。

2. 能耗制动控制线路

　　（1）时间继电器控制的能耗制动控制电路。如图9-29所示，适用于笼型异步电动机的能耗制动。主电路在进行能耗制动时所需的直流电源，由4个二极管组成单相桥式全波整流电路通过接触器 KM2 引入，交流电源与直流电源的切换由 KM1 和 KM2 来完成，制动时间由时间继电器 KT 决定。

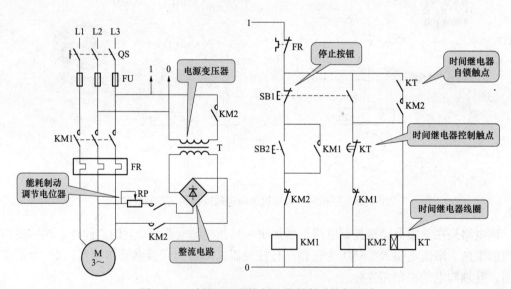

图 9-29　时间继电器控制的能耗制动控制电路

　　电路原理：起动电动机时，按下起动按钮开关 SB2 后，KM1 交流接触器线圈得电吸合，其动合触点闭合后自锁，另一动合触点闭合后使时间继电器 KT 线圈得电工作；KM1 的动断触点断开后，可防止 KM2 线圈误得电工作；KM1 的三组动合触点闭合后，使电动机得电工作。

在时间继电器 KT 线圈通电后，其动合延时分断触点瞬间接通，但由于 KM1 的动断触点已断开，故 KM2 不会得电工作。

在需要停机时，按下停止按钮开关 SB1 后，KM1 线圈断电释放，其所有触点均复位，当 KM1 已闭合的触点断开后，KT 线圈断电；KM1 触点复位闭合使 KM2 交流接触器线圈得电吸合，其 KM2 动断触点断开可防止 KM1 线圈得电误动作。KM2 的两组动合触点与 KM2 动断触点闭合使电源变压器 T 一次侧得电工作。从变压器二次侧输出的交流低压经桥式整流，得到的直流电压加到电动机定子绕组上，从而使电动机迅速制动停机。

经过一段时间后，时间继电器延时分断触点断开，使 KM2 线圈的供电通路被切断，KM2 释放并切断了直流电源，制动过程结束。

上述工作过程可归纳为：

$$起动：SB2^{\pm}—KM1^{+}_{自}\begin{cases} —M^{+}（起动） \\ —KM2^{-}（互锁） \end{cases}$$

$$能耗制动：SB1^{\pm}\begin{cases} —KM1^{+}_{自}—M^{-}（自由制动） \\ —KM2^{+}_{自}—M^{+}（能耗制动） \\ —KM1^{+}_{自}\xrightarrow{\Delta t}KM2^{-}—M^{-}（制动结束） \end{cases}$$

（2）速度继电器控制的能耗制动控制电路。如图 9-30 所示，合上电源开关 QS，按下正转起动按钮 SB2，接触器 KM1 得电吸合，电动机起动。当电动机转速超过 130r/min 时，速度继电器相应的正向触点闭合，接通 KM2，为能耗制动停车做好准备。

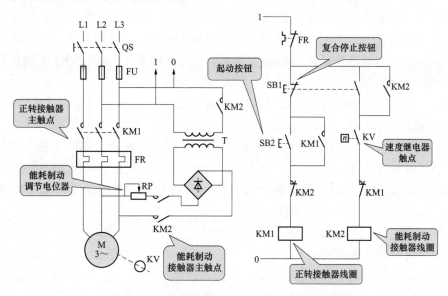

图 9-30　速度继电器控制的能耗制动控制电路

停车制动时，按下 SB1，KM1 失电主触点释放断开，电动机靠惯性运行。此时，KM1 辅助触点闭合自锁；由于 KM2 得电，其主触点吸合，电动机定子绕组接入脉动直流电，进行能耗制动。随着转速下降至 100r/min 时，速度继电器触点断开，KM2 失电，其主触点断开，切除直流电源，能耗制动结束，以后电动机自然停车。

全波整流能耗制动电路的制动电流较大，一般 10kW 以上的电动机常采用这种电路。

（3）无变压器半波整流单向能耗制动控制电路。如图 9-31 所示，根据直流电源的整流方式，能耗制动分为半波整流能耗制动和全波整流能耗制动。该电路属于半波整流能耗制动。

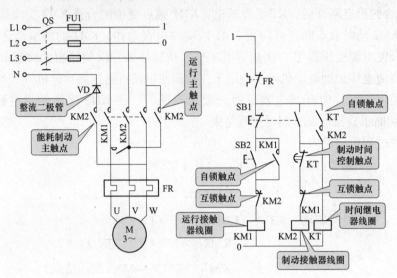

图 9-31　无变压器半波整流单向能耗制动控制电路

SB1—停止按钮；SB2—起动按钮

在该电路中，KM1 为电动机运行接触器；KM2 为制动接触器；KT 为控制能耗制动时间的通电延时时间继电器。该电路整流电源电压为 220V，由 KM2 主触点接至电动机定子绕组，再经整流二极管 VD 与电源中性线 N 构成闭合电路（注：有的电路在二极管支路上还串联一个限流电阻，本电路没有这个电阻）。制动时电动机的 U、V 相与 KM2 主触点并联，因此只有单方向制动转矩。

该电路原理：起动时，合上电源开关 QS，按下起动按钮 SB2，接触器 KM1 线圈获电吸合，KM1 主触点闭合，电动机 M 起动。

停止制动时，按下停止按钮 SB1，接触器 KM1 线圈断电释放，KM1 主触点断开，电动机 M 断电惯性运转，同时，接触器 KM2 和时间继电器 KT 线圈获电吸合，KM2 主触点闭合，电动机 M 进行半波能耗制动；能耗制动结束后，KT 动断触点延时断开，KM2 线圈断电释放，KM2 主触点断开半波整流脉动直流电源。

在该电路中，时间继电器 KT 瞬时闭合动合触点与 KM2 自锁触点串联，其作用是当 KT 线圈断线或发生机械卡阻故障时，导致 KT 的通电延时断开的动断触点断不开，瞬动的动合触点也合不上时，只有按下停止按钮 SB1，成为点动能耗制动。若无 KT 瞬动的动合触点串接 KM2 的动合触点，在发生上述故障时，电动机在按下停止按钮 SB1 后能迅速制动，同时避免三相定子绕组长期通入半波整流的脉动直流电源。

半波整流能耗制动电路一般用于 10kW 以下的小容量电动机对制动要求不高的场合。

3. 电磁抱闸断电制动电路

制动的方法有机械制动和电气制动，采用比较普遍的机械制动是电磁抱闸制动。电磁抱闸是一种机械制动装置，它主要由制动电磁铁和闸瓦制动器两部分组成。

如图 9-32 所示为电磁抱闸断电制动控制电路，这种制动是在电源切断时才起作用，机械设备不工作时制动闸处于"抱住"状态，广泛应用在电梯、起重机、卷扬机等一类升降机械上。

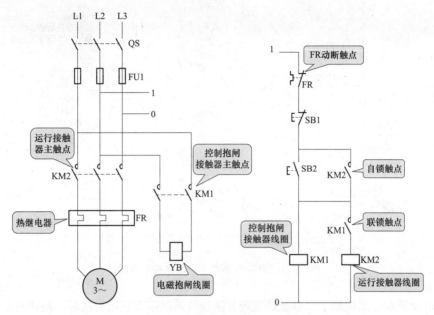

图 9-32 电磁抱闸断电制动电路

SB1—停止按钮；SB2—起动按钮

电路原理：按下 SB2，KM1 得电，主触点闭合，电磁抱闸的闸轮松开。同时，运行接触器 KM2 也得电，KM2 的自锁触点和主触点均闭合，电动机起动运行。

当制动时，按下电动机停止按钮 SB1，接触器 KM2 失电释放，主触点断开，自锁触点解除自锁，电动机断电。同时 KM1 失电释放，主触点断开，联锁触点解除联锁，从而 YB 失电动作，在弹簧力的作用下，使抱闸与闸轮抱紧，电动机停止运行。

9.2.9 电动机速度控制电路

1. 双速电动机手动调速电路

如图 9-33 所示为双速三相异步电动机的手动调速控制电路。

在该电路中，KM1 主触点闭合，电动机定子绕组连接成三角形，极对数为 2，同步转速为 1500r/min；KM2 和 KM3 主触点闭合，电动机定子绕组连接成双星形，极对数为 1，同步转速为 3000r/min。

电路原理如下：

低速控制：$SB3^{\pm}$ —— $KM1^{+}_{自}$ —— M^{+}（△接线、低速）

            └── $KM2^{-}$，$KM3^{-}$（互锁）

高速控制：$SB2^{\pm}$ —— $KM1^{+}_{自}$（互锁）—— M^{-}

              └── KM2（互锁解除）

       └── $KM2^{+}_{自}$，$KM3^{+}_{自}$ —— M^{+}（双Y接线、高速）

               └── KM1（互锁）

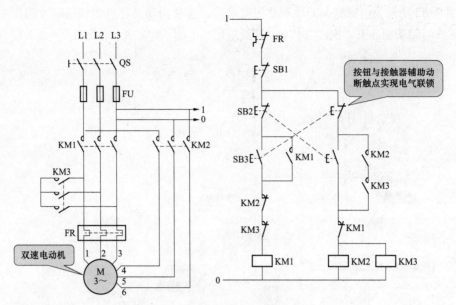

图9-33　双速电动机手动调速控制电路

改变电动机 6 个出线端子与电源的连接方法，低速时采取三角形接线，高速时采用双星形（丫丫）接线，这样可得到两种不同的转速。双速电动机高速运转时的转速接近低速时的 2 倍。

双速电动机定子绕组的结构及接线方式如图 9-34 所示。其中，图 9-34（a）、图 9-34（b）为定子绕组结构示意图，改变接线方法可获得两种接法：图 9-34（c）为三角形接法，极对数为 2，同步转速为 1500r/min，是一种低速接法；图 9-34（d）为双星形接法，极对数为 1，同步转速为 3000r/min，是一种高速接法。

值得指出的是：从一种接法改为另一种接法时，为确保方向不变，应将电源相序反过来。

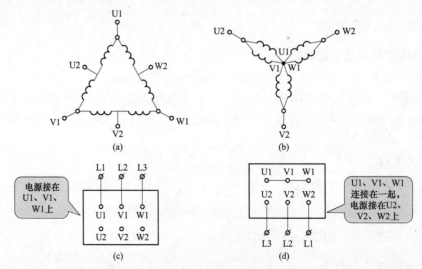

图9-34　双速电动机定子绕组的结构及接线方式

（a）低速时的绕组结构；（b）高速时的绕组结构；（c）低速△联结（4极）；（d）高速丫丫联结（2极）

2. 双速电动机自动加速电路

如图 9-35 所示为双速三相交流异步电动机自动加速电路（变极调速）。

电路原理：该电路的主电路与图 9-33 相同。

当开关 SA 在中间位置时，所有接触器和时间继电器都不接通，控制电路不起作用，电动机处于停止状态。

当 SA 选择"低速"位置时，接通 KM1 线圈电路，其触点动作的结果是电动机定子绕组接成三角形，以低速运转。

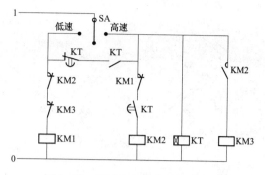

图 9-35　双速电动机自动加速电路

当 SA 选择"高速"位置时，接通 KM2、KM3 和 KT 线圈，电动机先低速运行，经过时间继电器 KT 延时后自动切换到高速。这时，电动机定子绕组接成双星形，转速增加一倍。

该线路高速运转必须由低速运转过渡。在使用时应根据说明书了解连接方法，做到接线正确。

9.3　直流电动机控制电路

9.3.1　直流电动机起动控制电路

为了减小起动电流及防止起动时对机械负载冲击过大，直流电动机通常采用降压起动方式。其降压的方法有两种：一是电枢回路串联起动电阻起动；二是降低电源电压起动。

1. 直流电动机手动起动控制电路

（1）他励直流电动机起动控制电路。他励直流电动机使用三端起动器工作原理图如图 9-36 所示。

电路原理：合上 QS 后，将手柄从 0 位置扳到 1 位置，他励直流电动机开始串入全部电阻起动，此时因串入电阻最多，故能够将起动电流限制在比额定工作电流略大一些的数值上。随着转速的上升，电枢电路中反电动势逐渐加大，这时再将手柄依次扳到 2、3、4 和 5 位置上，起动电阻被逐段短接，电动机的转速不断提高。

（2）并励直流电动机手动控制电路。并励直流电动机手动控制电路如图 9-37 所示。

电路原理：起动变阻器有 4 个接线端 E1、L+、A1 和 L-，分别与电源、电枢绕组和励磁绕组相连。手轮 8 附有衔铁 9 和恢复弹簧 10，弧形铜条 7 的一端直接与励磁电路接通，同时经过全部起动电阻与电枢绕组接通。在起动之前，起动变阻器的手轮置于 0 位，然后合上电源开关 QS，慢慢转动手轮 8，使手轮从 0 位转到静接头 1，接通励磁绕组电路，同时将变阻器 RP 的全部起动电阻接入电枢电路，电动机开始起动旋转。随着转速的升高，手轮依次转到静接头 2、3、4 等位置，使起动电阻逐级切除，当手轮转到最后一个静接头 5 时，电磁铁 6 吸住手轮衔铁 9，此时起动电阻逐级切除，直流电动机起动完毕，进入正常运转。

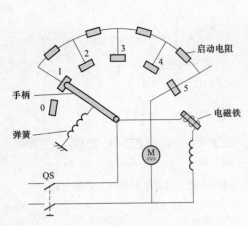

图 9-36　他励直流电动机使用三端
起动器工作原理图

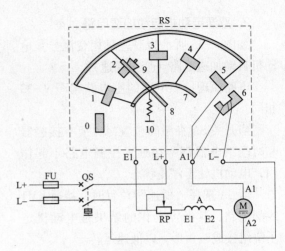

图 9-37　并励直流电动机手动控制电路

当电动机停止工作切断电源时，电磁铁 6 由于线圈断电吸力消失，在恢复弹簧 10 的作用下，手轮自动返回 0 位，以备下次起动。电磁铁 6 还具有失电压和欠电压保护作用。

由于并励电动机的励磁绕组具有很大的电感，所以当手轮回复到 0 位时，励磁绕组会因突然断电而产生很大的自感电动势，可能会击穿绕组的绝缘，在手轮和铜条间还会产生火花，将动触点烧坏。因此，为了防止发生这些现象，应将弧形铜条 7 与静接头 1 相连，在手轮回到 0 位时励磁绕组、电枢绕组和起动电阻能组成一闭合回路，作为励磁绕组断电时的放电回路。

起动时，为了获得较大的起动转矩，应短接励磁电路中的外接电阻 RP，此时励磁电流最大，产生较大的起动转矩。

（3）串励直流电动机手动起动控制电路。如图 9-38 所示，串励直流电动机手动起动控制电路的电路原理比较简单，请读者自行分析。

2. 直流电动机自动起动控制电路

（1）他励直流电动机起动控制电路。利用接触器构成的他励直流电动机起动控制电路如图 9-39 所示。

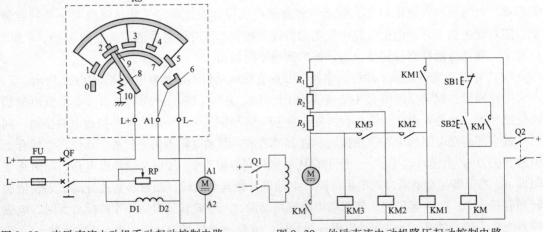

图 9-38　串励直流电动机手动起动控制电路　　　　图 9-39　他励直流电动机降压起动控制电路

电路原理：

$$Q1^+ \text{——} SB2^\pm \text{——} KM_{自}^+ \text{——} M^+ （串 R_1、R_2、R_3 起动） \xrightarrow{n_2\uparrow、U_{KM1}\uparrow} KM1^+ \text{—} R_1^- \xrightarrow{n_2\uparrow\uparrow、U_{KM2}\uparrow}$$

$$KM2^+ \text{——} R_1^- \xrightarrow{n_2\uparrow\uparrow\uparrow、U_{KM3}\uparrow} KM3^+ \text{—} R_3^- \text{——} M^- （全压运行）$$

如图 9-40 所示为利用接触器和时间继电器配合他励直流电动机电枢串电阻降压起动控制电路。

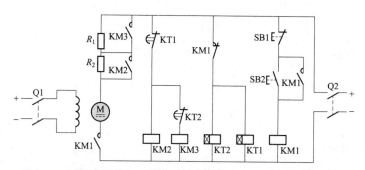

图 9-40　用接触器和时间继电器配合他励直流电动机起动控制电路

电路原理：

$$Q2^+ \begin{cases} KT1^+ \text{—} KM2^-, \ KM3^- \\ KT1^+ \text{—} KM3^- \end{cases} SB2^\pm \text{—} KM1_{自}^+ \text{—} ①$$

$$① \begin{cases} M^+ （串 R_1、R_2 起动） \\ KT1^- \text{—} KM2^+ \text{—} R_2 （先切除 R_2） \text{—} M^+ （串 R_1 起动） \\ KT2^- \xrightarrow{\Delta t_2} KM3^+ \text{—} R_1^- （先切除 R_1） \text{—} M^+ （全压运行） \end{cases}$$

其中，$\Delta t_1 < \Delta t_2$，即 KT1 整定时间短，其触点先动作；KT2 整定时间长，其触点后动作。

图 9-40 所示控制电路和图 9-39 所示控制电路比较，前者不受电网电压波动的影响，工作可靠性较高，而且适用于较大功率直流电动机的控制；后者线路简单，所使用元器件的数量少。

（2）并励直流电动机起动控制电路如图 9-41 所示。

电路原理：接通电源，励磁绕组 A 得电，同时断电延时时间继电器 KT1、KT2 线圈得电并带动其动断触点瞬时断开接触器 KM2、KM3 的线圈回路，确保电阻 R_1、R_2 全部串入电枢回路，为电动机起动做好准备。

起动时：

$SB1^+ \text{——} KM1^+ \text{——} 串联 R_1、R_2 起动$

KT1、KT2 延时：$KT1 闭合 \xrightarrow{\Delta t} KM2^+ \text{——} 短接电阻 R_1 \text{——} M^+ （串接 R_2 继续起动）$

$KT2 闭合 \xrightarrow{\Delta t} KM3^+ \text{——} 短接电阻 R_2 \text{——} M^+ （起动结束，全压运转）$

停止时，按下 SB2 即可。

为避免过电压损坏直流电动机，在励磁电路中接有放电电阻 R，其阻值一般为励磁绕组阻值的 5~8 倍。

（3）并励直流电动机起动控制电路如图 9-42 所示。

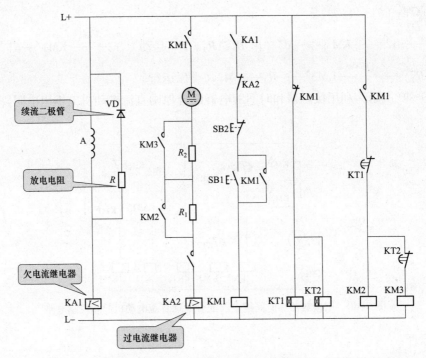

图 9-41　并励直流电动机起动控制电路

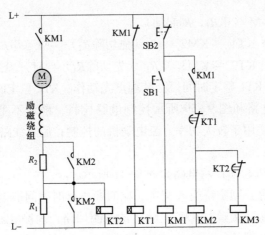

图 9-42　并励直流电动机起动控制电路

SB2—停止按钮；SB1—起动按钮

电路原理：接通电源，时间继电器 KT1 得电动作，断开 KM2、KM3 线圈，保证电动机起动时全部串入二级电阻 R_1、R_2。

起动时：

$SB1^+$——$KM1^+$——M 串联 R_1、R_2 起动

$KT1^-$ 延时 $\xrightarrow{\Delta t}$ $KT2^-$——$KM3^-$——KT1 $\xrightarrow{\Delta t}$ $KM2^+$——短接电阻 R_1 和 KT2

$KT2^-$ 延时 $\xrightarrow{\Delta t}$ $KM3^+$——短接电阻 R_2——M^+（起动结束，全压运转）

停止时，按下 SB2 即可。

9.3.2 直流电动机正反转控制电路

由于工艺需要，有的生产设备常常要求直流电动机既能正转又能反转。让直流电动机反转有两种方法：一是电枢反接法，即改变电枢电流方向，保持励磁电流方向不变；二是励磁绕组反接法，即改变励磁电流方向，保持电枢电流方向不变。

1. 并励直流电动机正反转控制

并励直流电动机正反转控制电路如图 9-43 所示。在实际应用中，并励直流电动机的反转常采用电枢反接法来实现。这是因为并励电动机励磁绕组的匝数多、电感大，当从电源上断开励磁绕组时，会产生较大的自感电动势，不但会在开关的刀刃上或接触器的主触点上产生电弧烧坏触点，而且也容易把励磁绕组的绝缘击穿。同时励磁绕组在断开时，由于失磁造成很大的电枢电流，易引起"飞车"事故。

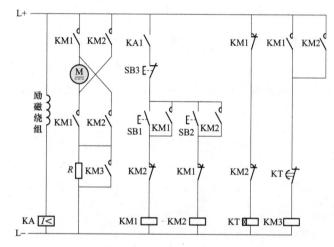

图 9-43　并励直流电动机正反转控制电路

SB3—停止按钮；SB1—正转按钮；SB2—反转按钮

电路原理：

接通电源——励磁绕组得电——KA$^+$——KT$^+$ $\xrightarrow{\Delta t}$ KM3$^-$——保证电动机串接 R 起动

SB1$^+$（或 SB2$^+$）——KM1$^+$（或 KM2$^+$）——为 KM3$^+$ 做好准备

KM1$^+_{自}$（或 KM2$^+_{自}$）——M$^+$（串电阻 R 正转或反转起动）

KM1$^-$（或 KM6 −）——KT$^-$ $\xrightarrow{\Delta t}$ KM1（或 KM2）对 KM2（或 KM1）联锁 $\xrightarrow{\Delta t}$ KM3$^+$——短接电阻 R——M$^+$（起动结束，全压运转）

停止时，按下 SB3 即可。

值得注意的是，电动机从一种转向变成另一种转向时，必须先按下停止按钮 SB3，使电动机停转后，再按相应的起动按钮。

2. 他励直流电动机正、反转控制线路

改变电枢电流方向，控制他励直流电动机正、反转控制电路如图 9-44 所示。

电路原理：

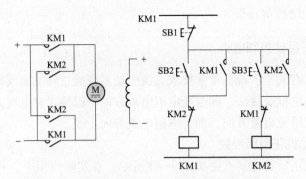

图 9-44　他励直流电动机正、反转控制电路（一）

正转：$SB2^{\pm}$ —— $KM1^{+}_{自}$ ┌— M^{+}（正转）

└— $KM2^{-}$（互锁）

停车：$SB1^{\pm}$ —— $KM1^{-}$ —— M^{-}（停车）

正转：$SB3^{\pm}$ —— $KM2^{+}_{自}$ ┌— M^{+}（反转）

└— $KM2^{-}$（互锁）

利用行程开关控制的他励直流电动机改变电枢电流正、反转起动控制电路如图 9-45 所示。

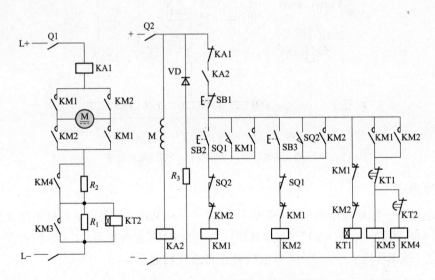

图 9-45　他励直流电动机正、反转控制电路（二）

电路原理：接通电源后，按下起动按钮前，欠电流继电器 KA2 得电动作，断电型时间继电器 KT1 线圈得电，接触器 KM3、KM4 线圈断电。

按下正转起动按钮 SB2，接触器 KM1 线圈得电，时间继电器 KT1 开始延时。电枢电路串入 R_1、R_2 电阻起动。

随着转速不断提高，经过 KT1 设置的时间后，接触器 KM3 线圈得电。电枢电路中的 KM3 动合主触点闭合，短接掉电阻 R_1 和时间继电器 KT2 线圈。R_1 被短接，直流电动机转速进一步提高，继续进行降压起动过程。时间继电器 KT2 被短接，相当于该线圈断电。KT2 开始进行延时，经过 KT2 设置时间值，其触点闭合，使接触器 KM4 线圈得电。电枢电路中 KM4 的动合主触点闭合，电枢电路串联起动电阻 R_2 被短接。正转起动过程结束，电动机电枢全压运行。

3. 串励直流电动机正、反转控制电路

串励直流电动机正、反转控制电路如图 9-46 所示。

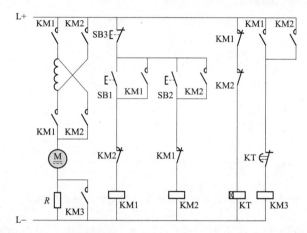

图 9-46　串励直流电动机正、反转控制电路

本电路的原理与三相交流异步电动机正、反转控制电路的原理基本相同。区别在于正、反转起动时，都需要在电枢回路中串联起动电阻。电路原理请读者自行分析。

9.3.3 直流电动机制动控制电路

直流电动机的制动与三相异步电动机的制动相似，其制动方法也有机械制动和电气制动两大类。电气制动具有制动力矩大、操作方便、无噪声等优点，在直流电力拖动中应用较广。

1. 并励直流电动机单向起动能耗制动控制

并励直流电动机单向起动能耗制动控制电路如图 9-47 所示。

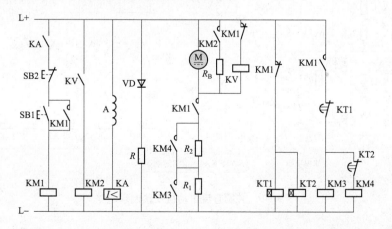

图 9-47　并励直流电动机单向起动能耗制动控制电路

电路原理：该电路中电动机起动原理可参照并励直流电动机串电阻二级起动电路的工作原理自行分析。

能耗制动停转的原理如下：

SB2$^+$——KM1$^-$——KM3$^-$、KM4$^-$——电枢断电——KM1 解除自锁——KT1$^+$、KT2$^+$$\xrightarrow{\Delta t}$

KV$^+$——KM2$^+$——R_B 接入电枢回路进行能耗制动$\xrightarrow{\Delta t}$KV$^-$——KM6$^-$——能耗制动完成

2. 他励式直流电动机能耗制动控制电路

他励式直流电动机单向起动能耗制动控制电路如图 9-48 所示。

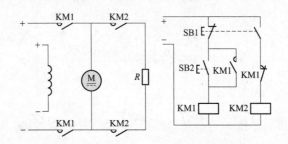

图 9-48　他励式直流电动机单向起动能耗制动控制电路

电路原理：制动按钮 SB1 按下时，接触器 KM2 线圈得电，电枢电路中的电阻 R 串入，直流电动机进入能耗制动状态，随着制动的进行，电动机减速直到最后完全停转。

这种制动方法不仅需要专用直流电源，而且励磁电路消耗的功率较大，所以经济性较差。

3. 并励直流电动机反接制动电路

并励直流电动机反接制动电路如图 9-49 所示。

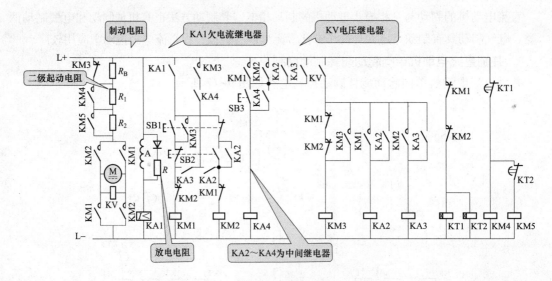

图 9-49　并励直流电动机反接制动电路

电路原理：

（1）反接制动准备过程：在电动机刚起动时，由于电枢中的反电动势为零，电压继电器 KV 不动作，接触器 KM3 和中间继电器 KA2、KA3 均处于失电状态；随着电动机转速升高，反电动势建立后，电压继电器 KV 得电动作，其动合触点闭合，KM3 得电，KM3 动合触点均闭合，为反接制动做好准备。

（2）反接制动过程：

SB3$^+$——KA4$^+$——KM1$^-$——M$^-$（停止正转）

KM1 联锁触点闭合——KM2$^+$

KM1 动合触点复位——KM3$^+$、KT1$^+$、KT2$^+$——M 串入 R_B——反接制动开始——KV$^-$——KM3$^-$——反接制动完成

并励直流电动机的反接制动是通过把正在运行的电动机的电枢绕组突然反接的方式来实现的。因此，在突然反接的瞬间会在电枢绕组中产生很大的反向电流，易使换向器和电刷产生强烈火花而损伤。故必须在电枢回路中串入附加电阻以限制电枢电流，附加电阻的大小可取近似等于电枢的电阻值。

当电动机转速等于零时，应及时准确可靠地断开电枢回路的电源，以防止电动机反转。

4. 他励直流电动机反接制动电路

他励直流电动机单向反接制动电路如图 9-50 所示。

电路原理：按下起动按钮 SB2，接触器 KM1 线圈得电，其自锁和互锁触点动作，分别对 KM1 线圈实现自锁、对接触器 KM2 线圈实现互锁。电枢电路中的 KM1 主触点闭合，电动机电枢接入电源，电动机运转。

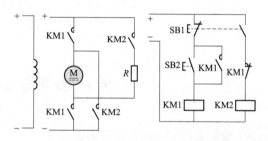

图 9-50　他励直流电动机单向反接制动电路

按下制动按钮 SB1，其动断触点先断开，使接触器 KM1 线圈断电，解除 KM1 的自锁和互锁，主回路中的 KM1 主触点断开，电动机电枢惯性旋转。SB1 的动合触点后闭合，接触器 KM2 线圈得电，电枢电路中的 KM2 主触点闭合，电枢接入反方向电源，串入电阻进行反接制动。

5. 串励直流电动机反接制动电路

串励直流电动机反接制动电路如图 9-51 所示。

电路原理：准备起动时，主令控制器 AC 手柄置于"0"位置。接通电源，电压继电器 KV 得电，KV 动合触点闭合自锁。

电动机正转时，主令控制器 AC 手柄置于"前 1"位置。

需要电动机反转时，将主令控制器 AC 手柄由正转位置（前 1）向后扳向反转位置（后 1）。其工作过程：

KM1$^-$、KA1$^-$——M 在惯性作用下仍沿正转方向转动——电枢电源使 KM$^+$、KM2$^+$——M$^+$（反接制动状态）——KA2 动合触点分断——KM3$^-$、KM4$^-$、KM5$^-$——KM3、KM4、KM5 动合触点分断——R_B、R_1、R_2 接入电枢电路——KA2$^+$——KM3$^+$、KM4$^+$、KM5$^+$——R_B、R_1、R_2 依次被短接——M$^+$（反转起动运行）

需要电动机停转，把主令控制器 AC 手柄置于"0"位置。

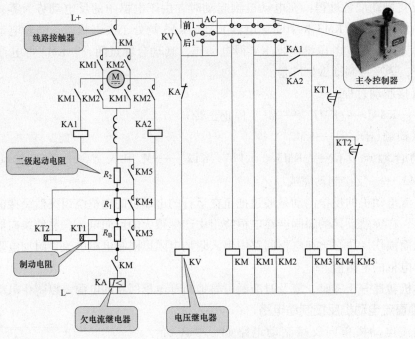

图 9-51　串励直流电动机反接制动电路

9.4　变频器控制电动机运行

9.4.1　变频器控制电动机正转电路

变频器正转控制电路用于控制电动机单向正转。正转控制既可以采用开关控制方式，也可以采用继电器控制方式。

1. 采用开关控制的正转控制电路

采用开关控制的变频器正转控制电路如图 9-52 所示。该电路由主电路和控制电路两大部分组成。

主电路包括断路器 QF、交流接触器 KM 的主触点、中间继电器 KA 的触点、变频器内置的 AC/DC/AC 转换电路以及三相交流电动机 M 等。

控制电路包括控制按钮 SB1～SB4、中间继电器 KA、交流接触器 KM 的线圈和辅助触点以及变频器频率给定信号电位器 RP 等。

在该电路中，SB1、SB2 用于控制接触器 KM 的线圈，从而控制变频器的电源

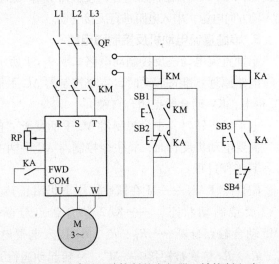

图 9-52　采用开关控制的变频器正转控制电路

通断；SB3、SB4 用于中间控制继电器 KA，从而控制电动机的起动和停止。RP 为变频器频率给定信号电位器，频率给定信号通过调节其滑动触点得到。当电动机工作过程中出现异常时，KM、KA 线圈失电，电动机停止运行。

（1）起动控制。闭合电源开关 QF，控制电路得电。按下起动按钮 SB1 后，KM 线圈得电动作并自锁，为中间继电器 KA 运行做好准备；KM 主触点闭合，主电路进入热备用状态。

（2）正转控制。按下控制按钮 SB3 后，中间继电器 KA 线圈得电动作，其触点闭合自锁，防止操作 SB2 时断电；变频器内置的 AC/DC/AC 转换电路工作，电动机 M 得电运行。

（3）停转控制。停机时，按下 SB4，中间继电器 KA 的线圈失电复位，KA 的触点断开，变频器内置的 AC/DC/AC 电路停止工作，电动机 M 失电停机。同时，KA 的触点解锁，为 KM 线圈停止工作做好准备。

如果设备暂停使用，就按下开关 SB2，KM 线圈失电复位，其主触点断开，变频器的 R、S、T 端脱离电源。如果设备长时间不用，应断开电源开关 QF。

本控制电路中的接触器与中间继电器之间有联锁关系：一方面，只有在接触器 KM 动作使变频器接通电源后，中间继电器 KA 才能动作；另一方面，只有在中间继电器 KA 断开，电动机减速并停机时，接触器 KM 才能断开变频器的电源。

变频器的通电与断电是在停止输出状态下进行的，在运行状态下一般不允许切断电源。因为电源突然停电，变频器立即停止输出，运转中的电动机失去了降速时间，这对某些运行场合会造成较大的影响，甚至导致事故发生。

2. 采用继电器控制的正转控制电路

采用继电器控制的正转控制电路如图 9-53 所示。该电路的主电路与图 9-52 中的主电路相同，只是控制电路不同。SB2 为起动按钮，SB4 为正转按钮；SB1、SB3 均为停止按钮。注意，只有在按下 SB3 后，再按下 SB1 才能使变频器主电源断电。

（1）起动准备。按下按钮 SB2，接触器 KM 线圈得电，KM 的其中一个动合辅助触点闭合为中间继电器 KA 线圈得电做准备。

（2）正转控制。按下按钮 SB4，继电器 KA 线圈得电，KA 的其中一个动合触点将按钮 SB1 短接，还有一个动合触点闭合将变频器的 STF、SD 端子接通，相当于 STF 端子输入正转控制信号，变频器 U、V、W 端子输出正转电源，驱动电动机 M 正向运转。

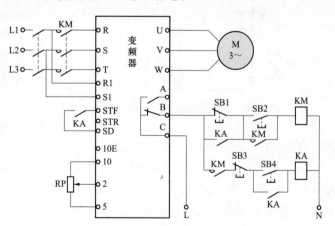

图 9-53　采用继电器控制的正转控制电路

此时，调节端子变频器的外接电位器 RP，变频器输出电源频率会发生改变，电动机转速也随之变化。

（3）变频器异常保护。若变频器运行期间出现异常或故障，变频器 B、C 端子间内部等效的动断开关断开，接触器 KM 线圈失电，KM 主触点断开，切断变频器的输入电源，对变频器进行保护。同时继电器 KA 线圈也失电，KA 的三个动合触点均断开。

（4）停转控制。在变频器正常工作时，按下按钮 SB3，KA 线圈失电，三个动合触点均断开，其中一个 KA 动合触点断开使 STF、SD 端子连接切断，变频器停止输出电源，电动机停转。

需要切断变频器的输入主电源，必须先按下 SB3，使变频器停止输出电源，此时再按下 SB1，接触器 KM 线圈失电，KM 主触点断开，变频器输入电源被切断。

如果没有对变频器进行停转控制，直接就去按 SB1，是无法切断变频器输入主电源的。因为在变频器正常工作时，KA 动合触点已将 SB1 短接，断开 SB1 无效，这样做可以防止在变频器工作时误操作 SB1 切断主电源。

9.4.2 变频器控制电动机正、反转电路

变频器正、反转控制电路用于控制电动机正、反向运转。正、反转控制也有开关控制方式和继电器控制方式。

1. 开关控制式正、反转控制电路

如图 9-54 所示为开关控制式正、反转控制电路。它采用了一个三位开关 SA，它有"正转""停止"和"反转"3 个位置。

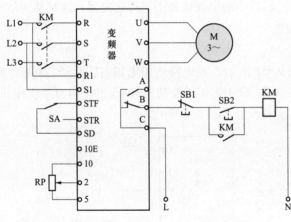

图 9-54 开关控制式正、反转控制电路

（1）起动准备。按下起动按钮 SB2，接触器 KM 线圈得电，KM 主触点闭合为变频器接通主电源。

（2）正转控制。将开关 SA 拨至"正转"位置，STF、SD 端子接通，相当于 STF 端子输入正转控制信号，变频器 U、V、W 端子输出正转电源，驱动电动机正向运转。此时，调节外接电位器 RP，变频器输出电源频率会发生改变，电动机转速也随之变化。

（3）停转控制。将开关 SA 拨至"停转"位置，STF、SD 端子连接切断，变频器停止输出电源，电动机停转。

（4）反转控制。将开关 SA 拨至"反转"位置，STR、SD 端子接通，相当于 STR 端子输入反转控制信号，变频器 U、V、W 端子输出反转电源，驱动电动机反向运转。调节电位器 RP，变频器输出电源频率会发生改变，电动机转速也随之变化。

（5）变频器异常保护。若变频器运行期间出现异常或故障，变频器 B、C 端子间内部等效的动断开关断开，接触器 KM 线圈失电，KM 主触点断开，切断变频器输入电源，对变频器进行保护。

若要切断变频器输入主电源，必须先将开关 SA 拨至"停止"位置，让变频器停止工作，再按下按钮 SB1，接触器 KM 线圈失电，KM 主触点断开，变频器输入电源被切断。

该电路结构过于简单，在设计上存在缺点，即在变频器正常工作时操作 SB1 可切断输入主电源，这样易损坏变频器。

2. 继电器控制式正、反转控制电路

如图 9-55 所示为继电器控制式正、反转控制电路。其中，QF 为断路器；KM 为交流接触器；KA1、KA2 为中间继电器；SB1 为通电按钮；SB2 为断电按钮；SB3 为正转按钮；SB4 为反转按钮；SB5 为停止按钮。30B 和 30C 为总报警输出触点。RP 为频率给定信号电位器，频率给定信号通过调节其滑动触点得到。

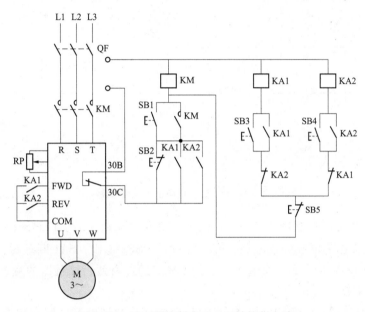

图 9-55　继电器控制式正、反转控制电路

本电路与图 9-53 所示的正转控制电路不同的是：电路中增加了 REV 端与 COM 端之间的控制开关 KA2。按下开关 SB1，接触器 KM 的线圈得电动作并自锁，主回路中 KM 的主触点接通，变频器输入端（R、S、T）获得工作电源，系统进入热备用状态。

按钮 SB1 和 SB2 用于控制接触器 KM 的吸合与释放，从而控制变频器的通电与断电。按钮 SB3 用于控制正转继电器 KA1 的吸合，当 KA1 接通时，电动机正转。按钮 SB4 用于控制继电器 KA2 的吸合，当 KA2 接通时，电动机反转。按钮 SB5 用于控制停机。

电动机正、反转主要通过变频器内置的 AC/DC/AC 转换电路来实现。如果需要停机，可按下 SB5 按钮开关，变频器内置的电子线路停止工作，电动机停止运转。

变频器故障报警时，控制电路被切断，变频器主电路断电，电动机停机。

电动机正、反转运行操作，必须在接触器 KM 的线圈已得电动并且变频器（R、S、T 端）已得电的状态下进行。同时，正、反转继电器互锁，正、反转切换不能直接进行，必须停机再改变转向。

按钮开关 SB2 并联 KA1、KA2 的触点，KA1、KA2 互锁，可防止电动机在运行状态下切断接触器 KM 的线圈工作电源而直接停机。互锁保持变频器状态的平稳过渡，避免变频器受冲击。换句话说，只有电动机正、反转工作都停止，变频器退出运行的情况下，才能操作开

关 SB2，通过切断接触器 KM 的线圈工作电源而停止对电路的供电。

3. 变频器调速联锁正、反转控制电路

如图 9-56 所示为变频器调速联锁正、反转控制电路。

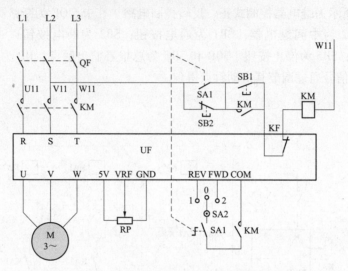

图 9-56 变频器调速联锁正、反转控制电路

组合开关 SA1 为机械联锁开关，三位开关 SA2 是电动机正转、反转、停止的转换开关，接触器 KM 的触点作为电气联锁开关。SA1 接通时，SB2 退出；SA1 断开时，SB2 有效。接触器的辅助触点 COM 接通时，只有 SA1、SA2 都接通才有效；接触器的触点 COM 断开时，SA1、SA2 接通无效。

闭合 QF，按下按钮开关 SB1，KM 线圈得电动作，其辅助触点同时闭合，变频器（R、S、T 端）得电进入热备用状态。

将 SA1 开关旋转到接通位置时，SB2 不再起作用，然后将 SA2 拨到 "2" 位置，变频器内置的 AC/DC/AC 转换电路开通，电动机起动并正向运行。

如果要使电动机反向运行，应先将 SA2 拨到 "0" 位置，然后再将开关 SA2 转到 "1" 位置，于是电动机反向运行。

停机时，将 SA1 转到 "0" 位置，断开 SA1 对 SB2 的封锁，做好变频器输入端（R、S、T）脱电准备。按下 SB2，KM 线圈失电复位，切断交流电源与变频器（R、S、T 端）之间的联系。

如果一开始就要电动机反向运行，则先将旋转开关 SA1 转到接通位置（SB2 退出），然后按下 SB1，接触器 KM 的线圈得电动作，其辅助触点同时闭合，变频器（R、S、T 端）得电，进入热备用状态。将 SA2 转到 "反转" 位置时，变频器内置的电路换相，电动机反向运行。

同样，如果在反向运行过程中要使电动机正向运行，则先将 SA2 拨到 "0" 位置，然后再将开关 SA2 转到 "2" 位置，电动机正向运行。

9.4.3 变频-工频切换控制电路

在变频器拖动系统中，根据生产要求常常需要进行变频-工频运行切换。例如，变频器

运行中出现故障时，就需要及时将电动机由变频运行切换到工频运行。

如图 9-57 所示为变频-工频运行切换电路。该电路由主电路和控制电路两部分组成。

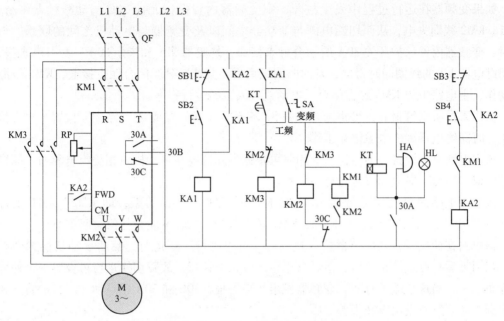

图 9-57 变频-工频运行切换电路

主电路由电源开关 QF、交流接触器 KM1~KM3、变频器内置的变频电路（AC/DC/AC）以及三相交流电动机 M 等组成。

控制电路由控制按钮 SB1~SB4、选择开关 SA、交流接触器 KM1~KM3 的线圈、中间继电器 KA1 和 KA2、时间继电器 KT、变频器内置的保护触点 30A 和 30C、选频电位器 RP、蜂鸣器 HA 以及信号指示灯 HL 等组成。

（1）工频运行方式。开关 SA 切换到"工频"位置，按下起动按钮 SB2，中间继电器 KA1 线圈得电后触点吸合并自锁，KM2 的触点吸合，KM3 线圈得电后动作，此时 KM3 的动断触点断开，禁止 KM1、KM2 参与工作。KM3 的主触点闭合，电动机按工频条件运行。按下停止按钮 SB1 后，中间继电器 KA1 和接触器 KM3 的线圈均失电，电动机停止运行。

（2）变频运行方式。将 SA 切换到"变频"位置，接触器 KM2、KM1 以及时间继电器 KT 等均参与工作。按下起动按钮 SB2 后，中间继电器 KA1 的线圈得电吸合并自锁，KA1 的触点闭合，接触器 KM2 的线圈得电动作，主触点闭合，其动断触点断开，禁止 KM3 线圈工作。此时与 KM1 线圈支路串联的 KM2 动合触点闭合，KM1 线圈得电吸合，其主触点闭合，交流电源送达变频器的输入端（R、S、T）；KM1 主触点闭合，为变频器投入工作做好先期准备。

按下 SB4 后，KM1 动合触点闭合，KA2 线圈得电动作，变频器的 FWD 端与 COM 端之间的触点接通，电动机起动并按变频条件运行。KA2 工作后，其动合触点闭合，停止按钮 SB1 被短接而不起作用，防止误操作按钮开关 SB1 而切断变频器工作电源。

在变频器正常调速运行时，若要停机，可按下停止按钮 SB3，则 KA2 线圈失电，变频器的 FWD 端与 COM 端之间的触点断开，U、V、W 端与 R、S、T 端之间的 AC/DC/AC 转换电路停止工作，电动机失电而停止运行。此时交流接触器 KM1、KM2 仍然闭合待命。同时，KA2 与 SB1 并联的触点也断开，为下一步操作做好准备。

如果变频器在运行过程中发生故障，则变频器内置保护元件 30C 的动断触点将断开，KM1、KM2 线圈失电，从而切断电源与变频器之间以及变频器与电动机之间的联系。与此同时，变频器内置保护开关 30A 的动合触点接通，蜂鸣器 HA 和指示灯 HL 发出声光报警。时间继电器 KT 的线圈同时得电，延时时间结束后，其速断延时闭合触点接通，KM3 线圈得电动作，主电路中的 KM3 触点闭合，电动机进入工频运行程序。

操作人员听到警报后，可将选择开关 SA 旋至"工频"位置或"停止"位置，声光报警停止，时间继电器因失电也停止工作。

该主电路没有设置热继电器，应用时可根据实际情况在电动机三相绕组电源输入端增设热继电器，以便于对电动机进行过载保护。

该控制电路的最关键之处是 KM3 和 KM2、KM1 的互锁关系，即 KM2、KM1 闭合时 KM3 必须断开；而 KM3 闭合时 KM2、KM1 必须断开，二者不能有任何时间重叠。

该电路在调试时，在变频器投入运行后，可先进行工频运行，然后手动切换为变频运行，当两种运行方式均正常后，最后再进行故障切换运行。故障切换运行可设置一个外部紧急停止端子，当这个端子有效，变频器发出故障警报，30C 和 30A 触点动作，自动将变频器切换到工频运行并发出声光报警。

变频器调试时，一些具体和相关的功能参数要根据变频器的具体型号和要求进行预置。

第❿章

常用电力设备故障检测与应用

10.1　电力设备故障检测方法

10.1.1　直观法检查电力设备故障

1. 通过对声音和振动的观测发现故障

任何电气设备在运行中都会发出各种声音和振动。例如，变压器中的励磁电流引起硅钢片磁致伸缩而发出振动的声音；旋转电动机轴承处产生的机械振动声音等。这些声音和振动是运行中的设备所特有的，也可以说这是表示设备运行状态的一种特征。如果仔细地观察这种声音和振动，就能通过检测声音的高低、音色的变化和振动的强弱来判断设备的故障。

（1）检测声音或振动的简便方法。利用人的感觉来检测声音或振动的方法有下列几种。

1）单用耳朵听。

2）利用听音棒检测。这是为了更正确地掌握机器所发生的振动声音而采用的检测工具。

3）用检查锤检测。这是用检查锤敲打被检部位，根据所发出声音进行检查的方法。常用于检查有机械运动的设备。

4）用手摸凭触觉检测。

用上述方法，虽可通过对声音和振动的感觉来判断设备的情况，但任何一种方法都是根据响声或不规则的振动声，与正常运行时的声音、振动有某些差异，才能判断有故障。

当然，不能单凭声音高或低的绝对值，而是要根据与平时运行时的微小差别来判断，所以经常仔细记住稳定运行时的节奏是必要的。

此外，以旋转电动机的振动振幅来确定是否异常的大致标准如图 10-1 所示。

（2）通过声音、振动能发现的故障。下面叙述电动机、变压器以及继电器盘和电磁接触器盘的情况，作为通过声音、振动等能够发现故障的例子。

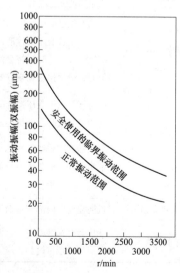

图 10-1　电动机的允许振动限度值

1）电动机的异常声音和振动。运行中的电动机会发出各种声音和振动，但在巡视检查中如发现有叩击声、滑动声、金属声等，即与平时运行中比较感到有差异时，就有必要调查一下是什么原因。这时应调查分析异常声音是由电动机本身的异常而产生的，还是由于外因而产生的。但在不能做出判断时，解开联轴器使电动机单独试运转就可以弄清楚了。

电动机振动的原因很多，但大致可归纳为三种，见表 10-1。

表 10-1　　　　　　　　　　　　　　　电动机振动的原因

振动的原因	说　　明	处理办法
地基或安装状态不良	这是由于地基下沉或其他长期变化的因素使相连接设备的安装中心线发生偏移、联轴器螺栓发生松动和摩擦等，从而引起振动	进行仔细检查后调整中心线，使其一致
轴承损坏（电动机及负载侧）	轴承破损、轴瓦金属磨损和润滑油不足等会引起振动。在电动机的故障原因中由轴承而引起的故障最多（约占 1/3），特别是在能听到叩击声时应该注意。电动机滚动轴承损坏的原因与滑动轴承的略有差异	若滚动轴承用于中小型电动机而有异常声音时，一般采用上润滑油的方法来抑制异常声音。在适当的间隙内，补充适量的润滑油是必要的，但不宜过多
负载侧传来的振动	如鼓风机叶片根部附着有异物而使负载失去平衡，皮带传动机的皮带没有调整好等原因引起的振动	调整，设法消除振动源

2）变压器的异常声音和振动。变压器虽属于静止设备，变压器正常运行时，应发出均匀的"嗡嗡"声，这是由于交流电通过变压器线圈时产生的电磁力吸引硅钢片及变压器自身的振动而发出的响声。如果产生不均匀或其他异常声音，都是不正常的，见表 10-2。

表 10-2　　　　　　　　　　　　　　　变压器异常声音的原因

异常声音	产　生　原　因
声音比平时增大，声音均匀	电网发生过电压。电网发生单相接地或产生谐振过电压时，都会使变压器的声音增大，出现这种情况时，可结合电压表计的指示进行综合判断。 变压器过负荷时，将会使变压器发出沉重的"嗡嗡"声，若发现变压器的负荷超过允许的正常过负荷值时，应根据现场规程的规定降低变压器负荷
有杂音	有可能是由于变压器上的某些零部件松动而引起的振动。如果伴有变压器声音明显增大，且电流电压无明显异常时，则可能是内部夹件或压紧铁芯的螺钉松动，使硅钢片振动增大所造成的
有放电声	变压器有"噼啪"的放电声，若在夜间或阴雨天气下，看到变压器套管附近有蓝色的电晕或火花，则说明瓷件污秽严重或设备线卡接触不良。若是变压器内部放电则是不接地的部件静电放电或线圈匝间放电，或由于分接开关接触不良放电，这时应对变压器做进一步检测或停用
有爆裂声	说明变压器内部或表面绝缘击穿，应立即将变压器停用检查
有水沸腾声	变压器有水沸腾声，且温度急剧变化，油位升高，则应判断为变压器绕组发生短路或分接开关接触不良引起的严重过热，应立即将变压器停用检查

3）继电器盘或电磁接触器盘有声音和振动。即使在正常情况下，继电器或电磁接触器盘内也会发出一定的声音和振动，但有特殊的不正常声音时，其原因见表 10-3。

表 10-3	继电器盘或电磁接触器盘有声音和振动的原因
可能原因	说　　明
电磁接触器的老化和污损	使用着的接触器接近使用寿命终止时，在接触器本身构件松动的情况下，灰尘积聚在可动铁芯和固定铁芯之间，使铁芯之间出现间隙而产生了"响声"。而当接触器的工作电源是交流电时，甚至会发展到线圈烧毁。解决的措施是：在粉尘严重的地方最好定期用压缩空气机猛吹并进行清扫
电磁接触器不正常	对某一特定的接触器，如果发出比平时高得多的异常声音，就有必要拆下这个接触器调整一下
接触器安装不良和配线接头处松动	在长年累月工作中由于经常有各种微微地振动，使电磁接触器的安装螺钉松开而跳出配电盘壳体，以及配线接头处松动等而引起接触器振动。为了防止因配线接头松开而引起接触不良等，可以每隔 2 年对各部分检查和旋紧一次。特别是装在外界具有振动频率较多的部位的配电盘，更需定期检查和旋紧

2. 从温度的变化发现故障

各种电气设备和器材，不管是静止的还是旋转的，只要通过电流总会产生热量。另外，在旋转设备中还会因可动部分的与固定部分的摩擦而发热，使温度上升。但这种温升通常总是在额定温度以下的一定温度时达到饱和，使设备能连续运行。

无论发生任何电气方面或机械方面的不正常情况，都会通过温度的变化表现出来，即温度升高至额定温度以上。

（1）检测电动机温度变化的简单方法。

1）用手摸凭感觉来检测。

2）用贴示温片或涂示温涂料来检测。

3）用固定安装的温度传感器或温度计检测。

（2）通过检测电动机温度能够发现的故障。通过手摸和观察温度显示仪表，就可知道温度有否变化，但检测部位不同其故障类型也不相同，通常能够检测到的温度升高有：外壳及内部绕组的温度过高；轴承温度过高；进、排风温度不正常；整流子表面温度过高等，见表 10-4。

表 10-4	电动机温度升高的检查
温升部位	原因及分析
外壳及内部绕组	温度升高的原因可能是过负荷、单相运行、绕组性能不好和进风量不足等。 电动机的最高允许温度因所用的绝缘材料不同而不同。正常状态下绝缘耐温等级为 Y 级的电动机外壳温度与 F 级电动机的外壳温度差相当大。因此，判断温度正常与否，单凭温度高低是不够的，必须了解其耐温等级做综合判断。对于中型电动机，其外壳温度通常比内部线圈温度要低 30~40℃，所以从外壳温度可以大致推算出其内部温度
轴承	如果是滚动轴承，温度过高的原因可能是轴承破损、润滑油不足。 如果是滑动轴承，则原因可能是金属磨损、供油量不足、油冷却器工作情况不良、冷却水断水等。 另外，由于轴承的最大允许温升（在环境温度为 40℃时轴承的表面温升）规定为 40℃，所以可认为在轴承外壳温度达到 80℃时使用应无问题。滚动轴承中使用耐热润滑油时，预计还可允许比 80℃高出 10~20℃

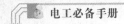

续表

温升部位	原因及分析
排风处	电动机采用强迫冷却时（单元冷却方式、通风阀送风方式），排气温度是重要的监视数据。排气温度高的原因可能是过负荷、环境温度太高、冷却风量不足、冷却器不正常（过滤网孔堵塞造成断水、冷却能力低）等。 特别是在水冷式冷却器中，内部生锈、积沉水垢等会显著降低冷却效果，必须隔一定的时间打开清洗
整流子	直流电动机和绕线式电动机的整流子及集电极温度如果高于所规定的限度，就应尽快进行详细的检查。造成整流子及集电极温度过高的原因可能是电刷压力不正常、异常振动、电流不平衡、冷却风量不足等

（3）电气接触部分温度升高。这种故障在电气事故中非常多，而电气接头在电力设备中又是很多的。例如：刀开关设备的可动接触处；断路器、电磁接触器的触点部位；电线与电器的接头（连接端子）等。

这一类故障多数是由于振动、绝缘材料干枯或老化使连接螺钉在长期运行中发生松动，引起这部分的接触电阻增大，不少情况下会因接头处局部发热而发展成设备烧毁事故。所以对预计温度可能会过高的部位应定期采取紧固的措施，特别对于新装上的设备，应在一年内重新检查并紧固一次。

（4）配电间室内温度过高。配电间室内温度过高是往往会被忽视的重要的迹象。在装有大量采用半导体的控制柜的房间里，特别应注意由于室内温度升高而产生故障。当发生原因不明的控制失常时适当调整一下空调系统就能恢复正常，这种例子是很多的。对于安装有大量采用半导体元件的控制柜等装置的配电间，必须采用空调进行温度控制，空调温度一般设定在 28℃左右。

3. 从气味变化发现故障

人类感觉所能够反映的现象中，气味是尚无科学上的通用标准的现象之一。虽然已有了一些如用 6 个等级来表示气味强度的气味表示法，如香水气味表示法等，但还没有通用性。对气味的感觉因人而异、千差万别。例如对电气设备，有的人在安装运行的开始阶段就会闻到有异样的气味，有的人则在其他阶段也不会闻到。不过，电气设备（主要是绝缘材料）烧起来时产生的气味（刺鼻的奇臭）却是大家都能嗅到而能辨别的气味。

从某种意义上说，嗅气味是很重要的检测项目，但是单凭气味尚不能确定故障，只有综合对外观和变色的检查结果后才比较完善。

4. 检查外观和变色发现故障

在电气设备的故障中通过检查外观和变色发现的故障非常多。这些统称为通过目测检查能发现的异常现象判断。

目测检查能发现的现象有破损（断线、带伤、粗糙）；变形（膨胀、收缩）；松动；漏油、漏水、漏气；污秽；腐蚀；磨损；变色（烧焦、吸潮）；冒烟；产生火花；有杂质异物；动作不正常等。

（1）直流电动机的外观检测。

　　1）整流子表面的颜色。由于直流电动机的整流子表面的变色与整流现象有关，所以这是能根据变色做出情况判断的最常见的例子。整流子表面的颜色虽然因所用的电刷材料不同略有差别，但习惯上制成统一颜色为棕色。当一片整流子表面颜色出现不同时，把颜色特别明显不同的地方称为"黑色带"，这时应该怀疑转子绕组及整流子竖片是否存在一些不正常。特别是像产生整流火花时，必须进行仔细的检查。不正常的形状有条状凹痕、局部磨损、云母外凸等，如果产生条状凹痕，轻度时可用干净的布擦除整流子表面及沟痕内的灰尘及碳粒，再用金刚砂纸把表面磨平。

　　2）电刷变粗糙。能顺利进行整流的电刷底部表面应是不光滑的细粒状，或是均匀地发出暗色的光泽。如有烧伤痕迹或底面有横向的变色面就认为是不正常的。另外，缺损痕迹偏于一只电刷时，也可能是电气中心点偏移等引起的，必须进行仔细的检查。

　　3）电刷引接线连接部位变色。铜引接线的颜色从铜的本色变为紫红色时，可以认为是过负荷或电流不平衡引起的大电流使其过热变色。

　　4）整流子表面发出火花。在直流电动机中，完全看不到发生火花的优良产品虽然很多，实际上，允许少量对使用无害的火花产生，这样有可能降低设备的价格并且降低惯性力矩而提高其性能。如果在正常负荷时火花较小，则在实际使用中不成问题。当火花较多时，必须及早进行仔细检查。特别是当恶化速度加快时，更应引起注意。

　　5）整流子竖片变色。检查直流电动机的外表时，不仅必须检查整流子表面，而且也应检查整流子竖片和竖片与转子绕组的接头，查看是否变色。

　　（2）变压器的外观检测。虽然最近干式变压器已在多种场合下使用，但是一般场合下还是使用油浸变压器。对于油浸变压器，通过外观和变色能检查出来的故障如下。

　　1）漏油。变压器外面粘黏着黑色的液体或者闪闪发光的时候，首先应该怀疑是漏油。大中型变压器装有油位计，可以通过油面水平线的降低而发现漏油。但小型变压器装在配电柜中时必须加以注意，因为漏出的油流入配电柜下部的坑内而不流到外面来，不易及时被发现，等到从外面发现漏油时，漏掉的油就非常多了。检查配电柜内部时万一发现漏油，必须寻找漏油部位及早进行再次焊接修理。

　　2）变压器油温。当变压器内部的油不与外界空气直接接触时，普通变压器的最大允许温升为55℃。超过这个数值时就应怀疑有过负荷或冷却不良、绕组有故障等。

　　变压器油的温度用安装在外面的油温计测知。由于油温升高是促进油老化的重要因素，所以对负荷较大、平时油温较高的变压器，必须定期进行绝缘油试验。绝缘油品质的大致控制指标是击穿电压大于25kV，酸值低于0.3。

　　3）呼吸器的吸湿剂严重变色。吸湿剂严重变色的原因是过度的吸潮、垫圈损坏、呼吸器破损、进入油杯的油太多等。通常用的吸湿剂是活性氧化铝（矾土）、硅胶等，并着色成蓝色。然后当吸湿量达到吸湿剂质量的20%～25%以上时，吸湿剂就从蓝色变为粉红色，此时就应进行再生处理。

　　吸湿剂再生处理应加热至100～140℃直至恢复到蓝色。如果对呼吸器管理不善，就会加速油的老化。

　　（3）电缆线路的外观检查。固定敷设在配线槽架上的电缆线路，电缆本体的故障是很少的。但对于移动使用的橡套电缆或是垂直敷设的电缆，通过外观检查推测出故障的可能性较大。

1) 电缆的变形。电缆护套上发现明显损伤痕迹时，可根据损伤的深度决定是否更换或紧急修理。但如果仅仅是护套起皱，要判断内部有无异常是较难的。

护套起皱的原因有的是制造中的缺陷，有的是在长期运行中因老化而逐步发展的。如果护套起皱过大必须及早更换电缆。

2) 电缆卡子松动。检查电缆卡子是否松动是外观检查的重点之一。卡子松动的原因是卡子部位的绝缘材料干枯或施工不良等，由此引起发展成故障的例子很多。例如，某电缆垂直敷设的中间夹板处卡子松动，使电缆受到下面的拉力而损坏，发生接地故障。总之，因绝缘材料干枯使本来应该固定的地方发生松动而引起故障的例子占有不小的比例。

10.1.2 利用专用仪器检查设备

在日常巡视过程中，当我们发现并初步确定有不正常情况时，为确定故障原因，就需要用专用仪器进行检查。在科学技术迅猛发展的今天，各种高精度、高可靠性、使用安全方便的新产品不断面世。电气工作人员应经常关注市场供应，尽可能采用新产品，在提高工作效率的同时，提高故障检测的准确率，保障生产的顺利进行。

1. 绝缘的检测

电气设备在运行过程中会因热、环境和机械等各种应力的作用而引起绝缘老化，直至不能发挥其作用而寿命终止。

电气线路及设备中的各部分，除了电气设备技术规程中规定的接地部位外都必须绝缘，规程中还明文规定了相应的指标数值。如对低压线路规定了必须保持的绝缘电阻最低值，对中压和高压线路规定了必须具有的绝缘耐压水平和施加电压的时间。

每年定期对电气设备绝缘水平进行检测。试验的主要目的是规定了电气设备在任何时候，包括在运行状态下应该保持的某一限度的绝缘水平。为此有必要对电气线路中各种设备的绝缘状态进行定期或连续地监测。

电力设备所发生的各类事故中，有80%以上的故障是由于无绝缘而引起的。尤其是在低压电力设备中，由绝缘不良而引起的漏电火灾、触电事故很多，而且低压电器等一般是不从事电气工作的人也会直接接触的，因此其绝缘情况不能忽视。

作为现场运行维护人员来说，重要的是在了解电力设备构造和使用方法的同时，应建立一套完整的绝缘检测方法（包括带电检测在内），以提高运行的可靠性。

常用的测量绝缘的仪器和方法有绝缘电阻表法、直流实验法、介质损耗角正切实验法、交流电流试验法和局部放电测试法等非破坏实验法。现在市场供应的还有用于检测输电线路绝缘子性能的远距离绝缘子故障侦测器；带背光功能、便于夜间操作的绝缘测试仪；用于测量绝缘油性能的智能绝缘油击穿测试仪等。

每一种绝缘结构的老化特性是各具特点的，所以必须积累各种绝缘结构的老化数据。

2. 绝缘的带电检测

电力设备是昼夜不停连续工作的，除规定的定期停电检修外必须正常地运行。各种设备的负荷情况是不同的，如电力电容器一直保持满负荷，而变压器在工厂开工时负荷一般为80%，到了夜间或节假日就降至 10% 及以下。但是不管负荷多少，电力系统中的所有设备总是一刻不停地连续运行着。因此，假如在轻负荷时设备就存在着可能引起短路、接地等事故的潜伏因素的话，那么到了带负荷运行时就会成为产生过负荷、三相设备单相运行和热击穿之类事故的起因。

有的故障只有在停止工作后才能找到，但是也有的故障必须在运行中才能确定，还有不少故障只有通过试送电才能查明原因。因此对电气设备的绝缘进行带电检测是非常必要的。

（1）检测因绝缘不良、接地等在回路中产生的各种故障现象的方法。

1）测定零序电流。

2）测定零序电压。

3）分析接地线上流过的电流。

4）测定局部放电现象。

5）测定局部放电的超声波现象。

6）测定电压分配和电场分布情况。

7）测出不正常的振动。

（2）从外部输入直流或交流信号进行测定的方法。

1）被测试回路上输入直流信号的方法。

2）被测试回路上输入交流信号的方法。

3. 温度的检测

电气事故中，由于绝缘物受热产生热老化而引起的事故占相当大的比例。即使是其他原因引起的事故，也有很多同时伴随温度的变化。常用的温度检测工具如下。

（1）带电测温仪。带电测温仪有接触式和非接触式两种。非接触式因其安全、可实现远距离测量和使用方便等优点，被广泛使用。

（2）示温记录标签。示温记录标签又称为变色测温贴片，是一种新型的测温技术。变色测温贴片具有许多测温仪器不具有的功能和优点，如无需电源及连线、体积小、有温度记忆功能、易操作、成本低等。

（3）温度检测元件测温。温度检测元件（如热电阻等检测元件）测温，用于连续检测并带温度显示和控制的场合。

10.2　变压器故障检测

本节以常用的油浸风冷式变压器为对象，来叙述变压器中故障的种类，平时维护检查中发现的异常现象、内部事故的检出以及判断确定的方法等。

10.2.1　故障原因及种类

1. 变压器故障的原因

变压器故障的原因一般是非常复杂而且多数是不明显的，因此，弄清发生故障的原因对制定防止故障的对策是有帮助的。变压器故障原因分类如下。

（1）选用规格不当。

1）变压器绝缘等级选择错误。

2）所选的电压等级、电压分接头不当。

3）容量太小。

4）所选规格不能满足环境条件要求（盐雾、有害气体、温度、湿度）。

5）存在有未预计到的特殊使用条件（例如有脉冲状异常电压或短路频度高等）。

（2）制造质量不良。

1）材料不好（导电材料、磁性材料、绝缘材料）。

2）设计和工艺质量不好。

（3）安装不良和保护设备选用不当。

1）安装不良。

2）避雷器选用不当。

3）保护继电器、断路器不完善。

（4）运行、维护不当。

1）绝缘油老化。

2）过负荷运行，接线错误。

3）与外部导体连接处松动，发热。

4）对各种附件、继电器之类维护检查不当。

（5）异常电压。

（6）长期自然老化。

（7）自然灾害或外界物件的影响。

2. 变压器故障的种类

变压器故障的种类是多种多样的，它包括附件（如温度计、油位计）的质量问题直至变压器内绕组的绝缘击穿等。下面将常见的故障归类列出。

（1）按故障发生的部位分类。

1）变压器的内部故障。

a. 绕组：绝缘击穿、断线、变形。

b. 铁芯：铁芯叠片之间绝缘不好、接地不好、铁芯的穿芯螺栓绝缘击穿。

c. 内部的装配金具发生故障。

d. 电压分接开关、引接线的故障。

e. 绝缘油老化。

2）变压器的外部故障。

a. 油箱：焊接质量不好、密封填圈不好。

b. 电压分接开关传动装置：机械操动部分、控制设备故障。

c. 冷却装置：风扇、输油泵、控制设备故障。

d. 附件：绝缘套管、温度计、油位计、各种继电器故障。

（2）按故障的发生过程分类。

1）突发性故障。

a. 由异常电压（外过电压、内过电压）引起的绝缘击穿。

b. 外部短路事故引起绕组变形、层间短路。

c. 自然灾害：地震、火灾等。

d. 电源停电。

2）长年累月逐渐扩展而形成的故障。

a. 铁芯的绝缘不良，铁芯叠片之间绝缘不良，铁芯穿芯螺栓的绝缘不良。

b. 由外界的反复短路引起绕组的变形。

c. 过负荷运行引起的绝缘老化。

d. 由于吸潮、游离放电引起绝缘材料，绝缘油老化。

10. 2. 2　异常现象及对策

突然发生的事故，大多是由于外界的原因，一般不能预测。除了突发性事故以外的其他故障，只要日常认真检查，就能够发现各种异常现象，很多是能在初期阶段采取对策的。在日常检查中能够发现的异常现象的类型，产生异常现象的原因以及采取的相应措施归纳见表 10-5。

表 10-5　　　　　　　　　　　日常检查发现的异常现象、原因与对策

异常现象	异常现象判断	原因分析	对　　策
温度	（1）温度计上读数值超过标准中规定的允许限度时 （2）即使温度在允许限度内，但从负荷率和环境温度来判断，认为温度值不正常	过负荷	降低负荷或按油浸变压器运行导则的限度调整负荷
		环境温度超过 40℃	（1）降低负荷 （2）设置冷却风扇之类的设备强迫冷却
		冷却风扇，输油泵出现故障	（1）降低负荷 （2）修理或更换有故障的设备
		散热器阀门忘记打开	打开阀门
		漏油引起油量不足	检查漏油的部位并予修理
		温度计损坏	（1）装有两种温度计时可相互比较。可把棒状温度计贴在变压器外壁上校核是否正常 （2）更换不好的温度计
		变压器内部异常。当上述的现象不存在时，可推测是内部故障	按照本节后面介绍的检测方法修理

异常现象	异常现象判断	原因分析	对　策
响声，振动	（1）记住正常时的励磁声音和振动情况，当发现有与正常状态不同的异常声音或振动时（例如，励磁声音很高）（2）听到变压器内部有不正常的声音时	过电压或频率波动	把电压分接开关转换到与负荷电压相适应的电压挡
		紧固部件有松动现象	查清发生振动及声音的部位，加以紧固
		接地不良，或未接地的金属部分静电放电	检查外部的接地情况，如外部无异常则停电进行内部检查
		铁芯紧固不好而引起微振等	吊出铁芯，检查紧固情况
		因晶闸管负荷而引起高次谐波（控制相位时）	按高次谐波的程度，有的可照常使用，有的不准使用，要与制造厂商量；从根本上来说，选用变压器的规格时有必要考虑承受一些高次谐波
		偏磁（例如直流偏磁）	（1）改变使用方法，使其不产生偏磁（2）选用偏磁小的变压器，进行更换
		冷却风扇、输油泵的轴承磨损、滚珠轴承有裂纹	（1）根据振动情况、电流数值等判断可否运行（2）修理或换上好的备品（3）当不能运行时降低负荷
		油箱、散热器等附件共振、共鸣	（1）紧固部位松动后在一定负荷电流下会引起共振，需重新紧固（2）电源频率波动引起共振、共鸣，检查频率
		分接开关的动作机构不正常	修理分接开关的故障
	电晕、闪络、放电声	瓷件、瓷套管表面黏附的灰尘、盐分而引起污损	带电清洗或者停电清洗和清扫
臭气，变色	导电部位（瓷套管端子）的过热引起变色、异常气味	紧固部分松动	重新紧固
		接触面氧化	研磨接触面
	油箱各部分的局部过热引起油漆变色	（1）漏磁通（2）涡流	及早进行内部仔细检查
	异常气味	冷却风扇，输油泵烧毁	换上备品
		瓷套管污损产生电晕、闪络而散发臭氧味	带电清洗或者停电清洗和清扫
	温升过高	过负荷	降低负荷
	吸潮剂变色（变成粉红色）	受潮	换上新的吸潮剂或者加热至 $100 \sim 140℃$ 再生

续表

异常现象	异常现象判断	原因分析	对　策
漏油	油位计的指示大大低于正常位置	（1）漏油（阀类、密封填圈、焊接不好）	检查漏油的部位并予修理
		（2）因为内部故障引起喷油	见本节后面介绍的检测方法
		（3）当不是（1）、（2）两项时，就是油位计损坏	换上备品或修理
漏气	与油温有关的气压比正常值低	（1）各部分密封填圈老化 （2）紧固部分松动 （3）焊接不好	用肥皂水法检漏，进行修理
异常气体	（1）气体继电器的气体室内有无气体 （2）气体继电器轻瓦斯动作	（1）有害的游离放电引起绝缘材料老化 （2）铁芯有不正常 （3）导电部分局部过热 （4）误动作	采集气体，进行分析。根据气体分析结果须停止运行时，按本节后面介绍的检测方法检测
漆层损坏、生锈	漆膜龟裂、起泡、剥离	因紫外线、温度和湿度或周围空气中含有酸、盐分等引起漆膜老化	刮落锈蚀涂层，进行清扫重新涂上漆
呼吸器不能正常动作	即使油温有变化，呼吸器油杯内的两个小室也不产生油位差	变压器本体有漏气现象	查清漏气部位，进行修理
瓷件、瓷套管表面损伤	瓷件、瓷套管表面龟裂，有放电痕迹	因外过电压、内过电压等引起的异常电压	（1）根据龟裂程度，有时要更换套管 （2）安装避雷器时，首先应校核其起始放电电压
防爆装置不正常	防爆板龟裂、破损	（1）内部故障：当气体继电器、压力继电器、差动继电器等有动作时，可推测是内部故障	这种情况下停电，按本节后面介绍的检测方法检测
		（2）由于呼吸器不灵，不能正常呼吸使内部压力升高引起防爆板损坏（仅是防爆装置动作，其他无异常时）	疏通呼吸器孔道

10.2.3 内部故障的检测

1. 常用检测装置的动作原因

　　变压器的内部故障，可以用各种保护继电器和检测装置来进行诊断和检测。机械类的检测装置有气体继电器、压力继电器、油流量继电器、压差装置等。电气类的有差动继电器、过电流继电器、短路接地继电器等。常用检测装置的动作原因见表 10-6。

表 10-6 常用检测装置的动作原因

名称	检测类型	动作起因（事故内容）	用途
差动继电器	电气	因绕组层间短路，端子部分产生短路而引起的短路电流	跳闸用
过电流继电器	电气	除上述情况以外，由于变压器外部短路而引起的短路电流及过负荷电流	跳闸用
接地过电流继电器	电气	变压器外部的接地短路电流，因绕组和铁芯之间的绝缘击穿引起的接地短路电流	跳闸用
气体继电器	机械	由于异常过热和油中电弧使气压、油流量增大或油位降低	（1）轻瓦斯报警用 （2）重瓦斯跳闸用
冲击压力继电器	机械	由于异常过热，油中电弧使油压、气压剧烈上升	跳闸用
油位继电器（带触点的油位计）	机械	漏油使油位降低	报警用
温度继电器（带触点的温度计）	热	油温异常升高	报警用
油流量继电器	机械	油流循环停止	报警用
防爆装置	机械	异常过热和油中电弧引起内部压力升高而喷油	报警用

2. 机械类检测装置

（1）气体继电器。气体继电器广泛应用于带储油柜的变压器。第 1 段触点供轻故障报警用，变压器中绝缘材料、结构件中的有机材料烧毁时，油的热分解而产生的气体进入气体继电器的气室，当气体积聚到一定量时，气体继电器轻瓦斯触点动作。第 2 段触点用于重故障，在变压器内部因绝缘击穿、断线等而引起油中闪络放电电弧，使发热更严重（二次发热），使固态绝缘材料和变压器油发生热分解而产生气体，变压器内部压力剧增，油急速流向储油柜时继电器重瓦斯触点动作。

气体继电器的特点是除了可用重瓦斯动作检测绕组事故之类的大事故之外，也可在事故的早期由轻瓦斯动作检查出来，例如接触不良、铁芯叠片之间绝缘不良、油位降低等初期的局部轻微事故。

此外，根据积聚在气体室中的气体量和成分，可在某种程度上推测故障的部位及程度。产生气体的特征与故障性质的判断见表 10-7。表 10-8 表示了气体继电器的动作情况和推测的事故原因。

表 10-7 产生气体的特征与故障性质的判断

气体颜色	气体特征	故障性质
无色	无味，且不可燃	空气
灰色	带强烈气味，可燃	油过热分解或油中出现过闪络
微黄色	不易燃	撑条之类木材烧损
白色	可燃	绝缘纸损伤

表 10-8　　　　　　　　　　气体继电器的动作情况和推测的事故原因

序号	气体的实质	推测事故原因	动作起因	动作种类
1	没有气体	由于接地事故、短路事故，大量的金属被加热到 260～400℃，此时绝缘材料尚未损坏	在 260~400℃下油发生气化	重瓦斯动作
2	仅有空气或惰性气体	变压器的油箱、配管，气体继电器容器等破损，输油泵故障	由于机械故障，漏气故障大	轻瓦斯动作。放去气体后，又立即重复动作（A）
			由于机械故障，漏气故障中等	轻瓦斯动作。放去气体后几分钟至几小时内再次重复动作（B）
			由于机械故障，漏气故障小	轻瓦斯动作。放去气体后，可长时间保持不动作（C）
		虽有上述故障但很轻微，或气体继电器的玻璃破损，油未充满	由于机械故障，漏气故障轻微	轻瓦斯动作或气体继电器中有少量气体（D）
3	仅有氢气而无一氧化碳	（1）因局部过电流使端子之间及端子对地之间发生闪络，但没有固体绝缘材料的烧坏	只有油的热分解，400℃以上	轻瓦斯动作，重瓦斯动作
		（2）同 3（1），但电流小些。即如早期的接触不良，铁芯穿芯部分烧坏，电抗器的空隙受热，铁芯接触不良等		轻瓦斯动作（A 或 B）
		（3）与 3（2）情况相似，但极轻微，或高电场下油的气化		轻瓦斯动作（C）
4	氢气和一氧化碳	（1）因局部过电流引起包括固体绝缘材料在内的绝缘破坏，即绝缘导线对地短路，绕组之间短路	油及固体绝缘材料热分解	轻瓦斯动作，重瓦斯动作
		（2）同 4（1），但电流小些。即是绝缘导线对地之间高阻故障、电弧引起的绝缘破坏、绕组间的高阻短路以及铁芯烧毁、接头故障等事故的早期阶段		轻瓦斯动作（A 或 B）
		（3）与 4（2）情况相似，但极轻微，或绝缘材料的氧化		轻瓦斯动作

注　表中的 A、B、C、D 是指气体继电器动作的类型。

气体继电器偶尔也会发生误动作。造成轻瓦斯误动作的原因是油中吸收的气体在运行初期析出，以及溶解于绝缘油中的气体因温度上升过饱和而析出，这些气体积聚在继电器气室中使其误动作。重瓦斯误动作一般是因地震或输油泵起动时的冲击油压而造成。

为了防止地震引起误动作，在重瓦斯的触点回路内串入一个地震仪，在地震仪与继电器同时动作时，使重瓦斯的跳闸回路不能形成通路。另外，为了防止输油泵起动时误动作，可在油泵起动的瞬间采取将重瓦斯跳闸回路闭锁的方法，但又存在不能保证闭锁时变压器不发生事故的问题。

（2）冲击压力继电器、油流量继电器。变压器发生内部事故一定伴有分解气体产生，造成冲击性异常压力的升高。冲击压力继电器就是瞬时检查出这种压力升高并动作的继电器。油流量继电器是压力升高后油从油箱本体流向储油柜的流速超过某一定值时动作的继电器。这两种继电器动作与变压器故障的关系，与气体继电器重瓦斯的动作大致相同。

（3）防爆装置。防爆装置是当内部压力升高至一定的数值时发生动作，使油箱内部压力向外部释放的装置，用于保护油箱和散热器。其动作与变压器故障的关系，可认为与气体继电器重瓦斯动作大致相同。

3. 电气类检测装置

差动继电器、过电流继电器、接地继电器等都是用电气的原理来检测故障的，它们的动作与变压器内部事故的关系与机械类继电器相同，适用于检测绕组短路事故，对地短路事故。

对于大容量变压器，多数是机械类继电器和电气类继电器并用的。常用的电气类继电器如下。

（1）差动继电器。差动继电器的动作原理是：在变压器的一次侧和二次侧分别安装了按变压器匝数比选定的电流互感器，利用变压器产生匝间短路之类事故时所引起的电流差值，使继电器动作。因此，变压器运行中如果差动继电器发生动作，一般都是匝间短路之类内部故障。

（2）过电流继电器。这是在电力设备或线路发生短路事故，或者过负荷时进行保护的继电器。如果设备外部线路没有相间短路，也没有过负荷，就应考虑是变压器内部短路。

（3）接地过电流继电器。这是由变压器外部的接地或内部绕组对铁芯之间绝缘击穿而产生的接地电流使其动作的一种继电器。

4. 其他检查故障的方法

检测变压器内部故障的其他方法还有分析溶于油中的气体的方法，看温度计的指示是否异常或根据内部有无异常声音而进行检查的方法等。

5. 变压器内部故障分析与检修流程

保护继电器动作时或从外面观察认为内部有异常时，首先应查清当时喷油的程度、响声大小与部位，保护继电器动作状态、负荷情况和电力系统的现状等情况作为参考。同时通过对变压器的电气试验、油中的含气分析、变压器总的绝缘性能试验、绝缘油试验等进行综合分析，以便对故障的部位和程度做出一定的预测。这对于顺利地进行故障检查和修理并使其恢复原状等是极为重要的。变压器内部故障分析与检修流程如图10-2所示。

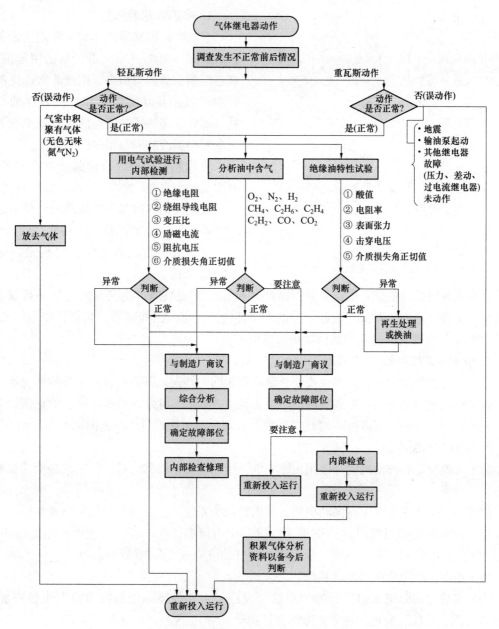

图 10-2　变压器内部故障分析与检修流程

10.3　断路器故障检测

10.3.1　断路器的故障情况

　　常用的断路器有多油式油断路器、少油式油断路器、压缩空气断路器和磁吹式断路器，据有关部门统计，这些断路器容易发生故障的部位如图 10-3 所示。下面对各种断路器的故障倾向性进行简要分析。

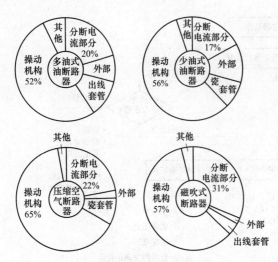

图 10-3　断路器发生故障的部位

1. 多油式油断路器

多油式油断路器从其实际使用的设备台数最多这一历史背景来看，是使用范围广、制造厂多、品种类型多、生产非常广泛的一种断路器，可以说是一种有代表性的断路器。因此，多油式断路器的故障现象与其他类型断路器的故障有很多的共同性。

故障发生在操动机构部分占绝大多数，其次是触头系统。

发现操动机构部分有故障的时机最多是在"操作"时，其次是在"检修"时。

发现触头系统有故障的时机最多是在"检修"时。

从发现故障的时机这一观点来看，通过"检修"发现故障的主要部位是触头系统和操动机构。通过"巡视、监视"发现故障的主要部位是外部、出线套管、瓷套管和操动机构。通过"操作"发现故障的主要部位是操动机构。

2. 少油式油断路器

出现故障的部位大体上与多油式油断路器有相同的倾向。漏油和合闸不好的情况绝大部分出现在操动机构部分。在发现故障的时机方面，"操作"时发现的故障所占的比例比多油式油断路器要多得多，而通过"巡视、监视"发现操动机构的故障所占的比例非常小。

3. 压缩空气断路器

由于灭弧介质和操动机构都使用压缩空气，所以故障以漏气为最多，其次是操动机构动作不良。

故障部位绝大多数发生在操动机构，其次是触头系统。这一情况与油断路器相同，但发现操动机构有故障的时机以在"巡视、监视"中为最多，这一点与其他类型断路器不同。占第二位的是在"检修"时发现，这是因为漏气的故障占大多数的缘故。

触头系统的故障最多是在"检修"中发现的。

从发现故障的时机来看，通过"检修"发现的主要故障部位是操动机构和触头系统，通过"巡视、监视"发现的主要故障部位是操动机构。

4. 磁吹断路器

这是作为无油式交流断路器得到普及的品种，其特点是不易发生火灾，容易维护检修，但检修周期比油断路器长。

故障部位以操动机构和触头系统占多数，这与其他类型断路器相同。

操动机构有故障以"检修"时发现占多数，其次是在"操作"时。发现触头系统故障的时机以"检修"时占最多。

10.3.2 日常检查要点

断路器在运行中的巡视检查和进行定期检查维修时发现的故障较多。因而以目测进行日常检查时需要特别细心注意。

1. 外部检查

巡视检查和运行监视时，应检查下列部位。

（1）瓷套管。检查瓷套管的污损、积雪情况。由于瓷套管污损会引起电晕放电，小雨、浓雾、雪融化时容易发生闪络事故，所以应更加注意。发现瓷套管有破损、龟裂时应该检查损伤程度，决定是否可以继续使用。

（2）接线部分。检查有无异常过热，异常过热时多数会产生变色或有异常气味。

（3）通断位置指示灯。要注意灯泡是否断丝，指示灯的玻璃罩是否破损。

（4）油位计。目测检查油面的位置、油的颜色。油面的位置显著低于正常位置时应停电并补充油。油的颜色显著碳化或变色时应进行详细检查。

（5）压力表。检查压力表的读数是否符合规定的值，如果不符合规定时应该检查是减压阀不正常，还是压力表不正常。

（6）操动机构箱。检查有无雨水侵入、尘埃附着情况、线圈发热不正常等情况。

（7）漏油。断路器容易发生漏油的部位和原因见表 10-9。

表 10-9　　　　　　　　　　断路器容易发生漏油的部位和原因

漏油部位	漏 油 原 因
油箱焊接部位	因焊接部位有气泡等微小缺陷，经长时间后发生
管道，接头、密封滑动部分	装配不完善，振动，密封件失去弹性
阀门类的连接部分，阀座	螺栓、法兰的密封不完善，有损伤、磨损或嵌入杂物
油位计	密封件使用多年老化，玻璃制品耐气候性不好
油箱的人孔部分	密封件使用多年老化
法兰部分	密封件老化，瓷套管破损，浇注连接部分有裂纹
油缓冲器	由于使用多年的磨损，隙缝增大。隔油构件破损

（8）漏气。容易漏气的部位和原因见表 10-10。

表 10-10　　　　　　　　　　容易漏气的部位和原因

漏油部位	漏 油 原 因
阀门的连接部位，阀座	螺栓密封部位的密封不完善，密封件使用多年老化
法兰连接面	密封件老化
单向阀，电磁阀	阀座的密封件失去弹性，因积水而动作不灵活
空气管道接头	装配不完善，端面变形，因振动而松动
管道	紧固处未夹紧，因振动而松动

2. 部件检查

断路器中结构部件的材质和强度是经过充分试验研究后才采用的，通常不会考虑到部件的破损。但是在极少的情况下也会出现因使用多年而老化，材质不均匀，制造管理上的问题而引起破损的情况。下面介绍通过目测可以检查的项目。

（1）连接各构件的销子、开口销、挡圈等折断、脱落。

（2）各种弹簧的变形、折断。

（3）瓷套管等发生破损、龟裂。

（4）辅助开关中的绝缘材料、结构部件的碎裂。

（5）传动机构的联板、联杆类的变形、损坏。

（6）铸件、锻件发生裂纹、损坏。

（7）阀和阀的密封面变形、发生裂纹。

（8）断路器的绝缘结构件损坏，外包绝缘层损坏。

（9）灭弧室、触头发生裂纹、损坏。

10.3.3 动作不良原因分析

断路器大部分的故障集中在操动机构，主要的故障是动作不良。动作不良的故障包括拒合、合闸不良、拒分等多种故障形式。

1. 拒合

这种故障是发出合闸指令后不动作，其故障原因见表 10-11。

表 10-11　　　　　　　　　　断 路 器 拒 合 的 原 因

检查部位	拒合的原因
压力开关	因没有整定好而触头断开，或触头接触不好
辅助开关限位开关继电器类	触头接触不好，或动作不良
线圈类	断线，或因连续励磁使线圈烧坏
控制回路接线端子	引线接入处端子松动

2. 合闸不良

即使进行了合闸动作，却没有全部完成合闸动作，或者是触头停在中间位置，或者返到分闸位置而不再动作，都是断路器没有合好闸，其故障原因见表 10-12。

表 10-12　　　　　　　　　　断路器没有合好闸的原因

检查部位	没有合好闸的原因
脱扣机构的锁扣部分	为了达到快速动作，将锁扣部分的扣入深度调整到很小，随着滑动、摩擦、变形等使其不能稳定扣住。也有因合闸时的振动，扣入部分滑脱
传动机构	由于各部件生锈，黏附尘埃使机构不灵活。由于许多次数操作造成变形、磨损
合闸机构	汽缸、活塞、活塞联杆等由于滑动面卡住、生锈而动作迟钝
压缩空气操作系统	压缩空气管道中的电磁阀、控制阀等阀门，阀座的密封失灵，以及材质恶化造成动作不灵，活塞之类卡滞
电气操作系统	合闸电磁铁的动铁芯在导向管内动作卡滞
缓冲装置	油缓冲器的衬垫间隙增大，缓冲材料（橡皮等）失去弹性

3. 拒分

在发出脱扣指令后完全不动作。它可能是操作回路的故障所引起的，也可能是由于表 10-13 所列的原因所引起的。如果由于操作回路发生故障不能分闸，与检查合闸不动作所采用的处理方法相同。

表 10-13 断路器拒分的原因

检查部位	拒分的原因
脱扣机构的锁扣部分	为了达到快速动作，将锁扣部分的扣入深度调整到很小，随着长年使用的变化，锁扣部分磨损变形，使脱扣的动作力增大。长期不动作时，锁扣部分会生锈而卡滞
分闸弹簧	弹簧类变形、折断等
传动机构	传动机构变形，连接销生锈、损坏等

10.4 隔离开关、高压负荷开关故障检测

10.4.1 维修和检查的分类

不同种类或不同使用条件下的隔离开关、高压负荷开关，其维修、检查的内容和周期是不同的，见表 10-14。

表 10-14 维修检查的分类

分类	周期	说　明
巡视检查	—	在隔离开关、高压负荷开关运行状态下巡视整个设备，从外部监视有无不正常
定期检修	小修每 3 年一次，大修（拆开检查）每 6 年一次	为了经常保持隔离开关、高压负荷开关的正常工作性能，应该定期进行检修。具体而言，包括根据结构零部件的形态，从外部检查直到拆开检查，使其恢复功能
临时检修	—	符合下述状态应停止运行，按照定期检修的准则进行临时检修： （1）巡视检查中发现有异常 （2）在日常分合闸操作时发现有异常 （3）根据大气状况，附着的盐分或尘埃十分严重时或冬季积雪时等 （4）认为有不合理操作的情况下 （5）通断电流超过额定值的情况下 （6）遭受到地震、电磁力等异常力构情况下

注　表中所列检查周期是一般的标准，具体应根据隔离开关、高压负荷开关的品种、使用环境或实际使用效果等情况而定。

10.4.2 维修和检查的要点

隔离开关和高压负荷开关在维修和检查时很多是相同的，故一并加以叙述。

1. 巡视检查

巡视检查就是由巡视者对电气设备进行外观判断，为此，最好能把隔离开关、高压负荷

开关的共性检查项目和各自的特有检查项目排列成表，以便按检查项目表进行。表 10-15
列出了巡视检查的一般共性项目。

表 10-15　　　　　　　　　　隔离开关和高压负荷开关巡视检查要点

检查部位	现　象	原　因	处　理
导电部分	接触部分表面毛糙，触头、刀片显著变色	接触表面因有害气体侵袭而腐蚀，附着尘埃，镀银接触部分因磨损等使触头的接触压力降低	立即停止使用，更换维修损坏的零部件或部位
	(1) 有发光部分 (2) 电晕放电声音响	分合电流时引起的电弧痕迹，粘着尘埃等凸出物质	根据情况，停止使用，进行修整
	合闸后触头接触不好	接触面的接触电阻异常增加，或者由于电弧痕迹等发生卡住，底座部分螺栓类紧固件松动，调整失常	接触电阻增加超过容许值时应立即停止使用，重新调整和修整
	触头部件上筑有鸟巢	麻雀等鸟巢	如对通电没有妨害，定期检查时清除掉
灭弧室（高压负荷开关）	出现龟裂、翘曲	分合不正常电流，使用年久	进行临时检修，更换
绝缘子	出现伤痕、破损，附着污垢、盐分严重	环境条件	尽快更换或清理
底座	连接轴销上的开口销断裂、脱落，螺栓类紧固件松动	使用年久	进行临时检修，更换
操动机构	有漏气声音（管道连接部分、关闭阀、电磁阀等）	紧固螺母松动	拧紧
		(1) 密封垫圈劣化 (2) 管道内，异物附着在阀座上	进行大修，更换
	有雨水渗入的痕迹	密封垫圈劣化	更换
		门没有关紧	关紧
	受潮引起严重生锈	从电缆进口处等侵入潮气	防止潮气从电缆进口处侵入
	出现螺栓类紧固件松动，开口销等折断、脱落	使用年久	进行临时检修，整修相应部位

2. 不正常时的措施

即使不在巡视检查期间，而在平常运行期间发现不正常情况，应必须迅速进行临时检修，采取措施予以修复。表 10-16 和表 10-17 通过具体实例阐明在不能进行正常通断操作时应采取的主要措施。

表 10-16　　　　　　　　　　　　　　　　隔离开关异常时应采取的措施

故障现象		调查事项	原因	措施
不能远距离操作	电磁阀不动作	（1）电源是否接到操动机构接线端子座 （2）是否接到前端发来的脱扣指令 （3）门开关是否闭合 （4）刀开关是否合闸 （5）操作压力是否达到额定值 （6）各连接导线的接线螺栓是否松动，连接导线是否脱落、断线 （7）检查电磁阀线是否断线	（1）电缆中途断线 （2）信号传送线路故障 （3）门开关闭合不良 （4）刀开关没有合闸 （5）没有打开贮气罐的进气阀 （6）连接线及其螺栓没有连接好 （7）电磁阀线断线	（1）把导线接上或把接线螺栓拧紧； （2）更换信号电缆 （3）重新闭合门开关 （4）将刀开关合闸 （5）打开进气阀，调节好压力 （6）拧紧松动的螺栓，更换已断线的导线 （7）更换电磁阀线圈
	电磁阀动作	（1）调查管道系统是否漏气 （2）现场锁扣装置是否卡住	螺母松动、螺母变形	拧紧或更换螺母
	电磁阀线圈的励磁在动作过程中失效	调查动作过程中限位开关或自保持开关的触头是否断开	开关的安装螺栓松动	拧紧
			触头不能导通电流	清理或更换触头
操动机构虽正常，但隔离开关不动作		管形连接杆的连接轴销等脱落	使用年久	装上脱落部件。平常要检查有无零部件脱落
动作时间不正常		用手操纵操作手柄，检查隔离开关的操作力	使用年久	按照定期检修的项目进行检修

表 10-17　　　　　　　　　　　　　　　　高压负荷开关异常时应采取的措施

故障现象		调查事项	原因	措施
不能远距离操作	电动机不转	（1）电源是否接到操动机构接线端子座 （2）是否接到远处发来的脱扣指令 （3）配电用断路器是否合闸 （4）操作电压是否达到额定值 （5）各连接导线的接线螺栓是否松动，连接导线是否脱落、断线 （6）电气设备动作是否不正常、接触不良、线圈断线	（1）接线端子松动 （2）信号传送电缆中途断线 （3）断路器跳闸或者忘记合闸 （4）电源异常 （5）连接线及其螺栓没有连接好 （6）设备动作异常，接触器损坏	（1）更换电缆 （2）更换电缆 （3）将此断路器合闸 （4）检查电源 （5）把导线接上或把接线螺栓拧紧 （6）更换电气设备
	电动机旋转时	（1）检查齿轮的磨损、啮合 （2）由于离合器摩擦板的磨损或油浸入，结果是否打滑	由于磨损，没有调整好，使齿轮没有啮合好	更换零部件；调整好齿轮啮合
			离合器的寿命到了，或误注入油	更换零部件；拆开进行清理

故障现象	调查事项	原因	措施
操作装置正常，但高压负荷开关不动作	管形连接杆的连接轴销类脱落或绝缘杆折断	使用年久	（1）安装脱落的零部件 （2）更换折断零部件
动作时间不正常	（1）手动操作手柄来调查不正常部位 （2）调查弹簧储能操动机构部分的动作	使用年久	按照定期检查的项目进行检修

3. 定期检查

（1）导电部分的检查。导电部分检查中最重要的部分是触头，其接触部分出现局部银层磨掉和露出铜底材时，如果置之不理继续使用会使触头部件过热，必须迅速更换触头。

铜底材等的露出量与导电性能的关系随电器的品种或使用条件的不同而不同，不能统一规定，最好根据铜底材露出量的程度询问制造厂。

当铜底材露出程度微小，并且该电器的容量稍大于额定容量时，假如暂时使用该部分触头，则应使用示温带等进行监视，并有计划地更换触头。

另外，双柱式水平旋转单断口隔离开关的转动式出线座中，连接在接线端子上的导线若被微风吹得摇动，转动式出线座内部的导电滚柱就会出现像分合操作那样的异常磨损和温升过高的现象。

对于被认为容易受到微风吹拂而摇动的隔离开关应根据需要提前解体检修，并采取措施防止接线端子摇动或设置引线绝缘子等措施。

导电部分的检查要点见表 10-18。

表 10-18　　　　　　　　　　　导电部分的检查要点

检查部位	检查部位的现象	处　理
触头部件的刀片	（1）接触面脏污 （2）接触面烧损、熔接 （3）弹簧上有瑕疵 （4）导电部分的紧固螺栓、螺母等松动 （5）零部件生锈、受损 （6）闸刀的自转力沉重	（1）接触面的脏污用布片或尼龙丝擦拭，擦拭干净后涂润滑剂 （2）因分合电流等使接触面上铜底材露出时应更换这部分的触头。对分合电流的触头部件没有弧触头时，最好每分合一次电流，检修一次 （3）弹簧上有裂纹和生锈时都要更换 （4）用布擦拭干净接触面后充分拧紧螺栓、螺母 （5）进行防锈处理。更换生锈、受损严重的零部件 （6）拆开轴承组件，清理干净，滚珠轴承部分涂润滑剂
转动式出线座（双柱式水平旋转单断口隔离开关） （注）列出拆开检查时的检查要点	（1）接触面脏污 （2）轴承生锈 （3）端子接线螺栓 （4）零部件生锈、受伤	（1）接触面的脏污用布片或尼龙丝擦拭，擦拭干净后涂润滑剂。露出铜底材时同制造厂商量更换 （2）除锈，涂润滑剂，旋转不灵活时把整个转动式出线座更换掉 （3）用布片擦干净接触面后充分拧紧螺栓 （4）进行防锈处理，更换掉生锈、受伤严重的零部件

检查部位	检查部位的现象	处　理
灭弧室（高压负荷开关）	（1）灭弧室是否出现龟裂、翘曲 （2）是否达到规定分合次数 （3）灭弧室的狭缝间隔是否正常	（1）弧触头分断电流后有可能产生，此时应更换灭弧室 （2）达到规定分合次数时应予更换 （3）超过制造厂规定尺寸时应予更换

（2）绝缘子的检查（见表 10-19）。

表 10-19　　　　　　　　　　　绝缘子的检查要点

检查部位	检查部位的现象	处　理
绝缘子	（1）测量绝缘电阻 （2）绝缘子破损 （3）污损 （4）绝缘子安装螺栓、螺母类松动	（1）绝缘电阻的测定在检修前、后进行，有必要预先调查好绝缘子的污损特性 （2）绝缘子已破损、受伤、龟裂和黏结部分不正常时，根据其程度决定是否更换 （3）在带电情况下注水冲洗。没有注水冲洗设备的场合，停电后清洗绝缘子表面。在严重附着尘埃或盐分的地方应定期地进行注水冲洗或清扫 （4）检查螺栓、螺母类的紧固情况，若有松动的，把它拧紧

（3）底座的检查。使底座产生旋转动作的轴承一般采用滚珠轴承或无需加油的轴瓦构成密封结构。如果操作轻便，没有不正常的声音，就没有必要拆开检查。底座的检查要点见表 10-20。

表 10-20　　　　　　　　　　　底座的检查要点

检查部位	检查部位的现象	处　理
旋转轴承部分	（1）用手动操作手柄进行合闸和合到完全闭合前的来回操作，判明是否轻快灵活地动作 （2）检查零部件发现有生锈、脱落和受伤	（1）如果动作灵活，继续使用；如果操作沉重，把第一相的传动杆脱开，转动绝缘子，如果动作灵活可继续使用，如果操作仍旧沉重，旋转不灵活（有偏斜等），更换底座或止推轴承座 （2）更换不良的零部件或进行防锈处理
操作杆类的轴销	（1）检查轴销的弯曲情况 （2）检查轴销的磨损情况	如果轴销弯曲程度超过规定值时，则更换 另外，各种轴销、开口销如果折弯、脱落也要更换

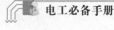

检查部位	检查部位的现象	处　理
传动装置用操作轴承	脱开操作杆、传动杆，试着转动	如果转动灵活则继续使用；如果旋转沉重、不灵活则更换轴承

（4）操动机构。操动机构的电缆进口处容易吸入管道内的潮气，应用绝缘胶等密封。从电缆进口处侵入潮气是使电器元件绝缘老化、生锈、腐蚀的原因，造成电器不能使用的例子较多。

压缩空气操作装置的压缩空气系统中操作缸和电磁阀，由于阀门本体、密封垫圈等使用年久要劣化，必须在使用了一段时期后，把它拆开来清理，并更换密封垫圈。表10-21列出了操动机构的检查要点。表10-22列出了解体检修的要点。

另外，对于压缩空气是用没有过滤的气体供给设备或者是在易受有害气体等影响的场合下使用的电器，最好提前解体检修，规定适合使用条件的检修周期。

表10-21　　　　　　　　　　操动机构的检查要点

检查部位	检查部位的现象	处理	备注
一般事项	螺栓类松动	拧紧	（1）不可用砂纸擦掉锈 （2）用肥皂水检查
	开口销弯坏、脱落	更换	
	有雨水渗入的痕迹	拧紧螺栓，密封垫圈劣化则更换	
	铁表面生锈	用含锌涂料修补	
	导电部分生锈	用布轻轻地把锈擦干净	
	机构部分断油	在机构的轴承、齿轮部分涂油	
	漏气	拧紧或者更换密封垫圈类	
操作缸	（1）动作沉重 （2）活塞漏气多	解体检查，更换不良零部件（如果没有备件，解体检修前与制造厂协商）	参照表10-18
电磁阀	阀门部分漏气		
缓冲机构（油缓冲器）	动作沉重，发出不正常声音	用手动操作核实动作灵活性	现场检修有困难的电器，同制造厂协商对策
	漏油	拧紧或更换劣化的密封垫圈等零件	
电器设备	（1）端子部分污损 （2）测定试验 （3）开关类触头部件受损伤 （4）加热器 （5）继电器类触点损伤	（1）检查布线、端子部分是否松动，引接线是否受伤等并进行维修 （2）测定整个控制回路和大地间的绝缘电阻 （3）接触面的接触情况，更换因电弧磨损厉害的部件 （4）检查导通与否，如果断线要更换 （5）与开关类触头部件同样处理	使用500V绝缘电阻表测量，绝缘电阻值应在2MΩ以上

表 10-22 解 体 检 修 的 要 点

被检查部件	检查部位	检修要点	备注
操作缸	(1) 活塞 (2) 操作缸 (3) 活塞杆	(1) 检查滑动接触面有无伤痕，严重的要更换活塞，把活塞清理干净后再涂润滑剂 (2) 清理干净操作缸内表面，操作缸内表面的伤痕用砂纸研磨修整好后再涂润滑剂 (3) 滑动面的刮伤要用细砂纸研磨修整好后再涂润滑剂	(1) 使用制造厂指定的润滑剂 (2) 已被拆开部分的密封垫圈一定要换上新的 (3) 清理时使用乙醇，不可使用汽油、三氯乙烯
电磁阀	(1) 阀体 (2) 密封垫圈类	(1) 清理阀门本体内表面 (2) 更换阀座和密封垫圈类	(1) 已被拆开部分的密封垫圈一定要换上新的 (2) 手一定要清洁，在无尘埃的场所检修

4. 分合试验

实际分合操作尚未满一年的电气设备最好按照表 10-23 的规定进行一年一次的分合试验，验证分合特性。分合试验时发现合闸位置的接触状态不正常时，采取的修整方法随电气设备的品种不同，调整部位等也不同，应该按照相应品种的使用说明书处理。

表 10-23 分合试验的检查要点

名称	试验项目	检查部分	检查内容
动力操作 分合试验	在额定压力或额定电压下进行试验	导电部分	(1) 用目测来鉴定动作 (2) 有无不正常声音 (3) 测定动作时间是否正常 (4) 在合闸位置的接触状态是否正常
		底座和传动装置	(1) 有无变形 (2) 有无正常声音 (3) 是否已构成死点
	在额定压力或额定电压下进行试验	隔离开关，操动机构箱内	(1) 鉴定辅助开关的动作 (2) 电磁阀和管道系统有无漏气声音 (3) 联锁装置的动作是否正常
	最低动作压力（电压）试验		读出完全合闸或完全分闸的最低动作压力（电压）测定值，判断同安装时的测定值有无很大的差别
手动操作 分合试验	手动操作力的测定		使用操作手柄测定合闸或分闸需要的操作力，判断同安装时的测定值有无很大的差别
	合闸操作	导电部分	(1) 用中等速度合闸，接触状态是否正常 (2) 触头刚刚接触时三相是否同步

10.5　互感器和二次回路的故障检测

　　互感器的种类很多，从低压回路用的小型干式结构到高压、超高压系统用的铁壳式、绝缘套管式和电容式仪用变压器等。因此对各种不同结构、用途的互感器的检查、维护和故障处理等，应能采用适当的方法。

　　互感器的主要职能在于保护用电设备和输配电系统，为此必须与配套使用的仪表、继电器相协调，保持高度可靠性才能充分发挥其作用。互感器的事故也必然会波及仪表、继电器，甚至可能会扩展成系统停电。

　　因此，确保互感器以至二次回路保护系统的可靠性，是达到安全可靠供电必不可少的条件。经常用正确的方法对互感器的老化、异常现象等进行检查、维护是很重要的。根据检查维护的统计资料判断设备是否正常是最合理的方法。

10.5.1　互感器的维护检修特性

1. 互感器的选用

　　如表 10-24 所示为互感器的选用。

表 10-24　　　　　　　　　　　　　　　互感器的选用

类型	结构	电压（kV）	一次电流（A）	选用的结构形式
电压互感器	绕组式	11 以下		干式、充胶绝缘式、树脂模铸式
		11 以上		箱壳式、绝缘子式
		66 以上		绝缘子式、充气绝缘式
	电容式	66~110 以上		绝缘子式
电流互感器	绕组式	22 以上	0~2000	干式、充胶绝缘式、树脂模铸式
		66		绝缘子式
		154		
		275		
	穿芯式	22 以下	2000 及以上	干式、充胶绝缘式、树脂模铸式
		66		绝缘子式、绝缘套管式
		154		
		275		

2. 互感器的结构类型及其特征

　　由于仪用互感器结构单一、附件少，因此绝缘性能就成为实际使用中维护检查的主要内容。表 10-25 所示为互感器的结构类型及其特征。

表 10-25　　　　　　　　　　互感器的结构类型及其特征

绝缘方式	干式	模铸式	油浸式	
			开启式	密闭式
主要绝缘材料	纸、棉纤维、层压板、漆布及浸渍漆	环氧树脂、丁基橡胶、乙丙橡胶	油浸纸、油	油浸纸、油

续表

绝缘方式	干式	模铸式	油浸式	
			开启式	密闭式
绝缘结构	绕组用上列材料绝缘，充分干燥后再在真空下浸渍防潮绝缘漆	绕组用环氧树脂模铸，或铁芯与绕组用橡胶模铸；工艺是把环氧树脂或橡胶注入装好的金属模具中，在高温下成形	将用绝缘纸作绝缘的绕组及铁芯装在瓷套管或外壳中，充分干燥后注入干燥脱气的绝缘油	
			由于是开启式，箱内有空气层，且与外面的空气相通，油温变化引起的体积变化会造成空气的呼吸作用	密封式的结构是将容器密封，以防止空气的呼吸作用。有用氮气密封和充油（压力充油）密封两种方式
长期使用对绝缘性能的影响	易因吸潮而引起老化	长期运行中绝缘性能稳定，不必担心老化问题	易因吸潮而引起老化	不与外界空气接触也不会吸潮，不必担心老化问题
使用场所	户内用	户内用（也可用于户外）	户外用	户外用
维护检查注意事项	绝缘老化是缓慢发生的，关键是要做好测量绝缘电阻之类的定期维护检查	因不必担心吸潮等绝缘老化，因此关键是检查外观是否有裂缝等	会因吸潮引起老化，应通过定期测量记录绝缘电阻、$\tan\delta$ 等，监视绝缘性能变化	只要不产生漏油、漏氮气，就不会发生老化。所以可在平时进行一些外观检查之类的简单维护检查

3. 故障类型

互感器中可能发生的故障其原因大致分类如下：

（1）因雷电袭击、系统短路、接地等产生的异常电压、电流引起的故障，以及由于沿海台风引起的盐雾危害之类气象因素引起的故障。主要发生在一次回路上。

（2）二次回路中的短路、断路及因一次回路上冲击电压等引起二次回路上发生故障。

（3）因吸潮或漏气、漏油等设备方面的缺陷而引起的故障。

10.5.2　检查维护要点和判断标准

如前所述，互感器的结构和绝缘方式种类很多，虽各有特征而各有不同的检查标准，但检查维护的基本要点是相同的。

1. 日常检查

日常检查一般是在每天一次至每周一次的巡视检查中进行的。除了肉眼检查外，还可用耳听或手摸等即以人们直感为主的方法来检查有无异常的声音、气味或发热等。这些日常检查有可能事先防止隐患发展成为重大的事故，是一项十分重要的工作内容。

（1）外观检查。用肉眼检查有无污损、龟裂和变形，油及浸渍剂有无渗漏；连接处是否松动等。对于不同结构的设备，其检查部位不同。

（2）声音异常。互感器中产生的由游离放电、静电放电等电气原因引起的声音和铁芯磁致伸缩引起的机械振动等声音。

有一种放电声音是由于瓷套表面附着有异物而产生的，在电极部位被污染的情况下，会发出"噼啪、噼啪""咝、咝、咝"之类声音。

此外，机械性振动的声音有下列几种情况：设备在额定频率2倍的频率下振动，与机座一起共振发出"砰砰"的声音，因螺栓、螺帽等的松动引起共振而能听到大的声音，安装场所的外部环境发生共鸣而能听到很大的声音等。在这些情况下，重要的是迅速查明发出异常声音的原因和及时进行处理。

（3）异常气味。对于气味也应经常留意，这对事先防止电力设备的重大事故是有价值的。

分辨异常气味时应弄清是哪一类设备发出的，如干式互感器在绝缘物老化发出烧焦的气味，油浸式设备是发出所漏出油的气味。同时，重要的是立刻查明原因，并进行相应处理。

2. 定期检查

定期检查应力求每年进行一次，对于无人值班的变电站等无法实行平时检查的设备，定期检查就更为重要。另外，长期积累的检查资料，是做出判断的重要参考资料。

（1）外观检查。与日常检查相同。

（2）测量绝缘电阻。应分别测量设备本身和二次回路的绝缘电阻。设备本身绝缘电阻的判断标准，会因设备结构和一、二次回路的不同而有所差异，同时受到湿度、灰尘附着情况等外部环境的影响，所以仅根据电阻的标准值来判断是不充分的，最好以测量数据为基础做如下判断：

1）把绝缘电阻的标准值作为大致目标。

2）在记录定期测量的电阻值的同时，要记下温度、湿度，要求这两项比前次测量的值无显著变化。

3）测量值应与在同一场所、同一时间测量的相同型号的其他设备相比较，应无显著的差异。

4）把瓷管、绝缘套管、出线端子等部位清理干净并达到一定要求后才可测定。

在上述情况下，如确定绝缘电阻有异常，则分析绝缘老化的可能性最大，可通过测定 $\tan\delta$ 等来判断绝缘是否老化。

（3）$\tan\delta$ 的测量。测量介质损耗（用损耗角正切值 $\tan\delta$ 来表示）是判断绝缘老化程度及吸潮程度的常用方法。

定期测量，记录 $\tan\delta$ 虽然对判断绝缘老化有作用，但因 $\tan\delta$ 具有随温度而变的特性，而且也随测量仪器的不同而不同，所以必须用同一仪器进行测量，还必须换算到同一温度。在测量绝缘电阻或因其他故障而怀疑有绝缘老化时，通过测量 $\tan\delta$ 电压特性而做出判断。如图10-4所示是 $\tan\delta$ 电压特性曲线实例。表10-26列出常温下几种材料的介质损耗角正切值。

绝缘方式	tanδ（%）
环氧树脂模铸	0.5~1.5
乙丙橡胶模铸	2~4
油纸绝缘	0.2~0.5

表 10-26　常温下几种材料的介质损耗角正切值

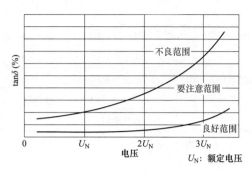

图 10-4　互感器的 tanδ 电压特性曲线

测量 tanδ 电压特性是较难的，但是在 100V 测量时的 tanδ，只要使用普通的简易式西林电桥或 tanδ 仪就能很容易地在现场测试。

3. 检查标准

互感器的检查标准因设备结构的不同大致可分为干式和油浸式两大类。确定绝缘电阻的标准值或检查周期等是困难的，表 10-27 和表 10-28 中汇总列出了一些标准值可供参考。

表 10-27　干式互感器的检查标准

检查对象	周期	检查项目	检查方法	检查器材	判断标准	备注
外壳，本体	D D D D	污损；尘埃 温度升高 嗡嗡声 浸渍剂露出、模铸件破损 表面龟裂 生锈；涂料剥落 漏雨；杂质浸入	目测 目测；嗅觉 耳听 目测 目测 目测 目测			
绝缘套管	D，Y	污损；破损	目测			电晕声音，胶装处破损
接线端子	D	过热；变色	目测	示温带	65~75℃	
熔丝	D	接线端子过热；变色	目测			电压互感器有此现象
绝缘电阻	Y	（1）一次侧对地 （2）一次侧对二次、三次侧 （3）二次侧对三次侧，对地	测试	（1）额定电压大于 1kV 时用 1000V 绝缘电阻表 （2）额定电压在 1kV 以下时用 500V 绝缘电阻表	（1）高压：100MΩ 绝缘电阻以上 （2）中压：30MΩ 以上 （3）低压：10MΩ 以上	

检查对象	周期	检查项目	检查方法	检查器材	判断标准	备注
接地线及 接地电阻	Y	接地线腐蚀	目测	接地电阻测 定器	（1）中高压：10Ω 以下 （2）低压：100Ω 以下	
	D	接地线断线	目测			
	Y	接地端子松动	手摸			
	Y	接地电阻	测试			

注　D—1次/日~1次/周；Y—1次/年。

表 10-28　　　　　　　　　　　油浸式互感器的检查标准

检查对象	周期	检查项目	检查方法	检查器材	判断标准	备注
外壳，本体	D	油量；是否漏油、污损	目测	听棒	油面应处在上下刻 度红线范围内	阀门，焊 接部位，填 圈
	D	温度上升	嗅觉			
	D	嗡嗡响声	耳听			
	D	生锈；涂料剥落	目测			
绝缘套管	D，Y	污损；破损；漏油	目测			电晕声， 胶装处破损， 盐雾危害
接线端子	D，Y	过热；变色	目测	示温带		
熔丝	D	端子过热；变色	目测			发生在电 压互感器上
阀门， 油面汁	Y	损伤	目测			
绝缘电阻	Y	（1）一次侧对地 （2）一次侧对二次、 三次侧	用 1000V 绝缘电阻表		（1）高压：100MΩ 以上 （2）中压：30MΩ 以上 （3）低压：10MΩ 以上	
		二次侧对三次侧、 对地	用 500V 绝缘电阻表			
tanδ	Y		测试	tanδ 仪		高压时用
接地线及 接地电阻	Y	接地线腐蚀	目测	（1）接地 电阻 （2）测定 器	（1）中高压：10Ω 以下 （2）低压：100Ω 以下	
	Y，D	接地线断线	目测			
	Y	接地线端子松动	手摸			
	Y	接地电阻	测试			
绝缘油 耐压试验	Y			油试验器	用直径 12.5mm, 间隙 2.5mm 的球状电 极做试验：高于 30kV 时，良好；25~300kV， 应注意；25kV 以下 时，不及格	

检查对象	周期	检查项目	检查方法	检查器材	判断标准	备注
绝缘油耐压试验	Y			油酸值测定	小于 0.2 时：良好；0.2~0.3 时，应注意；大于 0.3 时，不及格	

注　D—1次/日~1次/周；Y—1次/年。

4. 互感器发生事故时的检查

由于互感器与二次回路的配合协调不当，或电压互感器、电容分压器的二次侧短路等，使实际发生的事故中互感器引起的问题仍不少。而且，对于在维护检查中发现的异常现象，虽然基本上可按前述的维护检查标准或判断要点进行检查，但在发生事故时，有必要确切地查明事故的现象。

互感器发生的事故现象一般可分为下列几种：

（1）系统上的异常电压、电流侵入互感器或绝缘老化等引起的接地事故。

（2）由二次回路引起的异常现象。

（3）由上述第（1）点中的现象对二次回路引起的影响。

表 10-29 汇总了发生上述事故时进行检查的要点，参考此表时要采用与事故现象相适应的方法进行检查。

表 10-29　　　　　　　　　　　互感器发生事故时的检查要点

事故现象	检查项目	备　　注
由绝缘击穿等引起的接地事故	外观检查	主要是找到击穿的部位
	测定绝缘电阻	与正常产品比较
	测定电流互感器二次侧的励磁电流	与设计值比较
	测定电压互感器的变压比	与设计值比较
	绝缘油特性试验	与绝缘油标准比较
	拆开检查	检查击穿部位的情况及击穿路径
二次回路中发生的异常现象	（1）掌握异常现象的情况 （2）检查二次回路的接线部分 　1）测定绝缘电阻 　2）测定二次引出线的电阻 　3）测定二次侧的负荷值 　4）调查负荷的内容 （3）测定互感器的绝缘电阻 （4）测定绕组电阻 （5）测定电流互感器的二次励磁电流 （6）测定电压互感器，电容分压器的负荷特性 （7）检查电容分压器外壳 　1）熔丝 　2）二次短路保护回路的保护间隙、R_0、C_0、警报继电器 　3）耦合滤波器 （8）测定接在分压器上的辅助电压互感器的励磁特性	（1）用示波器等仪器检查二次回路上发生的现象，将二次回路从互换器上拆下进行检查 （2）用示波器等仪器检查二次回路上发生的现象，将二次回路从互换器上拆下进行检查 （3）与设计值比较 （4）与设计值比较 （5）测定空载、满载时的电压特性 （6）测定空载、满载时的负荷特性 （7）检查是否松动、断线 （8）要求在额定电压下磁通密度低于 3000GS

10.6 避雷器的检查与试验

由于避雷器制成气密结构，因此无法检查其内部。如果不小心损坏了气密部分的螺栓等气密结构，此避雷器就不能再使用。因此在维护检查及试验时必须十分注意操作方法，具体的注意事项可参见制造厂规定的操作说明。

10.6.1 避雷器的维护检查

表10-30列出了避雷器维护检查的项目，可以按此进行定期检查和雷过电压前后的临时检查。对普通阀型避雷器，仅用外观检查来判断避雷器的好坏是困难的。阀型避雷器是制成特性元件可从瓷管中取出来的结构，所以能用肉眼检查来判断其特性元件的劣化状态和避雷器的好坏。

表 10-30   避雷器的检查项目及原因分析

检查项目	故障及其可能原因	处理方法
安装	假如支架或固定避雷器不稳固，会影响避雷器的结构及特性，可能引起事故发生	用工具对避雷器的安装螺栓等固定部件进行紧固
	当端子的紧固不良时，因风力或积雪等会使电线脱落；或加上雷击过电压产生电火花，有时会造成电线熔断	用工具对所有端子进行紧固
瓷套管	（1）由于是密封结构，如果瓷套管上发生裂缝则外部的潮气会侵入瓷套管内部，引起绝缘降低，造成事故 （2）瓷套表面有污损时，会使避雷器的放电特性降低，严重的情况下，避雷器会击穿 （3）污损会成为瓷套表面闪络的原因	（1）当密封部分或瓷件表面有裂缝时，应拆除避雷器 （2）清扫瓷套表面，对安装在有盐雾及严重污秽地区的避雷器应定期清扫。另外，用于盐雾地区的瓷表面可涂敷硅脂，并定期水洗 （3）在进行带电清洗的情况下，如是高压避雷器，其间隙制成多层的，在清洗时会使电压分布进一步恶化。这会降低起始放电电压，从而引起避雷器放电或者引起外部闪络事故等危险，所以必须注意
端子及密封结构金属件	在线路侧和接地侧的端子上，以及密封结构金属件上有不正常变色和熔孔是过电压超过避雷器性能时避雷器动作或由某种原因使避雷器绝缘降低而造成的，可能会引起系统的停电事故	（1）如密封结构的金属上有熔孔时应将避雷器拆除 （2）在有不正常的变色时最好还是拆除避雷器
均压装置	均压环变形会影响避雷器的放电性能，操作时必须十分注意	仔细地修整均压环，使其恢复到投入运行时相同的形状

检查项目	故障及其可能原因	处理方法
均压装置	均压装置长期使用后老化。外部潮气侵入瓷套管内部时会发生绝缘老化，引起事故	与制造厂联系
	均压装置损坏时，即使系统上没有发生事故，也会因外部潮气沿均压装置损坏处侵入而引起事故	将避雷器拆除
黄色标志筒	安装在阀型避雷器下部的黄色标志筒露出时虽可维持一个急需期，但特性元件应未损坏而放电特性略有升高	更换新的特性元件
特性元件	阀型避雷器的特性元件上产生爬电痕迹时不经检修长期运行会引起事故	将避雷器拆除

10.6.2 避雷器的现场试验

除了上述外观检查之外，其他在现场的试验方法介绍如下。

1. 绝缘电阻的测定

绝缘电阻的测定是避雷器的维护检查中普遍采用的一种方法。通常是用绝缘电阻表（绝缘电阻计）测定避雷器线路侧端子和接地侧端子之间的绝缘电阻，或者测定其中每一单元的绝缘电阻。应检查测得的值是否在制造厂家规定的范围内，测绝缘部分时，可以把串联间隙的并联电阻值看作避雷器的绝缘电阻。

这些数值对各种避雷器是不同的。例如，串联间隙上有并联电阻的避雷器的绝缘电阻是几十兆欧至几百兆欧，额定电压高的避雷器的绝缘电阻为几十兆欧至 $100M\Omega$ 的范围；串联间隙没有并联电阻的避雷器一般都在 $1000M\Omega$ 以上。

对于串联间隙有并联电阻的避雷器，应该注意的是相对于出厂时绝缘电阻的变化情况，而不是绝缘电阻的绝对值，因此，至少应每年定期测几次并做记录，可作为维护中发现判断绝缘老化的参考资料。

绝缘电阻高于初始值时，应考虑串联间隙上的并联电阻是否故障。而绝缘电阻比原始值低时，则除了并联的电阻老化之外，还有下列一些原因。

（1）潮气的侵入。因密封部分的漏气而使串联间隙的电极间隔中的瓷套管内受潮，从而引起绝缘电阻值降低。

（2）串联间隙的电极间隔或消弧室被污损。在串联间隙内放电时从电极产生的金属蒸发物会附着在绝缘物上而使绝缘老化。

（3）对于瓷套管内部，可考虑是特性元件的沿面闪络等。

测定绝缘电阻应选择在晴天进行，并擦净避雷器瓷套管的外表面。否则测得的很有可能是外表面的泄漏电阻，而不是避雷器内部的绝缘电阻。另外，在避雷器与线路的引线连接时，这些引线连着的支持绝缘子的漏电阻会与避雷器的绝缘电阻并联，这样就测不到避雷器的绝缘电阻值，因此必须十分注意。

2. 泄漏电流的测定

为了判断使用中的避雷器的好坏，用上述方法测得的绝缘电阻虽能做出大致的判断。但绝缘电阻表通常的工作电压是 1000V，而测定泄漏电流却是在避雷器上加实际使用时的电压，因而就不易知道其实际性能。对于串联间隙上带有并联电阻的避雷器，有关标准中规定测定泄漏电流是型式试验和交接试验的项目，需测定避雷器在额定电压的 100%、60% 及 40% 时的泄漏电流。其中 60% 的额定电压大致相当于系统有效接地时正常的对地电压，而 40% 的额定电压大致相当于系统未有效接地时的正常对地电压。另外，交接试验中的数据与实际系统相比，因电压的波形、测定用电流表及环境情况不同会有不一致。测定泄漏电流时电流表串联在接地线上，因此在停电之后接上电流表是没有困难的。而当运行中带电时，如果不当心解开接地线，由于调整串联间隙上电位分布用的电容以及电阻上都流过泄漏电流，就会引起触电的危险，因此必须充分注意。所以，测定泄漏电流如图 10-5 所示，在解开接地线之前要设法把测试电路接成并联，接好之后再解开

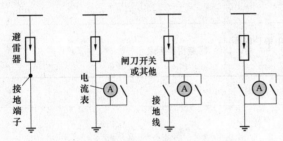

图 10-5　测定避雷器的泄漏电流的接线

避雷器

接地端子

电流表

闸刀开关或其他

接地线

接地线并进行测定。

由于泄漏电流的大小也是与绝缘电阻一样的随额定电压和制造厂的不同而不同，因此当测出的数据与原始值有很大差别时，必须询问制造厂。另外测泄漏电流时的注意事项也如测绝缘电阻一样，应对瓷套管表面进行清扫等，使所测得的仅仅是避雷器内部的泄漏电流。

3. 其他特性试验

在现场测试避雷器工频或雷电过电压的起始放电电压时，必须有相应的试验设备。假如用现场现有的试验设备进行变压器测试时，应使避雷器的泄漏电流及放电时的过电流不流过变压器，而且必须装上能迅速遮断电流的装置。

当流过比规定值大的电流时，会使串联间隙有并联电阻的避雷器电阻老化损坏；对无并联电阻的避雷器也会引起特性元件老化。因此，进行这些试验易造成避雷器损坏。可采用 YTC620D 氧化锌避雷器特性测试仪进行检测，该仪器面板如图 10-6 所示。

该仪器操作简单、使用方便，测量全过程由单片机控制，可测量氧化锌避雷器的全电流、阻性电流及其谐波、工频参考电压及其谐波、有功功率和相位差，大屏幕可显示电压和电流的真实波形。仪器运用数字波形分析技术，采用谐波分析和数字滤波等软件抗干扰方法使测量结果准确、稳定，可准确分析出基波和 3~7 次谐波的含量，并能克服相间干扰影响，正确测量边相避雷器的阻性电流。该仪器配有高速面板式打印机、可充电电池，试验人员在现场使用十分方便。仪器采用独特的高速磁隔离数字传感器直接采集输入的电压、电流信号，保证了数据的可靠性和安全性。

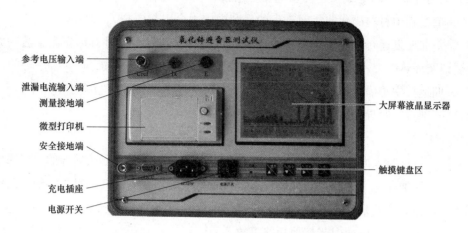

参考电压输入端

泄漏电流输入端

测量接地端

微型打印机

安全接地端

充电插座

电源开关

大屏幕液晶显示器

触摸键盘区

图 10-6　YTC620D 氧化锌避雷器特性测试仪

10.7　绝缘子和绝缘套管故障检测

10.7.1　绝缘子和绝缘套管的异常现象与原因

通常绝缘材料的老化大多是由电、机械、热、环境等各种主要因素复杂的交叉作用而引起的，因此呈现的老化现象也是多种多样的。下面将叙述绝缘子、绝缘套管上所能见到的有关异常现象的典型例子及其发生的原因。这些异常现象都是能在维护检查时发现的，为了事先预防事故而被列为检查的重要项目。

1. 龟裂

在发现瓷绝缘子、绝缘瓷套管及环氧树脂制品上有龟裂的情况，无论从电气性能还是机械性能方面说来都是危险的，必须尽快更换。局部的裙边缺损或凸缘缺损虽然不一定会引起事故，但由于以后会扩展成龟裂，所以应尽快更换。

对于瓷制的和高分子材料制的绝缘子和绝缘套管来说，发生龟裂的原因有下列几方面。

（1）瓷绝缘子、绝缘套管龟裂的原因。

1）瓷件表面和内部存在着制造过程中产生的微小缺陷，因反复承受外力等使其受到机械应力，然后发展成出现龟裂、裙边断裂等。

2）过电压或污损引起的闪络使瓷件受到电弧、局部过热影响而破坏。

3）绝缘子上涂敷硅脂一般是作为防污损的措施；当长时间不重涂硅脂而继续使用时，会因硅脂的老化产生漏电流和局部放电，导致瓷绝缘子表面釉剂剥落、裙边缺损和裂缝。

4）由于紧固金具过紧，使瓷件的某些部位上受到过大的应力。

5）由于操作时的疏忽，使绝缘子受到意外的外力打击或投石等外力破坏等原因引起的损伤。

6）对于设备上的瓷套管，如内部设备配合不好，有时会引起瓷套管间接性的破坏。

（2）高分子材料的绝缘子、套管龟裂的原因。

1）制造过程中材料固化收缩时产生的残留内应力会引起龟裂。

2）设备在反复运行、停运的过程中造成的热循环，会因不同材料热膨胀系数的差别而使制品受到循环热应力，从而引起埋入树脂中的金属剥离和发生龟裂。

3）长期运行中绝缘材料机械强度下降或反复应力引起的疲劳，也会引起龟裂。

4）紧固部位过紧导致机械应力过大引起龟裂。

2. 爬电痕迹

当有机绝缘材料表面污损而且湿润时，表面流过的泄漏电流会形成局部的、绝缘电阻较高的干燥带，使加在这一部分上的电压升高，从而产生微小放电。其结果是，绝缘表面碳化形成了导电通路，这就是爬电痕迹。如果对已产生爬电痕迹的绝缘子不采取处理措施，任其逐渐发展，最后会因闪络而引起接地短路事故。

在更换有爬电痕迹的绝缘子的同时，必须设法加强对污损及受潮之类问题的管理，设法采用耐爬电痕迹性能优良的材料等，力求防止爬电痕迹再次发生。

3. 漏油

内部装有绝缘油的绝缘套管，会由于瓷管龟裂、过大的弯曲负载引起瓷管错位或密封材料老化等漏油。当漏油严重时，不仅会引起套管绝缘击穿，而且还可能对装有套管的设备本身如变压器、电抗器、油断路器等造成很大的影响。因此，发现有漏油时，应立即调查其严重程度，根据情况采取必要的措施，如停止运行或更换部件等。

通过观察油面位置及检查套管安装部位四周的情况，就能监视漏油。当油面低于油位计的可见范围时应引起注意。

此外，套管的密封材料采用丁腈共聚物软木和合成橡胶等有机材料，所以不可避免地会发生随使用时间增长而老化。因此必须定期检查，每隔适当的期限要更换密封材料。

4. 电晕声音

端子金具上突出部分的电晕放电、被污损的绝缘表面产生的沿面放电会发出可听见的声音。但是绝缘子、套管的龟裂和内部缺陷等也会成为发出电晕声音的原因。听到电晕声音时，必须及早查明其原因，采取适当的措施。另外，此类电晕放电产生的杂散电波会对无线电、电视信号产生干扰。

5. 端子过热

绝缘套管的中心部位贯穿着通电流的导体，此导体经过套管头部的端子金具与母线等相连接。当这种端子的连接不良时，就会发生过热而造成端子变色等故障，使绝缘物的寿命缩短。因此，在用示温涂料或示温片等对导体连接部位进行温度监视的同时，应定期地检查此处各种螺栓的紧固状态。

10.7.2 绝缘子和绝缘套管的维护检查

在对绝缘子、绝缘套管维护检查的过程中，必须注意下列各点。

1. 目测检查

以上所说的异常现象都是目测检查时应该重点检查的项目，下面还列出了其他一些应配合进行的监视项目。

（1）绝缘子龟裂、裙边缺损、凸缘缺损。

（3）金具的腐蚀，磨损、变形。

（3）螺栓、螺帽松动。

（4）绝缘物及金具的电弧痕迹。

（5）爬电痕迹及变色的痕迹。

（6）观察通电端子接头处是否变色及用示温片、示温涂料或红外线温度计等进行温度监视。

（7）绝缘套管的油位位置及漏油。

2. 污损监督和绝缘子、绝缘套管的带电清洗

当绝缘子、绝缘套管表面污损时，绝缘性能就会显著下降，发生闪络，产生爬电，所以必须按下面所列方法进行彻底的污损监督。

（1）测定污损度。方法是对作为监视用的绝缘子、绝缘套管上的盐分附着量进行定期测定，应注意不要超过允许量。

（2）清洗绝缘子、绝缘套管。为防止绝缘子、绝缘套管污损，除增强绝缘和隐蔽化等方法外，带电状态下清洗绝缘子也是广泛采用的一种措施。

带电清洗装置有固定喷雾式、水幕式、喷气式等，见表 10-31。在带电清洗过程中必须达到污损监督所规定清洗的限度，应随时掌握绝缘子、绝缘套管的污损情况。

表 10-31　清洗方法种类与简介

清洗方法	简　介
固定喷雾清洗	应根据被测试绝缘子、绝缘套管的形状和大小决定所使用的喷嘴形状、个数和排列位置，应使喷嘴中喷出的水能均匀地清洗全部绝缘子。另外，在设计过程中必须考虑到因变电站内设备数量很多，故不能同时清洗全部设备，所以在考虑排列位置时应将这些设备分成好几组。在清洗时，从下风头到上风头，从低位置的设备到高位置的设备依次进行清洗
水幕式清洗	在沿海等地区，用固定喷雾装置不能充分适应有台风的情况。考虑到有雨有台风时盐害事故较少，所以在变电站的上风头采用人工降雨，形成水幕，对变电站内的设备同时进行清洗
喷气式清洗	喷气式清洗采用放射式喷嘴，有固定喷嘴位置和人工移动喷嘴位置两种方式。 由于喷气式清洗时操作者是对绝缘子一个一个地进行清洗，故必须避免喷气喷射时发生的反作用力不会作用到人体上。另外，必须要有一个喷嘴的安装架，使喷嘴的操作可自由进行。 喷气用的喷嘴一般采用消防用的放射式喷嘴，或类似结构。一般采用的口径为 6~18mm，使用的水压约为 4~15kg/cm^2，水量约为 100~400L/min；另外，此种方式通常适用于带电清洗 20~140kV 级的母线绝缘子、支持绝缘子。优点是设备费用较少，但由于要一个一个地清洗绝缘子，所以花费时间较多，还需用大量的水，清洗全需人工进行，因此不适用于要求清洗周期短的情况。在 70kV 及以下的污损度较低的变电站进行清洗时采用移动式的方法

另外，平时必须注意绝缘子清洗装置在清洗时的压力表指示和是否漏水，以备紧急清洗的需要。

（3）涂敷硅脂。将硅脂涂敷在绝缘子和绝缘套管上也是一种防止污损的措施。在这种情况下，必须考虑硅脂的有效时间，定期进行重涂。

3. 绝缘电阻的测定

方法是用1000V绝缘电阻表测定绝缘电阻。正常的绝缘套管虽然一般都大于2000MΩ，但当绝缘套管的表面污损而且湿润时，就会显示出极低的数值。所以在测定时，关键是要让绝缘物表面保持清洁干燥。另外应注意，这个方法必须要在线路停电时进行。

4. 介质损耗角正切值（tanδ）的测定

当测量绝缘套管的tanδ，并发现其值有显著的增加、绝缘电阻降低的情况，这有可能是密封被破坏而浸入水分，所以必须做仔细测量。此外，局部放电也会引起tanδ升高。

测量时，应该注意到会出现因瓷管表面污秽而不能得到正确测试值的可能性。另外，由于tanδ通常具有温度特性，即会随温度略有变化，假如并没有显著的变化，则没有必要再作仔细测量。

5. 绝缘油的特性

由于开启式套管必然会发生油老化，所以必须定期地检查绝缘油的击穿电压、绝缘电阻、含水量等性能。另外，近年来对变压器正在采用通过分析油中含气的方法来检查内部绝缘的老化。这种方法的原理是在变压器内产生局部的过热、电晕放电等情况下，绝缘油和绝缘纸会受热分解，用气体色谱分析法定量分析出此时产生的分解气体，根据分解气体的成份和数量就可判断故障部位和绝缘老化部位。这种方法现在也已部分地用来判断油浸纸套管的绝缘老化。

6. 局部放电试验

这个在带电状态下能正确地测定发生局部放电的试验方法，是当前绝缘套管和其他设备的非破坏性试验中最可靠的绝缘检查试验法。试验是通过测出在试验电路上检测阻抗两端所出现的脉冲游离电压，从而测出游离起始电压、游离熄灭电压、发生游离的频度、放电电荷量等，由此判断绝缘状态。

此种测试方法的缺点是在安装现场测试时，因受杂散电波和其他设备的影响而比较困难。如在电磁屏蔽室内检测时则可检出1~3pC的游离放电。

7. 超声波探伤试验

超声波探伤就是把1~5MHz的超声波脉冲从探头送入被试品，当内部有缺陷时在该处就会有一部分超声波反射，利用接收触头上得到的信号现象就可知道缺陷存在的位置和缺陷的大小。这种方法的优点是可用于检出瓷管式绝缘套管金具内的龟裂等故障，但还有下列缺点：

（1）测定时要求触头与瓷管表面始终紧密贴紧，但因瓷绝缘子的表面半径不是固定的，因此实现紧贴的要求有困难。

（2）在现场测量时要花费时间。

（3）要检出缺陷并进行判断需要相当熟练的技术。

8. 浸透探伤试验

绝缘子、绝缘套管的龟裂开始时发生在表面的占多数，但是微小的龟裂要通过目测检查来发现是很难的。当怀疑有龟裂的情况下，用浸透探伤法是有效的。

浸透探伤试验是把微小的缝隙，通过浸入黄绿色的辉光浸透液或红色的着色浸透液而使缝隙鲜明可见，通过裂缝的颜色清晰度可做出判断。

10.8　电力电容器的故障检测

电力电容器（简称电容器）作为一种无功补偿装置，是电力系统中重要的电气设备，使用中可靠性极高，事故很少；正常运行时，可以向电力系统提供无功功率，进而改善电能的质量。但是，除了电容器本身的缺陷会引起事故外，人为因素和用电环境因素（过电压、高次谐波、脉冲波的侵入、环境温度升高）等各方面的影响，也容易引起事故的出现。

10.8.1　电容器损坏的原因

1. 电容器本身的质量缺陷造成电容器损坏

电容器质量缺陷造成其运行过程中损坏通常表现为损坏率增长较快或损坏率较高，甚至批量损坏。而损坏的现象基本一致，有特定的损坏特征，有一定的规律可循。造成电容器质量缺陷的原因一般有不合理的设计、不恰当的材料、甚至误用以及制造过程不恰当（例如卷制、引线连接、装配、真空处理等关键工序出现问题）。

电容器损坏一般分三个不同的区段：早期损坏区、偶然损坏区、老化损坏区。上述三个区段的年损坏率符合浴盆曲线的特征，如图 10-7 所示。

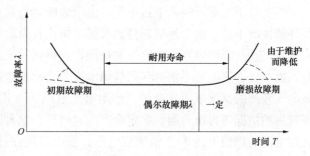

图 10-7　电容器年损坏率的浴盆曲线

电容器存在一个与固有缺陷有关的早期损坏区，主要是由材料和制造过程的不可控因素造成的，年损坏率一般应小于 1%，且随时间呈下降的趋势，早期损坏区的时间为 0～2 年。由于绝缘试验只是一种预防性试验，而且绝缘的耐受电压服从威布尔分布，不管将试验电压值提高到多少，都有刚刚能通过试验的产品，但盲目提高试验电，可能会对电容器造成损伤，也是不可取的，因此电容器早期损坏是不可避免的。

在以后的 10～15 年时间内，电容器的年损坏率较低且损坏方式不固定，其原因主要是电介质材料存在弱点，当材料受电场和热的作用时，缺陷在弱点处发展的缘故。由于绝缘经过早期运行的老练处理，在这一区间损坏率低且稳定，其年损坏率一般应小于 0.5%，时间区间通常为 15 年左右。

老化损坏区指电容器在温度和电场作用下介质发生老化，电容器的各项性能逐渐劣化，从而导致电容器损坏，其年损坏率一般会大于 1% 且随时间不断增大，进入老化损坏区的时间应为 15 年以上。

由于在实际电容器中的介质是不均匀的，介质的老化程度也是不均匀的，而寿命取决于最薄弱的部位，所以电容器寿命在时间上存在分散性，因此研究电容器的寿命要采用统计的方法。绝大多数电容器的寿命以其运行到临近失效的时间来估算，最小寿命指电容器开始出现批量损坏的时间（在此以前只发生电容器的个别击穿）。通过对以往设备运行状况的研究，并综合考虑电容器经济上和技术上各因素之间的配合关系，在工频电网中用来提高功率因数的 90% 的电容器最佳寿命通常应为 20 年，即在额定运行条件下运行 20 年后至少有 90% 的产品不发生损坏。

由于电容器的特殊性（工作场强高、极板面积大，在电网使用的量大、面广，以及要综合考虑其经济技术等方面的因素），不发生损坏是不现实的，一定的损坏率也是允许的，这种损坏一般被认为是正常损坏，但这种正常损坏的年损坏率必须在可接受的合理范围内。如果损坏率超出正常水平，说明产品存在明显的质量缺陷或者运行条件不符合要求。

正常损坏通常表现为：对于无内熔丝的电容器，元件击穿、电流增大、外熔断器正常动作使故障电容器退出运行。更换新的熔断器和电容器后，装置继续投入运行。对于内熔丝的电容器，个别元件击穿、内熔丝熔断、电容器电容量稍微下降（通常情况下，电容量减少不会超过额定电容 5%），完好元件继续运行。由于电容下降流过电容器电流会减少，因此，在电容器单元正常损坏情况下，外熔断器不会动作。如果发生套管表面闪络放电、引线间短路、对壳击穿放电或者内熔丝失效电容器单元发生多串短路等故障，内熔丝对此不能发挥作用，此时外熔断器正常动作，使故障电容器退出运行。

2. 过电压和涌流造成电容器损坏

熔断器不正常开断产生过电压，出现熔断器群爆的现象，说明外熔断器动作的过程中，其开断性能不良。由于外熔断器的灭弧结构比较简单，且较容易受气候、安装、运行等状况的影响，其开断电容器故障电流的性能很难得到保证。在外熔断器动作的过程中，如果其开断性能不良，就不能尽快地切除故障电流，会出现重燃。熔断器重燃就相当于在电容器的剩余电压较高的情况下再次合闸，产生重燃过电压（熔断器重燃就相当于在电容器的剩余电压较高的情况下再次合闸，必定会产生过电压，这种过电压通常称为重燃过电压），多次重燃过电压的幅值可达 3~7 倍额定电压，使电容器在过电压冲击下受到伤害，而且故障电容器的注入能量过多，会造成电容器和熔断器爆炸。

从产品解剖情况来看，元件显然受到较高过电压作用，元件击穿，注入能量超出正常允许的范围，使电容器受到较大损坏。特别是带故障电容器单元在合闸过程中，由于熔断器的性能和质量分散性造成熔断器不正常开断，出现重燃，产生重燃过电压，造成电容器更大的损坏。

电容器在投入过程中，除产生过电压还会同时产生涌流。一般情况下涌流峰值不超过 100 倍额定电流。背靠背投切，涌流更大。但一般电容器组都装有 6% 以上的电抗器，涌流不会太大。如果电容器内部连接不牢，在涌流的作用下，会造成损坏。同样，如果外熔断器质量不良，涌流也会使其误动。

从电容器装置故障情况可看出：部分故障都发生在装置合闸期间，说明故障与操作过程有一定的关系。一种情况是合闸过程中的涌流加大了熔断器误动作的概率。熔断器误动作，熔断器动作的过程中，其开断性能不良，重燃，产生重燃过电压，不但损坏电容器（这个过程即使没有损坏产品，也会损伤产品），而且会造成熔断器群爆。另一种情况是带故障电容器单元合闸，合闸过电压使电容器单元进一步击穿短路放电，相邻完好的多个电容器的大量储能（此时电容器的电压为合闸过电压比额定电压高许多其储能更大）通过其串接的熔断器及串接在故障电容器的熔断器迅速注入故障电容器，产生巨大的放电电流。熔断器动作的过程中，其开断性能不良，不能迅速切除故障电流，造成熔断器群爆，巨大的能量使熔断器炸飞、到处闪络放电，巨大的电动力造成母线弯折、绝缘子烧伤炸坏，使故障扩大，甚至造成电容器爆炸。

10.8.2　电容器的内部保护及事故检出

对电容器内部发生的事故必须有效地检出并进行保护，其目的：一是尽量限制系统的停电范围；二是防止引起系统上的二次诱发事故；三是防止电容器装置的健全部分受到波及。

1. 短路事故的检出

一般采用过电流继电器检测出电力电容器装置内的短路事故。在高压电路的小容量电容器中也有采用限流式熔丝兼作电容器本身内部事故的保护。

不管在上述哪种情况下，为了避免电容器电路特有的高次谐波电流及接入电容器时脉冲电流引起的误动作，在选定继电器的整定值及电流时必须考虑到这些因素。

2. 过负荷（过电流）保护

一般是兼用上述的过电流继电器，但在预计可能有大大超过表 10-32 中所列的高次谐波电流流过时，应安装高次谐波的过电流继电器。

表 10-32　　　　　　　　　　　电力电容器装置的适用范围

技术条件	说　明
耐电压	在线路端子间，加上近似正弦波的工频电压为额定电压的 2 倍，1min
最大使用电压	高压用电容器必须能在额定频率，最高电压为额定电压的 110% 下长期安全地使用；中压用电容器必须能在额定频率，最高电压为额定电压的 115%；要求在 24h 内电压的平均值为额定电压的 110% 下长期安全地使用
最大工作电流	电容器的充电电流中含有高次谐波时，在合成电流的有效值不越过额定电流的 135% 的范围内应能安全地连续工作。 在电抗器的回路中含有 5 次谐波的情况下，高次谐波电流所占有的百分率低于基波的 35%，以及其合成电流不大于额定值的 120% 以下时，应能正常地安全使用

3. 接地事故的检出

由于接地事故的情况随系统的中性点接地方式、对地分布电容及故障点的接地电阻等不同而不同，所以不能一般地决定其保护方式，但是仍可采用与一般设备相同的接地保护（选择接地继电器、接地方向继电器或接地过电流继电器来保护）。此外，对于检出电容器装置的接地，也可借检出设备内部故障用的继电器来进行部分弥补。

4. 装置内部事故的检出

电容器装置的内部事故，大部分是单元电容器的内部元件故障、串联电抗器及放电线圈的层间绝缘击穿等。这些事故以故障相的电抗变化或者三相电流出现不平衡为标志。另外，在故障部位会产生因电弧使绝缘油加热分解的气体。这种分解气体引起内部压力升高，使外壳及油量调整装置膨胀。

由此，检出设备内部事故主要采用下列两种方法。

（1）电气检测法：检出电抗的变化或三相不平衡电流（见表 10-33）。

表 10-33　　　　　　　　　　　　　　电气检测方法的种类与特征

名称	电气图	系统不正常时有无影响			特征
		高次谐波电流	电压不平衡（包括短路）	单相接地	
电压差动方式	33kV及以下 / 66kV及以下	无	无	无	是具有高检出灵敏度的很好的方式，普通大容量的中压重要设备以及 11kV 及以上的几乎所有设备都广泛采用
开口三角形方式	66kV及以上时每相一个单相变压器	无	无	无	适用于一般的中压重要设备及一部分的高压设备
电流差动方式		有	有	无	有部分设备采用这种方式
中性点电压检出方式		有	无	有	仅有极少数采用这种方式
中性点电流检出方式		有	有	有	
双重星形中性点间电流检出方式		无	无	无	适用于大量普通中压罐型电容器组合成的电容器组的场合

续表

名称	电 气 图	系统不正常时有无影响			特　　征
		高次谐波电流	电压不平衡（包括短路）	单相接地	
双重星形中性点间电压检出方式	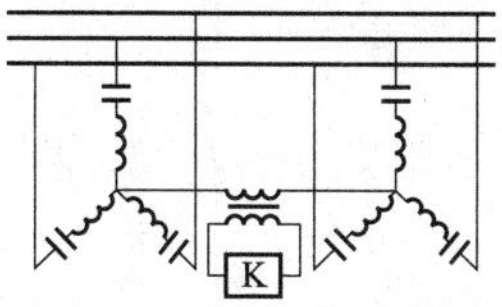	无	无	无	适用于大量普通中压罐型电容器组合成的电容器组的场合

注　图中 K—继电器。

（2）机械检测法：检出内部压力上升或外壳及油量调整装置的膨胀（见表 10-34）。但是在电压等级较高的回路中所用的单元电容器内部元件有故障时，由于电抗变化较小，必须采用高灵敏度的检测方法（电压差动方式）。另外，在这些电气检测方法中，由于会受到系统不正常因素（如电压不平衡、一线接地、高次谐波电流）的种种影响，在选择保护方式时还必须考虑到这些因素。

表 10-34　　　　　　　　　　　机械检测方法的种类与特性

方式	油量调节装置上接点方式	保护用接点方式	检出外壳膨胀方式
接线	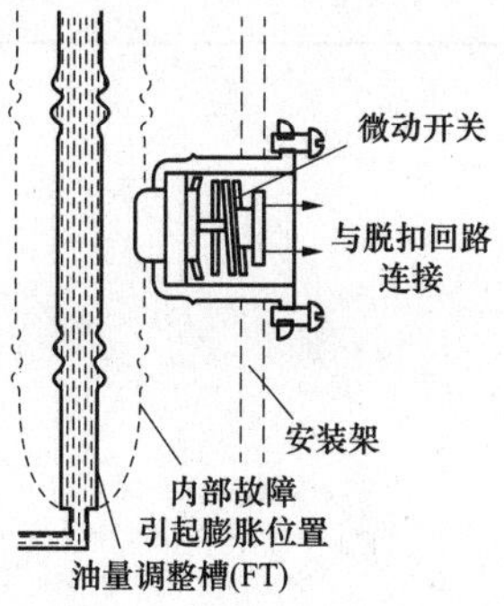	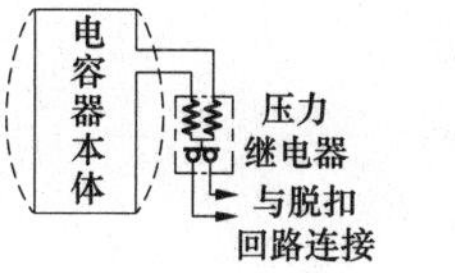	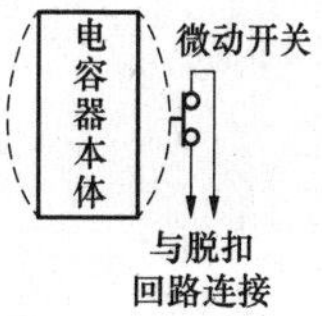
原理	在电容器的击穿部位，因电弧使绝缘油产生分解气体，引起容器内压升高，油量调节装置膨胀。本方法是通过安装在油量调节装置上的微动开关检出此种膨胀	电容器击穿的电弧使绝缘油分解出气体，而引起容器内压力的升高，通过压力继电器检出	电容器内部击穿绝缘油分解出的气体所引起的容器膨胀，通过容器外部的微动开关检出
特点	是箱型电容器采用的方便、经济的保护方式	是罐型电容器采用的方便、经济的保护方式，特别适合于小电流范围内的保护	

此外，在高压回路用中小容量电容器中（见表 10-35），是采用限流式熔断器方式或过电流继电器方式来检出故障，同时也可兼作短路保护。此外，在罐型电容器的情况下，由于仅用过电流继电器保护，要与外壳的保护取得协调是困难的，因此要采用与其他方法（如

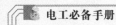

限流熔断器、保护接点方式）并用的方式。

表 10-35　　　　　　　　　　高压回路用中小容量电容器的检测方法

方式	过电流继电器方式	外部熔断器方式
接线		
原理	用与一般电力设备用同样的过电流继电器检出事故	用熔断器来限制或切断回路上流过的短路电流
特点	由于从事故发生到继电器和断路器动作要 0.4s 以上的时间，所以在使用罐型电容器的情况下，要注意到不使容器在这段时间内破坏	对短路电流的保护来说是动作时间较快，最好的一种方式。但是不能用来保护小电流范围内的移相电容器。还必须注意合闸时的冲击电流会使熔断器老化。 在使用罐型电容器的情况下，从考虑保护电容器不破损的角度出发，这种方法比过电流继电器方式更优越

第 11 章

常用电工工具及仪表的应用

电工在从事设备安装、维修、调试及保养等工作时，经常要借助于电工工具及仪表才能顺利完成工作任务。正确使用和维护电工工具及仪表，既能提高工作效率和施工质量，又能降低劳动强度、保证操作安全和延长电工工具及仪表的使用寿命；若使用不当，或选用不合规格、质量不好的电工工具及仪表，会影响施工质量，甚至造成事故。

11.1 常用电工工具的选用与使用

常用电工工具是指专业电工都要使用到的常用工具。包括电工钳（钢丝钳、尖嘴钳、剥线钳、斜口钳）、活络扳手、电烙铁、试电笔、电工刀和螺钉旋具等。常用的电工工具一般是装在工具包或工具箱中（见图11-1），随身携带。

图 11-1　常用电工工具

11.1.1 电工钳

电工钳主要包括钢丝钳、尖嘴钳、剥线钳和斜口钳。

1. 钢丝钳

（1）选用。市场上的钢丝钳一般可分为中档和高档两个档次，这两种档次的钢丝钳在价格上相差比较大。

钢丝钳档次是依据制造的材质划分的。钢丝钳可以用铬钒钢和高碳钢两种材料制作。铬钒钢的硬度高、质量好，用这种材料制造的钢丝钳可列为高档钢丝钳；高碳钢制作的钢丝钳相对来说档次要低一些。

钢丝钳种类比较多，大致可以分为专业日式钢丝钳、VDE 耐高压钢丝钳（VDE 是钳类的一级德国专业认证）、镍铁合金欧式钢丝钳、精抛美式钢丝钳、镍铁合金德式钢丝钳等。

钢丝钳的常用规格有 160、180、200、250mm。

电工所用的钢丝钳，在钳柄上应套有耐压为 500V 以上的绝缘管。电工严禁选用钳柄没有绝缘管的钢丝钳。

（2）作用及使用方法。钢丝钳是钳夹和剪切工具，由钳头和钳柄两部分组成，如图 11-2（a）所示。电工钳各个组成部分及作用见表 11-1。

表 11-1　　　　　　　　　　　　电工钳各个组成部分及作用

部位	作用
钳口	用来弯绞或钳夹导线线头
齿口	用来紧固或起松螺母
刀口	用来剪切导线或剥削软导线绝缘层
铡口	用来铡切电线线芯和钢丝、铅丝等较硬金属

操作时，刀口朝向自己面部，以便于控制钳切部位，用小指伸在两钳柄中间来抵住钳柄，张开钳头，这样可灵活分开钳柄。

钢丝钳的结构、握法及使用方法如图 11-2 所示。

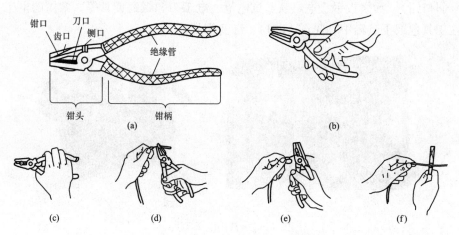

图 11-2　钢丝钳的结构、握法及使用方法
（a）钢丝钳的结构；（b）握法；（c）紧固螺母；（d）剥削线头；（e）剪断电线；（f）铡切钢丝

（3）使用注意事项。

1）使用前检查其绝缘柄绝缘状况是否良好，发现绝缘柄绝缘破损或潮湿时，不允许带电操作，以免发生触电事故。

2）用钢丝钳剪切带电导线时，必须单根进行，不得用刀口同时剪切相线和零线或者两根相线，否则会发生短路事故。

3）不能用钳头代替手锤作为敲打工具，否则容易引起钳头变形。钳头的轴销应经常加机油润滑，保证其开闭灵活。

4）严禁用钢丝钳代替扳手紧固或拧松大螺母，否则会损坏螺栓、螺母等工件的棱角。

2. 尖嘴钳

（1）选用。尖嘴钳不带刃口者只能进行夹捏工作，带刃口者能剪切细小部件，它是电工（尤其是内线电工）装配及修理操作常用工具之一。尖嘴钳由尖头、刀口和钳柄组成，如图 11-3 所示。

尖嘴钳的常用规格有 130、160、180mm 和 200mm 四种。

电工用尖嘴钳一般由 45 号钢制成。

电工选用尖嘴钳时，应选用绝缘手柄为耐酸塑料套管、耐压为 500V 以上的尖嘴钳。

（2）作用及使用方法。尖嘴钳的头部尖细，主要用来剪切线径较细的单股与多股线，以及给单股导线接头弯圈、剥削塑料绝缘层等。例如在狭小的空间夹持较小的螺钉、垫圈和导线，也可用来带电操作低压电气设备。

尖嘴钳的握法有平握法和立握法，如图 11-4 所示。

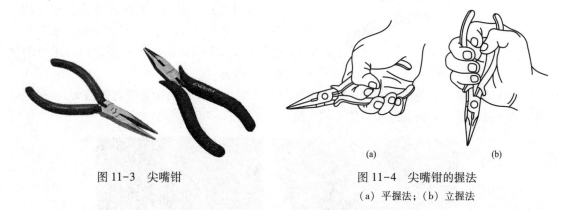

图 11-3　尖嘴钳

图 11-4　尖嘴钳的握法
（a）平握法；（b）立握法

尖嘴钳使用灵活方便，适用于电气仪器仪表制作或维修操作，又可以作为家庭日常修理工具。其使用方法举例如图 11-5 所示。

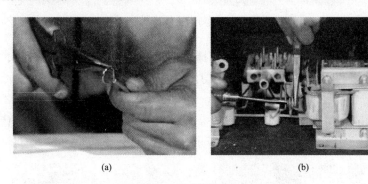

图 11-5　尖嘴钳使用方法举例
（a）制作接线鼻；（b）辅助拆卸螺钉

（3）使用注意事项。

1）手离金属部分的距离应不小于 2cm。

2）注意防潮，钳轴要经常加油，以防止生锈。

3）经常检查尖嘴钳的柄套是否完好，以防止触电。

4）由于钳头比较尖细，且经过热处理，所以钳夹物体不可过大，用力时不要过猛，以防损坏钳头。

3. 剥线钳

（1）选用。剥线钳为内线电工、电动机修理以及仪器仪表电工常用的工具之一。它适用于塑料、橡胶绝缘电线和电缆芯线的剥皮。

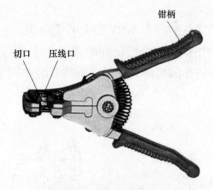

图 11-6　剥线钳的结构

剥线钳的规格有 140mm（适用于剥削直径为 0.6、1.2mm 和 1.7mm 的铝、铜线）和 160mm（适用于剥削直径为 0.6、1.2、1.7mm 和 2.2mm 的铝、铜线）两种。

剥线钳的钳柄上套有额定工作电压 500V 的绝缘套管。

（2）作用及使用方法。剥线钳由钳头和钳柄两部分组成，如图 11-6 所示。钳头部分由压线口和切口构成，分为 0.5～3m 的多个直径切口，用于剥削不同规格的芯线。

剥线时，将待剥绝缘层的线头置于钳头的刃口中（刃口直径比导线直径稍大），用手将两钳柄一捏，然后一松，绝缘皮便与芯线脱开，如图 11-7 所示。

图 11-7　剥线钳的使用

（3）使用注意事项。使用剥线钳时，选择的切口直径必须大于线芯直径，即电线必须放在大于其芯线直径的切口上切剥，否则会切伤芯线。

4. 斜口钳

（1）选用。斜口钳主要用于剪切导线以及元器件多余的引线，还常用来代替一般剪刀剪切绝缘套管、尼龙扎线卡等，如图 11-8 所示。

图 11-8　斜口钳

斜口钳常用规格有 130、160、180mm 和 200mm 四种。

（2）作用及使用方法。使用斜口钳时用右手操作。将钳口朝内侧，便于控制钳切部位，用小指伸在两钳柄中间来抵住钳柄，张开钳头，这样可灵活分开钳柄。

斜口钳专用于剪断较粗的金属丝、线材及电线电缆等。

斜口钳的刀口可用来剥削软电线的橡皮或塑料绝缘层。钳子的刀口也可用来切剪电线、铁丝。剪 8 号镀锌铁丝时，应用刀刃绕表面来回割几下，然后只需轻轻一扳，铁丝即断。铡口也可以用来切断电线、钢丝等较硬的金属线。

（3）使用注意事项。

1）斜口凹槽朝外，防止断线碰伤眼睛。

2）剪线时线头应朝下，以免剪断线头时，伤及导线本身。

3）不可以用来剪较粗或较硬的物体，以免伤及刀口。

4）不可用于捶打物件。

11.1.2 试电笔

1. 试电笔的选用

试电笔也称测电笔，简称电笔，是一种用来检验导线、电器和电气设备的金属外壳是否带电的电工工具。试电笔具有体积小、质量轻、携带方便、使用方法简单等优点，是电工必备的工具之一。

目前，常用的试电笔有钢笔式试电笔、螺钉旋具式试电笔和数显感应式试电笔等，如图 11-9 所示。

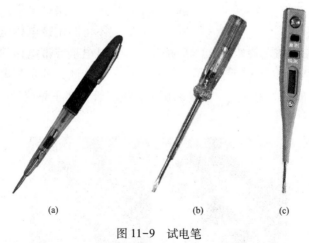

图 11-9　试电笔

（a）钢笔式；（b）螺钉旋具；（c）数显感应式

（1）钢笔式试电笔的形状为书写用的钢笔，最大的优点是因为它有一个挂鼻，所以便于使用者随身携带。

（2）螺钉旋具式试电笔的形状为一字螺钉旋具，可以兼作试电笔和一字螺钉旋具用。

（3）数显感应式试电笔采用感应式测试，无需物理接触，即可检查控制线、导体和插座上的电压或沿导线检查断路位置（特别适合于检查墙壁上暗敷设的导线），如图 11-10 所示。有的感应式试电笔还有听觉和视觉双重提示，极大地保障了操作者的人身安全。

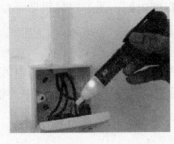

图 11-10　感应式试电笔应用示例

2. 钢笔式和螺钉旋具式试电笔的使用方法

试电笔的工作原理是被测带电体通过电笔、人体与大地之间形成的电位差超过 60V 以上时（其电位不论是交流还是直流），电笔中的氖气管在电场的作用下会发出红色光。

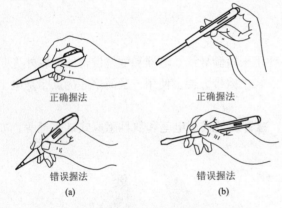

正确握法　　　　　正确握法

错误握法　　　　　错误握法

(a)　　　　　　　(b)

图 11-11　钢笔式和螺钉旋具式试电笔的握法
(a) 笔式握法；(b) 螺钉旋具式握法

使用钢笔式和螺钉旋具式试电笔时，人手接触电笔的部位一定要在试电笔的金属端盖或挂鼻，而绝对不是试电笔前端的金属部分，如图 11-11 所示。

使用试电笔时，要让试电笔氖气管的小窗背光，以便看清它测出带电体带电时发出的红光，如图 11-12 所示。如果试电笔氖气管发光微弱，切不可断定带电体电压不够高，也许是试电笔或带电体的测试点有污垢，也可能测试的是带电体的地线，这时必

须擦干净测电笔或者重新选测试点。反复测试后，氖气管仍然不亮或者微亮，才能最后确定测试体确实不带电。

(a)　　　　　　　　　(b)

图 11-12　观察氖气管的发光情况
(a) 氖气管发光；(b) 氖气管不发光

注意：普通低压试电笔的电压测量范围为 60～500V。低于 60V 时电笔的氖气管可能不会发光显示，高于 500V 的电压严禁用普通低压试电笔去测量，以免产生触电事故。

钢笔式和螺钉旋具式试电笔除了可用来区分相线与中性线之外，还具有一些特殊用途（辅助测量），见表 11-2。

表 11-2 　　　　　　　　　　　　巧用试电笔

用途	操 作 说 明
区别交、直流电源	当测试交流电时，氖气管两个极会同时发亮；而测试直流电时，氖气管只有一极发光，把试电笔连接在正、负极之间，发亮的一端为电源的负极，不亮的一端为电源的正极
估计电压的高低	有经验的电工可凭借自己经常使用的试电笔氖管发光的强弱来估计电压的大约数值，氖气管越亮，说明电压越高
判断感应电	在同一电源上测量，正常时氖气管发光，用手触摸金属外壳会更亮，而感应电发光弱，用手触摸金属外壳时无反应
检查相线是否碰壳	用试电笔触及电气设备的壳体，若氖管发光，则有相线碰壳漏电的现象
作为零线监视器	把试电笔一头与零线相连接，另一头与地线连接，如果氖管发亮，零线断路
判断电气接触是否良好	测量时若氖管光源闪烁，则表明为某线头松动、接触不良或电压不稳定

3. 数显感应式试电笔的使用方法

（1）交流验电。手触直测钮，用笔头测带电体，有数字显示者为相线，反之为零线，如图 11-13 所示。

（2）线外估测零相线及断点。手触直测钮，用笔头测带电体绝缘层，有符号显示为相线，反之为零线；沿线移动，符号消失为导线的断点位置。

（3）自检。手触直测钮，另一手触笔头，发光管亮者证明试电笔本身正常（以下测量均要用手触直测钮）。

图 11-13 交流电测量

（4）测电器设备的通断（不能带电测量）。手触被测设备一端，笔头测另一端，亮者为设备通，反之为断。

（5）测电池容量。手触电池正极，笔头测负极，不亮者为电池有电，亮者为无电。

（6）测电子元器件。

1）测小电容器。手触电容器的一个极，用试电笔测另一极，闪亮一下为电容器正常，对调位置测量，同前操作。如均亮或均不亮，证明电容器短路（或容量过大）或断路。

2）测二极管。手触二极管的一个极，用试电笔测另一极，亮者，手触极为正极，反之为负极。双向均亮或均不亮，则二极管短路或断路。

3）测三极管。轮流用手触三极管的一个极，分别测另两个极，直至全亮时，手触极为基极，该三极管为 NPN 型。测某极，手触另两个极，亮者，所测极为基极，该三极管为 PNP 型。

在使用数显感应式试电笔时，如果试电笔自检失灵，要打开后盖检查电池是否正常或接触是否良好。

4. 使用注意事项

（1）使用试电笔之前，首先要检查电笔内有无安全电阻，然后直观检查试电笔是否损坏，有无受潮或进水现象，检查合格后才能使用。

图 11-14　检查试电笔的好坏

（2）在使用试电笔测量电气设备是否带电之前，先要将试电笔在已知有电源的部位检测一下氖气泡是否能正常发光。能正常发光，才能使用，如图 11-14 所示。

（3）在明亮的光线下或阳光下测试带电体时，应当注意避光，以防光线太强不易观察到氖气泡是否发亮，以免造成误判。

（4）大多数试电笔前面的金属探头都制成小螺钉旋具形状，在用它拧螺钉时用力要轻，扭矩不可过大，以防损坏。

（5）试电笔使用完毕，要保持试电笔清洁，并放置在干燥、防潮、防摔碰处。

11.1.3 螺钉旋具

1. 螺钉旋具的选用

螺钉旋具是一种紧固和拆卸螺钉的工具（俗称起子、螺丝刀），按其头部形状不同，可分为一字形和十字形两种，如图 11-15 所示。

螺钉旋具的规格很多，其标注方法是先标杆的外直径，再标杆的长度（单位都是 mm）。如："6×100"表示杆的外直径为 6mm，长度为 100mm。

近年来，还出现了多用组合式、冲击式和电动式等新型螺钉旋具，如图 11-16 所示，可根据需要进行选用。

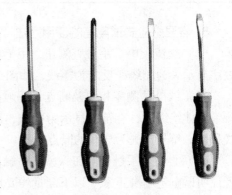

图 11-15　螺钉旋具

图 11-16　新型螺钉旋具

（a）组合式；（b）冲击式；（c）电动式

2. 螺钉旋具的使用方法

螺钉旋具有两种握法，如图 11-17 所示。使用螺钉旋具时，应将螺钉旋具头部放至螺钉槽口中，并用力推压螺钉，平稳旋转旋具，特别要注意用力均匀，不要在槽口中蹭动，以免磨毛槽口。

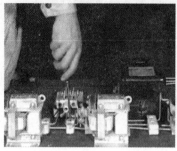

图 11-17　螺钉旋具的两种握法

3. 使用螺钉旋具注意事项

（1）应根据螺钉的规格选用不同规格的螺钉旋具。

（2）不要把螺钉旋具当作錾子使用，以免损坏螺钉旋具。

（3）电工带电作业时最好使用塑料柄或木柄的螺钉旋具，且应注意检查绝缘手柄是否完好。绝缘手柄已经损坏的螺钉旋具不能用于带电作业。

11.1.4　扳手

1. 扳手的选用

电工常用的扳手有活络扳手、呆扳手和套筒扳手，这些都是用于紧固和拆卸螺母的工具。

电工最常用的是活络扳手，其结构如图 11-18 所示，它的扳口大小可以调节。

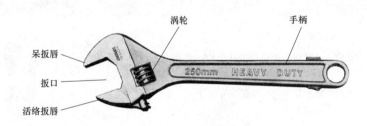

图 11-18　活络扳手的结构

常用活络扳手的规格有 200、250、300mm 三种，使用时应根据螺母的大小来选配。

电工还经常用到呆扳手（也叫开口扳手），它有单头和双头两种，其开口与螺钉头、螺母尺寸相适应，并根据标准尺寸做成一套，以便于根据需要选用，如图 11-19 所示。

2. 活络扳手的使用方法

（1）使用时，右手握手柄。手越靠后，扳动起来越省力，如图 11-20 所示。

（2）扳动小螺母时，因需要不断地转动蜗轮，调节扳口的大小，所以手要握在靠近呆扳唇处，并用大拇指调节蜗轮，以适应螺母的大小。

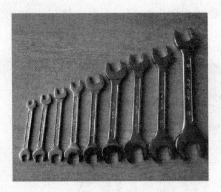

图 11-19　呆扳手

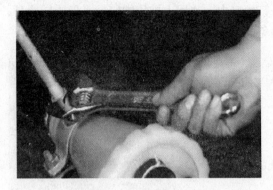

图 11-20　活络扳手的使用

3. 活络扳手使用注意事项

（1）活络扳手的扳口夹持螺母时，呆扳唇在上，活扳唇在下。活扳手切不可反过来使用。

（2）在扳动生锈的螺母时，可在螺母上滴几滴机油，这样就好拧动了。切不可采用钢管套在活络扳手的手柄上来增加扭力，因为这样极易损伤活络扳唇。

（3）不得把活络扳手当锤子用。

11.1.5 电烙铁

1. 选用

电烙铁的种类有内热式电烙铁、外热式电烙铁、恒温式电烙铁和吸锡式电烙铁，见表 11-3。

表 11-3　　　　　　　　　　　电烙铁的种类

种类	优缺点	图　示
内热式电烙铁	优点：升温快、质量轻、耗电省、体积小、热效率高 缺点：功率较小（一般在 50W 以下）	
外热式电烙铁	优点：功率较大，烙铁头使用寿命较长 缺点：升温较慢、体积较大，不适用于焊接小型器件	
恒温式电烙铁	优点：装有带磁铁式的温度控制器，便于控制烙铁头的温度 缺点：成本较高	

种类	优缺点	图　示
吸锡式电烙铁	优点：是将活塞式吸锡器与电烙铁融为一体的拆焊工具，具有使用方便、灵活、适用范围宽等优点 缺点：一次只能拆下一个焊接点	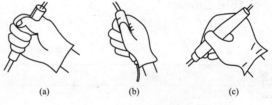

合理地选用电烙铁的功率及种类，与提高焊接质量和效率有直接的关系。选用电烙铁时，可从以下几个方面进行考虑。

（1）焊接集成电路、三极管及受热易损元器件时，应选用 20W 内热式或 25W 的外热式电烙铁。

（2）焊接导线及同轴电缆时，应先用 45~75W 外热式电烙铁或 50W 内热式电烙铁。

（3）焊接较大的元器件如大电解电容器的引线脚、金属底盘接地焊片等时，应选用 100W 以上的外热式电烙铁。

2. 作用及使用方法

电烙铁是手工焊接中最常用的工具，作用是将电能转换成热能对焊接点部位进行加热焊接，其焊接是否成功很大一部分是看对它的操控如何，因此从某种角度上来说电烙铁的使用依靠的是一种手法感觉。

（1）电烙铁的握法。电烙铁的握法一般有三种，如图 11-21 所示。

1）反握法。即用五指把电烙铁的柄握在掌内。此法适用于大功率电烙铁，焊接散热量大的被焊件。

2）正握法。适用于较大的电烙铁，弯形烙铁头的一般也用此法。

3）握笔法。即用握笔的方法握电烙铁，此法适用于小功率电烙铁，焊接散热量小的被焊件。

（a）　　　　　（b）　　　　　（c）

图 11-21　电烙铁的握法
（a）反握法；（b）正握法；（c）握笔法

（2）电烙铁使用前的处理。在使用前，先通电给烙铁头"上锡"。其方法是：首先用挫刀把烙铁头按需要挫成一定的形状，然后接上电源；当烙铁头温度升到能熔锡时，用烙铁头在松香上沾涂一下，等松香冒烟后再沾涂一层焊锡；如此反复进行 2~3 次，使烙铁头的刃面全部挂上一层锡后即可使用。

3. 使用注意事项

（1）根据焊接对象合理选用不同类型的电烙铁。使用前，应认真检查电源插头、电源线有无损坏，并检查烙铁头是否松动。

（2）电烙铁不宜长时间通电而不使用（俗称空烧），这样容易使烙铁芯加速氧化而烧断，缩短其寿命，同时也会使烙铁头因长时间加热而氧化，甚至被"烧死"不再"吃锡"。一般来说，10min 以上不使用电烙铁时，应切断电烙铁的电源。

（3）使用过程中不要任意敲击。

（4）电烙铁不使用时放在烙铁架上，以免烫坏其他物品。

（5）电烙铁应保持干燥，不宜在潮湿或淋雨环境下使用。

（6）电烙铁使用过程中，要注意检查烙铁温度和是否漏电。

（7）使用外热式电烙铁要经常将铜头取下，清除氧化层，以免日久造成铜头"烧死"。

（8）烙铁头上焊锡过多时，可用布擦掉。不可乱甩，以防烫伤他人。

（9）在用电烙铁焊接时，最好选用松香焊剂，以保护烙铁头不被腐蚀。

11.1.6 电工刀

1. 选用

电工刀是电工常用的一种切削工具，例如电工在装配、维修工作中用来割削电线绝缘外

图 11-22 普通电工刀

皮，以及割削绳索、木桩等。电工刀可以折叠，尺寸有大小两号。普通的电工刀由刀片、刀刃、刀把、刀挂等构成，如图 11-22 所示。

多功能电工刀除了有刀片外，还有锯片、锥子、扩孔锥等，使用起来非常方便。例如在硬杂木上拧螺钉很费劲时，可先用多功能电工刀上的锥子锥个洞，这时拧螺钉便省力多了。

有的多功能电工刀除了刀片以外，还带有尺子、锯子、剪子和开啤酒瓶盖的开瓶扳手等工具。

2. 使用方法

下面以电工刀剥削导线为例，介绍电工刀的使用操作方法，见表 11-4。

表 11-4　　　　　　　　　　电工刀的使用操作方法

步骤	操作方法	图　示
1	打开刀片	
2	右手握住刀把	

步骤	操作方法	图　示
3	刀刃成 45°角度剥削导线	
4	关闭刀片	

3. 使用注意事项

（1）使用电工刀时刀口一定要朝人体外侧，切勿用力过猛，以免不慎划伤手指。

（2）电工刀的手柄一般是不绝缘的，因此严禁用电工刀带电操作电气设备。

（3）一般情况下，不允许用锤子敲打刀背的方法来剥削木桩等物品。

（4）电工刀不用时，注意要把刀片收缩到刀把内，防止刀刃割伤别的物品或伤人。

（5）电工刀的刀刃部分要磨得锋利才好剥削电线。但不可太锋利，太锋利容易削伤线芯；磨得太钝，则无法剥削绝缘层。磨刀刃一般采用磨刀石或油磨石，磨好后再在底部磨点倒角，即刃口略微圆一些。

11.1.7　其他电工工具

电工操作需要使用的工具比较多，下面简要介绍几种比较常用的电工工具，见表 11-5。

表 11-5　　　　　　　　　　　　　其他电工工具及其使用

名称	图　示	使用说明
钢锯		钢锯是用于锯割物件的工具。安装锯条时，锯齿要朝前方，锯弓要上紧。锯条一般分为粗齿、中齿和细齿 3 种。粗齿适用于锯削铜、铝和木板材料等；细齿一般可锯较硬的铁板、穿线铁管和塑料管等

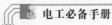
续表

名称	图　示	使用说明
千分尺		千分尺是电工用于测量漆包线外径的专用工具。使用时，将被测漆包线拉直后放在千分尺砧座和测微杆之间，然后调整螺杆，使之刚好夹住漆包线，此时就可以读数了。读数时，先看千分尺上的整数读数，再看千分尺上的小数读数，二者相加即为铜漆包线的直径尺寸。千分尺整数刻度一般 1 小格为 1mm，旋转小数刻度一般每格为 0.01mm
转速表		转速表用于测试电气设备的转速和线速度。使用时，先要用眼观察电动机转速，大致判断其速度，然后把转速表的调速盘转到所要测的转速范围内。若没有把握判断电动机转速时，要将速度盘调到高位观察，确定转速后，再向低挡调，以使测试结果准确。测量转速时，手持转速表要保持平衡，转速表测试轴与电动机轴要保持同心，逐渐增加接触力，直到测试指针稳定时再记录数据
手电钻		手电钻是用于钻孔的电动工具。在装钻头时要注意钻头与钻夹保持在同一轴线，以防钻头在转动时来回摆动。在使用过程中，钻头应垂直于被钻物体，用力要均匀，当钻头被被钻物体卡住时，应立即停止钻孔，检查钻头是否卡得过松，重新紧固钻头后再使用。钻头在钻金属孔过程中，若温度过高，很可能引起钻头退火，要适量加些润滑油
电锤		电锤是用于钻孔的电动工具。电锤使用前应先通电空转一会儿，检查转动部分是否灵活，待检查电锤无故障时方能使用；工作时应先将钻头顶在工作面上，然后再起动开关，尽可能避免空打孔；在钻孔过程中，发现电锤不转时应立即松开开关，检查出原因后再起动电锤。用电锤在墙上钻孔时，应先了解墙内有无电源线，以免钻破电线发生触电。在混凝土中钻孔时，应注意避开钢筋

名称	图　示	使用说明
喷灯		在使用喷灯前，应仔细检查油桶是否漏油、喷嘴是否堵塞、漏气等。根据喷灯所规定使用的燃料油的种类，加注相应的燃料油，其油量不得超过油桶容量的 3/4，加油后应拧紧加油处的螺塞。喷灯点火时，喷嘴前严禁站人，且工作场所不得有易燃物品。点火时，在点火碗内加入适量燃料油，用火点燃，待喷嘴烧热后，再慢慢打开进油阀；打气加压时，应先关闭进油阀。同时，要注意火焰与带电体之间的安全距离
手摇绕线机		手摇绕线机主要用来绕制电动机的绕组、低压电器的线圈和小型变压器的线圈。使用手摇绕线机时要注意：①要把绕线机固定在操作台上；②绕制线圈要记录开始时指针所指示的匝数，并在绕制后减去该匝数
拉具		拉具是用于拆卸皮带轮、联轴器以及电动机轴承、电动机风叶的专用工具。使用拉具拉电动机皮带轮时，要将拉具摆正，丝杆对准机轴中心，然后用扳手上紧拉具的丝杠，用力要均匀。在使用拉具时，如果所拉的部件与电动机轴间锈死，要在轴的接缝处浸些汽油或螺栓松动剂，然后用铁锤敲击皮带轮外圆或丝杆顶端，再用力向外拉皮带轮
脚扣		脚扣是用于电力杆塔攀登的工具。使用前，必须检查弧形扣环部分有无破裂、腐蚀，脚扣皮带有无损坏，若已损坏应立即修理或更换。不得用绳子或电线代替脚扣皮带。在登杆前，对脚扣要做人体冲击试验，同时应检查脚扣皮带是否牢固可靠

续表

名称	图　示	使用说明
蹬板		蹬板是用于电力杆塔的攀登工具。使用前，应检查外观有无裂纹、腐蚀，并经人体冲击试验合格后再使用；登高作业动作要稳，操作姿势要正确，禁止随意从杆上向下扔蹬板；每年对蹬板绳子做一次静拉力试验，合格后方能使用
梯子		梯子有人字梯和直梯，用于登高作业。使用方法比较简单，梯子要安稳，注意防滑；同时，梯子安放位置与带电体应保持足够的安全距离
錾子		錾子是用于打孔，或对已生锈的小螺栓进行錾断的一种工具。使用时，左手握紧錾子（注意錾子的尾部要露出约 4cm 左右），右手握紧手锤，再用力敲打
紧线器		紧线器是在架空线路中用来拉紧电线的一种工具。使用时，将镀锌钢丝绳绕于右端滑轮上，挂置于横担或其他固定部位，用另一端的夹头夹住电线，摇柄转动滑轮，使钢丝绳逐渐卷入轮内，电线被拉紧而收缩至适当的程度

11.2 常用电工仪表的选用与使用

电工最常用的测量工具有万用表、钳形电流表、绝缘电阻表等电工仪表。在电气设备的安装、调试、维修和使用中，电工必须借助于电工仪表对各种电量进行测量，以此作为对电气设备性能定性分析的依据。

11.2.1 万用表

万用表是最基本、最常用的电工仪表，它包括指针式万用表和数字式万用表两大类。我们在测量电路的电阻、电流、电压时，一般首先使用的是万用表。表 11-6 列出了数字式万用表和指针式万用表的比较。

表 11-6   **数字式万用表和指针式万用表的比较**

项 目	指针式万用表	数字式万用表
测量值显示线	表针的指向位置	液晶显示屏显示数字
读数情况	很直观、形象（读数值与指针摆动角度密切相关）	间隔 0.3s 左右数字有变化，读数不太方便
万用表内阻	内阻较小	内阻较大
使用与维护	结构简单，成本较低，功能较少，维护简单、过电流、过电压能力较强，损坏后维修容易	内部结构多采用集成电路，因此过载能力较差，损坏后一般不容易修复
输出电压	有 10.5V 和 12V 等，电流比较大，可以方便地测试晶闸管、发光二极管等	输出电压较低（通常不超过 1V），对于一些电压特性特殊的元件测试不便（如晶闸管、发光二极管等）
量程	手动量程，挡位相对较少	量程多，很多数字式万用表具有自动量程功能
抗电磁干扰能力	差	强
测量范围	较小	较大
准确度	相对较低	高
对电池的依赖性	电阻量程必须要有表内电池	各个量程必须要有表内电池
质量	相对较大	相对小
价格	价格差别不太大	

1. 指针式万用表的选用

指针式万用表的主要特点是准确度较高、测量项目较多、操作简单、价格低廉、携带方便，目前仍是国内最普及、最常用的一种电测仪表。

选用指针式万用表，主要从其准确度、灵敏度、电流表的内阻、测量功能、外观与操作方便性和过载保护装置等方面去选择。

（1）选择万用表的准确度。万用表的精度一般用准确度表示，它反映了仪表基本误差的大小。准确度越高，测量误差越小。万用表的准确度分 7 个等级，即 0.1、0.2、0.5、

1.0、1.5、2.5、5.0。近年来随着仪表工业的迅速发展，我国已能制造 0.05 级的指示仪表。

准确度等级反映了仪表基本误差值的大小。国产 MF18 型万用表测量直流电压（DCV）、直流电流（DCA）和电阻（Ω）的准确度都是 1.0 级，可供实验室使用。目前仍被广泛使用的 500 型万用表则属于 2.5 级仪表。需要指出的是，受分压器、分流器、整流器等电路的影响，同一块万用表各挡的基本误差也不尽相同。

一般万用表的准确度多为 2.5 级（如 MF47、MF30 等），如图 11-23 所示。

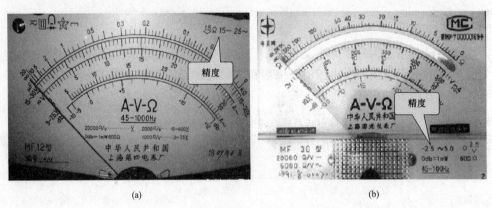

(a)　　　　　　　　　　　　　　　　　　(b)

图 11-23　万用表的准确度在表盘上的表示法

（a）MF12 型万用表；（b）MF30 型万用表

万用表的基本误差有两种表示方法。对于直流和交流电压挡、电流挡，是以刻度尺工作部分上限的百分数表示的，这些挡的刻度呈线性或接近于线性。对于电阻挡，因刻度呈非线性，故改用刻度尺总弧长的百分数来表示基本误差。

万用表说明书或表盘上注明的电阻挡基本误差值，仅适用于欧姆刻度尺的中心位置（即欧姆中心），其余刻度处的基本误差均大于此值。

万用表的基本误差范围见表 11-7，具体数值可从万用表的表盘上查出。

表 11-7　　　　　　　　　　万用表的基本误差范围

测量项目	符号	基本误差（%）	测量项目	符号	基本误差（%）
直流电压	DCV	±1.0~±2.5	交流电流	ACA	±1.5~±5.0
直流电流	DCA	±1.0~±2.5	电阻	Ω	±1.5~±5.0
交流电压	ACV	±1.5~±5.0	电平	dB	±2.5~±5.0

（2）选择万用表的灵敏度。万用表的灵敏度可分为表头灵敏度和电压灵敏度（含直流电压灵敏度和交流电压灵敏度）两个指标。

万用表所用表头的满量程值 I_g（即满度电流），称为表头灵敏度。I_g 一般为 9.2~200μA，I_g 越小，说明表头灵敏度越高。高灵敏度表头一般小于 10μA，中灵敏度表头通常为 30~100μA，超过 100μA 就属于低灵敏度表头。

万用表的电压灵敏度等于电压挡的等效内阻与满量程电压的比值，其单位是 Ω/V 或 kΩ/V，简称每伏欧姆数，该数值一般标在仪表盘上，如图 11-24 所示。

直流电压灵敏度是万用表的主要技术指标，交流电压灵敏度受整流电路的影响，一般低于直流电压灵敏度。例如，500 型万用表的直流电压灵敏度为 20kΩ/V，交流电压灵敏度则降低到 4kΩ/V。电压灵敏度越高，万用表的内阻（即仪表输入电阻）越高，可以测量内阻的信号电压就越高。

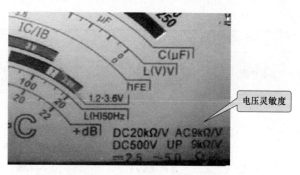

图 11-24　万用表的电压灵敏度

指针式万用表灵敏度的选用技巧如下：

1）若两块万用表所选择的量程相同而电压灵敏度不同，那么用它们分别测量同一个高内阻电源电压时，电压灵敏度高的那块表测量误差较小。

2）对同一块万用表而言，电压量程越高，内阻越大，所引起的测量误差就越小。

为了减小测量高内阻电源电压的误差，有时宁可选择较高的电压量程，以增大万用表的内电阻。当然量程也不宜选得过高，以免在测量低电压时因指针偏转角度太小而增加读数误差。对于低内阻的电源电压（例如 220V 交流电源），可选用电压灵敏度较低的万用表进行测量。换句话说，高灵敏万用表适用于电子测量，而低灵敏度万用表适用于电工测量。

3）当万用表电压挡的内阻比被测电源的内阻大 100 倍以上时，就不必考虑万用表对被测电源的分流作用。

（3）选择万用表的内阻。理想情况下，万用表电流挡的内阻应等于零，但实际上却做不到。由于内阻的存在，使用万用表测量电流时必然有一定的电压降，从而产生测量误差。电流挡的内阻越小，测量电流时万用表所消耗的电功率也越低。

1）在电流挡的量程相同的情况下，万用表的内阻越小，其满度压降就越低，测量电流的误差也越小。对同一块万用表而言，各电流挡的满度压降值可以不相同。

2）对于同一块万用表，电流量程越大，内阻越小，测量误差也越小。因此，为了减小测量电流的误差，有时宁可选择较高的电流量程。当然量程也不宜选得过高，以免在测量小电流时读数误差明显增大。

3）当电流挡内阻约为被测电路总电阻的 1% 时，不必考虑万用表压降对测量的影响。

（4）如何选择万用表的量程及功能。一般来说，万用表测量的项目越多，量程范围越大，万用表越好，价格越高。维修电工对万用表的要求不是很高，主要是进行一些简单的测量，对量程功能的要求比较简单，因此可选择普及型万用表。电子产品维修工测量的项目比较多，对量程功能的要求比较高，因此应根据需要选择量程及功能比较多的万用表。

表 11-8 列出了万用表的测量功能及测量范围。其中，电阻挡为有效量程，括号内的数值是少数万用表所能达到的指标。

表 11-8　　　　　　　　　**万用表的测量功能及测量范围**

测量功能		测量范围
基本功能	直流电压/DCV	0~500V（0~2.5kV，0~25kV）
	交流电压/ACV	0~500V（0~2.5kV）
	直流电流/DCA	0~500mA（0~5A，0~10A）
	交流电流/ACA	（0~5A，0~10A）

续表

测量功能		测 量 范 围
基本功能	电阻/Ω	0~20MΩ（0~200MΩ）
	音频电平/dB	−20~0~+56dB
派生功能	电容/C	1000pF~0.3μF（0~10000μF）
	电感/L	0~1H（20~1000H）
	三极管/h_{FE}	0~200（0~300，0~500）
	音频功率/P	（0.1~12W，扬声器阻抗为8Ω）
	电池负载电压/BATT	（0.9~1.5V，电池负载为12Ω）
	蜂鸣器/BZ	（当被测线路电阻小于30Ω时蜂鸣器发声，如KT7244型万用表）
	交流大电流测量功能/ACA	6A/15A/60A/150A/300A（例如，7010型万用表）

（5）选择万用表的机械及传动机构。在测量时，指针在偏转过程中会由于惯性的影响不能迅速停止在指示位置上，指针在指示位置左右摆动会给测量带来影响。这就要求表头的可动部分在测量中能迅速停止在稳定的偏转位置上，并且要求稳定的时间越短越好，即阻尼性能要好。

在检查机械传动机构时还有两点要注意：一是平衡特性，即把万用表平着放、立着放，表针静止的位置差别越小越好；二是量程选择开关旋转时要清脆有力，定位要准确。

（6）选择万用表的外观与操作方便性。万用表的外观设计也很重要。目前常见的万用表有便携式、袖珍式、超薄袖珍式（例如国产7003型）、折叠式、指针/数字双显示（如7032型）等。

选择大刻度盘的万用表，有助于减小读数误差。有些万用表的刻度盘上带反射镜，能减小视差。新型万用表的表笔和插口都增加了防触电保护措施，插口改成隐埋式，表面无金属裸露部分。

从使用角度看，所有的开关、旋钮均应转动灵活、接触良好，操作力求简便。大多数万用表只用一只转换开关，操作比较方便。也有些万用表将功能开关与量程开关分别设置，或把两者组合设置，通过适当的配合来选择测量项目及量程。由上海第四电表厂生产的MF64、MF368A/B型万用表都增加了正、负极性转换开关，在测量负电压时可避免出现指针反打现象。

（7）选择万用表的过载保护装置。新型万用表采用了多种保护措施，除用保险管做线路保护之外，还增加了表头过载保护电路，能大大减少因误操作引起的事故。

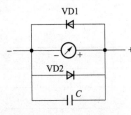

图11-25　由硅二极管构成的表头保护电路

由硅二极管构成的表头保护电路如图11-25所示。VD1、VD2为两只1N4148型玻封开关二极管，其代用型号为2CK43、2CK44、2CK70、2CKTl、2CK72、2CK83等。VD1、VD2反极性与表头并联，表头的满度压降一般低于0.15V。从硅二极管的伏安特性上可以看出，当正向电压在0~0.15V时，正、反向电流都截止，仅当正向电压超过正向导通电压（约0.6~0.7V）时才导通。如果正向电流继续增大，硅二极管的压降就基本稳定在正向导通电压上。图 11-25 中的 VD1 起保护表头的作用，即使误拨电流挡去测电压，也不至于烧坏表头，因为表头上还串联着限流电阻，当硅二极管导通时，电压主要降落在限流电阻上，故一般不会烧表头，但可能烧毁分流电阻或限流电阻。

VD2 的作用是当两支表笔位置插反了而又发生过载时能起到保护表头的作用。电容器 C 能滤除由输入端引入的高频干扰，容量可选 $0.022\mu F$。有时为了滤除低频干扰，还可再并联一只 $4.7{\sim}47\mu F$ 的电解电容，以消除指针的抖动现象。

由于锗二极管的导通压降为 $0.15{\sim}0.2V$，与表头的满度压降很接近，而且它的反向漏电电流较大，因此不宜采用。

需要注意的是，即使增加了保护电路，仍有过载的可能性，操作人员必须小心谨慎，避免因误操作而使仪表损坏。

2. 数字式万用表的选用

数字式万用表的型号很多，功能差异较大。挑选适合的数字式万用表，除了首先做外观检查，转换开关也要试一下手感是否舒适之外，一般还应重点考虑以下几个方面的问题。

（1）选择显示位数和准确度。显示位数和准确度是数字万用表的两个最基本也是最重要的指标。两者之间关系紧密，一般来讲，万用表显示位数越高，其准确度也就越高，反之相反。显示位数有两种方式，即计数显示和位数显示。计数显示是万用表显示位数范围的实际表达，只不过由于人们习惯于传统叫法上的方便，一般用位数显示表达。例如，3000 位计数显示，表示万用表最高显示值可到 3999，而 1000 位计数显示只能到 1999。在测量 220V 交流电压时，可明显看到 3000 位显示比 1000 位后多 1 个小数位显示，这样在分辨率上高一个数量级。在测量、调试高灵敏的微小电信号中，高灵敏度的万用表将会发挥更大的作用。

值得说明，选用万用表时，应根据测量精度的要求，选用准确度合适的数字万用表，以保证测量误差限定在允许的范围之内。

（2）选择万用表的功能和测量范围。不同型号的万用表，生产厂家都会设计不同的功能和测量范围。一般来讲，普通的数字万用表都能测试交、直流电压，交、直流电流，电阻、线路通断等。但是有的万用表为了降低成本，不设置交流电流测试功能。在此基础上，有的万用表考虑使用方便，增加了一些其他功能，例如二极管测试挡、三极管放大倍数（h_{FE}）测试挡及电容、频率、温度测试挡等。随着电子技术的发展，有些厂家在传统参数和元器件测试的基础上，增加了更先进的功能，例如占空比测试，dBm 值测试，最大、最小值纪录保持功能等。有的仪表还有 IEEE-488 接口（可程控仪器和自动测试系统设计的专用接口）或 RS-232 接口（串行通信接口，可实现投影机与中控设备的连接，实现远程操控与指令编写）等功能。

（3）选择万用表的种类。现在很多数字万用表都具有手动量程和自动量程选择，有的还有过量程能力，在测量值超过该量程但未达到最大值时可不用换量程，从而提高准确度和分辨力。

1）普及性数字万用表结构、功能较为简单，一般只有 5 个基本测量功能，即 DCV、ACV、DCA、ACA、Ω 及 h_{FE}。这种万用表的价格低廉，精度一般为三位半，如 DT-830、DT-840 等，如图 11-26 所示。

2) 多功能型数字万用表较普及型数字万用表主要是增加了一些实用功能，如电容容量、高电压、大电流的测量等，有些还有语音功能。如 DT-870、DT-890、DT-9205 等。

3) 高精度多功能型数字万用表精度在四位半及以上，如图 11-27 所示。除常用测量电流、电压、电阻、三极管放大系数等功能外，还可测量温度、频率、电平、电导及高电阻（可达 10000MΩ）等，有些还有示波器功能、读数保持功能。常见型号有 DT-930F、DT930F+、DT-980 等。

图 11-26　三位半万用表　　　　　图 11-27　高精度、多功能型数字万用表

高精度、智能化数字万用表内部带微处理器（CPU），具有数据处理、故障自检等功能的数字万用表。可通过标准接口（如 IEEE-488、RS-232、USB 接口等）与计算机、打印机连接。采用自动校准（AUTO CAC）技术，能对全部测量项目和量程进行自动校准，并能显示极值和各项测量误差。

4) 专用数字仪表是指专用于测量某一物理量的数字仪表，如数字电容表、电压表、电流表、电感表、电阻表等。常见袖珍式专用仪表如 DM-6013、DM-6013A 数字电容表，DM6243/DL6243 数字式电容电感表，数字功率计，DM6040D 型 LCR 测量仪（可测电感、电容和电阻），数字温度计，数字绝缘电阻测试仪等，如图 11-28 所示。

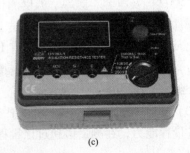

(a)　　　　　　　　　　(b)　　　　　　　　　　(c)

图 11-28　专用数字仪表
(a) DL6243 电容表；(b) 数字功率表；(c) 数字电阻表

5) 数字、模拟双显示数字万用表采用数字量和模拟量同时显示，可以观察正在变动的

量值参数，弥补数字表对检测对象在不稳定状态时出现的不断跳字的缺陷，兼有模拟表与数字表的优点，如图 11-29 所示。

（4）选择万用表的测量方法和交流频响。一般来讲，万用表的测量方法主要对交流信号测量而言，交流信号有很多种类型和各种复杂情况，并且伴随交流信号频率的改变，会出现各种频率响应，影响万用表的测量。万用表对交流信号的测量一般有两种方法，即平均值和真有效值测量。平均值测量一般是对纯正弦波而言，它采用估算平均的方法测量交流信号，而对非正弦波

图 11-29　模拟数字双显万用表

信号将会出现较大的误差。同时，如果正弦波信号出现谐波干扰时，其测量误差也会有很大改变；而真有效值测量是用波形的瞬时峰值再乘以 0.707 来计算电流与电压，保证在失真和噪声系统中的精确读数。这样如果需要检测普通的数字数据信号，用平均值万用表测量就不会达到真实的测量效果。同时交流信号的频响也至关重要，有的可高达 100kHz。

（5）选择万用表的稳定性和安全性。与大多数仪器一样，数字万用表本身也有测量稳定性，其测量结果的准确性与其使用时间、环境温度、湿度等有关。如果万用表的稳定性比较差，在使用一段时间后，有时就会出现测量同一信号时，其结果自相矛盾，即测量结果不一致的现象。

万用表的安全性非常重要，有些万用表设置了比较完善的保护功能，如插错表笔线时，会自动产生蜂鸣报警、短路保护等。所以对于数字万用表的选购，不要盲目贪图价格便宜，要实用、好用才行。

总而言之，在选择数字万用表时，要根据实际工作需要出发，在保证测量准确度、测量范围满足要求的前提下，尽可能有较多的功能，以便今后可以扩展使用。另外还应了解其安全性能及性能价格比等因素。

3. 认识 MF47 型万用表

MF47 型万用表的外部组成如图 11-30 所示。

（1）刻度线和反光镜。万用表面板上部为微安表头。表头的下边中间有一个机械调零器，用以校准表针的机械零位。表针下面的标度盘上共有 7 条刻度线，从上往下依次是电阻刻度线、电压电流刻度线、10V 电压刻度线、三极管 β 值刻度线、电容刻度线、电感刻度线、电平刻度线，如图 11-31 所示。

标度盘上还装有反光镜，用以消除视觉误差。

（2）量程选择开关。面板下部中间是量程选择开关，只需转动一下旋钮即可选择各个量程挡位，使用方便，如图 11-32 所示。测量选择开关指示盘与表头标度盘相对应，按交流红色、三极管绿色、其余黑色的规律印制成 3 种颜色，以免使用中搞错。

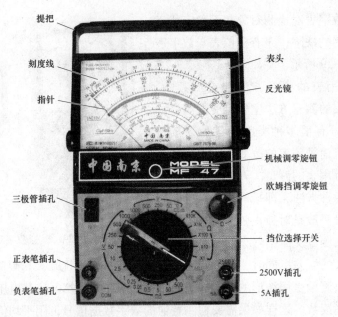

图 11-30　MF47 型万用表的外部结构

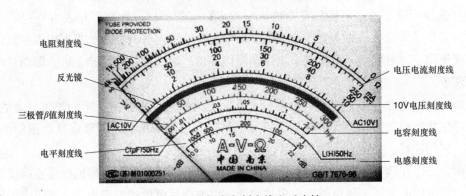

图 11-31　标度盘刻度线和反光镜

图 11-32　MF47 型万用表量程挡位

（3）插孔。MF47 万用表共有 4 个表笔插孔，如图 11-33 所示。面板左下角有正、负表笔插孔，一般习惯上将红表笔插入正插孔，黑表笔插入负插孔。面板右下角有 2500V 和 5A 专用插孔，当测量 2500V 交、直流电压时，正表笔应改为插入 2500V 插孔；当测量 5A 直流电流时，正表笔应改为插入 5A 插孔。面板下部右上角是欧姆挡调零旋钮，用于校准欧姆挡 "0Ω" 的指针位置。面板下部左上角是三极管插孔，插孔左边标注为 "N"，检测 NPN 型三极管时插入此孔；插孔右边标注为 "P"，检测 PNP 型三极管时插入此孔。

图 11-33　MF47 型万用表的插孔

4. MF47 万用表的使用方法

（1）测量电阻。测量电阻必须使用万用表内部的直流电源。打开背面的电池盒盖，右边是低压电池仓，装入一枚 1.5V 的 2 号电池；左边是高压电池仓，装入一枚 15V 的层叠电池，如图 11-34 所示。现在也有的厂家生产的 MF47 型万用表，$R×10k$ 挡使用的是 9V 层叠电池。

图 11-34　安装电池

指针式万用表测量电阻的方法及注意事项可归纳为以下口诀。

>>> 【操作口诀】

> 测量电阻选量程，两笔短路先调零。
> 旋钮到底仍有数，更换电池再调零。
> 断开电源再测量，接触一定要良好。
> 两手悬空测电阻，防止并联变精度。
> 要求数值很准确，表针最好在格中。
> 读数勿忘乘倍率，完毕挡位电压中。

测量电阻选量程——测量电阻时，首先要选择适当的量程。量程选择时，应力求使测量数值应尽量在欧姆刻度线的 0.1~10 之间的位置，这样读数才准确。

一般测量 100Ω 以下的电阻可选 "$R×1Ω$" 挡，测量 100Ω~1kΩ 的电阻可选 "$R×10Ω$"，测量 1~10kΩ 可选 "$R×100Ω$" 挡，测量 10~100kΩ 可选 "$R×1kΩ$"，测量 10kΩ 以上的电

图 11-35　欧姆调零的操作方法

阻可选"$R×10kΩ$"挡。

两笔短路先调零——选择好适当的量程后，要对表针进行欧姆调零。注意，每次变换量程之后都要进行一次欧姆调零操作，如图 11-35 所示。

旋钮到底仍有数，更换电池再调零——如果欧姆调零旋钮已经旋到底了，表针始终在 0Ω 线的左侧，不能指在"0"的位置上，说明万用表内的电池电压较低，不能满足要求，需要更换新电池后再进行上述调整。

断开电源再测量，接触一定要良好——如果是在电路中测量电阻器的电阻值，必须先断开电源再进行测量，否则有可能损坏万用表，如图 11-36 所示。换言之，不能带电测量电阻。在测量时，一定要保证表笔接触良好（用万用表测量电路其他参数时，同样要求表笔接触良好）。

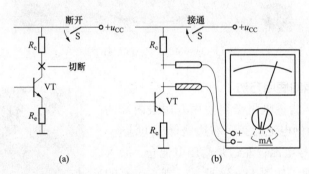

图 11-36　断开电源后才能进行电阻值测量

两手悬空测电阻，防止并联变精度——测量时，两只手不能同时接触电阻器的两个引脚。因为两只手同时接触电阻器的两个引脚，等于在被测电阻器的两端并联了一个电阻（人体电阻），所以将会使得到的测量值小于被测电阻的实际值，影响测量的精确度。

要求数值很准确，表针最好在格中——量程选择要合适，若太大，不便于读数；若太小，无法测量。只有表针在标度尺的中间部位时，读数最准确。

读数勿忘乘倍率——读数乘以倍率（所选择挡位，如"$R×10Ω$""$R×100Ω$"等），就是该电阻的实际电阻值。例如选用"$R×100Ω$ 挡"测量，指针指示为 40，则被测电阻值为

$$40×100Ω=4000Ω=4kΩ$$

完毕挡位电压中——测量工作完毕后，要将量程选择开关置于交流电压最高挡位，即交流 1000V 挡位。

（2）测量交流电压。测量 1000V 以下交流电压时，挡位选择开关置所需的交流电压挡，如图 11-37 所示。测量 1000~2500V 的交流电压时，将挡位选择开关置于"交流 1000V"挡，正表笔插入"交直流 2500V"专用插孔。

指针式万用表测量交流电压的方法及注意事项可归纳以下口诀。

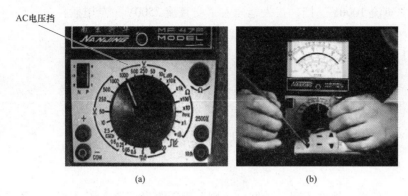

AC电压挡

(a)　　　　　　　　　　　　(b)

图 11-37　测量交流电压

（a）AC 电压挡位；（b）测量 220V 交流电压

>> 【操作口诀】

> 量程开关选交流，挡位大小符要求。
> 确保安全防触电，表笔绝缘尤重要。
> 表笔并联路两端，相接不分火或零。
> 测出电压有效值，测量高压要换孔。
> 表笔前端莫去碰，勿忘换挡先断电。

量程开关选交流，挡位大小符要求——测量交流电压，必须选择适当的交流电压量程。若误用电阻量程、电流量程或者其他量程，有可能损坏万用表。此时，一般情况是内部的保险管损坏，可用同规格的保险管更换。

确保安全防触电，表笔绝缘尤重要——测量交流电压必须注意安全，这是该口诀的核心内容。因为测量交流电压时人体与带电体的距离比较近，所以特别要注意安全。如果表笔有破损、表笔引线有破碎露铜等，应该完全处理好后才能使用。

表笔并联路两端，相接不分火或零——测量交流电压与测量直流电压的接线方式相同，即万用表与被测量电路并联，但测量交流电压不用考虑哪个表笔接相线，哪个表笔接零线的问题。

测出电压有效值，测量高压要换孔——用万用表测得的电压值是交流电的有效值。如果需要测量高于 1000V 的交流电压，要把红表笔插入 2500V 插孔。不过，在实际工作中一般不容易遇到这种情况。

（3）测量直流电压。测量 1000V 以下直流电压时，挡位选择开关置于所需的直流电压挡，如图 11-38 所示。测量 1000 ~ 2500V 的直流电压时，将挡位选

DC电压挡

(a)　　　　　　　　　　(b)

图 11-38　测量直流电压

（a）DC 电压挡；（b）测量电池电压

择开关置于"直流1000V"挡，正表笔插入"交直流2500V"专用插孔。

指针式万用表测量直流电压的方法及注意事项可归纳为以下口诀。

▷▷【操作口诀】

> 确定电路正负极，挡位量程先选好。
>
> 红笔要接高电位，黑笔接在低位端。
>
> 表笔并接路两端，若是表针反向转。
>
> 接线正负反极性，换挡之前请断电。

确定电路正负极，挡位量程先选好——用万用表测量直流电压之前，必须分清电路的正负极（或高电位端、低电位端），注意选择好适当的量程挡位。

电压挡位合适量程的标准是：表针尽量指在满偏刻度的2/3以上的位置（这与电阻挡合适倍率标准有所不同，一定要注意）。

红笔要接高电位，黑笔接在低位端——测量直流电压时，红笔要接高电位端（或电源正极），黑笔接在低位端（或电源负极）。

表笔并接路两端，若是表针反向转，接线正负反极性——测量直流电压时，两只表笔并联接入电路（或电源）两端。如果表针反向偏转（俗称打表），说明正负极性搞错了，此时应交换红、黑表笔再进行测量。

换挡之前请断电——在测量过程中，如果需要变换挡位，一定要取下表笔，断电后再变换电压挡位。

（4）测量直流电流。一般来说，指针式万用表只有测量直流电流的功能，不能直接用指针式万用表测量交流电流。

图11-39　MF47型万用表的直流量程

MF47型万用表测量500mA以下直流电流时，将挡位选择开关置所需的"mA"挡。测量500mA~5A的直流电流时，将挡位选择开关置于"500mA"挡，正表笔插入"5A"插孔，如图11-39所示。

指针式万用表测量直流电流的方法及注意事项可归纳为以下口诀。

▷▷【操作口诀】

> 量程开关拨电流，确定电路正负极。
>
> 红色表笔接正极，黑色表笔要接负。
>
> 表笔串接电路中，高低电位要正确。
>
> 挡位由大换到小，换好量程再测量。
>
> 若是表针反向转，接线正负反极性。

量程开关拨电流，确定电路正负极——指针式万用表都具有测量直流电流的功能，但一般不具备测量交流电流的功能。在测量电路的直流电流之前，需要首先确定电路正、负极性。

红色表笔接正极，黑色表笔要接负——这是正确使用表笔的问题。测量时，红色表笔接电源正极，黑色表笔接电源的负极，如图 11-40 所示为测量电池电流的方法。

表笔串接电路中，高低电位要正确——测量前，应将被测量电路断开，再把万用表串联接入被测电路中，红表笔接电路的高电位端（或电源的正极），黑表笔接电路的低电位端（或电源的负极），如图 11-41 所示。这与测量直流电压时表笔的连接方法完全相同。

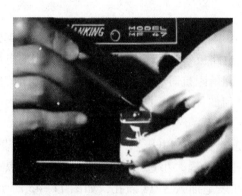

图 11-40　测量电池电流的方法

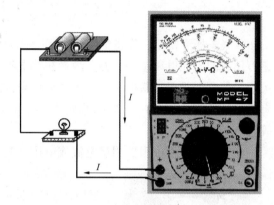

图 11-41　万用表测直流电流

万用表置于直流电流挡时，相当于直流表，内阻会很小。如果误将万用表与负载并联，就会造成短路，烧坏万用表。

挡位由大换到小，换好量程再测量——在测量电流之前，可先估计一下电路电流的大小，若不能大致估计电路电流的大小，最好的方法是挡位由大换到小。

若是表针反向转，接线正负反极性——在测量时，若是表针反向偏转，说明正负极性接反了，应立即交换红、黑表笔的接入位置。

5. 指针式万用表使用注意事项

（1）使用万用表时，注意不要用手触及测试笔的金属部分，以保证人身安全和测量的准确度。

（2）在测量较高电压或大电流时，不能带电转动转换开关，否则有可能使开关烧坏。

（3）不能带电测量电阻，因为欧姆挡是由干电池供电的，被测电阻不允许带电，以免损坏表头。

（4）万用表在用完后，应将转换开关转到"空挡"或"OFF"挡。若表盘上没有上述两挡时，可将转换开关转到交流电压最高量限挡，以防下次测量时因疏忽而损坏万用表。

（5）在每次使用前，必需全面检查万用表的转换开关及量限开关的位置，确定没有问题后再进行测量。

6. 数字万用表的使用

（1）测量电阻。数字万用表测量电阻的方法及注意事项可归纳为以下口诀。

>> 【操作口诀】

> 仪表电压要富足，先将电路电关闭。
> 红笔插入 V/Ω 孔，量程大小选适宜。
> 精确测量电阻值，引线电阻先记录。
> 笔尖测点接触好，手不接触测点笔。
> 若是显示数字"1"，超过量程最大值。
> 若是数字在跳变，稳定以后再读数。

仪表电压要富足，先将电路电关闭——为了不影响测量结果的准确性，使用前要检查数字万用表的电池电压是否足够。测量在路电阻（在电路板上的电阻）时，应先把电路的电源关断，带电测量很容易损坏万用表。当检查被测线路的阻抗时，要保证移开被测线路中的所有电源，所有电容放电。被测线路中，如有电源和储能元件，会影响线路阻抗测试的准确性。

注意：禁止用电阻挡测量电流或电压（特别是交流 220V 电压），否则容易损坏万用表。

图 11-42　测量电阻时表笔的插法

红笔插入 V/Ω 孔，量程大小选适宜——测量时，将黑表笔插入 COM 插孔，红表笔插入 V/Ω 插孔，如图 11-42 所示；然后将量程开关置于合适的欧姆量程。准备工作完成后，即可进行电阻测量操作。

精确测量电阻值，引线电阻先记录——在使用 200Ω 电阻挡时，如果需要精确测量出电阻值，应先将两支表笔短路，测量出两支表笔引线的电阻值，并做好记录；然后进行电阻测量，每一次测量的显示数字减去表笔引线的电阻值，就是实际电阻值。当然，如果对测量结果的准确性要求不高，可免去这一操作步骤。在使用 200Ω 以上的电阻挡测量时，由于被测量电阻的阻值比较大，表笔的引线电阻可不予考虑。

笔尖测点接触好，手不接触测点笔——测量操作时，表笔笔尖与被测量电阻引脚要接触良好。如果电阻引脚已氧化、锈蚀，应先予以刮干净，让其露出光泽，再进行测量。操作者的两手不要同时碰触两支表笔的金属部分或被测量物件的两端，否则会引起测量误差增大。

若是显示数字"1"，超过量程最大值——如果被测电阻值超出所选择量程的最大值，显示屏将显示过量程"1"，此时应选择更高的量程。（当没有连接好时，例如开路情况，显示为"1"为正常现象）。

若是数字在跳变，稳定以后再读数——对于大于 1MΩ 或更高的电阻，要几秒钟后读数才能稳定，这是正常现象。等待数字稳定不再跳变即可读数。

（2）测量电流。数字万用表测量电流的方法及注意事项可归纳为以下口诀。

> ▶▶ 【操作口诀】

> 万用电表测电流，红笔插孔很重要。
> 电流大小不清楚，最大量程来测量。
> 表笔串联电路中，表笔极性不重要。
> 由于表笔已带电，安全操作最重要。

万用电表测电流，红笔插孔很重要——数字万用表串联电流时，黑表笔插入 COM 插孔中，红表笔插入哪一个插孔（mA 或者 A）则要根据被测电流的大小而定。

电流大小不清楚，最大量程来测量——当要测量的电流大小不清楚的时候，可先用最大的量程来测量（例如 20A 插孔），然后再逐渐减小量程来精确测量。测量电流时，切忌过载。

负号表示红表笔接负极

表笔串联电路中，表笔极性不重要——数字万用表测量电流时，应将表笔串联接入被测量电路中，表笔的极性可以不考虑，因为数字万用表能够自动识别并显示被测电流的极性。从显示屏上有无"－"号显示来确定直流电压或直流电流的极性。没有"－"号显示，则红表笔为测试源正端，黑表笔为负端。如果有"－"号显示，则表示红表笔接的是负端，如图 11-43 所示。

由于表笔已带电，安全操作最重要——万用表测量电流、电压都属于带电作业，应特别注意接触表笔及表笔引线是否完好，如

图 11-43　测直流电压时表笔的连接极性

有破损，应在测量之前恢复好绝缘层。人手及身体的其他部位不能接触带电体。必要时，要有人监护。

（3）测量电压。数字万用表的电压量程可分为直流电压量程和交流电压量程，其基本操作方法及注意事项可归纳为以下口诀。

> ▶▶ 【操作口诀】

> 表笔插入相应孔，直流交流要分析。
> 不知被测电压值，量程从大往小移。
> 量程必须选择好，过载测量符号溢。
> 表笔并联测电压，接触良好防位移。
> 确保表笔绝缘好，最好右手握表笔。
> 直流电压的测量，红笔测正黑负极。
> 红黑表笔极性反，"－"号表红测负极。

交流电压不分极，握笔安全为第一。

正在通电测量时，禁忌换挡出问题。

数字跳变为正常，稳定之后读数值。

表笔插入相应孔，直流交流要分析——数字万用表测量电压时，将黑表笔插入 COM 插孔，红表笔插入 V/Ω 插孔；根据被测电量是直流电压还是交流电压，将量程选择开关置于直流电压挡或交流电压挡。

不知被测电压值，量程从大往小移——如果不知被测电压的大小范围，可先将量程选择开关置于最大量程，根据情况并逐一置于较低一级的量程挡。注意，减小量程挡时，表笔应从待测量处移开。

量程必须选择好，过载测量符号溢——电压量程一定要必须选择合适，量程过大会影响测量结果；量程过小时显示屏只显示"1"，表示过量程，此时功能开关应置于更高量程。

表笔并联测电压，接触良好防位移——测量电压时，两支表笔应分别并联在被测电源（例如测开路电压时）或电路负载上（例如测负载电压降时）的两个电位端。如果被测量电极表面有污物或锈迹，应首先处理干净再进行测量。握笔的手不能有晃动，保证表笔与被测量电极接触良好。

确保表笔绝缘好，最好右手握表笔——表笔及表笔引线绝缘良好，否则在测量几百伏及以上的电压时有触电危险。操作起来比较顺利。一些初学者喜欢用两个手拿表笔，这是个不良习惯。使用万用表无论进行任何电量测量时，都应该养成单手握笔操作的好习惯，最好是用右手握表笔。

直流电压的测量，红笔测正黑负极。红黑表笔极性反，"－"号表红测负极——虽然数字万用表有自动转换极性的功能，为了减少测量误差，测量时最好是红表笔接被测量电压的正极，黑表笔接被测量电压的负极。如果两支表笔极性接反了，此时显示屏上显示电压数值的前面有一个"－"号，表示此次测量红表笔接的是被测量电压的负极。

交流电压不分极，握笔安全为第一——测量交流电压时，红黑表笔可以不分极性。由于交流电压比较高，尤其是测量 220V 以上的交流电压时，握笔的手一定不能去接触笔尖金属部分，否则会发生触电事故。

正在通电测量时，禁忌换挡出问题——在使用万用表测量电压，尤其是测量较高电压时，无论什么原因都禁忌拨动量程选择开关，否则容易损坏万用表的电路及量程开关的触点。

数字跳变为正常，稳定之后读数值——由于数字万用表的电压量程的输入阻抗比较大，在测量开始时可能会出现无规律的数字跳变现象，应等数值稳定后再读数。

7. 使用数字万用表的注意事项

（1）使用前要检查仪表，如果发现任何异常情况，如表笔裸露、机壳破损、液晶显示器无显示等，不要进行使用。严禁使用没有后盖和后盖没有盖好的仪表，否则有电击危险。

（2）表笔破损必须更换，并换上同样型号或相同电气规格的表笔。

（3）当万用表正在测量时，不要接触裸露的电线、连接器、没有使用的输入端或正在测量的电路。

（4）测量高于直流 60V 或交流 30V 以上的电压时，必须小心谨慎，手指不要超过表笔挡手部分，否则有触电的危险。

（5）在不能确定被测量的大小范围时，将功能量程开关置于最大量程位置。不要测量高于允许输入值的电压或电流。

（6）进行在线电阻、电容、二极管或电路通断测量之前，必须首先将电路中所有电源关断并将所有电容器放电。

（7）不要随意改变仪表内部接线，以免损坏仪表和危及安全。

（8）禁止在测量高电压（220V 以上）或大电流（0.5A 以上）时拨动量程开关，以防止产生电弧，烧毁开关触点。

11.2.2　钳形电流表

钳形电流表是一种不需要中断负载运行（不断开载流导线）即可测量低压线路上的交流电流大小的携带式仪表，它的最大特点是无需断开被测电路，就能够实现对被测导体中电流的测量，所以特别适合于不便于断开线路或不允许停电的测量场合。

1. 选用

（1）根据测量电流的性质选择钳形电流表。整流系钳形电流表只适于测量波形失真较低、频率变化不大的工频电流，否则将产生较大的测量误差。电磁系钳形电流表由于其测量机构可动部分的偏转性质与电流的极性无关，因此既可用于测量交流电流，也可用于测量直流电流，但准确度通常都比较低。钳形电流表的准确度主要有 2.5、3、5 级等，应当根据测量技术要求和实际情况选用。

（2）根据测量场所的电磁干扰强度选择钳形电流表。数字式钳形电流表读数直观方便，并有许多扩充测量功能，如测量电阻、二极管、电压、有功功率、无功功率、功率因数、频率等参数。但是，数字式钳形电流表在测量场合的电磁干扰比较严重时，显示出的测量结果可能发生离散性跳变，从而难以确定实际电流值。使用指针式钳形电流表，由于磁电系机械表头本身所具有的阻尼作用，使得其本身对较强电磁场干扰的反应比较迟钝，充其量也就是表针产生小幅度的摆动，其示值范围比较直观，相对而言读数不太困难。

2. 作用及使用方法

（1）使用前的检查。

1）重点检查钳口上的绝缘材料（橡胶或塑料）有无脱落、破裂等现象，包括表头玻璃罩在内的整个外壳的完好与否，这些都直接关系着测量安全并涉及仪表的性能问题。

2）检查钳口的开合情况，要求钳口开合自如，如图 11-44 所示，钳口两个结合面应保证接触良好。如钳口上有油污和杂物，应用汽油擦干净；如有锈迹，应轻轻擦去。

3）检查零点是否正确，若表针不在零点时可通过

图 11-44　检查钳口开合情况

调节机构调准。

4）多用型钳形电流表还应检查测试线和表笔有无损坏，要求导电良好、绝缘完好。

5）数字式钳形电流表还应检查表内电池的电量是否充足，不足时必须更新。

（2）使用方法。

1）在测量前，应根据负载电流的大小先估计被测电流数值，选择合适量程，或先选用较大量程的电流表进行测量，然后再据被测电流的大小减小量程，使读数超过刻度的1/2，以获得较准的读数。

2）在进行测量时，用手捏紧扳手使钳口张开，将被测载流导线的位置应放在钳口中心位置，以减少测量误差，如图11-45所示。然后，松开扳手，使钳口（铁芯）闭合，表头即有指示。注意，不可以将多相导线都夹入钳口测量。

3）测量5A以下的电流时，如果钳形电流表的量程较大，在条件许可时，可把导线在钳口上多绕几圈，如图11-46所示，然后测量并读数。线路中的实际电流值为读数除以穿过钳口内侧的导线匝数。

图11-45　载流导线放在钳口中心位置　　　　图11-46　测量5A以下电流的方法

4）在判别三相电流是否平衡时，若条件允许，可将被测三相电路的三根相线同方向同时放入钳口中，若钳形电流表的读数为零，则表明三相负载平衡；若钳形电流表的读数不为零，说明三相负载不平衡。

3. 使用注意事项

（1）某些型号的钳形电流表附有交流电压刻度，测量电流、电压应分别进行，不能同时测量。

（2）钳型电流表钳口在测量时闭合要紧密，闭合后如有杂音，可打开钳口重合一次。若杂音仍不能消除时，应检查磁路上各接合面是否光洁，有尘污时要擦拭干净。

（3）被测电路电压不能超过钳形表上所标明的数值，否则容易造成接地事故，或者引起触电危险。

（4）在测量现场，各种器材均应井然有序，测量人员应戴绝缘手套，穿绝缘鞋。身体的各部分与带电体之间的距离不得小于安全距离（低压系统安全距离为0.1~0.3m）。读数时，往往会不由自主地低头或探腰，这时要特别注意肢体，尤其是头部与带电部分之间的安全距离。

（5）测量回路电流时，应选有绝缘层的导线进行测量，同时要与其他带电部分保持安全距离，防止相间短路事故发生。测量中禁止更换电流挡位。

（6）测量低压熔断器或水平排列的低压母线电流时，应将熔断器或母线用绝缘材料加以相间隔离，以免引起短路。同时应注意不得触及其他带电部分。

（7）对于数字式钳形电流表，尽管在使用前曾检查过电池的电量，但在测量过程中，也应当随时关注电池的电量情况，若发现电池电压不足（如出现低电压提示符号），必须在更换电池后再继续测量。能否正确地读取测量数据，直接关系到测量的准确性。如果测量现场存在电磁干扰，就必然会干扰测量的正常进行，故应设法排除干扰。

（8）对于指针式钳形电流表，首先应认准所选择的挡位，其次认准所使用的是哪条刻度尺。观察表针所指的刻度值时，眼睛要正对表针和刻度以避免斜视，减小视差。数字式表头的显示虽然比较直观，但液晶屏的有效视角是很有限的，眼睛过于偏斜时很容易读错数字，还应当注意小数点及其所在的位置，这一点千万不能被忽视。

（9）测量完毕，一定要把调节开关放在最大电流量程位置，以免下次使用时不小心造成仪表损坏。

钳形电流表的基本使用方法及注意事项可归纳为以下口诀。

>>> 【操作口诀】

> 不断电路测电流，电流感知不用愁。
>
> 测流使用钳形表，方便快捷算一流。
>
> 钳口外观和绝缘，用前一定要检查。
>
> 钳口开合应自如，清除油污和杂物。
>
> 量程大小要适宜，钳表不能测高压。
>
> 如果测量小电流，导线缠绕钳口上。
>
> 带电测量要细心，安全距离不得小。

11.2.3 绝缘电阻表

1. 选用

选择一只合适的绝缘电阻表（俗称摇表、兆欧表），对测量结果的准确性和正确分析电气设备的绝缘性能以及安全状况非常重要，因此必须认真对待。绝缘电阻表的选用，通常从选择绝缘电阻表的电压和测量范围这两方面来考虑。

（1）选择绝缘电阻表电压的原则。绝缘电阻表的额定电压一定要与被测电力设备或者线路的额定电压相适应。电压高的电力设备，对绝缘电阻值要求大一些，须使用电压高的绝缘电阻表来测试；而电压低的电力设备，其内部所能承受的电压不高，为了设备安全，测量绝缘电阻时就不能用电压太高的绝缘电阻表。

一般选择原则是：500V 以下的电气设备，应选用 500～1000V 的绝缘电阻表；绝缘子、母线、隔离开关等电气设备，应选用 2500V 以上的绝缘电阻表。

（2）选择绝缘电阻表测量范围的原则。要使测量范围适应被测绝缘电阻的数值，避免读数时产生较大的误差。如有些绝缘电阻表的读数不是从零开始，而是从 1MΩ 或 2MΩ 开始。这种表就不适用于测定处在潮湿环境中的低压电气设备的绝缘电阻。因为这种设备的绝

缘电阻有可能小于 $1\text{M}\Omega$，使仪表得不到读数，容易误认为绝缘电阻为零，而得出错误结论。

2. 使用方法

（1）将被测设备脱离电源，并进行放电，再把设备清扫干净（双回线、双母线，当一路带电时，不得测量另一路的绝缘电阻）。

（2）测量前应对绝缘电阻表进行校验，即做一次开路试验（测量线开路，摇动手柄，指针应指于"∞"处）和一次短路试验（测量线直接短接一下，摇动手柄，指针应指"0"），两测量线不准相互缠交，如图 11-47 所示。

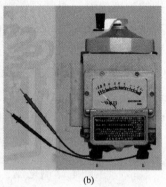

(a)　　　　　　　　　　　　(b)

图 11-47　绝缘电阻表校验

（a）短路试验；（b）开路试验

（3）正确接线。一般绝缘电阻表上有三个接线柱，一个为线接线柱的标号为"L"、一个为地接线柱的标号为"E"、另一个为保护或屏蔽接线柱的标号为"G"。在测量时，"L"与被测设备和大地绝缘的导体部分相接，"E"与被测设备的外壳或其他导体部分相接。一般在测量时只用"L"和"E"两个接线柱，但当被测设备表面漏电严重、对测量结果影响较大而又不易消除时，例如空气太潮湿、绝缘材料的表面受到浸蚀而又不能擦干净时就必须连接"G"端钮，如图 11-48 所示。同时在接线时还应注意不能使用双股线，应使用绝缘良好且不同颜色的单根导线，尤其连接"L"接线柱的导线必须具有良好绝缘。

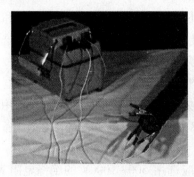

图 11-48　绝缘电阻表接线示例

（4）在测量时，绝缘电阻表必须放平。如图 11-49 所示左手按住表身，右手摇动绝缘电阻表摇柄，以 120r/min 的恒定速度转动手柄，使表指针逐渐上升，直到出现稳定值后，再读取绝缘电阻值（严禁在有人工作的设备上进行测量）。

（5）对于电容量大的设备，在测量完毕后，必须将被测设备进行对地放电（绝缘电阻表没停止转动时切勿用手触及放电设备）。

3. 使用注意事项

绝缘电阻表本身工作时要产生高电压，为避免人身及设备事故，必须重视以下几点注意事项。

图 11-49　摇动发电机摇柄的方法

（1）不能在设备带电的情况下测量其绝缘电阻。测量前被测设备必须切断电源和负载，并进行放电；已用绝缘电阻表测量过的设备如要再次测量，也必须先接地放电。

（2）绝缘电阻表测量时要远离大电流导体和外磁场。

（3）与被测设备的连接导线，要用绝缘电阻表专用测量线或选用绝缘强度高的两根单芯多股软线，两根导线切忌绞在一起，以免影响测量准确度。

（4）测量过程中，如果指针指向"0"位，表示被测设备短路，应立即停止转动手柄。

（5）被测设备中如有半导体器件，应先将其插件板拆去。

（6）测量过程中不得触及设备的测量部分，以防触电。

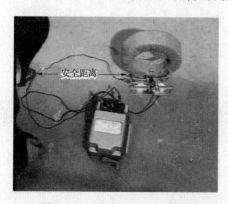

（7）测量电容性设备的绝缘电阻时，测量完毕，应对设备充分放电。

（8）测量过程中手或身体的其他部位不得触及设备的测量部分或绝缘电阻表接线柱，即操作者应与被测量设备保持一定的安全距离，以防触电，如图 11-50 所示。

（9）数字式绝缘电阻表多采用 5 号电池或者 9V 电池供电，工作时所需供电电流较大，故在不使用时务必要关机，即便有自动关机功能的绝缘电阻表，建议用完后手动关机。

图 11-50　注意保持安全距离

（10）记录被测设备的温度和当时的天气情况，有利于分析设备的绝缘电阻是否正常。

绝缘电阻表的基本操作方法及使用注意事项可归纳为以下口诀。

▶▶【操作口诀】

> 使用兆欧表，首先查外观。
>
> 玻璃罩完好，刻度易分辨。
>
> 指针无扭曲，摆动要轻便。
>
> 其次校验表，标准有两个。
>
> 短路试验时，指针应指零。
>
> 开路试验时，针指无穷大。

第三是接线，分清被测件。

三个接线柱，必用 L 和 E；

若是测电缆，还要接 G 柱。

为了保安全，以下要注意。

引线要良好，禁止有绕缠。

进行测量时，勿在雷雨天。

测量线路段，必须要停电。

电容和电缆，一定先放电。

摇表放水平，远离磁场电。

匀速顺时摇，一百二十转。

摇转一分钟，读数较准确。

测量过程中，勿碰接线钮。

附录　常用专业术语缩写中英文对照

A

A：Actuator 执行器

A：Amplifier 放大器

A：Attendance 员工考勤

A：Attenuation 衰减

AA：Antenna Amplifier 开线放大器

AA：Architectural Acoustics 建筑声学

AC：Analogue Controller 模拟控制器

ACD：Automatic Call Distribution 自动分配话务

ACS：Access Control System 出入控制系统

AD：Addressable Detector 地址探测器

ADM：Add/Drop Multiplexer 分插复用器

ADPCM：Adaptive Differential Pulse Code Modulation 自适应差分脉冲编码调制

AF：Acoustic Feedback 声反馈

AFR：Amplitude /Frequency Response 幅频响应

AGC：Automatic Gain Control 自动增益控制

AHU：Air Handling Unit 空气处理机组

A-I：Auto-Iris 自动光圈

AIS：Alarm Indication Signal 告警指示信号

AITS：Acknowledged Information Transfer Service 确认操作

ALC：Automatic Level Control 自动平衡控制

ALS：Alarm Seconds 告警秒

ALU：Analogue Lines Unit 模拟用户线单元

AM：Administration Module 管理模块

AN：Access Network 接入网

ANSI：American National Standards Institute 美国国家标准学会

APS：Automatic Protection Switching 自动保护倒换

ASC：Automatic Slope Control 自动斜率控制

ATH：Analogue Trunk Unit 模拟中继单元

ATM：Asynchronism Transfer Mode 异步传送方式

AU-PPJE：AU Pointer Positive Justification 管理单元正指针调整

AU：Administration Unit 管理单元

AU-AIS：Administrative Unit Alarm Indication Signal AU 告警指示信号

AUG：Administration Unit Group 管理单元组

AU-LOP：Loss of Administrative Unit Pointer AU 指针丢失

AU-NPJE：AU Pointer Negative Justification 管理单元负指针调整

AUP：Administration Unit Pointer 管理单元指针

AVCD：Audio & Video Control Device 音像控制装置

AWG：American Wire Gauge 美国线缆规格

B

BA：Bridge Amplifier 桥接放大器

BAC：Building Automation & Control net 建筑物自动化和控制网络

BAM：Background Administration Module 后管理模块

BBER：Background Block Error Ratio 背景块误码比

BCC：B-channel Connect Control B 通路连接控制

BD：Building Distributor

BEF：Building Entrance Facilities 建筑物入口设施

BFOC：Bayonet Fibre Optic Connector 大口式光纤连接器

BGN：Background Noise 背景噪声

BGS：Background Sound 背景音响

BIP-N：Bit Interleaved Parity N code 比特间插奇偶校验 N 位码

B-ISDN：Brand band ISDN 宽带综合业务数字网

B-ISDN：Broad band-Integrated Services Digital Network 宽带综合业务数字网

BMC：Burst Mode Controller 突发模式控制器

BMS：Building Management System 智能建筑管理系统

BRI：Basic Rate ISDN 基本速率的综合业务数字网

BS：Base Station 基站

BSC：Base Station Controller 基站控制器

BUL：Back up lighting 备用照明

C

C/S：Client/Server 客户机/服务器

C：Combines 混合器

C：Container 容器

CA：Call Accounting 电话自动计费系统

CATV：Cable Television 有线电视

CC：Call Control 呼叫控制

CC：Coax Cable 同轴电缆

CCD：Charge Coupled Devices 电荷耦合器件

CCF：Cluster Control Function 簇控制功能

CD：Campus Distributor 建筑群配线架

CD：Combination Detector 感温、感烟复合探测器

CDCA：Continuous Dynamic Channel Assign 连续的动态信道分配

CDDI：Copper Distributed Data 合同缆分布式数据接口

CDES：Carbon Dioxide Extinguishing System 二氧化碳灭火系统

CDMA：Code Division Multiplex Access 码分多址

CF：Core Function 核心功能

CFM：Compounded Frequency Modulation 压扩调频繁

CIS：Call Information System 呼叫信息系统

CISPR：Internation Special Committee On Radio Interference 国际无线电干扰专门委员会

CLNP：Connectionless Network Protocol 无连接模式网络层协议

CLP：Cell Loss Priority 信元丢失优先权

CM：Communication Module 通信模块

CM：Configuration Management 配置管理

CM：Cross-connect Matrix 交叉连接矩阵

CMI：Coded Mark Inversion 传号反转码

CMISE：Common Management Information Service 公用管理信息协议服务单元

CPE：Convergence protocol entity 会聚协议实体

CR/E：card reader /Encoder（Ticket reader） 卡读写器/编码器

CRC：Cyclic Redundancy Check 循环冗余校验

CRT：Cathode Ray Tube 阴极射线管

CS：Convergence Service 会聚服务

CS：Ceiling Screen 挡烟垂壁

CS：Convergence Sublayer 合聚子层

CSC：Combined Speaker Cabinet 组合音响

CSCW：Computer Supported Collaborative Work 计算机支持的协同工作

CSES：Continuous Severely Error Second 连续严重误码秒

CSF：Cell Site Function 单基站功能控制

CTB：Composite Triple Beat 复合三价差拍

CTD：Cable Thermal Detector 缆式线型感温探测器

CTNR：Carrier to Noise Ratio 载波比

CW：Control Word 控制字

D

D：Directional 指向性

D：Distortion 失真度

D：Distributive 分布式

DA：Distribution Amplifier 分配的大器

DBA：Database Administrator 数据库管理者

DBCSN：Database Control System Nucleus 数据库控制系统核心

DBOS：Database Organizing System 数据库组织系统

DBSS：Database Security System 数据库安全系统

DC：Door Contacts 大门传感器

DCC：Digital Communication Channel 数字通信通路

DCN：Data Communication Network 数据通信网

DCP-I：Distributed Control Panel-Intelligent 智能型分散控制器

DCS：Distributed Control System 集散型控制系统

DDN：Digital Data Network 数字数据网

DDS：Direct Digital Controller 直接数字控制器

DDW：Data Describing Word 数据描述字

DECT：Digital Enhanced Cordless Telecommunication 增强数字无绳通信

DFB：Distributed Feedback 分布反馈

DID：Direct Inward Dialing 直接中继方式，呼入直拨到分机用户

DLC：Data Link Control Layer 数据链路层

DLI：DECT Line Interface

DODI：Direct Outward Dialing One 一次拨号音

DRC：Directional Response Characteristics 指向性响应

DS：Direct Sound 直正声

DSP：Digital Signal Processing 数字信号处理

DSS：Decision Support System 决策支持系统

DTMF：Dual Tone Multi-Frequency 双音多频

DTS：Dual-Technology Sensor 双鉴传感器

DWDM：Dense Wave-length Division Multiplexing 密集波分复用

DXC：Digital Cross-Connect 数字交叉连接

E

E：Emergency lighting 照明设备

E：Equalizer 均衡器

E：Expander 扩展器

EA-DFB：Electricity Absorb-Distributed Feedback 电吸收分布反馈

ECC：Embedded Control Channel 嵌入或控制通道

EDFA：Erbium-Doped Fiber Amplifier 掺铒光纤放大器

EDI：Electronic Data Interexchange 电子数据联通

EI：Evacuation Illumination 疏散照明

EIC：Electrical Impedance Characteristics 电阻抗特性

EMC：Electro Magnetic Compatibility 电磁兼容性

EMI：Electro Magnetic Interference 电磁干扰

EMS：Electromagnetic Sensitirity 电磁敏感性

EN：Equivalent Noise 等效噪声

EP：Emergency Power 应急电源

ES：Emergency Socket 应急插座

ESA：Error Second A 误码秒类型 A

ESB：Error Second B 误码秒类型 B

ESD：Electrostatic Discharge 静电放电

ESR：Error Second Ratio 误码秒比率

ETDM：Electrical Time Division Multiplexing 电时分复用

ETSI：European Telecommunication Standards Institute 欧洲电信标准协会

F

FAB：Fire Alarm Bell 火警警铃

FACU：Fire Alarm Control Unit 火灾自动报警控制装置

FC：Failure Count 失效次数

FC：Frequency Converter 频率变换器

FCC：Fire Alarm System 火灾报警系统

FCS：Field Control System 现场总线

FCU：Fan Coil Unit 风机盘管

FD：Fire Door 防火门

FD：Flame Detector 火焰探测器

FD：Frequency Divider 分频器

FDD：Frequency Division Dual 分频双工

FDDIF：Fiber Distributed Data Inferface 光缆分布数据接口

FDMA：Frequency Division Multiple Access 频分多址

FE：Fire Extinguisher 灭火器

FEBE：Far End Block Error 远端块误码

FEXT：Far End Crosstalk 远端串扰

FFES：Foam Fire Extinguish System 泡沫灭火系统

FH：Fire Hydrant 消火栓

FI：Fee Indicator 费用显示器

FL：Focal Length 焦距

FL：Fuzzy Logic 模糊逻辑

FM：Faiilt Management 失效管理

FPA：Fire Public Address 火灾事故广播

FPD：Fire Public Derice 消防设施

FR：Frequency Response 频响

FRD：Fire Resis Tamt Damper 防火阀

FRS：Fire Resistant Shutter 防火卷帘

FSK：Frequency Shift Keying 移频键控

FSU：Fixed Subscriber Unit 单用户固定台

FTHD：Fixed Temperature Heat Detector 定温控测器

FTP：Foil Twisted Pair 金属箔双绞电缆

FTTB：Fiber to The Building 光纤到大楼

FTTC：Fiber to The Curb 光纤到路边

FTTH：Fiber to The Home 光纤到家庭

FW：Fire Wall 防火墙

FWHM：Full Width Half Maximum 脉冲的半高宽度

G

GAP：Gaussian（filtered）Frequency Shift Keying 高斯滤波频移键控

GBS：Glass Break Sensors 玻璃破碎传感器

GC：Generic Cabling 综合布线

GIB：Generic Information Block 通用信息模块

GNE：Gateway Network Element 网关

GSM：Global System for Mobile Communications 全球移动通信系统

H

H：Hybrid 混合式

HCBS：High C Bus Servers Unit 高速 C 总线服务单元

HCS：Higher order Connection Supervision 高阶连接监视

HD：Heat Detecter 感温探测器

HDB3：High Density Bipolar of order 3code 高密度双极性码

HDLC：High Data Link Control 高级数据链路控制

HDSL：High-bit-rate Digital Subscriber Link 高比特数字用户链路

HDTV：High Definition Television 高清淅度电视

HEC：Header Error Control：信头差错控制域

HEMS：High-level Entity Management System 高级实体管理系统

HFC：Hybrid Fiber Coax 光纤-同轴电缆混合系统

HGRP：Home Optical Network 华为公司专用协议

HIFI：High Fidelity 高保真度

HIPPI：High Performance Parallel Interface 高性能并行接口

HMP：Host Monitoring Protocol 宿主机监视协议

HOA：High Order Assembler 高阶组装器

HOAPID：High Order Path Access Point Identifier 高阶通道接入不敷出点标识符

HOI：High Order Interface 高阶接口

HONET：Home Optical Network 华为综合业务接入网商标

HO-TCM：High Order Tandem Connection Monitor 高阶通道串联连接监控

HOVC：High Order Virtual Container 虚容器

HPA：High-order Path Adaptation 高阶适配

HPC：High-order Path Connection 高阶通道连接

HPOM：High-order Path Overhead Monitor 高阶通道开销监视器

HPP：High-order Path Protection 高阶通道保护

HP-RDI：High-order Path-Remote Defect Indication 高阶通道接收缺陷指示

HP-REI：High-order Path-Remote Error Indication 高阶通道远端错误指示

HPT：High-order Path Termination 高阶通道终端

HRDS：Hypothetical Reference Digital Section 假设参考数字段

HSUT：High-order path Supervision Unequipped Termination 高阶通道监控未装装载终

HVAC：Heating Ventilation Air Conditioning 暖通空调

HWS：Hot Water Supply 热水供应系统

I

I：Interference 串扰

IA：Intruder Alarm 防盗报警

ICMP：Internet Control Message Protocol 控制信息协议

IDC：Insulation Displacement Connection 绝缘层信移连接件

IDS：Industrial Distribution System 工业布线系统

IFC：Intelligent Fire Controller 照明智能控制器

ILD：Inject Light Diode 注入式激光二极管

IM：Impedance Matching 阻抗匹配

IMA：Interactive Multimedia Association 交互式多媒体协议

IM-DM：Intensity Modulation-Direction Modulation 直接强度调制

IN：Information Network 信息网

IO：Information Outlet 信息插座

IOS：Intelligent Out Station 智能外围站

IPEI：International Portable 国际移动设备标识号

IPTU：Indoor Pan & Tilt Unit 室内水平俯仰云台

IPUI：International Portable User Identity 国际移动用户标识号

ISD：Ionization Smoke Detector 离子感烟探测器

IT：Information Technology 信息技术

ITU：International Telecommunications Union 国际电信联盟

ITU-T：原名 CCITT，是国际电信联盟的一个委员会

ITV：Interactive Tevevision 交互式电视

J

JIT-Discussion conference system 即席发言系统

L

L：Lens 摄像机镜头

LAN：Local Area Network 局域网

LAPB：Link Access Procedure-Balanced 链路接入规程——平衡

LAPD：Link Access Procedure D-channel D 信道链路访问协议

LCD：Liquid Crystal Display 液晶显示屏

LCL：Longitudinal Conrorsion Loss 纵模变换损耗

LCN：Local Communication Network 本地通信网

LCS：Low-order Connection Supervision 低阶连接监视

LD：Laser Diode 激发二极管

LE：Local Exchange 本地交换网

LED：Light Emittirng Diode 发光二极管

LIU：Lightguide Interconnection Unit 光纤互连装置

LLC：Logic Link Control Layer 逻辑链路控制层

LLME：Low Layer Management Entity 低层管理实体

LM：Level Modulation 电平调节

LNA：Low Noise Amplifier 低噪音放大器

LOF：Loss of Frame 帧丢失

LOI：Low Order Interface 低阶接口

LOP：Loss of Pointer 指针丢失

LOS：Loss of Signal 信号丢失

LO-TCM：Low Order Tandem Connection Monitor 低阶通道串联连接监视器

LOVC：Low Order Virtual Container 低阶虚容器

LPA：Low-order Path Adaptation 低阶通道适配

LPC：Low-order Path Connection 低阶通道连接

LPOM：Low-order Path Overhead Monitor 低阶通道开销监视器

LPP：Low-order Path Protection 低阶通道保护

LPT：Low-order Path Termination 低阶通道终端

LSBCM：Laser Base Current Monitor 激光器偏流监视

LSUT：Low-order path Supervision Unequipped 低阶通道监控未装载终端

LTC：Londline Trunk Controller 有线线路控制器

LU：Line Unit 线路单元

M

MAC：Medium Access Control Layer 介质访问控制层

MBMC：Multiple Burst Mode Controller 多突发模式控制器

MCF：Message Communication Function 消息通信功能

MD：Mediation Device 中介设备

MFPB：Multi-Frequency Press Button 多频按键

MIB：Management Information Base 管理信息库

MIC：Medium Interface Connector 介质接口连接器

MIO：Multi-user Information Outlet 多用户信息插座

MLM：Multi-Longitudinal Mode 多纵模

MM：Mobile Management 移动管理

MMDS：Multi-circuitry Microwave Distribution System 多路微波分配系统

MMO：Multi-media Outlet 多媒体插座

MN-NES：MN-Network Element System 网元管理系统

MN-RMS：MN-Region Management System 网络管理系统

MO：Managed Object 管理目标

MSA：Multiplex Section Adaptation 复用段适配

MS-AIS：Mutiplex Section-Alarm Indication Signal 复用段告警指示信号

MSOH：Multiplex Section Overhead 复用段开销

MSP：Multiplex Section Protection 复用段保护

MS-RDI：Multiplex Section-Remote Defect Indication 复用段远端缺陷指示

MST：Multiplex Section Termination 复用段终端

MSU：Multi-Subscriber Unit 多用户单元

MTIE：Maximum Time Interval Error 最大时间间隔误差

MUX：Multiplexer 灵活复接器

N

NDF：New Data Flag 新数据标识

NDFA：Niobium-Doped Fiber Amplifier 掺铌光纤放大器

NE：Network Element 网元

NEXT：Near End Crosstalk 近端串扰

NMS：Network Management System 网络管理系统

NNE：Non-SDH Network Element 非 SDH 网元

NNI：Network Node Interface 网络节点接口

NPI：Null Pointer Indication 无效指针指示

NWK：Network Layer 网络层

NZ-DSF：Non Zero-Dispersion Shift Fiber 非零散位移光纤

O

OAM&P：Operation Administration，Maintenance and Provisioning 运行、管理、维护和预置

OAM：Operation，Administration and Maintenance 操作、管理和维护

OBFD：Optical Beam Flame Detector 线型光速火焰探测器

OC-N：Optical carrier level-N 光载波级 N

OCR：Optical Character Recognition 光学字符识别

OEIC：Optoelectronic Integrated Circuit 光电集成电路

OFA：Optical Fiber Amplifier 光纤放大器

OHP：Overhead Processing 开销处理

OLT：Optical Line Terminal 光纤线路终端

ON：Overall Noise 总噪声

ONU：Optical Network Unit 光纤网络单元

OOF：Out of Frame 帧失步

OOP：Object Oriental Programming 面向对象程序设计

OS：Operating System 操作系统

OSC：Oscillator 振荡器

OSI：Open Systems Interconnection 开放系统互连

OTDK：Optical Time Domain Reflectometer 光时域反射计

OTDM：Optical Time Division Multiplexing 光时分复用

P

PA：Power Amplifier 功率放大器

PACR：Attonuation to Crosstalk Ratio 衰减与串扰比

PABX：Private Automatic Branch Exchange 程控数字自动交换机

P：Paging 无线呼叫系统

PAL：Pinhole Alc Lens 针孔型自动亮度控制镜头

PARK：Portable Access Rights Key 移动用户接入权限识别码

PAS：Public Address System 公共广播音响系统

PBX：Private Branch Exchange 程控用户交换机

PC：Pan unit&Control 云台及云台控制器

PC：Proximity Card 接近卡

PCM：Pulse Code Modulation 脉冲编码调制

PCS：Personal Communication Service 个人通信服务

PDFA：Praseodymium-Doped Fiber Amplifier 掺镨光纤放大器

PDH：Plesiochronous Digital Hierarchy 准同步数字系列

PDN：Public Data Network 公用数据网

PDS：Premises Distribution System 建筑物结构化综合布线系统

PF：Pressurization Fan 加压风机

PG：Pressure Gradient 压差式

PID：Passive Infrared Detector 被动式红外传感器

PJE：Pointer Justification Event 指针调整事件

PLC：Programmeable Logic Controller 可编程控制器

PM：Power Matching 功率匹配

PMS：Power Management System 电力管理系统

PO：Pressure Operated 压强式

POH：Path Overhead 通道开销

PPI：PDH Physical Interface PDH 物理接口

Preamplification ：前置放大

PRI：Primary Rate Interface 基群速率接口

PRM：Pattern Recognition Method 模式识别法

PSC：Protection Switching Count 保护倒换计数

PSD：Photoelectric Smoke Detector 光电感烟探测器

PSD：Protection Switching Duration 保护倒换持续时间

PSK：Phase Shift Keying 移相键控

PSNT：Ponver Sum Next 综合近端串扰

PSPDN：Packet Switched Public Data Network 公众分组交换网

PSTN：Public Switch Telephone Network 公用交换电话网

PU：Pick Up 拾音器

PVC：Polyvinyl chloride 聚氯乙烯

PVCS：Public Video Conferring System 公用型会议电视系统

PWS：Power System 电源系统

R

R：Receiver 终端解码器

R：Reverberator 混响器

RC：Radio Communication 移动通信

RC：Room's Coefficient 房间系数

RCU：Remote Control Units 终端控制器

RDI：Remote Defect Indication 远端失效指示

REG：Regenerator 再生器

Resolution：清晰度

RF：Radio Frequency 射频

RHE：Remote Head End 远地前端

RMC：Repeater Management Controller 天线信道控制器

RMS：Root Mean Square 均方根值

RMU：Redundancy Memory Unit 冗余存贮器

RORTD：Rate of Rise Thermal Detector 差温探测器

RR：Reverberation Radius 混响半径

RS：Reflected Sound 反射场

RSOH：Regenerator Section Ouerhead 再生段开销

RSSI：Radio Signal Strength Indicator 无线电学会强度指示器

RST：Regenerator Section Termination 再生段终端

RSU：Remote Subscriber Unit 远端用户单元

RT：Real Time 实时

RT：Reverberation Time 混响时间

RWS：Remote Workstation 远端工作站

S

S：Sprinkler 分配器

S：Stereo 双声道

S：Strike 电子门锁

SAA：Sound Absorption Ability 吸声能力

SAR：Segmentation and Reassembly Sublayer 拆装子层

SATV：Satellite Television 卫星电视

SBS：Synchronous Backbone System 同步信息骨干系统

SBSMN：SBS SBS Management Network 系列传输设备网管系统

SC：Smart Card 智能卡

SC：Subscriber Connector（Optical Fiber Connector）用户连接器（光纤连接器）

SCADA：Supervisory Cortrol and Date Acquisition 监控与数据采集软件

SCB：System Control Board 系统控制板

SCC：System Control&Communication 系统通信控制

SCC：Supervisory Control Center 监控中心

SCD：Sound Console Desk 调度台

SCPC：Single Channel Per Carrier 卫星回程线路

SCS：Structured Cabling System 结构化布线系统

SD：Signal Degraded 信号劣化

SD：Smoke Damper 排烟阀

SD：Smoke Detector 感烟探测器

SD：System Distortion 系统失真

SDCA：Synchronization DCA 同步数据通信适配器

SDMA：Space Division Multiplex Access 容分复用接入

SDXC：Synchronous Digital Cross Connect 同少数字交叉连接

SE：Sound Energy 声能

SEC：SDH Equipment Clock SDH 设备时钟

SED：Sound Energy Density 声能密度

SEEF：Smoke Extractor Exhaust Fan 排烟风机

SEMF：Synchronous Equipment Management Function 同步设备管理功能

SES：Severely Error Second 严重误码秒

SESR：Severely Error Second Ratio 严重误码秒比率

SETPI：Synchronous Equipment Timing Physical Interface 同步设备定时物理接口

SETS：Synchronous Equipment Timing Source 同步设备定时源

SF：Spur Feeder 分支线

SF：Subscribers Feeder 用户线

SFN：Sound Field Nouniformity 声场不均匀度

SFP：Sound Field Processor 声场处进器

SI：Sound Installation 音响设备

SI：Sound Insulation 隔音

SICS：Simultaneous Interpretation Conference System 同声传译系统

SIPP：Service Interface and Protocol Processing unit 业务接口和协议处理单元

SLC：Satellite Commumication 卫星通信

SLI：Synchronous Line Optical Interface 同步线路光口板

SLIC：Subscriber Line Interface Controller 用户线接口控制器

SLM：Signal Label Mismatch 信号标记失配

SM：Synchronous Multiplexer 同步复用器

SMF：System Management Function 系统管理功能

SMS：SDH Management Sub-Network SDH 管理子网

SNA：System Network Architecture 系统网络建筑

SNI：Service Node Interface 业务节点接口

SNK：Signal to Noise Ratio 信噪比

SOA：Semiconductor Optical Amplifier 半导体光放大器

SOH：Section Overhead 段开销

SONET：Synchronous Optical Network 同步光网络

SPF：Service Port Function 业务口功能

SPI：SDH Physical Interface SDH 物理接口

SPL：Sound Pressure Level 声压级

SRL：Structural Return Loss 结构器波损耗

SS：Shock Sensors 震动传感器

SS：Sound Source 音源

SS：Sprinkler System 自动喷水灭火系统

SSB：Single Side Band 单边带调制

SSM：Synchronous Status Message 同步状态信息

SSU：Scan and Signal Unit 扫描及信号单元

ST：Straight Tip 直通式光纤连接器

ST：Subscribers Tap 用户分支器

STB：Set-Top-Box 机顶盒

STC：Short-Term Card 计时票

STE：Signaling Transfer Equipment 信令转换设备

STG：Synchronous Timing Generator 同步定时发生器

STI：Surface Transfer Impede 表面传输阻扰

STM-N：Synchronous Transport Module level-N 同步传送模块等级 N

SU：Subscriber Unit 用户单元

SV：Smoke Vent 排烟器

SRCS：Sound Reinforcement System 扩声系统

T

T：Teletext 可视图文

T：Terminal 终端机

TA：Trunk Amplifier 干线放大器

TC：Telecommunication Closet 通信插座

TC：Transient Characteristic 瞬间特性

TCI：Trunk Cabling Interface 星形连接

TCP/IP：Transmission Control Protocol/Inter-network Protocol 传输控制协议/网间协议

TCS：Tele Communication System 通信系统

TD：Ticket Dispenser 发卡机

TDD：Time Division Dual 时分双工

TDEV：Time Deviation 时间偏差

TDM：Time Division Multiplexing 时分复用

TDMA：Time Division Multiple Address 时分多址

TDS：Time Division Switching 时分交换结构

TELEX：用户电报电传

TEP：时间/事件软件

TF：Transfer Function 传送功能

TFCC：Transmission FrequenCy Characteristic 传输频率特性

TGNP：The Greatest Noise Power 最大噪声功率

TIM：Trace Identifier Mismatch 追踪识别符失配

TM：Termination Multiplexer 终端复用器

TMN：Telecommunication Management Network 电信管理网

TNL：Total Noise Level 总噪声级

TO：Telecommunications Outlet 通信插座

TP：Twist Pair 对绞线

TR：Token Ring 令牌网

TSI：Timeslot Interexchange 时隙交换

TSU：Time Switching Unit 时隙交换单元

TTF：Transport Terminal function 传送终端功能

TTS：Tri Technology Sensor 三鉴传感器

TU：Tributary Unit 支路单元

TUG：Tributary Unit Group 支路单元组

TU-LOM：TU-Loss of Multi-frame 支路单元复帧丢失

TUP：Tributary Unit Pointer 支路单元指针

TUPP：Tributary Unit Payload Process 支路净荷处理

TU-T：International Telecommunication Union-Telecommunication Sector 国际电信联盟-电信标准部

U

UAT：Ultra Aperture Terminal 超小口径卫星地面接收站

UL：Underwriters Laboratory 担保实验室

UM：Unidirectional Microphone 单指向性传声器

V

VA：Vacant Auditoria 空场

VCI：Virtual Channel Identifier 虚信道标识

VCS：Video Conferphone System 会议电视系统

VI：Video Interphone 可视对讲门铃

VS：Video Switchers 图像切换控制器

VT：Video Text 可视图文

VOD：Video on Demand 视频点播

VSAT：Very Small Aperture Terminal 甚小口径天线地球站